Volland/Volland: **Wärmeschutz und Energiebedarf nach EnEV 2014**

Wärmeschutz und Energiebedarf nach EnEV 2014

Schritt für Schritt zum Energieausweis
für Wohngebäude im Neubau und Bestand

4., aktualisierte und erweiterte Auflage

mit 186 Abbildungen und 174 Tabellen

+ mit Download-Angebot und Aktualitätsservice

Prof. Dipl.-Ing. Karlheinz Volland
Architekt,
bis 2005 öffentlich bestellter und vereidigter
Sachverständiger für Schäden an Gebäuden
(IHK Regensburg),
bis 2002 Professor für Baukonstruktion,
Baustoffkunde und Bauphysik an der FH München

Dipl.-Ing. (FH) Johannes Volland
Bauingenieur,
Energieberater HWK,
Sachverständiger nach ZVEnEV

Mitautoren:
Dieter Dirschedl
Prof. Dr. Martin Fichter
Dipl.-Ing. Architekt Friedemann Zeitler

Rudolf Müller

Bibliografische Information der Deutschen Nationalbibliothek
Die Deutsche Nationalbibliothek verzeichnet diese Publikation in der Deutschen Nationalbibliografie; detaillierte bibliografische Daten sind im Internet über http://dnb.d-nb.de abrufbar.

4., aktualisierte und erweiterte Auflage 2014

Wir freuen uns, Ihre Meinung über dieses Fachbuch zu erfahren. Bitte teilen Sie uns Ihre Anregungen, Hinweise oder Fragen per E-Mail: fachmedien.architektur@rudolf-mueller.de oder Telefax: 0221 5497-6141 mit.

Umschlaggestaltung: Designbüro Lörzer, Köln
Druck und Bindearbeiten: Stürtz GmbH, Würzburg

Printed in Germany

ISBN 978-3-481-03156-5 (Buch)
ISBN 978-3-481-03278-4 (E-Book PDF)

FSC
www.fsc.org
MIX
Papier aus verantwortungsvollen Quellen
FSC® C043954

Vorwort

Die neue Energieeinsparverordnung (EnEV) 2014 bringt zahlreiche Änderungen mit sich. Die Neuauflage des Buches wurde dem entsprechend komplett aktualisiert und berücksichtigt neben allen Änderungen der neuen EnEV 2014 auch den aktuellen Stand aller zur Berechnung nötigen DIN-Normen und Regelwerke, z.B. die Änderungen der DIN 4108-2, DIN 4108-4, DIN 4108-7 und die DIN V 18599.

Die EnEV 2014 schreibt eine genaue Berechnung des Energiebedarfs vor. Die Ergebnisse müssen im Energieausweis dokumentiert werden, der nicht nur für Neubauten, sondern auch im Bestand bei Verkauf und Neuvermietung vorgeschrieben ist.

Dieses Buch richtet sich an alle Bauschaffenden. Es erklärt die grundlegenden physikalischen Mechanismen zu Wärmeschutz, Tauwasserbildung und Luftdichtheit und zeigt, wie Bauteile und technische Anlagen optimiert und Schwachstellen vermieden werden können. Die verschiedenen Nachweisverfahren der EnEV für Wohngebäude werden Schritt für Schritt sowohl nach DIN V 4108-6 als auch nach DIN V 18599-2 erläutert. Ein durchgehendes Projektbeispiel erleichtert das Verständnis und hilft, die Nachweisverfahren besser zu verstehen und in der Praxis richtig umzusetzen

Mithilfe des Excel-Berechnungstools ENGP-bautop kann der öffentlich-rechtliche Energieausweis nach DIN V 4108-6 und DIN V 4701-10 direkt erstellt und ausgedruckt werden. Eine Basisversion des Berechnungstools ist Bestandteil des Buches und steht exklusiv für Buchkäufer zum kostenlosen Download bereit. Darüber hinaus ist eine stark erweiterte Profi-Version separat erhältlich. Weitere Informationen auf Seite 6 bzw. unter www.enev-profi.de.

Regensburg, im Juni 2014

Johannes Volland

Hinweise zum Download-Angebot und zum Aktualitätsservice

Zu diesem Buch stehen exklusiv für Buchkäufer ein **Basis-Berechnungstool** sowie **ergänzende Informationen, Simulationen und Links** bereit unter **www.enev-profi.de**.

Mit Hilfe des Excel-Berechnungstools ENGP-bautop kann der Energieausweis nach EnEV 2014 für Wohngebäude direkt erstellt werden – wahlweise auf der Basis des berechneten Energiebedarfs (nach DIN V 4108-6 und DIN V 4701-10) oder des Energieverbrauchs.

Darüber hinaus hält der Aktualitätsservice das Buch bei **Änderungen der Rechtsgrundlagen** bis zur nächsten EnEV auf dem aktuellen Stand.

Zum Öffnen der Seite ist ein Kennwort erforderlich. Ihr persönliches Kennwort finden Sie im versiegelten Kuvert auf der Umschlaginnenseite.

Ein **kostenfreier Newsletter** informiert sobald aktuelle Inhalte oder **Updates** bereitstehen. Anmeldung unter www.enev-profi.de

Die separat erhältliche **Profi-CD** bietet eine **stark erweiterte Version des Berechnungstools ENGP-bautop** inkl. umfangreicher Bibliotheken zu technischen Anlagen nach DIN V 4701-10 sowie zu bestehenden Anlagen im Bestand, zu Baustoffen nach DIN 4108-4 und historischen Baustoffen sowie zahlreiche Arbeitshilfen für die Energieberatung.

Inhaltsverzeichnis

1 EnEV 2014

Erläuterung des Nachweisverfahrens nach EnEV 2014 und das EEWärmeG

Autor: Dipl.-Ing. (FH) Johannes Volland

Inhalt Seite

1.1 Prinzipielle Erläuterung der EnEV 2014

Verordnung über energiesparenden Wärmeschutz und energiesparende Anlagentechnik bei Gebäuden (Energieeinsparverordnung – EnEV)

Nachfolgend wird die aktuelle Verordnung über energiesparenden Wärmeschutz und energiesparende Anlagentechnik bei Gebäuden (Energieeinsparverordnung – EnEV), die ab dem 1. Mai 2014 rechtsgültig ist, inhaltlich erläutert. Der Text der EnEV wird zum Teil original, zum Teil, zum besseren Verständnis, mit eigenen Worten wiedergegeben. Der Originaltext befindet sich auf www.enev-profi.de.

1.1.1 Einleitung

Mit der EnEV 2007 wurde die EU-Richtlinie 2002/91/EG „Gesamt-Energieeffizienz von Gebäuden", in der die Einführung eines Ausweises über den Energieverbrauch für Neu- und Bestandsgebäude festgelegt wurde, 1:1 umgesetzt. In dieser Verordnung wurden die Anforderungen an den Energiebedarf von Gebäuden gegenüber der EnEV 2004 nicht verändert.

Aufgrund steigender Energiepreise, der Bereitschaft zur Energieeinsparung in der Bevölkerung, verstärkter Nachfrage nach Häusern mit geringem Energieverbrauch und der dringenden Notwendigkeit, den Ausstoß von Treibhausgasen zu reduzieren etc., hat die Bundesregierung am 23./24. August 2007 in Meseberg ein beschleunigtes Vorgehen im Rahmen eines umfassenden Klimaschutzprogramms beschlossen (Integriertes Energie- und Klimaschutzprogramm, IEKP). Die Schwerpunkte dieses Programms sind unter anderem

- eine Verschärfung der energetischen Anforderungen an beheizte und gekühlte Gebäude um durchschnittlich 30 % bis 2009,
- eine weitere Verschärfung um ca. 30 % bis 2012,
- Pflicht zur anteiligen Nutzung von regenerativen Energien,
- Ausweitung der Nachrüstpflichten bei Anlagen und Gebäuden,
- Stärkung der Kontrolle privater Nachweispflichten,
- umfangreiche Förderung für Maßnahmen zur Steigerung der Energieeffizienz im beheizten und gekühlten Gebäudebereich.

Zur Umsetzung des Klimaschutzprogramms wurde Anfang 2009 das EEWärmeG (Erneuerbare-Energien-Wärmegesetz) eingeführt und im Oktober 2009 die EnEV 2009 novelliert.

Durch die EU-Energieeffizienz-Richtlinie (2012/27/EU), die ab 2020 für beheizte und gekühlte Gebäude den Niedrigstenergiehaus-Standard fordert, wurde es notwendig, die EnEV 2009 neu zu novellieren. Außerdem war eine Überarbeitung notwendig, da eine Vielzahl von DIN-Normen, auf die sich die EnEV bezieht, aktualisiert und überarbeitet wurde.

Die wesentlichen Änderungen in der EnEV 2014 gegenüber der EnEV 2009 sind:

- Reduzierung des Primärenergiebedarfs bei Neubauten um ca. 25 % ab 2016,
- ab dem 1. Januar 2016 wird der zulässige Transmissionswärmeverlust auch über das Referenzgebäude festgelegt. Es darf dann sowohl der Wert des Referenzgebäudes als auch der Wert der Tabelle 2 Anlage 1 nicht überschritten werden. Somit reduziert sich auch der zulässige Transmissionswärmeverlust über die Gebäudehülle um bis zu ca. 20 %,
- Neuregelungen bei der Ausstellung von Energieausweisen. Jeder Energieausweis bekommt eine Registriernummer,
- es wird eine Energieeffizienzklasse im Energieausweis mit eingeführt,

- das Referenzklima in Deutschland wird von Würzburg nach Potsdam verlegt,
- die Anrechenbarkeit von Strom aus erneuerbaren Energien wurde neu gefasst,
- die Regelung der Außerbetriebnahme von Elektrospeicherheizungen wurde aus der EnEV entfernt,
- bei Immobilienanzeigen muss die Energiekennzahl der angebotenen Immobilie mit angegeben werden,
- Neuregelung bei der Aushändigung von Energieausweisen,
- Möglichkeit der Einführung eines Modellberechnungsverfahrens für nicht gekühlte Wohngebäude.

Im EEWärmeG wird geregelt, dass jeder Neubau mit einer Nutzfläche von mehr als 50 m² seinen Energiebedarf zu einem bestimmten Anteil mit regenerativen Energien decken muss. Freiwillig können die Länder dies auch bei der Sanierung von Bestandsgebäuden fordern. Dadurch soll der Anteil erneuerbarer Energien am Endenergieverbrauch für Wärme und Kühlung bis zum Jahr 2020 auf 14 % erhöht werden.

In der neuen Fassung des EEWärmeG von 2011:12 wurde mit aufgenommen, dass öffentlichen Gebäuden bei der Nutzung von erneuerbaren Energien auch im Bestand eine Vorbildfunktion zukommt. Bei öffentlichen Gebäuden muss auch im Sanierungsfall ein Teil der notwendigen Energie für die Beheizung und Kühlung über regenerative Energien gedeckt werden. Außerdem muss nun auch ein Teil des Energiebedarfs für die Kühlung von Gebäuden über regenerative Energien erzeugt werden.

Nachfolgend werden in diesem Kapitel die EnEV 2014 und das EEWärmeG erläutert.

1.1.2 Aufbau der Verordnung

Die Verordnung besteht aus sieben Abschnitten und elf Anhängen:

Abschnitt 1:	Allgemeine Vorschriften
Abschnitt 2:	Zu errichtende Gebäude
Abschnitt 3:	Bestehende Gebäude und Anlagen
Abschnitt 4:	Anlagen der Heizungs-, Kühl- und Raumlufttechnik sowie der Warmwasserversorgung
Abschnitt 5:	Energieausweise und Empfehlungen für die Verbesserung der Energieeffizienz
Abschnitt 6:	Gemeinsame Vorschriften, Ordnungswidrigkeiten
Abschnitt 7:	Schlussvorschriften
Anlage 1:	Anforderungen an Wohngebäude
Anlage 2:	Anforderungen an Nichtwohngebäude
Anlage 3:	Anforderungen bei Änderung von Außenbauteilen und bei Errichtung kleiner Gebäude; Randbedingungen und Maßgaben für die Bewertung bestehender Wohngebäude
Anlage 4:	Anforderung an die Dichtheit des gesamten Gebäudes
Anlage 4a:	Anforderung an die Inbetriebnahme von Heizkesseln und sonstigen Wärmeerzeugersystemen
Anlage 5:	Anforderung an die Wärmedämmung von Rohrleitungen und Armaturen
Anlage 6:	Muster Energieausweis Wohngebäude
Anlage 7:	Muster Energieausweis Nichtwohngebäude

Anlage 8: Muster Aushang Energieausweis auf der Grundlage des Energiebedarfs

Anlage 9: Muster Aushang Energieausweis auf der Grundlage des Energieverbrauchs

Anlage 10: Einteilung in Energieeffizienzklassen

Anlage 11: Anforderung an die Inhalte der Fortbildung

1.1.3 Anforderungsstruktur der Verordnung

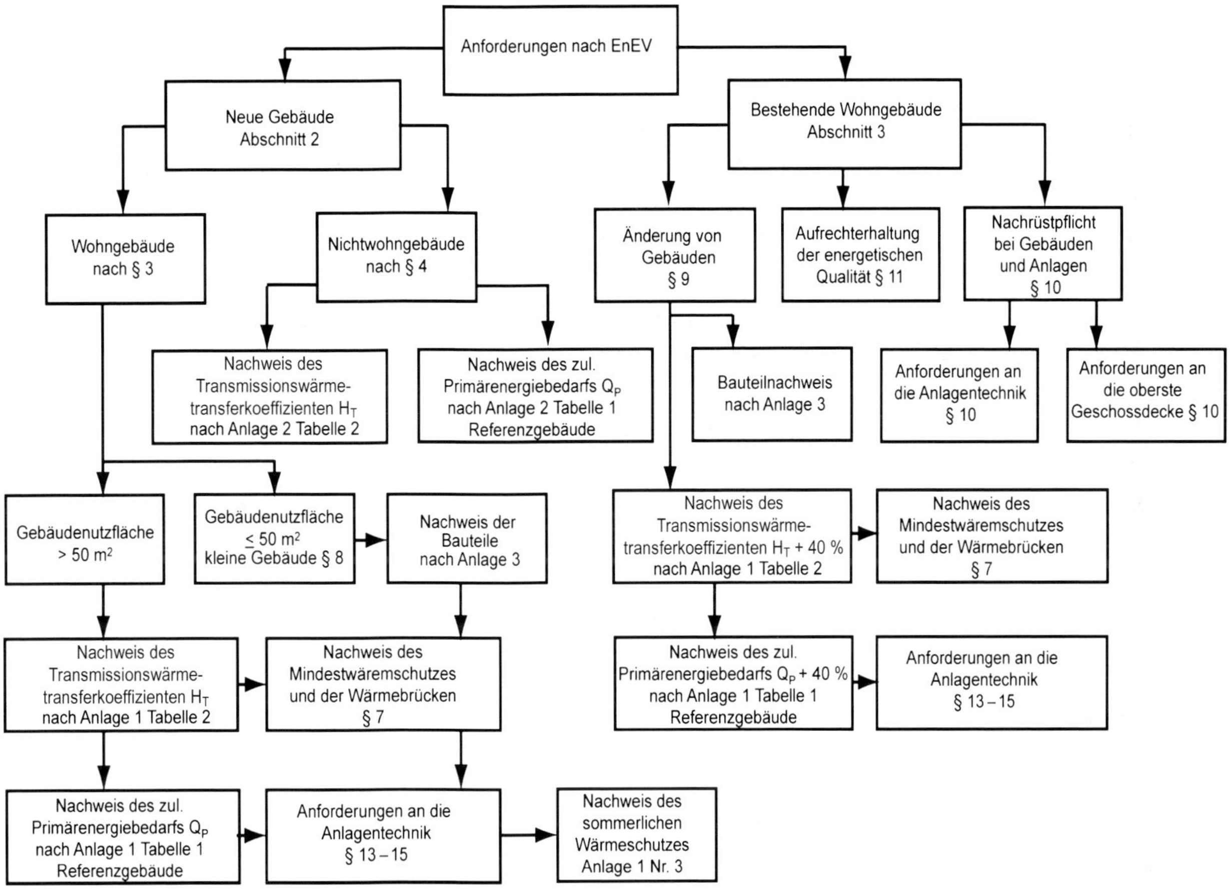

Bild 1.1: Anforderungsstruktur der EnEV

Hinweis:

Ab dem 1. Januar 2016 wird der zulässige Transmissionswärmeverlust auch über das Referenzgebäude festgelegt. Der berechnete Transmissionswärmeverlust darf dann sowohl die Werte der Anlage 1 Tabelle 2 als auch den berechneten Transmissionswärmeverlust des Referenzgebäudes nicht überschreiten.

1.1.4 Erläuterung der Verordnung

1.1.4.1 Abschnitt 1 – Allgemeine Vorschriften

§ 1 Anwendungsbereich

Die Verordnung gilt für:

- *„Gebäude, soweit sie [mehr als vier Monate] unter Einsatz von Energie beheizt oder gekühlt werden“,*
- *„Anlagen und Einrichtungen der Heizungs-, Kühl-, Raumluft- und Beleuchtungstechnik, sowie der Warmwasserversorgung von Gebäuden“.*

Folgende Gebäude sind ausgenommen:

- *„Betriebsgebäude, die überwiegend zur Aufzucht und Haltung von Tieren genutzt werden“,*
- *„Betriebsgebäude, soweit sie nach ihrem Verwendungszweck großflächig und lang anhaltend offen gehalten werden müssen“,*

  Hinweis:

  Befinden sich in diesen Gebäuden Aufenthaltsräume, die beheizt werden, müssen für diese Räume die Anforderungen nach EnEV § 3 oder § 4 eingehalten werden. Haben diese Aufenthaltsräume eine Gebäudenutzfläche von $\leq 50\ m^2$, sind die Anforderungen nach § 8 und Anlage 3 EnEV einzuhalten.
- *„Unterirdische Bauten“,*
- *„Unterglasanlagen und Kulturräume für Aufzucht, Vermehrung und Verkauf von Pflanzen“,*
- *„Traglufthallen und Zelte“,*
- *„Gebäude, die dazu bestimmt sind, wiederholt aufgestellt und zerlegt zu werden, und provisorische Gebäude mit einer geplanten Nutzungsdauer von bis zu zwei Jahren“,*
- *„Gebäude, die dem Gottesdienst oder anderen religiösen Zwecken gewidmet sind“,*
- *„Wohngebäude, die für eine Nutzungsdauer von weniger als vier Monaten jährlich bestimmt sind“* oder die
- *„für eine begrenzte jährliche Nutzungsdauer bestimmt sind, wenn der zu erwartende Energieverbrauch der Wohngebäude weniger als 25 Prozent des zu erwartenden Energieverbrauchs bei ganzjähriger Nutzung beträgt, und*
- *sonstige handwerkliche, landwirtschaftliche, gewerbliche und industrielle Betriebsgebäude, mit einer Innentemperatur von weniger als 12^0 C oder die jährlich weniger als vier Monate beheizt sowie weniger als zwei Monate gekühlt werden“.*

§ 2 Begriffsbestimmung

In diesem Paragrafen sind die in der Verordnung vorkommenden Begriffe erläutert, wie z. B. Wohngebäude, Nichtwohngebäude, Heizkessel oder Gebäudenutzfläche. Auf die einzelnen Begriffe wird in den Erläuterungen näher eingegangen.

1.1.4.2 Abschnitt 2 – Zu errichtende Gebäude

§ 3 Anforderungen an Wohngebäude

Bei Wohngebäuden mit normaler Innentemperatur muss nach § 3 der EnEV der Primärenergiebedarf Q_P und der spezifische auf die wärmeübertragende Umfassungsfläche bezogene

Transmissionswärmeverlust H_T für Heizung, Warmwasserbereitung, Lüftung und Kühlung nachgewiesen werden.

a) Zulässiger Jahresprimärenergiebedarf Q_P

Für den zulässigen Jahresprimärenergiebedarf Q_P ist das zu untersuchende Gebäude mit den Werten des Referenzgebäudes der Tabelle 1 Anlage 1 zu berechnen (siehe Kapitel 5 – 7). Der sich daraus ergebende Jahresprimärenergiebedarf gilt als Grenzwert und darf nicht überschritten werden.

Die Berechnung des Jahresprimärenergiebedarfs darf nach Anlage 1 Nummer 2 sowohl nach

- DIN V 18599:2011-12
- als auch nach dem Monatsbilanzverfahren der DIN EN 832:2003-06 in Verbindung mit der DIN V 4108-6:2003-06 (berichtigt 2004-03) und DIN V 4701-10:2003-08 (geändert durch A1:2012-07) berechnet werden. Die Klimarandbedingungen sind aus der DIN V 18599-10 zu entnehmen.

Nach dem Monatsbilanzverfahren der DIN V 4108-6 dürfen die Randbedingungen aus Anhang D.3 für die Berechnung des Jahresheizenergiebedarfes Q_h angewendet werden.

Wichtig:

Die Berechnung des Referenzgebäudes und der Nachweis des nachzuweisenden Gebäudes haben jeweils mit dem gleichen Rechenverfahren zu erfolgen.

Hinweis aus der Anlage 1 Nr. 1.1:

„Soweit in dem zu errichtenden Wohngebäude eine elektrische Warmwasserbereitung ausgeführt wird, darf diese bis zum 31.Dezember 2015 anstelle von Tabelle 1 Zeile 6 als wohnungszentrale Anlage ohne Speicher gemäß den in Tabelle 5.1-3 der DIN V 4701-10 [...] gegebenen Randbedingungen berücksichtigt werden. Der sich daraus ergebende Höchstwert des Jahresprimärenergiebedarfs [...] ist um 10,0 kWh/(m²a) zu verringern; dies gilt nicht bei Durchführung von Maßnahmen zur Einsparung von Energie nach § 7 Absatz 1 Nummer 2 in Verbindung mit Nummer VII.1 und 2 der Anlage des Erneuerbare-Energien-Wärmegesetzes."

b) Zulässiger spezifischer Transmissionswärmeverlust

Die spezifischen, auf die wärmeübertragende Umfassungsfläche bezogenen Transmissionswärmeverluste dürfen die Werte der Tabelle 2 Anlage 1 nicht überschreiten (siehe Kapitel 5 – 7).

Ab dem 1. Januar 2016 dürfen die spezifischen, auf die wärmeübertragende Umfassungsfläche bezogenen Transmissionswärmeverluste **auch** den berechneten Transmissionswärmeverlust des Referenzgebäudes nicht überschreiten.

c) Sommerlicher Wärmeschutz

Zu errichtende Wohngebäude müssen den *„Anforderungen des sommerlichen Wärmeschutzes der Anlage 1 Nummer 3"* genügen. Der höchstzulässige Sonneneintragskennwert ist nach DIN 4108-2:2013-02 zu bestimmen. *„Dazu sind entweder die Sonneneintragskennwerte nach Abschnitt 8.3 oder die Übertemperatur-Gradstunden nach Abschnitt 8.4 [DIN 4108-2] zu begrenzen"* (siehe Kapitel 2).

d) Wohngebäude, die gekühlt werden

Wohngebäude, die gekühlt werden, müssen nach DIN V 18599:2011-12 berechnet werden.

e) Anlagentechnische Komponenten

„Werden anlagentechnische Komponenten eingesetzt, für deren energetische Bewertung weder anerkannte Regeln der Technik oder gemäß § 9 Absatz 2 Satz 2 dritter Teilsatz bekannt gemachte gesicherte Erfahrungswerte vorliegen, so dürfen die energetischen Eigenschaften dieser Komponenten unter Verwendung derselben Randbedingungen wie in den Berechnungsverfahren nach Nummer 2.1.1 beziehungsweise Nummer 2.1.2 durch dynamisch-thermische Simulationsrechnungen ermittelt werden."

f) Vereinfachter Nachweis aufgrund von Modellberechnungen (Modellgebäudeverfahren):

Damit der Aufwand für ein Standard-Wohngebäude zur Erstellung des Energieausweises verringert werden kann, beabsichtigt die Bundesregierung ein vereinfachtes Verfahren für nicht gekühlte Wohngebäude einzuführen. Dieses Verfahren ist in der EnEV nicht enthalten. Es kann aber nach § 3 der EnEV jederzeit über Bekanntmachungen veröffentlicht und eingeführt werden. Weitere Informationen werden unter www.bbsr-energieeinsparung.de sowie unter www.enev-profi.de bereitgestellt.

§ 4 Anforderungen an Nichtwohngebäude

Nichtwohngebäude sind nach Maßgabe von Anlage 2, Nr. 2 oder 3 der EnEV zu berechnen. Der Jahresprimärenergiebedarf für Heizung, Kühlung, eingebaute Beleuchtung, Warmwasserbedarf und Lüftung darf den Jahresprimärenergiebedarf eines Referenzgebäudes nach Anlage 2 Tabelle 1 der EnEV nicht überschreiten. Der spezifische, auf die wärmeübertragende Umfassungsfläche bezogene Transmissionswärmetransferkoeffizient ist nach Anlage 2, Nr. 2 der EnEV zu berechnen.

§ 5 Anrechnung von Strom aus erneuerbaren Energien

„Wird in zu errichtenden Gebäuden Strom aus erneuerbaren Energien eingesetzt, darf dieser Strom von dem nach § 3 Absatz 3 und § 4 Absatz 3 berechneten Energiebedarf abgezogen werden."

Voraussetzung hierfür ist,

- dass der Strom *„im unmittelbaren räumlichen Zusammenhang zum Gebäude erzeugt wird und"*
- *„vorrangig in dem Gebäude unmittelbar nach Erzeugung oder nach vorübergehender Speicherung selbst genutzt und nur die überschüssige Energiemenge in ein öffentliches Netz eingespeist wird".*

„Es darf höchstens die Strommenge [...] angerechnet werden, die dem berechneten Strombedarf der jeweiligen Nutzung entspricht."

„Der Strombedarf ist nach den Berechnungsverfahren nach [DIN V 18599:2011-12 oder DIN V 4701-10:2003-8] als Monatswert zu bestimmen. Der monatliche Ertrag der Anlagen zur Nutzung erneuerbarer Energien ist nach DIN V 18599-9: 2011-12, berichtigt durch DIN V 18599-9 Berichtigung 1: 2013-05, zu bestimmen. Bei Anlagen zur Erzeugung von Strom aus solarer Strahlungsenergie sind die monatlichen Stromerträge unter Verwendung der mittleren monatlichen Strahlungsintensitäten der Referenzklimazone Potsdam nach DIN V 18599-10: 2011-12 Anhang E sowie der Standardwerte zur Ermittlung der Nennleistung des Photovoltaikmoduls nach DIN V 18599-9: 2011-12 Anhang B zu ermitteln. Bei Anlagen zur Erzeugung von Strom aus Windenergie sind die monatlichen Stromerträge unter Verwendung der mittleren monatlichen Windgeschwindigkeiten der Referenzklimazone Potsdam nach DIN V 18599-10: 2011-12 Anhang E zu ermitteln."

§ 6 Dichtheit und Mindestluftwechsel

Je geringer die Wärmeverluste über die Außenbauteile werden, desto größer wird der Anteil der Lüftungswärmeverluste Q_V an der Gesamt-Energiebilanz des Gebäudes. Zusätzlich können Undichtigkeiten an der Gebäudehülle zu Tauwasserausfall und zu dadurch bedingten Bauschäden führen. In der EnEV sind Anforderungen an die Dichtheit und an den Mindestluftwechsel im § 6 geregelt.

„Zu errichtende Gebäude sind so auszuführen, dass die wärmeübertragende Umfassungsfläche einschließlich der Fugen dauerhaft luftundurchlässig entsprechend den anerkannten Regeln der Technik abgedichtet ist."

Bei einer Dichtheitsprüfung müssen die Werte nach Anlage 4 eingehalten werden, wenn diese bei der Berechnung berücksichtigt werden soll.

In der DIN 4108-7 sind Musterbeispiele zur optimalen Gestaltung von Anschlüssen und Fugenausbildungen abgebildet. Diese gelten als Regeln der Technik (siehe Kapitel 6).

Zu beachten ist, dass der zum Zweck der Gesundheit und Beheizung erforderliche Mindestluftwechsel sichergestellt sein muss.

§ 7 Mindestwärmeschutz und Wärmebrücken

Die EnEV weist darauf hin, dass der Mindestwärmeschutz nach den anerkannten Regeln der Technik eingehalten werden muss. Dieser ist in der DIN 4108-2 geregelt. Bei aneinandergereihten Gebäuden, bei denen die Nachbarbebauung nicht gesichert ist, muss die Gebäudetrennwand den Mindestwärmeschutz einhalten.

Außerdem müssen die Wärmeverluste über Wärmebrücken so gering wie möglich gehalten werden. Die Wärmeverluste über Wärmebrücken sind bei der Berechnung der nachzuweisenden Größen Q_p und H_T nach den jeweiligen Berechnungsverfahren mit zu berücksichtigen (siehe Kapitel 6.1). Musterdetails von Wärmebrücken sind in der DIN 4108, Beiblatt 2 aufgezeigt.

„Soweit dabei Gleichwertigkeitsnachweise zu führen wären, ist dies für solche Wärmebrücken nicht erforderlich, bei denen die angrenzenden Bauteile kleinere Wärmedurchgangskoeffizienten aufweisen [U-Werte], als in den Musterlösungen der DIN 4108 Beiblatt 2:2006-03 zugrunde gelegt sind."

Beachten Sie:

Die oben genannte Regelung bezüglich der Führung von Gleichwertigkeitsnachweisen ist irreführend und kann unter Umständen zu Bauschäden und erhöhten Energieverlusten führen. Die Wärmeverluste an Wärmebrücken sind nicht vom Wärmestandard der angrenzenden Bauteile abhängig, sondern von der Ausführung des Wärmebrückendetails (siehe Kapitel 6.1).

§ 8 Anforderung an kleine Gebäude und Gebäude aus Raumzellen

„Werden bei zu errichtenden kleinen Gebäuden die in Anlage 3 genannten Werte der Wärmedurchgangskoeffizienten der Außenbauteile eingehalten, gelten die übrigen Anforderungen dieses Abschnitts als erfüllt."

Das gilt auch für Gebäude, *„die für eine Nutzungsdauer von höchstens fünf Jahren bestimmt und aus Raumzellen von jeweils bis zu 50 Quadratmetern Nutzfläche zusammengesetzt sind"*.

Die Anlagentechnik muss den Anforderungen des Abschnitts 4 der EnEV genügen.

Erläuterung:

Für Gebäude dieser Größenordnung wäre es unverhältnismäßig, eine Gesamtbetrachtung des Energiehaushaltes durchzuführen.

1.1.4.3 Abschnitt 3 – Bestehende Gebäude und Anlagen

§ 9 Änderung, Erweiterung und Ausbau von Gebäuden

Wenn an Außenbauteilen von bestehenden beheizten oder gekühlten Gebäuden mehr als 10 % der gesamten jeweiligen Bauteilfläche des Gebäudes nach Anlage 3 Nummern 1 – 6 der EnEV verändert werden, sind die Anforderungen nach Anlage 3 der EnEV einzuhalten. Dort stehen zwei Nachweisverfahren zur Verfügung:

- Bauteilverfahren

  Beim Bauteilverfahren müssen die Wärmedurchgangskoeffizienten (U-Werte) der sanierten Bauteile den Anforderungen der Anlage 3 Nummern 1 – 6 genügen.

- Genauer Nachweis

  Die Anforderungen gelten als erfüllt, wenn geänderte Wohngebäude insgesamt den Jahresprimärenergiebedarf Q_P des Referenzgebäudes nach § 3 Absatz 1 und den Höchstwert des spezifischen, auf die wärmeübertragende Umfassungsfläche bezogenen Transmissionswärmeverlust H_T nach Tabelle 2 Anlage 1 um nicht mehr als 40 % überschreiten. Die Anrechnung von Strom aus § 5 darf berücksichtigt werden.

  Bei dem genauen Nachweis sind die Randbedingungen und Maßgaben nach Anlage 3 Nummer 8 zu beachten.

  Die Verringerung des zulässigen Primärenergiebedarfs nach Anlage 1 Tabelle 1 Zeile 1.0 um 25 % ist bei Bestandsgebäuden nicht anzuwenden.

Zur Erleichterung der Datenerfassung sind folgende Vereinfachungen zulässig:

- *„Wenn Angaben zu geometrischen Abmessungen von Gebäuden fehlen, können diese durch vereinfachtes Aufmaß ermittelt werden“* (siehe Kapitel 2).

„Wenn energetische Kennwerte für bestehende Bauteile (siehe Kapitel 3) *und Anlagenkomponenten* (siehe Kapitel 4) *nicht vorliegen, können gesicherte Erfahrungswerte für Bauteile und Anlagenkomponenten vergleichbarer Altersklassen nach den anerkannten Regeln der Technik verwendet werden.“* Die Einhaltung solcher Regeln wird vermutet, wenn hierfür vom Bundesministerium für Verkehr, Bau und Stadtentwicklung die im Bundesanzeiger bekannt gemachten Veröffentlichungen verwendet werden.

Erweiterung und Ausbau von Gebäuden:

- *„Bei der Erweiterung und dem Ausbau eines Gebäudes um beheizte oder gekühlte Räume, für die kein Wärmeerzeuger eingebaut wird, sind die betroffenen Außenbauteile so zu ändern oder auszuführen, dass die Wärmedurchgangskoeffizienten der betroffenen Flächen die für solche Außenbauteile in Anlage 3 festgelegten Höchstwerte der Wärmedurchgangskoeffizienten nicht überschreiten. Ist die hinzukommende zusammenhängende Nutzfläche größer als 50 Quadratmeter, sind außerdem die Anforderungen an den sommerlichen Wärmeschutz einzuhalten“* (siehe Kapitel 2).
- *Wird ein Wärmeerzeuger eingebaut, müssen für den neuen Gebäudeteil der Transmissionswärmeverlust und der Primärenergiebedarf berechnet werden.*

Der berechnete Transmissionswärmeverlust darf den zulässigen Wert aus der Anlage 1 Tabelle 2 nicht überschreiten. Dies gilt auch nach dem 1. Januar 2016. Der zulässige Transmissionswärmeverlust aus dem Referenzgebäude wird nicht maßgebend.

Der berechnete Primärenergiebedarf darf den zulässigen Wert des Referenzgebäudes nach Anlage 1 Tabelle 1 nicht überschreiten. Die Zeile 1.0 in der Anlage 1 Tabelle1 ist nicht anzuwenden.

Tabelle 1.1: Höchstwerte der Wärmedurchgangskoeffizienten bei erstmaligem Einbau, Ersatz und Erneuerung von Bauteilen – nach EnEV Anlage 3 Tabelle 1

Zeile	Bauteil Ausnahmeregelungen siehe Verordnung.	Wohngebäude und Zonen von Nichtwohngebäuden mit Innentemperaturen ≥ 19 °C	Zonen von Nichtwohngebäuden mit Innentemperaturen von 12 bis < 19 °C
		Höchstwerte der Wärmedurchgangskoeffizienten U_{max}[1]	
1	Außenwände,		
	– die ersetzt, erstmalig eingebaut werden	0,24	0,35
	– bestehende Wände, die erneuert werden, bei denen auf der Außenseite Bekleidungen in Form von Platten oder plattenartigen Bauteilen oder Verschalungen sowie Mauerwerks-Vorsatzschalen angebracht werden oder der Außenputz erneuert wird	0,24	0,35
2	Außen liegende Fenster		
A	– Fenster, Fenstertüren	1,30[2)]	1,90[2)]
B	– Dachflächenfenster	1,40[2)]	1,90[2)]
C	– Verglasungen	1,10[3)]	keine Anforderung
D	– Vorhangfassaden	1,50[4)]	1,90[4)]
E	– Glasdächer	2,00[3)]	2,70[3)]
F	– Fenstertüren mit Klapp-, Falt-, Schiebe- oder Hebemechanismus	1,60[2)]	1,90[2)]
3	Fenster mit Sonderverglasung		
A	– Fenster, Fenstertüren und Dachfenster	2,00[2)]	2,80[2)]
B	– Sonderverglasung	1,60[3)]	keine Anforderung
C	– Vorhangfassaden	2,30[4)]	3,00[4)]
	– Außentüren: Einbau einer neuen Außentür	2,90	2,90
4	Dächer		
A	– Dachflächen einschließlich Dachgauben, Wände gegen unbeheizten Dachraum (einschließlich Abseitenwände), oberste Geschossdecken	0,24	0,35
B	– Dachflächen mit Abdichtung	0,20	0,35

5	Wände und Decken gegen unbeheizte Räume und Erdreich		
a	– Wände gegen Erdreich oder unbeheizte Räume (mit Ausnahme von Dachräumen) sowie Decken nach unten gegen Erdreich oder unbeheizte Räume	0,30	keine Anforderungen
b	– Fußbodenaufbau	0,50	
c	– Decken nach unten an Außenluft	0,24	0,35

1) Wärmedurchgangskoeffizient des Bauteils unter Berücksichtigung der neuen und der vorhandenen Bauteilschichten; für die Berechnung der Bauteile nach den Zeilen 5a und b ist DIN V 4108-6 Anhang E und für die Berechnung sonstiger opaker Bauteile ist DIN EN ISO 6946:2008-04 zu verwenden.

2) Bemessungswert des Wärmedurchgangskoeffizienten des Fensters; der Bemessungswert des Wärmedurchgangskoeffizienten des Fensters ist technischen Produkt-Spezifikationen zu entnehmen oder gemäß den nach den Landesbauordnungen bekannt gemachten energetischen Kennwerten für Bauprodukte zu bestimmen. Hierunter fallen insbesondere energetische Kennwerte aus europäischen technischen Zulassungen sowie energetische Kennwerte der Regelungen nach der Bauregelliste A Teil 1 und aufgrund von Festlegungen in allgemeinen bauaufsichtlichen Zulassungen.

3) Bemessungswert des Wärmedurchgangskoeffizienten der Verglasung; Fußnote 2 ist entsprechend anzuwenden.

4) Wärmedurchgangskoeffizient der Vorhangfassade; er ist nach DIN EN 13947:2007-07 zu ermitteln.

Die Erläuterungstexte der EnEV Anlage 3 Nummern 1 – 6 sind entsprechend zu beachten.

§ 10 Nachrüstung bei Anlagen und Gebäuden

a) Anforderung an alte Heizkessel

„Eigentümer von Gebäuden dürfen Heizkessel,

- *die mit flüssigen oder gasförmigen Brennstoffen beschickt werden“* und solche,

  die *„vor dem 1. Oktober 1978 eingebaut oder aufgestellt worden sind,*

  nicht mehr betreiben“,
- die *„vor dem 1. Januar 1985 eingebaut oder aufgestellt worden sind,*

  ab 2015 nicht mehr betreiben“,
- die *„nach dem 1. Januar 1985 eingebaut oder aufgestellt worden sind, nach Ablauf von 30 Jahren nicht mehr betreiben“.*

Dies gilt für Kessel mit einer Nennwärmeleistung zwischen 4 kW und 400 kW.

Ausgenommen sind Niedertemperatur-Heizkessel oder Brennwert-Kessel sowie Heizkessel nach EnEV § 13, Absatz 3, Nummern 2 – 4 (siehe Abschnitt 6, § 24 Ausnahmen).

Erläuterung:

Alte Heizungsanlagen haben oft einen sehr schlechten Wirkungsgrad und sollten aus diesem Grund durch neue ersetzt werden.

b) Anforderung an Wärmeverteilungs- und Warmwasserleitungen

Ungedämmte Wärmeverteilungs- und Warmwasserleitungen sowie Armaturen, die sich nicht in beheizten Räumen befinden, müssen von den Eigentümern nach Anlage 5 der EnEV gedämmt werden, soweit diese zugänglich sind.

Erläuterung:

Ungedämmte Warmwasserleitungen haben einen enormen Wärmeverlust und tragen dadurch zu einem unnötig hohen Energieverbrauch des Gebäudes bei. Auch Warmwasserleitungen in beheizten Räumen sollten gedämmt werden, damit die Wärmeabgabe in den beheizten Räumen besser reguliert werden kann.

c) Oberste Geschossdecke

„Eigentümer von Wohngebäuden, die nach ihrer Zweckbestimmung jährlich mindestens vier Monate und auf Innentemperaturen von mindestens 19 Grad Celsius beheizt werden, müssen dafür sorgen, dass zugängliche Decken beheizter Räume zum unbeheizten Dachraum (oberste Geschossdecken), die nicht die Anforderungen an den Mindestwärmeschutz nach DIN 4108-2 erfüllen, nach dem 31. Dezember 2015 so gedämmt sind, dass der Wärmedurchgangskoeffizient der obersten Geschossdecke 0,24 Watt/(m²·K) nicht überschreitet."

Dies gilt auch als erfüllt, *„wenn anstelle der obersten Geschossdecke das darüber liegende Dach entsprechend gedämmt ist oder den Anforderungen an den Mindestwärmeschutz nach DIN 4108-2 genügt. Bei Maßnahmen zur Dämmung in Deckenzwischenräumen oder Sparrenzwischenräumen ist Anlage 3 Nummer 4 Satz 4 und 6 entsprechend anzuwenden.*

Ausnahme:

Die Anforderungen gelten nicht für Gebäude mit ein bis zwei Wohneinheiten, von denen der Eigentümer eine Wohnung am 1. Februar selbst bewohnt hat. In diesem Fall sind diese Maßnahmen erst nach einem Eigentümerwechsel nach dem 1. Februar 2002 vom neuen Eigentümer durchzuführen. Bei Eigentumswechsel müssen diese Maßnahmen innerhalb von zwei Jahren durchgeführt werden.

Beachten Sie:

Vorgenannte Maßnahmen sind nicht durchzuführen, *„soweit die dafür notwendigen Aufwendungen durch die eintretende Einsparung nicht innerhalb angemessener Frist erwirtschaftet werden können".*

§ 10a Außerbetriebnahme von elektrischen Speicherheizsystemen

(wurde aufgehoben)

§ 11 Aufrechterhalten der energetischen Qualität

Zur Aufrechterhaltung der energetischen Qualität eines Gebäudes darf nichts unternommen oder unterlassen werden, was den Jahresprimärenergiebedarf erhöht. Folgende Punkte sind hier nach EnEV zu beachten:

- Die Außenhülle sowie die Heizungsanlage darf nicht in einer Weise verändert werden, durch welche die energetische Qualität des Gebäudes verschlechtert wird und der Jahresprimärenergiebedarf sich erhöht.
- Energiebedarfssenkende Einrichtungen in Anlagen, wie z. B. Solarkollektoren, Lüftungsanlagen und Wärmepumpen, müssen betriebsbereit gehalten werden und sind bestimmungsgemäß zu nutzen. Sie dürfen durch andere energiebedarfssenkende Anlagen auf den Jahresprimärenergiebedarf ersetzt werden.
- Die Anlagentechnik ist mit all ihren Komponenten vom Betreiber sachgerecht zu bedienen. Komponenten mit wesentlichem Einfluss auf den Wirkungsgrad sind regelmäßig zu warten, instand zu halten und sachgerecht zu bedienen. Die Wartung muss von sachkundigem Personal durchgeführt werden.

Erläuterung:

Der Jahresprimärenergiebedarf eines Gebäudes darf sich durch die Nutzung im Laufe der Jahre nicht erhöhen. Hierfür muss die Anlagentechnik regelmäßig sachkundig gewartet und die Gebäudehülle instand gehalten werden.

§ 12 Energetische Inspektion von Klimaanlagen

Sind in Wohngebäuden Klimaanlagen mit einer Leistung von mehr als 12 kW eingebaut, müssen diese durch regelmäßige energetische Inspektionen von qualifizierten Fachleuten gewartet werden. Dies ist vom Betreiber zu veranlassen. Auf welche Weise und wie oft diese Inspektionen durchgeführt werden müssen und wer dazu berechtigt ist, ist im § 12 der EnEV genau festgelegt.

1.1.4.4 Abschnitt 4 – Anlagen der Heizungs-, Kühl- und Raumlufttechnik sowie der Warmwasserversorgung

§ 13 Inbetriebnahme von Heizkesseln und sonstigen Wärmeversorgersystemen

Im Abschnitt 4 der EnEV wurde die EU-Heizkesselrichtlinie für die Inbetriebnahme von Heizkesseln umgesetzt. Als Heizkessel werden Wärmeerzeuger bezeichnet, die eine Nennwärmeleistung zwischen 4 kW und 400 kW besitzen und mit flüssigen oder gasförmigen Energieträgern beschickt werden. Diese dürfen nur in Betrieb genommen werden, wenn

- sie mit der CE-Kennzeichnung versehen sind,
- nach Anlage 4a der EnEV *„das Produkt aus Erzeugeraufwandszahl e_g und Primärenergiefaktor f_p nicht größer als 1,30 ist“.*

  „Die Erzeugeraufwandszahl ist nach DIN V 4701-10:2003-08, Tabellen C.3-4b bis C.3-4f zu bestimmen. Soweit Primärenergiekennzahlen nicht unmittelbar in dieser Verordnung festgelegt sind, ist der Primärenergiefaktor f_p für den nicht erneuerbaren Anteil nach DIN V 4701-10:2003-08, geändert durch A1:2012-07, zu bestimmen. Werden Niedertemperatur-Heizkessel oder Brennwertkessel als Wärmeerzeuger in Systemen der Nahwärmeversorgung eingesetzt, gilt die Anforderung […] als erfüllt.“

  Ausgenommen sind

  „bestehende Gebäude, wenn der Jahresprimärenergiebedarf den jeweiligen Höchstwert des Jahresprimärenergiebedarf des Referenzgebäudes um nicht mehr als 40 % überschreitet “.

Ausnahmen:

Das CE-Zeichen ist bei folgenden Anlagen nicht notwendig:

- *„einzeln produzierte Heizkessel“,*
- *„Heizkessel, die für den Betrieb mit Brennstoffen ausgelegt sind, deren Eigenschaften von den marktüblichen flüssigen und gasförmigen Brennstoffen erheblich abweichen“,*
- *„Anlagen zur ausschließlichen Warmwasserbereitung“,*
- *„Küchenherde und Geräte, die hauptsächlich zur Beheizung des Raumes, in dem sie eingebaut oder aufgestellt sind, ausgelegt sind, daneben aber auch Warmwasser für die Zentralheizung und für sonstige Gebrauchszwecke liefern“,*
- *„Geräte mit einer Nennleistung von weniger als sechs Kilowatt zur Versorgung eines Warmwasserspeichersystems mit Schwerkraftumlauf“.*

§ 14 Verteilungseinrichtungen und Warmwasseranlagen

Da die Verteilung und Speicherung von Warmwasser zur Heizwärme- und Trinkwasserversorgung mit Energieaufwand und Wärmeverlusten verbunden ist und hier viel Energie verschwendet werden kann, muss diese nach § 14 der EnEV ausgeführt werden. Folgende Punkte sind hier unter anderen zu beachten:

a) Zentralheizungen

Die Anlagentechnik muss mit einer selbstständig wirkenden Einrichtung ausgestattet sein, die in Abhängigkeit

– *„der Außentemperatur oder einer anderen geeigneten Führungsgröße"*
– *„und der Zeit"*

die Wärmezufuhr und die elektrischen Antriebe regelt. Gebäude mit einer Wasserheizung *„ohne Wärmeüberträger, die an ein Nah- oder Fernwärmenetz angeschlossen sind"*, benötigen diese Einrichtung nicht, wenn der Wärmelieferant mit dieser Regelung ausgestattet ist.

Hinweis für bestehende Gebäude:

Bestehende Gebäude, die nicht mit einer solchen Regelungstechnik ausgestattet sind, müssen vom Eigentümer mit einer solchen nachgerüstet werden.

b) Heizungsanlagen mit Wasser als Wärmeträger

Diese müssen beim Einbau in Gebäude mit einer Regelung ausgestattet werden, mit welcher die Temperatur für jeden einzelnen Raum individuell eingestellt werden kann.

Dies gilt nicht

– *„für Räume mit Fußbodenheizung, mit weniger als 6 m² Nutzfläche"*,
– *„für Einzelheizgeräte, die zum Betrieb mit festen oder flüssigen Brennstoffen eingerichtet sind"*.

Hinweis für bestehende Gebäude:

Bestehende Gebäude, die nicht mit einer solchen Regelungstechnik ausgestattet sind, müssen vom Eigentümer nachgerüstet werden.

„Fußbodenheizungen, die vor dem 1. Februar 2002 eingebaut worden sind, dürfen mit Einrichtungen zur raumweisen Anpassung der Wärmeleistungen an die Heizlast ausgestattet werden."

c) Umwälzpumpen

Umwälzpumpen von Zentralheizungen mit mehr als 25 kW Nennleistung sind so auszustatten, dass deren elektrische Leistung dem betriebsbedingten Förderbedarf in mindestens drei Stufen angepasst werden kann, *„soweit sicherheitstechnische Belange des Heizkessels dem nicht entgegenstehen"*.

d) Zirkulationspumpen

Diese *„müssen mit selbstständig wirkenden Einrichtungen zur Ein- und Ausschaltung ausgestattet werden"*.

e) Dämmen der Warmwasserleitungen und Armaturen

Warmwasserleitungen müssen beim erstmaligen Einbau oder bei deren Ersetzen nach Anlage 5 der EnEV zur Reduzierung der Wärmeverluste gedämmt werden.

§ 15 Klimaanlagen und sonstige Anlagen der Raumlufttechnik

1) Der Energieverbrauch von Klimaanlagen und Lüftungssystemen ist bei der Bestimmung des Jahresprimärenergiebedarfs zu berücksichtigen. Außerdem müssen diese bei Einbau und Erneuerung die Anforderung nach EnEV erfüllen. Diese gelten

– bei Klimaanlagen mit einer Nennleistung von mehr als 12 kW,
– bei raumlufttechnischen Anlagen mit einem Volumenstrom von mehr als 4.000 m³/h.

Folgende Forderungen müssen erfüllt sein:

- Die elektrische Leistung darf den Grenzwert der Kategorie SFP 4 nach DIN EN 13779:2007-09 nicht überschreiten.
- Dieser Grenzwert kann um Zuschläge für Gas- und HEPA- Filter (DIN EN 13779:2007-09 Abschnitt 6.5.2) sowie bei Wärmerückführungsbauteilen der Klassen H2 oder H1 nach DIN EN 13053:2007-11 erweitert werden.

2) Anlagen, in denen die Feuchte der Raumluft verändert wird, müssen mit

- regelbaren Befeuchtern ausgestattet und
- mit selbsttätig wirkenden Regelungseinrichtungen ausgestattet sein, bei denen getrennte Sollwerte für Be- und Entfeuchtung eingestellt werden können. Als Führungsgröße muss mindestens die direkt gemessene Zu- und Abluftfeuchte dienen.

  „Sind solche Einrichtungen in bestehenden Anlagen [...] nicht vorhanden, muss der Betreiber sie bei Klimaanlagen innerhalb von sechs Monaten nach Ablauf der jeweiligen Frist des § 12 Absatz 3, bei sonstigen raumlufttechnischen Anlagen in entsprechender Anwendung der jeweiligen Frist des § 12 Absatz 3, nachrüsten."

3) Bei Einbau und Erneuerung von Anlagen nach Punkt 1), in denen der Zuluftvolumenstrom 9 m³ je m² Nettogrundfläche, bei Wohngebäuden je m² versorgter Gebäudenutzfläche überschreitet, müssen diese mit selbsttätigen Regelvorrichtungen ausgestattet sein, in denen die Volumenströme

- in Abhängigkeit der thermischen und stofflichen Lasten reguliert oder
- in Abhängigkeit der Zeit gesteuert werden.

Ausnahme:

Wenn in den versorgten Räumen aufgrund des Arbeits- und Gesundheitsschutzes erhöhte Zuluftvolumenströme vorgeschrieben sind oder Lastveränderungen weder messtechnisch noch hinsichtlich des zeitlichen Verlaufes erfassbar sind, ist die Anlage von dieser Vorschrift ausgenommen.

4) *„Werden Kälteverteilungs- und Kaltwasserleitungen und deren Armaturen, bei Anlagen nach Punkt 1), erstmalig in Gebäude eingebaut oder ersetzt, ist deren Wärmeaufnahme nach Anlage 5 der EnEV zu begrenzen."*

5) *„Werden Anlagen nach Punkt 1) eingebaut oder Zentralgeräte solcher Anlagen erneuert, müssen diese mit einer Einrichtung zur Wärmerückgewinnung ausgestattet sein, die mindestens der Klassifizierung H3 (DIN EN 13053:2007-11) entspricht. Für die Betriebsstundenzahl sind die Nutzungsrandbedingungen nach DIN V 18599-10:2011-12 und für den Luftvolumenstrom der Außenluftvolumenstrom maßgebend."*

1.1.4.5 Abschnitt 5 – Energieausweise und Empfehlungen für die Verbesserung der Energieeffizienz

§ 16 Ausstellung und Verwendung von Energieausweisen

Im Abschnitt 5 der EnEV 2007 wird die Forderung der EU-Richtlinie 2002/91/EG „Gesamtenergieeffizienz von Gebäuden" umgesetzt, in der die Einführung eines Ausweises über den Energieverbrauch für Neu- und Bestandsgebäude festgelegt wurde. Hier wird geregelt, wann, wie und für welche Gebäude ein Energieausweis ausgestellt werden muss.

Im Energieausweis ist die energetische Qualität des Gebäudes darzustellen. Er sagt nichts über den tatsächlich zu erwartenden Energieverbrauch aus, sondern ist lediglich dazu gedacht, einen überschlägigen Vergleich von Gebäuden zu ermöglichen.

a) Es muss ein Energieausweis ausgestellt und dem Eigentümer übergeben werden, wenn ein beheiztes oder gekühltes Gebäude

- neu errichtet wird oder
- *„unter Anwendung des § 9 Absatz 1 Satz 2 für ein gesamtes bestehendes Gebäude Berechnungen nach § 9 Absatz 2 durchgeführt werden.*

„Der Eigentümer hat den Energieausweis der nach Landesrecht zuständigen Behörde auf Verlangen vorzulegen.“

Die Ausstellung und Übergabe des Energieausweises hat *„unverzüglich nach Fertigstellung“* des neuen bzw. des sanierten Gebäudes zu erfolgen.

b) Zugänglich zu machen ist ein Energieausweis dann, wenn

- ein *„mit einem Gebäude bebautes Grundstück“*,
- *„ein grundstücksgleiches Recht an einem bebauten Grundstück“*,
- selbstständiges Eigentum an einem Gebäude, Wohnungs- oder Teileigentum

verkauft wird. Der potenzielle Käufer hat das Recht, diesen vom Verkäufer spätestens bei der Besichtigung vorgelegt zu bekommen. *„Unverzüglich nach Abschluss des Kaufvertrages hat der Verkäufer dem Käufer den Energieausweis oder eine Kopie hiervon zu übergeben.“*

Das Gleiche gilt für Mieter, Pächter und Leasingnehmer eines Gebäudes, einer Wohnung oder einer selbstständigen Nutzungseinheit.

c) *„Der Eigentümer eines Gebäudes, in dem sich mehr als 500 Quadratmeter oder nach dem 8. Juli 2015 mehr als 250 Quadratmeter Nutzfläche mit starkem Publikumsverkehr befinden, der auf behördlicher Nutzung beruht, hat dafür Sorge zu tragen, dass für das Gebäude ein Energieausweis nach dem Muster der Anlage 6 oder 7 ausgestellt wird. Der Eigentümer hat den ausgestellten Energieausweis an einer für die Öffentlichkeit gut sichtbaren Stelle auszuhängen. Wird die genannte Nutzfläche nicht oder nicht überwiegend vom Eigentümer selbst genutzt, so trifft die Pflicht zum Aushang des Energieausweises den Nutzer. Der Eigentümer hat ihm zu diesem Zweck den Energieausweis oder eine Kopie hiervon zu übergeben. Zur Erfüllung der Pflicht ist es ausreichend, von einem Energiebedarfsausweis nur die Seiten 1 und 2 nach dem Muster der Anlage 6 oder 7 und von einem Energieverbrauchsausweis nur die Seiten 1 und 3 nach dem Muster der Anlage 6 oder 7 auszuhängen.“*

„Anstelle des Aushangs eines Energieausweises nach dem Muster der Anlage 7 kann der Aushang auch nach dem Muster der Anlage 8 oder 9 vorgenommen werden.“

d) Bei unter c) genannten Gebäuden, die nicht behördlich genutzt werden, ist der *„Energieausweis an einer für die Öffentlichkeit gut sichtbaren Stelle auszuhängen, sobald für das Gebäude ein Energieausweis vorliegt“*.

Ausnahme:

Kleine Gebäude sind von den Vorschriften a) – d) ausgenommen.

Baudenkmäler sind von den Punkten b) – d) ausgenommen.

§ 16a Pflichtangaben in Immobilienanzeigen

„Wird vor dem Verkauf einer Immobilie eine Immobilienanzeige in kommerziellen Medien aufgegeben und liegt zu diesem Zeitpunkt ein Energieausweis vor, so hat der Verkäufer sicherzustellen, dass die Immobilienanzeige folgende Pflichtangaben enthält“:

- *„die Art des Energieausweises: Energiebedarfsausweis oder Energieverbrauchsausweis“,*
- *„den im Energieausweis genannten Wert des Endenergiebedarfs oder Endenergieverbrauchs für das Gebäude“,*
- *„die im Energieausweis genannten wesentlichen Energieträger für die Heizung des Gebäudes“,*
- *„bei Wohngebäuden das im Energieausweis genannte Baujahr und“*
- *„bei Wohngebäuden die im Energieausweis genannte Energieeffizienzklasse“.*

Dies gilt auch bei der Vermietung, Verpachtung oder beim Leasen eines Gebäudes, einer Wohnung oder einer sonstigen selbstständigen Nutzungseinheit.

„Bei Energieausweisen, die nach dem 30. September 2007 und vor Inkrafttreten der EnEV 2014 ausgestellt worden sind, und bei Energieausweisen nach § 29 Absatz 1 sind die Pflichten der Absätze 1 und 2 nach Maßgabe des § 29 Absatz 2 und 3 zu erfüllen.“

§ 17 Grundsätze des Energieausweises

Der Energieausweis nach § 16 darf auf der Grundlage des berechneten Energiebedarfs (Energiebedarfsausweis) oder des erfassten Energieverbrauchs (Energieverbrauchsausweis) unter folgenden Voraussetzungen ausgestellt werden:

a) Er muss auf der Grundlage des Energiebedarfs (rechnerische Ermittlung des Energiebedarfs) ausgestellt werden, wenn ein Gebäude

- neu errichtet wird,
- geändert und in diesem Zusammenhang eine Berechnung der Transmissionswärmeverluste und des Jahresprimärenergiebedarfs nach § 9 der EnEV durchgeführt wird,
- weniger als fünf Wohneinheiten aufweist und dessen Bauantrag vor dem 1. November 1977 gestellt worden ist.

Letzteres gilt nicht, wenn das Gebäude schon bei der Erstellung oder durch nachträgliche Änderungen dem Anforderungsniveau der Wärmeschutzverordnung vom 11. August 1977 entspricht.

Für Bestandsgebäude sind Energieausweise seit dem 1. Oktober 2008 auszustellen.

b) Auf der Grundlage des Energieverbrauchs (gemessener Energiebedarf)

- bei allen anderen bestehenden Gebäuden.

Folgende Grundsätze sind bei der Ausstellung eines Energieausweises zu beachten:

- Energieausweise sind für Gesamtgebäude und nicht für einzelne Gebäudeteile auszustellen, soweit diese nach § 22 der EnEV aufgrund ihrer Nutzung nicht getrennt zu behandeln sind.
- Energieausweise einschließlich Modernisierungsempfehlungen nach § 20 sind nach den Mustern im Anhang 6 bis 9 der EnEV zu erstellen. *„Zusätzliche, nicht personenbezogene Angaben können beigefügt werden.“*
- *„Sie sind vom Aussteller unter Angabe seines Namens, seiner Anschrift und Berufsbezeichnung sowie des Ausstellungsdatums oder durch Nachbildung der Unterschrift zu unterschreiben. Vor Übergabe des neu ausgestellten Energieausweises an den Eigentümer hat der Aussteller die nach § 26c Absatz 2 zugeteilte Registriernummer einzutragen. Hat bei elektronischer Antragstellung die nach § 26c zuständige Registrierstelle bis zum Ablauf von drei Arbeitstagen nach Antragstellung […] keine Registriernummer zugeteilt, sind statt der Registriernummer die Wörter „Registriernummer wurde beantragt am“ und das Datum der Antragstellung bei der Registrierstelle*

einzutragen (vorläufiger Energieausweis). Unverzüglich nach Erhalt der Registriernummer hat der Aussteller dem Eigentümer eine Ausfertigung des Energieausweises mit der eingetragenen Registriernummer zu übermitteln. Nach Zugang des vervollständigten Energieausweises beim Eigentümer verliert der vorläufige Energieausweis seine Gültigkeit."

- Die notwendigen Gebäudedaten für die Berechnung können vom Eigentümer bereitgestellt werden. *„Der Eigentümer muss dafür Sorge tragen, dass die von ihm [...] bereitgestellten Daten richtig sind. Der Aussteller darf die vom Eigentümer bereitgestellten Daten seiner Berechnung nicht zugrunde legen, soweit begründeter Anlass zu Zweifeln an deren Richtigkeit besteht."*
- Energieausweise haben eine Gültigkeitsdauer von zehn Jahren. Energieausweise verlieren ihre Gültigkeit, wenn ein neuer Energieausweis erforderlich wird.

§ 18 Ausstellung auf Grundlage des Energiebedarfs

Wird der Energieausweis auf Grundlage des berechneten Energiebedarfs ausgestellt, sind die wesentlichen Ergebnisse der Energiebedarfsberechnung nach § 3 (Wohngebäude) oder § 4 (Nichtwohngebäude) im Energieausweis anzugeben.

Diese sind nach EnEV

- der zulässige Jahresprimärenergiebedarf Q_P nach Anhang 1 Tabelle 1,
- der berechnete Jahresprimärenergiebedarf $Q_{p,}$
- der zulässige Transmissionswärmeverlust H'_T nach Anhang 1 Tabelle 2,
- der berechnete Transmissionswärmeverlust $H'_{T,}$
- der berechnete Endenergiebedarf Q_E, gesamt sowie getrennt nach Energieträger für Heizung, Warmwasserbedarf und Hilfsgeräte,
- die Energieeffizienzklasse.

Werden die Energiekenndaten auf Grundlage von Modellberechnungen nach § 3 Absatz 5 bestimmt, die vom Bundesministerium für Verkehr, Bau und Stadtentwicklung über Bekanntmachungen im Bundesanzeiger oder unter www.bbsr-energieeinsparung.de veröffentlicht wurden, sind diese im Energieausweis einzutragen.

§ 19 Ausstellung auf Grundlage des Energieverbrauchs

Wird der Energieausweis für bestehende Gebäude auf Grundlage des gemessenen Energieverbrauchs ausgestellt, ist der witterungsbereinigte Endenergie- und Primärenergieverbrauch zu ermitteln. Dieser ist für Wohngebäude in kWh/(m²a) anzugeben.

Als Bezugsfläche ist die Gebäudenutzfläche zu verwenden. Diese darf vereinfacht ermittelt werden

- *„bei Wohngebäuden mit bis zu zwei Wohneinheiten mit beheiztem Keller pauschal mit dem 1,35-fachen Wert der Wohnfläche"*,
- *„bei sonstigen Wohngebäuden mit dem 1,2-fachen Wert der Wohnfläche"*.

„Der Energieverbrauch für die Heizung ist einer Witterungsbereinigung zu unterziehen."

„Der Primärenergieverbrauch wird auf der Grundlage des Endenergieverbrauchs und der Primärenergiefaktoren nach Anlage 1 Nummer 2.1.1 Satz 2 bis 7 (EnEV) errechnet."

Die Ermittlung des Energieverbrauchs ist möglich,

- aufgrund von *„Verbrauchsdaten aus Abrechnungen von Heizkosten nach der Heizkostenverordnung für das gesamte Gebäude"*,

– *„aufgrund anderer geeigneter Verbrauchsdaten, insbesondere Abrechnungen von Energielieferanten oder sachgerecht durchgeführten Verbrauchsmessungen“,* oder
– eine Kombination von Verbrauchsdaten beider genannten Verfahren.

Dabei sind mindestens 36 Monate der jüngsten Abrechnungsperioden zugrunde zu legen.

Längere Leerstände sind rechnerisch angemessen zu berücksichtigen. Die Leerstandsflächen sind von der Gebäudenutzfläche abzuziehen.

Der Energieverbrauchskennwert ergibt sich aus dem durchschnittlichen Verbrauch des angesetzten Zeitraums. Zur Ermittlung der Energieverbrauchskennwerte und zur Witterungsbereinigung des Endenergieverbrauchs sowie des Primärenergieverbrauchs ist ein den anerkannten Regeln der Technik entsprechendes Verfahren anzuwenden. Die Einhaltung der anerkannten Regeln der Technik wird vermutet, wenn zur Erleichterung Vereinfachungen verwendet werden, die vom Bundesministerium für Verkehr, Bau und Stadtentwicklung im Bundesanzeiger bekannt gemacht worden sind. Dieses Verfahren wird in Kapitel 7 genauer erläutert.

Wohnungsähnliche Nutzungen wie Praxisräume von Ärzten, Rechtsanwälten etc. sind wie Wohnungen zu behandeln. Weicht die Nutzung eines Gebäudeteils erheblich von der Wohnnutzung ab wie z. B. Verkaufsräume, ist für jeden Gebäudeteil ein eigener Energieausweis zu erstellen.

Die notwendigen Gebäudedaten für die Berechnung können vom Eigentümer bereitgestellt werden. Der Eigentümer muss dafür Sorge tragen, dass die von ihm bereitgestellten Daten richtig sind. Der Aussteller hat die Angaben jedoch auf Richtigkeit zu überprüfen.

§ 20 Empfehlungen für die Verbesserung der Energieeffizienz

Im Zuge der Erstellung des Energieausweises sind dem Eigentümer kostengünstige Verbesserungen der energetischen Eigenschaften des Gebäudes zu unterbreiten, falls solche möglich sind. *„In den Modernisierungsempfehlungen kann ergänzend auf weiterführende Hinweise in Veröffentlichungen des Bundesministerium für Verkehr, Bau und Stadtentwicklung [...] oder in Veröffentlichungen von ihnen beauftragter Dritter hingewiesen werden.“*

Die Vorschläge sind fachlich kurz und verständlich zu fassen.

Sind Modernisierungsempfehlungen nicht möglich, hat der Aussteller dies im Energieausweis mitzuteilen.

§ 21 Ausstellungsberechtigung für bestehende Gebäude

Welche Personen für die Ausstellung von Energieausweisen für bestehende Gebäude berechtigt sind, ist im § 21 sowie im § 29 Absätze 4 – 6 geregelt.

Für Neubauten und bei wesentlichen Änderungen/Erweiterungen im Baubestand bestimmen die Bundesländer wie schon bisher, wer einen Energieausweis ausstellen darf.

Für Bestandsgebäude gilt eine bundesweit einheitliche Regelung:

a) Aussteller von Energieausweisen für Nichtwohngebäude und Wohngebäude im Bestand:

„Personen mit berufsqualifizierendem Hochschulabschluss“

– *„der Fachrichtungen Architektur, Hochbau, Bauingenieurwesen, Technische Gebäudeausrüstung, Physik, Bauphysik, Maschinenbau oder Elektrotechnik, oder“ in*
– *„einer anderen technischen oder naturwissenschaftlichen Fachrichtung mit einem Ausbildungsschwerpunkt“* der genannten Fachgebiete.

b) Aussteller von Energieausweisen für Wohngebäude im Bestand:

- Personen mit berufsqualifizierendem Hochschulabschluss im Bereich Architektur der Fachrichtung Innenarchitektur,
- *„Personen, die für ein zulassungspflichtiges Bau-, Ausbau- oder anlagentechnisches Gewerbe oder für das Schornsteinfegerwesen die Voraussetzungen zur Eintragung in die Handwerksrolle erfüllen, sowie Handwerksmeister der zulassungsfreien Handwerke dieser Bereiche und Personen, die aufgrund ihrer Ausbildung berechtigt sind, ein solches Handwerk ohne Meistertitel selbstständig auszuüben“,*
- *„staatlich anerkannte oder geprüfte Techniker, deren Ausbildungsschwerpunkt auch die Beurteilung der Gebäudehülle, die Beurteilung von Heizungs- und Warmwasserbereitungsanlagen oder die Beurteilung von Lüftungs- und Klimaanlagen umfasst“.*

c) Zusätzlich müssen die Aussteller eines der folgenden Kriterien erfüllen:

- Ausbildungsschwerpunkt im Bereich des energiesparenden Bauens während des Studiums,
- mindestens zwei Jahre Berufserfahrung in wesentlichen bau- oder anlagentechnischen Tätigkeitsbereichen des Hochbaus,
- erfolgreiche Fortbildung im Bereich des energiesparenden Bauens, deren Inhalte den Anforderungen der Anlage 11 entspricht,
- öffentlich bestellte und vereidigte Sachverständige für ein Sachgebiet des energiesparenden Bauens oder für wesentliche bau- oder anlagentechnische Tätigkeitsbereiche des Hochbaus.

Zusätzlich dürfen Fachleute Energieausweise im Bestand ausstellen, die nach den bauordnungsrechtlichen Vorschriften der Länder berechtigt sind, bautechnische Nachweise des Wärmeschutzes oder der Energieeinsparung zu unterschreiben.

Gemäß den **Übergangsvorschriften** nach § 29 Absätze 4 – 6 dürfen auch folgende Berufsgruppen die Energieausweise im Wohnbestand ausstellen:

- Vor-Ort-Berater, die bis zum 25. April 2007 beim BAFA registriert waren;
- Energiefachberater im Baustoff-Fachhandel und in der Baustoffindustrie, die bis zum 25. April 2007 eine Ausbildung abgeschlossen hatten oder sich bis zu diesem Zeitpunkt noch in Ausbildung befinden, nach erfolgreichem Abschluss der Weiterbildung;
- Handwerksmeister und staatlich anerkannte oder geprüfte Techniker anderer Fachrichtungen, die am 25. April 2007 eine Weiterbildung zum Energieberater des Handwerks abgeschlossen hatten oder vor diesem Zeitpunkt begonnen haben, nach erfolgreichem Abschluss der Weiterbildung.

1.1.4.6 Abschnitt 6 – Gemeinsame Vorschriften, Ordnungswidrigkeiten

§ 22 Gemischt genutzte Gebäude

Wenn sich *„Teile eines Wohngebäudes hinsichtlich deren Nutzung und gebäudetechnischen Ausstattung wesentlich von einer Wohnnutzung unterscheiden und einen nicht unerheblichen Teil der Gebäudenutzfläche umfassen, sind diese Teile als Nichtwohngebäude zu behandeln“.*

„Teile eines Nichtwohngebäudes, die dem Wohnen dienen und einen nicht unerheblichen Teil der Nettogrundfläche umfassen, sind getrennt als Wohngebäude zu behandeln“.

§ 23 Regeln der Technik

Im § 23 wird erläutert, was alles zu den Regeln der Technik gehört und wie mit Baustoffen, Bauteilen oder Anlagen umzugehen ist, die in keinem Regelwerk erfasst sind. Das Bundesministerium für Verkehr, Bau und Stadtentwicklung kann durch Bekanntmachungen im Bundesanzeiger auf Veröffentlichungen sachverständiger Stellen auf anerkannte Regeln der Technik hinweisen, soweit in dieser Verordnung auf solche Regeln Bezug genommen wird. Die Bekanntmachungen werden auch bereitgestellt unter www.bbsr-energieeinsparung.de.

§ 24 Ausnahmen

Bei Baudenkmälern und erhaltenswerten Bausubstanzen sowie bei Maßnahmen, die einen unverhältnismäßig hohen Aufwand zur Einhaltung der EnEV verursachen würden, kann von den Anforderungen dieser Verordnung abgewichen werden.

Falls nachgewiesen werden kann, dass durch den Einsatz anderer technischer oder planerischer Möglichkeiten die Ziele der EnEV erreicht werden, lassen die nach Landesrecht zuständigen Behörden auf Antrag Ausnahmen zu.

§ 25 Befreiung

Wenn die Anforderungen der EnEV bei einem Gebäude zu einem unangemessenen Aufwand oder zu unbilliger Härte führen, können im Einzelfall die zuständigen Behörden auf Antrag von den Anforderungen der EnEV befreien.

„Eine unbillige Härte liegt insbesondere vor, wenn die erforderlichen Aufwendungen innerhalb der üblichen Nutzungsdauer, bei Anforderungen an bestehende Gebäude innerhalb angemessener Frist durch die eintretenden Einsparungen nicht erwirtschaftet werden können.“

Dies gilt nicht für die Ausstellung von Energieausweisen nach Abschnitt 5 der EnEV.

§ 26 Verantwortliche

„Für die Einhaltung der Vorschriften dieser Verordnung ist der Bauherr verantwortlich, soweit in der Verordnung nicht ausdrücklich ein anderer Verantwortlicher genannt ist.“

„Für die Einhaltung der Vorschriften dieser Verordnung sind im Rahmen ihres jeweiligen Wirkungskreises auch die Personen verantwortlich, die im Auftrag des Bauherrn bei der Errichtung oder Änderung von Gebäuden oder der Anlagentechnik in Gebäuden tätig werden.“

§ 26a Private Nachweise

Bei geschäftsmäßigen Arbeiten an bestehenden Gebäuden hat der Unternehmer dem Eigentümer unverzüglich nach Abschluss der Arbeiten schriftlich zu bestätigen, dass die von ihm geänderten oder eingebauten Bau- oder Anlagenteile den Anforderungen dieser Verordnung entsprechen (Unternehmererklärung).

Dies gilt für Arbeiten

- *„zur Änderung von Außenbauteilen im Sinne des § 9 Absatz 1 Satz 1“,*
- *„zur Dämmung oberster Geschossdecken im Sinne von § 10 Absatz 3, auch in Verbindung mit Absatz 4“,* oder
- *„zum erstmaligen Einbau oder zur Ersetzung von Heizkesseln und sonstigen Wärmeerzeugersystemen nach § 13, Verteilungseinrichtungen oder Warmwasseranlagen nach § 14 oder Klimaanlagen oder sonstigen Anlagen der Raumlufttechnik nach § 15“.*

„Mit der Unternehmererklärung wird die Erfüllung der Pflichten aus den oben genannten Vorschriften nachgewiesen. Die Unternehmererklärung ist von dem Eigentümer mindestens fünf Jahre aufzubewahren. Der Eigentümer hat die Unternehmererklärungen der nach Landesrecht zuständigen Behörde auf Verlangen vorzulegen."

§ 26b Aufgaben des bevollmächtigten Bezirksschornsteinfegers

„Bei heizungstechnischen Anlagen prüft der bevollmächtigte Bezirksschornsteinfeger als Beliehener im Rahmen der Feuerstättenschau, ob" nach § 10

- Heizkessel, die außer Betrieb genommen werden mussten, weiterhin betrieben werden und
- Wärmeverteilungs- und Warmwasserleitungen sowie Armaturen, die gedämmt werden mussten, weiterhin ungedämmt sind.

„Bei heizungstechnischen Anlagen, die in bestehende Gebäude eingebaut werden, prüft der bevollmächtigte Bezirksschornsteinfeger im Rahmen der bauordnungsrechtlichen Abnahme der Anlage oder, wenn eine solche Abnahme nicht vorgesehen ist, als Beliehener im Rahmen der ersten Feuerstättenschau nach dem Einbau außerdem, ob"

- *„die Anforderungen nach § 11 Absatz 1 Satz 2 erfüllt sind",*
- *„Zentralheizungen mit einer zentralen selbsttätig wirkenden Einrichtung zur Verringerung und Abschaltung der Wärmezufuhr sowie zur Ein- und Ausschaltung elektrischer Antriebe* nach *§ 14 Absatz 1 ausgestattet sind",*
- *„Umwälzpumpen in Zentralheizungen mit Vorrichtungen zur selbsttätigen Anpassung der elektrischen Leistungsaufnahme [...] ausgestattet sind"* und ob
- *„bei Wärmeverteilungs- und Warmwasserleitungen sowie Armaturen die Wärmeabgabe* [...] *begrenzt ist."*

„Der bevollmächtigte Bezirksschornsteinfeger weist den Eigentümer bei Nichterfüllung der Pflichten aus den in den Absätzen 1 und 2 genannten Vorschriften schriftlich auf diese Pflichten hin und setzt eine angemessene Frist zu deren Nacherfüllung. Werden die Pflichten nicht innerhalb der festgesetzten Frist erfüllt, unterrichtet der bevollmächtigte Bezirksschornsteinfeger unverzüglich die nach Landesrecht zuständige Behörde."

„Die Erfüllung der Pflichten [...] kann durch Vorlage der Unternehmererklärungen gegenüber dem bevollmächtigten Bezirksschornsteinfeger nachgewiesen werden. Es bedarf dann keiner weiteren Prüfung durch den Bezirksschornsteinfegermeister.

Eine Prüfung [...] findet nicht statt, soweit eine vergleichbare Prüfung durch den bevollmächtigten Bezirksschornsteinfeger bereits auf der Grundlage von Landesrecht für die jeweilige heizungstechnische Anlage vor dem 1. Oktober 2009 erfolgt ist."

§ 26c Registriernummern

Mit der Einführung der EnEV 2014 muss jeder Energieausweis nach § 17 und jeder Inspektionsbericht nach § 12 eine Registriernummer erhalten. Diese ist bei der zuständigen Behörde (Registrierstelle) zu beantragen.

„Der Antrag ist grundsätzlich elektronisch zu stellen. Eine Antragstellung in Papierform ist zulässig, soweit die elektronische Antragstellung für den Antragsteller eine unbillige Härte bedeuten würde."

Bei der Antragstellung sind folgende Angaben zu machen:

- Name und Anschrift der antragstellenden Person,
- das Bundesland und die Postleitzahl der *„Belegenheit"* des Gebäudes,
- das Ausstellungsdatum des Inspektionsberichts oder des Energieausweises,

- die Art des Energieausweises, Energiebedarfs- oder Energieverbrauchsausweis,
- die Art des Gebäudes, Wohn- oder Nichtwohngebäude, Neubau oder bestehendes Gebäude und
- bei inspizierten Klimaanlagen die Nennleistung der Klimaanlage.

§ 26d Stichprobenkontrollen von Energieausweisen und Inspektionsberichten über Klimaanlagen

Zur Überprüfung der Energieausweise sind die Behörden verpflichtet, stichpunktartig Kontrollen von Energieausweisen und Inspektionsberichten durchzuführen.

„Die Stichproben müssen jeweils einen statistisch signifikanten Prozentanteil aller in einem Kalenderjahr neu ausgestellten Energieausweise und neu ausgestellten Inspektionsberichte über Klimaanlagen erfassen."

„Die Kontrollstelle kann bei der Registrierstelle Registriernummern und dort vorliegende Angaben [...] zu neu ausgestellten Energieausweisen und Inspektionsberichten über im jeweiligen Land belegene Gebäude und Klimaanlagen erheben, speichern und nutzen, soweit dies für die Vorbereitung der Durchführung der Stichprobenkontrollen erforderlich ist. Nach dem Abschluss der Stichprobenkontrolle hat die Kontrollstelle die Daten [...] jeweils im Einzelfall unverzüglich zu löschen. Kommt es auf Grund der Stichprobenkontrolle zur Einleitung eines Bußgeldverfahrens gegen den Ausweisaussteller [...] oder gegen die inspizierende Person [...], so sind abweichend [...] die Daten [...], soweit diese im Rahmen des Bußgeldverfahrens erforderlich sind, erst nach dessen rechtskräftigem Abschluss jeweils im Einzelfall unverzüglich zu löschen."

Die Energieausweise werden von der Kotrollstelle wie folgt überprüft:

- *„Validitätsprüfung der Eingabe-Gebäudedaten, die zur Ausstellung des Energieausweises verwendet wurden, und der im Energieausweis angegebenen Ergebnisse",*
- *„Prüfung der Eingabe-Gebäudedaten und Überprüfung der im Energieausweis angegebenen Ergebnisse einschließlich der abgegebenen Modernisierungsempfehlungen",*
- *„vollständige Prüfung der Eingabe-Gebäudedaten, die zur Ausstellung des Energieausweises verwendet wurden, vollständige Überprüfung der im Energieausweis angegebenen Ergebnisse einschließlich der abgegebenen Modernisierungsempfehlungen und, falls dies insbesondere auf Grund des Einverständnisses des Eigentümers des Gebäudes möglich ist, Inaugenscheinnahme des Gebäudes zur Prüfung der Übereinstimmung zwischen den im Energieausweis angegebenen Spezifikationen mit dem Gebäude, für das der Energieausweis erstellt wurde".*

„Aussteller von Energieausweisen sind verpflichtet, Kopien der von ihnen ausgestellten Energieausweise und der zu deren Ausstellung verwendeten Daten und Unterlagen zwei Jahre ab dem Ausstellungsdatum des jeweiligen Energieausweises aufzubewahren."

Weitere Regelungen zur Durchführung der Überprüfung stehen im Gesetzestext der EnEV.

§ 26e Nicht personenbezogene Auswertung von Daten

Hier ist geregelt, wie die Kontrollstellen den nicht personenbezogenen Anteil der Daten auswerten dürfen.

§ 26f Erfahrungsbericht der Länder

Die Bundesländer müssen der Bundesregierung alle drei Jahre, erstmals zum 1. März 2017, ihre wesentlichen Erfahrungen mit den Stichprobenkontrollen mitteilen.

§ 27 Ordnungswidrigkeiten

In § 27 ist geregelt, welche Fälle als Ordnungswidrigkeit geahndet werden können.

1.1.4.7 Abschnitt 7 – Schlussvorschriften

§ 28 Allgemeine Übergangsvorschriften

Auf Bauvorhaben, welche die Errichtung, die Änderung, die Erweiterung oder den Ausbau von Gebäuden zum Gegenstand haben, für die vor Inkrafttreten der EnEV 2014 ein Bauantrag gestellt oder für die Bauanzeige erstattet wurde, gelten die Anforderungen der EnEV 2009.

Für nicht genehmigungsbedürftige Bauvorhaben gelten die Anforderungen der EnEV 2009 dann noch, wenn der Zeitpunkt der Kenntnisgabe gegenüber der zuständigen Behörde vor Inkrafttreten der EnEV 2014 erfolgt.

Für sonstige nicht genehmigungsbedürftige, insbesondere genehmigungs-, anzeige- und verfahrensfreie Bauvorhaben gelten die Anforderungen der EnEV 2009 dann noch, wenn der Zeitpunkt des Beginns der Bauausführung vor Inkrafttreten der EnEV 2014 erfolgt.

Wird nach dem Inkrafttreten der EnEV 2014 ein Energieausweis für ein Gebäude ausgestellt, der noch nach der EnEV 2009 erstellt und berechnet werden darf, *„ist in der Kopfzeile zumindest der ersten Seite des Energieausweises in geeigneter Form die angewandte Fassung dieser Verordnung anzugeben“.*

Auf Verlangen des Bauherrn ist […] das neue Recht anzuwenden, *„wenn über den Bauantrag oder nach einer Bauanzeige noch nicht bestandskräftig entschieden worden ist“.*

§ 29 Übergangsvorschriften für Energieausweise und Aussteller

„Energiebedarfsausweise für Wohngebäude, die nach Fassungen der Energieeinsparverordnung, die vor dem 1. Oktober 2007 gegolten haben, ausgestellt worden sind, gelten als Energieausweise […]. Sie sind ab dem Tag der Ausstellung zehn Jahre gültig.“

Dies gilt auch für Energieausweise, die vor dem 1. Oktober 2007 von Gebietskörperschaften oder auf deren Veranlassung von Dritten nach einheitlichen Regeln ausgestellt worden sind, wenn sie Angaben zum Endenergiebedarf oder -verbrauch sowohl für Heizung und Warmwasser enthalten und wenn die wesentlichen Energieträger für die Heizung des Gebäudes angegeben sind (Weiteres siehe EnEV).

Regelung zu den Pflichtangaben in Immobilienanzeigen für Energieausweise, die nach dem 30. September 2007 und vor dem Inkrafttreten der EnEV 2014 ausgestellt worden sind.

Hier müssen folgende Angaben gemacht werden:

Wohngebäude:

- „bei ***Energiebedarfsausweisen*** *für Wohngebäude der Wert des Endenergiebedarfs, der auf Seite 2 des Energieausweises gemäß dem Muster nach Anlage 6 angegeben ist“,*
- *„bei **Energieverbrauchsausweisen** für Wohngebäude der Energieverbrauchskennwert, der auf Seite 3 des Energieausweises gemäß dem Muster nach Anlage 6 angegeben ist; ist im Energieverbrauchskennwert der Energieverbrauch für Warmwasser nicht enthalten, so ist der Energieverbrauchskennwert um eine Pauschale von 20 Kilowattstunden pro Jahr und Quadratmeter Gebäudenutzfläche zu erhöhen“,*

Nichtwohngebäude:

- *„bei **Energiebedarfsausweisen** für Nichtwohngebäude der Gesamtwert des Endenergiebedarfs, der Seite 2 des Energieausweises gemäß dem Muster nach Anlage 7 zu entnehmen ist“,*

– *„bei **Energieverbrauchsausweisen** für Nichtwohngebäude sowohl der Heizenergieverbrauchs- als auch der Stromverbrauchskennwert, die Seite 3 des Energieausweises gemäß dem Muster nach Anlage 7 zu entnehmen sind*“.

Wenn in diesen Energieausweisen *„keine Energieeffizienzklasse angegeben ist, darf diese freiwillig angegeben werden, wobei sich die Klasseneinteilung gemäß Anlage 10 aus dem Endenergiebedarf oder dem Endenergieverbrauch des Gebäudes ergibt. Das Bundesministerium für Verkehr, Bau und Stadtentwicklung kann im Einvernehmen mit dem Bundesministerium für Wirtschaft und Technologie für Energieausweise [...] Arbeitshilfen zu den Pflichtangaben in Immobilienanzeigen im Bundesanzeiger bekannt machen*“.

Weitere Übergangsregelungen stehen im Gesetzestext der EnEV.

§ 30 Übergangsvorschrift über die vorläufige Wahrnehmung von Vollzugsaufgaben der Länder durch das Deutsche Institut für Bautechnik

Siehe Gesetzestext der EnEV.

§ 31 Inkrafttreten, Außerkrafttreten

„Diese Verordnung tritt am 01. Oktober 2007 in Kraft.“

Die letzten Änderungen der EnEV stammen vom 13. November 2013 und sind zum 01. Mai 2014 in Kraft getreten.

1.2 Prinzipielle Erläuterung des EEWärmeG

Gesetz zur Förderung erneuerbarer Energien im Wärmebereich (Erneuerbare-Energien-Wärmegesetz, EEWärmeG)

Nachfolgend wird das Gesetz zur Förderung erneuerbarer Energien im Wärmebereich (EEWärmeG) inhaltlich erläutert, das seit dem 1. Januar 2009 rechtsgültig ist und im Dezember 2011 überarbeitet wurde. Der Text des EEWärmeG wird zum Teil original, zum Teil, zum besseren Verständnis, mit eigenen Worten wiedergegeben. Der Originaltext befindet sich auf www.enev-profi.de.

1.2.1 Einleitung

Durch das EEWärmeG möchte die Bundesregierung sicherstellen, dass spätestens im Jahr 2020 14 % der Wärme in Deutschland aus erneuerbaren Energien gewonnen werden. Durch dieses Gesetz werden alle Bauherren von Neubauten, ob privat, aus Staat oder Wirtschaft, verpflichtet, erneuerbare Energien für die Wärmeversorgung ihres Gebäudes zu nutzen. Die Bundesländer können dies freiwillig auch bei Altbauten fordern.

„Öffentlichen Gebäuden kommt eine Vorbildfunktion im Rahmen des Zwecks und Ziels [...] zu. Diese Vorbildfunktion kommt auch öffentlichen Gebäuden im Ausland zu, die sich im Eigentum der öffentlichen Hand befinden."

Wenn ein Eigentümer keine erneuerbaren Energien einsetzen will, besteht die Möglichkeit, Ersatzmaßnahmen zu ergreifen. Dies kann durch bessere Wärmedämmung der Gebäudehülle oder der Nutzung von Fernwärme oder Fernkälte oder durch Nutzung von Kraft-Wärme-Kopplung (KWK) erfolgen.

Unterstützt wird die Nutzung von erneuerbaren Energien durch das Marktanreizprogramm der Bundesregierung.

Außerdem soll das Gesetz Kommunen den Ausbau von Wärmenetzen erleichtern. Es sieht vor, dass Kommunen auch im Interesse des Klimaschutzes den Anschluss und die Nutzung eines solchen Netzes vorschreiben können.

1.2.2 Aufbau der Verordnung

Teil 1	Allgemeine Bestimmungen
Teil 2	Nutzung erneuerbarer Energien
Teil 3	Finanzielle Förderung
Teil 4	Schlussbestimmungen
Anlage	Anforderung an die Nutzung von erneuerbaren Energien und Ersatzmaßnahmen

1.2.3 Erläuterung der Verordnung

1.2.3.1 Teil 1 – Allgemeine Bestimmungen

§ 1 Zweck und Ziel des Gesetzes

Der Zweck dieser Verordnung ist es in erster Linie, die fossilen Ressourcen zu schonen und die Abhängigkeit von Energieimporten zu reduzieren. Außerdem soll eine nachhaltige Energieversorgung dadurch aufgebaut werden und die Weiterentwicklung von Technologien zur Erzeugung von Wärme aus erneuerbaren Energien gefördert werden.

Ziel ist es, wie schon erwähnt, den Anteil erneuerbarer Energien am Endenergieverbrauch für Wärme (Raum-, Kühl- und Prozesswärme sowie Warmwasser) bis zum Jahr 2020 auf 14 % zu erhöhen.

§ 2 Begriffsbestimmung

(1) *„Erneuerbare Energien im Sinne dieses Gesetzes sind“*

- **Geothermie:** *„die dem Erdboden entnommene Wärme“*,
- **Umweltwärme:** *„die der Luft oder dem Wasser entnommene Wärme mit Ausnahme von Abwärme“*,
- **solare Strahlungsenergie:** *„die durch Nutzung der Solarstrahlung zur Deckung des Wärmeenergiebedarfs technisch nutzbar gemachte Wärme“* und
- **Biomasse:** *„die aus fester, flüssiger und gasförmiger Biomasse erzeugte Wärme“*.

  „Als Biomasse im Sinne dieses Gesetzes werden nur die folgenden Energieträger anerkannt:

  - *Biomasse im Sinne der Biomasseverordnung […],*
  - *biologisch abbaubare Anteile von Abfällen aus Haushalten und Industrie,*
  - *Deponiegas,*
  - *Klärgas,*
  - *Klärschlamm im Sinne der Klärschlammverordnung […],*
  - *Pflanzenölmethylester und*
  - die dem Erdboden oder dem Wasser entnommene und technisch nutzbar gemachte oder *aus Wärme nach den Nummern 1 bis 4 technisch nutzbar* **gemachte Kälte** *(Kälte aus erneuerbaren Energien).“*

(2) Im Sinne dieses Gesetzes ist

- **Abwärme:** *„die Wärme, die aus technischen Prozessen und baulichen Anlagen stammenden Abluft und Abwasserströmen entnommen wird“*,
- **Fernwärme** oder Fernkälte: *„die Wärme oder Kälte, die in Form von Dampf, heißem Wasser oder kalten Flüssigkeiten durch ein Wärme- oder Kältenetz verteilt wird“,*
- **grundlegende Renovierung**: *„jede Maßnahme, durch die an einem Gebäude in einem zeitlichen Zusammenhang von nicht mehr als zwei Jahren“*
  - *„ein Heizkessel ausgetauscht oder die Heizungsanlage auf einen anderen fossilen Energieträger umgestellt wird und“*
  - *„mehr als 20 Prozent der Oberfläche der Gebäudehülle renoviert werden“,*
- **Nutzfläche bei Wohngebäuden:** *„die Gebäudenutzfläche nach § 2 Nr. 14 der Energieeinsparverordnung vom 24. Juli 2007 […] in der jeweils geltenden Fassung“*,
- **Nutzfläche bei Nichtwohngebäuden:** *„die Nettogrundfläche nach § 2 Nr. 15 der Energieeinsparverordnung“*,
- **Öffentliches Gebäude:** *„jedes Nichtwohngebäude, das*
  - *„sich in Eigentum oder Besitz der öffentlichen Hand befindet und“*
  - *„genutzt wird für Aufgaben der Gesetzgebung, der vollziehenden Gewalt, für Aufgaben der Rechtspflege oder als öffentliche Einrichtung“.*

  „Ausgenommen sind Gebäude von öffentlichen Unternehmen, wenn sie Dienstleistungen im freien Wettbewerb mit privaten Unternehmen erbringen, insbesondere öffentliche Un-

ternehmen zur Abgabe von Speisen und Getränken, zur Produktion, zur Lagerung und zum Vertrieb von Gütern, Unternehmen der Land- und Forstwirtschaft oder des Gartenbaus sowie Unternehmen zur Versorgung mit Energie oder Wasser. Auch Gebäude der Bundeswehr, die der Lagerung von militärischen oder zivilen Gütern dienen, sind [...] ausgenommen. Gemischt genutzte Gebäude sind öffentliche Gebäude, wenn sie überwiegend für Aufgaben oder Einrichtungen nach Maßgabe der Sätze 1 bis 3 genutzt werden",

- **öffentliche Hand:**

  a) *„jede inländische Körperschaft, Personenvereinigung oder Vermögensmasse des öffentlichen Rechts mit Ausnahme von Religionsgemeinschaften und"*

  b) *„jede Körperschaft, Personenvereinigung oder Vermögensmasse des Privatrechts, wenn an ihr eine Person nach Buchstabe a allein oder mehrere Personen nach Buchstabe a zusammen unmittelbar oder mittelbar*

     aa) die Mehrheit des gezeichneten Kapitals besitzen,

     bb) über die Mehrheit der mit den Anteilen verbundenen Stimmrechte verfügen oder

     cc) mehr als die Hälfte der Mitglieder des Verwaltungs-, Leitungs- oder Aufsichtsorgans bestellen können",

- **Sachkundiger:** *„jede Person, die*

  a) nach § 21 der Energieeinsparverordnung berechtigt ist, Energieausweise auszustellen, jeweils entsprechend der Berechtigung, die für Wohn- oder Nichtwohngebäude gilt, oder,

  b) zertifiziert ist

     aa) nach Fortbildungsprüfungsregelungen der Handwerkskammern nach Maßgabe des § 16a oder

     bb) nach einem Zertifizierungs- oder gleichwertigen Qualifikationssystem in einem anderen Mitgliedstaat der Europäischen Union oder einem anderen Vertragsstaat des Abkommens über den Europäischen Wirtschaftsraum",

- **Verpflichteter**: *„jede Person, die zur Nutzung erneuerbarer Energien nach § 3 Absatz 1 oder 2 verpflichtet ist",*

- **Wärme- und Kälteenergiebedarf:** *„die Summe,*

  a) der zur Deckung des Wärmebedarfs für Heizung und Warmwasserbereitung jährlich benötigten Wärmemenge und

  b) der zur Deckung des Kältebedarfs für Raumklima für Raumkühlung jährlich benötigten Kältemenge,

  jeweils einschließlich des thermischen Aufwands für Übergabe, Verteilung und Speicherung. Der Wärme- und Kälteenergiebedarf wird nach den technischen Regeln berechnet, die den Anlagen 1 und 2 zur Energieeinsparverordnung zugrunde gelegt werden. Soweit diese Anlagen keine technischen Regeln für die Berechnung bestimmter Anteile des Wärme- und Kälteenergiebedarfs enthalten, wird der Wärme und Kälteenergiebedarf nach den anerkannten Regeln der Technik berechnet; das Bundesministerium für Umwelt, Naturschutz und Reaktorsicherheit kann im Einvernehmen mit dem Bundesministerium für Verkehr, Bau und Stadtentwicklung durch Bekanntmachung im Bundesanzeiger auf Veröffentlichungen sachverständiger Stellen über diese anerkannten Regeln der Technik hinweisen",

- **Wohngebäude:** *„jedes Gebäude, das nach seiner Zweckbestimmung überwiegend dem Wohnen dient, einschließlich Wohn-, Alten- und Pflegeheimen sowie ähnlichen Einrichtungen"* und

- **Nichtwohngebäude:** *„jedes andere Gebäude".*

1.2.3.2 Teil 2 – Nutzung erneuerbarer Energien

§ 3 Nutzungspflicht

1) *„Eigentümer von Gebäuden nach § 4, die neu errichtet werden, müssen den Wärmeenergiebedarf durch die anteilige Nutzung von erneuerbaren Energien nach Maßgabe der §§ 5 und 6 decken."*

2) *„Die öffentliche Hand muss den Wärme- und Kälteenergiebedarf von bereits errichteten öffentlichen Gebäuden nach § 4, die sich in ihrem Eigentum befinden und grundlegend renoviert werden, durch die anteilige Nutzung von erneuerbaren Energien [...] decken."* Dies *„gilt auch für die öffentliche Hand, wenn sie öffentliche Gebäude nach § 4 im Ausland grundlegend renoviert."*

3) *„Die öffentliche Hand muss sicherstellen, dass auch bereits errichteten öffentlichen Gebäuden nach § 4, die sich in ihrem Besitz, aber nicht in ihrem Eigentum befinden, im Zuge einer grundlegenden Renovierung eine Vorbildfunktion zukommt, die den Anforderungen nach Absatz 2 entspricht. Bei der Anmietung oder Pachtung von Gebäuden wird dies sichergestellt, wenn*

   1. *in erster Linie Gebäude angemietet oder gepachtet werden, bei denen bereits die Anforderungen nach Absatz 2 erfüllt werden,*
   2. *in zweiter Linie Gebäude angemietet oder gepachtet werden, deren Eigentümer sich verpflichten, die Anforderungen nach Absatz 2 im Falle einer grundlegenden Renovierung zu erfüllen."*

„Satz 2 gilt nicht, wenn Gebäude von der öffentlichen Hand nur übergangsweise angemietet oder gepachtet werden."

4) *„Die Länder können*

   1. *für bereits errichtete öffentliche Gebäude, mit Ausnahme der öffentlichen Gebäude des Bundes, eigene Regelungen zur Erfüllung der Vorbildfunktion nach § 1a treffen und zu diesem Zweck von den Vorschriften dieses Gesetzes abweichen und"*
   2. *„für bereits errichtete Gebäude, die keine öffentlichen Gebäude sind, eine Pflicht zur Nutzung von erneuerbaren Energien festlegen".*

§ 4 Geltungsbereich der Nutzungspflicht

„Die Pflicht nach § 3 Abs. 1 gilt für alle Gebäude mit einer Nutzfläche von mehr als 50 m², die unter Einsatz von Energie beheizt oder gekühlt werden." Ausgenommen sind

– die gleichen Gebäude wie nach EnEV 2009 § 1 sowie
– *„Gebäude, die Teil oder Nebeneinrichtung einer Anlage sind, die vom Anwendungsbereich des Treibhausgas-Emissionshandelsgesetzes [...] in der jeweils geltenden Fassung erfasst"* sind,
– *„Gebäude der Bundeswehr, soweit die Erfüllung der Pflicht nach § 3 Absatz 1 oder 2 der Art und dem Hauptzweck der Tätigkeit der Bundeswehr entgegensteht".*

§ 5 Anteil erneuerbarer Energien

1) Nutzung von solarer Strahlungsenergie

Wird der Wärmeenergiebedarf zu mindestens 15 % aus solarer Strahlungsenergie gedeckt, sind die Anforderungen des Gesetzes erfüllt.

Dies ist nach Nummer I der Anlage des Gesetzes dann der Fall, wenn

– *„bei Wohngebäuden mit höchstens zwei Wohnungen Solarkollektoren mit einer Fläche von mindestens 0,04 Quadratmeter Aperturfläche je m² Nutzfläche und*

– *bei Wohngebäuden mit mehr als zwei Wohnungen Solarkollektoren mit einer Fläche von mindestens 0,03 m² Aperturfläche je Quadratmeter Nutzfläche*

installiert werden, die Länder können insoweit höhere Mindestflächen festlegen".

– Wird solare Strahlungsenergie bei einer „*grundlegenden Renovierung*" von bereits errichteten öffentlichen Gebäuden genutzt, muss mindestens 0,06 Quadratmeter Aperturfläche je Quadratmeter Nutzfläche installiert werden, um den Anforderungen des Gesetzes zu genügen.

Voraussetzung ist, dass die Solarkollektoren nach dem europäischen Prüfzeichen „Solar Keymark" zertifiziert sind.

2) Nutzung von gasförmiger Biomasse

Wird der Wärmeenergiebedarf zu mindestens 30 % aus gasförmiger Biomasse gedeckt, sind die Anforderungen des Gesetzes erfüllt.

a) Für neu errichtete Gebäude muss nach Nummer I der Anlage des Gesetzes die Nutzung in einer KWK-Anlage erfolgen.

b) Bei errichteten öffentlichen Gebäuden, die grundlegend renoviert werden, muss nach Nummer I der Anlage des Gesetzes die Nutzung in einem Heizkessel, der der besten verfügbaren Technik entspricht, oder in einer KWK-Anlage erfolgen.

c) Zusätzlich gilt die Nutzung von gasförmiger Biomasse, die auf Erdgasqualität aufbereitet und eingespeist wird (Biomethan), nur dann als erfüllt, wenn

aa) „bei der Aufbereitung und Einspeisung des Biomethans die Voraussetzungen nach Nummer 1 Buchstabe a bis c der Anlage 1 zum Erneuerbare-Energien-Gesetz vom 25. Oktober 2008 (BGBl. I S. 2074), das zuletzt durch Artikel 1 des Gesetzes vom 28. Juli 2011 (BGBl. I S.1634) geändert worden ist, in der jeweils geltenden Fassung eingehalten worden sind und,

bb) „die Menge des entnommenen Biomethans im Wärmeäquivalent am Ende eines Kalenderjahres der Menge von Gas aus Biomasse entspricht, das an anderer Stelle in das Gasnetz eingespeist worden ist, und wenn für den gesamten Transport und Vertrieb des Biomethans von seiner Herstellung, seiner Einspeisung in das Erdgasnetz und seinem Transport im Erdgasnetz bis zu seiner Entnahme aus dem Erdgasnetz Massenbilanzsysteme verwendet worden sind".

3) Nutzung von flüssiger und fester Biomasse

Wird der Wärmeenergiebedarf zu mindestens 50 % aus flüssiger und fester Biomasse gedeckt, sind die Anforderungen des Gesetzes erfüllt.

Flüssige Biomasse, nach Anlage II.2:

Die Nutzung von flüssiger Biomasse gilt nur dann als Erfüllung der Pflicht, wenn

a) *„die Nutzung in einem Heizkessel erfolgt, der der besten verfügbaren Technik entspricht"*,

b) *„die zur Wärmeerzeugung eingesetzte Biomasse zusätzlich folgende Anforderungen erfüllt"*:

aa) „die Anforderungen an einen nachhaltigen Anbau und eine nachhaltige Herstellung, die die Biomassestrom-Nachhaltigkeitsverordnung vom 23. Juli 2009 (BGBl. I S. 2174), die zuletzt durch Artikel 5 des Gesetzes vom 12. April 2011 (BGBl. I S. 619) geändert worden ist, in der jeweils geltenden Fassung stellt, und"

bb) „das Treibhausgas-Minderungspotenzial, das bei der Wärmeerzeugung in entsprechender Anwendung des § 8 der Biomassestrom-Nachhaltigkeitsverordnung mindestens erreicht werden muss. § 10 der Biomassestrom-Nachhaltigkeitsverordnung ist nicht anzuwenden. Bei der Berechnung des Treibhausgas-Minderungspotenzials ist der Vergleichswert für Fossilbrennstoffe (EF) nach Nummer 4 der Anlage 1 zur Biomassestrom-Nachhaltigkeitsverordnung"

- „für flüssige Biomasse, die zur Wärmeerzeugung verwendet wird, 77 g CO2eq/MJ und
- für flüssige Biomasse, die zur Wärmeerzeugung in Kraft-Wärme-Kopplung verwendet wird, 85 g CO2eq/MJ".

Feste Biomasse, nach Anlage II.3:

a) *„Die Nutzung von fester Biomasse gilt nur dann als Erfüllung der Pflicht [...], wenn der entsprechend § 14 Absatz 2 Nummer 2 Satz 2 berechnete Umwandlungswirkungsgrad folgende Werte nicht unterschreitet"*:

  aa) „86 Prozent bei Anlagen zur Heizung oder Warmwasserbereitung mit einer Leistung bis einschließlich 50 Kilowatt",

  bb) „88 Prozent bei Anlagen zur Heizung oder Warmwasserbereitung mit einer Leistung über 50 Kilowatt oder"

  cc) „70 Prozent bei Anlagen, die nicht der Heizung oder Warmwasserbereitung dienen".

b) *„Die Nutzung von fester Biomasse beim Betrieb von Feuerungsanlagen im Sinne der Verordnung über kleine und mittlere Feuerungsanlagen vom 26. Januar 2010 (BGBl. I S. 38) in der jeweils geltenden Fassung gilt [außerdem] nur dann als Erfüllung der Pflicht [...], wenn*

  aa) *„die Nutzung erfolgt in einem*

  - *Biomassekessel oder*
  - *automatisch beschickten Biomasseofen mit Wasser als Wärmeträger"*,

  bb) *„die Anforderungen der Verordnung über kleine und mittlere Feuerungsanlagen erfüllt werden und"*

  cc) *„ausschließlich Biomasse nach § 3 Absatz 1 Nummer 4, 5, 5a oder 8 dieser Verordnung eingesetzt wird."*

Nachweis der Anforderung an gelieferte Biomasse:

(Siehe EEWärmeG, Anlage II.4.)

4) Nutzung von Geothermie und Umweltwärme

Wird der Wärmeenergiebedarf zu mindestens 50 % aus Anlagen zur Nutzung dieser Energie gedeckt, sind die Anforderungen des Gesetzes erfüllt. Die Nutzung dieser Energien ist in Nummer III der Anlage zu diesem Gesetz wie folgt geregelt:

1. a) *„Sofern Geothermie und Umweltwärme durch* ***elektrisch*** *angetriebene Wärmepumpen genutzt werden, gilt diese Nutzung nur dann als Erfüllung der Pflicht, wenn*

   - *die nutzbare Wärmemenge mindestens mit der Jahresarbeitszahl nach Buchstabe b) bereitgestellt wird,*
   - *die Wärmepumpe über die Zähler nach Buchstabe c) verfügt und*
   - *die Wärmepumpe mit dem gemeinschaftlichen Umweltzeichen „Euroblume", dem Umweltzeichen „Blauer Engel" oder dem Prüfzeichen „European Quality Label for Heat Pumps" (Version 1.3) ausgezeichnet ist oder Anforderungen nach europäischen oder gemeinschaftlichen Normen erfüllt, die den Anforderungen für die Vergabe dieser Zeichen entsprechen und in den Verwaltungsvorschriften nach § 13 Satz 2 genannt sind".*

b) *„Die Jahresarbeitszahl beträgt bei*

- *Luft/Wasser- und Luft/Luft-Wärmepumpen 3,5 und*
- *allen anderen Wärmepumpen 4,0“.*

„Wenn die Warmwasserbereitung des Gebäudes durch die Wärmepumpe oder zu einem wesentlichen Anteil durch andere erneuerbare Energien erfolgt, beträgt die Jahresarbeitszahl abweichend davon bei

- *Luft/Wasser- und Luft/Luft-Wärmepumpen 3,3 und*
- *allen anderen Wärmepumpen 3,8“.*

Werden Wärmepumpen in öffentlichen Gebäuden installiert (§ 3 Absatz 2), die wesentlich renoviert werden, und soll mit dieser Wärmepumpe das Gesetz erfüllt werden, verringert sich die Jahresarbeitszahl um 0,2. *„Die Jahresarbeitszahl ist nach den anerkannten Regeln der Technik zu berechnen. Die Berechnung ist mit der Leistungszahl der Wärmepumpe, mit dem Pumpstrombedarf für die Erschließung der Wärmequelle, mit der Auslegungs-Vorlauf-und bei Luft/Luft-Wärmepumpen mit der Auslegungs-Zulauftemperatur für die jeweilige Heizungsanlage, bei Sole/Wasser-Wärmepumpen mit der Soleeintritts-Temperatur, bei Wasser/Wasser-Wärmepumpen mit der primärseitigen Wassereintritts-Temperatur und bei Luft/Wasser- und Luft/Luft-Wärmepumpen zusätzlich unter Berücksichtigung der Klimaregion durchzuführen.“*

c) *„Die Wärmepumpen müssen über einen Wärmemengen- und Stromzähler verfügen, deren Messwerte die Berechnung der Jahresarbeitszahl der Wärmepumpen ermöglichen. Dies gilt nicht bei Sole/Wasser- und Wasser/Wasser-Wärmepumpen, wenn die Vorlauftemperatur der Heizungsanlage nachweislich ≤ 35 °C beträgt.“*

2. *„Sofern Geothermie und Umweltwärme durch* ***mit fossilen*** *Brennstoffen angetriebene Wärmepumpen genutzt werden, gilt diese Nutzung nur dann als Erfüllung der Pflicht, wenn*

- die nutzbare Wärmemenge mindestens mit der Jahresarbeitszahl von 1,2 bereitgestellt wird*“* (die Jahresarbeitszahl ist nach den anerkannten Regeln der Technik zu berechnen)

und

- *„die Wärmepumpe über einen Wärmemengen- und Brennstoffzähler verfügt, deren Messwerte die Berechnung der Jahresarbeitszahl der Wärmepumpe ermöglichen [...],*
- *die Wärmepumpe mit dem gemeinschaftlichen Umweltzeichen „Euroblume“ oder dem Umweltzeichen „Blauer Engel“ ausgezeichnet ist oder Anforderungen nach europäischen oder gemeinschaftlichen Normen erfüllt, die den Anforderungen für die Vergabe dieser Zeichen entsprechen und in den Verwaltungsvorschriften nach § 13 Satz 2 genannt sind“.*

5) Kälte aus erneuerbaren Energien

„Die Nutzung von Kälte aus erneuerbaren Energien nach Maßgabe der Nummer IV der Anlage zu diesem Gesetz wird die Pflicht nach § 3 Absatz 1 dadurch erfüllt, dass der Wärme- und Kälteenergiebedarf mindestens in Höhe des Anteils nach Satz 2 hieraus gedeckt wird. Maßgeblicher Anteil ist der Anteil, der [...] für diejenige erneuerbare Energie gilt, aus der die Kälte erzeugt wird. Wird die Kälte mittels einer thermischen Kälteerzeugungsanlage durch die direkte Zufuhr von Wärme erzeugt, gilt der Anteil, der auch im Falle einer reinen Wärmeerzeugung (ohne Kälteerzeugung) aus dem gleichen Energieträger gilt. Wird die Kälte unmittelbar durch Nutzung von Geothermie oder Umweltwärme bereitgestellt, so gilt der auch bei Wärmeerzeugung aus diesen Energieträgern geltende Anteil von 50 Prozent am Wärme- und Kälteenergiebedarf.“

Die Nutzung von Kälte aus erneuerbaren Energien ist in Nummer IV der Anlage zu diesem Gesetz wie folgt geregelt:

„Die Nutzung von Kälte aus erneuerbaren Energien gilt nur dann als Erfüllung der Pflicht, wenn

a) die Kälte technisch nutzbar gemacht wird

aa) durch unmittelbare Kälteentnahme aus dem Erdboden oder aus Grund- oder Oberflächenwasser oder

bb) durch thermische Kälteerzeugung mit Wärme aus erneuerbaren Energien [...],

b) die Kälte zur Deckung des Kältebedarfs für Raumkühlung [....] genutzt wird und der Endenergieverbrauch für die Erzeugung der Kälte, die Rückkühlung und die Verteilung der Kälte nach der jeweils besten verfügbaren Technik gesenkt worden ist".

„Die technischen Anforderungen nach den Nummern I bis III gelten entsprechend. Die für die Erfüllung der Pflicht nach § 3 Absatz 1 oder 2 anrechenbare Kältemenge umfasst die für die Zwecke des Satz 1 Buchstabe b nutzbar gemachte Kälte, nicht jedoch die zum Antrieb thermischer Kälteerzeugungsanlagen genutzte Wärme."

§ 5a Anteil erneuerbarer Energien bei grundlegend renovierten öffentlichen Gebäuden

1) *„Bei Nutzung von gasförmiger Biomasse [...] wird die Pflicht nach § 3 Absatz 2 dadurch erfüllt, dass der Wärme- und Kälteenergiebedarf zu mindestens 25 Prozent hieraus gedeckt wird."*

2) *„Bei Nutzung sonstiger erneuerbarer Energien nach Maßgabe der Nummern I bis IV der Anlage zu diesem Gesetz wird die Pflicht nach § 3 Absatz 2 dadurch erfüllt, dass der Wärme- und Kälteenergiebedarf zu mindestens 15 Prozent hieraus gedeckt wird."*

§ 6 Versorgung mehrerer Gebäude

1) Wenn Gebäude in räumlichem Zusammenhang stehen, kann die Verpflichtung zur Nutzung von erneuerbaren Energien auch dadurch erfüllt werden, wenn der Wärme- und Kälteenergiebedarf insgesamt in einem Umfang gedeckt wird, der der Summe der einzelnen Verpflichtungen nach § 5 entspricht. Werden mehrere Anlagen zur Erzeugung von Wärme aus erneuerbaren Energien eingesetzt, so haben die einzelnen Nachbarn das Recht, diese zu betreten *„und gegen angemessene Entschädigung die Führung von Leitungen über ihre Grundstücke zu dulden"*.

2) Bei öffentlichen Gebäuden kann die Pflicht nach § 3 Absatz 1 *„auch dadurch erfüllt werden, dass Verpflichtete, deren Gebäude in einer Liegenschaft stehen, ihren Wärme- und Kälteenergiebedarf insgesamt in einem Umfang decken, der der Summe der einzelnen Verpflichtungen nach § 5 oder § 5a entspricht"*.

§ 7 Ersatzmaßnahmen

Wenn kein Wunsch besteht, erneuerbare Energien zur Deckung des Wärmeenergiebedarfs zu nutzen, können auch Ersatzmaßnahmen getroffen werden.

1a) Nutzung von Abwärme

Als Ersatzmaßnahme gilt, wenn der Wärmeenergiebedarf zu mindestens 50 % aus Anlagen zur Nutzung von Abwärme gedeckt wird.

Dies ist nach Nummer V der Anlage zu diesem Gesetz dann der Fall, wenn

1. *„die Abwärme durch Wärmepumpen genutzt wird"*

   (hierbei gelten die Anforderungen für Geothermie und Umweltwärme nach Nummer III der Anlage zu diesem Gesetz entsprechend),

2. *„die Abwärme durch raumlufttechnische Anlagen mit Wärmerückgewinnung genutzt wird".*

Dies gilt aber nur dann als Ersatzmaßnahme, wenn

a) „der Wärmerückgewinnungsgrad der Anlage mindestens 70 Prozent und

b) die Leistungszahl, die aus dem Verhältnis von der aus der Wärmerückgewinnung stammenden und genutzten Wärme zum Stromeinsatz für den Betrieb der raumlufttechnischen Anlage ermittelt wird, mindestens 10 betragen“,

3. durch Anlagen technisch nutzbar gemachte Kälte genutzt wird, denen unmittelbar Abwärme zugeführt wird

   (hierbei gelten die Anforderungen der Anlage IV.1 zu diesem Gesetz mit Ausnahme von Satz 1 Buchstabe a),

4. die Abwärme durch andere Anlagen genutzt wird, wenn die Nutzung nach dem Stand der Technik erfolgt.

1b) Wärme- und Kälteenergiebedarf unmittelbar aus Kraft-Wärme-Kopplungsanlagen (KWK-Anlagen)

Als Ersatzmaßnahme gilt, wenn der Wärme- bzw. Kälteenergiebedarf zu mindestens 50 % unmittelbar aus KWK-Anlagen gedeckt wird.

1. Dies ist nach Nummer VI der Anlage zu diesem Gesetz dann der Fall, wenn die KWK-Anlagen hocheffizient sind.

   „KWK-Anlagen mit einer elektrischen Leistung unter einem Megawatt sind hocheffizient, wenn sie Primärenergieeinsparungen im Sinne von Anhang III der Richtlinie 2004/8/EG erbringen.“

2. *„Die Pflicht nach § 3 Absatz 1 oder 2 und die Ersatzmaßnahme nach § 7 Absatz 1 Nummer 1 Buchstabe b gelten auch dann als erfüllt, sofern Kälte genutzt wird, die durch Anlagen technisch nutzbar gemacht wird, denen unmittelbar Wärme aus einer KWK-Anlage im Sinne der Nummer 1 zugeführt wird. Nummer IV.1 gilt mit Ausnahme von Satz 1 Buchstabe a entsprechend.“*

2) Maßnahmen zur Einsparung von Energie

Als Ersatzmaßnahmen können auch Maßnahmen zur Einsparung von Energie getroffen werden.

Bei Wohngebäuden:

1. Dies ist nach Nummer VII der Anlage zu diesem Gesetz dann der Fall, wenn damit bei der Errichtung von Gebäuden

   a) *„der jeweilige Höchstwert des Jahresprimärenergiebedarfs“* und

   b) *„die jeweiligen für das konkrete Gebäude zu erfüllenden Anforderungen an die Wärmedämmung der Gebäudehülle*

   nach der Energieeinsparverordnung in der jeweils geltenden Fassung um mindestens 15 % unterschritten werden“.

Bei öffentlichen Gebäuden:

2. *„Maßnahmen zur Einsparung von Energie gelten bei öffentlichen Gebäuden vorbehaltlich des § 19 Absatz 3 nur dann als Ersatzmaßnahme […], wenn damit*

   a) bei der Errichtung öffentlicher Gebäude abweichend von Nummer 1 der Transmissionswärmetransferkoeffizient um mindestens 30 Prozent oder

   b) bei der grundlegenden Renovierung öffentlicher Gebäude der 1,4fache Wert des Transmissionswärmetransferkoeffizienten um mindestens 20 Prozent

   unterschritten wird“.

Die Anforderungen nach b) sind auch dann erfüllt, *„wenn das öffentliche Gebäude nach der grundlegenden Renovierung die Anforderungen an zu errichtende Gebäude nach § 4 der Energieeinsparverordnung in der am 1. Mai 2011 geltenden Fassung erfüllt".*

„Soweit andere Rechtsvorschriften höhere Anforderungen an den baulichen Wärmeschutz als die Energieeinsparverordnung stellen, treten diese Anforderungen an die Stelle der Anforderungen nach der Energieeinsparverordnung [...]."

3) Fernwärme oder Fernkälteversorgung

1. Zur Erfüllung der Pflicht nach diesem Gesetz darf Fernwärme oder Fernkälte angesetzt werden, wenn die in dem Wärme- oder Kältenetz insgesamt verteilte Wärme oder Kälte nach Nummer VIII.1 der Anlage zu diesem Gesetz

   a) *„zu einem wesentlichen Anteil aus erneuerbaren Energien,*

   b) zu mindestens 50 Prozent aus Anlagen zur Nutzung von Abwärme,

   c) zu mindestens 50 Prozent aus KWK-Anlagen oder

   d) zu mindestens 50 Prozent durch eine Kombination der in den Buchstaben a bis c genannten Maßnahmen

   stammt".

   Dabei sind die Nummern I bis VI der Anlage des Gesetzes einzuhalten.

2. Nutzung von Solarenergie auf öffentlichen Gebäuden

   Bei einer grundlegenden Renovierung von bestehenden öffentlichen Gebäuden (nach § 3 Absatz 2) darf zur Erfüllung der Pflicht dieses Gesetzes (nach § 7 Absatz 2) auch die durch solarthermische Anlagen auf dem Dach gewonnene Wärme oder Kälte angesetzt werden, die nicht im Gebäude selbst genutzt wird, sondern an Dritte verkauft wird. Voraussetzung hierfür ist, dass von diesen Dritten die bezogene Wärme oder Kälte nicht zur Erfüllung dieses Gesetzes berücksichtigt wird.

§ 8 Kombination

„Erneuerbare Energien und Ersatzmaßnahmen nach § 7 können zur Erfüllung der Pflicht [...] untereinander und miteinander kombiniert werden."

„Die prozentualen Anteile der tatsächlichen Nutzung der einzelnen erneuerbaren Energien und Ersatzmaßnahmen [...] im Verhältnis zu der jeweils nach diesem Gesetz vorgesehenen Nutzung müssen in der Summe 100 % ergeben."

§ 9 Ausnahmen

1) Bei neu errichteten Gebäuden nach § 3 Absatz 1:

1. *„Die Pflicht nach § 3 Abs. 1 entfällt, wenn ihre Erfüllung und die Durchführung von Ersatzmaßnahmen nach § 7*

   a) anderen öffentlich-rechtlichen Pflichten widersprechen oder

   b) im Einzelfall technisch unmöglich sind oder"

2. *„die zuständige Behörde den Verpflichteten auf Antrag von ihr befreit. Von der Pflicht nach § 3 Abs. 1 ist zu befreien, soweit ihre Erfüllung und die Durchführung von Ersatzmaßnahmen nach § 7 im Einzelfall wegen besonderer Umstände durch einen unangemessenen Aufwand oder in sonstiger Weise zu einer unbilligen Härte führen."*

2) Bei grundlegender Renovierung von bestehenden öffentlichen Gebäuden nach § 3 Absatz 2:

   (Siehe EEWärmeG.)

§ 10 Nachweise

Die Art der Nachweispflicht zur Einhaltung des Gesetzes ist im § 10 genauer erläutert.

§ 11 Überprüfung

1) *„Die zuständigen Behörden müssen zumindest durch geeignete Stichprobenverfahren die Erfüllung der Pflicht nach § 3 Abs. 1 und die Richtigkeit der Nachweise nach § 10 kontrollieren.*

2) *Die mit dem Vollzug dieses Gesetzes beauftragten Personen sind berechtigt, in Ausübung ihres Amtes Grundstücke und bauliche Anlagen einschließlich der Wohnungen zu betreten. Das Grundrecht der Unverletzlichkeit der Wohnung (Artikel 13 des Grundgesetzes) wird insoweit eingeschränkt."*

§ 12 Zuständigkeit

„Die Zuständigkeit der Behörden richtet sich nach Landesrecht."

1.2.3.3 Teil 3 – Finanzielle Förderung

§ 13 Fördermittel

„Die Nutzung erneuerbarer Energien für die Erzeugung von Wärme wird durch den Bund bedarfsgerecht in den Jahren 2009 bis 2012 mit bis zu 500 Millionen Euro pro Jahr gefördert. Einzelheiten werden durch Verwaltungsvorschriften des Bundesministeriums für Umwelt, Naturschutz und Reaktorsicherheit im Einvernehmen mit dem Bundesministerium der Finanzen geregelt."

§ 14 Geförderte Maßnahmen

1) *„Gofördert werden können Maßnahmen für die Erzeugung von Wärme, insbesondere die Errichtung oder Erweiterung von*

   1. solarthermischen Anlagen,

   2. Anlagen zur Nutzung von Biomasse,

   3. Anlagen zur Nutzung von Geothermie und Umweltwärme sowie

   4. Wärmenetzen, Speichern und Übergabestationen für Wärmenutzer, wenn sie auch aus Anlagen nach den Nummern 1 bis 3 gespeist werden".

2) Anforderungen an die Förderfähigkeit von Anlagen sind im § 14 Absatz 2 geregelt.

§ 15 Verhältnis zu Nutzungspflichten

1) *„Maßnahmen können nicht gefördert werden, soweit sie der Erfüllung der Pflicht nach § 3 Abs. 1, der Pflicht nach § 3 Absatz 2 oder einer landesrechtlichen Pflicht nach § 3 Abs. 4 Nummer 2 dienen."*

2) *„Dies gilt nicht bei den folgenden Maßnahmen:*

   1. Maßnahmen, die technische oder sonstige Anforderungen erfüllen, die

   a) im Falle des § 3 Abs. 1 und 2 anspruchsvoller als die Anforderungen nach den Nummern I bis VI der Anlage zu diesem Gesetz oder

   b) im Falle des § 3 Abs. 4 Nummer 2 anspruchsvoller als die Anforderungen nach der landesrechtlichen Pflicht

   sind,

2. *Maßnahmen, die den Wärme- und Kälteenergiebedarf zu einem Anteil decken, der*

   a) im Falle des § 3 Abs. 1 um 50 Prozent höher als der Mindestanteil nach § 5 oder § 5a oder

   b) im Falle des § 3 Abs. 4 Nummer 2 höher als der landesrechtlich vorgeschriebene Mindestanteil ist,

3. *Maßnahmen, die mit weiteren Maßnahmen zur Steigerung der Energieeffizienz verbunden werden,*

4. *Maßnahmen zur Nutzung solarthermischer Anlagen auch für die Heizung eines Gebäudes und*

5. *Maßnahmen zur Nutzung von Tiefengeothermie".*

3) *„Die Förderung kann in den Fällen des Absatz 2 auf die Gesamtmaßnahme bezogen werden."*

4) *„Einzelheiten werden in den Verwaltungsvorschriften nach § 13 Satz 2 geregelt."*

5) *„Fördermaßnahmen durch das Land oder durch ein Kreditinstitut, an dem der Bund oder das Land beteiligt sind, bleiben unberührt."*

1.2.3.4 Teil 4 – Schlussbestimmung

§ 16 Anschluss- und Benutzungszwang

„Die Gemeinden und Gemeindeverbände können von einer Bestimmung nach Landesrecht, die sie zur Begründung eines Anschluss- und Benutzungszwangs an ein Netz der öffentlichen Fernwärme- oder Fernkälteversorgung ermächtigt, auch zum Zwecke des Klima- und Ressourcenschutzes Gebrauch machen."

§ 16a Installateure für erneuerbare Energien

„Zur Fortbildung von Installateuren für den Einbau von Wärmepumpen oder von Anlagen zur Erzeugung von Strom, Wärme oder Kälte aus Biomasse, solarer Strahlungsenergie oder Geothermie können die Handwerkskammern Fortbildungsprüfungsregelungen nach § 42a der Handwerksordnung und nach Maßgabe des Anhangs IV der Richtlinie 2009/28/EG erlassen."

§ 17 Bußgeldvorschriften

1) *„Ordnungswidrig handelt, wer vorsätzlich oder leichtfertig*

   1. entgegen § 3 Abs. 1 den Wärme- und Kälteenergiebedarf nicht oder nicht richtig mit erneuerbaren Energien deckt,

   2. entgegen § 10 Abs. 1 Satz 1 einen Nachweis nicht, nicht richtig, nicht vollständig oder nicht rechtzeitig erbringt,

   3. entgegen § 10 Abs. 2 Nr. 1 Buchstabe b Doppelbuchstabe aa oder Nr. 2 Buchstabe a oder Abs. 3 Satz 1 Nr. 2 einen Nachweis nicht oder nicht mindestens fünf Jahre aufbewahrt oder

   4. entgegen § 10 Abs. 5 eine unrichtige oder unvollständige Angabe macht."

2) *„Die Ordnungswidrigkeit kann in den Fällen [...] Nr. 1, 2 und 4 mit einer Geldbuße bis zu fünfzigtausend Euro und im Falle [...] Nr. 3 mit einer Geldbuße bis zu zwanzigtausend Euro geahndet werden."*

§ 18 Erfahrungsbericht

Siehe EEWärmeG.

§ 18a Berichte der Länder

Siehe EEWärmeG.

§ 19 Übergangsvorschrift

1) *„§ 3 Abs. 1 ist nicht anzuwenden auf die Errichtung von Gebäuden, wenn für das Vorhaben vor dem 1. Januar 2009 der Bauantrag gestellt oder der Antrag auf Zustimmung gestellt oder die Bauanzeige erstattet ist."*

2) *„§ 3 Abs. 1 ist nicht anzuwenden auf die nicht genehmigungsbedürftige Errichtung von Gebäuden, die nach Maßgabe des Bauordnungsrechts der zuständigen Behörde zur Kenntnis zu bringen sind, wenn die erforderliche Kenntnisgabe an die Behörde vor dem 1. Januar 2009 erfolgt ist. Auf sonstige nicht genehmigungsbedürftige, insbesondere genehmigungs-, anzeige- und verfahrensfreie Errichtungen von Gebäuden [...], wenn vor dem 1. Januar 2009 mit der Bauausführung begonnen worden ist."*

3) *„§ 3 Absatz 1 Satz 2, § 3 Absatz 2 und Nummer VII.2 der Anlage zu diesem Gesetz sind nicht anzuwenden auf die Errichtung oder grundlegende Renovierung von öffentlichen Gebäuden, wenn für das Vorhaben vor dem 1. Juli 2011 der Bauantrag oder der Antrag auf Zustimmung gestellt oder die Bauanzeige erstattet ist. Auf die nicht genehmigungsbedürftige Errichtung oder grundlegende Renovierung von öffentlichen Gebäuden, die nach Maßgabe des Bauordnungsrechts der zuständigen Behörde zur Kenntnis zu bringen sind, sind § 3 Absatz 1 Satz 2, § 3 Absatz 2 und Nummer VII.2 der Anlage zu diesem Gesetz nicht anzuwenden, wenn die erforderliche Kenntnisgabe an die Behörde vor dem 1. Juli 2011 erfolgt ist. Auf sonstige nicht genehmigungsbedürftige, insbesondere genehmigungs-, anzeige- und verfahrensfreie Errichtungen und grundlegende Renovierungen von öffentlichen Gebäuden sind § 3 Absatz 1 Satz 2, § 3 Absatz 2 und Nummer VII.2 der Anlage zu diesem Gesetz nicht anzuwenden, wenn vor dem 1. Januar 2012 mit der Bauausführung begonnen worden ist."*

4) *„§ 3 Absatz 3 ist auf die grundlegende Renovierung von öffentlichen Gebäuden, die von der öffentlichen Hand auf Grund eines am 1. Mai 2011 bestehenden Miet- oder Pachtverhältnisses genutzt werden, bis zum Ablauf dieses Miet- oder Pachtverhältnisses nicht anzuwenden."*

5) *„Im Übrigen ist dieses Gesetz auf die Errichtung von Gebäuden in der Fassung anzuwenden, die zum Zeitpunkt der Bau- oder der Zustimmungsantragstellung oder der Bauanzeige gilt. Auf die nicht genehmigungsbedürftige Errichtung von Gebäuden, die nach Maßgabe des Bauordnungsrechts der zuständigen Behörde zur Kenntnis zu bringen sind, ist dieses Gesetz in der Fassung anzuwenden, die zum Zeitpunkt der Kenntnisgabe an die zuständige Behörde gilt. Auf sonstige nicht genehmigungsbedürftige, insbesondere genehmigungs-, anzeige- und verfahrensfreie Errichtungen von Gebäuden ist dieses Gesetz in der Fassung anzuwenden, die zum Zeitpunkt des Beginns der Bauausführung gilt."*

§ 20 Inkrafttreten

„Dieses Gesetz tritt am 01. Januar 2009 in Kraft."

Das EEWärmeG wurde zuletzt am 22. Dezember 2011 geändert.

1.3 Fragen

Fragen zur EnEV:

1. Nach den Vorschriften der EnEV müssen bei der Erstellung des Energieausweises sowohl die entsprechenden Inhalte der DIN V 4701-10 als auch der DIN 4108-6 beachtet werden. Welche Themen werden in den jeweiligen Normen behandelt und welche Vorteile ergeben sich hierdurch bei der Planung?
   a) Themenbereich DIN V 4701-10
   b) Themenbereich DIN 4108-6
   c) Vorteile für die Planung

2. Nach welcher Norm dürfen Wohngebäude seit der EnEV 2009 alternativ berechnet werden?

3. Wie ist zu verfahren, wenn anlagentechnische Komponenten eingesetzt werden, für deren energetische Bewertung keine anerkannten Regeln der Technik oder bekannt gemachte gesicherte Erfahrungswerte vorliegen?

4. Wann wird ein Gebäude als „Kleines Gebäude“ eingestuft?

5. Welche energetischen Kennwerte müssen für normale Wohngebäude nachgewiesen werden?

6. Welche Anlagentechnik muss für Nichtwohngebäude bei der Berechnung des Jahresprimärenergiebedarfs zusätzlich berücksichtigt werden?

7. Wann muss ein Teil eines Gebäudes wie ein Nichtwohngebäude behandelt werden?

8. Nach welcher Norm müssen gekühlte Wohngebäude berechnet werden?

9. Welche Anforderungen bestehen an Bauteile, die an Räume mit „wesentlich niedrigeren Innentemperaturen“ (z. B. Treppenhäuser, Heizkeller) grenzen und die in das beheizte Volumen einbezogen wurden?

10. Wie sind Wärmebrücken zu berücksichtigen?

11. Wann müssen Änderungen an bestehenden Gebäuden Anforderungen nach EnEV erfüllen?

12. Werden bestehende Gebäude geändert, müssen diese den Anforderungen der EnEV entsprechen? Welche Nachweisverfahren stehen hierfür in der EnEV zur Verfügung?

13. Welche Anforderung an Heizkessel mit flüssigen oder gasförmigen Brennstoffen muss nach EnEV für deren Inbetriebnahme in Wohngebäuden erfüllt sein?

14. Wann muss ein Energieausweis ausgestellt werden?

15. Nach welchen zwei Kennwerten können bestehende Wohngebäude energetisch bewertet werden?

16. Müssen bei der Erstellung des Energieausweises dem Eigentümer Empfehlungen für die Verbesserung der Energieeffizienz unterbreitet werden?

Fragen zum EEWärmeG:

1. Ab welcher Nutzfläche muss bei Gebäuden der Einsatz von alternativen Energieversorgungssystemen unter ökologischen und wirtschaftlichen Gesichtspunkten geprüft werden?

2. Welche Energiearten gelten nach EEWärmeG als erneuerbare Energiearten und zu welchem Anteil müssen diese den Gesamtenergiebedarf decken?

3. Welche Ersatzmaßnahmen zur Nutzung von erneuerbarer Energie sind zulässig?

1.4 Antworten

Antworten zur EnEV:

1. a) Energetische Bewertung heiz- und raumlufttechnischer Anlagen – Teil 10: Heizung, Trinkwasser, Lüftung

   b) Wärmeschutz und Energieeinsparung in Gebäuden – Teil 6: Berechnung des Jahresheizwärme- und des Jahresheizenergiebedarfs

   c) Hierdurch ergibt sich die Möglichkeit, die Qualität der Heizanlage und der Gebäudedämmung gegenseitig auszugleichen.

2. nach DIN V 18599 Teil 1-10

3. Die Anlagenkennzahlen dürfen nach Anlage 1 Nr. 2.1.3 durch dynamische Simulationsrechnungen ermittelt werden.

4. wenn die Gebäudenutzfläche nicht mehr als 50 m² beträgt

5. Folgende Kenndaten sind nachzuweisen:

   a) Jahresprimärenergiebedarf Q_P,

   b) spezifischer Transmissionswärmeverlust H_T,

   c) sommerlicher Wärmeschutz nach EnEV Anlage 1, Nr. 3, auf der Grundlage der DIN 4108-2,

   d) anlagentechnische Komponenten nach EnEV Abschnitt 4.

6. Anlagentechnik für Kühlung, Belüftung und eingebaute Beleuchtung.

7. wenn sich Teile eines Wohngebäudes hinsichtlich deren Nutzung und gebäudetechnischer Ausstattung wesentlich von einer Wohnnutzung unterscheiden und einen nicht unerheblichen Teil der Gebäudenutzfläche umfassen

8. Gekühlte Wohngebäude müssen nach DIN V 18599 berechnet werden.

9. Es muss der Mindestwärmeschutz nach DIN 4108-2 eingehalten werden.

10. Der Wärmedurchgang muss den Mindestanforderungen nach DIN 4108-2 entsprechen. Bei Anwendungen von Planungsbeispielen nach DIN 4108, Beiblatt 2 oder gleichwertig beträgt ΔU_{WB} = 0,05 W/(m² · K), ansonsten 0,10 W/(m² · K).
    Bei bestehenden Wohngebäuden mit innen liegenden Dämmschichten ist ΔU_{WB} mit 0,15 W/(m² · K) anzusetzen. Die Wärmeverluste über Wärmebrücken können aber auch detailliert berechnet werden.

11. wenn mehr als 10 % der gesamten jeweiligen Bauteilfläche geändert werden

12. das Bauteilverfahren nach Anlage 3, Tabelle 1;
    Hier müssen die U-Werte der geänderten Bauteile denen der Tabelle 1 entsprechen.

    Genaue Berechnung der Transmissionswärmeverluste sowie des Jahresprimärenergiebedarfs nach Anlage 3 Nr. 8: Diese dürfen die zulässigen Werte des Referenzgebäudes um max. 40 % überschreiten.

13. Sie müssen mit dem CE-Kennzeichen versehen sein.

14. Ein Energieausweis ist zu erstellen, wenn ein beheiztes oder gekühltes Gebäude

- neu errichtet wird,
- unter Anwendung des § 9 Absatz 1 Satz 2 für ein gesamtes bestehendes Gebäude Berechnungen nach § 9 Absatz 2 durchgeführt werden.

15. nach dem Energieverbrauch oder dem Energiebedarf

    Der Energieverbrauch ist der witterungsbereinigte gemessene Energieverbrauch des Gebäudes über einen Zeitraum von mindestens drei aufeinander folgenden Abrechnungsperioden.

    Energiebedarf ist nach EnEV der rechnerisch ermittelte Jahresprimärenergiebedarf und der Jahresendenergiebedarf.

16. Ja, dem Eigentümer müssen kostengünstige Verbesserungen unterbreitet werden, soweit diese möglich sind.

Antworten zum EEWärmeG:

1. wenn das Wohngebäude mehr als 50 m² Nettogrundfläche besitzt.

2. a) Nutzung von solarer Strahlungsenergie. Der Wärmeenergiebedarf muss hieraus zu mindestens 15 % gedeckt werden.

   b) Nutzung von gasförmiger Biomasse. Der Wärmeenergiebedarf muss hieraus zu mindestens 30 % gedeckt werden.

   c) Nutzung von flüssiger und fester Biomasse. Der Wärmeenergiebedarf muss hieraus zu mindestens 50 % gedeckt werden.

   d) Nutzung von Geothermie und Umweltwärme. Der Wärmeenergiebedarf muss hieraus zu mindestens 50 % gedeckt werden.

3. a) wenn mindesten 50 % der Energie mit Abwärme oder unmittelbar mit Kraft-Wärme-Kopplungsanlagen gedeckt werden.

   b) wenn die zulässigen Transmissionswärmeverluste und der zulässige Jahresprimärenergiebedarf nach EnEV um 15 % unterschritten werden.

   c) wenn der Wärmeenergiebedarf unmittelbar aus einem Netz der Fernwärmeversorgung stammt.

2 Gebäudegeometrie

Autoren: Prof. Karlheinz Volland
Dipl.-Ing. (FH) Johannes Volland

Inhalt Seite

2.1 Definition der Bauteile

2.1.1 Aufteilung in Zonen und Bereiche

Die Berechnung des Energiebedarfs kann nur für Bereiche mit gleichen Nutzungsbedingungen erfolgen. Gebäude mit unterschiedlicher Nutzung sind deshalb in Zonen zu gliedern, in denen die für die Berechnung vorgegebenen Grundlagen zutreffen.

Die EnEV unterscheidet zwischen

a) Wohngebäuden einschließlich Wohn-, Alten- und Pflegeheimen sowie

b) Nichtwohngebäuden.

Bei gemischt genutzten Gebäuden nach § 22 EnEV sind die Bereiche, die sich wesentlich von einer Wohnnutzung unterscheiden und einen nicht unerheblichen Teil der Gebäudenutzfläche umfassen, getrennt als Nichtwohngebäude zu behandeln. Ein bestimmter Prozentsatz der Fläche ist bewusst nicht vorgegeben worden, um den Anwendern genügend Flexibilität im Einzelfall zu geben. In einer Auslegung zur EnEV wurde der Begriff „nicht unerheblicher Teil der Gebäudenutzfläche so definiert“:

„Als grobe Orientierung und Faustregel kann gelten, dass im Allgemeinen Flächenanteile bis zu 10 % der Gebäudenutzfläche (bei § 22 Absatz 2 der Nettogrundfläche) des Gebäudes noch unerheblich sind (so die Bundesregierung in der amtlichen Begründung der EnEV 2007)“.

Den unterschiedlichen Nutzungsbereichen sind unterschiedliche Zonen zuzuweisen.

Der Gesamtenergiebedarf eines Gebäudes ergibt sich aus der Summe des Energiebedarfs der einzelnen Zonen.

Wohngebäude sind immer als Ein-Zonen-Modell zu betrachten.

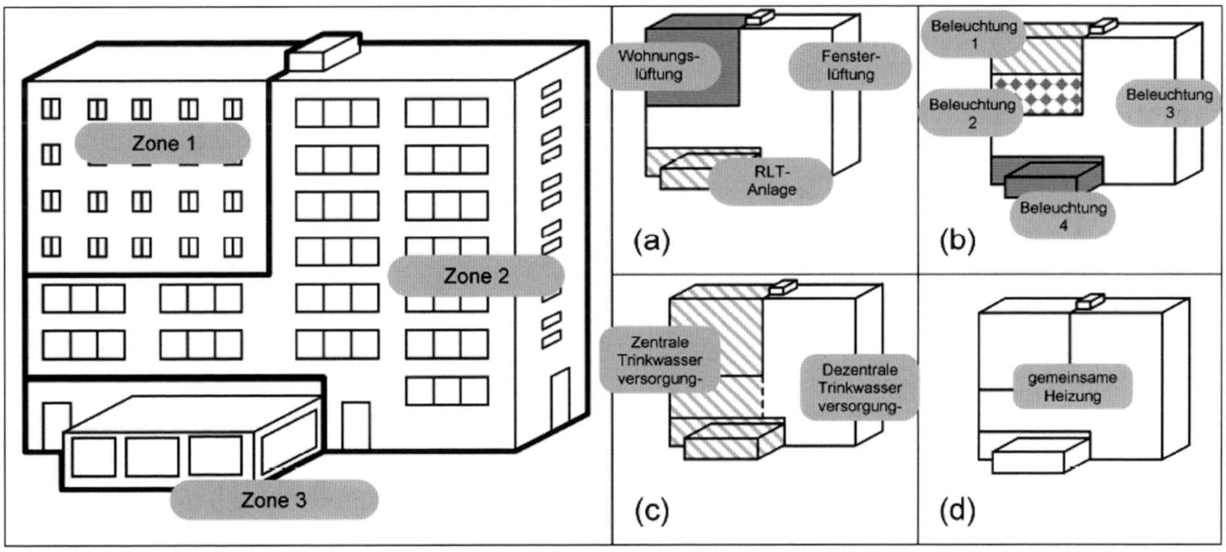

Bild 2.1: Zonierung eines Gebäudes (Quelle: DIN V 18599-1, Bild 5)

Für die Berechnung nach DIN V 4108-3 von Wohngebäuden können gleichmäßig beheizte Teilbereiche mit Temperaturunterschieden von weniger als 4 K zu einer Zone zusammengefasst werden. Die Zonierung von Nichtwohngebäuden ist nach DIN V 18599-2 und -10 vorzunehmen.

Wohnbereiche sind Bereiche, in denen eine durchschnittliche Innentemperatur von 19 °C (nach DIN V 4108-6) bzw. 20 °C (nach DIN V 18599-2) vorhanden ist.

2.1.2 Verlauf der Systemgrenze und Definition der Abmessungen

Die einzelnen Zonen werden von einer Systemgrenze umrandet.

Die an die Systemgrenze anschließenden Bauteile bilden die Umfassungsflächen A (bzw. die Hüllfläche) des zu untersuchenden Gebäudeteils (EnEV Anlage 1, Nr. 1.3.1).

Bei Wohngebäuden ist die wärmeübertragende Umfassungsfläche A so festzulegen, dass ein in DIN V 18599-1:2011-12 beschriebenes Ein-Zonen-Modell entsteht, das mindestens die beheizten Räume einschließt (EnEV Anlage 1, Nr. 1.3.1).

Das von den wärmeübertragenden Umfassungsflächen umschlossene Bauwerksvolumen ist das für den Energiebedarf zugrunde liegende Volumen V_e (EnEV Anlage 1, Nr. 1.3.2).

2.1.2.1 Verlauf der Systemgrenze im Grundriss

Nach DIN V 18599-1:2011-12, Abschnitt 8.1.1 sind die Bezugsmaße zur Bestimmung der wärmeübertragenden Hüllfläche sowie des Bruttovolumens einer Zone in horizontaler Richtung wie folgt zu bestimmen:

- *„bei Außenbauteilen die Außenmaße nach DIN EN ISO 13789, einschließlich eventuell vorhandener außen liegender Wärmedämmung und, sofern vorhanden, einschließlich Putz"*
- *„bei Innenbauteilen zwischen einer temperierten und einer nicht temperierten Zone das Außenmaß (der temperierten Zone)"*
- *„bei Innenbauteilen zwischen zwei (auch unterschiedlich) temperierten Zonen das Achsmaß, d. h. die Mitte des Rohbaubauteils, unabhängig von der Lage eventueller Innendämmschichten".*

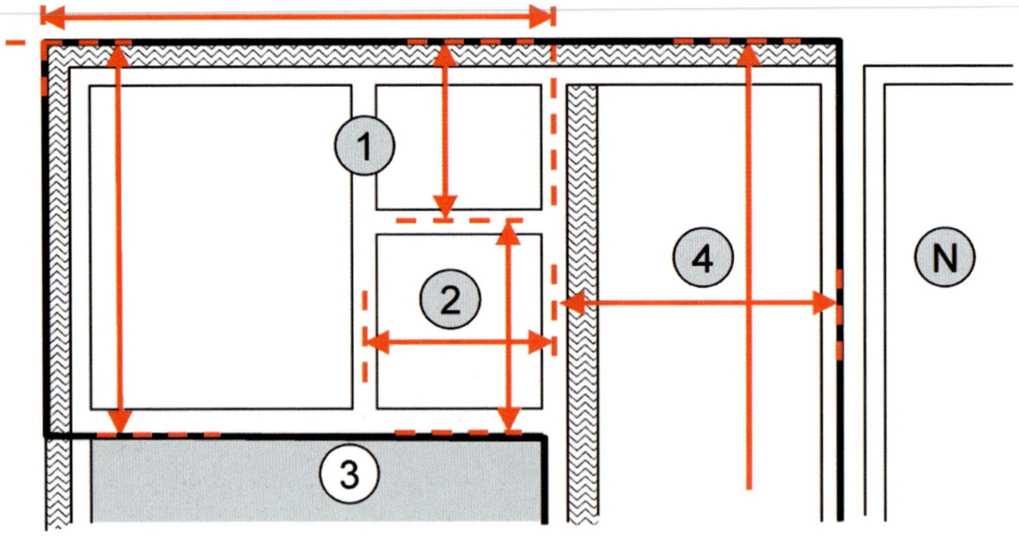

Legende

- - - - Bemaßungshilfslinie

—— Wärmeübertragende Umfassungsfläche (Bilanzgrenze der Zonen 1 + 2 + 4)

Bild 2.2: Maßbezüge im Grundriss mit unterschiedlich temperierten Zonen (Quelle: DIN V 18599-1, Bild 6). Die Zonen 1 bis 4 könnten sich z. B. wie folgt unterscheiden: 1 normal beheizt, 2 temperiert Zone, 3 nicht temperierte Zone, 4 normal oder niedrig beheizt mit von 1 oder 2 abweichender Technik, N beheizt wie 4, jedoch anderes Gebäude.

2.1.2.2 Verlauf der Systemgrenze im Schnitt

Nach DIN V 18599-1:2011-12, Abschnitt 8.1.2 sind für Wohngebäude die Bezugsmaße zur Bestimmung der wärmeübertragenden Hüllfläche einer Zone in vertikaler Richtung wie folgt zu bestimmen:

- *„Bezugsmaß ist die Oberkante der Rohdecke in allen Ebenen eines Gebäudes (alle Geschosse), unabhängig von der Lage der eventuell vorhandenen Dämmschicht; dies gilt auch für den unteren Gebäudeabschluss“*,
- *„die einzige Ausnahme bildet der obere Gebäudeabschluss: Hier wird die Oberkante der obersten wärmetechnisch wirksamen Schicht als Außenmaß verwendet“*.

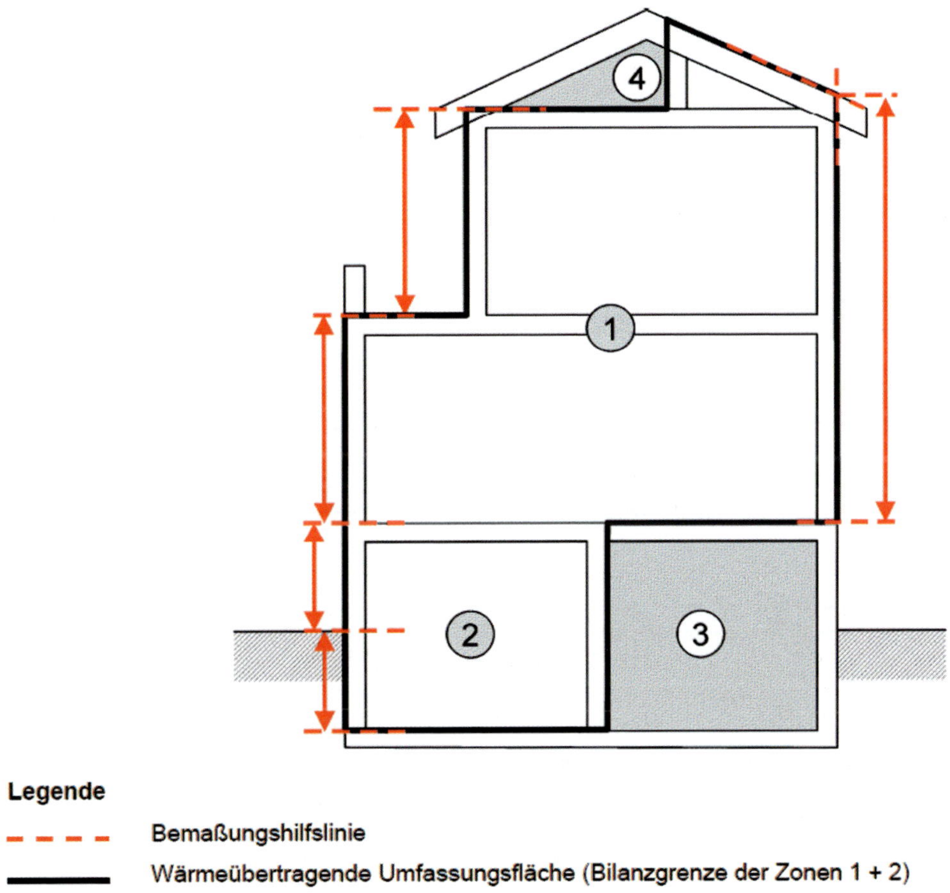

Bild 2.3: Maßbezüge im Schnitt (Quelle: DIN V 18599-1:2011-12, Bild 7). Zone 1 Obere Begrenzung zur nicht thermisch konditionierten Zone 4 ist die Oberkante der Rohdecke; die obere Begrenzung an Außenluft im Dach bildet die äußerste wärmetechnisch wirksame Schicht des Steildaches; untere Begrenzung zur Zone 2 sowie zur nicht thermisch konditionierten Zone 3 ist die Oberkante der untersten Rohdecke. Zone 2 sowohl die obere Begrenzung an die Zone 1 als auch die untere Begrenzung an das Erdreich ist jeweils die Oberkante der Rohdecke.

2.1.3 Definition der die Zone begrenzenden Bauteile

Alle Bauteilflächen, die das innerhalb der Systemgrenze vorhandene (beheizte) Volumen umhüllen, sind in Abhängigkeit ihres U-Wertes und Temperatur-Korrekturfaktors zu unterteilen und gesondert zu berechnen.

Dabei sind im Allgemeinen die unten genannten Bauteile zu unterscheiden. Zur besseren Übersichtlichkeit ist es hilfreich diese mit entsprechenden Indizes zu versehen.

Tabelle 2.1: Bezeichnung der Bauteile

Bauteilfläche	Bezeichnung
Außenwände	A_{AW} bzw. A_e
Fenster	A_W bzw. A_e
Trennwände zu unbeheizten Räumen	$A_{AW,U}$ bzw. $A_{e,U}$
Wände gegen Erdreich	$A_{AW,G}$
Wände gegen unbeheizten Keller	A_{GU}
Decken zu nicht ausgebautem, unbeheiztem Dachraum	A_{DU}
Decken zu unbeheiztem Keller	A_{GU}
Decken, die beh. Räume nach unten gegen Außenluft abgrenzen	A_{AG} bzw. $A_{e,G}$
Dächer	A_D
Fußböden zum Erdreich	A_G

Zusätzlich sind zu unterscheiden:

- Fenster, Fenstertüren und Dachliegefenster nach Himmelsrichtungen entsprechend DIN EN ISO 6946,
- opake Haustüren und Türen zu andern Temperaturzonen oder sonstige Tore,
- Bauteilflächen mit Flächenheizung,
- Bauteilschwächungen (wenn nicht der Nachweis erbracht wird, dass diese den gleichen U-Wert wie die Wand haben) sowie
- Rollladenkästen.

Zur leichteren Nachvollziehbarkeit und späteren Kontrolle sollen die zu berechnenden Teilflächen in den Plänen markiert und mit Positionsnummern versehen sein.

2.2 Ermittlung der wärmeübertragenden Umfassungsfläche A

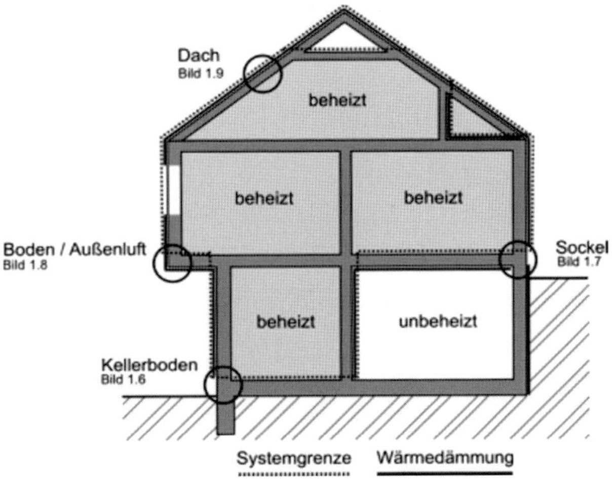

Bild 2.4: Systemschnitt eines Gebäudes

Nachfolgend wird der Verlauf der Systemgrenze an einzelnen Details genauer erläutert.

2.2.1 Außenwände

Zu den Außenwänden gehören sowohl Wände gegen die Außenluft, Wände zu unbeheizten oder niedrig beheizten Räumen sowie Wände gegen das Erdreich. Wände zu beheizten Räumen anderer Gebäude oder Gebäudebereichen werden nicht erfasst.

Zur Berechnung der Flächen sind die Bauteile nach ihrem Schichtaufbau zu unterscheiden. Nur Bauteile mit gleichem Schichtaufbau und gleicher Umgebungstemperatur dürfen zusammengefasst werden. Schwachstellen wie Heizkörpernischen, Stürze, Betonstützen etc. sind gesondert zu erfassen, wenn nicht nachgewiesen wird, dass diese den gleichen U-Wert wie die anschließenden Bauteile haben, oder als Wärmebrücke berücksichtigt sind.

Werden bei der Berechnung des Heizenergiebedarfs Q_h auch die solaren Wärmegewinne über opake Bauteile berücksichtigt (wie Außenwände), sind diese differenziert nach den einzelnen Himmelsrichtung zu erfassen.

2.2.2 Bodenplatte – Kellerwand

Bei der Ermittlung der wärmeübertragenden Flächen von Böden gegen Erdreich beheizter Kellerräume und bei Decken gegen unbeheizte Keller sind jeweils die Gebäude-Außenmaße anzusetzen.

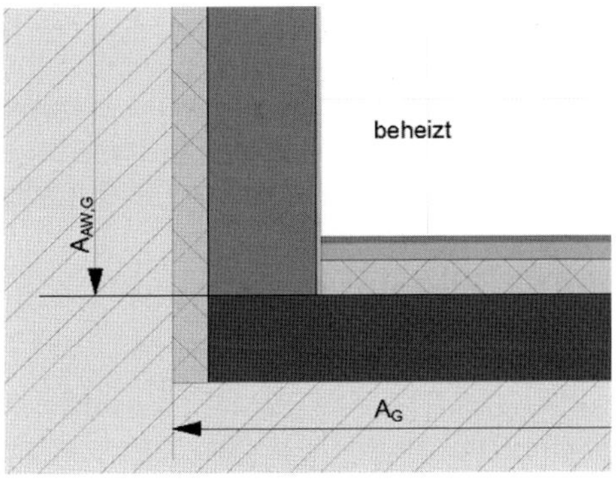

Bild 2.5: Systemgrenze im Bereich Bodenplatte – Kellerwand

2.2.3 Kellerdecke – Außenwand (Sockelbereich)

Die obere Begrenzung der Kellerwand zum Erdreich wird von der Oberkante des Terrains bestimmt.

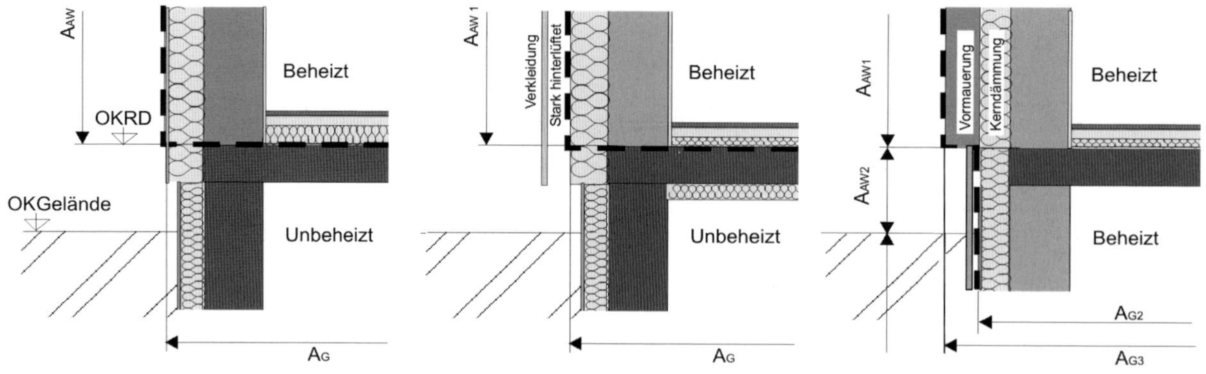

Bild 2.6: Sockelbereich (Interpretation der Normen)

Die vertikale Systemgrenze verläuft bei Außenwänden mit Wärmedämm-Verbundsystem oder mit hinterlüfteter Verkleidung auf der Oberfläche der Dämmschicht, bei monolithischem Mauerwerk mit Wärmedämmputz auf der Oberfläche des Dämmputzes, bei Wänden mit Vorsatzschalen vor einer Kerndämmung auf deren äußeren Oberfläche.

Die horizontale Systemgrenze verläuft, unabhängig von der Lage der Wärmedämmung, auf der Oberkante der Rohdecke zu dem unbeheizten Keller.

2.2.4 Boden gegen Außenluft

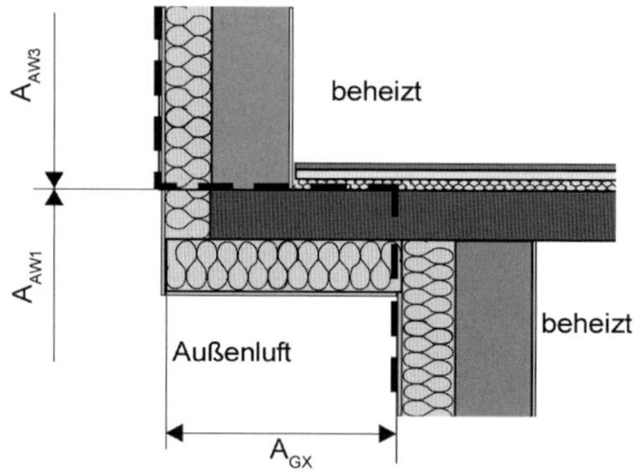

Bild 2.7: Boden gegen Außenluft (Interpretation analog zur Bodenplatte)

Als Berechnungsgrundlage für die Deckenfläche sind die Gebäude-Außenmaße anzusetzen. Dabei gilt jeweils die Vorderkante der begrenzenden aufgehenden Konstruktion als Bezugsgröße. Die Außenwände beginnen und enden auf der Oberkante der Rohdecke.

2.2.5 Dächer

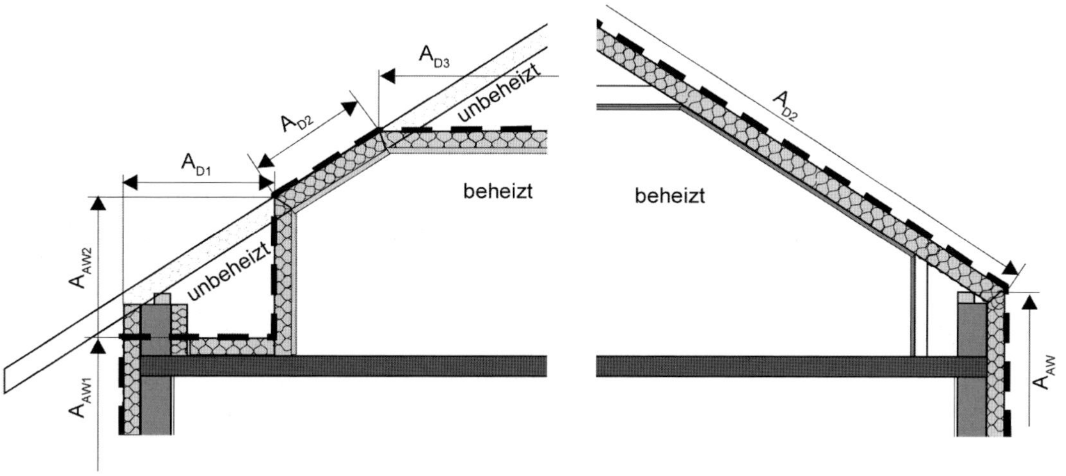

Bild 2.8: Dächer (Interpretation der Normen)

Die Systemgrenze ist die Oberkante der wärmetechnisch wirksamen Schicht. Als Schnittpunkt mit der Außenwand wird die Außenkante der Wärmedämmung auf der Wand angenommen.

Bei ausgebauten Dachräumen mit Abseiten empfiehlt die DIN 4108-2, die Wärmedämmung bis zum Dachfuß zu führen. Es ist deshalb abzuwägen, ob Abseiten in den beheizten Raum einbezogen werden oder als unbeheizt zu betrachten sind. Das Gleiche gilt auch für den nicht ausgebauten Dachraum. Es erscheint sinnvoll, die Führung der Systemgrenze von der Größe der Abseite bzw. des Dachraumes abhängig zu machen.

2.2.6 Fenster und Türen

2.2.6.1 Abmessungen

Die Fensterflächen A_W und die Türflächen A_T sind nach dem lichten Rohbaumaß zu berechnen (DIN 18599-1, Abschnitt 8.1.3).

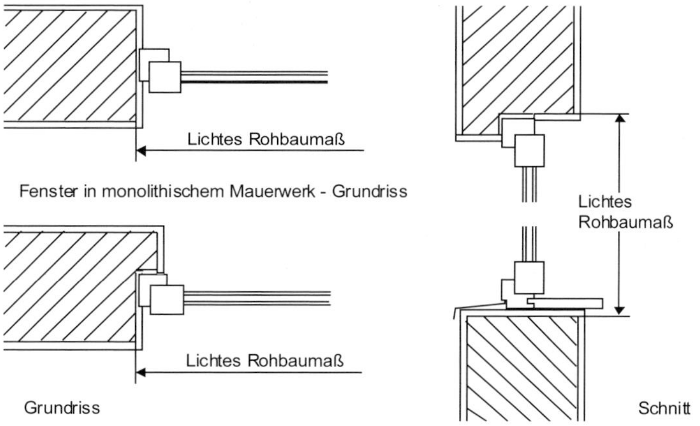

Bild 2.9: Öffnungen (Interpretation der Normen)

2.2.6.2 Orientierung

Für die Ermittlung der solaren Wärmegewinne ist die anzusetzende Strahlungsintensität notwendig.

Diese ist nach EnEV Anlage 1 Nr. 2.1.1 und 2.1.2 aus der DIN V 18599-10, Abschnitt 7.1 zu entnehmen. Als Referenzklima für Deutschland gilt die Region Potsdam. In der Tabelle E.6 der DIN V18599-10 werden Referenzwerte der Strahlungsintensität als monatliche Mittelwerte für acht Himmelsrichtungen und vier Fensterneigungen angeboten.

Diese sind:

- Süd
- Südost
- Südwest
- Ost
- West
- Nordwest
- Nordost
- Nord

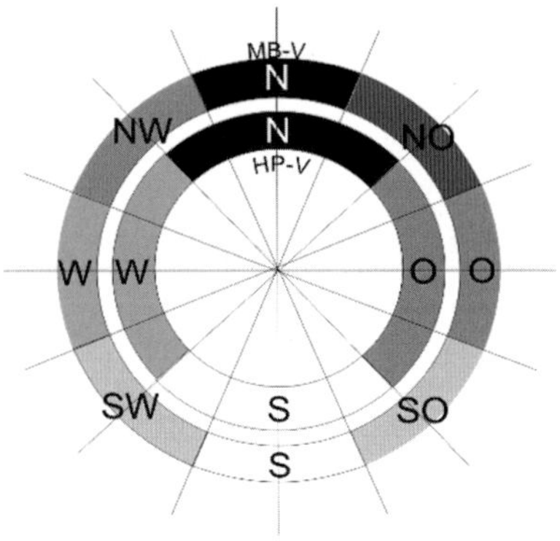

Bild 2.10: Fensterorientierung

Die jeweils zugehörigen Fensterneigungen sind 30°, 45°, 60° und 90°. Die Definition der Fenster-Orientierung erfordert auf dem Grundriss der Berechnungsgrundlagen einen genauen Nordpfeil, aus dem auch die Grenzfälle ablesbar sind.

2.2.6.3 Verschattungsfaktoren F_S

Von der Sonne fließt ein Wärmestrom von 1,35 kW/m² (= Solarkonstante) zur Erde, hiervon werden ca. 0,35 kW aus der Atmosphäre reflektiert, sodass, ein wolkenloser Himmel vorausgesetzt, bei senkrechtem Sonnenstand die Intensität der Globalstrahlung auf der Erdoberfläche ca. 1 kW/m² beträgt.

Aufgrund der Schräglage der Erdachse zu der Sonnenumlaufebene von 23,27° wandert der Ort mit senkrechter Einstrahlung zwischen Sommer- und Wintersonnenwende vom nördlichen zum südlichen Wendekreis, die entsprechend der Achsabweichung auf 23,27° nördlicher bzw. südlicher Breite liegen.

Die Strahlungsintensität an einem beliebigen Ort der Erde ergibt sich theoretisch aus dem Kosinus des Winkels seiner geografischen Breite plus bzw. minus dem jahreszeitlich bedingten Winkel der Erdachse zur Sonnenumlaufbahn.

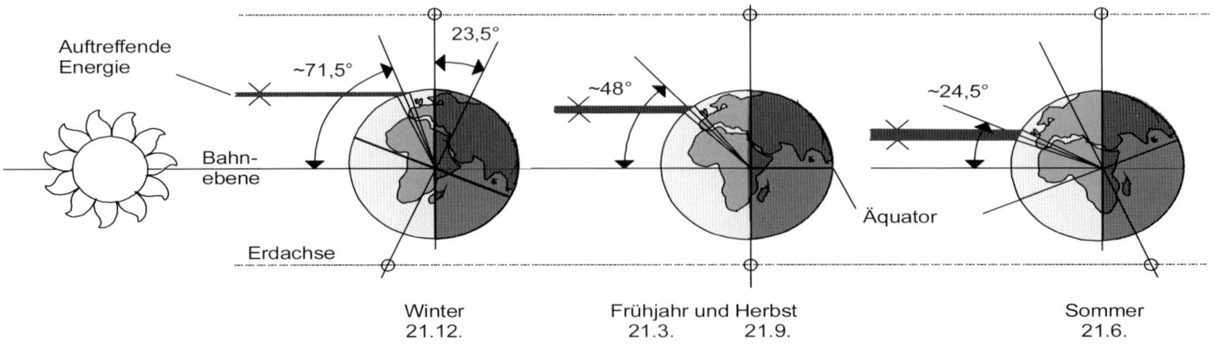

Bild 2.11: Neigung des 48. Breitengrades zur Sonnenumlaufebene (z. B. in München)

Die hiervon zeitlich und örtlich abhängige Strahlungsintensität ist in der DIN V 18599-10 für 15 Regionen in Deutschland dargestellt. Die nach EnEV anrechenbaren solaren Wärmegewinne Q_s werden als Mittelwerte für Deutschland für jeden Monat angegeben.

Wird die Einstrahlung durch Verschattung gemindert, sind die angegebenen Werte für die Strahlungsintensität über die in der DIN V 4108-6, Tabellen 9 – 11 und in der DIN V 18599-2, Tabellen A.1 – A.3 angegebenen Teilbestrahlungsfaktoren zu reduzieren.

Hierbei sind folgende Verschattungsarten zu berücksichtigen:

- Verschattung durch andere Gebäude und durch Topografie (z. B. Hügel),
- Verschattung durch Überhänge, Bauteilüberstände oberhalb der Bauteilfläche,
- Verschattung durch Bauteilüberstände seitlich von der Bauteilfläche.

Berücksichtigung der Verschattung F_s nach DIN V 4108-6

Der Verschattungsfaktor F_s ist nach folgender Formel zu ermitteln:

$$F_s = F_o \cdot F_f \cdot F_h$$ – (Formel 2.1) (DIN V 4108-6)

F_o = durch Verbauung (Tabelle 9)
F_f = durch horizontale Überhänge (Tabelle 10)
F_h = durch seitliche Abschattungsflächen (Tabelle 11)

In der DIN V 4108-6, Tabelle D.3 Randbedingungen für das Monatsbilanzverfahren, Zeile 10 und in der EnEV Anlage 1 Tabelle 3 heißt es hierzu:

F_s = 0,9 für übliche Anwendungsfälle.

Soweit überwiegend bauliche Verschattungen vorliegen, ist F_s entsprechend anzusetzen.

Vereinfachend kann bei überwiegend verschatteten Fenstern Nordorientierung angenommen werden.

In der Norm ist nicht definiert, was übliche Anwendungsfälle sind und wann ein Fenster als überwiegend verschattet zu beurteilen ist.

Interpretation des Autors:

„**F_s = 0,9** für übliche Anwendungsfälle" wird so interpretiert, dass für jedes Fenster, das nicht verschattet wird, ein Verschattungsfaktor von F_s = 0,9 anzusetzen ist, aufgrund der Verschattung durch die Fensterlaibungen.

Wird ein Fenster nach den Tabellen 9 – 11 verschattet, ist die Verschattung nach den genannten Normen zu ermitteln. Es darf dann der ermittelte F_S-Wert angesetzt werden.

Ein Fenster kann dann als überwiegend verschattet angenommen werden, wenn der Verschattungswinkel größer ist als in den Tabellen 9 – 11 enthalten.

Nachfolgend werden in den Tabellen 2.2 – 2.4 die Verschattungswinkel aus der DIN V 4108-6 aus den Tabellen 9 – 11 dargestellt. Hier wird nicht zwischen Sommer und Winter und unterschiedlichen Fensterneigungen unterschieden, wie es in der DIN V 18599-2 der Fall ist. Die dort angegebenen Verschattungsfaktoren sind gemittelte Werte, was für die Berechnung von Wohngebäuden ausreichend ist.

Tabelle 2.2: Teilbestrahlungsfaktoren F_h für verschiedene Horizontalwinkel der Verbauung (Quelle: DIN V 4108-6, Tabelle 9)

Verbauungswinkel α	45° nördliche Breite			55° nördliche Breite		
	Süd	Ost/West	Nord	Süd	Ost/West	Nord
0°	1,00	1,00	1,00	1,00	1,00	1,00
10°	0,97	0,95	1,00	0,94	0,92	0,99
20°	0,85	0,82	0,98	0,68	0,75	0,95
30°	0,62	0,70	0,94	0,49	0,62	0,92
40°	0,46	0,61	0,90	0,40	0,56	0,89

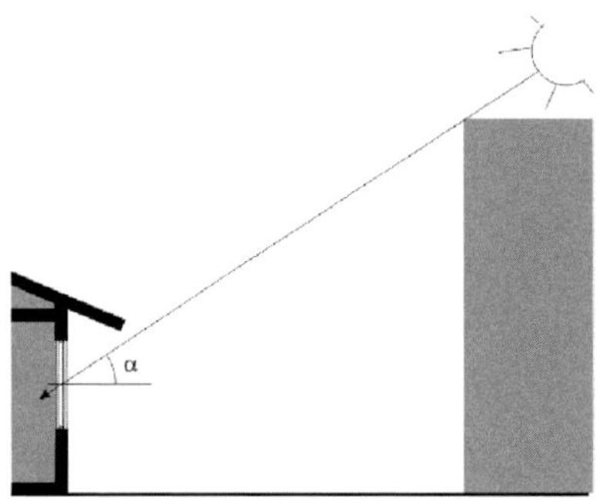

Bild 2.12: Definition des Horizontalwinkels nach DIN V 4108-6, Bild 1

Tabelle 2.3: Teilbestrahlungsfaktor F_o für horizontale Überhänge (Quelle: DIN V 4108-6, Tabelle 10)

Überhangwinkel β	45° nördliche Breite			55° nördliche Breite		
	Süd	Ost/West	Nord	Süd	Ost/West	Nord
0°	1,00	1,00	1,00	1,00	1,00	1,00
30°	0,90	0,89	0,91	0,93	0,91	0,91
45°	0,74	0,76	0,80	0,80	0,79	0,80
60°	0,50	0,58	0,66	0,60	0,61	0,65

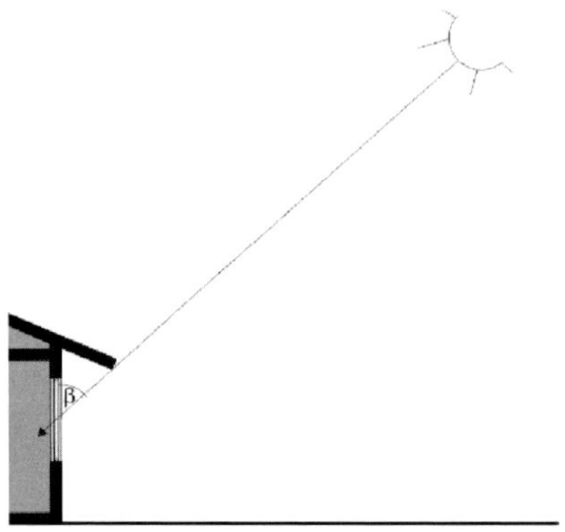

Bild 2.13: Definition Überhangwinkel nach DIN V 4108-6, Bild 2

Tabelle 2.4: Teilbestrahlungsfaktor F_f für seitliche Verschattung (Quelle: DIN V 4108-6, Tabelle 11)

Seitenwinkel γ	45° nördliche Breite			55° nördliche Breite		
	Süd	Ost/West	Nord	Süd	Ost/West	Nord
0°	1,00	1,00	1,00	1,00	1,00	1,00
30°	0,94	0,92	1,00	0,94	0,91	0,99
45°	0,84	0,84	1,00	0,86	0,83	0,99
60°	0,72	0,75	1,00	0,74	0,75	0,99

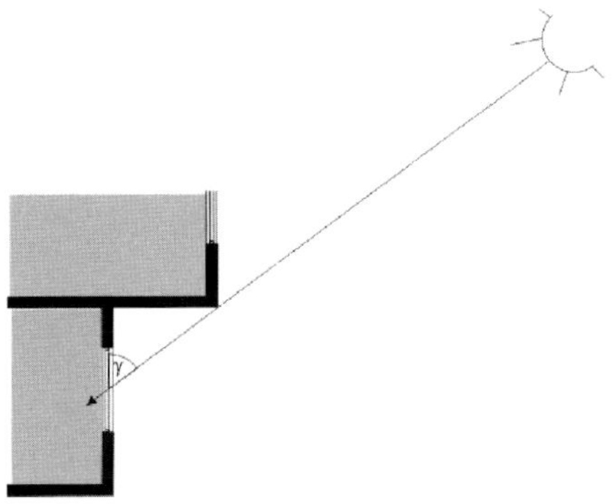

Bild 2.14: Definition Seitenwinkel nach DIN V 4108-6, Bild 2

Berücksichtigung der Verschattung F_s nach DIN V 18599-2

Gegenüber der DIN V 4108-6 wird in der DIN V 18599-2 bei der Ermittlung der Verschattungsfaktoren noch genauer differenziert. F_s wird wie nach DIN V 4108-6 ermittelt.

Jedoch bei der Ermittlung der einzelnen Faktoren F_h, F_o, und F_f wird zusätzlich unterschieden nach Winter- und Sommerhalbjahr sowie die Neigung der betrachteten Flächen. Bei der Berechnung von Wohngebäuden muss die Sommerperiode nicht berücksichtigt werden.

Anders als nach DIN V 4108-6 wird hier angegeben, dass F_s = 1,0 anzusetzen ist, wenn keine Verschattung vorliegt.

Tabelle 2.5: Teilbestrahlungsfaktor F_h für verschiedene Horizontwinkel und Flächenneigungen (Quelle: DIN V 18599-2, Tabelle A.1)

Horizont-Winkel	Neigung	Periode	Nord	NO/NW	Ost/West	SO/SW	Süd
0°	senkrecht	Winter	1,00	1,00	1,00	1,00	1,00
	senkrecht	Sommer	1,00	1,00	1,00	1,00	1,00
10°	senkrecht	Winter	0,90	0,88	0,83	0,88	0,90
	senkrecht	Sommer	0,88	0,88	0,91	0,94	0,96
20°	senkrecht	Winter	0,80	0,78	0,59	0,58	0,58
	senkrecht	Sommer	0,80	0,74	0,79	0,86	0,93
30°	senkrecht	Winter	0,73	0,70	0,49	0,41	0,38
	senkrecht	Sommer	0,75	0,63	0,65	0,76	0,88
40°	senkrecht	Winter	0,67	0,65	0,44	0,32	0,28
	senkrecht	Sommer	0,71	0,55	0,53	0,64	0,78
0°	60°	Winter	1,00	1,00	1,00	1,00	1,00
	60°	Sommer	1,00	1,00	1,00	1,00	1,00
10°	60°	Winter	0,90	0,89	0,86	0,90	0,91
	60°	Sommer	0,89	0,90	0,92	0,95	0,97
20°	60°	Winter	0,80	0,77	0,63	0,61	0,60
	60°	Sommer	0,78	0,77	0,81	0,88	0,93
30°	60°	Winter	0,70	0,67	0,49	0,42	0,39
	60°	Sommer	0,68	0,64	0,69	0,78	0,86
40°	60°	Winter	0,61	0,59	0,41	0,31	0,28
	60°	Sommer	0,60	0,52	0,56	0,65	0,72
0°	45°	Winter	1,00	1,00	1,00	1,00	1,00
	45°	Sommer	1,00	1,00	1,00	1,00	1,00
10°	45°	Winter	0,91	0,90	0,88	0,91	0,91
	45°	Sommer	0,91	0,92	0,93	0,96	0,97
20°	45°	Winter	0,81	0,79	0,67	0,63	0,62
	45°	Sommer	0,81	0,81	0,84	0,89	0,93
30°	45°	Winter	0,72	0,68	0,52	0,44	0,41
	45°	Sommer	0,71	0,68	0,72	0,79	0,85
40°	45°	Winter	0,62	0,59	0,43	0,33	0,30
	45°	Sommer	0,61	0,56	0,59	0,66	0,70
0°	30°	Winter	1,00	1,00	1,00	1,00	1,00
	30°	Sommer	1,00	1,00	1,00	1,00	1,00
10°	30°	Winter	0,93	0,93	0,91	0,92	0,93
	30°	Sommer	0,95	0,94	0,95	0,96	0,97
20°	30°	Winter	0,85	0,82	0,72	0,67	0,66
	30°	Sommer	0,87	0,86	0,87	0,90	0,93
30°	30°	Winter	0,76	0,72	0,57	0,49	0,46
	30°	Sommer	0,77	0,75	0,77	0,81	0,85
40°	30°	Winter	0,57	0,53	0,41	0,33	0,31
	30°	Sommer	0,59	0,58	0,60	0,64	0,66

Fortsetzung Tabelle 2.5

Horizont-Winkel	Neigung	Periode	Nord	NO/NW	Ost/West	SO/SW	Süd
0°	horizontal	Winter	1,00				
	horizontal	Sommer	1,00				
10°	horizontal	Winter	0,96				
	horizontal	Sommer	0,98				
20°	horizontal	Winter	0,77				
	horizontal	Sommer	0,90				
30°	horizontal	Winter	0,54				
	horizontal	Sommer	0,76				
40°	horizontal	Winter	0,35				
	horizontal	Sommer	0,57				

Weitere Teilbestrahlungsfaktoren siehe DIN V 18599-2.

2.2.6.4 Kellerfenster

Kellerfenster von beheizten Kellern werden bei überwiegender Verschattung als Nordfenster deklariert, ansonsten der jeweiligen Himmelsrichtung zugeordnet und mit einem Verschattungsfaktor abgemindert.

2.2.6.5 Haustüren

Haustüren ohne Glasanteile werden als Bauteilflächen A_T behandelt. Sind erhebliche Glasanteile vorhanden, sollten diese zur Berücksichtigung der solaren Wärmegewinne als Fensterflächen A_W der entsprechenden Himmelsrichtung zugeordnet werden. Bei Türen mit größeren opaken Flächen wird empfohlen, die Glasflächen als Fensterflächen und den opaken Bereich als Bauteilflächen zu behandeln.

2.2.6.6 Rollladenkästen

In DIN V 4108-6, Anhang D.1 „*Berechnungsverfahren für den öffentlich-rechtlichen Nachweis*“ wird bezüglich der Flächenermittlung auf die DIN 4108-2 verwiesen:

„Flächenermittlungen und die Berücksichtigung spezieller Bauteile, wie z. B. Rollladenkästen, erfolgen nach den Angaben der DIN 4108-2 Anhang A.“

Nach DIN 4108-2, Anhang A sind Rollladenkästen als Wärmebrücken zu berücksichtigen, die im Wärmeschutznachweis wie folgt behandelt werden können:

- Gesonderte Erfassung: In den Nachweis geht der Rollladenkasten nur mit seinem U-Wert und seiner Außenfläche ein. Die Wärmebrücken an den Anschlüssen werden nicht nachgewiesen. Dies bedeutet, dass für das ganze Gebäude ein pauschaler Wärmebrückenzuschlag

  $\Delta U_{WB} = 0{,}10$ W/(m² · K) angenommen werden muss.
- Der Rollladenkasten wird übermessen und als Wärmebrücke behandelt.

2.3 Gebäudevolumen V_e, Luftvolumen V und Nutzfläche A_N

2.3.1 Beheiztes Gebäudevolumen V_e (Bruttovolumen)

Das beheizte Volumen eines Gebäudes ist der innerhalb der Systemgrenze vorhandene Raum. Er wird aus den Außenmaßen der Bauteile ermittelt.

Nicht oder nur niedrig beheizte Räume wie z. B. Wintergärten, Keller- und Lagerräume werden ab der äußeren Oberfläche des beheizten Gebäudes nicht mitgerechnet. Als niedrig beheizte Räume werden Räume mit Temperaturen zwischen 12 °C und 19 °C bezeichnet.

2.3.2 Beheiztes Luftvolumen V (Nettovolumen)

Das Luftvolumen ergibt sich aus den inneren Abmessungen der Räume.

Bei Berechnungen nach EnEV Anlage 1 Nr. 2.4 darf V vereinfacht für die Ermittlung der Lüftungswärmeverluste mit

- $0{,}76 \cdot V_e$ bei Wohngebäuden bis drei Vollgeschosse und mit
- $0{,}80 \cdot V_e$ in den übrigen Fällen berechnet werden.

V_e ist das beheizte Gebäudevolumen nach EnEV Anlage 1 Nr. 3.2.

2.3.3 Gebäudenutzfläche A_N

Nachdem in den einzelnen Bundesländern die Wohnfläche nach unterschiedlichen Vorschriften berechnet wird, wurde als Bezugsfläche für die Energiekennzahl eine einheitliche Regelung in der EnEV getroffen. Der Energiebedarf eines Gebäudes wird immer auf die Nutzfläche A_N bezogen. Diese errechnet sich nach EnEV Anlage 1 Nr. 1.3.3 wie folgt:

$$A_N = 0{,}32 \cdot V_e$$ m²
(Formel 2.2)
(EnEV Anlage 1 Nr.1.3.3)

A_N = Nutzfläche nach EnEV
V_e = beheiztes Gebäudevolumen

„Beträgt die durchschnittliche Geschosshöhe h_G eines Wohngebäudes, gemessen von der Oberfläche des Fußbodens zur Oberfläche des Fußbodens des darüber liegenden Geschosses, mehr als 3 m oder weniger als 2,5 m, so ist die Gebäudenutzfläche A_N abweichend von Satz 1 wie folgt zu ermitteln:“

$$A_N = (1/h_G - 0{,}04\ m^{-1}) \cdot V_e$$ m²
(Formel 2.2a)

h_G = Geschossdeckenhöhe m

Die Nutzfläche kann nicht mit der tatsächlichen Wohnfläche verglichen werden. Sie ist eine rein energetische Bezugsfläche.

Bei der Erstellung des Energieausweises für bestehende Gebäude nach den Verbrauchsdaten wird das beheizte Volumen nicht berechnet. Hier kann die Nutzfläche nach EnEV § 19 Absatz 2 pauschal aus der Wohnfläche berechnet werden.

Für Ein- und Zweifamilienhäuser mit beheiztem Keller gilt:

$$A_N = A_{Wohnfläche} \cdot 1{,}35$$ m²
(Formel 2.3)

Für alle sonstigen Wohngebäude gilt:

$$A_N = A_{Wohnfläche} \cdot 1{,}2$$ m²
(Formel 2.4)

2.3.4 Treppenhäuser (Interpretation Autor)

Treppenhäuser werden in der Regel auf 12 °C beheizt. Sie gehören damit nicht zu den Räumen mit wesentlich niedrigeren Innentemperaturen, aber auch nicht zu den normal beheizten Räumen, und können somit nur als Bauteile mit niedrigen Innentemperaturen betrachtet werden. Dies würde bedeuten, dass für den Treppenraum ein eigener Wärmeschutznachweis zu erbringen ist. Da aber, je nach Anbindung des Treppenhauses, in oder an das Gebäude die Treppenhaustemperatur auch durch Wärmeübertragung über die Treppenhaustrennwände beeinflusst wird, ist von Fall zu Fall zu entscheiden, wie das Treppenhaus behandelt wird.

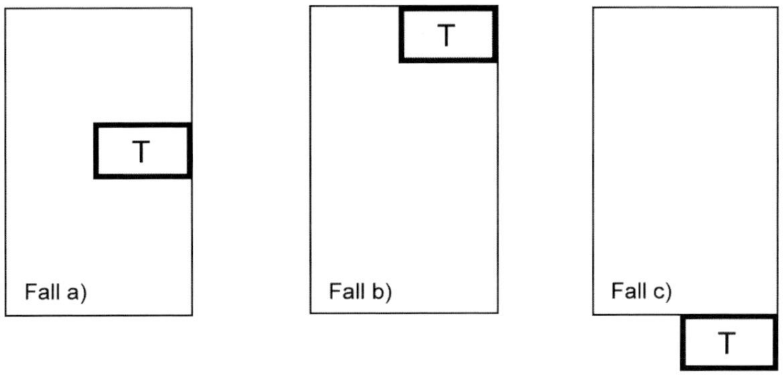

Bild 2.15: Lage des Treppenhauses

Erläuterungen zu Bild 2.15:

a) Treppenhaus, dreiseitig in das Gebäude eingebunden

Bei einem dreiseitig in das Gebäude eingebundenen Treppenhaus kann angenommen werden, dass dieses über die Wohnungseingangstüren und die anschließenden Wände auf die erforderliche Temperatur beheizt wird. Die Wärmedämmung kann hier sowohl in der Treppenhaustrennwand als auch auf der Außenseite des Treppenhauses erfolgen.

Erfolgt die Wärmedämmung in der Treppenhaustrennwand, so kann diese als abgrenzende Bauteilfläche $A_{AW,U}$ betrachtet und der U-Wert mit dem Reduktionsfaktor 0,5 abgemindert werden. Zu beachten ist, dass die Wohnungseingangstüren eigens zu erfassen sind. Das Volumen des Treppenhauses wird nicht erfasst.

Erfolgt die Wärmedämmung an der Außenseite des Treppenhauses, wird dieses zusammen mit den anderen Gebäudeteilen berechnet. Die Treppenhaustrennwände müssen zusätzlich dem Mindestwärmeschutz nach DIN 4108-2 entsprechen.

b, c) Außen liegende Treppenhäuser

Bei außen liegenden Treppenhäusern ist davon auszugehen, dass diese nicht ausreichend durch die Wärme des beheizten Gebäudes erwärmt werden und somit auf niedrige Temperaturen zu beheizen sind. Bei Nichtwohngebäuden sind diese als eigene Zonen zu betrachten. Die Treppenhaustrennwände können hierbei als zu niedrig temperierten Räumen abgrenzende Bauteilflächen $A_{AW,U}$ betrachtet und mit dem Reduktionsfaktor 0,5 abgemindert werden.

Ist jedoch die gedämmte Gebäudehülle auf der Außenseite der Treppenhauswände, sind diese als beheizt anzusetzen.

2.4 Sommerlicher Wärmeschutz nach DIN 4108-2

Nicht nur zu geringer Wärmeschutz im Winter, sondern auch ungenügender Sonnenschutz im Sommer kann zu erhöhtem Energieverbrauch führen, da zu hohe Innentemperaturen durch Sonneneinstrahlung Kühlmechanismen benötigen. In die EnEV wurde deshalb der sommerliche Wärmeschutz in der Anlage 1, Abschnitt 3 mit aufgenommen.

Demnach ist entweder der Sonneneintragskennwert nach Abschnitt 8.3 oder die Übertemperatur-Gradstunden nach Abschnitt 8.4 der DIN 4108-2:2013-02 zu begrenzen. Es reicht aus, die Berechnungen auf die Räume oder Raumbereiche zu beschränken, für welche die Berechnung zu den höchsten Anforderungen führt.

Wird bei Wohngebäuden mit Kühlsystemen die Berechnung mit thermischen Gebäudesimulationen durchgeführt, *„sind bauliche Maßnahmen zum sommerlichen Wärmeschutz gemäß DIN 4108-2 Abschnitt 4.3 insoweit vorzusehen, wie sich die Investitionen für diese baulichen Maßnahmen innerhalb deren üblicher Nutzungsdauer durch die Einsparung von Energie zur Kühlung erwirtschaften lassen“.*

Da bei der Ermittlung der solaren Wärmegewinne Sonnenschutzvorrichtungen zu berücksichtigen sind, muss vor der energetischen Berechnung überprüft werden, ob solche notwendig sind.

Nach DIN V 4108-6 und DIN V 18599-2 müssen notwendige bzw. vorhandene Sonnenschutzvorrichtungen bei Wohngebäuden aber nur dann in der energetischen Berechnung nach EnEV berücksichtigt werden, wenn diese permanent vorhanden sind.

2.4.1 Nachweispflicht

Ein Nachweis nach der Norm muss dann erbracht werden, wenn der Fensterflächenanteil f_{WG} in Abhängigkeit der Himmelrichtung den in DIN 4108-2, Tabelle 6 enthaltenen Wert überschreitet.

Tabelle 2.6: Zulässige Werte des auf die Grundflächen bezogenen Fensterflächenanteils, unterhalb dessen auf einen sommerlichen Wärmeschutznachweis verzichtet werden kann, nach DIN 4108-2:2013-02, Tabelle 6

Neigung der Fenster gegenüber der Horizontalen	Orientierung der Fenster[a]	f_{WG} in %[b]
> 60° bis 90°	Nordwest über Süd bis Nordost	10
	alle anderen Nord-orientierungen	15
von 0° bis 60°	alle Orientierungen	7

a Sind beim betrachteten Raum mehrere Orientierungen mit Fenstern vorhanden, ist der kleinere Grenzwert für f_{WG} bestimmend.

b Der Fensterflächenanteil f_{WG} ergibt sich aus dem Verhältnis der Fensterfläche zu der Grundfläche des betrachteten Raumes oder der Raumgruppe. Sind beim betrachteten Raum bzw. der Raumgruppe mehrere Fassaden oder z. B. Erker vorhanden, ist f_{WG} aus der Summe aller Fensterflächen zur Grundfläche zu berechnen.

Ausnahme:

„Bei Wohngebäuden sowie bei Gebäudeteilen zur Wohnnutzung, bei denen der kritische Raum einen grundflächenbezogenen Fensterflächenanteil von 35 % nicht überschreitet und deren Fenster in Ost-Süd- oder Westorientierung (inkl. derer eines Glasvorbaus) mit außen liegenden Sonnenschutzvorrichtungen mit einem Abminderungsfaktor $F_C \leq 0{,}30$ bei Glas g > 0,40 bzw. $F_C \leq 35$ bei Glas mit g ≤ 0,40 (siehe Tabelle 7 der DIN 4108-2) ausgestattet sind, kann auf einen Nachweis verzichtet werden. Ein Glasvorbau wird nicht als kritischer Raum herangezogen.“

Hinweis:

Der Nachweis über den sommerlichen Wärmeschutz kann mit dem in DIN 4108-2 beschriebenen vereinfachten Verfahren nicht geführt werden, wenn der betrachtete Raum oder Raumbereich mit folgenden baulichen Einrichtungen in Kontakt steht:

- mit einer Doppelfassade,
- mit Systemen zur transparenten Wärmedämmung (TWD).

Bei Gebäuden mit Anlagen zur Kühlung müssen die Anforderungen des sommerlichen Wärmeschutzes ebenfalls erfüllt werden, soweit dies unter Ausschöpfung aller baulichen Möglichkeiten machbar ist.

2.4.2 Räume oder Raumbereiche in Verbindung mit unbeheizten Glasvorbauten

Werden Räume oder Raumbereiche nur über einen unbeheizten Glasvorbau beheizt,

- gilt der Nachweis für den betrachteten Raum als erfüllt, wenn der unbeheizte Glasvorbau einen Sonnenschutz mit einem Abminderungsfaktor $F_C \leq 0{,}35$ und Lüftungsöffnungen im obersten und untersten Glasbereich hat, die zusammen mindestens 10 % der Glasfläche ausmachen.
- Falls dies nicht der Fall ist, ist der Nachweis über thermische Gebäudesimulationen zu führen.

Werden Räume oder Raumbereiche in Verbindung mit unbeheizten Glasvorbauten nicht oder nur teilweise über den unbeheizten Glasvorbau beheizt,

- kann der Nachweis mithilfe des Sonneneintragskennwertes geführt werden, als ob der unbeheizte Glasvorbau nicht vorhanden wäre,
- wird der Nachweis über thermische Gebäudesimulationen geführt, ist die tatsächliche bauliche Ausführung inklusive des unbeheizten Glasvorbaus zu berücksichtigen.

2.4.3 Nachweisverfahren nach DIN 4108-2

Der Nachweis über den sommerlichen Wärmeschutz kann nach DIN 4108-2, Abschnitt 8.3 über Sonneneintragskennwerte oder nach Abschnitt 8.4 über thermische Gebäudesimulationen erfolgen. Nachfolgend wird das Verfahren nach Abschnitt 8.3 über die Sonneneintragskennwerte dargestellt.

Hierzu ist zunächst zu analysieren, welche Räume des Gebäudes bezüglich seiner Sonneneinstrahlung und der baulichen Gegebenheiten als „kritisch“ eingestuft werden müssen.

Beispiel-Haus:

Der ungünstigste Raum im Beispiel-Haus ist der Wohn- und Essraum in Verbindung mit der Küche (Pläne siehe unter Kapitel 0).

Der solarwirksame Fensterflächenanteil f_{WG} wird wie folgt ermittelt:

f_{WG}	$= (A_W / A_G) \cdot 100$	– (Formel 2.5)
A_W =	Summe der Fensterfläche eines Raumes	m²
A_G =	Nettogrundfläche des betrachteten Raumes	m²

Erläuterung:

Der solarwirksame Fensterflächenanteil f_{WG} berechnet sich aus dem Verhältnis der Fensterfläche A_W zur Nettogrundfläche A_G des Raumes.

Ermittlung der Nettogrundfläche und Raumtiefe:

Die Nettogrundfläche A_G wird aus den lichten Raummaßen ermittelt. Die größte anzusetzende Raumtiefe darf das Dreifache der lichten Raumhöhe nicht überschreiten. Wenn Räume gegenüber liegende Fassaden haben, ergibt sich keine Begrenzung, wenn die Raumtiefe das Sechsfache der Raumhöhe nicht überschreitet. Ist dies jedoch der Fall, muss für beide Fassadenteile mit den dazugehörigen Raumtiefen (dreifache Raumhöhe) ein Nachweis geführt werden. Sind beim betrachteten Raum bzw. der Raumgruppe mehrere Fassaden oder z. B. Erker vorhanden, ist f_{WG} aus der Summe aller Fensterflächen zur Grundfläche zu berechnen.

Beispiel-Haus:

Überprüfen der Raumtiefe:

Raumtiefe = 4,89 m

Raumhöhe = 2,54 m

Größte anzusetzende Raumtiefe = 2,54 m · 3 = 7,62 m > 4,89 m

In diesem Fall dürfte auch die sechsfache Raumtiefe angesetzt werden, da der Raum gegenüberliegende Fensterflächen aufweist.

Berechnung des Fensterflächenanteils f_{WG} für das Beispiel-Haus

Kritischer Raum:	Wohnen/Essen
Zulässiger Fensterflächenanteil nach Tabelle 2.6:	10 %

a) Berechnung der Fensterfläche:

Süd:	3,05 m x 2,26 m	= 6,89 m²
	2,01 m x 2,26 m	= 4,54 m²
	2,19 m x 1,01 m	= 2,21 m²
Ost:	2,05 m x 1,01 m	= 2,07 m²
West:	2,05 m x 2,26 m	= 4,63 m²
	1,01 m x 2,26 m	= 2,28 m²
Nord:	1,01 m x 2,26 m	= 2,28 m²
Fensterfläche		= 24,92 m²

b) Berechnung der Nettogrundfläche:

Wohnen/Essen:	= 39,95 m²
Küche:	= 8,13 m²
Nettogrundfläche	= 48,08 m²

c) Berechnung des Fensterflächenanteils f_{WG} nach Formel 2.5:

f_{WG} = 24,92 m² / 48,08 m² = 51,8 % > 10 %

Somit muss der Nachweis über einen ausreichenden sommerlichen Wärmeschutz geführt werden.

2.4.4 Berechnung des vorhandenen Sonneneintragskennwertes S_{vorh}

Für den Nachweis sind folgende Faktoren von Bedeutung:

- der Gesamt-Energiedurchlassgrad g_{tot} der Verglasung,
- die Effektivität von Sonnenschutzvorrichtungen,
- das Verhältnis f_{WG} von Fensterfläche A_W zur Grundfläche A_G.

Aus diesen Faktoren wird der nachzuweisende Sonneneintragskennwert S_{vorh} ermittelt. Beim Nachweis des sommerlichen Wärmeschutzes darf der vorhandene Sonneneintragskennwert S_{vorh} den zulässigen Sonneneintragskennwert S_{zul} nach DIN 4108-2, Abschnitt 8.3 nicht überschreiten.

$$S_{vorh} = \sum_j (A_{w,j} \cdot g_{tot,j}) / A_G$$ –

(Formel 2.6)
(DIN 4108-2, Gleichung 2)

S_{vorh}	=	vorhandener Sonneneintragskennwert	-
$A_{w,j}$	=	Fensterflächen nach Rohbaumaßen	m²
$g_{tot,j}$	=	Gesamt-Energiedurchlassgrad der Verglasung, einschließlich Sonnenschutzeinrichtungen	
A_G	=	Nettogrundfläche des Raumes oder des Raumbereichs	m²

Erläuterung:

Der vorhandene Sonneneintragskennwert S_{vorh} berechnet sich durch die Multiplikation der einzelnen Fensterflächen $A_{w,i}$ mit dem Energiedurchlassgrad $g_{tot,j}$ dividiert durch die Nettogrundfläche des Raumes oder des Raumbereiches A_G. Dies bezieht sich auf alle Fenster eines Raumes oder Raumbereichs und auf alle Himmelsrichtungen des Raumes.

Der Gesamtenergiedurchlassgrad des Glases einschließlich Sonnenschutz g_{tot} kann vereinfacht nach wie folgt berechnet werden.

$$g_{tot} = g \cdot F_C$$ –

(Formel 2.7)
(DIN 4108-2, Gleichung 3)

F_C	=	Abminderungsfaktor von Sonnenschutzvorrichtungen	(DIN 4108-2, Tabelle 7)
g	=	Gesamt-Energiedurchlassgrad f. senkrechte Sonneneinstrahlung	(DIN EN 410)

$$A_G = B \cdot b$$ m²

(Formel 2.8)

B	=	Länge der Außenwand	m
b	=	Tiefe des Raumes $\leq 3 \cdot h_{netto}$	m
h	=	Raumhöhe	m

Hinweis:

Es wird nur die Fläche des Raumes berücksichtigt, die der solaren Einstrahlung ausgesetzt ist. Dies ist hauptsächlich die Bodenfläche eines Raumes. Bedingt durch den Einstrahlungswinkel der Sonne wird nur eine bestimmte Tiefe des Raumes, abhängig von der Nettohöhe des Raumes, bestrahlt. Diese wurde mit maximal $3 \cdot h_{netto}$ festgelegt.

Bestimmung von F_C nach Tabelle 7 der DIN 4108-2 für das Beispiel-Haus

Beispiel-Haus:

Im Beispiel-Haus werden als Sonnenschutzvorrichtung außen liegende Schiebeläden angebracht. Bei den Fenstern handelt es sich um eine Dreifachverglasung mit einem g- Wert > 0,4.

F_C = 0,35	aus Tabelle 2.8
g_{tot} = 0,6 · 0,35 = 0,21	– (Formel 2.7)
S_{vorh} = (24,92 m² · 0,21) / 48,08 m²	(Formel 2.6)
S_{vorh} = 0,109	–

Der vorhandene Sonneneintragskennwert S_{vorh} beträgt 0,11.

Tabelle 2.7: Abminderungsfaktoren für Sonnenschutzvorrichtungen für das Beispiel-Haus nach Tabelle 7 der DIN 4108-2

Zeile		Sonnenschutzvorrichtungen	F_C		
			g ≤ 0,4 Sonnenschutzglas zweifach	g > 0,40 Dreifachglas	g > 0,40 Zweifachglas
1		ohne Sonnenschutzvorrichtungen[a]	1	1	1
2		**Innen liegend oder zwischen den Scheiben[b]**			
	2.1	weiß oder hoch reflektierende Oberflächen mit geringer Transparenz[c]	0,65	0,70	0,65
	2.2	helle Farben oder geringe Transparenz[d]	0,75	0,80	0,75
	2.3	dunkle Farben oder höhere Transparenz	0,90	0,90	0,85
3		**Außen liegend**			
	3.1	Fensterläden, Rollläden			
	3.1.1	Fensterläden, Rollläden, ¾ geschlossen	0,35	0,30	0,30
	3.1.2	Fensterläden, Rollläden, geschlossen[e]	0,15[e]	0,10[e]	0,10[e]
	3.2	Jalousie und Raffstore, drehbare Lamellen			
	3.2.1	Jalousie und Raffstore, drehbare Lamellen, 45° Lamellenstellung	0,30	0,25	0,25
	3.2.2	Jalousie und Raffstore, drehbare Lamellen, 10° Lamellenstellung[e]	0,20[e]	0,15[e]	0,15[e]
	3.3	Markise, parallel zur Verglasung[d]	0,30	0,25	0,25
	3.4	Vordächer, Markisen allgemein, freistehende Lamellen[f]	0,55	0,50	0,50

a Die Sonnenschutzvorrichtung muss fest installiert sein. Übliche dekorative Vorhänge gelten nicht als Sonnenschutzvorrichtung.
b Für innen und zwischen den Scheiben liegende Sonnenschutzvorrichtungen ist eine genaue Ermittlung zu empfehlen.
c Hoch reflektierende Oberflächen mit geringer Transparenz, Transparenz ≤ 10 %, Reflexion ≥ 60 %.
d Geringe Transparenz, Transparenz < 15 %.
e F_C-Werte für geschlossenen Sonnenschutz dienen der Information und sollten für den Nachweis des sommerlichen Wärmeschutzes nicht verwendet werden. Ein geschlossener Sonnenschutz verdunkelt den dahinterliegenden Raum stark und kann zu einem erhöhten Energiebedarf für Kunstlicht führen, da nur ein sehr geringer bis kein Einfall des natürlichen Tageslichts vorhanden ist.

f Dabei muss sichergestellt sein, dass keine direkte Besonnung des Fensters erfolgt. Dies ist näherungsweise der Fall, wenn
- bei Südorientierung der Abdeckwinkel $\beta \geq 50°$ ist,
- bei Ost- und Westorientierung der Abdeckwinkel $\beta \geq 85°$ ist und $\gamma \geq 115°$ ist.

Der F_C-Wert darf auch für beschattete Teilflächen des Fensters angesetzt werden. Dabei darf F_S nach DIN V 18599-2:2011-12, A.2 nicht angesetzt werden.
Zu den jeweiligen Orientierungen gehören Winkelbereiche von 22,5°. Bei Zwischenorientierungen ist der Abdeckwinkel $\beta \geq 80°$ erforderlich.

2.4.5 Berechnung des zulässigen Höchstwertes S_{zul}

Der vorhandene Sonneneintragskennwert S_{vor} darf den zulässigen Höchstwert S_{zul} nicht überschreiten.

$S_{vorh} \leq S_{zul}$ – (Formel 2.9) (DIN 4108-2, Gleichung 1)

$S_{zul} = \sum S_x$ – (Formel 2.10) (DIN 4108-2, Gleichung 4)

S_x = anteiliger Sonneneintragskennwert (DIN 4108-2, Tabelle 8)

Folgende Faktoren sind für den Grenzwert S_{zul} von Bedeutung:

- die Klimaregion, in der das Gebäude erstellt wird,
- die Lüftung und die Bauart, leicht, mittel oder schwer,
- grundflächenbezogener Fensterflächenanteil f_{WG},
- das Vorhandensein von Sonnenschutzverglasungen,
- die Neigung und Orientierung der Fenster,
- bei passiver Kühlung die Speicherfähigkeit der Innenbauteile.

Schrittweise Ermittlung der anteiligen Sonneneintragskennwerte S_x

Schritt 1 – Festlegen der Klimaregion nach DIN 4108-2, Bild 1

Für den sommerlichen Wärmeschutz ist es von Bedeutung, welche durchschnittliche Außentemperatur in der vorhandenen Region vorliegt. Hierfür wurde Deutschland in drei Klimaregionen eingeteilt. Dafür wurden Sonneneintragskennwerte festgelegt. Region A ist die mit der geringsten Wärmebelastung (sommerkühl), Region B ist die gemäßigte Region und Region C die mit der höchsten Wärmebelastung (sommerheiß).

Beispiel-Haus:

Das Gebäude liegt in Bayern. Daraus ergibt sich die Klimaregion B.

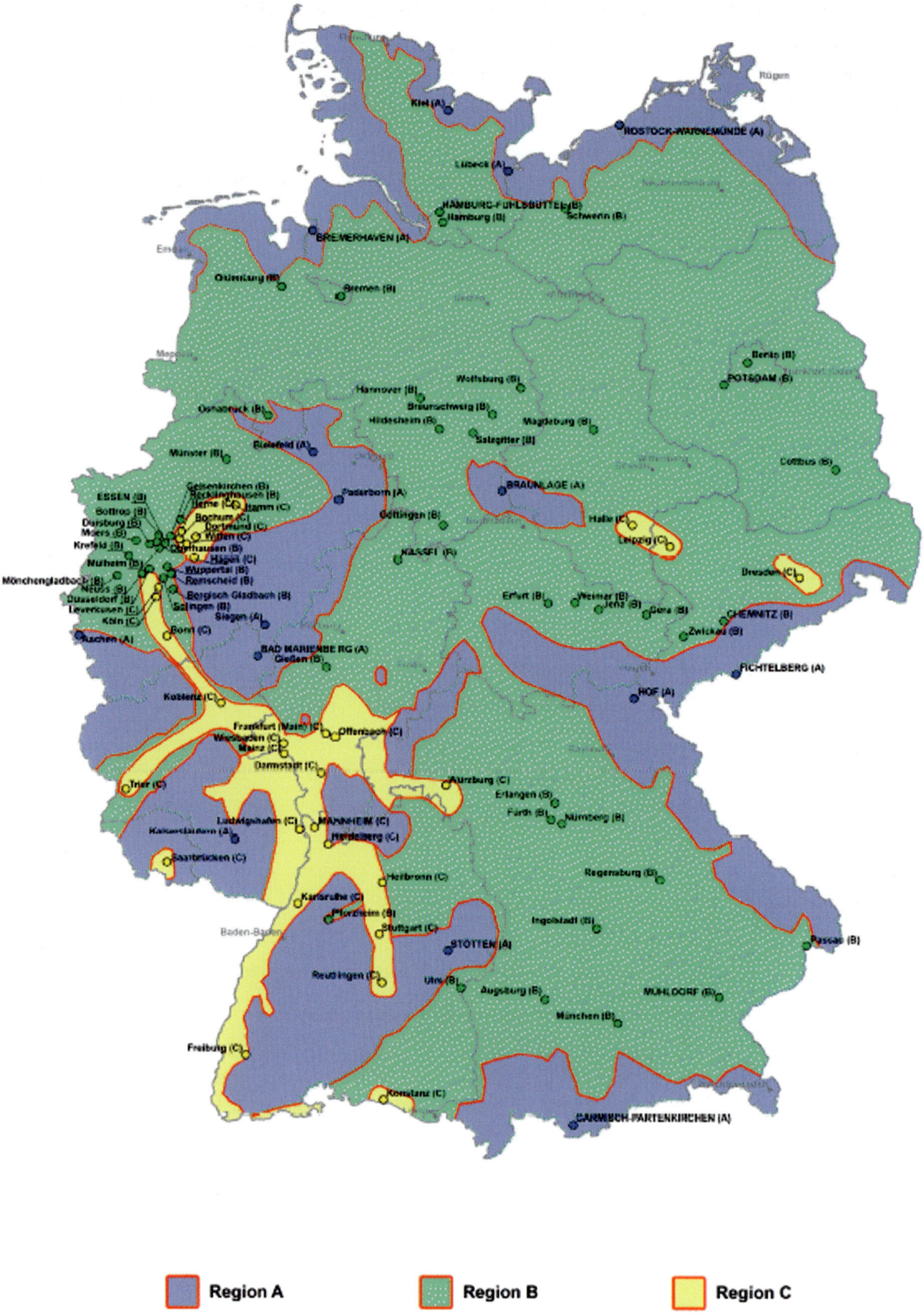

Bild 2.16: Sommerklimaregionen (Quelle: DIN 4108-2, Bild 1)

Schritt 2 – Festlegen der Gebäudeart in Bezug auf seine Speicherfähigkeit C_{wirk}

Die Wärmespeicherfähigkeit C_{wirk} eines Gebäudes hat einen erheblichen Einfluss auf den sommerlichen Wärmeschutz des Gebäudes: je höher die Speicherfähigkeit C_{wirk}, desto geringer die Wärmebelastung im Sommer. Hierzu wurden drei Gebäudearten festgelegt:

a) Gebäude leichter Bauart

Ohne Nachweis der wirksamen Wärmespeicherfähigkeit ist von leichter Bauart auszugehen, wenn keine der Eigenschaften von mittleren und schweren Bauteilen vorhanden sind.

Nachweis nach DIN EN ISO 13786:

$C_{wirk} / A_G < 50\ \text{Wh/(m}^2 \cdot \text{K)}$ –

(Formel 2.10a)
(DIN 4108-2, Tabelle 8)

C_{wirk} = die wirksame Wärmespeicherfähigkeit Wh/(m² · K)
A_G = die Nettogrundfläche m²

b) Gebäude mittelschwerer Bauart

Vereinfacht haben Gebäude mittelschwerer Bauart folgende Eigenschaften:

– Stahlbetondecke,
– massive Innen- und Außenbauteile (flächenanteilig gemittelte Rohdichte $\geq$ 600 kg/m³),
– keine innenliegende Wärmedämmung an den Außenbauteilen,
– keine abgehängte oder thermisch abgedeckte Decke,
– keine hohen Räume (> 4,5 m) wie z. B. Turnhallen, Museen usw.

Nachweis nach DIN EN ISO 13786:

$50\ \text{Wh/(m}^2 \cdot \text{K)} \leq C_{wirk}/A_G \leq 130\ \text{Wh/(m}^2 \cdot \text{K)}$ –

(Formel 2.10b)
(DIN 4108-2, Tabelle 8)

c) Gebäude schwerer Bauart

Vereinfacht haben Gebäude schwerer Bauart folgende Eigenschaften:

– Stahlbetondecke,
– massive Innen- und Außenbauteile (flächenanteilig gemittelte Rohdichte $\geq$ 1 600 kg/m³),
– keine innen liegende Wärmedämmung an den Außenbauteilen,
– keine abgehängte oder thermisch abgedeckte Decke,
– keine hohen Räume (> 4,5 m) wie z. B. Turnhallen, Museen usw.

Nachweis nach DIN EN ISO 13786:

$C_{wirk} / A_G > 130\ \text{Wh/(m}^2 \cdot \text{K)}$ –

(Formel 2.10c)
(DIN 4108-2, Tabelle 8)

Beispiel-Haus:

Bei dem Gebäude handelt es sich um eine mittelschwere Bauart.

Schritt 3 – Festlegung der Nachtlüftung

Wenn in der zweiten Nachthälfte der Raum gelüftet wird, was bei Ein- und Zweifamilien-Wohngebäuden in der Regel der Fall ist, kann der Raum wieder auskühlen und tagsüber mehr Wärme aufnehmen. Bei der Nachtlüftung kann unterschieden werden zwischen:

- ohne Nachtlüftung
- erhöhte Nachtlüftung

  Bei der Wohnnutzung kann in der Regel von der Möglichkeit zu erhöhter Nachtlüftung ausgegangen werden. Ist eine Lüftungsanlage vorhanden, kann von erhöhter Nachtlüftung ausgegangen werden, wenn durch die Lüftungsanlage ein nächtlicher Luftwechsel von mindestens n = 2 h^{-1} sichergestellt wird.
- hohe Nachtlüftung

  Von hoher Nachtlüftung kann ausgegangen werden, wenn für den zu bewertenden Raum oder Raumbereich die Möglichkeit besteht, geschossübergreifende Nachtlüftung zu nutzen (z. B. über angeschlossenes Atrium, Treppenhaus oder Galerieebene). Ist eine Lüftungsanlage vorhanden, kann von erhöhter Nachtlüftung ausgegangen werden, wenn durch die Lüftungsanlage ein nächtlicher Luftwechsel von mindestens n = 5 h^{-1} sichergestellt wird.

Beispiel-Haus:

Bei dem Gebäude kann von „erhöhter Nachtlüftung" ausgegangen werden.

Schritt 4 – Bestimmung des Sonneneintragskennwertes S_1

Mithilfe der Klimaregion, der Gebäudeart und der Festlegung der vorhandenen Nachtlüftung kann nun der Sonneneintragskennwert S_1 aus der Tabelle 8 der DIN 4108-2 bestimmt werden.

Tabelle 2.8: Sonneneintragskennwert S_1 nach Tabelle 8 der DIN 4108-2

Sonneneintragskennwert S_1 für Wohngebäude				
Art der Nachtlüftung	Bauart	Klimaregion		
		A	B	C
ohne	leicht	0,071	0,056	0,041
	mittel	0,080	0,067	0,054
	schwer	0,087	0,074	0,061
erhöhte Nachtlüftung	leicht	0,098	0,088	0,078
	mittel	0,114	0,103	0,092
	schwer	0,125	0,113	0,101
hohe Nachtlüftung	leicht	0,128	0,117	0,105
	mittel	0,160	0,152	0,143
	schwer	0,181	0,171	0,160

Beispiel-Haus:

Für die Klimaregion B, Gebäude mit mittelschwerer Bauart und erhöhter Nachtlüftung ergibt sich aus Tabelle 2.8 folgender Sonneneintragskennwert S_1:

S_1 = 0,103

Schritt 5 – Bestimmung des Sonneneintragskennwertes S_2 (Flächenkorrekturwert)

Die durch S_1 vorgegebenen anteiligen Sonneneintragskennwerte gelten für grundflächenbezogene Fensterflächenanteile f_{WG} von etwa 25 %. Nachdem f_{WG} nur selten genau 25 % beträgt, muss der Sonneneintragskennwert S_1 über den Sonneneintragskennwert S_2 korrigiert werden.

$S_2 = a - (b \cdot f_{WG})$ –

(Formel 2.10d)
(DIN 4108-2, Tabelle 8)

Nach Tabelle 8 der DIN 4108-2 für alle Wohngebäude ist

- a mit 0,060 und
- b mit 0,231 anzusetzen.

Beispiel-Haus:

f_{WG} = 52 % (siehe 2.4.3c)

S_2 = 0,06 – (0,231 · 0,52) = **- 0,06** –

Schritt 6 – Bestimmung des Sonneneintragskennwertes S_3 (Sonnenschutzglas)

Ein weiterer Kennwert zur Bestimmung des zulässigen Sonneneintragskennwertes S_x ist die Art der Verglasung. Ist ein **Sonnenschutzglas mit einem g ≤ 0,4 vorhanden, darf S_3 mit 0,03** angesetzt werden.

Ist eine Sonnenschutzvorrichtung vorhanden, darf **S_3 mit 0,03** angesetzt werden, wenn **g_{tot} ≤ 0,4 beträgt.**

Bei Fensterflächen mit unterschiedlichen g_{tot}-Werten ist S_3 flächenanteilig zu ermitteln.

$S_3 = 0{,}03 \cdot A_{W,gtot \leq 0,4} / A_{W,gesamt}$ –

(Formel 2.10e)
(DIN 4108-2, Tabelle 8)

$A_{W,gtot \leq 0,4}$ = Fensterflächen mit $g_{tot} \leq 0{,}4$
$A_{W,gesamt}$ = die gesamte Fensterfläche

Beispiel-Haus:

Bei dem betrachteten Raum sind vor den Süd- und Westfenstern Schiebeläden angebracht.

g_{tot} = 0,6 · 0,35	= 0,21 für Süd- und Westfenster	
Fläche gesamt	= 24,92 m²	(siehe 2.4.3a)
Fläche Süd-Westfenster	= 22,64 m²	(siehe 2.4.3a)
S_3	= 0,03 · 22,64 m² / 24,92 m²	
S_3	= 0,027	

Schritt 7 – Bestimmung des Sonneneintragskennwertes S_4 (Fensterneigung)

Über den Sonneneintragskennwert S_4 wird die Fensterneigung berücksichtigt. Ist das Fenster steiler als 60°, muss hier ein negativer Sonneneintragskennwert berücksichtigt werden.

$S_4 = -0{,}035 \cdot f_{neig}$ –

(Formel 2.10f)
(DIN 4108-2, Tabelle 8)

$f_{neig} = A_{W,neig} / A_{W,gesamt}$

$A_{W,neig}$ = die geneigte Fensterfläche ≤ 60°
$A_{W,gesamt}$ = die gesamte Fensterfläche

Beispiel-Haus:

Bei dem betrachteten Raum gibt es keine geneigten Fenster.

Schritt 8 – Bestimmung des Sonneneintragskennwertes S_5 (Orientierung)

Nachdem Nordfenster nur geringe solare Gewinne erzeugen, kann dies über den Sonneneintragskennwert S_5 berücksichtigt werden.

$S_5 = +0{,}010 \cdot f_{nord}$ – (Formel 2.10g)
(DIN 4108-2, Tabelle 8)

$f_{nord} = A_{W,nord} / A_{W,gesamt}$

$A_{W,nord}$ = Fensterfläche Nord, Nordost- und Nordwest > 60° und dauerhaft verschattete Fenster im Sommer
$A_{W,gesamt}$ = die gesamte Fensterfläche

Beispiel-Haus:

Der betrachtete Raum hat ein Nordfenster mit der Fläche von 2,28 m².

$f_{nord} = 2{,}28\ m^2 / 24{,}92\ m^2 = 0{,}092$

$S_5 = +0{,}010 \cdot 0{,}092 = +0{,}001$

Schritt 9 – Bestimmung des Sonneneintragskennwertes S_6 (Kühlung)

Wird ein Gebäude passiv gekühlt, kann dies in Abhängigkeit der Bauart (siehe Schritt 2) über den Sonneneintragskennwert S_6 berücksichtigt werden.

Tabelle 2.9: Sonneneintragskennwert S_6 nach Tabelle 8 der DIN 4108-2

Bauart	Sonneneintragskennwert S_6
leicht	0,02
mittel	0,04
schwer	0,06

Beispiel-Haus:

Das Gebäude wird passiv gekühlt. Bei dem Gebäude handelt es sich um eine mittelschwere Bauart.

$S_6 = 0{,}04$

Schritt 10 – Bestimmung des Sonneneintragskennwerts S_x

Wenn die Sonneneintragskennwerte $S_1 - S_6$ bestimmt wurden, kann der zulässige Sonneneintragskennwert S_{zul} bestimmt werden.

$S_{zul} = \sum S_x$ – (Formel 2.10)

Tabelle 2.10:Berechnung von S_{zul} für das Beispiel-Haus

Sonneneintragskennwert für		S_x
S_1	Nachtlüftung und Bauart	+0,103
S_2	grundflächenbezogener Fensterflächenanteil	-0,060
S_3	Sonnenschutzglas	+0,027
S_4	Fensterneigung	+0,000
S_5	Orientierung	+0,001
S_6	Einsatz von passiver Kühlung	+0,040
Summe $S_x = S_{zul}$		+0,111

Schritt 11 – Nachweis des sommerlichen Wärmeschutzes

Für den Nachweis des sommerlichen Wärmeschutzes muss

$S_{vorh} \leq S_{zul}$ sein (siehe Formel 2.9).

Beilspiel-Haus:

$S_{vorh} = 0{,}109$

$S_{zul} = 0{,}111$

$S_{vorh} < S_{zul}$

Der zulässige Sonneneintragskennwert S_{zul} beträgt 0,111. Dieser ist größer als der vorhandene Sonneneintragskennwert S_{vorh} von 0,109. Somit wurde der Nachweis für den sommerlichen Wärmeschutz erbracht.

2.5 Anwendungsbeispiel – Ermittlung der Gebäudegeometrie für ein Einfamilienhaus

Nachfolgend wird an einem bestehenden Einfamilienhaus die Ermittlung der erforderlichen geometrischen Daten dargestellt.

Für das Gebäude sind vermaßte Pläne vorhanden. Falls bei bestehenden Gebäuden Maße für die geometrische Bauteilerfassung fehlen, dürfen Vereinfachungen nach Kapitel 2.6 angewendet werden.

Zur schnellen und fehlerfreien Eingabe der zu erfassenden Bauteilflächen in ein Softwareprogramm ist es sinnvoll, alle notwendigen Maße in die Pläne einzutragen, die für die Berechnung der einzelnen Bauteile notwendig sind (siehe Bild 2.17 rote Vermaßung). Zusätzlich ist es hilfreich, wenn die einzelnen Bauteile mit Positionsnummern versehen werden.

Die Positionsnummern der Fenster entsprechen der vorgegebenen Nummerierung in der Tabelle „Fensterdaten" des Programms ENGP-bautop, und zwar für Süd 1xx, Ost 2xx, West 3xx, Nord 4xx, Dachfenster 5xx, Fenster ohne Gewinne (ständig vollkommen verdunkelt) 6xx. Überwiegend verschattete Fenster werden unter Nordfenster (4xx) eingegeben.

Vor der Positionierung der Fenster ist festzulegen, welche Fenster überwiegend verschattet sind. Hierfür ist der Verschattungsfaktor F_S zu ermitteln (siehe Kapitel 2.2.6.3).

2.5.1 Ansichten

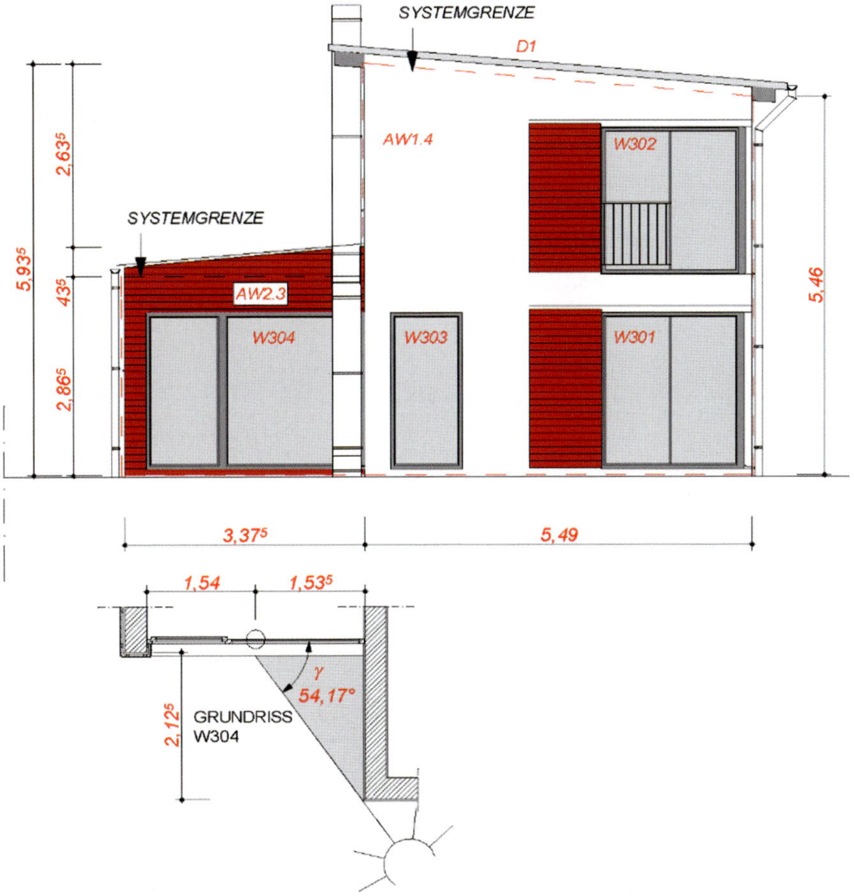

Bild 2.17: Ansicht von Westen

Ermittlung des Verschattungsfaktors F_S nach DIN V 4108-6:

a) W 301/302/303

Überhangwinkel < 30° (siehe Tabelle 2.3)
keine Verschattung

F_S = 0,9

b) W 304: seitliche Verschattung

Ermittlung des Verschattungswinkels

$\tan\gamma = 2{,}125 / 1{,}535 = 1{,}385$

$\gamma = 54{,}17°$

Teilbestrahlungsfaktor

F_f = 0,78 (nach Tabelle 2.4 für Ost/West 45° nördlicher Breite interpoliert)

$F_f = 1$

$F_0 = 1$

$F_S = F_0 \cdot F_f \cdot F_h$

F_S = 0,78

Bild 2.18: Ansicht von Süden

Ermittlung des Verschattungsfaktors F_S:

a) W 101/104/106

Ermittlung des Überhangwinkels:

$\tan \beta = 0{,}625 / 4{,}395 = 0{,}142$

$\beta = 7{,}98° < 30°$ (siehe Tabelle 2.3)

keine Verschattung

$\mathbf{F_S} = \mathbf{0{,}9}$

b) W 102/103/105

Ermittlung des Überhangwinkels:

$\tan \beta = 0{,}625 / 1{,}645 = 0{,}38$

$\beta = 20{,}73°$

Teilbestrahlungsfaktor (nach Tabelle 2.3 für Süd 45° nördlicher Breite interpoliert)

$F_o = 0{,}93$

$F_f = 1$

$F_h = 1$

$F_S = F_o \cdot F_f \cdot F_h = 0{,}93 > 0{,}9$

$\mathbf{F_S} = \mathbf{0{,}9}$

c) W 401: überwiegend verschattet – Nordfenster

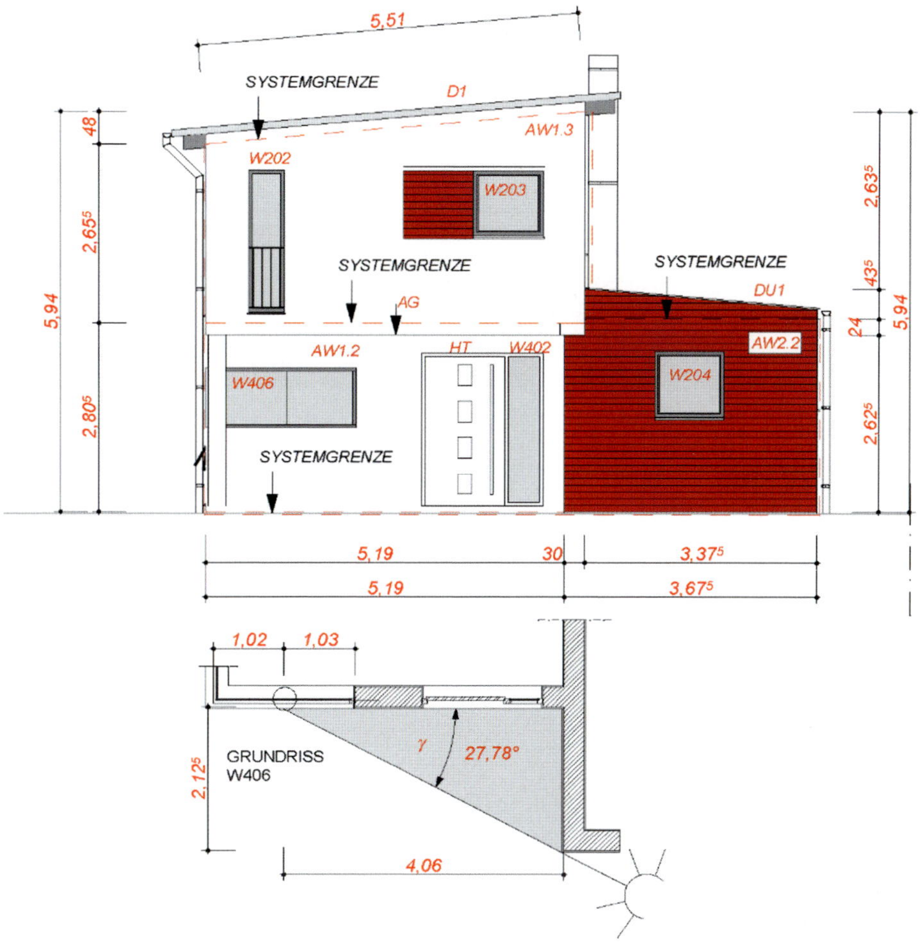

Bild 2.19: Ansicht von Osten

Ermittlung des Verschattungsfaktors F_S:

a) Fenster W 202/203/204

Überhangwinkel < 30° (siehe Tabelle 2.3)
keine Verschattung

F_S = 0,9

b) Fenster W 402

seitliche Verschattung > 60° (siehe Tabelle 2.3)

überwiegend verschattet – **Nordfenster**

c) Fenster W 406

Ermittlung des Überhangwinkels

$\tan \gamma$ = 2,12 / 0,84 = 2,52 (siehe Bild 2.18)

γ = 68,43° > 60° (nach Tabelle 2.3 Ost/West 45° nördlicher Breite)

Fenster W 406: überwiegend verschattet – **Nordfenster**

Die seitliche Verschattung ist nicht mehr relevant.

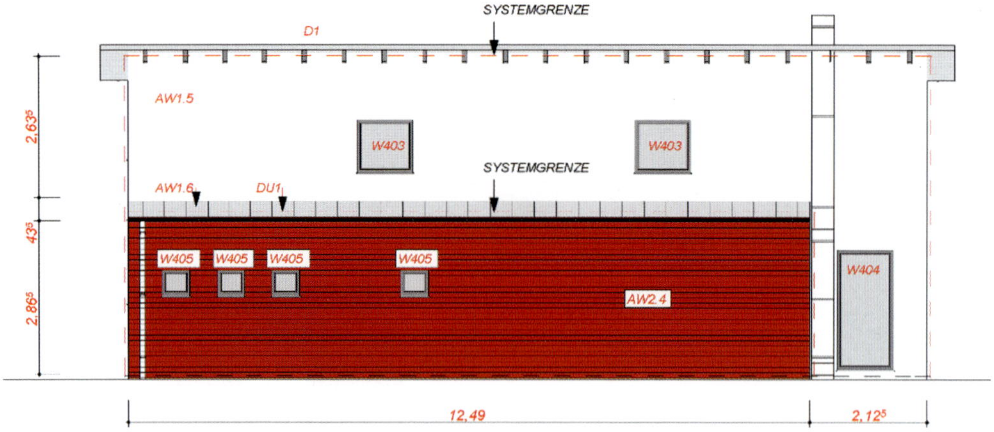

Bild 2.20: Ansicht von Norden

Ermittlung des Verschattungsfaktors F_S:

Fenster W 403/404/405

keine Verschattung

$\mathbf{F_S = 0{,}9}$

Zu W 404:

Das Fenster wird zwar seitlich verschattet, aber in der Tabelle 2.4 ist der Teilbestrahlungsfaktor F_f immer 1,0.

2.5.2 Grundrisse und Schnitt

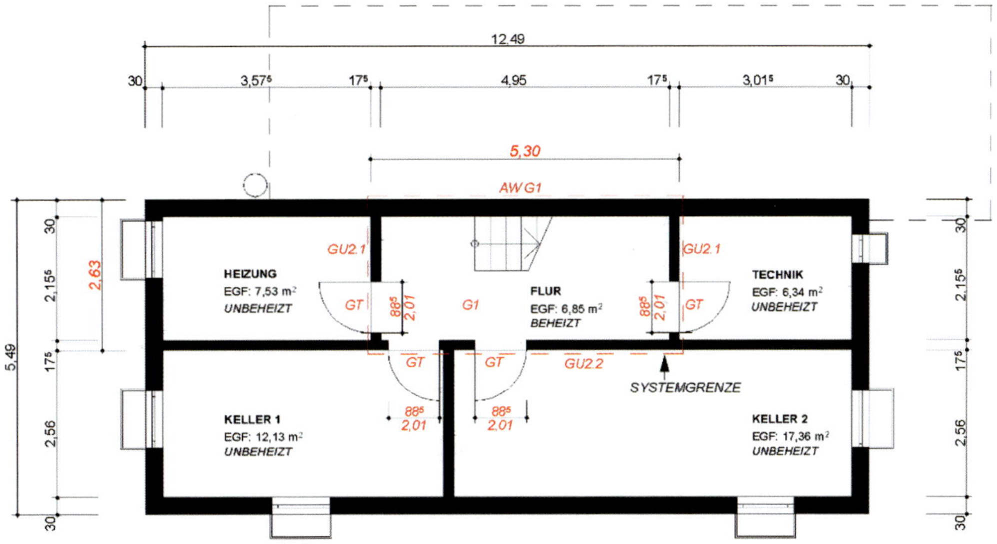

Bild 2.21: Grundriss Untergeschoss

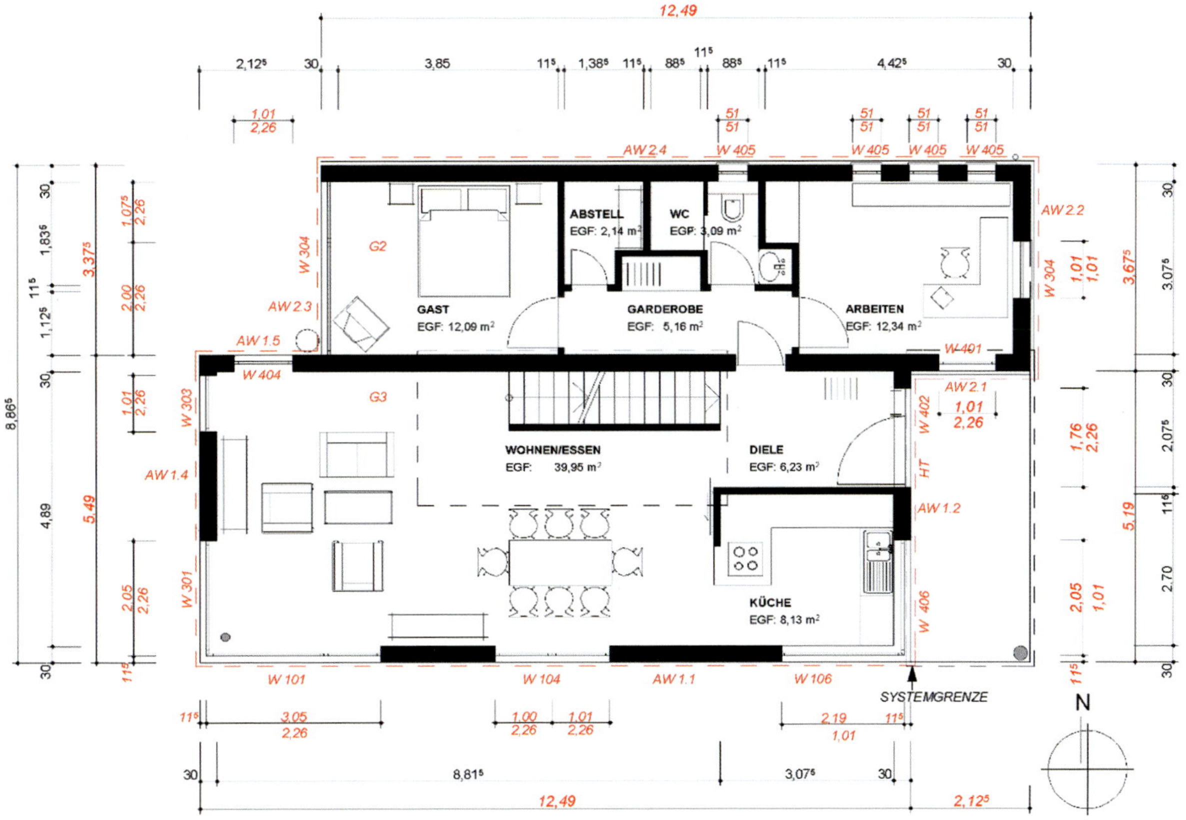

Bild 2.22: Grundriss Erdgeschoss

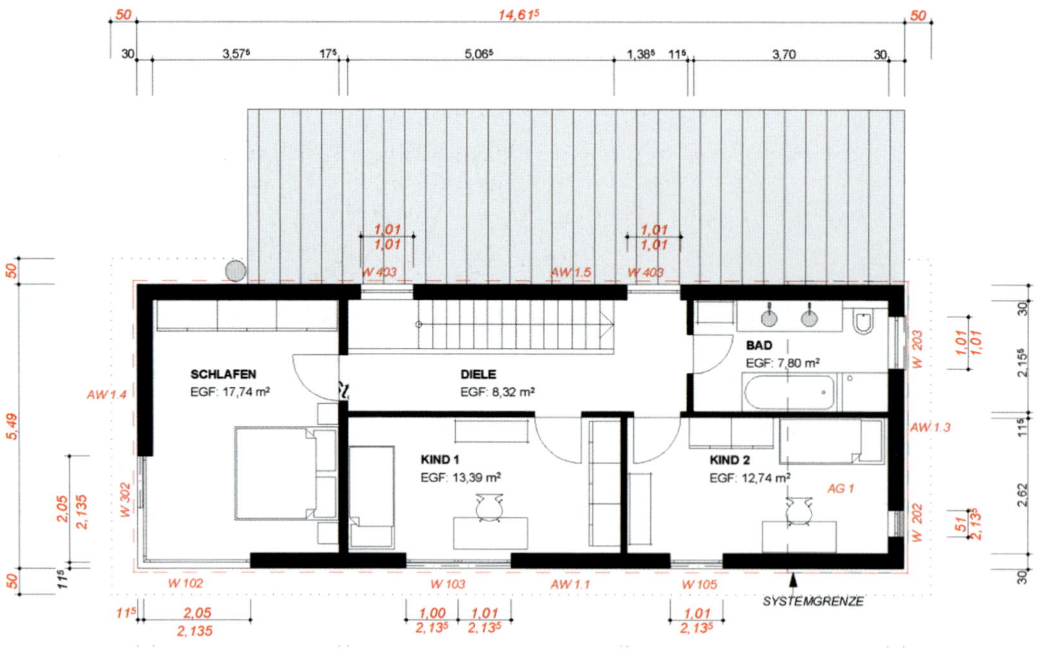

Bild 2.23: Grundriss Obergeschoss

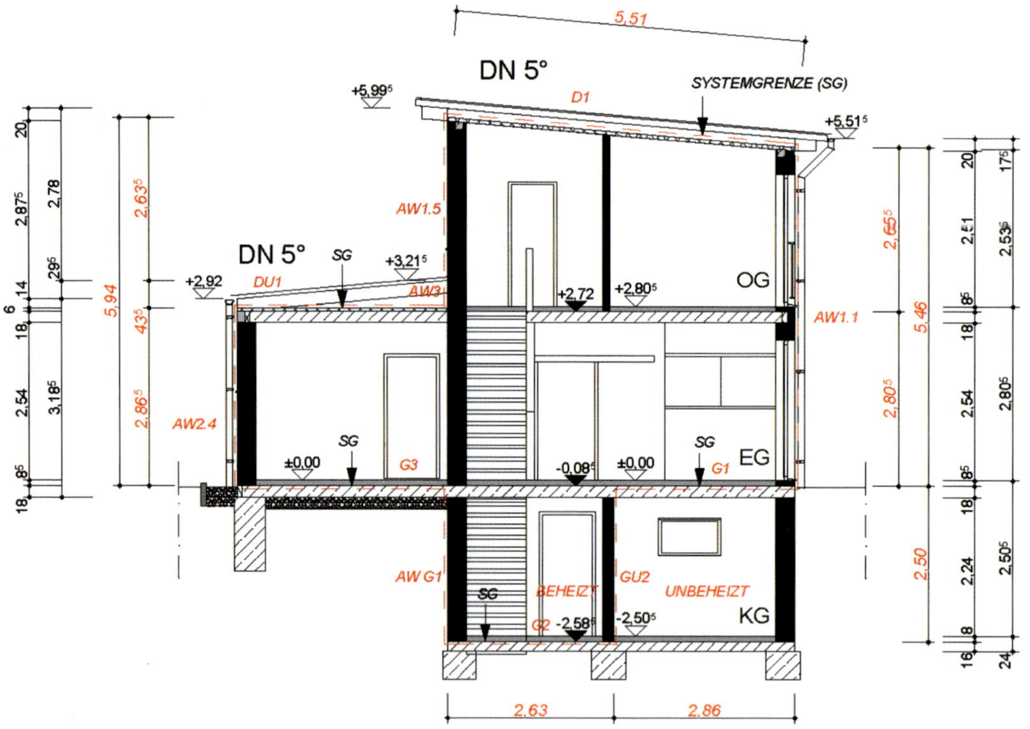

Bild 2.24: Schnitt A-A

2.5.3 Berechnungen

Für die Ermittlung des beheizten Volumens V_e sowie der Fenster- und Bauteilflächen eignen sich die in dem Programm ENGP-bautop enthaltenen Tabellen 2.1 bis 2.3 (siehe www.enev-profi.de). Die Verwendung dieses Programms hat den Vorteil, dass die ermittelten Daten in alle weiteren zur Erstellung des Energiebedarfsausweises erforderlichen Berechnungstabellen übertragen werden.

Es empfiehlt sich, die Berechnung in der folgenden Reihenfolge durchzuführen.

2.5.3.1 Beheiztes Volumen V_e

Tabelle 2.11: Berechnung des Volumens V_e für das Beispiel-Haus

Bauteil	Länge [m]	Breite 1 [m]	Breite 2 [m]	Faktor	Fläche [m²]	Höhe 1 [m]	Höhe 2 [m]	Faktor	Volumen [m³]
Keller	5,300	2,630		1,0	13,94	2,500		1,0	34,848
EG	12,490	5,490		1,0	68,57	2,805		1,0	192,339
OG	14,615	5,490		1,0	80,24	2,655	3,135	1,0	232,284
Anbau	12,490	3,375		1,0	42,15	2,865		1,0	120,770
	2,125	0,300		1,0	0,64	2,805		1,0	1,788

Vereinfachungen beim geometrischen Außmaß (nur gültig für bestehende Gebäude):

Dachgauben pauschal $\Delta V_e = 9\ m^2 \cdot l_{Gaube}$ l_{Gaube} = Anzahl:

l_{Gaube} =

l_{Gaube} =

innen liegende Kellerabgänge $\Delta V_e = 35\ m^3$ je Kellerabgang Anzahl:

V_e = 582,030

beheizte Nutzfläche A_N: $A_N = 0{,}32 \cdot V_e$ A_N in m² = 186,249

2.5.3.2 Fensterdaten

Tabelle 2.12: Berechnung der Fensterflächen, Festlegung der Neigung und Orientierung für das Beispiel-Haus

Nr.	Bezeichnung	Neigung 30° 45°; 60° 90°	Orientierung	Fenstermaße				Brutto-fläche A_i
				Breite [m]	Höhe 1 [m]	Höhe 2 [m]	Faktor [-]	[m²]
	Fenster Süd; Süd/Ost; Süd/West							
101	Fenstertür 3flg.	90	Süd	3,050	2,260		1,00	6,89
102	Fenstertür fest	90	Süd	2,050	2,135		1,00	4,38
103	Fenstertür 2flg.	90	Süd	2,010	2,135		1,00	4,29
104	Fenstertür 2flg.	90	Süd	2,010	2,260		1,00	4,54
105	Fenstertür 1flg.	90	Süd	1,010	2,135		1,00	2,16
106	Küchenfenster	90	Süd	2,190	1,010		1,00	2,21
	gesamt							24,47
	Fenster Ost; Nord/Ost							
201								
202	Fenster fest	90	Ost	0,510	2,135		1,00	1,09
203	Fenster Bad	90	Ost	1,010	1,010		1,00	1,02
204	Fenster Anbau	90	Ost	1,010	1,010		1,00	1,02
	gesamt							3,13
	Fenster West; Nord/West							
301	Fenster 2flg. EG	90	West	2,050	2,260		1,00	4,63
302	Fenster 2flg. OG	90	West	2,050	2,135		1,00	4,38
303	Fenster 1flg. EG	90	West	1,010	2,260		1,00	2,28
304	Fenster Anbau	90	West	3,075	2,260		1,00	6,95
	gesamt							18,24
	Fenster Nord							
401	Fenster Süd	90	Nord	1,010	2,260		1,00	2,28
402	Fenster HT Ost	90	Nord	0,500	2,260		1,00	1,13
403	Fenster	90	Nord	1,010	1,010		2,00	2,04
404	Fenstertür	90	Nord	1,010	2,260		1,00	2,28
405	Fenster Anbau	90	Nord	0,510	0,510		4,00	1,04
406	Küchenfenster Ost	90	Nord	2,050	1,010		1,00	2,07
	gesamt							10,85
	Fenster Neigung < 30°							
501								
502								
	gesamt							0,00
	Fenster ohne Gewinne							
601								
602								
	gesamt ohne Gewinne							0,00
							gesamt:	56,69

2.5.3.3 Bauteilflächen

Tabelle 2.13: B1 Außenwände A_{AW} – Beispiel-Haus

Nr.	Name der Fläche	Länge [m]	Höhe 1 [m]	Höhe 2 [m]	Anzahl	Fläche [m²]
AW 1.1	Außenwand Süd	14,615	5,460		1	79,80
	Abzug Anbau	2,125	2,805		-1	-5,96
AW 1.2	Außenwand Ost Eingangsbereich	5,190	2,805		1	14,56
AW 1.3	Außenwand Ost OG	5,490	2,655	3,135	1	15,89
	Abzug Haustür	1,260	2,260		-1	-2,85
AW 1.4	Außenwand West	5,490	5,460	5,940	1	31,29
AW 1.5	Außenwand Nord	12,490	2,640		1	32,97
AW 1.5	Außenwand Nord	2,125	5,940		1	12,62
					gesamt	178,33
Nr.	Fensterflächen Übernahme					Fläche [m²]
101	Fenstertür 3flg.	3,05	2,26	0	1	6,89
102	Fenstertür fest	2,05	2,14	0	1	4,38
103	Fenstertür 2flg.	2,01	2,14	0	1	4,29
104	Fenstertür 2flg.	2,01	2,26	0	1	4,54
105	Fenstertür 1flg.	1,01	2,14	0	1	2,16
106	Küchenfenster	2,19	1,01	0	1	2,21
202	Fenster fest	0,51	2,14	0	1	1,09
203	Fenster Bad	1,01	1,01	0	1	1,02
301	Fenster 2flg. EG	2,05	2,26	0	1	4,63
302	Fenster 2flg. OG	2,05	2,14	0	1	4,38
303	Fenster 1flg. EG	1,01	2,26	0	1	2,28
403	Fenster	1,01	1,01	0	2	2,04
404	Fenstertür	1,01	2,26	0	1	2,28
406	Küchenfenster Ost	2,05	1,01	0	1	2,07
				Fensterfläche		44,27
				Bauteilfläche		134,06
				Fensteranteil		25 %

Tabelle 2.14: B2 Außenwände Anbau A_{AW} – Beispiel-Haus

Nr.	Name der Fläche	Länge [m]	Höhe 1 [m]	Höhe 2 [m]	Anzahl	Fläche [m²]
AW 2.1	Außenwand Süd	2,125	2,805		1	5,96
AW 2.2	Außenwand Ost	3,675	2,625		1	9,65
AW 2.3	Außenwand West	3,375	2,865		1	9,67
AW 2.4	Außenwand Nord	12,490	2,865		1	35,78
					gesamt	61,06
Nr.	Fensterflächen Übernahme					Fläche [m²]
401	Fenster Süd	1,01	2,26	0	1	2,28
204	Fenster Anbau	1,01	1,01	0	1	1,02
304	Fenster Anbau	3,08	2,26	0	1	6,95
405	Fenster Anbau	0,51	0,51	0	4	1,04
				Fensterfläche		11,29
				Bauteilfläche		49,77
				Fensteranteil		18 %

Tabelle 2.15: B3 Dachfläche A_D – Beispiel-Haus

Nr.	Name der Fläche	Länge [m]	Höhe 1 [m]	Höhe 2 [m]	Anzahl	Fläche [m²]
D1	Dachfläche	14,615	5,510		1	80,53
					gesamt	80,53
Nr.	Fensterflächen Übernahme					Fläche [m²]
				Fensterfläche		
				Bauteilfläche		80,53
				Fensteranteil		

Tabelle 2.16: B4 Haustüre A_{HT} – Beispiel-Haus

Nr.	Name der Fläche	Länge [m]	Höhe 1 [m]	Höhe 2 [m]	Anzahl	Fläche [m²]
HT	Haustüre	1,260	2,260		1	2,85
					gesamt	2,85
Nr.	Fensterflächen Übernahme					Fläche [m²]
				Fensterfläche		
				Bauteilfläche		2,85
				Fensteranteil		

Tabelle 2.17: B5 Decke über Eingang A_G – Beispiel-Haus

Nr.	Name der Fläche	Länge [m]	Höhe 1 [m]	Höhe 2 [m]	Anzahl	Fläche [m²]
AG1	Decke	2,125	5,190		1	11,03
					gesamt	11,03
Nr.	Fensterflächen Übernahme					Fläche [m²]
				Fensterfläche		
				Bauteilfläche		11,03
				Fensteranteil		

Tabelle 2.18: B6 Dachfläche Anbau A_{DU} – Beispiel-Haus

Nr.	Name der Fläche	Länge [m]	Höhe 1 [m]	Höhe 2 [m]	Anzahl	Fläche [m²]
DU1	Dachfläche zu unbeheiztem Dachraum	12,490	3,375		1	42,15
					gesamt	42,15
Nr.	Fensterflächen Übernahme					Fläche [m²]
				Fensterfläche		
				Bauteilfläche		42,15
				Fensteranteil		

Tabelle 2.19: B7 Kellerwand zu Erdreich A_{AW} – Beispiel-Haus

Nr.	Name der Fläche	Länge [m]	Höhe 1 [m]	Höhe 2 [m]	Anzahl	Fläche [m²]
AW,G1	Kellerwand Treppenhaus	5,300	2,500		1	13,25
					gesamt	13,25
Nr.	Fensterflächen Übernahme					Fläche [m²]
				Fensterfläche		
				Bauteilfläche		13,25
				Fensteranteil		

Tabelle 2.20: B8 Bodenplatte Keller A_G – Beispiel-Haus

Nr.	Name der Fläche	Länge [m]	Höhe 1 [m]	Höhe 2 [m]	Anzahl	Fläche [m²]
G1	Bodenplatte	5,300	2,630		1	13,94
					gesamt	13,94
Nr.	Fensterflächen Übernahme					Fläche [m²]
				Fensterfläche		
				Bauteilfläche		13,94
				Fensteranteil		

Tabelle 2.21: B9 Decke zu unbeheiztem Keller A_G – Beispiel-Haus

Nr.	Name der Fläche	Länge [m]	Höhe 1 [m]	Höhe 2 [m]	Anzahl	Fläche [m²]
G3	Kellerdecke	12,490	5,490		1	68,57
	Abzug Bodenplatte	5,300	2,630		-1	-13,94
					gesamt	54,63
Nr.	Fensterflächen Übernahme					Fläche [m²]
				Fensterfläche		
				Bauteilfläche		54,63
				Fensteranteil		

Tabelle 2.22: B10 Kellerinnenwände A_{GU} – Beispiel-Haus

Nr.	Name der Fläche	Länge [m]	Höhe 1 [m]	Höhe 2 [m]	Anzahl	Fläche [m²]
G2.1	Kellerinnenwände	2,630	2,500		2	13,15
G2.2	Kellerinnenwände	5,300	2,500		1	13,25
GT	Abzug Kellertüren	0,885	2,125		-4	-7,52
					gesamt	18,88
Nr.	Fensterflächen Übernahme					Fläche [m²]
				Fensterfläche		
				Bauteilfläche		18,88
				Fensteranteil		

Tabelle 2.23: B11 Bodenplatte Anbau A_G – Beispiel-Haus

Nr.	Name der Fläche	Länge [m]	Höhe 1 [m]	Höhe 2 [m]	Anzahl	Fläche [m²]
G2	Bodenplatte Anbau	12,490	3,375		1	42,15
		2,125	0,300		1	0,64
					gesamt	42,79
Nr.	Fensterflächen Übernahme					Fläche [m²]
				Fensterfläche		
				Bauteilfläche		42,79
				Fensteranteil		

Tabelle 2.24: B12 Kellertüren A_{GU} – Beispiel-Haus

Nr.	Name der Fläche	Länge [m]	Höhe 1 [m]	Höhe 2 [m]	Anzahl	Fläche [m²]
GT	Kellertüren	0,885	2,125		4	7,52
					gesamt	7,52
Nr.	Fensterflächen Übernahme					Fläche [m²]
				Fensterfläche		
				Bauteilfläche		7,52
				Fensteranteil		

Tabelle 2.25: B13 Wand zu Dachraum Anbau AAW – Beispiel-Haus

Nr.	Name der Fläche	Länge [m]	Höhe 1 [m]	Höhe 2 [m]	Anzahl	Fläche [m²]
1	Außenwand	12,490	0,435		1	5,43
					gesamt	5,43
Nr.	Fensterflächen Übernahme					Fläche [m²]
				Fensterfläche		
				Bauteilfläche		5,43
				Fensteranteil		

Tabelle 2.26: Zusammenstellung der Flächen

Nr.	Bauteile	Flächen	Anteil
1	Außenwände - verputzt	134,06	25 %
2	Außenwände - Anbau	49,77	9 %
3	Dachfläche Hauptgebäude	80,53	15 %
4	Haustüre	2,85	1 %
5	Decke Eingang zur Außenluft	11,03	2 %
6	Dachfläche Anbau	42,15	8 %
7	Kellerwand zu Erdreich	13,25	2 %
8	Bodenplatte beh. Keller	13,94	3 %
9	Decke zu unb. Keller	54,63	10 %
10	Kellerinnenwände	18,88	4 %
11	Bodenplatte Anbau	42,79	8 %
12	Kellertüren	7,52	1 %
13	Außenwand Anbau geg. Dachr.	5,43	1 %
14	Fenster Süd; Südost; Südwest	24,47	5 %
15	Fenster Ost; Nordost	3,13	1 %
16	Fenster West; Nordwest	18,24	3 %
17	Fenster Nord	10,85	2 %
	Hüllfläche A	533,52	100 %

2.6 Ermittlung der Gebäudegeometrie von bestehenden Bauten

Die Ermittlung der Gebäudegeometrie bei bestehenden Gebäuden ist nach den gleichen Regeln durchzuführen wie bei Neubauten. Die EnEV lässt jedoch nach § 9 – Änderungen an Gebäuden – Erleichterungen für die Ermittlung der Gebäudeabmessungen zu.

Demzufolge dürfen, wenn Angaben zu geometrischen Abmessungen von Gebäuden fehlen, diese durch vereinfachtes Aufmaß ermittelt werden. Dieses sollte nach den Regeln der Technik erfolgen. Die Einhaltung der Regeln der Technik wird nach EnEV vermutet, wenn Vereinfachungen für die Datenaufnahme nach gesicherten Erfahrungswerten erfolgt, die vom Bundesministerium für Verkehr, Bau und Stadtentwicklung bekannt gemacht worden sind.

Bekanntmachung vom Bundesministerium für Verkehr, Bau und Stadtentwicklung zum § 9, Abs. 2 der EnEV vom 30. Juli 2009

Regeln zur Datenaufnahme und Datenverwendung im Wohngebäudebestand

Diese Vereinfachung für die Bestimmung geometrischer Abmessungen nach Tabelle 2.27 darf nur verwendet werden, wenn keine genaueren Angaben vorliegen.

Da die Bekanntmachungen von 2009 nur bedingt für die EnEV 2014 geeignet sind, werden aktualisierte Bekanntmachungen im Bundesanzeiger und unter www.bbsr-energieeinsparung.de veröffentlicht.

Vereinfachung/Korrekturen beim geometrischen Aufmaß

Tabelle 2.27: Geometrische Vereinfachungen und Korrekturen für den Rechengang (Quelle: Bekanntmachung vom Bundesministerium für Verkehr, Bau und Stadtentwicklung zum § 9, Abs. 2 der EnEV vom 30. Juli 2009)

Lfd. Nr.	Maßnahme/Bauteil	Zulässige Vereinfachung
1a	Fensteraufmaß	Die Fensterfläche darf mit 20 v.H. der Wohnfläche (§ 2 Nr. 12 EnEV) angenommen werden; die Fenster sind Ost/West orientiert anzunehmen.
1b	Aufmaß Außentüren	nicht erforderlich im Fall der Anwendung von Zeile 1a (Türen sind im Pauschalwert für die Fensterflächen – siehe 1a – enthalten)
1c	Rollladenkästen	Fläche: 10 v.H. der Fensterfläche
2	opake Vor- und Rücksprünge in den Fassaden bis zu 0,5 m	dürfen übermessen werden (Fensterbänder müssen aufgemessen werden
3	innen liegende Treppenauf- und -abgänge zu unbeheizten Zonen	dürfen übermessen werden
4	Flächen der Heizkörpernischen	Fläche: ein Drittel der Fensterfläche
5	Lüftungsschächte	dürfen übermessen werden
6	Orientierung	Abweichung von der Senkrechten auf die betrachtete Bauteilfläche von nicht mehr als 22,5 Grad von der jeweiligen Himmelsrichtung sind zulässig. In Grenzfällen ist die Haupthimmelsrichtung (Nord, Ost, Süd, West) zu wählen.
7	Neigung	Die Neigung von Flächen darf mathematisch auf 0°; 30°; 45°; 60°; 90° gerundet werden.

Nachfolgend werden die Vereinfachungen aus Tabelle 2.27 anhand des Beispiel-Hauses erläutert.

Zu 1a Fensteraufmaß

Sind die Fenstergrößen nicht bekannt und können diese auch nicht ohne größeren Aufwand ermittelt werden, darf die Fensterfläche mit 20 % der Wohnfläche berechnet werden. Die Fensterfläche ist dann als östlich/westlich orientiert anzusetzen.

Wohnfläche $A_{Wohnfl.}$ = 149,13 m² (aus den Plänen)
Fensterfläche = 149,13 · 20 % = **29,83 m²** (östlich/westlich orientiert)

Genau berechnete Fensterfläche = **56,69 m²** (siehe Tabelle 2.12)

Zu 1b Aufmaß Außentüren

Wenn die Fensterflächen nach 1a bestimmt werden, müssen die Haustüre und die Kellertüre nicht einzeln erfasst werden.

Zu 1c Rollladenkästen

Im Beispiel-Haus sind keine Rollläden vorhanden.

Zu 2 opake Vor- und Rücksprünge in den Fassaden bis zu 0,5 m

Vor- und Rücksprünge sind nicht vorhanden.

Zu 3 Innen liegende Treppenauf- und -abgänge zu unbeheizten Zonen

Sind die Abmessungen des Kellerabgangs nicht bekannt, darf dieser übermessen werden.

Zu 4 Flächen der Heizkörpernischen

Im Beispiel-Haus sind keine Heizkörpernischen vorhanden (siehe auch Kapitel 2.1.3).

Zu 5 Lüftungsschächte

Lüftungsschächte sind nicht vorhanden.

Zu 6 Orientierung

Im Beispiel-Haus können die Bauteilflächen eindeutig den Himmelsrichtungen zugeordnet werden.

Zu 7 Neigung

Im Beispiel-Haus sind keine geneigten Fenster vorhanden.

2.7 Fragen

1. Wie werden Flächen von Wänden zu normal beheizten Räumen erfasst, die sich innerhalb der Systemgrenze befinden (z. B. zu einem Nachbargebäude)?

2. Welche Räume sind in einer Temperaturzone für normal beheizte Gebäude zu erfassen?

3. Nach welchen Kriterien sind Bauteile der Gebäudehülle gesondert zu erfassen?

4. Wie ist die Fläche von Rollladenkästen bei der Berechnung der Außenwände A_{AW} zu berücksichtigen?

5. Werden die Flächen von verglasten Haustüren als „Bauteilfläche“ oder als „Fensterfläche“ erfasst?

6. Wie sind überwiegend verschattete Fenster bei der Ermittlung der Verschattungsfaktoren zu behandeln?

7. Wann dürfen Vereinfachungen beim Gebäudeaufmaß verwendet werden?

8. Wo ist die Systemgrenze beim vertikalen Gebäudeaufmaß eines beheizten Kellers anzusetzen?

Fragen zum sommerlichen Wärmeschutz:

9. Nach welchen Verfahren kann der sommerliche Wärmeschutz geführt werden?

10. Nach welcher Norm ist der sommerliche Wärmeschutz zu führen?

11. Wann muss die Einhaltung des sommerlichen Wärmeschutzes geführt werden?

12. Wann darf auf den Nachweis des sommerlichen Wärmeschutzes bei Wohngebäuden verzichtet werden?

13. Wann kann das Verfahren nach DIN 4108-2 für den Nachweis des sommerlichen Wärmeschutzes nicht angewandt werden?

2.8 Antworten

1. Solche Flächen werden nicht erfasst.

2. alle Räume, die nicht mehr als 4 °C von der Normaltemperatur abweichen

3. alle Bauteile, die einen speziellen Schichtaufbau und somit einen speziellen U-Wert besitzen und all diejenigen, die an einen nicht normal beheizten Innenraum oder an das Erdreich grenzen und denen somit einen F_x-Wert < 1 zugeordnet wird

4. Rollladenkästen können wie folgt erfasst werden:

   a) Die Flächen der Rollladenkästen werden gesondert erfasst. In den Nachweis gehen diese Bauteile nur mit ihrem U-Wert ein. Die Wärmebrücken an den Anschlüssen werden nicht nachgewiesen. Dies bedeutet, dass für das ganze Gebäude ein pauschaler Wärmebrückenzuschlag ΔU_{WB} = 0,10 W/(m² · K) angenommen werden muss.

   b) Die Flächen der Rollladenkästen werden übermessen und sind in den Flächen der Außenwände A_{AW} enthalten. Die Wärmebrücken können dann mit ΔU_{WB} = 0,05 W/(m² · K) berücksichtigt werden, wenn ein Gleichwertigkeitsnachweis nach DIN V 4108, Beiblatt 2 erbracht wird.

5. Durch nicht abgedunkelte Glasflächen kann immer Sonnenlicht und somit auch Wärme eindringen, was bei der Erfassung der solaren Wärmegewinne zu berücksichtigen ist. Es wird vorgeschlagen, überwiegend verglaste Haustüren wie Fenster zu behandeln und bei nur teilweiser Verglasung den Glasanteil wie Fenster und den opaken Anteil als Bauteil zu behandeln.

6. Für die Festlegung der Fensterorientierung ist der Verschattungsgrad der Fenster zu beachten. Überwiegend verschattete Fenster sind bezüglich der solaren Wärmegewinne wie Nordfenster zu behandeln.

7. Wenn Angaben zu geometrischen Abmessungen von Gebäuden fehlen, können diese durch vereinfachtes Aufmaß ermittelt werden.

8. Oberkante Bodenplatte.

   Im Schnitt ist nach DIN 18599-1, auch bei Berechnungen nach DIN V 4108-6, die Systemgrenze immer Oberkante Bodenplatte anzusetzen.

9. Mithilfe der Sonneneintragskennwerte nach 8.3 der DIN 4108-2 oder mithilfe einer thermischen Gebäudesimulation nach 8.4 der DIN 4108-2.

10. nach der DIN 4108-2

11. Der Nachweis des sommerlichen Wärmeschutzes ist zu führen, wenn der Fensterflächenanteil f_{AG} bei

    – nordwestlich über südlich bis nordöstlich orientierte Fenstern > 10 %,

    – allen anderen nördlich orientierten Fenstern > 15 % und

    – bei Fenstern mit einer Neigung bis 60 °C > 7 %

    überschreitet.

12. Bei Wohngebäuden sowie bei Gebäudeteilen zur Wohnnutzung, bei denen der kritische Raum einen grundflächenbezogenen Fensterflächenanteil von 35 % nicht überschreitet und deren Fenster in Ost-Süd- oder Westorientierung mit außen liegenden Sonnenschutzvorrichtungen mit einem Abminderungsfaktor $F_C \leq 0{,}30$ bei Glas $g > 0{,}40$ bzw. $F_C \leq 35$ bei Glas mit $g \leq 0{,}40$ ausgestattet sind, kann auch auf einen Nachweis verzichtet werden.

13. Der Nachweis über den sommerlichen Wärmeschutz kann mit dem in DIN 4108-2 beschriebenen vereinfachten Verfahren nicht geführt werden, wenn der betrachtete Raum oder Raumbereich mit folgenden baulichen Einrichtungen in Kontakt steht:

    – mit einer Doppelfassade,
    – mit Systemen zur transparenten Wärmedämmung (TWD).

3 Wärmeausbreitung

Autoren: Prof. Karlheinz Volland
Dipl.-Ing. (FH) Johannes Volland

Mitautor: Prof. Dr. Martin Fichter

Inhalt Seite

3.1 Grundlagen

3.1.1 Einleitung

Entsprechend der primären Aufgabe eines Gebäudes, einen mit menschengerechtem Klima ausgestatteten Schutzraum vor der unwirtlichen Umwelt zu bilden, werden an die Bauteile und ihre Baustoffe hohe Ansprüche bezüglich ihrer thermischen Eigenschaften gestellt.

Von der Qualität der Wärmedurchlässigkeit und Wärmespeicherung werden sowohl die Behaglichkeit des Innenraumklimas als auch die Kosten für dessen künstliche Aufrechterhaltung beeinflusst.

Die Wärmeleitfähigkeit ist unter anderem stark vom Feuchtegehalt der Baustoffe abhängig. Die Feuchteaufnahmefähigkeit ist deshalb ein wesentlicher Faktor bei der Stoffauswahl. Nachfolgend werden die zur Beurteilung dieser Stoffeigenschaften erforderlichen physikalischen Begriffe sowie die zur Bemessung anzuwendenden Algorithmen erläutert.

3.1.2 Definition des Begriffs Wärme

Was ist Wärme? Was ist Kälte?

Diese Fragen sind nur subjektiv zu beantworten: Wärme ist etwas Angenehmes – Kälte etwas Unangenehmes. Das, was Kälte und Wärme unterscheidet, ist ein auf den individuellen Wärmehaushalt unseres Körpers abgestimmtes Gefühl. Es basiert auf der Temperaturempfindung unserer Haut, die für die Steuerung der Wärmeabgabe des Körpers verschiedene Sensoren benutzt. Warm und kalt sind nur auf das Behaglichkeitsempfinden des Körpers bezogene Begriffe.

In der Physik gibt es nur die Begriffe Wärme und Temperatur. Mit Wärme werden Schwingungen der Atome bezeichnet. Je schneller sich diese bewegen, umso größer ist ihr Energieinhalt, umso höher ihre Temperatur. Der häufig verwendete Begriff Kältebrücke ist falsch, es gibt nur Wärmebrücken. Von Abkühlung zu sprechen, wenn sich die Temperatur verringert, ist jedoch durchaus gebräuchlich.

3.1.3 Maßeinheiten im Wärmeschutz

Temperatur:	Das Maß für die Größe der Atomschwingungen ist die Temperatur.
Arbeit:	Das Maß für den zur Bewegung der Atome erforderlichen Aufwand ist die Arbeit.
Energie:	Energie ist gespeicherte Arbeit.
Wärmemenge:	Eine bestimmte Menge Energie erzeugt eine bestimmte Wärmemenge.
Leistung:	Die in einer bestimmten Zeit erbrachte Arbeit ist die Leistung.
	Die von einer Gebäudeheizung zu erbringende Leistung entspricht der pro Zeiteinheit aus dem Gebäude abfließenden Wärmemenge.
Wärmestrom:	Die fließende Wärmemenge ist der Wärmestrom.

Nachfolgend wird erläutert, wie die Maße für Temperatur, Arbeit, Energie und Wärmemenge sowie Leistung und Wärmestrom definiert werden.

Zur Veranschaulichung dieser Begriffe finden Sie auf www.enev-profi.de die interaktive Simulation „Wärme-sim“ (siehe auch Kapitel 3.6).

3.1.3.1 Temperatur θ

Die Temperatur kennzeichnet die durchschnittliche Größe der Wärmebewegungen von Atomen. Die Temperatur eines Mediums wird vom Menschen nur subjektiv als warm, heiß oder kalt empfunden.

Genauer lässt sich dies an der Länge einer auf die Temperatur des zu messenden Mediums gebrachten Quecksilbersäule eines Thermometers ablesen. Zur Bestimmung eines Temperaturwertes hat der schwedische Astronom Andreas Celsius im Jahre 1742 die Ausdehnung von Quecksilber, die sich von den Temperaturen des gefrierenden Wassers zum kochenden Zustand ergibt, in 100 Teile geteilt und somit das Thermometer erfunden. Celsius ließ seine Skala nach unten offen. Der Engländer Lord Kelvin hat beobachtet, dass das Volumen eines Gases bei gleich bleibendem Druck sich bei einer Temperaturerhöhung von 1 °C um 1/273 des Volumens vergrößert, das es bei einer Temperatur von 0 °C einnimmt.

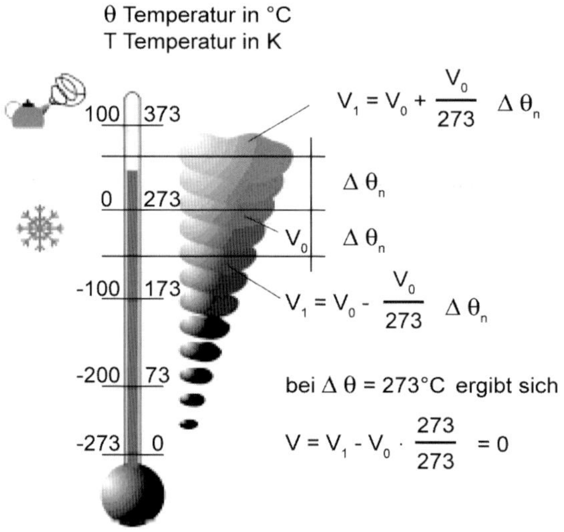

V_n = Volumen der Temperatur bei n °C
V_0 = Gasvolumen bei 0 °C
$\Delta\theta_n$ = Temperaturdifferenz des Gases von 0 °C bis n °C

Bild 3.1: Temperatur nach Celsius und Kelvin

Daraus ergibt sich, dass bei – 273 °C kein Volumen mehr vorhanden ist. Die Gasmoleküle können jedoch nicht verschwunden sein. Da sich aber das Volumen eines Gases vorwiegend aus dem erforderlichen Bewegungsraum seiner Moleküle ergibt, bezieht sich das Volumen 0 nur auf diesen Bewegungsraum. Bei einer Temperatur von – 273 °C finden also keine Atom- oder Molekülbewegungen mehr statt.

Anmerkung:

Die hier zugrunde gelegte ideale Gasgleichung gilt bei 0 K allerdings nicht mehr.

Das Volumen eines Stoffes besteht bei diesen Temperaturen nur noch aus dem sich durch Anziehen und Abstoßen der Atomteilchen ergebenden Raumbedarf.

Die Temperatur θ wird in °C (Celsius) und die Temperaturdifferenz ΔT in K (Kelvin) angegeben.

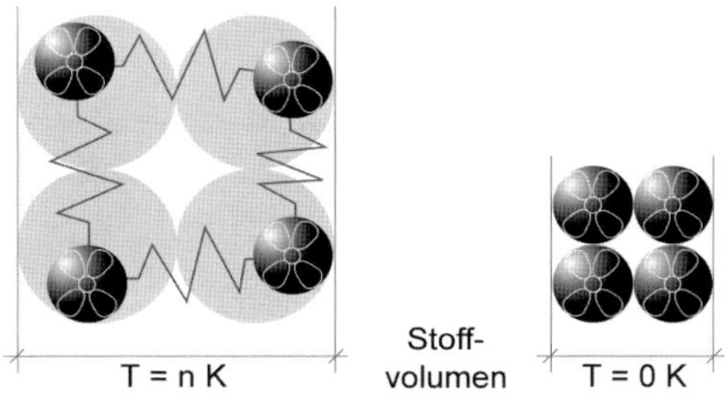

Bild 3.2: Temperaturbewegungen der Teilchen

3.1.3.2 Wärmemenge Q

Die Temperatur θ ist das Maß für die Größe der Temperaturbewegungen der Atome. Die Wärmemenge Q ist die zur Aufrechterhaltung dieser Bewegung erforderliche Menge an Arbeit. Das Maß der Wärmemenge ist deshalb gleich dem Maß der Arbeit.

Die Menge an Arbeit, die zur Erwärmung einer bestimmten Menge Stoffteilchen auf eine bestimmte Temperatur erforderlich ist, wird als Wärmemenge Q bezeichnet. Die Einheit der Wärmemenge ist wie für die Arbeit das Joule (J). Die Wärmemenge Q ist das Maß für die innerhalb eines definierten Zeitabschnittes (z. B. Heizperiode) erforderliche Arbeit, um eine bestimmte Temperatur aufrechtzuerhalten.

3.1.3.3 Arbeit und Energie

Die sich voneinander ableitenden Grundbegriffe Gewicht, Kraft, Arbeit und Leistung können anschaulich an der Tätigkeit eines Maurers erläutert werden:

Die Erdanziehung erwirkt in einer Masse das „Gewicht". Damit ein Stein, den ein Maurer hält, nicht nach unten fällt, muss er eine Kraft aufwenden, die der Gewichtskraft entspricht. Der Aufwand, um einen Gegenstand oberhalb der Erdoberfläche zu halten, ist so groß wie die auf diesen einwirkende Gewichtskraft. Es ist aber ein Unterschied, ob man einen Körper mit einem bestimmten Gewicht nur gegen die Schwerkraft hält oder diesen auch noch auf eine höhere Ebene hebt, wie z. B. der Maurer einen Stein auf eine Mauer.

Das Heben ist mit Arbeit verbunden. Die aufgewendete Arbeit ist in dem Gegenstand auf der höheren Ebene als Energie gespeichert. Auch das Bewegen der Atome auf eine höhere Temperatur bedeutet Arbeit. Die geleistete Arbeit ist in dem temperierten Stoff als Energie gespeichert.

Danach kann Arbeit wie folgt definiert werden: Arbeit ist die durch eine Kraft bewirkte Verlagerung einer Masse über eine bestimmte Strecke.

Masse · Beschleunigung · Weg		= Arbeit
	Kraft · Weg	= Arbeit
	$F \cdot s$	$= W$
Einheit:	1 Newton · 1 Meter	= 1 Joule
	$N \cdot m$	$= J$

3.1.3.4 Energie E

Die für das Heben des Ziegels auf die Mauer erforderliche Arbeit ist im Ziegel als Energie gespeichert. Wenn der Ziegel wieder herunterfällt, wird er ein Loch in den Boden schlagen. Die gespeicherte Energie hat somit wieder Arbeit verrichtet.

Beim Einschlag in den Boden wurden aber auch die Atome – sowohl im Randbereich des Ziegels als auch im verdrängten Erdreich – durch Reibung in Bewegung versetzt und somit erwärmt. Die potenzielle Energie des ursprünglich auf der Mauer lagernden Steines wurde in die Arbeit für die Verschiebung von Erdreich beim Schlagen eines Loches sowie in nicht mehr nutzbare Wärme verwandelt. Gleiches gilt auch für die Umwandlung von Energie in nutzbare Wärme.

So erwärmt z. B. das Feuer in einem Heizkessel nicht nur das für die Wärmeübertragung in den Raum vorgesehene Medium, sondern auch den Kessel selbst, die Heizleitungen und den Kamin. Energieumsatz erwirkt immer gleichzeitig nutzbare und nicht nutzbare Arbeit.

Der Kunst des Architekten und des Ingenieurs bleibt es überlassen, den nutzbaren Anteil zu optimieren.

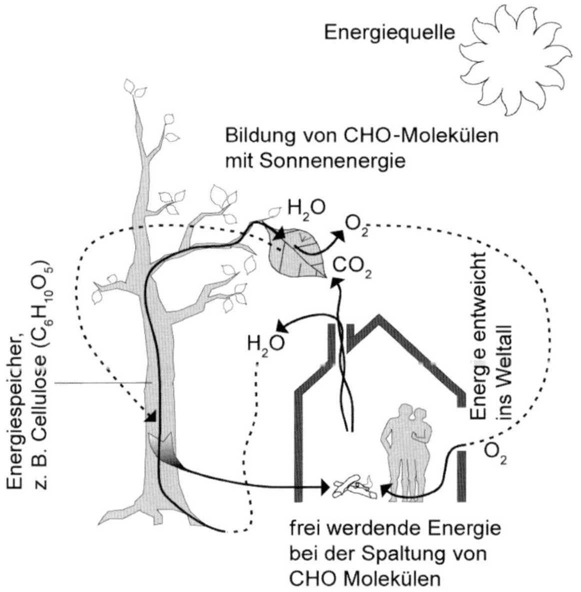

Bild 3.3: Energieumwandlung im CO_2-Kreislauf

In Bild 3.3 ist dargestellt, wie die von der Sonne eingestrahlte Energie bei der Verbindung $CO_2 + H_2O$ in Kohlenwasserstoffen von Pflanzen als potenzielle Energie gespeichert wird. Bei der Verbrennung (Oxidation) dient die frei werdende Energie wieder als Wärmequelle. Mit neuer Sonnenenergie ist der Vorgang reversibel. Pflanzen sind deshalb erneuerbare (regenerative) Energieträger.

3.1.3.5 Brennwert H

Um die für die Beheizung eines Raumes erforderliche Wärmemenge durch Verbrennung von Energieträgern (Brennstoffen) zu erhalten, muss man wissen, wie viel Energie in diesen gespeichert wurde. Die aus einer bestimmten Menge Brennstoff frei werdende Energie wird als dessen Brennwert H bezeichnet (siehe auch Kapitel 9). Die Einheit ist kWh/kg oder kWh/m³.

H_i = unterer Brennwert des Energieträgers (ohne Kondensationswärme)

H_s = oberer Brennwert des Energieträgers (mit dem Energiegehalt des frei werdenden Wasserdampfes; wird bei Brennwertkesseln genutzt)

3.1.3.6 Wärmestrom Φ

Die durch ein Bauteil innerhalb einer Zeiteinheit fließende Wärmemenge wird als Wärmestrom bezeichnet. Die Wärmemenge pro Zeiteinheit entspricht der zur Aufrechterhaltung der Temperatur erforderlichen Arbeit pro Zeit. Arbeit pro Zeit ist Leistung.

Zur bildhaften Vorstellung nochmals der Maurer: Wenn dieser einen Stein vom Boden auf die Mauer hebt, hat er zwar gearbeitet, seine Leistung ist aber davon abhängig, wie oft er dies in einer Stunde tut. Unter Einbeziehung der bereits erläuterten Begriffe kann Leistung wie folgt definiert werden:

Die Bewegungen einer Masse über eine bestimmte Strecke gegen einen Widerstand, z. B. Erdanziehungskraft in einer bestimmten Zeit, bedeutet Leistung.

Masse · Beschleunigung · Weg / Zeit = Leistung

Arbeit / Zeit = Leistung

$$W / t = P$$

bzw. Energie / Zeit = Energiestrom

$$E / t = P$$

Aus der innerhalb einer Zeiteinheit von der Heizanlage in die Räume zu liefernden Wärmemenge ergibt sich die erforderliche Leistung für die Heizanlage, die „Heizleistung". Die kontinuierlich von einem Heizkörper abgegebene oder durch ein Bauteil hindurchgehende Wärmemenge ist der Wärmestrom.

Wärmemenge/Zeit			=	Wärmestrom
Q/t			=	Φ
Einheit			=	Watt
1 Joule/1 Sekunde			=	1 Watt
1 J/s			=	1 W
bzw.				
1 Joule			=	1 Watt · Sekunde
1 J			=	1 Ws
3.600 J	=	3,6 kJ	=	1 Wh
3.600 kJ	=	3,6 MJ	=	1 kWh
1 l Heizöl	=	36 MJ	=	ca. 10 kWh

Beispiel:

Wird für die Beheizung eines Gebäudes in einer Stunde 1 l Heizöl verbraucht, fließt in die Außenbauteile ein Wärmestrom Φ von ca. 10 kWh.

Rechenbeispiel: Energiebedarf – Wärmestrom

Aufgabe:

Wie groß ist der Heizölbedarf, wenn ein Heizkörper 24 Stunden (h) eine Leistung von 3.000 W erbringt und der Wirkungsgrad der Heizanlage 90 % beträgt?

Gegeben:

Wärmestrom	Φ	=	3 kW
Brennwert Heizöl	H_i	=	10 kWh/l
Heizzeit	t	=	24 h
Wirkungsgrad Heizanlage	η	=	90 % (= 0,9)

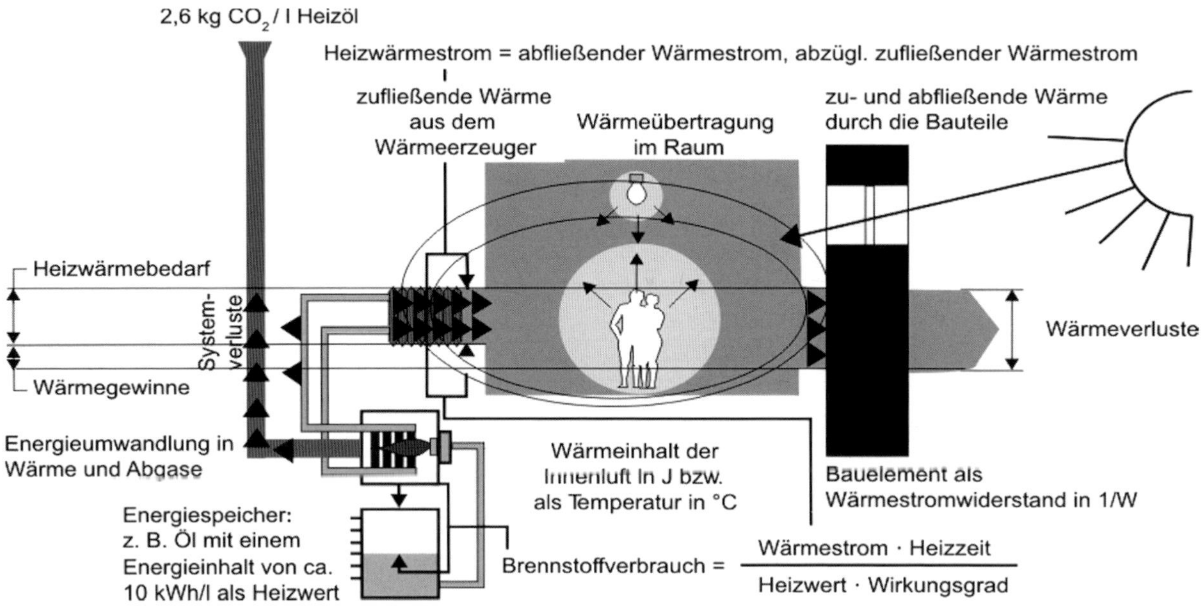

Bild 3.4: Energiestrom vom Energiespeicher bis zur Außenluft

Gesucht:

Brennstoffverbrauch B_r in Liter Heizöl

Arbeitsschritte und Formeln:

$$B_r = \frac{Q}{H_u \cdot \eta}$$

$$Q = \Phi \cdot t$$

Berechnung:

$$B_r = \frac{\Phi \cdot t}{H_i \cdot \eta}$$

$$B_r = \frac{3\,\text{kW} \cdot 24\,\text{h}}{10\,\text{kWh/l} \cdot 0{,}9}$$

$$= 8{,}00\ \text{l}$$

Ergebnis:

Damit eine Wärmeleistung (Wärmestrom) von 3.000 W über einen Zeitraum von 24 h erbracht werden kann, muss die in 8 l Heizöl gespeicherte Energie umgewandelt werden.

3.1.4 Ausbreitung der Wärme

Es erhebt sich die Frage: Woher kommt die Energie? Die einzige richtige, aber wenig hilfreiche, weil doch nicht endgültige Antwort ist: aus dem Urknall. Seitdem entspannt und verdichtet sich Energie nach von den Menschen bisher in letzter Konsequenz noch nicht erklärbaren Gesetzmäßigkeiten.

Kernfusion in der Sonne

Die Sonne besteht aus Wasserstoff- und Deuteriumatomen. Durch Wechselwirkungen innerhalb der sehr dichten Atomwolke kommt es zur Kernfusion. Durch die Fusion entsteht Helium, hierbei wird ein Teil der als Masse gespeicherten Energie (nach Einstein $E = m \cdot c^2$) abgestrahlt.

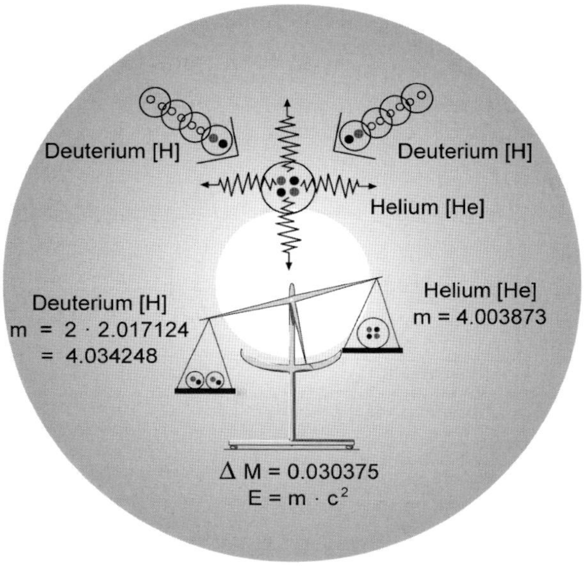

Bild 3.5: Kernfusion

Elektromagnetische Wellen

Die Übertragung der Energie erfolgt außerhalb der Materie durch elektromagnetische Wellen, die beim Rücksprung der Elektronen von einem höheren auf ein niedrigeres Energieniveau abgegeben werden.

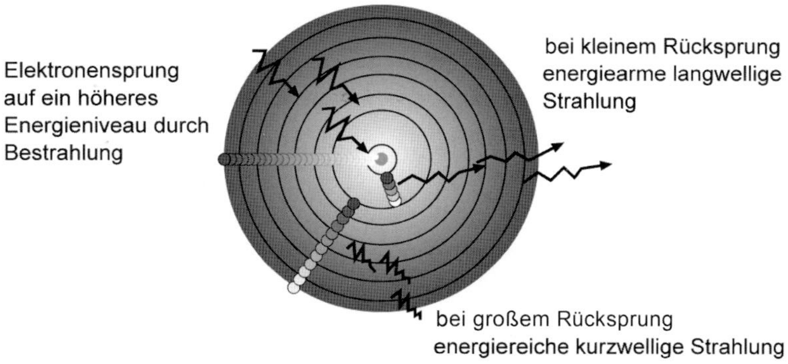

Bild 3.6: Entstehung von lang- bzw. kurzwelliger Strahlung

Auf dem Weg der im Inneren der Sonne entstehenden elektromagnetischen Wellen zur Sonnenoberfläche, durch das Weltall bis zur Atmosphäre der Erde und durch diese bis zur Erdoberfläche wird die Energie von den verschiedensten Teilchen aufgenommen und mit anderen Wellenlängen weitergegeben. Die in der Sonne frei werdende Energie erreicht die Erde somit in einem Spektrum unterschiedlicher Wellenlängen.

Die für die Erwärmung von Materie wirksamen Wellenlängen, der wärmeenergetische Bereich, erstreckt sich über einen schmalen Streifen von ca. 300 bis 2.500 Nanometer (nm). Die vom Auge wahrnehmbaren Lichtwellen beschränken sich auf den Bereich von 380 nm bis 780 nm (1 nm = 10^{-9} m = 1 Milliardstel m). Der Bereich mit Wellenlängen unter 300 nm wird mit ultraviolett, der zwischen dem noch sichtbaren Rot mit 780 nm und 2.500 nm mit infrarot bezeichnet.

Die Erwärmung unserer Erde erfolgt vorwiegend durch Infrarotstrahlen, wobei nur ein Teil direkt von der Sonne stammt, der überwiegende Anteil entsteht erst in der Atmosphäre durch die Abbremsung der kurzwelligen Strahlung und Teilchen.

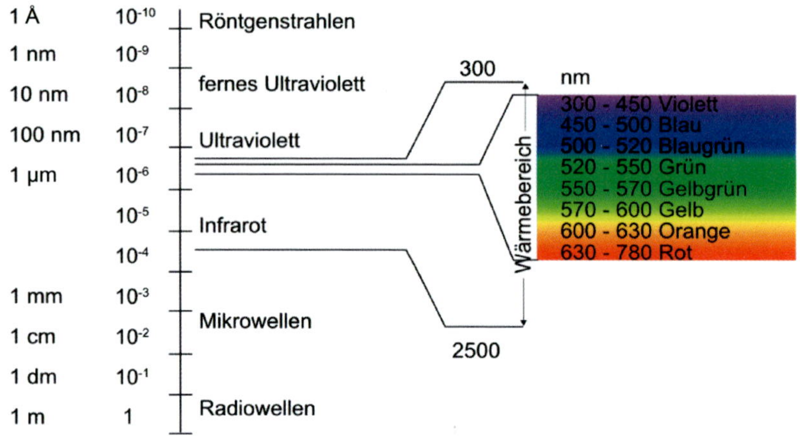

Bild 3.7: Spektrum der Wellenlängen

3.1.4.1 Wärmeausbreitung in der Materie

Damit die Materie durch elektromagnetische Wellen erwärmt wird, müssen diese absorbiert werden können. Ist dies nicht der Fall, gehen die elektromagnetischen Wellen durch die Materie hindurch oder werden reflektiert. Die Übertragung der Wärmeenergie innerhalb von Stoffen ist sowohl von deren Aggregatzustand als auch deren Temperatur abhängig.

In Gasen kann Energie von sich schneller bewegenden (wärmeren) Teilchen beim Zusammenstoß an langsamere (kältere) Teilchen übergeben werden.

Auch in Flüssigkeiten wird Wärme durch Aneinanderstoßen von sich aufeinander zu bewegenden Molekülketten übertragen.

Viel intensiver erfolgt jedoch in Gasen und Flüssigkeiten die Wärmeübertragung durch **Konvektion**, d. h. durch Strömungsbewegung aufgrund der unterschiedlichen Dichte verschieden temperierter Bereiche.

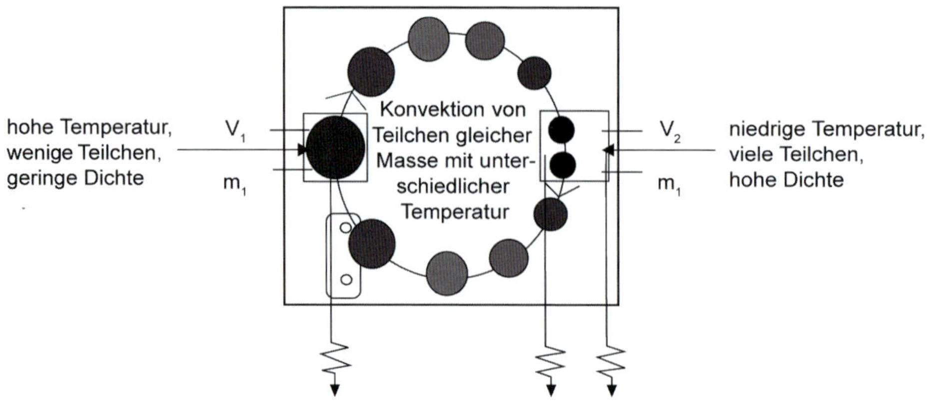

Bild 3.8: Energieübertragung durch Konvektion

In **Feststoffen** erfolgt die Energieübertragung an den wie Federn wirkenden Bindungen zwischen den Atomen.

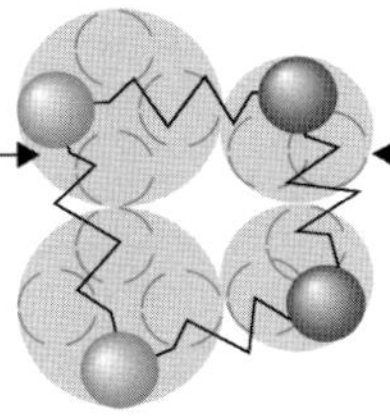

Bild 3.9: Energieübertragung in Teilchenbindungen

Die Übertragung der Energie auf die Feststoffe erfolgt sowohl durch Strahlung als auch durch Stoß der Teilchen aus dem an den Festkörper angrenzenden Medium (Gas oder Flüssigkeit).

3.1.4.2 Absorption – Reflexion

Lichtwellen können die Elektronen der Atome auf ein höheres Energieniveau versetzen. Beim Rücksprung der Elektronen wird wieder Energie in Form von elektromagnetischer Strahlung abgegeben. Die Wellenlängen der aufgenommenen (absorbierten) und der abgegebenen (emittierten) Strahlung unterscheiden sich jedoch, da ein Teil der eingestrahlten Energie auf das ganze Atom übertragen wird.

In Abhängigkeit von den Festkörpereigenschaften werden bei Bestrahlung mit allen Wellenlängen nur bestimmte Frequenzen emittiert und reflektiert. Die reflektierte Strahlung definiert unser Auge als dessen Farbe. Ein anderer Teil der Strahlung wird absorbiert und in kinetische Energie umgewandelt, wodurch sich die Temperatur der Atome erhöht.

Je dunkler Stoffe erscheinen, umso größer ist der absorbierte Strahlungsanteil. Dunkle Stoffe erwärmen sich deshalb stärker als helle, strahlen aber bei Abkühlung auch stärker ab.

Die folgende Übersicht zeigt gemessene Oberflächentemperaturen verschiedenfarbiger Fassadenbekleidung in °C:

Schwarz	66	Elfenbein	45	Außenluft	25
Ziegelrot	55	Deckweiß	35		

Sehr langwellige Strahlung wird von vielen Feststoffen überhaupt nicht absorbiert, sondern hindurch gelassen. Bei Glas und anderen transparenten Materialien geht kurzwelliges Licht hindurch und das langwellige Licht wird reflektiert.

Die das Fensterglas durchdringende sichtbare Strahlung versetzt die Atome in den Materialien des Innenraumes auf eine höhere Energieebene. Bei einem stufenweise erfolgenden Rücksprung wird langwellige Strahlung abgegeben, die Glas nicht durchdringen kann. Auf diese Weise wird der Raum erwärmt. Verstärkt wird der Effekt, wenn das Glas, wie bei Wärmeschutzglas, auf der Außenseite der inneren Scheibe metallbedampft ist.

3.2 Anwendung

3.2.1 Messgrößen der Wärmeausbreitung

Zur Berechnung der in einem bestimmten Zeitraum (Heizperiode) für die Aufrechterhaltung eines behaglichen Raumklimas erforderlichen Energie muss die Größe des durch die Außenbauteile abfließenden Wärmestroms bekannt sein. Der Wärmetransport von der Wärmequelle bis zur Außenluft erfolgt über die bereits besprochenen Ausbreitungsmechanismen Strahlung, Konvektion und Stoß. Zur quantitativen Erfassung wird der von innen nach außen fließende Wärmestrom in vier Teilbereiche gegliedert.

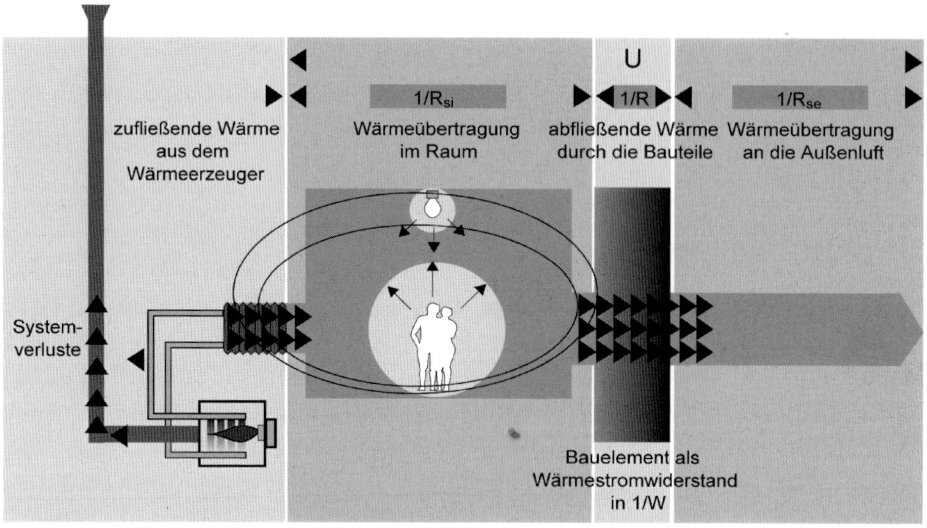

Bild 3.10: Teilbereiche der Wärmeübertragung

a) Wärmeübertragung vom Wärmeerzeuger zum Raumheizkörper

Dieser heiztechnische Bereich wird zwar gesondert berechnet, ist aber im Energieausweis mit der Anlagenaufwandszahl e_P zu berücksichtigen. Die Energieverluste sind umso größer, je weiter der Wärmeerzeuger von der Übergabestelle im Raum entfernt ist. Hierzu werden alle von der Energiegewinnung bis zur Wärmeübergabe an die Raumluft auftretenden Verluste erfasst.

b) Wärmestrom von der Wärmequelle zur inneren Oberfläche des Bauteils

Die Übertragung erfolgt durch die Konvektion der Raumluft und durch Wärmestrahlung. Die Summe dieser einzelnen Wärmeströme wird als **innerer Wärmeübergang** bezeichnet.

c) Wärmestrom von der inneren zur äußeren Oberfläche des Bauteils

Diese Wärmeübertragung innerhalb des Bauteils ist von der **Wärmeleitfähigkeit** der Baustoffe abhängig, aus denen das Bauteil besteht.

d) Wärmestrom von der äußeren Oberfläche des Bauteils zur Außenluft

Dieser setzt sich aus der Abstrahlung der Oberfläche und der Konvektion der Außenluft zusammen. Dies wird als **äußerer Wärmeübergang** bezeichnet.

Zur Berechnung der von der Innenluft zur Außenluft innerhalb einer bestimmten Zeiteinheit transportierten Wärmemenge muss die Größe dieser Teilwärmeströme bekannt sein.

e) Die Summe aus den Wärmeströmen b, c und d ergibt den **Wärmedurchgang**.

Aufgrund der Komplexität der einzelnen Wärmeübertragungsvorgänge werden im Bauwesen die Einflussgrößen durch Versuche ermittelt und als Rechenwerte in den entsprechenden Normen bzw. in speziellen Zulassungen festgelegt.

3.2.2 Wärmeleitzahl λ

Die Wärmeleitfähigkeit eines Stoffes wird durch die bei einem Temperaturgefälle von 1 K durch einen Kubus von 1 m Kantenlänge in einer Sekunde transportierten Wärmemenge definiert. Sie kennzeichnet somit die Größe des Wärmestroms, der durch 1 m² eines Baustoffes mit einer Dicke von 1 m hindurchfließt, wenn sich die Oberflächentemperaturen um 1 K unterscheiden.

Die für die Berechnung des Wärmedurchgangs zu verwendenden Wärmeleitzahlen werden als Bemessungswert der Wärmeleitfähigkeit in DIN V 4108-4 und DIN EN 12524 sowie für Dämmstoffe in DIN EN 13162 bis DIN EN 13171 angegeben. Bemessungswerte für dort nicht genannte Baustoffe/Bauprodukte sind technischen Produktspezifikationen zu entnehmen oder gemäß den nach den Landesbauordnungen bekannt gemachten energetischen Kennwerten für Bauprodukte zu bestimmen.

Formelzeichen:	λ
Einheit:	W/(m · K)

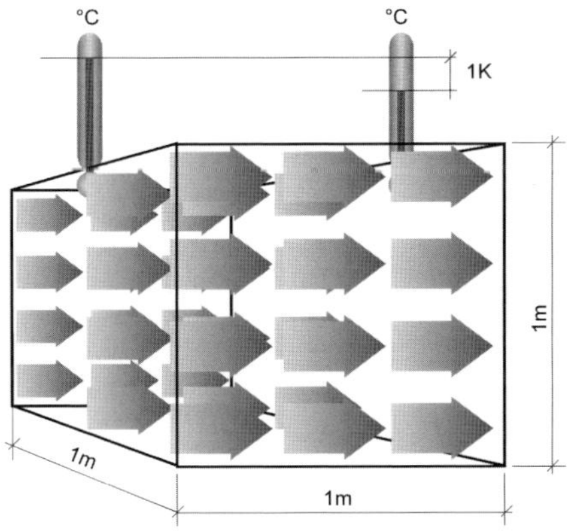

Bild 3.11: Wärmeleitzahl

Die Wärmeleitfähigkeit eines Baustoffes ist von der Wärmeleitfähigkeit und der Struktur seiner Bestandteile abhängig. Aus der Struktur und der Art seiner Bestandteile ergibt sich dessen Dichte (ρ). Die Dichte eines Stoffes ist somit in der Regel ein erster Anhaltspunkt für die Abschätzung seiner Wärmeleitfähigkeit. Material mit hoher Dichte (z. B. Beton, Naturstein) hat eine höhere Leitfähigkeit als Material mit geringerer Dichte (z. B. Holz, Schaumstoff).

Die Bestandteile eines Stoffes können sich aber auch verändern. So ändert sich z. B. das in Stoffen mit kapillarer Leitfähigkeit enthaltene Verhältnis von Luft zu Wasser allein schon in Abhängigkeit von der den Stoff umgebenden Luftfeuchtigkeit. Die Wärmeleitzahl dieser Stoffe wird somit auch von deren Wassergehalt beeinflusst. Die Wärmeleitfähigkeit von Wasser ist wesentlich größer als die von Luft.

In flüssigen Stoffen erfolgt die Wärmeübertragung nicht nur durch Leitung, sondern insbesondere durch Konvektion.

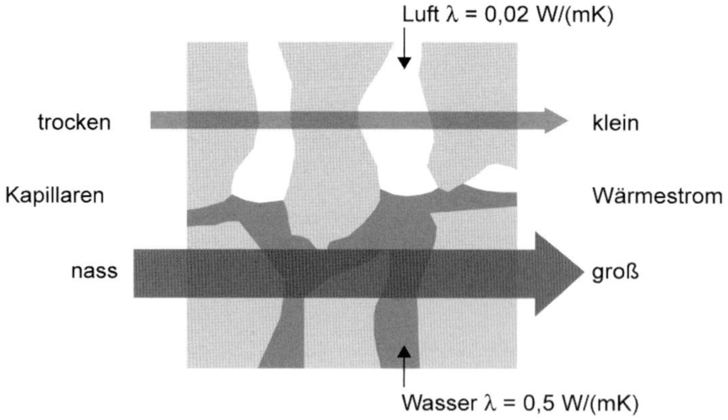

Bild 3.12: Einfluss der Stofffeuchte auf die Wärmeleitzahl

Vergleicht man die Wärmeleitfähigkeit von Wasser [0,5 W/(m · K)] mit stehender und trockener Luft mit 0,02 W/(m · K), wird deutlich, welchen Einfluss der Wassergehalt eines Baustoffes auf dessen Wärmeleitfähigkeit hat.

Die Ermittlung der Wärmeleitzahl eines Baustoffes erfolgt an getrockneten Proben im Labor. Für Berechnungen im Rahmen des Wärmeschutzes dürfen jedoch nur die vom Bundesamt für Materialprüfung in Berlin oder in den einschlägigen Normen veröffentlichten λ_R-Werte verwendet werden. Für die üblichen Baustoffe sind die λ-Werte in der jeweils neuesten Auflage der Bautabellen enthalten. Die λ_R-Werte enthalten einen Zuschlag für den bei eingebauten Stoffen unter normalen Verhältnissen vorhandenen Feuchtegehalt.

In Gasen wirken sich die verschiedenen Übertragungsmechanismen zu noch uneinheitlicheren Wärmeleitzahlen als in Flüssigkeiten aus. Für Luftschichten gibt es deshalb keine definierte Wärmeleitzahl, sondern nur einen für bestimmte Schichtdicken geltenden Wärmedurchlasswiderstand. Der Wärmetransport einer Luftschicht setzt sich aus Leitung, Konvektion und Strahlung zusammen.

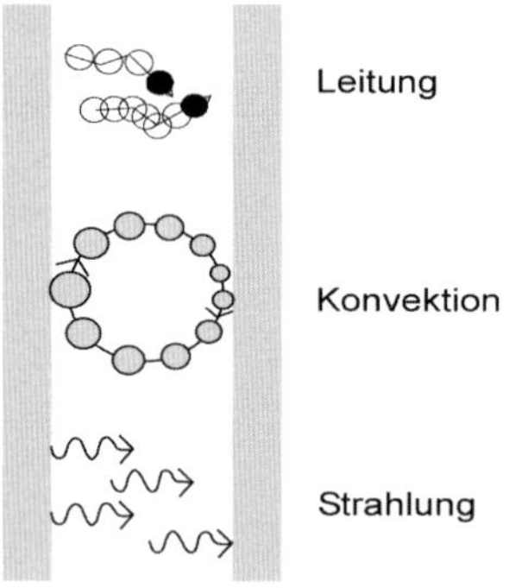

Bild 3.13: Wärmeübertragung in Luftschichten

$$\lambda_{Luft} = \lambda_L + \lambda_s + \lambda_k \qquad W/(m \cdot K)$$

(Formel 3.1)

λ_L = molekulare Wärmeübertragung = 0,02 W/(m · K)
λ_s = Wärmeübertragung durch Strahlung
(abhängig von der Temperatur der Luftschichtbegrenzung)
λ_k = Wärmeübertragung durch Konvektionen
(abhängig vom Strömungswiderstand und somit von der Luftschichtdicke)

(siehe auch Kapitel 3.2.4.2 „Wärmedurchlasswiderstand von Luftschichten“).

Nachfolgend werden die Mechanismen der Wärmeübertragung innerhalb der verschiedenen Stoffgruppen besprochen. Die angegebenen Werte beziehen sich auf Bereiche innerhalb von Materialgruppen und wurden aus der DIN 4108-4:2013-02, für Holz- und Holzwerkstoffe aus der DIN EN ISO 10456 oder für das „Wärmetechnische Verhalten von Fenstern und Türen" aus der DIN EN 12567 entnommen.

Wärmeleitung in Metallen

Zuerst eine Ausnahme: In Metallen ist die Wärmeleitfähigkeit nicht von der Rohdichte abhängig, sondern an die elektrische Leitfähigkeit gekoppelt. Deshalb können Metalle mit geringerer Dichte durchaus eine höhere Wärmeleitfähigkeit haben als solche mit größerer Dichte.

Tabelle 3.1: Dichte und Wärmeleitfähigkeit von Metallen

Metalle	ρ t/m^3	λ $W/(m \cdot K)$
Aluminium	2,80	160
Kupfer	8,00	380
Stahl	7,85	50

Wärmeausbreitung in mineralischen Stoffen

Mineralische Baustoffe sind meist inhomogen. Die Wärmeleitzahl ist deshalb neben der Rohdichte und dem Wassergehalt auch von deren Mikro- und Makrostruktur abhängig. In der Mikrostruktur hat die geometrische Anordnung der Atome einen erheblichen Einfluss auf die Wärmeleitfähigkeit. In kristallinen Stoffen, wie z. B. Quarz, werden die Wärmeschwingungen in dessen streng geometrischem Gitter wesentlich besser weitergegeben als in einer amorphen Struktur, z. B. Glas.

Wärmeleitzahl Quarz = 3,5 $W/(m \cdot K)$

Wärmeleitzahl Glas = 0,8 $W/(m \cdot K)$

Gebrannter Ton ist ein größtenteils amorphes Material. Ziegel haben deshalb bei gleicher Rohdichte eine etwas kleinere Wärmeleitzahl als Steine, die vorwiegend kristallines Quarz enthalten (z. B. Kalksandsteine).

Tabelle 3.2: Dichte und Wärmeleitfähigkeit von schweren Wandbausteinen

Schwere Wandbausteine	ρ t/m^3	λ $W/(m \cdot K)$
Naturstein	2,80	3,5
Betonstein	1,00	0,7
Ziegelstein	1,00	0,45
Kalksandstein	1,00	0,5

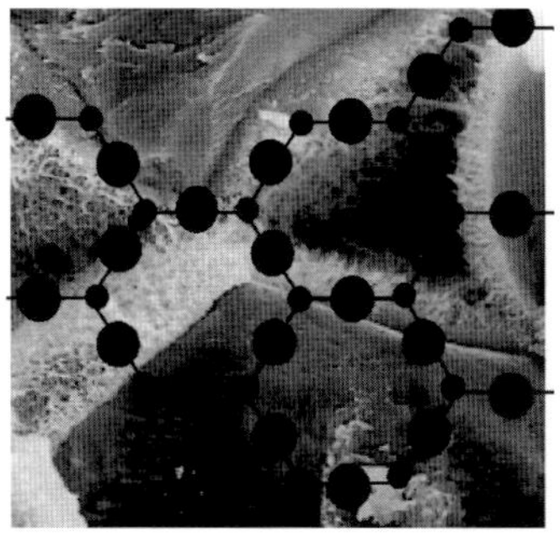

Quarzsand - kristallin

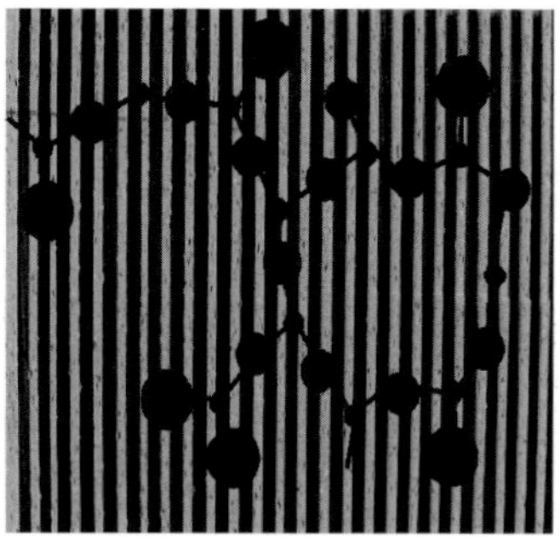

Ton - amorph

Bild 3.14: Kristalline und amorphe Strukturen

Im Quarz bilden die SiO_2-Atome ein einheitliches geometrisches Gitter im gesamten Quarzkörper. Die sehr kleinen, mit bloßem Auge nicht erkennbaren Tonmineralien bilden ein amorphes Tongemenge. Zusätzlich werden die kristallinen Strukturen in den Mineralien beim Brennen teilweise zerstört.

In der Makrostruktur hat insbesondere die Anordnung der Kammern und Löcher der Wandbausteine einen Einfluss auf die Wärmeleitfähigkeit. Kammersteine und Hochlochziegel mit großen Löchern haben in jeder Dimensionsachse eine andere Wärmeleitfähigkeit.

Die für Wandbausteine angegebene Wärmeleitzahl bezieht sich nur auf normgerecht vermauerte Steine einschließlich der Mörtelfugen. Werden die Steine gedreht eingemauert, entstehen Wärmebrücken. Durch künstliche Porisierung, z. B. durch Verbrennen organischer Bestandteile wie Holzmehl oder Styroporgranulat im Ziegel sowie durch Blasenbildung in Porenbeton und Blähton, entsteht eine weitere Verringerung der Wärmeleitfähigkeit.

Tabelle 3.3: Dichte und Wärmeleitfähigkeit von leichten Wandbausteinen

Leichte Wandbausteine	ρ t/m³	λ W/(m · K)
Leichtbeton	0,8	0,22
Ziegel	0,6	0,07
Porenbeton	0,35	0,09

Wärmeleitung in organischen Stoffen

Bei Holz- und speziellen Wärmedämmstoffen ist die Wärmeleitfähigkeit von den Eigenschaften des Grundmaterials sowie von eventuell eingebauten Verbindungs- und Zusatzstoffen (Kleber, Imprägnierungen, Brandschutzmittel etc.) abhängig.

Tabelle 3.4: Dichte und Wärmeleitfähigkeit von Holz und Holzwerkstoffen

Holz und Holzwerkstoffe	ρ t/m³	λ W/(m · K)
Sperrholz	0,3	0,09
Konstruktionsholz Fichte	0,5	0,13
Holzfaserplatten	0,25	0,07

Tabelle 3.5: Dichte und Wärmeleitfähigkeit von Schaum-Dämmstoffen

Schaum-Dämmstoffe	ρ t/m³	λ W/(m · K)
Glasschaum		0,046
	bis	
Polyurethan-Hartschaum		0,024

In Faserdämmstoffen sind einzelne Fäden watteartig verfilzt. Die Wärmeleitfähigkeit ist dabei auch von eventuell eingebauten Klebeharzen oder Brandschutzmitteln (z. B. Borsalz) abhängig.

Tabelle 3.6: Dichte und Wärmeleitfähigkeit von Faser-Dämmstoffen

Faser-Dämmstoffe	ρ t/m³	λ W/(m · K)
Holzwolle-Leichtbauplatten		0,072
Schafwolle, Zellulosefasern	bis	
Baumwolle, Mineralwolle		0,035

(DIN EN ISO 10456; DIN EN ISO 12567, DIN V 4108-4, DIN EN 13162 bis 13171)

3.2.3 Wärmedurchlasskoeffizient Λ

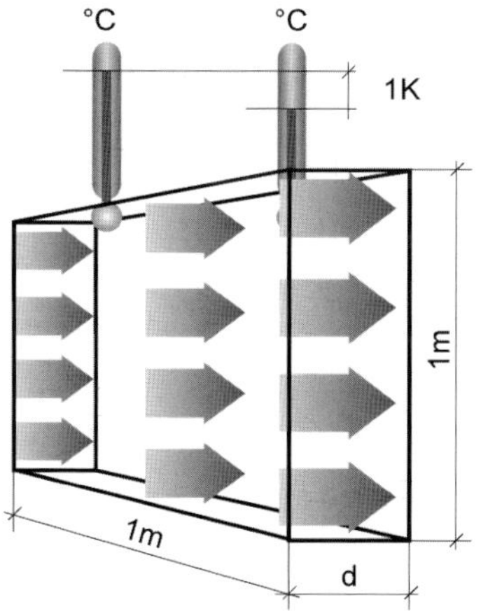

Bild 3.15: Wärmedurchlasskoeffizient $\Lambda = 1/R$

Der Wärmedurchlasskoeffizient einer Bauteilschicht kennzeichnet die Größe des Wärmestroms, der durch 1 m² eines Bauteils mit der Dicke d hindurchfließt, wenn sich die Oberflächentemperaturen um 1 K unterscheiden. Anders als die Wärmeleitzahl wird hier der Wärmestrom auf eine definierte Schichtdicke bezogen.

Formelzeichen:

$\Lambda = 1/R = \lambda/d$ W/(m² · K)
(Formel 3.2)

λ = Wärmeleitzahl
d = Schichtdicke
R = Wärmedurchlasswiderstand

Die Berechnung des Wärmedurchlasswiderstandes R und der nachfolgend erläuterten Begriffe Wärmedurchgangswiderstandskoeffizient R_T und Wärmedurchgangskoeffizient U ist in der DIN EN ISO 6946 beschrieben.

3.2.4 Wärmedurchgangswiderstandskoeffizient R_T

Der Wärmedurchgangswiderstandskoeffizient R_T ergibt sich aus der Summe der Wärmdurchlasswiderstände R der einzelnen Bauteilschichten:

$R_T = R_1 + R_2 + R_n$ m² · K/W (Formel 3.3)

Für die Berechnung der Wärmedurchlasswiderstände sind in der DIN EN ISO 6946 die Algorithmen folgender Konstruktionen angegeben:

- Bauteile aus thermisch homogenen Schichten,
- Bauteile aus thermisch inhomogenen Schichten,
- Bauteile mit einer keilförmigen Schicht.

Weiterhin sind in dieser Norm Wärmedurchlasswiderstände von Luftschichten sowie Zuschläge für Befestigungselemente und Umkehrdächer enthalten.

3.2.4.1 Wärmedurchgangswiderstand R_T von Bauteilen aus thermisch homogenen Schichten

Der durch ein Bauteil aus unterschiedlichen Stoffschichten fließende Wärmestrom kann nicht durch Addition der Wärmedurchlasskoeffizienten Λ der einzelnen Schichten berechnet werden, da die Größe des Wärmestroms in Abhängigkeit von λ und d in jeder einzelnen Stoffschicht unterschiedlich groß ist, wie an folgendem Beispiel gezeigt wird.

Beispiel:

Berechnung des Wärmedurchgangs aus den Wärmedurchlasskoeffizienten Λ der einzelnen Schichten eines verputzten Mauerwerkes:

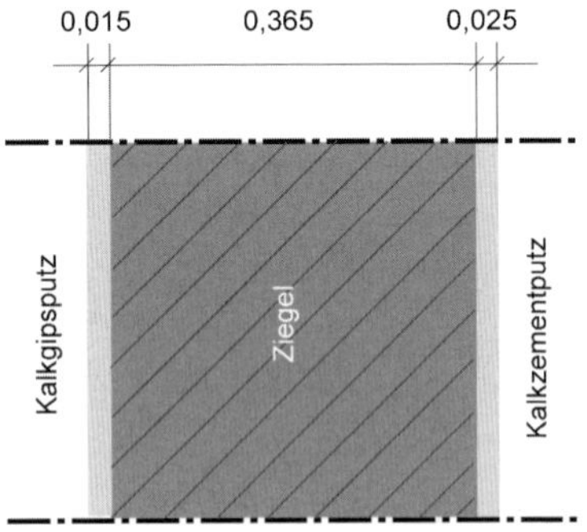

Material	d m	λ W/(m · K)	$\lambda/d = \Lambda$ W/(m² · K)
Kalkgipsputz	0,015	0,70	46,67
Ziegel	0,365	0,33	0,90
Kalkzementputz	0,025	0,87	34,80

Bild 3.16: Ziegelwand verputzt

Aus oben genannter Berechnung ist ersichtlich, dass der Wärmestrom durch die einzelnen Schichten sehr unterschiedlich ist. Stellt man sich den Wärmestrom als eine durch Siebe fließende Flüssigkeit vor, ergibt sich, dass der durch das gesamte Bauteil fließende Wärmestrom nicht als Summe der Teilströme berechnet werden kann:

$\Lambda_{gesamt} \neq \Lambda_1 + \Lambda_2 + \Lambda_3$ W/(m² · K)

Die Größe des Wärmestroms durch das gesamte Bauteil ist nur unter der Annahme eines gleich großen Wärmestromes in allen Schichten zu berechnen. Da der durch eine Schicht fließende Wärmestrom nicht nur von deren Wärmeleitzahl λ und der Dicke d, sondern auch von der Fläche abhängig ist, kann berechnet werden, wie groß die Fläche für die jeweiligen Schichten sein muss, damit durch jede Schicht der gleiche Wärmestrom, z. B. 1 Watt fließt.

Betrachtet man eine Stoffschicht als einen den Wärmestrom behindernden Widerstand, z. B. wie für Wasser ein Sieb, dann wird verständlich, dass für das Fließen eines gleich großen Wärmestroms in jeder Schicht der sich pro Flächeneinheit ergebende Lochquerschnitt in allen Schichten gleich groß sein muss. Aufgrund der unterschiedlichen Durchlässigkeit ändert sich die Größe der Flächen, die den Widerstand bilden, entsprechend der jeweiligen Stoffeigenschaften.

Die Größe des Wärmedurchlasswiderstandes R einer Schicht ist der reziproke Wert des Wärmedurchlasskoeffizienten Λ.

Wärmestrom/(Fläche · Kelvin) = Wärmedurchlasskoeffizient

$W/(m^2 \cdot K) = \Lambda$

(Fläche · Kelvin)/Wärmestrom = Wärmedurchlasswiderstandskoeffizient

$m^2 \cdot K/W = R$

Die Berechnung des Wärmedurchlasswiderstandes einer Schicht aus der Schichtdicke und der Wärmeleitzahl ergibt sich mit:

$$R = d/\lambda \qquad m^2 \cdot K/W$$

(Formel 3.4)

Die Summe aller Widerstände wird als Wärmedurchgangswiderstand R_T bezeichnet.

$$R_T = R_{si} + \sum_{1}^{n} R_n + R_{se} \qquad m^2 \cdot K/W$$

(Formel 3.5)

R_{si} = Wärmeübergangswiderstand innen
R_{se} = Wärmeübergangswiderstand außen

Tabelle 3.7: $\sum R_n$ für das in Bild 3.16 dargestellte Bauteil

Nr.	Baustoff	d m	λ $W/(m \cdot K)$	$d/\lambda = R$ $m^2 \cdot K/W$
1	Kalkputz	0,015	0,70	0,021
2	Ziegel	0,365	0,33	1,106
3	Kalkzementputz	0,025	0,87	0,029
			Summe R_n	1,156

3.2.4.2 Wärmedurchlasswiderstand von Luftschichten

Luftschichten in Bauteilen

Luftschichten können auf der Innen- und Außenseite von Bauteilen angeordnet sein. Die Größe des für die Luftschicht anzusetzenden Wärmedurchlasswiderstandes R ist von der Verbindung dieser Schicht mit der umgebenden Luft abhängig.

In DIN EN ISO 6946 werden *„ruhende“*, *„schwach belüftete“* und *„stark belüftete“* Luftschichten unterschieden.

a) Ruhende Luftschichten

Hierzu zählen z. B. konstruktiv bedingte Hohlräume hinter Verkleidungen auf der Innenseite von Wänden und Dächern. Allerdings werden auch Luftschichten außerhalb einer Dämmschicht als ruhend bezeichnet, wenn deren Öffnungen

- 500 mm² je m Länge (bei vertikalen Luftschichten) bzw.
- 500 mm² je m² Oberfläche (bei horizontalen Luftschichten)

nicht überschreiten, sodass keine Luftströmung in dieser Schicht entsteht.

Entwässerungsöffnungen (Dränageöffnungen) in Form von vertikalen Fugen in der Außenschale eines zweischaligen Mauerwerkes werden dabei nicht als Lüftungsöffnungen angesehen.

Die Luftschicht innerhalb eines zweischaligen Mauerwerkes mit Wärmedämmung kann danach nicht als „ruhend" betrachtet werden, weil diese nach DIN 1053-1, Abschnitt 8.4.3.2, oben und unten mit Lüftungsöffnungen zu versehen ist, sodass ein Luftstrom entsteht.

b) Schwach belüftete Schichten

Diese sind solche, die mit Öffnungen

- über 500 mm² bis 1.500 mm² je m Länge (bei vertikalen Luftschichten) bzw.
- über 500 mm² bis 1.500 mm² je m² Oberfläche (bei horizontalen Luftschichten)

mit der Umgebungsluft verbunden sind.

Für solche Luftschichten darf als Wärmedurchlasswiderstand die Hälfte des für ruhende Luftschichten geltenden Wertes angesetzt werden. Solche Luftschichten sind z. B. auf der Innenseite von Decken und Wänden mit Verkleidungen ohne luftdichten Randanschluss denkbar.

c) Stark belüftete Schichten

Solche Schichten haben zur Umgebung Öffnungen

- über 1.500 mm² je m Länge (bei vertikalen Luftschichten) bzw.
- über 1.500 mm² je m² Oberfläche (bei horizontalen Luftschichten).

Hierzu gehören alle der Abführung von Feuchtigkeit (Hinterlüftung) dienenden Luftschichten.

Solche Luftschichten dürfen einschließlich der nach außen folgenden Schichten für die Berechnung des Wärmedurchlasswiderstandes nicht berücksichtigt werden. Da durch diese Schichten jedoch die Wärmeübergabe an die Außenluft eingeschränkt wird, kann nach DIN EN ISO 6946 der äußere Wärmeübergangswiderstand R_{se} gleich dem inneren R_{si} entsprechen.

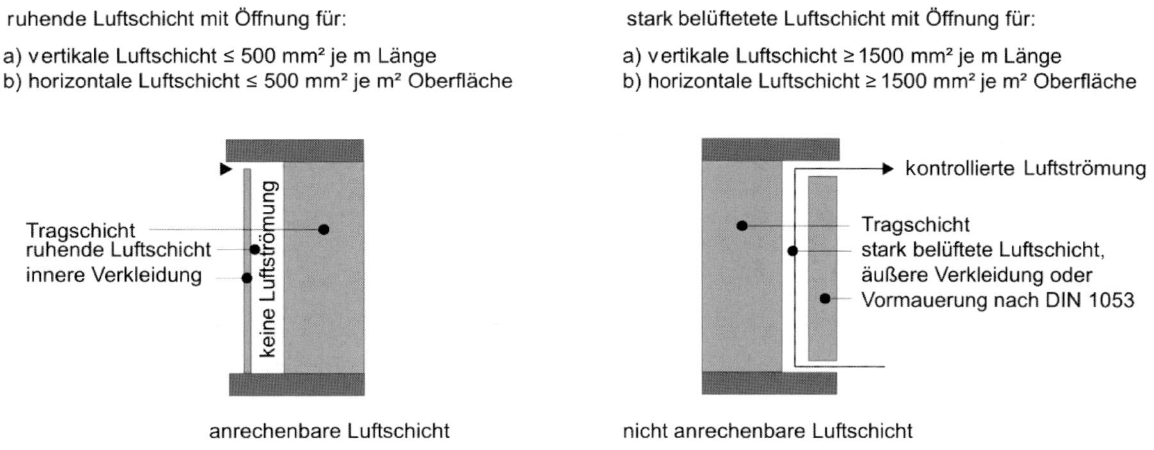

Bild 3.17: Luftschichten in Bauteilen

In Bild 3.13 ist dargestellt, dass die Wärmeübertragung in ruhenden Luftschichten durch Leitung, Konvektion und Strahlung erfolgt. Die Größe des jeweiligen Übertragungsmechanismus ist von der Dicke der Luftschicht abhängig. Die einzelnen Größen beeinflussen sich gegenseitig. Wird die Luftschicht dicker, vergrößert sich die Konvektion; die Übertragung von Strahlung und Leitung wird kleiner. Auch die Temperaturdifferenz zwischen der inneren und äußeren Oberfläche beeinflusst die Wärmeübertragung.

In DIN EN ISO 6946 sind für ruhende Luftschichtdicken von 5 mm bis 300 mm vorgegebene Wärmedurchlasswiderstände dargestellt.

Tabelle 3.8: Wärmedurchlasswiderstände R in m² · K/W von ruhenden Luftschichten nach DIN EN ISO 6946 Tabelle 2

Dicke	Wärmstromrichtung		
mm	aufwärts	horizontal	abwärts
0	0,000	0,000	0,000
5	0,110	0,110	0,110
6	0,120	0,120	0,120
7	0,130	0,130	0,130
8	0,137	0,137	0,137
9	0,143	0,143	0,143
10	0,150	0,150	0,150
15	0,160	0,170	0,170
25	0,160	0,180	0,190
50	0,160	0,180	0,210
100	0,160	0,180	0,220
300	0,160	0,180	0,230

Zwischenwerte sind linear zu interpolieren.

Die Werte unter Horizontal gelten für Richtungen des Wärmestroms von ± 30° zur horizontalen Ebene.

Innen liegende Luftschichten

Auf der Innenseite vor der Tragschicht angebrachte Installationsschichten können, wenn sie nicht gedämmt und allseitig luftdicht (Fugenbreite bis ⊥ Luftschichten < 0,5 mm) angeschlossen sind, als ruhende Luftschicht betrachtet werden. Der R-Wert der Luftschicht wird zur Berechnung des Gesamtwärmedurchlasswiderstandes hinzugezählt.

Luftschichten, die mit dem Innenraum in Verbindung stehen, werden nicht angerechnet und sollten auch aus hygienischen und feuchteschutztechnischen Gründen vermieden werden.

Außen liegende Luftschichten

Auf der Außenseite der Tragkonstruktion angebrachte Luftschichten dienen in der Regel zur Austrocknung von Feuchtigkeit, die die Wetterschutzschicht durchdringt. Die Luftschicht muss hierzu mit der Außenluft in Verbindung stehen.

Diese Luftschichten sind deshalb nicht als ruhend zu betrachten und werden bei der Berechnung des Wärmedurchlasswiderstandes nicht berücksichtigt. Das gilt sowohl für zweischaliges Mauerwerk mit Hinterlüftung (nach DIN 1053-1) als auch für Wetterschutzschichten aus Platten oder Paneelen.

Steildächer mit Zwischensparrendämmung

Steildächer sind Dächer mit einer Dachneigung $\geq 5°$. Dächer mit geringerer Neigung sind Flachdächer.

Gedämmte Steildächer sind Dächer über Dachausbauten, für die nach den Regeln des Dachdeckerhandwerks neben der Wetterschutzschicht aus Schuppendeckung zusätzliche Maßnahmen zur Abdichtung für die durch die Wetterschutzschicht eindringende Feuchtigkeit vorzusehen sind. Diese können aus Unterspannbahnen oder als Vordeckung auf Schalung bzw. als Unterdach hergestellt werden.

Zwischen der zweiten Abdichtungsschicht und der Schuppendeckung ist zur Austrocknung eine mit der Außenluft in Verbindung stehende Luftschicht herzustellen. Aufgrund der nach den Dachdeckerrichtlinien hierfür erforderlichen Lüftungsquerschnitten ist diese immer eine stark belüftete Schicht, die zur Berechnung des Wärmedurchlasswiderstandes nicht angesetzt werden darf.

Wird abweichend davon zwischen Wärmedämmung und der zweiten Dichtungsschicht eine Luftschicht ausgeführt, deren Zu- und Abluftöffnungen $A < 500$ mm²/m betragen, ist diese als ruhende Luftschicht anzurechnen. Hat die Zu- und Abluftöffnung eine Größe von $500/\text{m} < A \leq 1.500/\text{m}$ bei vertikalen bzw. pro m² Oberfläche bei horizontalen Oberflächen, gilt die Schicht als schwach belüftet und kann mit der Hälfte des R-Wertes einer gleich dicken ruhenden Luftschicht angerechnet werden.

Für die Wärmedurchlasswiderstände von ruhenden Luftschichten werden ab einer Dicke von 15 mm unterschiedliche Werte für aufwärts bzw. horizontal gerichtete Wärmeströme angegeben. Die horizontalen Werte gelten für die Richtung zwischen $\pm 30°$ zur horizontalen Ebene.

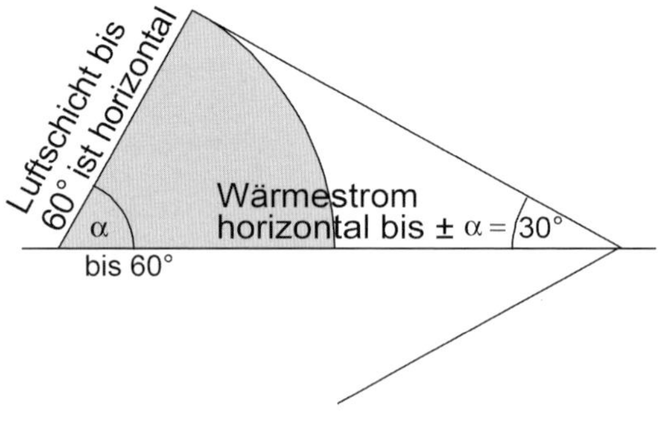

Bild 3.18: Luftschichten in Dächern

Für Dächer gelten deshalb die Werte, wie sie in Tabelle 3.9 dargestellt sind.

Tabelle 3.9: Luftschichten in Dächern

Dachneigung	Luftschicht	Richtung des Wärmestroms
$\leq 60°$	Horizontal	aufwärts
$> 60°$	Vertikal	horizontal

3.2.4.3 Wärmedurchlasswiderstand unbeheizter Räume R_U

Der Wärmefluss von einem beheizten Raum über einen unbeheizten Raum an die Außenluft kann entweder über den Wärmedurchlasswiderstand R_u (bei kleinen Räumen) oder durch Ansetzen eines Temperaturkorrekturfaktors F_x erfolgen.

Dachräume

Nach DIN EN ISO 6946 können nicht beheizte Dachräume vereinfacht als eine wärmetechnisch homogene Schicht betrachtet werden. Der Wärmedurchlasswiderstand R_U ist dabei von der Dichtigkeit und dem Emissionsgrad an der Dachunterseite abhängig und in der DIN EN ISO 6946 wie in Tabelle 3.10 angegeben.

Tabelle 3.10: Wärmedurchlasswiderstand von Dachräumen nach DIN EN ISO 6946, Abschnitt 4, Tabelle 3

	Beschreibung des Daches	R_U in $m^2 \cdot K/W$
1	Ziegeldach ohne Pappe, Schalung oder Ähnlichem	0,06
2	Plattendach oder Ziegeldach mit Pappe oder Schalung unter den Ziegeln	0,2
3	wie 2, jedoch mit Aluminiumverkleidung oder einer anderen Oberfläche mit geringem Emissionsgrad an der Dachunterseite	0,3
4	Dach mit Schalung und Pappe	0,3

Anmerkung:

Die Dächer 1 bis 3 sind als belüftete Dachdeckung auf Lattung und Konterlattung zu verstehen. Dach 1 kann auch eine offene, Dach 2 und 3 können eine geschlossene Unterspannbahn enthalten. Die angegebenen R_U-Werte enthalten den Widerstand der Luftschicht und der Dachhaut, jedoch nicht den äußeren Wärmeübergangswiderstand von 0,04 $m^2 \cdot K/W$.

Beispiel:

Fläche Decke = 10,00 m · 8,00 m = 80 m^2

1. Berücksichtigen des Dachgeschosses über R_u

$1/U_{DU} = R_{si} + R_{Decke} + R_{Dämmung} + R_u + R_{se}$

$1/U_{DU} = 0{,}10 + [0{,}18\ m/2{,}3\ W/(m \cdot K)] + [0{,}20\ m/0{,}04\ W/(m \cdot K)] + 0{,}20\ m^2 \cdot K/W + 0{,}04$

$1/U_{DU} = 0{,}10 + 0{,}078 + 5{,}0 + 0{,}2 + 0{,}04 = 5{,}418\ m^2 \cdot K/W$

$U_{DU} = 0{,}185\ W/(m^2 \cdot K)$

$H_{T,DU} = A_{DU} \cdot U_{DU} = 80\ m^2 \cdot 0{,}185\ W/(m^2 \cdot K)$

$H_{T,DU} = 14{,}8\ W/K$ Transmissionswärmeverlust über die Decke

2. Berücksichtigen des Dachgeschosses mithilfe der F_x-Werte

$1/U_{DU} = R_{si} + R_{Decke} + R_{Dämmung} + R_{se}$

$1/U_{DU} = 0{,}10 + [0{,}18\ m/2{,}3\ W/(m \cdot K)] + [0{,}20\ m/0{,}04\ W/(m \cdot K)] + 0{,}10$

$1/U_{DU} = 0{,}10 + 0{,}078 + 5{,}0 + 0{,}2 + 0{,}10 = 5{,}478\ m^2 \cdot K/W$

$U_{DU} = 0{,}183\ W/(m^2 \cdot K)$

$H_{T,DU} = A_{DU} \cdot U_{DU}\ F_x = 80\ m^2 \cdot 0{,}183\ W/(m^2 \cdot K) \cdot 0{,}8$ (für Dachraum)

$H_{T,DU} = 11{,}71\ W/K$ Transmissionswärmeverlust über die Decke

Ergebnis:

Bei diesem Beispiel kommt bei der Berechnung der Wärmeverluste H_T über den F_x-Wert ein geringer Wärmeverlust heraus als über die Berechnung mit dem R_U-Wert.

Für genauere Ergebnisse ist R_U nach DIN EN ISO 13789 zu berechnen.

Andere Räume

Kleinere unbeheizte Räume (z. B. Garagen, Lagerräume oder unbeheizte Glasvorbauten) zwischen Innenraum und Außenluft können nach DIN EN ISO 6946:08-04 einschließlich ihrer Außenbauteile vereinfacht als homogene Luftschicht mit dem Wärmedurchlasswiderstand R_U nach folgender Formel betrachtet werden:

$$R_U = A_i / \left[\sum (A_{e,K} \cdot U_{e,k}) + 0{,}33 \cdot n \cdot V \right] \qquad m^2 \cdot K/W$$

(Formel 3.6)

A_i = Gesamtfläche aller Bauteile zwischen Innenraum und unbeheiztem Raum
$A_{e,k}$ = Fläche des Bauteiles k zwischen unbeheiztem Raum und Außenumgebung
$U_{e,k}$ = Wärmedurchgangskoeffizient des Bauteils k zwischen unb. Raum und Außenumgebung [wenn nicht bekannt, $U_{e,k}$ = 2 W/(m² · K)]
n = Luftwechselrate im unbeheizten Raum (wenn nicht bekannt, n = 3 h^{-1})
V = Volumen des unbeheizten Raumes, in m³

Anmerkung:

Befindet sich zwischen Innenraum und unbeheiztem Raum mehr als ein Bauteil, sollte R_U in die Berechnung des Wärmedurchgangskoeffizienten jedes derartigen Bauteils einbezogen werden.

Diese Vereinfachung ist nur zulässig, wenn $R_U \leq 0{,}5$ m² · K/W beträgt. Für größere Werte und genauere Berechnungen ist der Wärmeverlust nach DIN EN ISO 13789 zu berechnen. Dies gilt nicht für unbeheizte Kellerräume. Hierfür kann ein Temperatur-Korrekturfaktor F_x angesetzt werden.

Beispiel:

Berechnung der Wärmeverluste über einen unbeheizten Raum.

Raumhöhe = 2,75 m

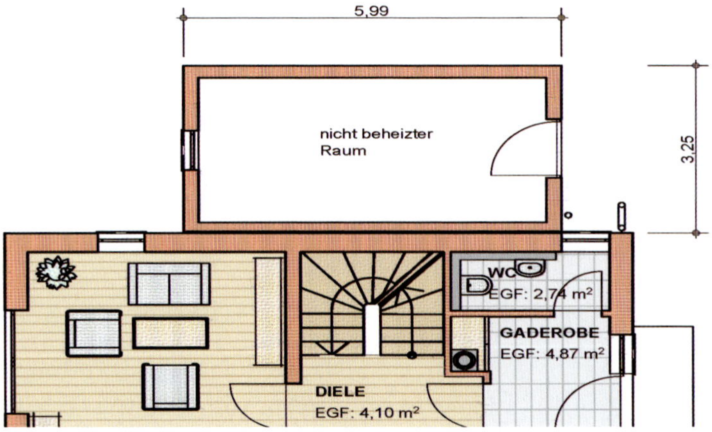

Bild 3.19: Beispiel für die Berechnung von R_u

$R_U = A_i / [\sum (A_{e,K} \cdot U_{e,k}) + 0{,}33 \cdot n \cdot V]$

$A_i = 5{,}99 \cdot 2{,}75\ m = 14{,}47\ m^2$

$A_{e,k} = (3{,}25 + 3{,}25 + 5{,}99) \cdot 2{,}75 + 5{,}99 \cdot 3{,}25 \cdot 2$

$A_{e,k} = 34{,}34\ m^2 + 38{,}93\ m^2 = 73{,}27\ m^2$

$U_{e,k} = 2{,}0\ W/(m^3 \cdot K) \quad U_{Anbau}$ = nicht bekannt

$n \cdot V = 3\ h^{-1} \cdot (5{,}99 \cdot 3{,}25 \cdot 2{,}75)\ m^3 = 160{,}6$

$R_U = 14{,}47\ m^2 / [73{,}27\ m^2 \cdot 2{,}0\ W/(m^2 \cdot K) + 0{,}33\ W/K \cdot 160{,}6]$

$\mathbf{R_U} = 14{,}47\ m^2 / (146{,}54\ m^2 \cdot W/K + 53\ W/K) = \mathbf{0{,}08\ W/K}$

U-Wert der Außenwand:

$R_{GU} = R_{si} + R_{GU} + R_U + R_{se}$

$1/U_{GU} = 0{,}13 + 0{,}365/0{,}12 + 0{,}08 + 0{,}04$

$1/U_{GU} = 3{,}29\ m^2 \cdot K/W$

$\mathbf{U_{GU} = 0{,}30\ W/(m^2 \cdot K)}$

Wärmeverlust über die Außenwand:

$H_{T,GU} = A_{GU} \cdot U_{GU}$

$\mathbf{H_{T,GU}} = 5{,}99\ m \cdot 2{,}75\ m \cdot 0{,}3\ W/(m^2 \cdot K) = \mathbf{4{,}94}\ W/K$

Vergleich:

Berechnung der Wärmeverluste über den F_x-Wert

$1/U_{GU} = 0{,}13 + 0{,}365/0{,}12 + 0{,}13 = 3{,}30 \quad U = 0{,}303\ W/(m^2 \cdot K)$

$H_{T,GU} = A_{GU} \cdot U_{GU} \cdot F_x$

$\mathbf{H_{T,GU}} = (16{,}47\ m^2) \cdot 0{,}31\ W/(m^2 \cdot K) \cdot 0{,}5 = \mathbf{2{,}5}\ W/K$

Ergebnis:

Bei der Berechnung der Wärmeverluste H_T über den F_x-Wert sind die Wärmeverluste wesentlich geringer.

Beachten Sie:

Die angegebenen R_U-Werte enthalten den Widerstand der Luftschicht und der Dachhaut, jedoch nicht den äußeren Wärmeübergangswiderstand von $0{,}04\ m^2 \cdot K/W$.

In der Regel wird der Wärmefluss durch unbeheizte Räume nicht über deren Wärmedurchlasswiderstand berechnet, sondern durch einen Temperatur-Korrekturfaktor abgemindert.

3.2.5 Wärmeübergangskoeffizient h

3.2.5.1 Wärmeübertragung an die inneren Bauteiloberflächen

Die Wärme, die der Wärmetauscher in den Raum trägt, wird sowohl durch Konvektion als auch durch Strahlung an die raumumschließenden Flächen übertragen. Sinkt die Lufttemperatur (z. B. durch Lüftung), geben die erwärmten Gegenstände und die Raumhüllflächen wieder Wärmeenergie ab. Der von dem Wärmetauscher, von den inneren Hüllflächen und von den Einrichtungsgegenständen zu den Außenbauteilen fließende Wärmestrom besteht somit aus unterschiedlichen Teilströmungen, die als Mittelwert festgelegt werden.

Die Anteile von Konvektion und Strahlung am gesamten Wärmestrom sind von der Lufttemperatur abhängig. In Bereichen, in denen Außenbauteile durch Gegenstände verstellt sind, verringert sich je nach Art der Verstellung die Wärmeübertragung.

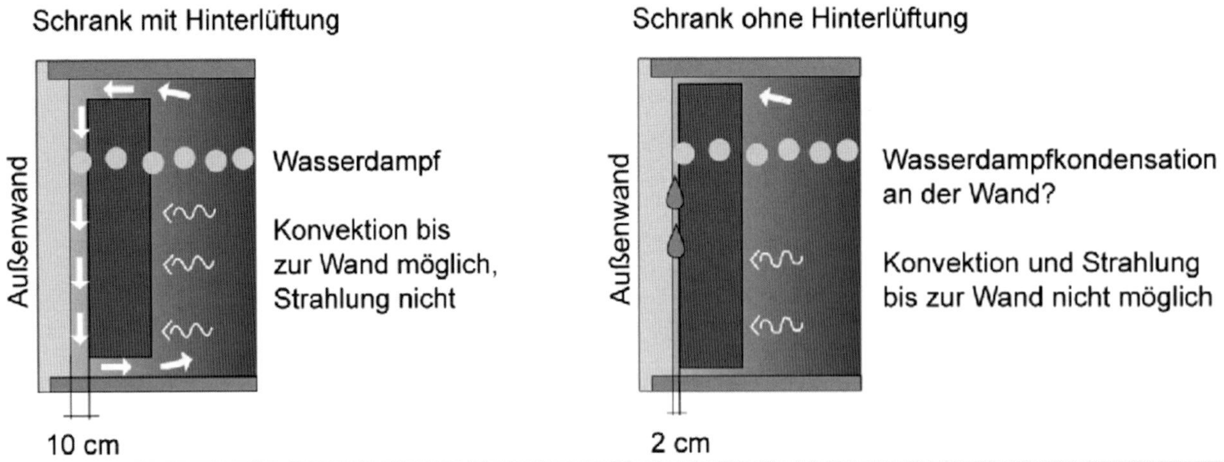

Bild 3.20: Wärmeübergang an einer Außenwand mit vorgestelltem Schrank

3.2.5.2 Wärmeübertragung von der äußeren Bauteiloberfläche an die Außenluft

Von der an die Außenluft grenzenden Oberfläche erfolgt die Wärmeabgabe wiederum durch Strahlung und Konvektion, wobei der Strahlungsanteil von der Temperaturdifferenz, der Konvektionsanteil zusätzlich von der Windgeschwindigkeit abhängt.

Die sich im Verlauf der Jahreszeiten sehr unterschiedlich ergebenden Wärmeströme werden als durchschnittlicher Jahresmittelwert festgelegt. Bei Dach- und Wandkonstruktionen, bei denen innerhalb von Konstruktionsteilen die Strahlung und/oder die Konvektion behindert wird (z. B. hinterlüftete Fassaden oder Dachbeläge), verringert sich der Wärmestrom.

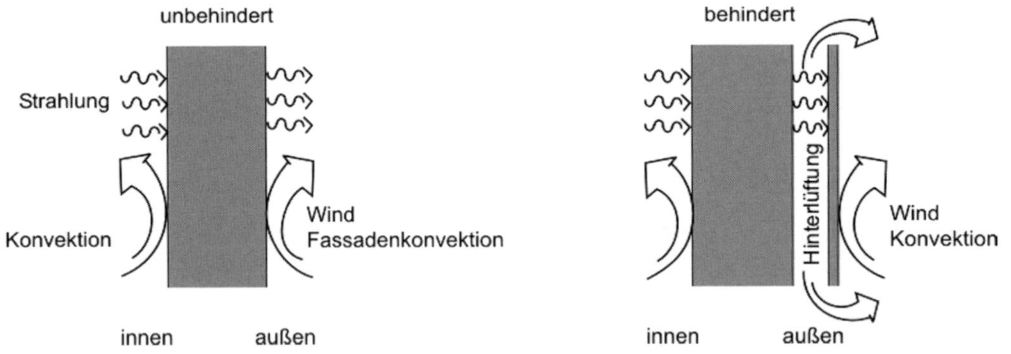

Bild 3.21: Wärmeübergang von der äußeren Bauteiloberfläche an die Außenluft

Der vom Innenraum zur inneren Oberfläche der Außenbauteile und von deren äußeren Oberfläche zur Außenluft bei jeweils einer Temperaturdifferenz von 1 K fließende mittlere Wärmestrom wird als Wärmeübergangskoeffizient h bezeichnet.

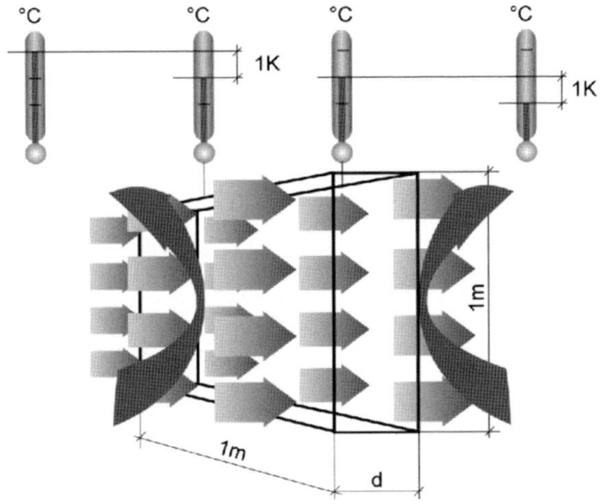

Bild 3.22: Wärmeübergangskoeffizient

Der Wärmeübergangskoeffizient kennzeichnet die Größe des mittleren Wärmestroms, der vom Innenraum auf 1 m² eines Außenbauteils bzw. von der gleich großen Fläche des Außenbauteils an die Außenluft fließt, wenn sich die Temperaturen der jeweiligen Räume um 1 K von den jeweiligen Oberflächen unterscheiden.

Formelzeichen:

für innen

$h_i = 1/R_{si}$ W/(m² · K)
(Formel 3.7)

für außen

$h_e = 1/R_{se}$ W/(m² · K)
(Formel 3.8)

3.2.5.3 Größe des Wärmeübergangskoeffizienten

Die für eine normgerechte Berechnung des vom Innenraum zum Außenraum fließenden Wärmestroms in Ansatz zu bringenden Wärmeübergangskoeffizienten h sind in der DIN EN ISO 6946 mit dem reziproken Wert als Wärmeübergangswiderstand R_s angegeben.

$R_s = 1/h$ m² · K/W
(Formel 3.9)

Tabelle 3.11: Wärmeübergangswiderstände für Bauteile mit ebenen Flächen nach DIN EN ISO 6946,Tabelle 1 sowie Abschnitte 5.3.3 und 6.1

Richtung des Wärmestroms	R_{si} m² · K/W	R_{se} m² · K/W
Aufwärts	0,10	0,04
Horizontal	0,13	0,04
Abwärts	0,17	0,04
Außenflächen abgedeckt und stark hinterlüftet	R_{si}	R_{se}
Die für horizontal angegebenen Werte gelten für die Richtung des Wärmestroms von ± 30° zur Horizontalen. Für geneigte Dächer gelten deshalb:		
≥ 60°	0,13	
< 60°	0,10	

Anmerkung:

Der in der DIN EN ISO 6946 für R_{si} = 0,13 m² · K/W angegebene Wärmeübergangswiderstand gilt nur zur Berechnung von Wärmeverlusten. Für die Abschätzung der inneren Oberflächentemperatur sind höhere Werte nach DIN EN ISO 10211-1 oder DIN 4108-2 zu verwenden (siehe Kapitel 6 „Wärmebrücken“).

Wärmeübergangswiderstände von stark hinterlüfteten Bauteilen

Bei Wänden und Dächern mit stark hinterlüfteten Schichten auf der Außenseite, die mit geplanten Zu- und Abluftöffnungen versehen sind, werden, wie in Kapitel 3.2.4.2 beschrieben, nur die von dieser Luftschicht nach innen liegenden Stoffschichten für die Berechnung des Wärmedurchlasswiderstandes angerechnet. Wegen der vor Wind und Abstrahlung geschützten Lage der anrechenbaren Stoffschicht wird an beiden Seiten der gleiche Wärmeübergangswiderstand angenommen.

$R_{se} = R_{si}$

Dies gilt jedoch nicht für unkontrollierten Luftaustausch ohne durchgehende Luftschichten unter Dachziegeln oder Wandverkleidungen ohne Konterlattung. Auch hier wird die Wetterhaut nicht für den Wärmedurchlasswiderstand angerechnet. Für R_{se} gilt 0,04 m² · K/W (siehe auch DIN EN ISO 10077-1).

Äußerer Wärmeübergangswiderstand R_{se} an das Erdreich

Der R_{se}-Wert von an das Erdreich grenzenden Bauteilen ist von der gewählten Berechnung des U-Wertes abhängig. Wird der Wärmeverlust dieser Bauteile genau nach DIN EN ISO 13370 berechnet, ist R_{se} = 0,04 m² · K/W. Ein Ansatz eines Temperatur-Korrekturfaktors F_G entfällt.

Wird der Wärmeverlust unter Berücksichtigung der F_G-Werte nach DIN V 4108-6, Tabelle 3 oder nach DIN V 18599-2, Tabelle 5 berechnet, ist R_{se} = 0,00 m² · K/W, da der Wärmeübergangswiderstand vom Erdreich an die Außenluft bereits bei der Ermittlung von F_G berücksichtigt wurde (siehe auch DIN EN ISO 10077-1).

Tabelle 3.12: Wärmeübergangswiderstände R_s für die Ermittlung von Wärmeverlusten und für die Bestimmung von Oberflächentemperaturen an Bauteiloberflächen

		Wärmeschutz nach DIN EN ISO 6946		Tauwasser an Oberflächen nach DIN 4108-2	
		R_{si}	R_{se}	R_{si}	R_{se}
Zeile	Bauteil	m² · K/W	m² · K/W	m² · K/W	m² · K/W
1	Außenwände, Fenster u. Türen (außer Zeile 2)	0,13	0,04	0,25	0,04
2	Außenwände mit stark hinterlüfteter Außenhaut	0,13	0,13	0,25	0,04
3	Wände zu unbeheizten Räumen	0,13	0,13	0,17	0,17
4	Wände gegen Erdreich nach EnEV bei Verwendung von Temperaturkorrekturfaktoren F_x	0,13	0	0,25 nach DIN 4108, Beiblatt 2	nach DIN 4108, Beiblatt 2
	nach DIN EN ISO 13370	0,13	0,04		
5	Dächer gegen Außenluft (außer Zeile 6)	0,10	0,04	0,25	0,04
6	Dächer mit stark hinterlüftete Außenhaut	0,10	0,10	0,25	0,04
7	Decken zu unbeheizten Räumen (nach oben)	0,10	0,10	0,17	0,17
8	Decken zu unbeheizten Räumen (nach unten)	0,17	0,17	0,17	0,17
9	Decken gegen Außenluft (nach unten)	0,17	0,04	0,25	0,04
10	Böden gegen Erdreich nach EnEV bei Verwendung von Temperaturkorrekturfaktoren F_x	0,17	0	0,25 nach DIN 4108, Beiblatt 2	nach DIN 4108, Beiblatt 2
	nach DIN EN ISO 13370	0,17	0,4		

3.2.5.4 Wärmeübergangskoeffizient des Beispiel-Hauses

Nachfolgend werden die Wärmeübergangskoeffizienten für die Bauteile des Beispiel-Hauses zusammengestellt.

Tabelle 3.13: Zusammenstellung der Wärmeübergangskoeffizienten für das Beispiel-Haus

Nr.	Bauteil	Zeile n. Tabelle 3.12	R_{si}	R_{se}
			m² · K/W	m² · K/W
1	Außenwände – verputzt	1	0,13	0,04
2	Außenwände – Anbau	2	0,13	0,13
3	Dachfläche Hauptgebäude	5	0,10	0,04
4	Haustür	1	0,13	0,04
5	Decke Eingang gegen Außenluft	9	0,17	0,04
6	Dachfläche Anbau	6	0,10	0,10
7	Kellerwand zu Erdreich	4	0,13	0
8	Bodenplatte beheizter Keller	10	0,17	0
9	Kellerdecke zu unbeheiztem Keller	8	0,17	0,17
10	Kellerinnenwände	3	0,13	0,13
11	Bodenplatte Anbau	10	0,17	0
12	Kellertüren	3	0,13	0,13
13	Außenwände Anbau gegen Dachraum	3	0,13	0,13

3.2.6 Wärmedurchgangskoeffizient U

3.2.6.1 Wärmedurchgangskoeffizient von homogenen Bauteilen

Der sich aus den Wärmeübergangskoeffizienten und dem Wärmedurchlasskoeffizienten ergebende Gesamtwärmestrom wird als Wärmedurchgangskoeffizient bezeichnet. Der Wärmedurchgangskoeffizient wird als reziproker Wert aus dem Wärmedurchgangswiderstand gebildet.

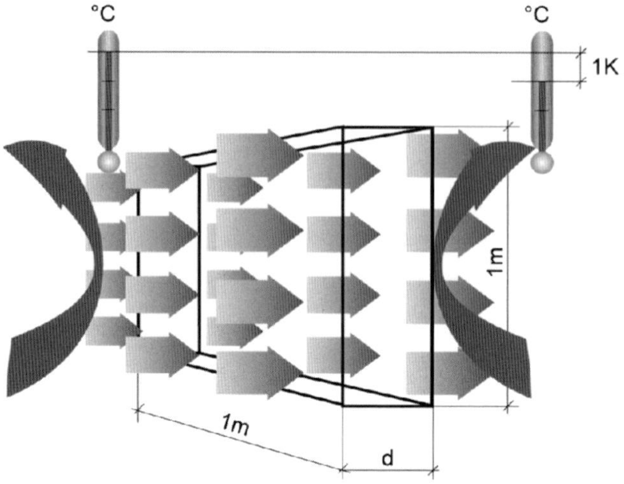

Bild 3.23: Wärmedurchgangskoeffizient

Der Wärmedurchgangskoeffizient kennzeichnet die Größe des Wärmestroms, der über eine Fläche von 1 m² aus dem Innenraum durch ein Bauteil an die Außenluft fließt, wenn die Temperaturdifferenz zwischen Innenluft und Außenluft 1 K beträgt.

Formelzeichen:

$U = 1/R_T$ W/(m² · K)
(Formel 3.10)

$R_T = R_{si} + \sum R_j + R_{se}$ m² · K/W

R_T = Wärmedurchgangswiderstand
R_{si} = Wärmeübergangswiderstand innen
R_{se} = Wärmeübergangswiderstand außen
R_j = Wärmedurchlasswiderstand der Schicht j

Rechenbeispiel: Wärmedurchgang Ziegelwand

Aufgabe: Wie groß ist der Wärmedurchgang durch eine beidseitig verputzte Ziegelwand?

Tabelle 3.14: Schichtaufbau für das Rechenbeispiel

Schicht	d m	λ W/(m · K)	R m² · K/W
R_{si}			0,130
Kalkgipsputz	0,015	0,70	0,021
Ziegel	0,365	0,33	1,106
Kalkzementputz	0,025	0,87	0,029
R_{se}			0,040
Summe R_T =			1,326
U =	1/1,326	= 0,754 W/(m² · K)	

Die Berechnung der U-Werte erfolgt unter der Annahme, dass zwischen der Innenluft und der Außenluft über lange Zeit ein gleichmäßiges Temperaturgefälle besteht. In der Praxis ist dies jedoch niemals gegeben, da sowohl die Außentemperatur als auch die Innentemperatur ständigen Schwankungen unterworfen ist. In dem in Bild 3.24 dargestellten Diagramm ist der Verlauf der Außen- und Innentemperatur für einen Wintertag aufgezeichnet.

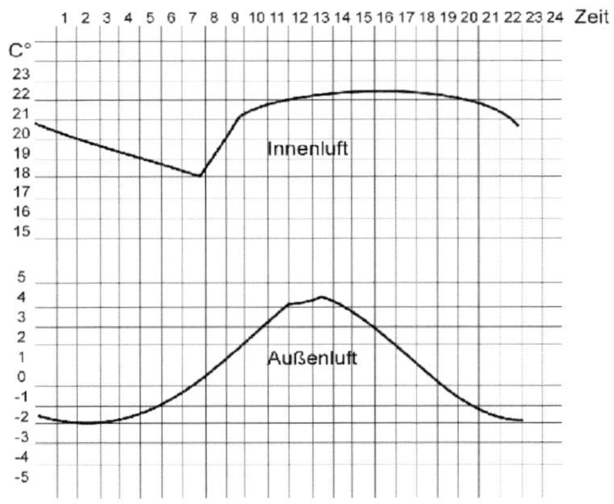

Bild 3.24: Verlauf der Innen- und Außentemperaturen an einem Wintertag

Aus Bild 3.24 geht hervor, dass die Temperaturen niemals konstant sind. Diese Schwankungen führen in Abhängigkeit zur Wärmespeicherfähigkeit des Materials zu einem ungleichmäßigen Temperaturgefälle innerhalb der Wand und deren Oberflächen. Aufgrund der Vielzahl der den Wärmestrom beeinflussenden Faktoren ist deshalb damit zu rechnen, dass der tatsächliche U-Wert von einem mit obigen Vorgaben berechneten Wert abweicht. Die oft praktizierte Methode, bei bestehenden Gebäuden aus einmalig gemessenen Temperaturen auf den U-Wert zu schließen, führt zu falschen Ergebnissen.

Zusätzlich zu den Temperaturschwankungen wird der U-Wert auch durch eine den Wärmeübergang behindernde Möblierung, von Vor- und Rücksprüngen an der Fassadenaußenseite sowie vom Feuchtegehalt der Baustoffe beeinflusst. Der U-Wert ist jedoch gut geeignet, um mit langfristigeren Durchschnittstemperaturen einen mittleren Wärmestrom für größere Zeiträume zu berechnen.

3.2.6.2 Wärmedurchgangskoeffizient von inhomogenen Schichten (Fachwerke)

Der Wärmestrom für ein aus nebeneinander liegenden, unterschiedlichen Schichtungen bestehendes Bauteil kann nach DIN EN ISO 6946 näherungsweise als Mittelwert berechnet werden.

Hilfreich ist die Berechnung eines mittleren U-Wertes insbesondere dann, wenn in Bauteilen, die aus Rippen und Gefache bestehen, unterschiedliche Baustoffe nebeneinander liegen.

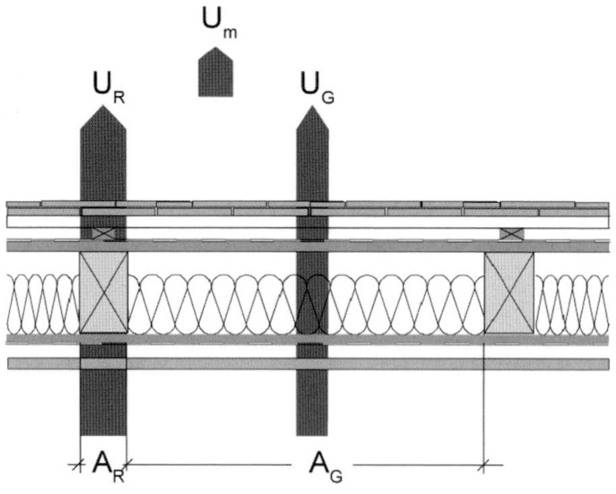

Bild 3.25: Wärmeströme durch ein Bauteil mit unterschiedlichen nebeneinander liegenden Stoffen

In einem solchen thermisch inhomogenen Bauteil ergeben sich in den nebeneinander liegenden Stoffen unterschiedlich große Wärmeströme. Dies bewirkt, dass sich innerhalb des Bauteils bei gleichem Abstand von der Oberfläche unterschiedliche Temperaturen einstellen.

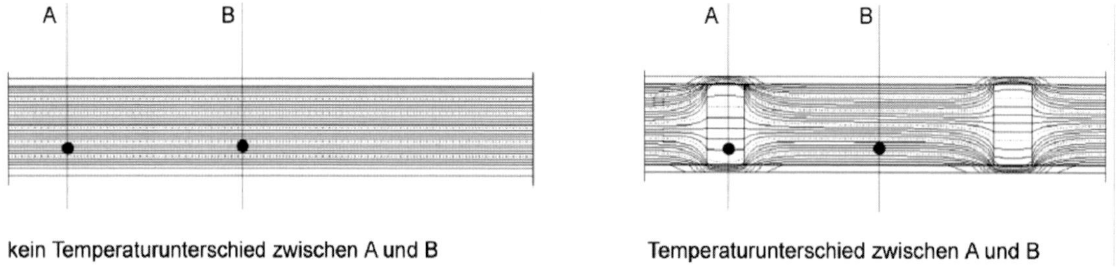

Bild 3.26: Temperaturunterschied in homogenen und nicht homogenen Bauteilen

Weil zwischen unterschiedlich temperierten Bereichen immer ein Wärmestrom fließt, kommt es in thermisch inhomogenen Bauteilen nicht nur zu einem Wärmestrom von innen nach außen, sondern auch zwischen den nebeneinander liegenden Stoffen. Aus dem wärmeren Bereich eines Stofffeldes fließt ein Wärmestrom in den kälteren Bereich des benachbarten Stofffeldes.

Im Grenzbereich der beiden Stofffelder entstehen somit andere Temperaturen als in der Mitte des jeweiligen Stofffeldes.

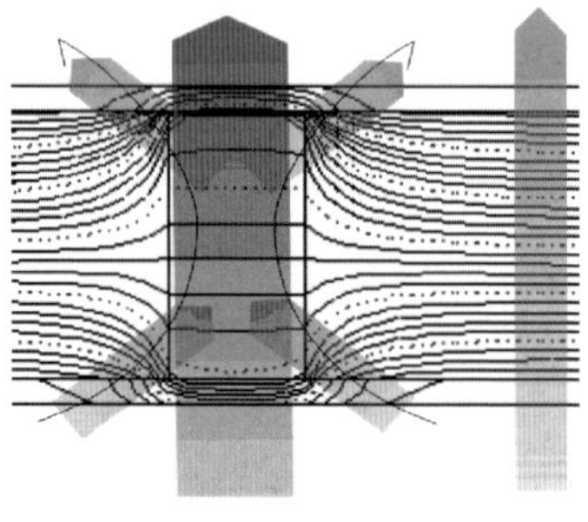

Bild 3.27: Wärmefluss zwischen unterschiedlich temperierten Bereichen

Berechnungsalgorithmen

Bis zur Einführung der EnEV 2002 wurde der mittlere Wärmedurchgang von Bauteilen mit nebeneinander liegenden Bereichen nach DIN 4108-5 wie folgt berechnete:

$$U = U_1 \cdot \frac{A_1}{A} + U_2 \cdot \frac{A_2}{A} + \ldots + U_n \cdot \frac{A_n}{A} \qquad W/(m^2 \cdot K)$$

(Formel 3.11)

Anmerkung:

In der DIN 4108-5 stand für U die damals übliche Bezeichnung k.

Für Fachwerke mit zwei nebeneinander liegenden Bereichen aus verschiedenen Stoffen ergibt sich daraus:

$$U = \frac{U_1 \cdot A_1 + U_2 \cdot A_2}{A} \qquad W/(m^2 \cdot K)$$

(Formel 3.12)

1996 wurde DIN EN ISO 6946 als teilweiser Ersatz für DIN 4108-5 eingeführt.

Nach der Einführung der EnEV ist die Berechnung der Wärmeverluste jetzt nach dieser Norm durchzuführen. Darin wird ein Verfahren vorgeschlagen, mit dem der Wärmestrom zwischen unterschiedlich leitenden nebeneinander liegenden Materialien bei der Ermittlung des U-Wertes berücksichtigt wird.

Zur Abschätzung des mittleren U-Wertes wird hierbei ein mittlerer Wärmedurchgangswiderstand $R_{T,m}$ aus einem oberen und einem unteren Grenzwert, R'_T und R''_T gebildet. $R_{T,m}$ ergibt sich daraus mit:

$$R_T = \frac{R'_T + R''_T}{2} \qquad m^2 \cdot K/W$$

(Formel 3.13)

Der mittlere U-Wert errechnet sich aus $R_{T,m}$ mit:

$$U = \frac{1}{R_{T,m}} \qquad W/(m^2 \cdot K)$$

(Formel 3.14)

Berechnung des oberen Grenzwertes nach DIN EN ISO 6946

$$U' = \frac{1}{R_T'} \qquad W/(m^2 \cdot K)$$

(Formel 3.15)

$$\frac{1}{R_T'} = \frac{f_a}{R_{Ta}} + \frac{f_b}{R_{Tb}} + \ldots + \frac{f_q}{R_{Tq}} \qquad m^2 \cdot K/W$$

(Formel 3.16)

$f_{a;b;q}$ = Flächenanteile aus a;b;q / Gesamtfläche A
$R_{Ta;b;q}$ = Wärmedurchgangswiderstand des Teilabschnittes a, b, q
$R_{Ta;b;q}$ = $R_{si} + \sum R + R_{se}$ der Teilflächen a, b oder q

Zur Berechnung der Grenzwerte werden folgende Arbeitsschritte empfohlen.

Schritt 1 – Berechnung der Flächenanteile

Der obere Grenzwert R'_T ist der reziproke Wert des auf 1 K bezogenen Wärmestroms U'. Der Wärmestrom, der durch jedes der nebeneinander liegenden Felder fließt, ist proportional zu dessen Flächenanteil an der Gesamtfläche des Bauteils. Die Flächenanteile errechnen sich wie folgt:

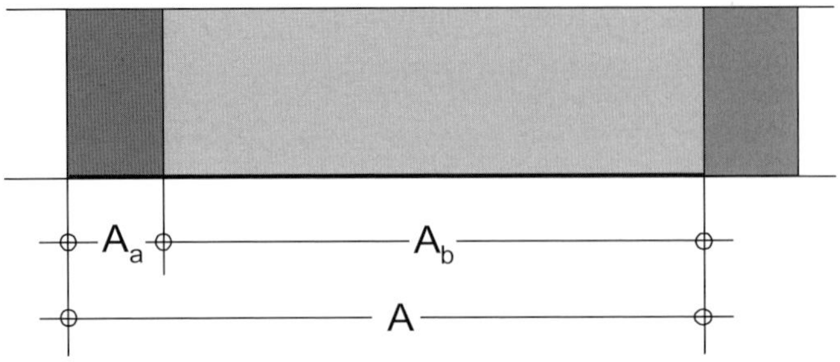

Bild 3.28: Flächenanteile A in einem Bauteil mit zwei unterschiedlichen nebeneinander liegenden Stoffen

$$f_a = \frac{A_a}{A}; \qquad f_b = \frac{A_b}{A} \qquad - \qquad \text{(Formel 3.17)}$$

Schritt 2 – Berechnung der Wärmedurchgangswiderstände R_T in den Feldern mit unterschiedlichen Stoffen

Für ein aus zwei unterschiedlichen Bereichen bestehendes Fachwerk ergibt sich:

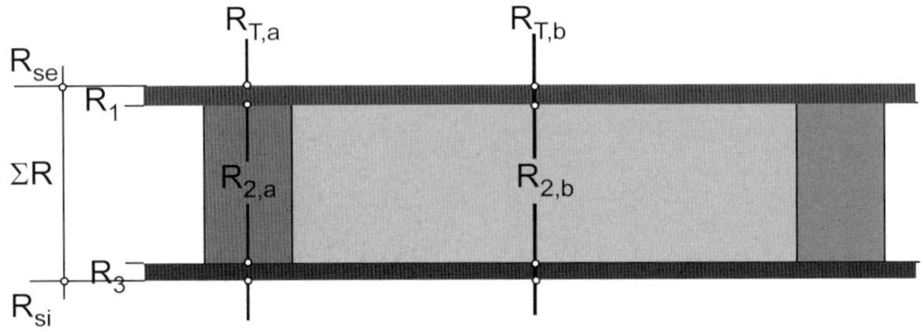

Bild 3.29: Wärmedurchgangswiderstände in einem Bauteil mit zwei unterschiedlichen nebeneinander liegenden Stoffen

Es werden die R-Werte aller in einem Stofffeld vorhandenen Schichten ermittelt und mit den Wärmeübergangswiderständen R_{si} und R_{se} zur R_T summiert.

$$R_{Ta} = R_{si} + \sum_1^n R_a + R_{se} \qquad m^2 \cdot K/W$$

(Formel 3.18)

$$R_{Tb} = R_{si} + \sum_1^n R_b + R_{se} \qquad m^2 \cdot K/W$$

(Formel 3.18)

$\sum_1^n R_a$ = Summe der R-Werte aller im Feld A_a angeordneten Schicht

$\sum_1^n R_b$ = Summe der R-Werte aller im Feld A_b angeordneten Schicht

Schritt 3 – Berechnung von R'$_T$

Der durch das gesamte Bauteil fließende Wärmestrom ergibt sich aus der Summe der Wärmeströme durch die unterschiedlichen Felder, bezogen auf deren jeweiligen Flächenanteil.

Es ergibt sich:

$$U' = U_a \cdot \frac{A_a}{A} + U_b \cdot \frac{A_b}{A} + \ldots + U_q \cdot \frac{A_q}{A} \qquad W/(m^2 \cdot K)$$

(Formel 3.19)

Für ein Fachwerk mit zwei nebeneinander liegenden Bereichen ergibt sich:

$$U' = \frac{U_a \cdot A_a + U_b \cdot A_b}{A} \qquad W/(m^2 \cdot K)$$

(Formel 3.20)

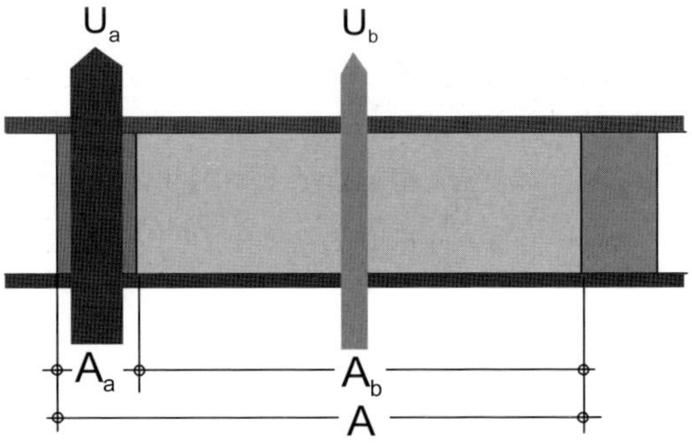

Bild 3.30: Unterschiedliche U-Werte in einem Fachwerk

Bezeichnet man das Sparrendach allgemein als Fachwerk,

steht für A_a = B_R Breite Rippe,

A_b = B_G Breite Gefache,

und für U_a = U_R als U-Wert Rippe,

U_b = U_G als U-Wert Gefache.

Bezieht man die Fläche auf 1 m Länge des Fachwerks, kann A durch die Feldbreiten B ersetzt werden. Es ergibt sich:

$$U' = \frac{U_R \cdot B_R + U_G \cdot B_G}{B_R + B_G} \qquad W/(m^2 \cdot K)$$

(Formel 3.21)

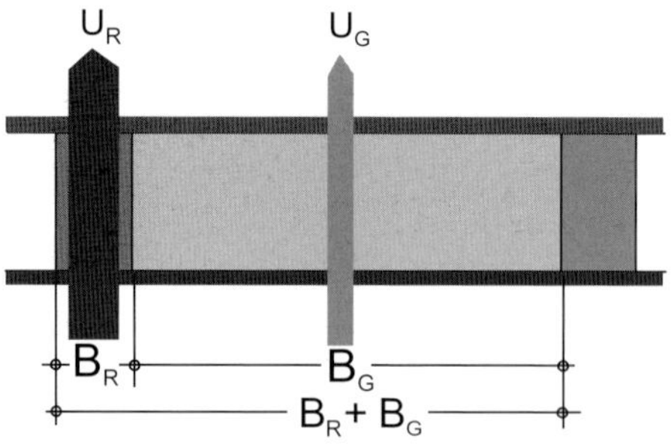

Bild 3.31: Bezeichnung der Fachwerkteile

Damit entspricht der obere Grenzwert U' dem ursprünglichen mittleren U-Wert der alten DIN 4108-5.

$$R'_T = \frac{1}{U'} \qquad m^2 \cdot K/W$$

(Formel 3.22)

Der so berechnete U-Wert entspricht nicht genau dem tatsächlichen Wert, da vernachlässigt wurde, dass zwischen den unterschiedlich temperierten Bereichen Rippe und Gefache auch ein Wärmeaustausch stattfindet (siehe Bild 3.26).

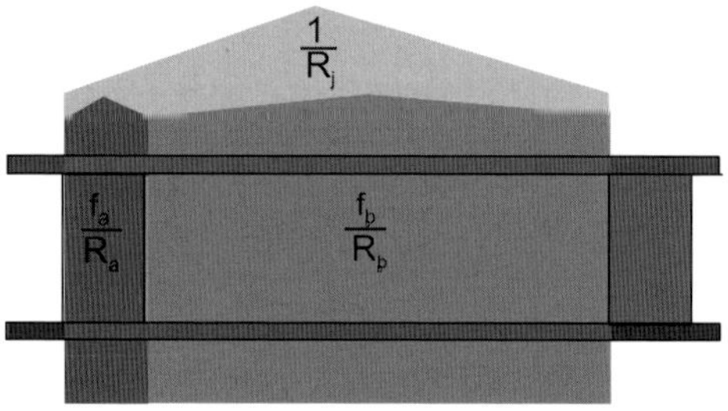

Bild 3.32: Flächenanteilige Wärmedurchlasskoeffizienten $1/R_j = \Lambda_j$

Um dies auszugleichen, wird in weiteren Schritten der Wärmedurchgang des Bauteils so ermittelt, als wären die parallel zur Oberfläche liegenden Schichten mit nebeneinander liegenden unterschiedlichen Stoffen thermisch homogen, d. h., als wären sämtliche Temperaturen parallel zur Oberfläche konstant. Erreicht werden könnte das durch gedankliches Zwischenschieben von perfekt wärmeleitenden Blechen zwischen sämtlichen Schichtgrenzen, also im oben genannten Beispiel zwischen Innenschale und Dämmung und zwischen Rippe/Gefache und Außenschale.

Diese Situation lässt sich wieder leicht berechnen, da wie vorhin auch wieder nur senkrechte Wärmeflüsse vorkommen. Durch die Bleche verschlechtert sich natürlich die Dämmung; der sich ergebende U-Wert wäre etwas größer, man erhält einen zu niedrigen Durchgangswiderstand, den sogenannten unteren Grenzwert R''_T. Hierzu wird für jede (gedanklich von Blechen begrenzte) Schicht der flächengemittelte Durchlasskoeffizient bestimmt. Der Kehrwert gibt den für diese Schicht zuständigen mittleren Widerstand R_i. Zum Schluss werden alle Widerstände zu R''_T zusammengezählt.

Schritt 4 – Berechnung des unteren Grenzwertes R''_T

$$R''_T = R_{si} + \sum R_j + R_{se}$$ m² · K/W (Formel 3.23)

R_j = äquivalenter Wärmedurchlasswiderstand einer Schicht m² · K/W

Um R''_T zu berechnen, müssen zuerst die äquivalenten Wärmedurchlasswiderstände R_j einer Schicht bestimmt werden. Dies geschieht mit Schritt 5.

Schritt 5 – Berechnung des äquivalenten Wärmedurchlasswiderstandes R_j einer Schicht

Zur Ermittlung von R_j einer Schicht wird der sich für jedes Feld ergebende Wärmedurchlasskoeffizient Λ in W/(m² · K) mit dessen Flächenanteil multipliziert und zu den entsprechenden Produkten der anderen Felder addiert. Die Summe ergibt den flächengemittelten Λ-Wert einer Schicht:

$$\Lambda_j = \frac{1}{R}$$ W/(m² · K)

Die Flächenanteile f und die R-Werte der einzelnen Schichtfelder wurden in den Schritten 2 und 3 bereits berechnet. Bei Ausführung der Berechnung kann deshalb Λ_i anstelle der Summe aus den Produkten $f_j \cdot \Lambda$, direkt aus $f \cdot \frac{1}{R} = \frac{f}{R}$ berechnet werden.

Die Berechnung von R_j kann auf zwei Wegen erfolgen:

entweder aus den einzelnen flächenanteiligen R-Werten über

$$R_j = \frac{1}{\Lambda} = 1 / \frac{1}{R_j}$$

mit $\frac{1}{R_j}$ aus

$$\Lambda = \frac{1}{R_j} = \frac{f_a}{R_a} + \frac{f_b}{R_b} + \ldots + \frac{f_q}{R_q}$$ W/(m² · K) (Formel 3.24)

f = Flächenanteil
$R_{a;b;q}$ = Wärmedurchlasswiderstand der Schichtbereich a, b, q

oder mit der äquivalenten Wärmeleitfähigkeit λ_i der Schicht i mit

$$R_j = d_j / \lambda_j$$ m² · W/K

mit λ_j aus

$$\lambda_j = \lambda_a \cdot f_a + \lambda_b \cdot f_b + \ldots + \lambda_q \cdot f_q$$ W/(m · K) (Formel 3.25)

Schritt 6 – Berechnung von R''_T aus der Summe der R_j-Werte und den Wärmeübergangswiderständen R_s

$$R''_T = R_{si} + \sum R_j + R_{se}$$ m² · W/K (Formel 3.26)

Mit dem so ermittelten R_j-Wert ist der untere Grenzwert R''_T zu berechnen.

Schritt 7 – Berechnung des Mittelwertes aus oberem und unterem Grenzwert

Aus $R'_T + R''_T$ ergibt sich der Mittelwert R_T:

$$R_T = (R'_T + R''_T) / 2$$ m² · K/W
(Formel 3.27)
(DIN EN ISO 6946, Formel 5)

Der mittlere U-Wert ist dann

$$U = 1 / R_T$$ W/(m² · K)
(Formel 3.28)
(DIN EN ISO 6946, Formel 10)

Schritt 8 – Fehlerbewertung

Wie weit der so ermittelte R_T-Wert vom tatsächlichen Wert abweicht, lässt sich über den maximalen relativen Fehler e in Prozent nach folgendem Ansatz abschätzen:

$$e = \frac{R'_T - R''_T}{2 R_T} \cdot 100\ \%$$ %
(Formel 3.29)
(DIN EN ISO 6946, Formel 9)

Anmerkung:

In der DIN EN ISO 6946 heißt es hierzu: „*Beträgt das Verhältnis oberer zu unterem Grenzwert 1,5, ist der maximal mögliche Fehler 20 %. Der tatsächliche Fehler ist gewöhnlich viel geringer als der maximale Fehler. Dieser Fehler kann zur Bewertung herangezogen werden, um zu entscheiden, ob die mit diesem Verfahren erreichte Bemessungsgenauigkeit annehmbar ist hinsichtlich*

- *des Zwecks der Berechnung;*
- *des Anteils des Gesamtwärmestroms durch die Gebäudehülle, d. h. übertragen durch die Bauteile, deren Wärmedurchgangswiderstand nach diesem Verfahren bewertet wird;*
- *der Genauigkeit der Eingangsdaten*“.

Empfehlung:

Wird e > 10 %, sollte das Bauteil mit einem Wärmebrücken-Programm berechnet werden.

Rechenbeispiel: Berechnung des mittleren Wärmedurchgangskoeffizienten für ein Sparrendach ohne belüftete Wärmedämmung nach DIN EN ISO 6946

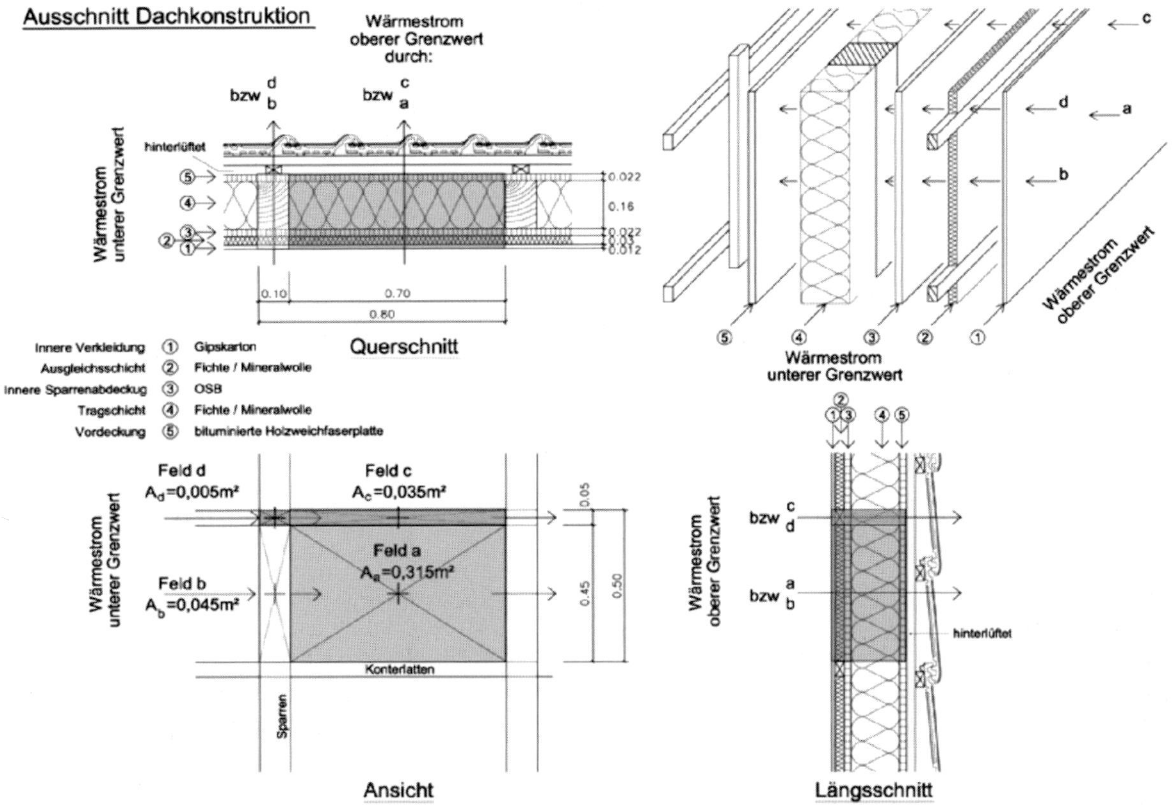

Bild 3.33: Sparrendach mit Vollsparrendämmung und Ausgleichs- bzw. Installationsschicht zwischen Konterlatten

Anmerkungen zum Dachaufbau:

Die Dachneigung wird mit < 60° angenommen, sodass sich R_{si} und der R-Wert der Luftschicht für einen nach oben gerichteten Wärmestrom ergibt. Die Wetterschutzschicht ist zur Vordeckung stark, aber kontrolliert hinterlüftet. Sie wird deshalb nicht mit einem R-Wert erfasst. Auch die Wetterschutzschicht wird nicht berücksichtigt. Dafür kann $R_{se} = R_{si}$ angenommen werden. Die zweite Schicht dient als Ausgleichs- und Installationsschicht und ist gedämmt. Die innere Gipskartonverkleidung ist auf quer zu den Sparren angebrachten Konterlatten befestigt.

Untersucht wird ein Dachausschnitt, in dem alle unterschiedlichen Baustoffe einmal erfasst sind. In Wärmestromrichtung ergeben sich vier Felder (a bis d) mit folgenden Materialien:

Feld a

Wärmedämmung zwischen den Konterlatten der Ausgleichsschicht und Wärmedämmung zwischen den Sparren

Feld b

Wärmedämmung zwischen den Konterlatten der Ausgleichsschicht und dem Holz der Sparren

Feld c

Holz der Konterlattung in der Ausgleichsschicht und Wärmedämmung zwischen den Sparren

Feld d

Holz der Konterlattung in der Ausgleichsschicht und dem Holz der Sparren.

Die Konterlattung der Dachkonstruktion wird nicht berücksichtigt, weil sich diese bereits in der Außenluft befinden.

Berechnung der Grenzwerte

a) Berechnung des oberen Grenzwertes R'_T

Zur Ermittlung des oberen Grenzwertes sind die R-Werte in den Feldern a bis d zu berechnen.

Schritt 1 – Berechnung der Flächenanteile

In Bild 3.33 sind die Abmessungen der vier Felder dargestellt, für die Anteile am Gesamtfeld zu berechnen sind. Das Gesamtfeld ist so groß, dass alle unterschiedlichen Schichtungen einmal enthalten sind.

Die Fläche und Flächenanteile sind in der Tabelle 3.15 berechnet.

Tabelle 3.15: Größe der Feldflächen A_j und deren Anteil f am Gesamtfeld A – Rechenbeispiel

Feld	Breite m	Höhe M	Fläche A_j m²	$f_j = A_j / A$
Gesamt	0,80	0,50	0,400	1,000
A_a	0,70	0,45	0,315	0,788
A_b	0,10	0,45	0,045	0,113
A_c	0,70	0,05	0,035	0,088
A_d	0,10	0,05	0,005	0,013

Schritt 2 – Berechnung der Wärmedurchlasswiderstände R_T in den Feldern a bis d

In der folgenden Tabelle 3.16 sind für jedes Feld die R-Werte aller übereinander liegenden Schichten berechnet und zu R_T addiert.

Tabelle 3.16: R_T-Werte für den oberen Grenzwert – Rechenbeispiel

Feld a

	Material	d	λ	R
		m	W/(m · K)	m² · K/W
	R_{si}			0,100
1	Gipskarton	0,0125	0,25	0,050
2	Mineralwolle	0,0300	0,04	0,750
3	OSB-Platte	0,0220	0,13	0,169
4	Mineralwolle	0,1600	0,04	4,000
5	Bit. Holzfaser-dämmplatte	0,0220	0,06	0,367
	R_{se}			0,100
			R_{Ta}	5,536

Feld b

	Material	d	λ	R
		m	W/(m · K)	m² · K/W
	R_{si}			0,100
1	Gipskarton	0,0125	0,25	0,050
2	Mineralwolle	0,0300	0,04	0,750
3	OSB-Platte	0,0220	0,13	0,169
4	Sparren F_i	0,1600	0,13	1,231
5	Bit. Holzfaser-dämmplatte	0,0220	0,06	0,367
	R_{se}			0,100
			R_{Tb}	2,767

Feld c

	Material	d	λ	R
		m	W/(m · K)	m² · K/W
	R_{si}			0,100
1	Gipskarton	0,0125	0,25	0,050
2	Konterlatten F_i	0,0300	0,13	0,231
3	OSB-Platte	0,0220	0,13	0,169
4	Mineralwolle	0,1600	0,04	4,000
5	Bit. Holzfaser-dämmplatte	0,0220	0,06	0,367
	R_{se}			0,100
			R_{Tc}	5,017

Feld d

	Material	d	λ	R
		m	W/(m · K)	m² · K/W
	R_{si}			0,100
1	Gipskarton	0,0125	0,25	0,050
2	Konterlatten F_i	0,0300	0,13	0,231
3	OSB-Platte	0,0220	0,13	0,169
4	Sparren F_i	0,1600	0,13	1,231
5	Bit. Holzfaser-dämmplatte	0,0220	0,06	0,367
	R_{se}			0,100
			R_{Td}	2,248

Schritt 3 – Berechnung von R'_T

$$R'_T = 1 / U' \qquad \text{m}^2 \cdot \text{K/W}$$

$$U' = \frac{1}{R_T'} = \frac{f_a}{R_{Ta}} + \frac{f_b}{R_{Tb}} + \frac{f_c}{R_{Tc}} + \frac{f_d}{R_{Td}} \qquad \text{W/(m}^2 \cdot \text{K)}$$

f = Flächenanteil des Feldes am Gesamtfeld = A_i / A siehe Tabelle 3.15

Der obere Grenzwert beträgt:

$$U' = \frac{0{,}788}{5{,}536} + \frac{0{,}113}{2{,}767} + \frac{0{,}088}{5{,}017} + \frac{0{,}013}{2{,}248}$$

$$= 0{,}208 \qquad \text{W/(m}^2 \cdot \text{K)}$$

$$R'_T = \frac{1}{0{,}208} = 4{,}808 \qquad \text{m}^2 \cdot \text{K/W}$$

b) Berechnung des unteren Grenzwertes R''_T

Zur Berechnung des unteren Grenzwertes wird aus den Λ-Werten der in einer Schicht nebeneinander liegenden Materialien entsprechend der jeweiligen Flächenanteile ein Mittelwert Λ_j gebildet (sofern die Schicht nicht ohnehin nur aus einem Material besteht). Aus diesem mittleren Λ-Wert bestimmen sich dann die Widerstände, die in der Addition (zuzüglich der Wärmeübergangswiderstände) den Gesamtwiderstand R''_T ergeben.

Schritte 4 und 5 – Berechnung der äquivalenten Wärmedurchlasswiderstände R_j und R''_T

Die Berechnung erfolgt in der Tabelle 3.17. Dort sind in den Zeilen 1 bis 5 die R_j-Werte der entsprechenden Schichten 1 bis 5 wie folgt berechnet:

Schicht 1: Gipskarton

Die Schicht ist homogen.

$$R_{j,1} = \frac{d_1}{\lambda_1} \text{ nach Tabelle 3.16} = 0{,}05 \qquad \text{m}^2 \cdot \text{K/W}$$

Schicht 2: Ausgleichsschicht

Die Schicht besteht aus Dämmstoff und Holzlatten.

Für den Dämmstoff ergibt sich:

$$R_{j,2,D} = \frac{1}{\Lambda_{j,2,D}} \; ; \; \Lambda_{j,2,D} = \frac{f_a}{R_{a,2}} + \frac{f_b}{R_{b,2}}$$

f_a	nach Tabelle 3.15 für A_a	=	0,788,	
f_b	nach Tabelle 3.15 für A_b	=	0,133,	
$R_{a,2}$	nach Tabelle 3.16 Feld a	=	0,75	m² · K/W
$R_{b,2}$	nach Tabelle 3.16 Feld b	=	0,75	m² · K/W

Für die Holzlatten ergibt sich:

$$R_{j,2,H} = \frac{1}{\Lambda_{j,2,H}} , \quad \Lambda_{j,2,H} = \frac{f_c}{R_{c,2}} + \frac{f_d}{R_{d,2}}$$

f_c	nach Tabelle 3.15 für A_c	=	0,088	
f_d	nach Tabelle 3.15 für A_d	=	0,013	
$R_{c,2}$	nach Tabelle 3.16 Feld c	=	0,231	m² · K/W
$R_{d,2}$	nach Tabelle 3.16 Feld d	=	0,231	m² · K/W

Schicht 3: OSB-Platte

Die Schicht ist homogen.

$$R_{j,3} = \frac{d_3}{\lambda_3} \text{ nach Tabelle 3.16} = 0{,}169 \qquad \text{m}^2 \cdot \text{K/W}$$

Schicht 4: Tragschicht

Die Schicht besteht aus Dämmstoff und Holzsparren.

Für den Dämmstoff ergibt sich:

$$R_{j,4,D} = \frac{1}{\Lambda_{j,4,D}} , \quad \Lambda_{j,4,D} = \frac{f_a}{R_{a,4}} + \frac{f_c}{R_{c,4}}$$

f_a	nach Tabelle 3.15 für Aa	=	0,788	
f_c	nach Tabelle 3.15 für Ac	=	0,088	
$R_{a,4}$	nach Tabelle 3.16 Feld a	=	4,00	m² · K/W
$R_{c,4}$	nach Tabelle 3.16 Feld c	=	4,00	m² · K/W

Für die Holzsparren ergibt sich:

$$R_{j,4,H} = \frac{1}{\Lambda_{j,4,H}}, \quad \Lambda_{j,4,H} = \frac{f_b}{R_{b,4}} + \frac{f_d}{R_{d,4}}$$

f_b	nach Tabelle 3.15 für Ab	=	0,113	
f_d	nach Tabelle 3.15 für Ad	=	0,013	
$R_{b,4}$	nach Tabelle 3.16 Feld b	=	1,231	m² · K/W
$R_{d,4}$	nach Tabelle 3.16 Feld d	=	1,231	m² · K/W

Schicht 5: bituminierte Holzfaserschicht
Die Schicht ist homogen.

$R_{j,5} = \frac{d_5}{\lambda_5}$ nach Tabelle 3.16 = 0,367 m² · K/W

R''_T ergibt sich als Summe der letzten Spalte 1.

Tabelle 3.17: Berechnung von R''_T

1	2	3	4	5
	Schicht	$\frac{f}{R}$ W/(m² · K)	Λ W/(m² · K)	$R_j = \frac{1}{\Lambda}$ m² · K/W
	R_{si}			0,100
1	Gipskarton	homogen		0,050
2	Ausgleichsschicht Mineralwolle Konterlattung	f_a f_b $R_{a,2}$ (0,788 + 0,113)/0,750 (0,088 + 0,013)/0,231	 1,200 0,433 1,633	0,612
3	OSB-Platte	homogen	–	0,169
4	Tragschicht Mineralwolle Sparren	 (0,788 + 0,088)/4,000 (0,113 + 0,013)/1,231	 0,219 0,102 0,321	3,112
5	Bit. Holzfaserdämmplatte	homogen	–	0,367
	R_{se}			0,100
	R''_T		Summe	4,455

Schritt 6 – Mittelwerte

Aus dem oberen und unteren Grenzwert ergibt sich der mittlere R_T-Wert und daraus der U-Wert des Daches U_D.

$R_T = (R'_T + R''_T) / 2$ m² · K/W

$U_D = 1 / R_T$ W/(m² · K)

$R_T = (4{,}808 + 4{,}455) / 2$

$= 4{,}631$ m² · K/W

$U_D = 0{,}216$ W/(m² · K)

Auf zwei Stellen gerundet:

$U_D = 0,22$ W/(m² · K)

Relative Rechengenauigkeit e: (4,808 – 4,55) / (2 · 4,631) = 2,8 %.

Anmerkung:

Ist in der Schicht 2 (Ausgleichs- bzw. Installationsschicht) keine Wärmedämmung vorhanden, kann diese Schicht als homogene Luftschicht betrachtet werden (siehe DIN EN ISO 10211-1 Anhang D.2).

Die im Programm ENGP-bautop enthaltenen Rechentabellen zur U-Wert-Ermittlung ermöglichen auch die Bildung von mittleren U-Werten bei Fachwerken.

Tabelle 3.18: Bauteilflächen und U-Werte (Erläuterung hierzu im Programm)

Baustoffe		Feld				Dicke	λ	R_i
Schicht	von innen nach außen	a	b	c	d	m	W/(m·K)	m²·K/W
1	Gipskarton	x	x	x	x	0,013	0,250	0,050
2	Lattung			x	x	0,030	0,130	0,231
2	Dämmung	x	x			0,030	0,040	0,750
3	OSB	x	x	x	x	0,022	0,130	0,169
4	Sparren		x		x	0,160	0,130	1,231
4	Dämmung	x		x		0,160	0,040	4,000
6	Bituminierte Holzweichfaserplatte	x	x	x	x	0,022	0,060	0,367

Berechnung der Flächenanteile bei Fachwerkschichten	Breite m	Länge m	Fläche Aj m²	f = Aj/A
Feld				
Feld a	0,700	0,450	0,315	0,788
Feld b	0,100	0,450	0,045	0,113
Feld c	0,700	0,050	0,035	0,088
Feld d	0,100	0,050	0,005	0,013
Gesamte Feldgröße	0,800	0,500	0,400	1,000

U-Wert-Berechnung				
Innentemperatur	Oberer Grenzwert R'_T =	4,856	m²·K/W	Wärmeübergangswiderst.
[°C]	Unterer Grenzwert R''_T =	4,520	m²·K/W	innen R_{si} 0,1
	U-Wert =	**0,213**	W/(m·K)	außen R_{se} 0,1

Dimensionierung	U-Wert	lambda [l]	Dicke [s]	[s bzw. l]	Ri =
nur möglich bei homogenen Bauteilen					bei homogenen Bauteilen

	R_i vorhanden	R_i min nach DIN 4108-2
Das Bauteil erfüllt den Mindestwärmeschutz nach DIN 4108-2	4,688 m²·K/W	1,2 m²·K/W

3.2.6.3 Wärmedurchgangskoeffizient von transparenten Bauteilen

Fenster/Fenstertüren:

Fenster bestehen wie Fachwerke aus nebeneinander liegenden Bauteilen mit unterschiedlichen Stoffen aus dem Fensterrahmen und dem Fensterglas. Als Fensterglas werden heute fast ausschließlich Isoliergläser aus Zwei- oder Dreischeibenglas mit luft- oder gasgefüllten Zwischenräumen verwendet. Die Gläser sind mit einem Abstandshalter verklebt. Dieser Abstandshalter bildet eine zusätzliche Wärmebrücke, die je nach Material unterschiedlich groß ist und bei einer genauen Berechnung berücksichtigt werden muss.

Im Bild 3.34 sind die Isothermen in einem Fensterrahmen dargestellt. Es ist deutlich erkennbar, wie sich im Bereich des Glasabstandshalters die Temperaturlinien spreizen. Die Wärmestromlinien zeigen, wie aus dem Randbereich des Glases die Wärme fast parallel zur Glasoberfläche über die Glasabstandshalter geleitet wird.

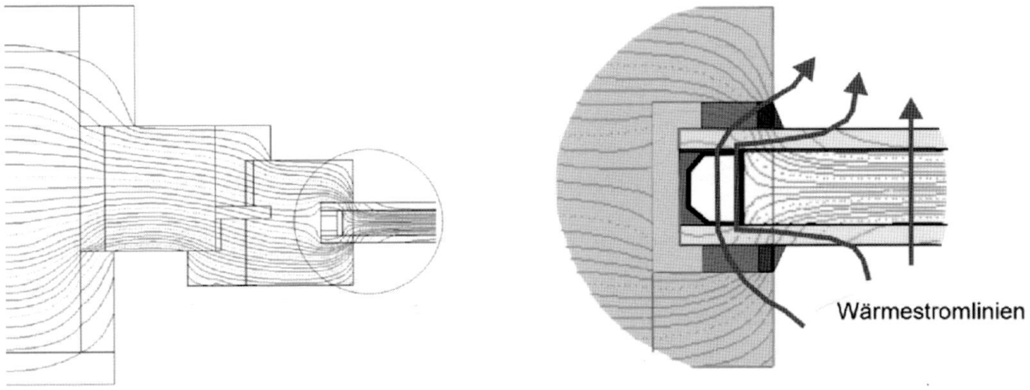

Übersicht Ausschnitt

Bild 3.34: Temperaturverlauf am Glasrand

Anmerkung:

Für die Isothermenberechnung wurde der Glasabstandshalter aus Aluminium schematisch aus Rechtecken eingegeben. Der Ausschnitt wurde überarbeitet.

Der Wärmedurchgangskoeffizient für Fenster U_W ist somit abhängig von dem Wärmedurchgangskoeffizienten des Rahmens U_f und der Rahmenfläche A_f, dem U-Wert des Glases U_g und der Fläche des Glases A_g sowie dem von der Ausbildung der Glasabstandshalter abhängigen Wärmebrückenverlustkoeffizienten ψ_g und der Länge des Glasumfangs l_g:

$$U_W = \frac{A_g \cdot U_g + A_f \cdot U_f + l_g \cdot \psi_g}{A_g + A_f}$$ W/(m² · K)

(Formel 3.30)
(DIN EN ISO 10077-1, Formel 1)

A_G	= Fläche Glas	m²
A_f	= Fläche Rahmen	m²
l_g	= Umfang Glas	m
U_g	= U-Wert Glas	W/(m² · K)
U_f	= U-Wert Rahmen	W/(m² · K)
ψ_g	= Wärmebrückenverlustkoeffizient Glasabstandshalter	W/(m · K)

Die Berechnung des U_W-Wertes kann erfolgen nach

- DIN EN ISO 10077-1, Tabelle F.1-4, oder durch Berechnung nach
- DIN EN ISO 10077-1, ggf. in der Verbindung mit DIN EN ISO 10077-2, oder durch Messung nach
- DIN EN ISO 12567-2.

Die genauesten U_W-Werte erzielt man durch eine Messung im Prüfstand. Gemessene U_W-Werte können sich jedoch nur auf einen bestimmten Fenstertyp beziehen und sind deshalb produktgebunden. Kann man sich zum Zeitpunkt der Erstellung des Energieausweises diesbezüglich schon festlegen, besteht die Möglichkeit, sich von einem Fensterhersteller die U_W-Werte ermitteln zu lassen bzw., wenn der Hersteller ein entsprechendes Programm zur Verfügung stellt, den Wert selbst berechnen.

Bestimmung nach DIN EN ISO 10077-1, Tabelle F.1-4

In der Tabelle F.1-4 dieser Norm werden Pauschalwerte für U_W in Abhängigkeit vom Bemessungswert für den

- Rahmen U_f,
- dem des Glases U_g,
- dem Fensterflächenanteil und
- der Art des Abstandhalters (Randverbund) angegeben.

In der DIN EN ISO 10077-1, Anhang D werden Wärmedurchgangskoeffizienten von Rahmen angegeben.

Hinweis:

Auf dem Markt sind bereits wesentlich bessere Fensterrahmen erhältlich als in dieser Norm angegeben. In der Praxis sollten aus diesem Grund die U-Werte für Rahmen bei Fensterhersteller angefragt werden.

Berechnung des U_W-Wertes nach DIN EN ISO 10077-1

Diese Norm enthält vereinfachte Algorithmen zur Berechnung der U_W-Werte von Fenstern mit Einscheibenverglasung, z. B. Isolierverglasung sowie von Kasten- und Verbundfenstern. Weiterhin ist die Berechnung der U_W-Werte von Fenstern mit opaken Füllungen und Fenstern mit geschlossenen Abschlüssen (Fensterläden, Rollläden) beschrieben.

Die genaue Berechnung des U_W-Wertes wird in der Praxis empfohlen, dass Sie in der Regel zu genaueren Werten führt. Insbesondere bei großen Fensterflächen führt die genaue Berechnung, wie nachfolgend erläutert, zu besseren Werten.

Rechenbeispiel: Berechnung des U-Wertes für eine Fenstertür

Schritt 1 – Berechnung der Flächen

Die Flächen für Rahmen und Glas ergeben sich aus der Gesamtgröße des Fensters und der Breite der Fensterrahmen.

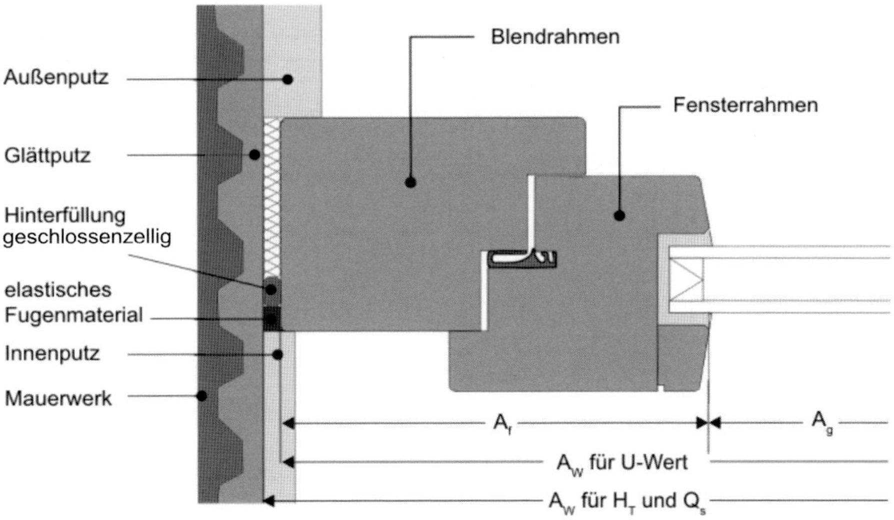

Bild 3.35: Anrechenbare Breiten für Rahmen und Glasflächen

Für die Gesamtfläche A_W des Fensters wird die Außenkante des Fensterrahmens angesetzt.

Die Breite A_F des sichtbaren Fensterrahmenanteils ist in der DIN 10077-1 definiert von Außenkante Fensterrahmen bis zur Innenkante des Glases.

Anmerkung:

Für die Berechnung der Wärmeverluste und Wärmegewinne gelten die lichten Rohbaumaße (siehe Kapitel 2 „Gebäudegeometrie").

Schritt 2 – Bestimmung des Wärmedurchgangskoeffizienten des Glases U_G

Die Berechnung von U_g erfolgt nach DIN EN ISO 10077-1 Abschnitt 5.2.2 für Mehrscheiben-Isolierverglasung nach der Formel

$$U_g = 1 / \left(R_{se} + \sum_j \frac{d_j}{\lambda_j} + \sum R_{sj} + R_{si}\right)$$

W/(m² · K)
(Formel 3.31)
(DIN EN ISO 10077-1, Formel 6)

R_{si}	=	innerer Wärmeübergangswiderstand	0,13 m² · K/W
R_{se}	=	äußerer Wärmeübergangswiderstand	0,04 m² · K/W
λ_j	=	Wärmeleitfähigkeit des Glases Liegen keine genaueren Angaben vor λ = 1,0	W/(m · K)
d_j	=	Dicke des Glases, in der Regel 4 mm	m
R_{sj}	=	Wärmedurchlasswiderstand der Luftschicht j, nach Tabelle C.1 nach DIN EN ISO 10077-1	m² · K/W

In der DIN EN ISO 10077-1, Tabelle C.1 sind R_S-Werte von Luftschichten für Zweischeiben-Isolierverglasung sowie von unbelüfteten Luftzwischenräumen für Verbund- und Kastenfenster in Abhängigkeit vom Emissionsgrad angegeben.

Tabelle 3.19: R_S-Werte von Luftschichten nach DIN EN ISO 10077-1, Tabelle C.1 (Auszug)

Dicke des Luftraumes (mm)	einseitige Beschichtung mit normalen Emissionsgrad von:				beide Seiten unbeschichtet
	0,1	0,2	0,4	0,8	
12	0,376	0,316	0,247	0,182	0,173
15	0,446	0,363	0,276	0,197	0,186

In der DIN EN ISO 10077-1, Tabelle C.2 sind U_g-Werte für eine Reihe von Glasarten mit unterschiedlichen Gasfüllungen angegeben:

Tabelle 3.20: U_g-Werte für Zweischeiben-Isolierglas, eine Scheibe beschichtetes Glas nach DIN EN ISO 10077-1, Tabelle C.2 (Auszug)

Scheibenmaß	Gasfüllung			
	Luft	Argon	Krypton	SF_6
Mm	W/(m² · K)	W/(m² · K)	W/(m² · K)	W/(m² · K)
normaler Emissionsgrad ≤ 0,1				
4 – 12 – 4	1,8	1,5	1,3	2,3
4 – 16 – 4	1,6	1,4	1,3	2,3
normaler Emissionsgrad ≤ 0,05				
4 – 16 – 4	1,4	1,2	1,2	2,2

Tabelle 3.21: Richtwerte für den Gesamt-Energiedurchlassgrad g transparenter Bauteil nach DIN V 4108-6, Tabelle 6 (Auszug)

transparentes Bauteil	Gesamt-Energiedurchlassgrad g
Einfachverglasung	0,87
Doppelverglasung	0,75
Wärmeschutzverglasung, doppelverglast mit selektiver Beschichtung	0,50 – 0,70
Dreifachverglasung, normal	0,60 – 0,70
Dreifachverglasung, mit zweifach selektiver Beschichtung	0,35 – 0,50
Sonnenschutzverglasung	0,20 – 0,50

Schritt 3 – Bestimmung des Wärmedurchgangskoeffizienten der Rahmen U_f

Die U_f-Werte können mit geeigneten Berechnungsverfahren (finite Elemente- oder finite Differenzverfahren) errechnet oder gemessen werden. Liegen keine genaueren Werte vor, sind die in der DIN EN ISO 10077-1 in den Tabellen D.1 für Kunststoffrahmen mit Metalleinfassung oder in Bild D.2 für Metall-Holz-Rahmen (Ausschnitt siehe Bild 3.35) oder in Bild D.4 für Metallrahmen mit wärmetechnischer Trennung zu verwenden.

Für Holzfenster sind an einem Diagramm in Bild 3.36 U_f-Werte in Abhängigkeit zur Rahmendicke abzulesen. Daraus ergibt sich für eine Rahmenstärke von 68 mm ein U_f-Wert von ca. 1,8 W/(m² · K) für Fenster aus Nadelholz.

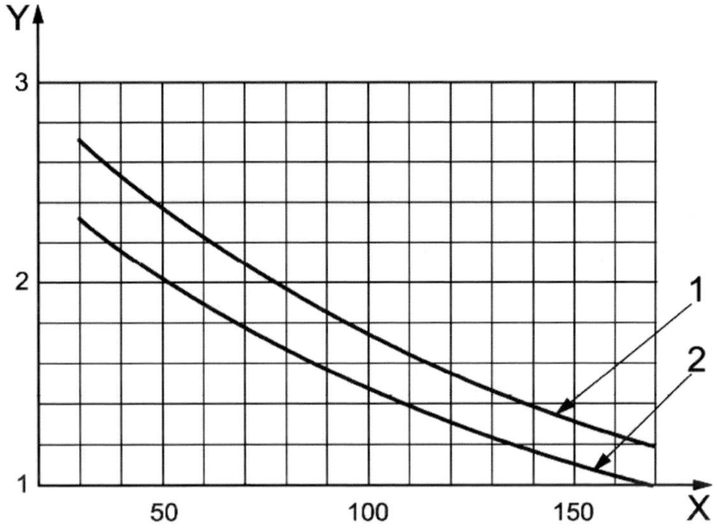

Legende:
X Dicke des Rahmens d_f in mm
Y Wärmedurchgangskoeffizient des Rahmens U_f in W/(m² · K)
1 Laubholz (Rohdichte 700 kg/m³; λ = 0,18 W/(m² · K)
2 Laubholz (Rohdichte 500 kg/m³; λ = 0,13 W/(m² · K)

Bild 3.36: Wärmedurchgangskoeffizienten von Metall-Holz-Rahmen in Abhängigkeit der Rahmendicke d_f (Quelle: DIN EN ISO 10077-1, Bild D.2)

Schritt 4 – Bestimmung des längenbezogenen Wärmedurchgangskoeffizienten ψ

ψ-Werte für Abstandshalter aus Aluminium und Stahl sind in der Tabelle E.1 der DIN EN ISO 10077-1 angegeben.

Danach ist ψ

- für Holz- und Kunststoffrahmen mit Zweischeiben- oder Dreischeiben-Isolierverglasung, unbeschichtetes Glas, Luft- oder Gaszwischenraum
  = 0,06 W/(m · K),
- mit Zweischeiben-Isolierverglasung mit niedrigem Emissionsgrad, Dreischeiben-Isolierverglasung mit zwei Beschichtungen und niedrigem Emissionsgrad
  = 0,08 W/(m · K).

ψ (psi) ist der lineare Wärmebrückenverlustkoeffizient in W/(m · K). Dieser Wert berechnet sich aus der Differenz des U-Wertes am Glasrand und dem U-Wert im ungestörten Bereich des Glases.

Anmerkung:

Auf dem Markt werden auch Glasabstandshalter mit geringerer Wärmeleitfähigkeit angeboten.

Rechenbeispiel: Berechnung des U_W-Wertes einer Fenstertür nach DIN EN ISO 10077-1

Schritt 1 – Berechnung der Flächenanteile

Fenster W 103 des Beispiel-Hauses (siehe Kapitel 2.5)

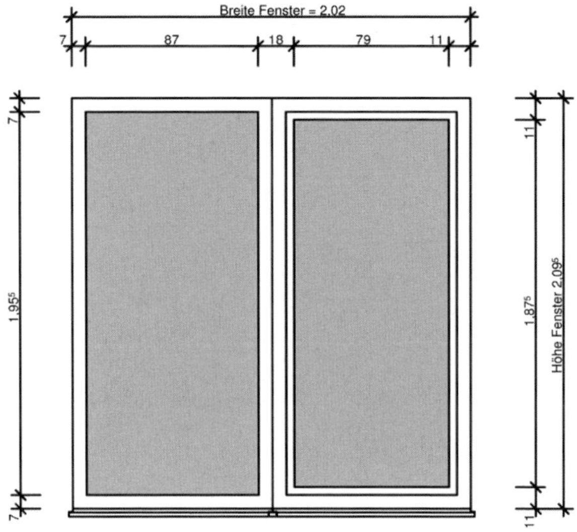

Bild 3.37: Fenstermaße für Rechenbeispiel

Rahmenbreiten

Für das Beispiel-Haus werden folgende Rahmenbreiten angenommen:

Fenster fest:	70 mm
Fenster Flügel:	110 mm
Mitte:	180 mm

Damit ergeben sich folgende Flächenanteile:

Berechnung von A_g, A_f und l_g:

$A_g = 0{,}87 \cdot 1{,}955 + 0{,}79 \cdot 1{,}875$
$\mathbf{A_g = 3{,}18\ m^2}$

$A_f = 2{,}02 \cdot 2{,}095 - 3{,}18$
$\mathbf{A_f = 1{,}05\ m^2}$

$l_g = 2 \cdot (0{,}87 + 1{,}955) + 2 \cdot (0{,}79 + 1{,}875)$
$\mathbf{l_g = 10{,}98\ m}$

Schritt 2 – Berechnung des Wärmedurchgangskoeffizienten U_W

Gewählt für das Beispiel-Haus:

Glas:
U_g nach Tabelle C2 der DIN EN ISO 10077-1
Dreischeiben-Isolierverglasung 4-12-4-12-4
zwei Scheiben beschichtet
Emissionsgrad ≤ 0,15
Gasfüllung Krypton

$U_g = 0{,}7$ W/(m² · K)

ψ-Wert:
Kunststoffabstandshalter

$\psi = 0{,}06$ W/(m · K)

Rahmen:
nach Herstellerangaben

$d = 70$ mm

$U_f = 1{,}1$ W/(m · K)

Berechnung von U_W:

$U_W = (3{,}18 \cdot 0{,}7 + 1{,}05 \cdot 1{,}1 + 10{,}98 \cdot 0{,}04) / (3{,}18 + 1{,}05)$
$= 2{,}22 + 1{,}155 + 0{,}44 / 4{,}23$

= 3,815 / 4,126
= 0,92 **W/(m² · K)**

Anmerkung:

Der U_W-Wert ist mit zwei Kommastellen zu bestimmen.

Die Ermittlung des U_W-Wertes ist auch mit der in dem Programm ENGP-bautop (Profi-CD) enthaltenen Rechentabelle möglich.

Mit dem erweiterten Programm ENGP-bautop auf der Profi-CD kann mit dem Arbeitsblatt „Fensterdaten" in der Baustoffbibliothek der U_W nach DIN EN ISO 10077-1 ermittelt werden.

Tabelle 3.22: Berechnung des mittleren Wärmedurchgangskoeffizienten U_W mit ENGP-bautop

Berechnung des U_W-Wertes der Fenster (überschlägige Berechnung für einfache Fenster)				
Formel: $U_W = (A_g \cdot U_g + A_f \cdot U_f + l_g \cdot \Psi_g) / (A_g + A_f)$				
	[m]	Mittel in [m]	Fläche in [m]	
Fensterbreite 1:	2,020			
Fensterbreite 2:		2,020		
Fensterhöhe 1:	2,095			
Fensterhöhe 2:		2,095		
Fläche Fenster A_W:			4,23	
Rahmenbreite:	0,090			
Fläche Rahmen A_f:			0,71	
Sprossen horizontal:	1,840			
Anzahl:				
Breite:			0	
Sprossen vertikal:	1,915			
Anzahl:	1,000			
Breite:	0,180		0,3447	U-Wert
Rahmen A_f gesamt:			1,05	1,100
Glasfläche: A_G			3,18	0,700
Glasrand: l_g =	10,62		ψ	0,040
Wärmedurchgangskoeffizient der Fensterkonstruktion			U_W =	0,900

Hinweis:

Die leichte Abweichung von U_W zwischen der Berechnung per Hand und der Berechnung mit dem Programm ENGP-bautop beruhen auf unterschiedlichen Rundungen der Zwischenergebnisse und der Annahme einer mittleren Rahmenbreite von 0,09 m bei der Berechnung mit dem Programm ENGP-bautop.

3.2.6.4 Wärmedurchgangskoeffizient von keilförmigen Schichten

Flachdächer, die als Warmdach ausgeführt werden, müssen an jeder Stelle ein Gefälle von ≥ 2 % aufweisen. Das Gefälle kann entweder durch eine geneigte Oberfläche der Dachdecke, durch Aufbringen eines Gefälleestrichs oder durch Auflegen einer keilförmigen Wärmedämmung (Dämmkeile) hergestellt werden. Die Anordnung von Dämmkeilen aus PS-Hartschaum wird wegen des geringeren Deckengewichts und der einfachen Verarbeitungsweise immer häufiger durchgeführt. Für die Berechnung des Wärmedurchgangskoeffizienten von keilförmigen Schichten gelten andere Algorithmen als für solche mit parallelen Oberflächen. Dies wird nachfolgend erläutert.

Wie unter Kapitel 3.2.6 beschrieben errechnet sich der Wärmedurchgangskoeffizient U als reziproker Wert aus der Summe der Wärmeübergangs- und Wärmedurchlasswiderstände R_T.

$$U = 1 / R_T \qquad \text{W/(m}^2 \cdot \text{K)}$$

$$R_T = R_{si} + R_1 + R_2 + \ldots + R_n + R_{se} \qquad \text{m}^2 \cdot \text{K/W}$$

$$R = \frac{d}{\lambda} \qquad \text{m}^2 \cdot \text{K/W}$$

Bei einer Schicht mit zunehmender Dicke d verändert sich der U-Wert nicht geradlinig, da bei einem Bruch der Quotient umso kleiner wird, je größer der Nenner ist.

In Bild 3.38 ist erkennbar, dass sich die U-Wert-Differenz mit zunehmender Dämmstoffdicke immer weniger verringert, wodurch die erzielte Energieeinsparung immer kleiner wird.

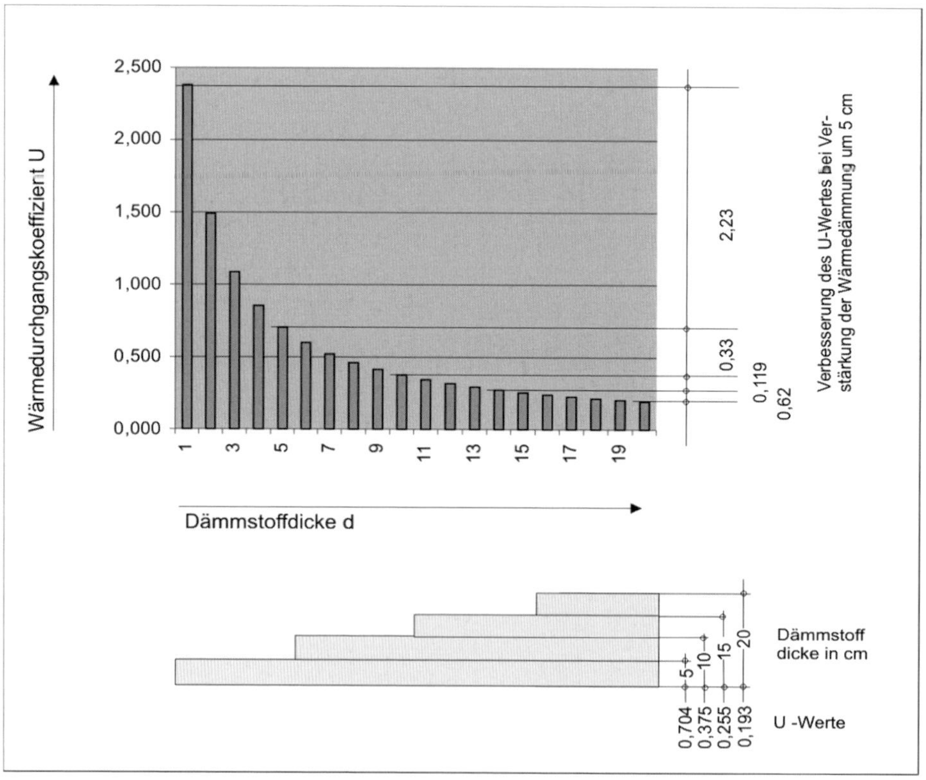

Bild 3.38: Veränderung der U-Werte bei zunehmender Dämmstoffdicke

In der Praxis wird zur Ermittlung des U-Wertes von keilförmigen Schichten häufig eine gemittelte Schichthöhe verwendet oder mit abgestuften Feldern gerechnet. Dies entspricht jedoch nicht der für die Erstellung des Wärmeschutznachweises zugrunde zu legenden DIN EN ISO 6946 und führt zu falschen Ergebnissen.

Zur Darstellung der sich hierbei ergebenden Abweichungen wird nachfolgend der U-Wert einer keilförmigen Dämmschicht über

a) gemittelte Schichthöhe,

b) abgestufte Felder ermittelt und

c) die Ergebnisse mit einem der Norm entsprechenden Berechnungsverfahren verglichen.

Rechenbeispiel: Flachdach

a) Berechnung des U-Wertes mit der mittleren Höhe der Keilschicht

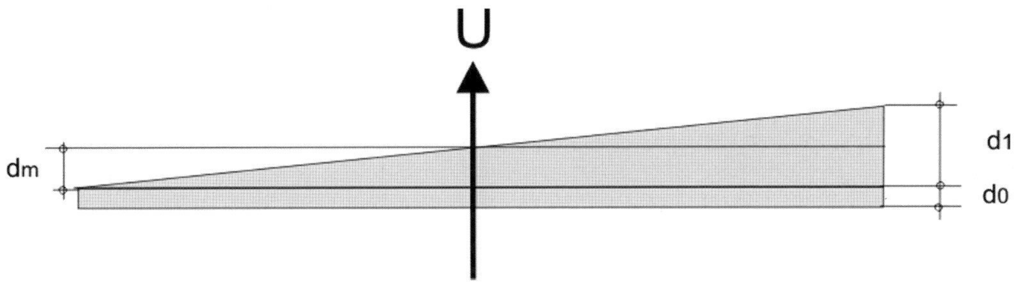

Bild 3.39: Dämmkeil für die U-Wert-Berechnung aus mittlerer Schichthöhe

Gegeben:

d_0	= 0,05	m
d_1	= 0,20	m
λ	= 0,04	W/(m · K)
R_{si}	= 0,10	m² · K/W
R_{se}	= 0,04	m² · K/W

Formeln:

$$U_m = 1/\left(R_{si} + \frac{d_0}{\lambda} + \frac{d_m}{\lambda} + R_{se}\right) \quad \text{W/(m}^2 \cdot \text{K)}$$

(Formel 3.32)

$$d_m = d_1/2 \quad \text{m}$$

Berechnung:

$$d_m = 0{,}20 / 2 = 0{,}10 \quad \text{m}$$

$$U_m = 1/\left(0{,}10 + \frac{0{,}05}{0{,}04} + \frac{0{,}10}{0{,}04} + 0{,}04\right)$$

$$\mathbf{U_m = 0{,}257} \quad \text{W/(m}^2 \cdot \text{K)}$$

b) Berechnung des U-Wertes mit abgestuften Feldern

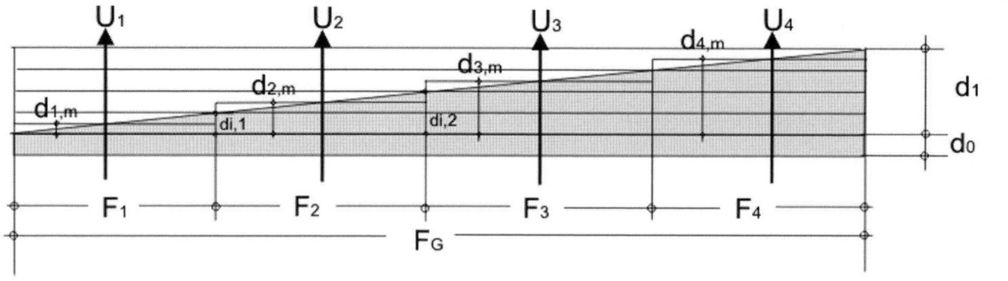

Bild 3.40: Dämmkeil für die U-Wert-Berechnung mit abgestuften Schichthöhen

Formeln:

$$U_m = \frac{U_1 \cdot F_1 + U_2 \cdot F_2 + \ldots + U_n \cdot F_n}{F_G}$$ W/(m² · K) (Formel 3.33)

Bei gleichgroßen Flächen F ergibt sich:

$$U_m = (U_1 + U_2 + \ldots + U_n) \cdot \frac{F}{F_G}$$ W/(m² · K)

$$U_i = 1 / \left(R_{si} + \frac{d_0}{\lambda} + \frac{d_{i,m}}{\lambda} + R_{se} \right)$$ W/(m² · K)

$$d_{i,m} = d_1 + \frac{d_{i2} - d_{i1}}{2}$$ m

$$R_i = \frac{d_{i,m}}{\lambda}$$ m² · K/W (Formel 3.34)

Gegeben:

F_G = 10 m
d_1 = 0,2 m
d_0 = 0,05 m
$d_{m,1}$ = 0,025 m
$d_{m,2}$ = 0,075 m
$d_{m,3}$ = 0,125 m
$d_{m,4}$ = 0,175 m
λ = 0,04 W/(m · K)

Berechnung:

$$U_i = 1 / \left(0{,}10 + \frac{0{,}05}{0{,}04} + R_i + 0{,}04\right)$$

$$= 1/(1{,}39 + R_i)$$

$$R_1 = \frac{0{,}025}{0{,}04} = 0{,}625 \qquad m^2 \cdot K/W$$

$$R_2 = \frac{0{,}075}{0{,}04} = 1{,}875 \qquad m^2 \cdot K/W$$

$$R_3 = \frac{0{,}125}{0{,}04} = 3{,}125 \qquad m^2 \cdot K/W$$

$$R_4 = \frac{0{,}175}{0{,}04} = 4{,}375 \qquad m^2 \cdot K/W$$

$$U_{i,1} = 1 / (1{,}39 + 0{,}625) \qquad W/(m^2 \cdot K)$$

$$= 0{,}496$$

$$U_{i,2} = 0{,}306 \qquad W/(m^2 \cdot K)$$

$$U_{i,3} = 0{,}221 \qquad W/(m^2 \cdot K)$$

$$U_{i,4} = 0{,}173 \qquad W/(m^2 \cdot K)$$

$$U_m = (0{,}496 + 0{,}306 + 0{,}221 + 0{,}173) \cdot \frac{2{,}5}{10} \qquad W/(m^2 \cdot K)$$

$$\mathbf{U_m = 0{,}299} \qquad W/(m^2 \cdot K)$$

c) Für eine genaue Berechnung sind in der DIN EN ISO 6946 folgende Formeln angegeben:

Keile mit rechteckigen Flächen

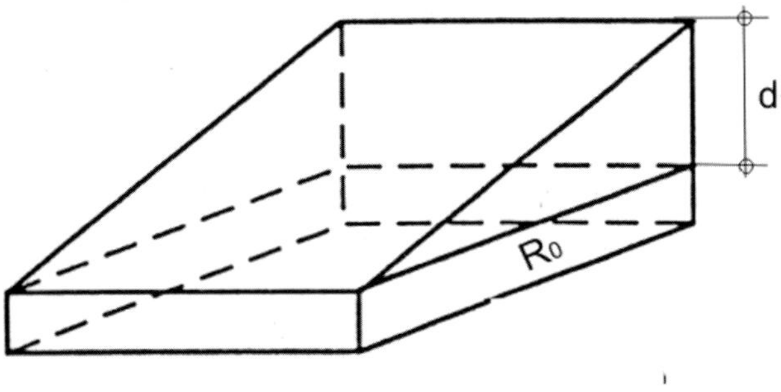

Bild 3.41: Dämmkeil rechteckig auf Unterkonstruktion. In der Norm wird d_1 mit d_2 bezeichnet. (Quelle: DIN EN ISO 6946, Bild C.3)

$$U_m = \frac{1}{R_1} \ln\left(1 + \frac{R_1}{R_0}\right) \qquad W/(m^2 \cdot K)$$

(Formel 3.35)
(DIN EN ISO 6946, Formel C.1)

$$R_1 = \frac{d_1}{\lambda}$$

R_0 = R-Wert der Schichten mit parallelen Oberflächen

Keile mit dreieckigen Flächen, dickste Stelle am Scheitelpunkt

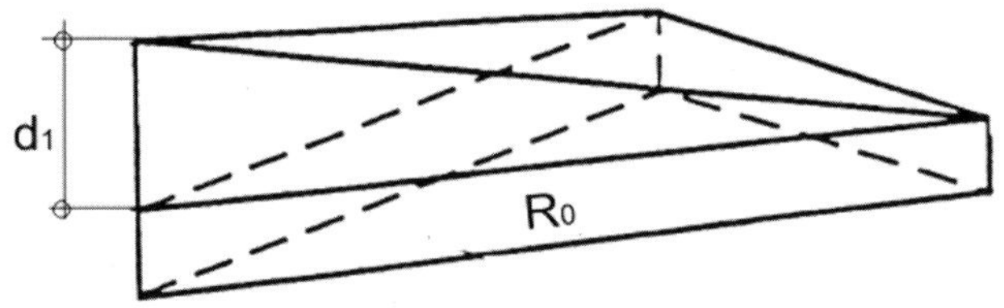

Bild 3.42: Dämmkeil dreieckig, Hochpunkt am Scheitel. In der Norm wird d_1 mit d_2 bezeichnet. (Quelle: DIN EN ISO 6946, Bild C.4)

$$U_m = \frac{2}{R_1}\left[\left(1+\frac{R_0}{R_1}\right)\ln\left(1+\frac{R_1}{R_0}\right)\right]-1$$ W/(m² · K)
(Formel 3.36)
(DIN EN ISO 6946, Formel C.2)

Keile mit dreieckigen Flächen, dünnste Stelle am Scheitelpunkt

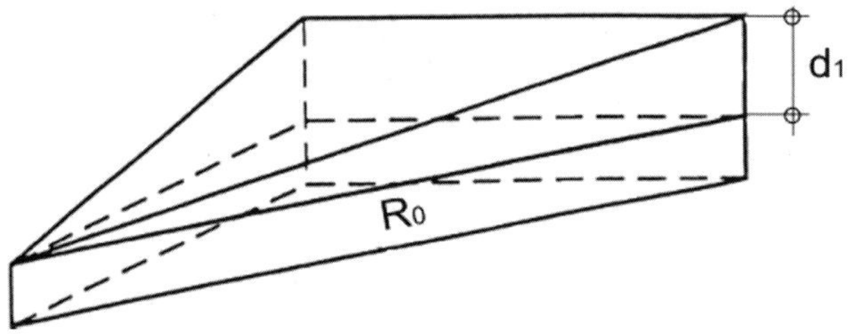

Bild 3.43: Dämmkeil dreieckig, Tiefpunkt am Scheitel. In der Norm wird d_1 mit d_2 bezeichnet. (Quelle: DIN EN ISO 6946, Bild C.5)

Hinweis:

$$U_m = \frac{2}{R_1}\left[1-\frac{R_0}{R_1}\ln\left(1+\frac{R_1}{R_0}\right)\right]$$ W/(m² · K)
(Formel 3.37)
(DIN EN ISO 6946, Formel C.3)

$R_1 = \frac{d_1}{\lambda_1}$ m² · K/W

U_m = mittlerer Wärmedurchgangskoeffizient der Teilfläche
R_1 = Wärmedurchlasswiderstand des Keils an der dicksten Stelle $R_1 = d_1/\lambda_1$
R_0 = Wärmedurchgangswiderstand R_T ohne die keilförmige Schicht (einschließlich der Unterkonstruktion und der Wärmeübergangswiderstände R_{si} und R_{se})

Der Wärmedurchgangskoeffizient U für die gesamte Dachfläche ergibt sich aus den U_m-Werten der einzelnen Teilflächen wie folgt:

$$U = \sum U_i A_i / \sum A_i$$ W/(m² · K)
(Formel 3.38)
(DIN EN ISO 6946, Formel C.7)

A_i = Fläche eines Keils

Der Wärmedurchgangswiderstand R_T für die gesamte Dachfläche ergibt sich wie folgt:

$R_T = 1/U$ m² · K/W
(DIN EN ISO 6946, Formel C.8)

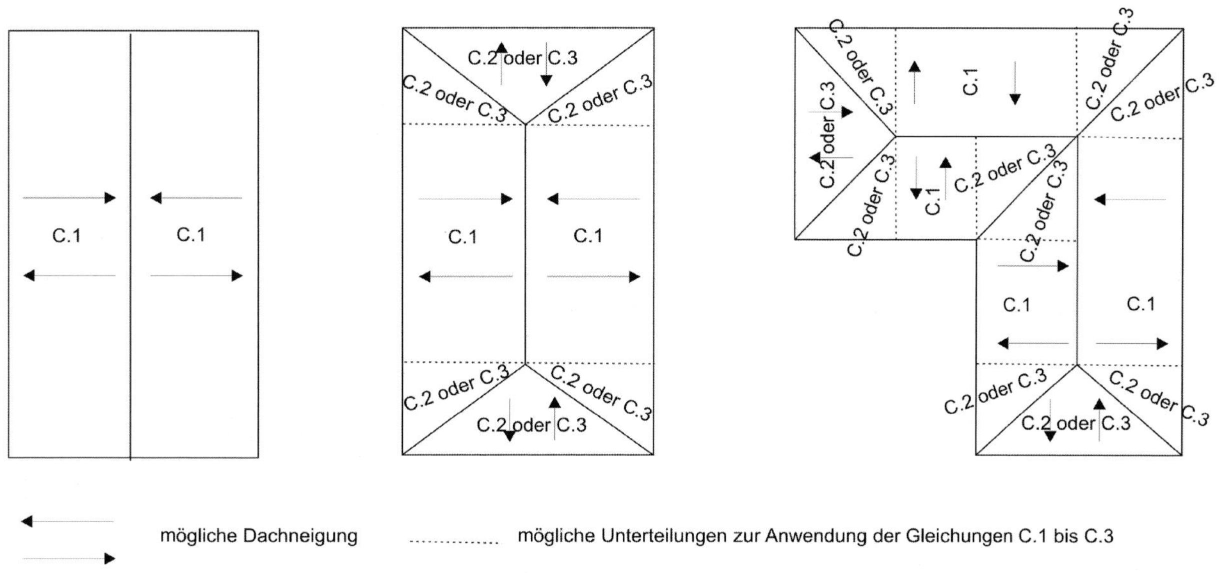

Bild 3.44: Beispiele für die Unterteilung von Dächern in einzelne Teile (nach DIN EN ISO 6946, Bild C.2)

Rechenbeispiel:

Berechnet man mit Formel C.1 den in Bild 3.39 dargestellten Dämmkeil, ergibt sich folgender U-Mittelwert (hier ohne Unterkonstruktion):

$$U_m = \frac{1}{R_1} \ln\left(1+\frac{R_1}{R_0}\right) \quad \text{W/(m}^2 \cdot \text{K)}$$

(Formel 3.39)
(DIN EN ISO 6946, Formel C.1)

für

$d_1 = 0{,}20$ m

$R_1 = 0{,}20/0{,}04$

$= 5{,}0$ m² · K/W

$R_0 = 0{,}05/0{,}04 + 0{,}10 + 0{,}04$

$= 1{,}39$ m² · K/W

$$U_m = \frac{1}{5} \ln\left(1+\frac{5}{1{,}39}\right)$$

$= 0{,}2 \cdot \ln 4{,}6$

$= 0{,}2 \cdot 1{,}53$

$=$ **0,306** > 0,257 U-Mittelwert W/(m² · K)

Die Untersuchung zeigt, dass die U-Wert-Berechnungen mit mittleren Schichtdicken einen zu kleinen U-Wert ergeben.

3.2.6.5 Wärmedurchgangskoeffizient U der Bauteile des Beispiel-Hauses

Nachfolgend werden die U-Werte der einzelnen Bauteile des Beispiel-Hauses im Istzustand mit den Tabellen des Programms ENGP-bautop berechnet.

Tabelle 3.23: B1 Außenwände – verputzt

Baustoffe		Feld				Dicke	λ	R_i
Schicht	von innen nach außen	a	b	c	d	m	W/(m·K)	m²·K/W
1	Innenputz					0,015	0,700	0,021
2	Leichthochlochziegel					0,300	0,450	0,667
3	Außenputz					0,025	1,000	0,025

Berechnung der Flächenanteile bei Fachwerkschichten				
Feld	Breite m	Länge m	Fläche Aj m²	f = Aj / A
Feld a				
Feld b				
Feld c				
Feld d				
gesamte Feldgröße				

U-Wert-Berechnung						
Innentemp.	oberer Grenzwert R'_T =		m²·K/W	Wärmeübergangswiderst.		
[°C]	unterer Grenzwert R''_T =		m²·K/W	innen R_{si}	0,13	
	U-Wert =	**1,13**	W/(m²·K)	außen R_{se}	0,04	
Dimensionierung	U-Wert	lambda [l]	Dicke [s]	[s bzw. l]	R_i =	0,88
nur möglich bei homogenen Bauteilen					bei homogenen Bauteilen	

Tabelle 3.24: B2 Außenwände – Anbau

Baustoffe		Feld				Dicke	λ	R_i
Schicht	von innen nach außen	a	b	c	d	m	W/(m·K)	m²·K/W
1	Innenputz					0,015	0,700	0,021
2	Leichthochlochziegel A, B N.Mörtel					0,300	0,450	0,667

Berechnung der Flächenanteile bei Fachwerkschichten				
Feld	Breite m	Länge m	Fläche Aj m²	f = Aj / A
Feld a				
Feld b				
Feld c				
Feld d				
gesamte Feldgröße				

U-Wert-Berechnung						
Innentemp.	oberer Grenzwert R'_T =		m²·K/W	Wärmeübergangswiderst.		
[°C]	unterer Grenzwert R''_T =		m²·K/W	innen R_{si}	0,13	
	U-Wert =	**1,05**	W/(m²·K)	außen R_{se}	0,13	
Dimensionierung	U-Wert	lambda [l]	Dicke [s]	[s bzw. l]	R_i =	0,95
nur möglich bei homogenen Bauteilen					bei homogenen Bauteilen	

Tabelle 3.25: B3 Dachfläche Hauptgebäude

Baustoffe		Feld				Dicke	λ	R_i
Schicht	von innen nach außen	a	b	c	d	m	W/(m·K)	m²·K/W
1	Gipskartonplatte	x	x	x	x	0,013	0,250	0,050
2	Lattung			x	x	0,030	0,130	0,231
2	Luftschicht	x	x			1,000	6,250	0,160
3	Sparren		x		x	0,060	0,130	0,462
3	Mineralwolle (MW)	x		x		0,060	0,040	1,500

Berechnung der Flächenanteile bei Fachwerkschichten				
Feld	Breite m	Länge m	Fläche Aj m²	f = Aj / A
Feld a	0,700	0,450	0,315	0,808
Feld b	0,080	0,450	0,036	0,092
Feld c	0,700	0,050	0,035	0,090
Feld d	0,080	0,050	0,004	0,010
gesamte Feldgröße	0,780	0,500	0,390	1,000

U-Wert-Berechnung						
Innentemp.	oberer Grenzwert R'_T =	1,643	m²·K/W	Wärmeübergangswiderst.		
[°C]	unterer Grenzwert R''_T =	1,574	m²·K/W	innen R_{si}	0,1	
	U-Wert =	**0,62**	W/(m²·K)	außen R_{se}	0,04	
Dimensionierung	U-Wert	lambda [l]	Dicke [s]	[s bzw. l]	R_i =	
nur möglich bei homogenen Bauteilen					bei homogenen Bauteilen	

Tabelle 3.26: B4 Haustüre

Baustoffe		Feld				Dicke	λ	R_i
Schicht	von innen nach außen	a	b	c	d	m	$W/(m \cdot K)$	$m^2 \cdot K/W$

Berechnung der Flächenanteile bei Fachwerkschichten					
	Feld	Breite m	Länge m	Fläche Aj m^2	f = Aj / A
	Feld a				
	Feld b				
	Feld c				
	Feld d				
	gesamte Feldgröße				

U-Wert-Berechnung						
Innentemp.	oberer Grenzwert R'_T =		$m^2 \cdot K/W$		Wärmeübergangswiderst.	
[°C]	unterer Grenzwert R''_T =		$m^2 \cdot K/W$		innen R_{si}	
	U-Wert =		**3,00** $W/(m^2 \cdot K)$		außen R_{se}	
Dimensionierung	U-Wert	lambda [l]	Dicke [s]	[s bzw. l]	R_i =	0,00
nur möglich bei homogenen Bauteilen					bei homogenen Bauteilen	

U- Wert pauschal	3,00

Tabelle 3.27: B5 Decke Eingang zur Außenluft

Baustoffe		Feld				Dicke	λ	R_i
Schicht	von innen nach außen	a	b	c	d	m	$W/(m \cdot K)$	$m^2 \cdot K/W$
1	Fliesen					0,010	1,300	0,008
2	Zement-Estrich					0,045	1,400	0,032
3	Mineralwolle (MW)					0,030	0,045	0,667
4	Beton armiert					0,180	2,300	0,078

Berechnung der Flächenanteile bei Fachwerkschichten					
	Feld	Breite m	Länge m	Fläche Aj m^2	f = Aj / A
	Feld a				
	Feld b				
	Feld c				
	Feld d				
	gesamte Feldgröße				

U-Wert-Berechnung						
Innentemp.	oberer Grenzwert R'_T =		$m^2 \cdot K/W$		Wärmeübergangswiderst.	
[°C]	unterer Grenzwert R''_T =		$m^2 \cdot K/W$		innen R_{si}	0,17
	U-Wert =		**1,01** $W/(m^2 \cdot K)$		außen R_{se}	0,04
Dimensionierung	U-Wert	lambda [l]	Dicke [s]	[s bzw. l]	R_i =	0,99
nur möglich bei homogenen Bauteilen					bei homogenen Bauteilen	

Tabelle 3.28: B6 Dachfläche Anbau

Baustoffe		Feld				Dicke	λ	R_i
Schicht	von innen nach außen	a	b	c	d	m	$W/(m \cdot K)$	$m^2 \cdot K/W$
1	Beton armiert					0,180	2,300	0,078
2	Wärmedämmung					0,060	0,040	1,500

Berechnung der Flächenanteile bei Fachwerkschichten					
	Feld	Breite m	Länge m	Fläche Aj m^2	f = Aj / A
	Feld a				
	Feld b				
	Feld c				
	Feld d				
	gesamte Feldgröße				

U-Wert-Berechnung						
Innentemp.	oberer Grenzwert R'_T =		$m^2 \cdot K/W$		Wärmeübergangswiderst.	
[°C]	unterer Grenzwert R''_T =		$m^2 \cdot K/W$		innen R_{si}	0,1
	U-Wert =		**0,56** $W/(m^2 \cdot K)$		außen R_{se}	0,10
Dimensionierung	U-Wert	lambda [l]	Dicke [s]	[s bzw. l]	R_i =	1,78
nur möglich bei homogenen Bauteilen					bei homogenen Bauteilen	

Tabelle 3.29: B7 Kellerwand zu Erdreich

Baustoffe		Feld				Dicke	λ	R_i
Schicht	von innen nach außen	a	b	c	d	m	W/(m·K)	m²·K/W
1	Innenputz (Kalkputz, Kalkzement)					0,015	1,000	0,015
1	Betonstein Hbl NM					0,300	0,740	0,405

Berechnung der Flächenanteile bei Fachwerkschichten				
Feld	Breite m	Länge m	Fläche Aj m²	f = Aj / A
Feld a				
Feld b				
Feld c				
Feld d				
gesamte Feldgröße				

U-Wert-Berechnung							
Innentemp.	oberer Grenzwert R'_T =				m²·K/W	Wärmeübergangswiderst.	
[°C]	unterer Grenzwert R''_T =				m²·K/W	innen R_{si}	0,13
	U-Wert =			**1,82**	W/(m²·K)	außen R_{se}	0,00
Dimensionierung		U-Wert	lambda [l]	Dicke [s]	[s bzw. l]	R_i =	0,55
nur möglich bei homogenen Bauteilen						bei homogenen Bauteilen	

Tabelle 3.30: B8 Bodenplatte des beheizten Kellers

Baustoffe		Feld				Dicke	λ	R_i
Schicht	von innen nach außen	a	b	c	d	m	W/(m·K)	m²·K/W
1	Fliesen					0,010	1,400	0,007
2	Estrich					0,040	1,400	0,029
3	Polystyrol (PS)-Partikelschaum					0,030	0,040	0,750
4	Beton armiert					0,250	2,300	0,109

Berechnung der Flächenanteile bei Fachwerkschichten				
Feld	Breite m	Länge m	Fläche Aj m²	f = Aj / A
Feld a				
Feld b				
Feld c				
Feld d				
gesamte Feldgröße				

U-Wert-Berechnung							
Innentemp.	oberer Grenzwert R'_T =				m²·K/W	Wärmeübergangswiderst.	
[°C]	unterer Grenzwert R''_T =				m²·K/W	innen R_{si}	0,17
	U-Wert =			**0,94**	W/(m²·K)	außen R_{se}	0,00
Dimensionierung		U-Wert	lambda [l]	Dicke [s]	[s bzw. l]	R_i =	1,06
nur möglich bei homogenen Bauteilen						bei homogenen Bauteilen	

Tabelle 3.31: B9 Decke zu unbeheiztem Keller

Baustoffe		Feld				Dicke	λ	R_i
Schicht	von innen nach außen	a	b	c	d	m	W/(m·K)	m²·K/W
1	Fliesen					0,010	1,400	0,007
2	Estrich					0,040	1,400	0,029
3	Polystyrol (PS)-Partikelschaum					0,030	0,040	0,750
4	Beton armiert					0,180	2,300	0,078

Berechnung der Flächenanteile bei Fachwerkschichten				
Feld	Breite m	Länge m	Fläche Aj m²	f = Aj / A
Feld a				
Feld b				
Feld c				
Feld d				
Gesamte Feldgröße				

U-Wert-Berechnung							
Innentemp.	Oberer Grenzwert R'_T =				m²·K/W	Wärmeübergangswiderst.	
[°C]	Unterer Grenzwert R''_T =				m²·K/W	Innen R_{si}	0,17
	U-Wert =			**0,83**	W/(m²·K)	Außen R_{se}	0,17
Dimensionierung		U-Wert	lambda [l]	Dicke [s]	[s bzw. l]	Ri =	1,20
nur möglich bei homogenen Bauteilen						bei homogenen Bauteilen	

Tabelle 3.32: B10 Kellerinnenwände

Baustoffe Schicht	von innen nach außen	Feld a	b	c	d	Dicke m	λ W/(m·K)	R_i m²·K/W
1	Innenputz					0,015	1,000	0,015
2	Gitterziegel					0,175	0,395	0,443
3	Innenputz					0,015	1,000	0,015

Berechnung der Flächenanteile bei Fachwerkschichten				
Feld	Breite m	Länge m	Fläche Aj m²	f = Aj / A
Feld a				
Feld b				
Feld c				
Feld d				
gesamte Feldgröße				

U-Wert-Berechnung						
Innentemp.	oberer Grenzwert R'$_T$ =			m²·K/W	Wärmeübergangswiderst.	
[°C]	unterer Grenzwert R''$_T$ =			m²·K/W	innen R_{si}	0,13
	U-Wert =		**1,36**	W/(m²·K)	außen R_{se}	0,13
Dimensionierung	U-Wert	lambda [l]	Dicke [s]	[s bzw. l]	R_i =	0,73
nur möglich bei homogenen Bauteilen					bei homogenen Bauteilen	

Tabelle 3.33: B11 Bodenplatte Anbau

Baustoffe Schicht	von innen nach außen	Feld a	b	c	d	Dicke m	λ W/(m·K)	R_i m²·K/W
1	Holzparkett					0,010	0,180	0,056
2	Estrich					0,040	1,400	0,029
3	Polystyrol (PS)-Partikelschaum					0,030	0,040	0,750
4	Beton armiert					0,180	2,300	0,078

Berechnung der Flächenanteile bei Fachwerkschichten				
Feld	Breite m	Länge m	Fläche Aj m²	f = Aj / A
Feld a				
Feld b				
Feld c				
Feld d				
gesamte Feldgröße				

U-Wert-Berechnung						
Innentemp.	oberer Grenzwert R'$_T$ =			m²·K/W	Wärmeübergangswiderst.	
[°C]	unterer Grenzwert R''$_T$ =			m²·K/W	innen R_{si}	0,17
	U-Wert =		**0,92**	W/(m²·K)	außen R_{se}	0,00
Dimensionierung	U-Wert	lambda [l]	Dicke [s]	[s bzw. l]	R_i =	1,08
nur möglich bei homogenen Bauteilen					bei homogenen Bauteilen	

Tabelle 3.34: B12 Kellertüren

Baustoffe Schicht	von innen nach außen	Feld a	b	c	d	Dicke m	λ W/(m·K)	R_i m²·K/W

Berechnung der Flächenanteile bei Fachwerkschichten				
Feld	Breite m	Länge m	Fläche Aj m²	f = Aj / A
Feld a				
Feld b				
Feld c				
Feld d				
gesamte Feldgröße				

U-Wert-Berechnung						
Innentemp.	oberer Grenzwert R'$_T$ =			m²·K/W	Wärmeübergangswiderst.	
[°C]	unterer Grenzwert R''$_T$ =			m²·K/W	innen R_{si}	
	U-Wert =		**3,00**	W/(m²·K)	außen R_{se}	
Dimensionierung	U-Wert	lambda [l]	Dicke [s]	[s bzw. l]	R_i =	0,00
nur möglich bei homogenen Bauteilen					bei homogenen Bauteilen	

U- Wert pauschal	3,00

Tabelle 3.35: B 13 Außenwand zu unbeheiztem Dachraum Anbau

Baustoffe Schicht	von innen nach außen	Feld a	Feld b	Feld c	Feld d	Dicke m	λ W/(m·K)	R_i m²·K/W
1	Innenputz					0,015	0,700	0,021
2	Leichthochlochziegel					0,300	0,450	0,667
3	Außenputz					0,025	1,000	0,025

Berechnung der Flächenanteile bei Fachwerkschichten				
Feld	Breite m	Länge m	Fläche Aj m²	f = Aj / A
Feld a				
Feld b				
Feld c				
Feld d				
gesamte Feldgröße				

U-Wert-Berechnung						
Innentemp.	oberer Grenzwert R'T =			m²·K/W	Wärmeübergangswiderst.	
[°C]	unterer Grenzwert R''T =			m²·K/W	innen R_{si}	0,13
	U-Wert =		1,03	W/(m²·K)	außen R_{se}	0,13
Dimensionierung	U-Wert	lambda [l]	Dicke [s]	[s bzw. l]	R_i =	0,97
nur möglich bei homogenen Bauteilen					bei homogenen Bauteilen	

Tabelle 3.36: U-Werte der Fenster

Nr.	Bezeichnung	Neigung 30° 45°; 60° 90°	Orientierung	Fenstermaße Breite [m]	Höhe 1 [m]	Höhe 2 [m]	Faktor [-]	Bruttofläche A_i [m²]	U-Wert [W/(m²·K)]	Transmissionswärmeverluste $H_{T,F}$ [W/K]
	Fenster Süd; Süd/Ost; Süd/West									
101	Fenstertür 3flg.	90	Süd	3,050	2,260		1,00	6,89	2,82	19,44
102	Fenstertür fest	90	Süd	2,050	2,135		1,00	4,38	2,93	12,82
103	Fenstertür 2flg.	90	Süd	2,010	2,135		1,00	4,29	2,81	12,06
104	Fenstertür 2flg.	90	Süd	2,010	2,260		1,00	4,54	2,81	12,76
105	Fenstertür 1flg.	90	Süd	1,010	2,135		1,00	2,16	2,76	5,95
106	Küchenfenster	90	Süd	2,190	1,010		1,00	2,21	2,92	6,46
	gesamt							24,47		69,50
	Fenster Ost; Nord/Ost									
201										
202	Fenster fest	90	Ost	0,510	2,135		1,00	1,09	2,87	3,12
203	Fenster Bad	90	Ost	1,010	1,010		1,00	1,02	2,70	2,75
204	Fenster Anbau	90	Ost	1,010	1,010		1,00	1,02	2,70	2,75
	gesamt							3,13		8,63
	Fenster West; Nord/West									
301	Fenster 2flg. EG	90	West	2,050	2,260		1,00	4,63	2,93	13,57
302	Fenster 2flg. OG	90	West	2,050	2,135		1,00	4,38	2,93	12,82
303	Fenster 1flg. EG	90	West	1,010	2,260		1,00	2,28	2,76	6,30
304	Fenster Anbau	90	West	3,075	2,260		1,00	6,95	2,83	19,67
	gesamt							18,24		52,37
	Fenster Nord									
401	Fenster Süd	90	Nord	1,010	2,260		1,00	2,28	2,88	6,57
402	Fenster HT Ost	90	Nord	0,500	2,260		1,00	1,13	2,87	3,24
403	Fenster	90	Nord	1,010	1,010		2,00	2,04	2,70	5,51
404	Fenstertür	90	Nord	1,010	2,260		1,00	2,28	2,76	6,30
405	Fenster Anbau	90	Nord	0,510	0,510		4,00	1,04	2,50	2,60
406	Küchenfenster Ost	90	Nord	2,050	1,010		1,00	2,07	2,79	5,78
	gesamt							10,85		30,00

3.2.7 Temperatur-Korrekturfaktor F_x

3.2.7.1 Erläuterung

Die DIN EN ISO 6946 beschreibt die Berechnung der U-Werte nur für Bauteile, die an die Außenluft angrenzen. Lediglich für Dachräume und kleine unbeheizte Räume, wie z. B. Garagen, Lagerräume und Wintergärten, wird ein vereinfachtes Verfahren zur Ermittlung eines für unbeheizte Räume mit mehr oder weniger stehenden Luftschichten anzusetzenden R_U-Wertes vorgeschlagen (siehe Abschnitt 5.4 der Norm). Die genaue Berechnung für an das Erdreich angrenzende Bauteile erfolgt nach DIN EN ISO 13370.

Für den öffentlich-rechtlichen Nachweis nach EnEV können bei nicht an die Außenluft grenzenden Bauteilen zur Vereinfachung die Wärmedurchlasswiderstände der Schichten von deren äußerer Oberfläche bis zur Außenluft durch einen Temperatur-Korrekturfaktor F_x ersetzt werden.

- Bei Berechnung nach DIN V 4108-6 sind die Temperatur-Korrekturfaktoren F_x aus der Tabelle 3 dieser Norm zu verwenden.
- Bei Berechnung nach DIN V 18599-2 sind die Temperatur-Korrekturfaktoren F_x aus der Tabelle 5 dieser Norm zu verwenden.

Beide Tabellen sind weitgehend identisch.

Hinweis:

Bei fließendem Grundwasser sind die F_x-Werte um 15 % zu erhöhen.

(siehe auch „Temperatur-Korrekturfaktoren“ im Kapitel 9 „Faktoren der Energiebilanz“).

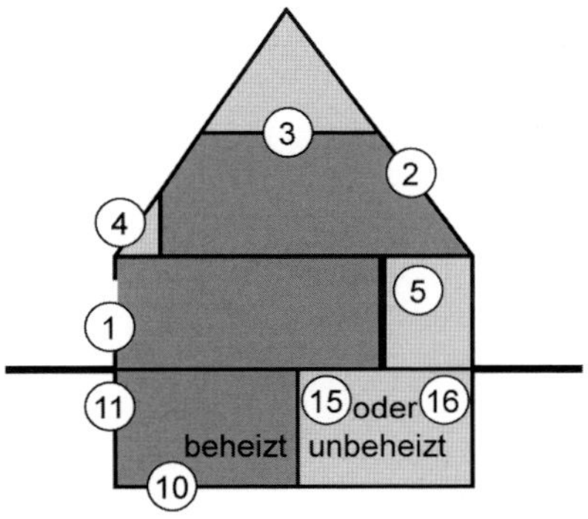

Bild 3.45: F_x-Werte für das MB-V (Monatsbilanzverfahren, nach DIN V 4108-6)

Im Folgenden werden die F_x-Werte nach der Zeilennummerierung (Z.) in der Tabelle 3 der jeweiligen Norm erläutert.

F_{xi} für Bauteile über dem Erdreich

Z. 1	an Außenluft angrenzenden Bauteile Außenwände, Fenster, Decken	F_e	= 1,0
Z. 2	Dach (auch Bauteile nach unten)	F_e	= 1,0
Z. 3	Geschossdecke zum nicht ausgebauten Dachraum (siehe auch Erläuterungen zu Bild 3.46)	F_D	= 0,8
Z. 4	Wände und Decken zu Abseiten (Drempel)	F_u	= 0,8
Z. 5	Wände und Decken zu unbeheizten Räumen	F_u	= 0,5
Z. 6	Wände und Decken zu niedrig beheizten Räumen (12 bis 19 °C)	$F_{n,b}$	= 0,35

Diese Zeile gibt es in DIN V 18599-2, Tabelle 5 nicht, da niedrig beheizte Räume als eigene Zone zu behandeln sind. Im Allgemeinen sind niedrig beheizte Räume bei Berechnungen von Wohngebäuden nicht vorhanden.

F_{xi} für Wände und Fenster sowie für Böden und Decken des unbeheizten Glasvorbaus in Abhängigkeit der Verglasung

Z. 7	Einfachverglasung	F_u	= 0,8
Z. 8	Zweischeibenverglasung	F_u	= 0,7
Z. 9	Wärmeschutzverglasung	F_u	= 0,5

Ergänzung:

Für Wände und Decken zu Räumen mit wesentlich niedrigeren Innentemperaturen ($\theta_i \leq 10$ °C bis + 5 °C), z. B. Treppenräume von Wohngebäuden, die unmittelbar an das beheizte Volumen grenzen, gilt $F_u = 0,5$.

Erläuterung:

F_x-Werte bei ausgebauten Dachgeschossen

Für die Lage der Wärmedämmung sind grundsätzlich drei Varianten mit jeweils unterschiedlichen F_x-Werten denkbar (vgl. Bild 3.46).

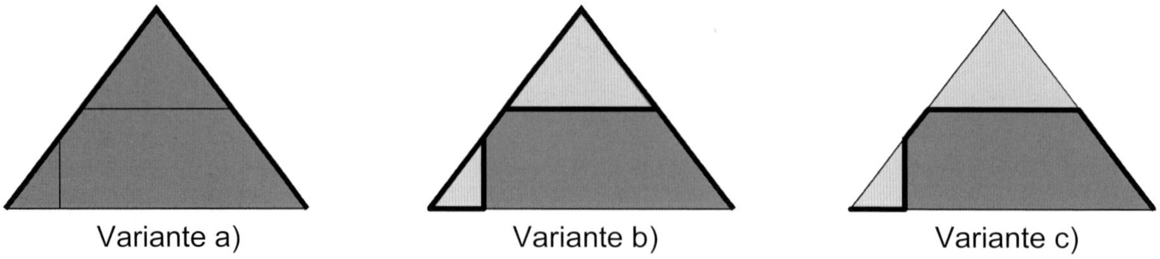

Bild 3.46: F_x-Werte für den Dachgeschossausbau

a) Gesamte Dachfläche ist gedämmt, Raumabtrennung ist nicht gedämmt:

Hier bildet die Systemgrenze die gedämmte Dachfläche. Die gedämmte Dachfläche gehört zur Hüllfläche. Das Volumen des beheizten und des nicht beheizten Dachraumes zählt zusammen zum beheizten Volumen. Die Raumabschlüsse bleiben unberücksichtigt.

$F_x = 1$

b) Dachfläche und Raumabschlüsse sind gedämmt:

Die Systemgrenze wird durch die Raumabschlüsse gebildet.

Durch die zusätzliche Dämmung der Dachfläche über den unbeheizten Bereichen führt der pauschalierte F_x-Wert von 0,5 zu ungünstigeren Ergebnissen als bei einer genaueren Berechnung des U-Wertes für unbeheizte Räume nach DIN EN ISO 6946 oder DIN EN ISO 13789. Bei einer genaueren Berechnung des U-Wertes entfällt die Anwendung des F_x-Wertes.

c) Wärmedämmung besteht nur in den Raumabschlüssen:

Die Systemgrenze ist die Raumbegrenzung.

Für die Abseitenwand und die Decke kann entweder der U-Wert mit $F_x = 0{,}8$ abgemindert oder der genaue U-Wert nach DIN EN ISO 6946 oder DIN EN ISO 13789 berechnet werden.

F_G-Werte für Bauteile des unteren Gebäudeabschlusses

Allgemeine Erläuterungen:

Die in der DIN angegebenen F_G-Werte für an das Erdreich angrenzende Bauteile wurden auf der Grundlage genauer Berechnungen nach DIN EN ISO 13370 ermittelt.

Bei der Berechnung des Wärmestroms durch die Bodenplatte über das Erdreich an die Außenluft spielt der Wärmedurchlasswiderstand des Erdreichs und damit die Strecke von der Bodenplatte zur Außenluft eine erhebliche Rolle. Diese ist bei einer quadratischen Bodenplatte größer als bei einer aus einem schmalen Rechteck. Um den sich aus diesen geometrischen Verhältnissen ergebenden Wärmestrom anzunähern, wurden in DIN V 4108-6 und DIN V 18599, Tabelle 5 die F_G-Werte für drei Bereiche in Abhängigkeit des sich aus der Fläche A_G zum Umfang P der Bodenplatten von beheizten Räumen ergebenden B'-Wertes angegeben.

$$B' = A_G / (0{,}5 \cdot P)$$

B' = charakteristisches Bodenplattenmaß in m

A_G = Fläche der Bodenplatten von beheizten Räumen in m² (zu Erdreich und zum unbeheizten Keller getrennt bis zur Systemgrenze berechnet)

P = Umfang der Bodenplatten (Summe der Außenmaße, die an das Erdreich und an unbeheizte Keller angrenzen. An das Erdreich grenzende Strecken der Bodenplatte werden von dem Umfang der Kellerdecke abgezogen. Strecken zu beheizten Nachbargebäuden werden nicht mitgerechnet.)

Angegeben sind die F_G-Werte für B' < 5, 5 – 10 und > 10 m.

Die B'-Werte werden für den Boden eines beheizten Raumes zum Erdreich, für die Kellerdecke zum unbeheizten Keller oder für die Bodenplatte eines beheizten Kellers berechnet. Für die Berechnung des P-Wertes wird jede das Erdreich berührende Außenkante nur einmal berücksichtigt, im Kellerboden oder in der Kellerdecke (siehe Rechenbeispiel).

Anmerkung:

In der DIN V 4108-6 ist diesbezüglich keine Auslegung enthalten.

Da der Wärmestrom auch vom Wärmedurchlasswiderstand der erdberührenden Bauteile abhängt, erfolgt eine weitere Unterteilung für diesbezügliche R_f- bzw. R_W-Werte ≤ 1 bzw. > 1 m² · K/W. Bei der Bestimmung dieser R-Werte ist zu beachten, dass bei innen liegender Wärmedämmung nur die Schichten innerhalb der Feuchtigkeitssperre, bei Perimeterdämmung alle Schichten bis Außenkante Dämmung anzurechnen sind.

R_f = Wärmedurchlasswiderstand der Bodenplatte (gilt für Zeilen 10; 12; 18)

R_W = Wärmedurchlasswiderstand der Kellerdecke (gilt für Zeile 11)

Anmerkung:

Zur groben Abschätzung:

$R \geq 1$ m² · K/W ergibt sich bei Vernachlässigung der übrigen Schichten schon bei einer Dämmschichtdicke von $\geq 0{,}04$ m aus einem Material mit einem λ-Wert von $\geq 0{,}04$ W/(m · K).

Indizes der F_x-Werte:

Bauteile, die an das Erdreich angrenzen, erhalten allgemein den Index G. Bei unterschiedlichen F_x-Werten für Boden und Wand wird F_G für den Fußboden mit F_{bf} und für die Wand mit F_{bw} spezifiziert.

Erläuterungen der F_G-Werte nach Tabelle 3 bzw. 5 der DIN V 4108-6 und DIN V 18599-2

Tabelle 3.37: F_G-Werte für beheizte Kellerräume – DIN V 4108-6 und DIN V 18599-2 (Auszug)

Z. nach DIN V 4108-6, Tabelle 3 (Z.) nach DIN V 18599-2, Tabelle 3			B' [m]					
			< 5		5 bis 10		> 10	
			R_f bzw. R_w					
Zeile (Z.)	Bauteil		≤ 1	>1	≤ 1	>1	≤ 1	>1
10 (9)	Fußboden des beheizten Kellers	$F_G = F_{bf}$	0,30	0,45	0,25	0,40	0,20	0,35
11 (10)	Wand des beheizten Kellers	$F_G = F_{bw}$	0,04	0,60	0,40	0,60	0,40	0,60

Hinweis:

Für Bauteile, die den beheizten Keller gegen das Erdreich abgrenzen, gelten in Abhängigkeit zum B'-Wert und vom R_f- bzw. R_w-Wert die angegebenen F_{bf}-Werte.

Für die Außenwände des beheizten Kellers gilt der B'-Wert des Kellerbodens.

Tabelle 3.38: F_G-Werte für Decken auf Erdreich ohne Keller nach DIN V 4108-6 und DIN V 18599-2 (Auszug)

Z. nach DIN V 4108-6, Tabelle 3 (Z.) nach DIN V 18599-2, Tabelle 3			B' [m]					
			< 5		5 bis 10		> 10	
			R_f bzw. R_w					
Zeile (Z.)	Bauteil		≤ 1	>1	≤ 1	>1	≤ 1	>1
12 (11)	Fußboden auf Erdreich ohne Randdämmung	$F_G = F_{bf}$	0,45	0,60	0,40	0,50	0,25	0,35
  13 (12) 14 (13)	Fußboden auf Erdreich mit Randdämmung – 5 m breit, waagrecht – 2 m tief, senkrecht	$F_G = F_{bf}$	0,30 0,25		0,25 0,20		0,20 0,15	

Anmerkung:

Für Bodenplatten von nicht unterkellerten Gebäuden, die also direkt auf dem Erdreich aufliegen, werden drei Varianten unterschieden.

Aufgeführt sind Fußboden auf dem Erdreich ohne oder mit 5 m breiter waagerechter oder mit 2 m senkrechter Randdämmung.

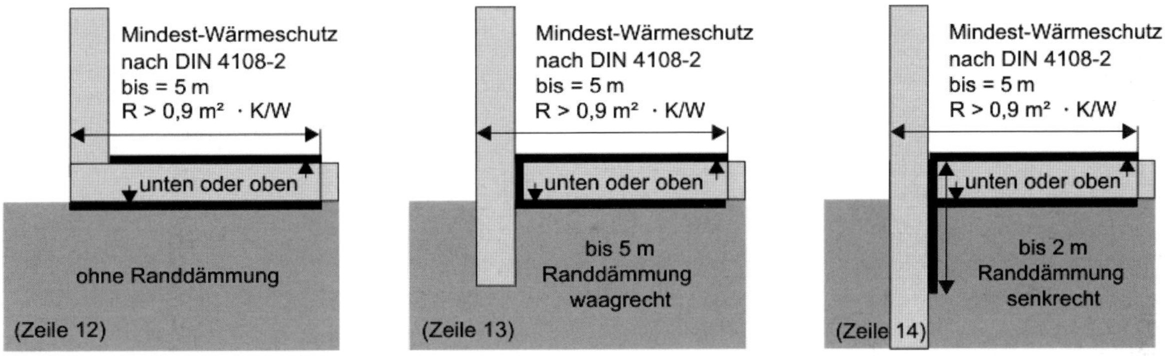

Bild 3.47: Randdämmung von Fußböden auf Erdreich (Interpretation der DIN-Normen)

Anmerkung:

Der Mindest-Wärmeschutz nach DIN 4108-2 von R = 0,9 m² · K/W muss auf einer Breite > 5 m immer vorhanden sein.

Z. 12 (11) Fußböden ohne Randdämmung haben entweder eine über die gesamte Fläche durchgehende oder bis ≥ 5 m vom Plattenrand eingebaute Wärmedämmung mit einem R-Wert, der mindestens 0,9 m² · K/W nach DIN 4108-2, Tabelle 3 entspricht.

Z. 13 (12) Fußböden auf Erdreich mit einer Randdämmung bis 5 m breit waagerecht verlaufend, haben zusätzlich zur Mindestdämmung an den Rändern der Bodenplatte eine Wärmedämmung.

Z. 14 (13) Fußböden auf Erdreich haben einen auf der Gründungsmauer befestigten Dämmstreifen bis zu einer Tiefe von 2 m, senkrecht verlaufend, weiterhin haben diese mindestens auf einer Breite von 5 m eine dem Mindest-Wärmeschutz entsprechenden R-Wert > 0,9 m² · K/W.

Tabelle 3.39: F_G-Werte für Kellerdecken und Kellerinnenwände nach DIN V 4108-6 und DIN V 18599-2 (Auszug)

Z. nach DIN V 4108-6, Tabelle 3 (Z.) nach DIN V 18599-2, Tabelle 3			B' [m]					
			< 5		5 bis 10		> 10	
			R_f bzw. R_w					
Zeile (Z.)	Bauteil		≤ 1	>1	≤ 1	>1	≤ 1	>1
	Kellerdecke und Kellerinnenwand							
15 (14)	– zum unbeheizten Keller mit Perimeterdämmung	F_G	0,55		0,50		0,45	
16 (15)	– zum unbeheizten Keller ohne Perimeterdämmung	F_G	0,70		0,65		0,55	

Z. 15 u. 16 Für Kellerdecken und Kellerwände, die einen beheizten vom unbeheizten Bereich trennen, sind die F_G-Werte in Abhängigkeit von der Wärmedämmung des unbeheizten Kellers angegeben, mit oder ohne Perimeterdämmung.

Nach dem Kommentar zur EnEV von Ackermann (Ackermann, T., 2003) bezieht sich die Angabe *„mit"* bzw. *„ohne Perimeterdämmung"* in erster Linie auf die Wandfläche. Die Bodenplatte im unbeheizten Keller kann auch nach Zeile 15 ungedämmt bleiben, *„da die Einbautiefe bereits eine Verminderung der Wärmeströme nach außen über das Erdreich"* bewirkt.

Für die Trennwände zu unbeheizten Kellern ist der B'-Wert der Kellerdecke zu verwenden.

Tabelle 3.40: F_G-Werte für aufgeständerte Fußböden und Bodenplatten zu niedrig beheizten Räumen nach DIN V 4108-6 und DIN V 18599-2 (Auszug)

Z. nach DIN V 4108-6, Tabelle 3 (Z.) nach DIN V 18599-2, Tabelle 3			B' [m]					
			< 5		5 bis 10		> 10	
			R_f bzw. R_w					
Zeile (Z.)	Bauteil		≤ 1	>1	≤ 1	>1	≤ 1	>1
17 (17)	Aufgeständerte Fußböden	F_G	0,90					
18 (16)	Bodenplatte von niedrig beheizten Räumen	F_G	0,2	0,55	0,15	0,50	0,10	0,35

Z. 17 (17) Aufgeständerte Fußböden befinden sich über einem durchlüfteten Freibereich.

Z. 18 (16) Die in Zeile 18 angegebenen Werte gelten für Räume mit einer Innentemperatur zwischen 11 °C und 19 °C.

3.2.7.2 Temperatur-Korrekturfaktoren F_x für das Beispiel-Haus

Nachfolgend werden die F_x-Werte für die einzelnen Bauteile des Beispiel-Hauses nach DIN V 4180-6, Tabelle 3 ermittelt.

F_x-Werte für Bauteile über dem Erdreich

Bauteile und Pläne siehe Kapitel 2.

- B1 Außenwände A_{AW}

  $F_e = 1$ Zeile 1
- B2 Außenwände Anbau A_{AW}

  $F_e = 1$ Zeile 1
- B3 Dachfläche A_D

  $F_D = 1$ Zeile 2
- B4 Haustür A_{HT}

  $F_e = 1$ Zeile 1
- B5 Decke über Eingang A_G

  $F_e = 1$ Zeile 1
- B6 Dachfläche Anbau A_{DU}

  $F_D = 1$ Zeile 2
- B 13 Außenwand Anbau geg. Dachraum

  $F_u = 0{,}8$ Zeile 4

F_x-Werte für Bauteile des unteren Gebäudeabschlusses

- B8 Bodenplatte Keller AG Zeile 10 (11)

  Der F_G-Wert ist abhängig vom B'-Wert der Bodenplatte und vom Wärmedurchgangswiderstand R der der Bodenplatte. Zur Ermittlung des B'-Wertes wird die Fläche A_G und der Umfang P des Bauteils benötigt (siehe Bild 3.48).

  $B' = A_G / (0{,}5 \cdot P)$

  $A_G = 5{,}3 \text{ m} \cdot 2{,}63 \text{ m}$ $= 13{,}94 \text{ m}^2$

  $P = (5{,}30 \text{ m} + 2{,}63 \text{ m}) \cdot 2$ $= 15{,}86 \text{ m}$

  $B' = 1{,}8$

  $R_f = 1{,}06$

  $F_G = 0{,}45$ Zeile 10 (11)

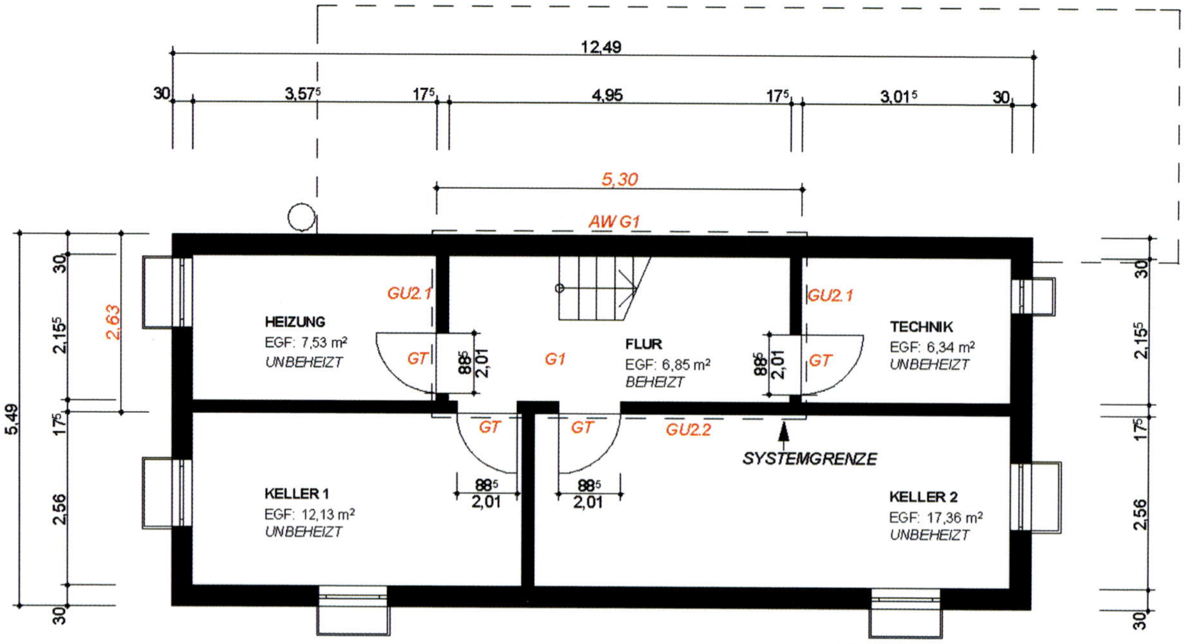

Bild 3.48: Beispiel-Haus Bodenplatte, Abmessungen zur Berechnung von B'

Der zur Berechnung von B' erforderliche P-Wert ergibt sich aus den jeweils an das Erdreich und unbeheizten Keller anschließenden Begrenzungen der zu untersuchenden Grundflächen. Im Keller ist das in diesem Beispiel der Umfang der Bodenplatte.

– B7 Kellerwand zu Erdreich AAW G1 Zeile 11 (10)

  F_G-Wert der Kellerwand ist Abhängig vom B'-Wert der Bodenplatte und vom R_W-Wert der Kellerwand.

  B'-Bodenplatte = 1,8

  R_W = 0,55

  F_G = 0,40 Zeile 11 (10)

– B9 Kellerdecke zu unbeheiztem Keller A_G G3 Zeile 16 (15)

  Der F_G-Wert ist abhängig von B'-Wert der Kellerdecke und davon, ob eine Perimeterdämmung an den Kellerwänden vorhanden ist. Zur Ermittlung des B'-Wertes wird die Fläche A_G und der Umfang P des Bauteils benötigt (siehe Bild 3.49). Eine Perimeterdämmung ist bei diesem Beispiel nicht vorhanden.

  $B' = A_G / (0{,}5 \cdot P)$

  $A_G = 12{,}49\text{ m} \cdot 5{,}49\text{ m} - 5{,}3\text{ m} \cdot 2{,}63\text{ m}$ $= 54{,}63\text{ m}^2$

  $P = 5{,}19\text{ m} + 12{,}49\text{ m} + 5{,}49\text{ m} + 2{,}125\text{ m}$ $= 25{,}30\text{ m}$

  (Beim Umfang P werden nur die Kanten berücksichtigt, die an einen kalten Bereich Wärme abgeben.)

  $B' = 4{,}32$

  $F_G = 0{,}70$ Zeile 16 (15)

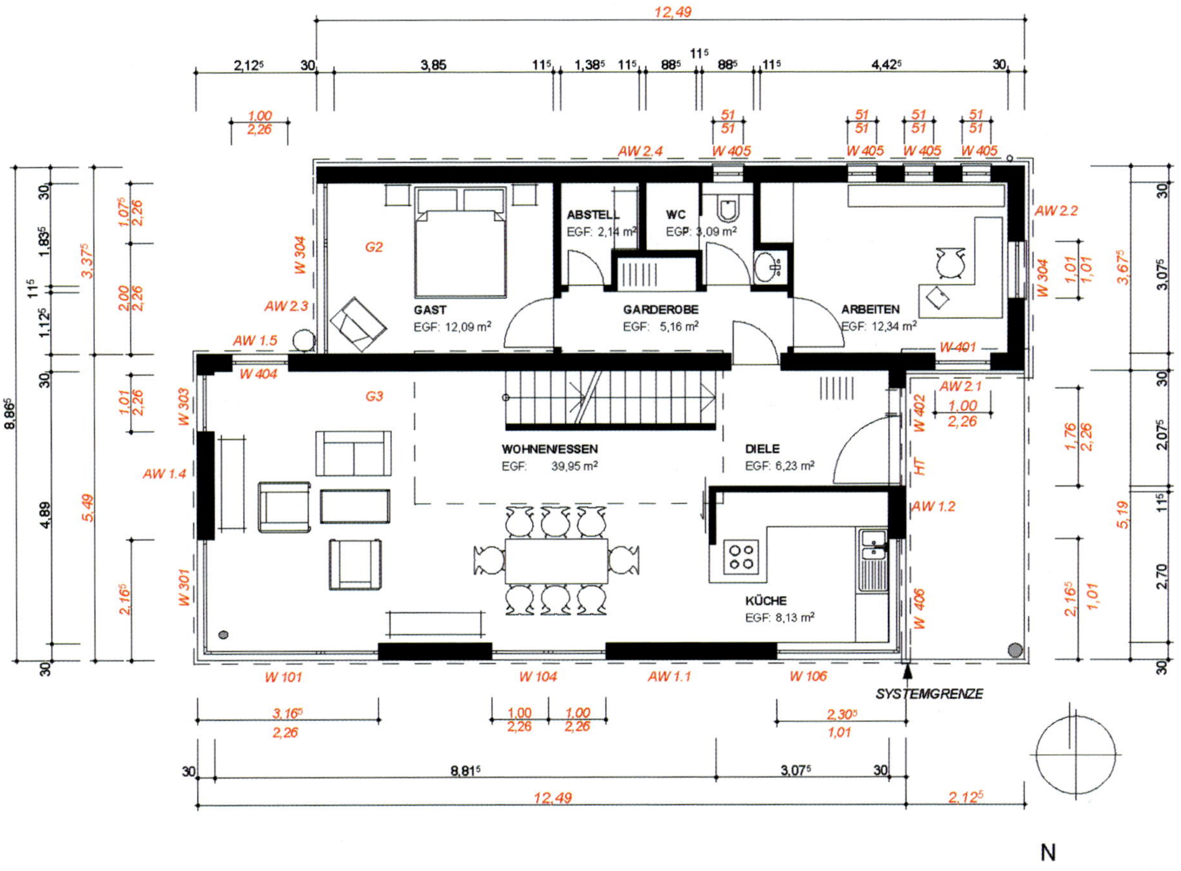

Bild 3.49: Beispiel-Haus Kellerdecke, Abmessungen zur Berechnung von B'

- B10 Kellerinnenwände A_G GU 2.1 + 2.2 und B12 Kellertüren A_G GT

  F_G-Wert der Kellerinnwände ist abhängig vom B'-Wert der Kellerdecke.

  B'-Bodenplatte = 4,32

  F_G = 0,70 Zeile 16 (15)

- B11 Bodenplatte Anbau AG G2 Zeile 12 (11)

  Der F_G-Wert ist abhängig vom B'-Wert der Bodenplatte, vom Wärmedurchgangswiederstand R der Bodenplatte und davon, ob eine Randdämmung vorhanden ist. Zur Ermittlung des B'-Wertes wird die Fläche A_G und der Umfang P des Bauteils benötigt (siehe Bild 3.49). Eine Randdämmung ist bei diesem Beispiel nicht vorhanden.

  B' = A_G / (0,5 · P)

  A_G = 12,49 m · 3,375 m = 42,15 m²

  P = 3,375 m + 12,49 m + 3,675 m + 2,125 m = 21,66 m

  (Beim Umfang P werden nur die Kanten berücksichtigt, die an einen kalten Bereich Wärme abgeben.)

  B' = 3,89

  R_f = 1,08

  F_G = 0,60 Zeile 12 (11)

3.2.8 Zusammenstellung der Kennwerte für das Beispiel-Haus

Tabelle 3.41: Zusammenstellung der einzelnen Bauteile des Beispiel-Hauses – ENGP-bautop

Nr.	Bauteile	U-Werte [W/(m²·K)]	Fläche [m²]	Temperatur-korrekturfaktor [F_x]
1	Außenwände - verputzt	1,13	134,06	1
2	Außenwände - Anbau	1,05	49,77	1
3	Dachfläche Hauptgebäude	0,62	80,53	1
4	Haustür	3,00	2,85	1
5	Decke Eingang zur Außenluft	1,01	11,03	1
6	Dachfläche Anbau	0,56	42,15	0,8
7	Kellerwand zu Erdreich	1,82	13,25	0,4
8	Bodenplatte beh. Keller	0,94	13,94	0,45
9	Decke zu unb. Keller	0,83	54,63	0,7
10	Kellerinnenwände	1,36	18,88	0,7
11	Bodenplatte Anbau	0,92	42,79	0,6
12	Kellertüren	3,00	7,52	0,7
13	Außenwand Anbau geg. Dachr.	1,03	5,43	0,8
20				----
21	Fenster Süd; Südost; Südwest		24,47	1
22	Fenster Ost; Nordost		3,13	1
23	Fenster West; Nordwest		18,24	1
24	Fenster Nord		10,85	1
25	Fenster Neigung < 30°		0,00	
26	Fenster ohne Gewinne		0,00	
	Hüllfläche A		533,52	

3.3 Ermittlung der U-Werte an bestehenden Gebäuden

Die Ermittlung der U-Werte von Außenbauteilen bei bestehenden Gebäuden erfolgt nach den gleichen Richtlinien wie bei Neubauten. Hier ist jedoch häufig das Problem vorhanden, dass die genauen Schichtaufbauten mit Ihren Materialien und den dazugehörigen bauphysikalischen Kenngrößen nicht bekannt sind.

Für die Berechnung von bestehenden Gebäuden nach EnEV dürfen, wenn Angaben über die Bauteilschichten und deren Wärmeleitfähigkeit nicht vorliegen, gesicherte Erfahrungswerte für Bauteile vergleichbarer Altersklassen nach den anerkannten Regeln der Technik verwendet werden. Die Einhaltung der anerkannten Regeln der Technik wird vermutet, wenn hierfür die vom Bundesministerium für Verkehr, Bau und Stadtentwicklung im Bundesanzeiger bzw. unter www.bbsr-energieeinsparung.de bekannt gemachten Veröffentlichungen verwendet werden. Auf die aktuelle EnEV zugeschnittene Bekanntmachungen sollen in Kürze veröffentlicht werden.

3.3.1 Ausführliches Verfahren

Für das ausführliche Verfahren sind die U-Werte entweder aus den in den Planungsunterlagen enthalten Angaben (Schichtdicken und λ-Werte über die Rohdichten der Materialien), oder mithilfe von U-Wert-Messgeräten zu ermitteln.

3.3.1.1 Ermittlung der λ-Werte über die Material-Rohdichte

Die Wärmeleitzahlen von Baustoffen werden in Abhängigkeit Ihrer Rohdichte angegeben.

Die Ermittlung der Rohdichte kann von homogenen Baustoffen durch Entnehmen relativ kleiner Probekörper erfolgen. Bei Loch- oder Kammersteinen bezieht sich die Steinrohdichte auf den ganzen Stein einschließlich seiner Hohlräume, sodass zu deren Bestimmung ein ganzer Stein als Probe erforderlich ist. Die Wärmeleitzahlen wurden bis zur Einführung der internationalen Maßeinheiten ISO im Jahr 1967 in $kcal/mh^0$ angegeben. Wärmeleitzahlen aus älteren Quellen müssen deshalb in die heute geltende Einheit $W/(m \cdot K)$ umgerechnet werden.

$1\ kcal/mh^0 = 1{,}163$ $\quad W/(m \cdot K)$

3.3.1.2 Ermittlung der U-Werte über Temperaturmessungen

Im Kapitel 6 „Wärmebrücken" wird die Berechnung der inneren Wandoberflächentemperatur erläutert. Diese ergibt sich mit

$$\theta_{si} = \theta_i - R_{si} \cdot U \cdot (\theta_i - \theta_e) \quad °C$$

$$\theta_i - \theta_e = \Delta\theta$$

θ_{si}	=	Temperatur an der inneren Wandoberfläche	°C
θ_i	=	Temperatur der Raumluft	°C
R_{si}	=	Wärmeübergangswiderstand innen	$m^2 \cdot K/W$
U	=	Wärmedurchgangskoeffizient	$W/(m^2 \cdot K)$

Sind die Temperaturen bekannt, kann aus dieser Formel der U-Wert der Wand berechnet werden. Durch Umstellung der Formel ergibt sich

$$U = (\theta_i - \theta_{si}) / R_{si} \cdot (\theta_i - \theta_e) \quad W/(m^2 \cdot K)$$

Die Luft- und die Wandoberflächentemperatur lassen sich zwar relativ einfach feststellen, da sie aber, wie auch in Bild 3.24 dargestellt, ständigen Schwankungen unterliegen, lässt sich mit einmaligen Messungen nur ein zufälliges Ergebnis errechnen.

Lediglich mit speziellen Messgeräten, die bei möglichst konstanter, kalter Witterung über einen längeren Zeitraum (einige Tage) die Temperaturdaten sammeln, lassen sich ein mittlerer Wärmestrom und daraus ein U-Wert abschätzen.

Tabelle 3.42: Pauschalwerte für den Wärmedurchgangskoeffizienten, ohne nachträgliche Dämmung (Quelle: Bekanntmachung des Bundesministeriums für Verkehr, Bau und Stadtentwicklung „Regeln zur Datenaufnahme und Datenverwertung im Wohngebäudebestand" vom 30. Juli 2009, Tabelle 2)

Bauteil	Konstruktion		Baualtersklasse [1]							
			bis 1918	1919 bis 1948	1949 bis 1957	1958 bis 1968	1969 bis 1978	1979 bis 1983	1984 bis 1994	ab 1995
			Pauschalwerte für den Wärmedurchgangskoeffizienten in W/(m²·K)							
Dach (auch Wände zwischen beheiztem und unbeheiztem Dachgeschoss)	Massive Konstruktion (insbes. Flachdächer)		2,1	2,1	2,1	2,1	0,6	0,5	0,4	0,3
	Holzkonstruktion (insbes. Steildächer)		2,6	1,4	1,4	1,4	0,8	0,5	0,4	0,3
oberste Geschossdecke (auch Fußboden gegen außen, z.B. über Durchfahrten)	Massive Decke		2,1	2,1	2,1	2,1	0,6	0,5	0,4	0,3
	Holzbalkendecke		1,0	0,8	0,8	0,8	0,6	0,4	0,3	0,3
Außenwand (auch Wände zum Erdreich oder zu unbeheizten (Keller-) Räumen)	Massive Konstruktion (Mauerwerk, Beton, oder ähnlich)		1,7	1,7	1,4	1,4	1,0	0,8	0,6	0,5
	Holzkonstruktion (Fachwerk, Fertighaus, oder ähnlich)		2,0	2,0	1,4	1,4	0,6	0,5	0,4	0,4
sonstige Bauteile gegen Erdreich oder zu unbeheizten (Keller-) Räumen	Massive Bauteile		1,2	1,2	1,5	1,0	1,0	0,8	0,6	0,6
	Holzbalkendecke		1,0	0,8	0,8	0,8	0,6	0,6	0,4	0,4
Fenster, Fenstertüren	Holzfenster, einfach verglast	g = 0,87 [3]	5,0	5,0	5,0	5,0	5,0	5,0	–	–
	Holzfenster, zwei Scheiben [2]	g = 0,75 [3]	2,7	2,7	2,7	2,7	2,7	2,7	2,7	1,8
	Kunststofffenster, Isolierverglasung [2]	g = 0,75 [3]	–	–	–	3,0	3,0	3,0	3,0	1,8
	Alu- oder Stahlfenster, Isolierverglasung [2]	g = 0,75 [3]	–	–	–	4,3	4,3	4,3	4,3	1,8
Rollladenkästen	neu, gedämmt		1,8							
	alt, ungedämmt		3,0							
Türen			3,5							

1 Baualtersklasse des Gebäudes (bzw. des Bauteils bei neu eingebauten Bauteilen, insbes. Fenster). Die Baualtersklasse 1984 bis 1994 betrifft Gebäude, die nach der Wärmeschutzverordnung vom 24. Februar 1982 (Inkrafttreten 1.1.1984) errichtet wurden.

2 Isolierverglasung, Kastenfenster oder Verbundfenster, nach 1995 Wärmeschutzverglasung

3 g = Gesamtenergiedurchlassgrad der Verglasung

3.3.1.3 Ermittlung der U_W-Werte von transparenten Bauteilen

Die Ermittlung der Wärmedurchgangskoeffizienten für Fenster U_W erfolgt entweder nach DIN EN ISO 10077-1 wie in Kapitel 3.2.6.3 beschrieben oder mithilfe von Pauschalwerten, die in der Bekanntmachung des Bundesministeriums für Verkehr, Bau und Stadtentwicklung veröffentlicht worden sind (siehe Tabelle 3.42).

In der DIN EN ISO 10077-1 sind die Formeln für die Berechnung der U_W-Werte von üblichen Fensterarten enthalten. Dabei werden jeweils alle U-Werte der unterschiedlichen Bestandteile flächenanteilig verrechnet.

3.3.2 Kurzverfahren

Vereinfacht dürfen bei Nachweisen nach EnEV, wenn die Bauteilschichten und deren Wärmeleitfähigkeit nicht vorliegen, pauschale U-Werte aus der Bekanntmachung vom Bundesministerium für Verkehr, Bau und Stadtentwicklung zum § 9, Abs. 2 der EnEV vom 30. Juli 2009 verwendet werden.

Sind in den Außenwänden Heizkörpernischen vorhanden, so darf der Wärmedurchgangskoeffizient für die Fläche der Heizkörpernische wie folgt vereinfacht angenommen werden:

$$U_{Heizkörpernische} = 2 \cdot U_{Außenwand} \qquad W/(m^2 \cdot K)$$

Wurde ein Bauteil nachträglich gedämmt, kann der pauschale U-Wert wie folgt umgerechnet werden:

$$U_D = 1 / (1/U_0 + d_D/0{,}04) \qquad W/(m^2 \cdot K)$$

(Formel 3.40)

U_D = pauschaler U-Wert für das nachträglich gedämmte Bauteil
U_0 = pauschaler U-Wert für das Bauteil im Urzustand
d_D = Stärke der nachträglichen Dämmung

Tabelle 3.43: Wärmedurchgangskoeffizienten für zusätzlich gedämmte Bauteile (Quelle: Bekanntmachung des Bundesministeriums für Verkehr, Bau und Stadtentwicklung „Regeln zur Datenaufnahme und Datenverwertung im Wohngebäudebestand" vom 30. Juli 2009, Tabelle 3)

Urzustand	zusätzliche Dämmung							
	2 cm	5 cm	8 cm	12 cm	16 cm	20 cm	30 cm	40 cm
	Pauschalwerte für den Wärmedurchgangskoeffizienten in W/(m²·K)							
> 2,5	1,20	0,63	0,43	0,30	0,23	0,19	0,13	0,10
>2,0 ... 2,5	1,11	0,61	0,42	0,29	0,23	0,19	0,13	0,10
>1,5 ... 2,0	1,00	0,57	0,40	0,29	0,22	0,18	0,13	0,10
>1,0 ... 1,5	0,86	0,52	0,38	0,27	0,21	0,18	0,12	0,09
>0,7 ... 1,0	0,67	0,44	0,33	0,25	0,20	0,17	0,12	0,09
>0,5 ... 0,7	0,52	0,37	0,29	0,23	0,18	0,16	0,11	0,09
≤ 0,5	0,40	0,31	0,25	0,20	0,17	0,14	0,11	0,08

3.4 Fragen

1. Erklären Sie die Begriffe Wärme und Temperatur.
2. Was versteht man unter dem Begriff Wärmemenge?
3. Geben Sie die Einheiten der unten aufgelisteten physikalischen Größen an:
   - Temperatur
   - Temperaturunterschied
   - Wärmemenge
4. Welcher Zusammenhang besteht zwischen den Begriffen Arbeit, Wärmemenge und Energie? Welche Einheiten werden verwendet?
5. Welcher Zusammenhang besteht zwischen den Begriffen Leistung und Wärmestrom?
6. Wie viel Energie in kWh bzw. ist in 1 l Heizöl und 1 m³ Erdgas gespeichert? Nennen Sie die Beträge in den Einheiten Joule und Watt.
7. Wie groß ist der Heizölbedarf B_r, wenn ein Heizkörper 48 h eine Leistung von 4.500 W erbringt und der Wirkungsgrad der Heizanlage 92 % beträgt?
8. Erklären Sie den Treibhauseffekt (in einem Raum).
9. Erläutern Sie die Mechanismen der Wärmeausbreitung.
10. In welche Bereiche wird der Wärmestrom von der Wärmeübergabestelle bis zur Außenluft aufgeteilt und wie werden die Koeffizienten dieser Teilströme bezeichnet?
11. Erläutern Sie folgende physikalischen Begriffe und geben Sie deren Formelzeichen und deren Einheit an:
    - Wärmeleitzahl
    - Wärmedurchlasskoeffizient
    - Wärmedurchlasswiderstandskoeffizient
    - Wärmeübergangskoeffizient
    - Wärmedurchgangskoeffizient
    - Wärmedurchgangswiderstandskoeffizient
12. Nach welcher Norm sind die Wärmedurchgangswiderstände zu berechnen?
13. Wie erfolgt die Wärmeübertragung in geschlossenen Luftschichten?
14. Welche Arten von Luftschichten werden nach DIN EN ISO 6946 unterschieden?
15. Wie wird die Wärmeübertragung einer Luftschicht bei der Berechnung des U-Wertes berücksichtigt?
16. Bis zu welcher Dachneigung ist der Wärmestrom als nach oben gerichtet zu betrachten?
17. Was versteht man unter einem thermisch inhomogenen Bauteil?
18. Welche Grenzwerte müssen zur Bestimmung des mittleren U-Wertes eines Fachwerks berechnet werden?

19. Aus welchen Faktoren wird der Wärmedurchgangskoeffizient U_W für Fenster berechnet?

20. Warum kann bei keilförmigen Dämmschichten der genaue Wärmedurchgangskoeffizient nicht aus deren mittleren Dicke berechnet werden?

21. Zu welchem Zweck wurde der Temperatur-Korrekturfaktor F_x eingeführt?

22. Wo sind die F_x-Werte für das MB-V angegeben?

3.5 Antworten

1. Mit Wärme werden die Schwingungen der Atome und Moleküle bezeichnet.
   Je schneller sich diese bewegen, desto größer ist ihr Energieinhalt und desto größer ist ihre Temperatur.

2. Als Wärmemenge bezeichnet man die für das Bewegen der Atome auf ein bestimmtes Temperaturniveau erforderliche Arbeit.

3.

Temperatur θ	C
Temperaturunterschied	K
Wärmemenge Q	J bzw. kWh

4. Unter Arbeit versteht man das Bewegen einer Masse gegen die Schwerkraft.
   Eine Wärmemenge entspricht der zur Aufrechterhaltung der Atombewegungen auf einem bestimmten Temperaturniveau erforderliche Arbeit. Solange sich die Atome gleich schnell bewegen, ist die investierte Arbeit als Energie gespeichert. Die Einheit ist für alle Begriffe das Joule.

5. Mit Leistung wird die innerhalb einer bestimmten Zeit zu erbringende Arbeit bezeichnet, die für den Ersatz der durch den Wärmestrom transportierten Wärme erforderlich ist.

6. In 1 l Heizöl bzw. 1 m^3 Erdgas ist die Energie von ca. 36 MJ (das entspricht ca. 10 kWh) gespeichert.

7. Formel:

$$B_l = \frac{Q}{Hi \cdot \eta} = \frac{\Phi \cdot t}{Hi \cdot \eta}$$

$$B_r = \frac{4{,}5\text{kW} \cdot 48\text{h}}{10\text{kWh/l} \cdot 0{,}92}$$

$$B_r = 23{,}5\ \text{l}$$

   Antwort:

   Damit eine Wärmeleistung von 4.500 W über einen Zeitraum von 48 h erbracht werden kann, muss die in 23,5 l Heizöl gespeicherte Energie umgewandelt werden.

8. Glas ist für kurzwellige Strahlung durchlässiger als für langwellige. Die von kurzwelligem Licht erwärmte Materie gibt langwellige Strahlung ab, die das Glas nicht mehr durchdringen. Die Luft im Raum erwärmt sich.

9. a) Strahlung:
   Die beim Rücksprung der Atome auf eine niedrigere Energieebene von einem Körper abgestrahlten elektromagnetischen Wellen treffen auf Atome in einem anderen Körper und erhöhen dadurch deren Energie.

   b) Konvektion:
   Luft mit niedriger Temperatur hat eine größere Dichte. Die wärmere Luft wird von dieser nach oben verdrängt. Es kommt zur Luftumwälzung (Konvektion).

   c) Mechanisch:
   In festen und flüssigen Stoffen mittels direkter Übertragung der Atombewegungen durch Gitterschwingungen.

10. Wärmestrom von der Wärmequelle zur inneren Oberfläche des Bauteils
= innerer Wärmeübergangskoeffizient

Wärmestrom durch das Bauteil
= Wärmedurchlasskoeffizient

Wärmestrom von der äußeren Oberfläche des Bauteils zur Außenluft
= äußerer Wärmeübergangskoeffizient

11. Wärmeleitzahl

Die Wärmeleitzahl kennzeichnet die Größe des Wärmestroms der durch 1 m² eines Baustoffes mit der Dicke von 1 m hindurchfließt, wenn sich die Oberflächentemperaturen um 1 K unterscheiden.

Einheit: W/(m · K)
Symbol: λ

Wärmedurchlasskoeffizient

Der Wärmedurchlasskoeffizient kennzeichnet den Wärmestrom, der durch 1 m² eines Bauteils mit der Dicke d hindurchfließt, wenn sich die Oberflächentemperaturen um 1 K unterscheiden.

Einheit: W/(m² · K)
Symbol: Λ

Wärmedurchlasswiderstandskoeffizient

Der Wärmedurchlasswiderstandskoeffizient ist der reziproke Wert des Wärmedurchlasskoeffizienten und kennzeichnet den Widerstand, den eine Stoffschicht dem Wärmestrom pro m² entgegensetzt.

Einheit: m² · K/W
Symbol: R

Wärmeübergangskoeffizient

Der Wärmeübergangskoeffizient kennzeichnet den Wärmestrom zwischen Wärmequelle und innerer Wandoberfläche bzw. zwischen äußerer Wandoberfläche und Außenluft, bei einer Temperaturdifferenz von 1 K.

Einheit: W/(m² · K)
Symbol: $1 / R_{si}$
$1 / R_{se}$

Wärmedurchgangskoeffizient

Der Wärmedurchgangskoeffizient kennzeichnet den Gesamtwärmestrom, der sich aus dem Wärmeübergangs- und dem Wärmedurchlasskoeffizienten ergibt.

Einheit: W/(m² · K)
Symbol: U

Wärmedurchgangswiderstandskoeffizient

Der Wärmedurchgangswiderstandskoeffizient kennzeichnet die Summe der Wärmeübergangs- und Wärmedurchlasswiderstände.

Einheit: $m^2 \cdot K/W$
Symbol: R_T

$$R_T = R_{si} + \sum R + R_{se}$$

12. nach DIN EN ISO 6946

13. Durch Leitung, Strahlung und Konvektion

14. Ruhende, schwach und stark belüftete Schichten

15. Bei ruhenden Luftschichten wird in Abhängigkeit ihrer Breite der Wärmedurchlasswiderstand R nach DIN EN ISO 6946-5, Tabelle 2 in Ansatz gebracht. Stark belüftete Schichten dürfen nicht berücksichtigt werden. Für die auf der Innenseite der Luftschicht befindlichen Bauteile kann $R_{se} = R_{si}$ gesetzt werden.

16. bis 60°

17. Das sind Bauteile, in denen senkrecht zur Wärmestromrichtung unterschiedliche Materialien nebeneinander liegen.

18. unterer und oberer Grenzwert, R'_T und R''_T

19. Flächenanteile und Wärmedurchgangskoeffizienten für Rahmen und Glas plus Wärmebrückenverlustkoeffizient des Glasabstandhalters ψ · Umfang der Glasflächen

20. weil der U-Wert nicht proportional zur Dämmstoffdicke abnimmt

21. Bei nicht an die Außenluft grenzenden Bauteile zur vereinfachten Berechnung als Ersatz für die R-Werte der Schichten, die sich zwischen äußerer Oberfläche und der Außenluft befinden.

22. DIN V 4108-6, Tabelle 3 und DIN V 18599-2, Tabelle 5

4 Anlagentechnik

Autoren: Dipl.-Ing. (FH) Johannes Volland
Dipl.-Ing. Architekt Friedemann Zeitler

Mitautor: Handwerksmeister Dieter Dierschedl

Inhalt Seite

4.1 Erläuterung der Anlagenkomponenten

Autor: Johannes Volland

4.1.1 Einführung

Bei der Bestimmung der nachzuweisenden Kenngröße Q_P (Primärenergiebedarf) sind die Verluste der Heizungsanlagen mit zu berücksichtigen.

Die Anlagenaufwandszahl e_P beschreibt das Verhältnis der von der Anlagentechnik aufgenommenen Primärenergie in Relation zu der von ihr abgegebenen Nutzwärme. Sie dient dem Vergleich unterschiedlicher Heizanlagen hinsichtlich ihres Primärenergieaufwands.

Beachte:

Der Primärenergiebedarf berücksichtigt **nur** die **fossile** Energiemenge, die gewonnen werden muss, um den Gesamtenergiebedarf des Gebäudes zu decken. Darin ist auch der fossile Energiebedarf enthalten, der für die Gewinnung, die Umwandlung und den Transport des Energieträgers notwendig ist.

Der Anteil an regenerativer Energie wird im Primärenergiebedarf nicht berücksichtigt.

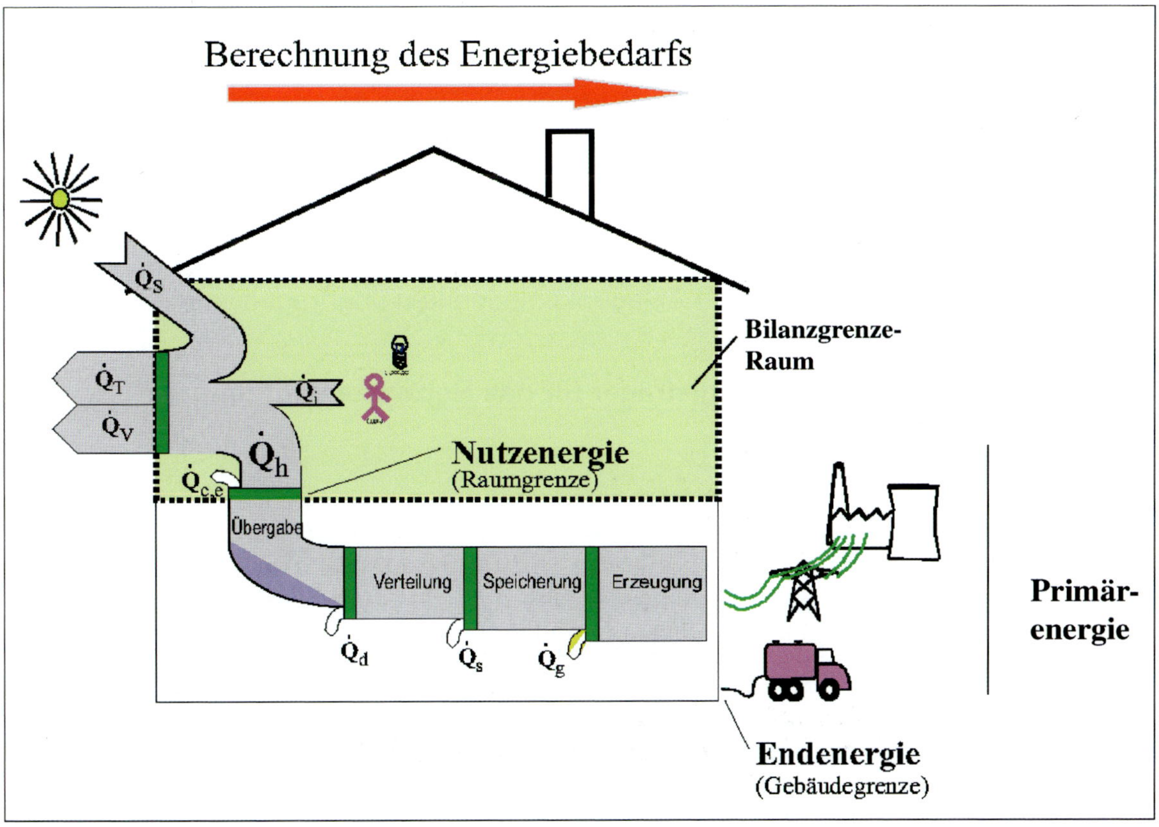

Bild 4.1: Berechnung des Energiebedarfs in Richtung der Bedarfsentwicklung (Quelle: DIN V 4701-10, Bild 1)

Nach EnEV ist bei der Ermittlung der Anlagenkennzahlen Folgendes zu beachten:

Unter Anlage 1, Nr. 1.1, Absatz 2 für die Berechnung des zulässigen Jahresprimärenergiebedarfs über das Referenzgebäude:

„Soweit in dem zu errichtenden Wohngebäude eine elektrische Warmwasserbereitung ausgeführt wird, darf diese bis zum 31. Dezember 2015 anstelle von Tabelle 1 Zeile 6 als wohnungszentrale Anlage ohne Speicher gemäß den in Tabelle 5.1-3 der DIN V 4701-10:2003-08, geändert durch A1: 2012-07, gegebenen Randbedingungen berücksichtigt werden. Der sich daraus ergebende Höchstwert des Jahresprimärenergiebedarfs ist in Fällen des Satzes 2 um 10,0 kWh/(m²a) zu verringern; dies gilt nicht bei Durchführung von Maßnahmen zur Einsparung von Energie nach § 7 Absatz 1 Nummer 2 in Verbindung mit Nummer VII.1 und 2 der Anlage des Erneuerbare-Energien-Wärmegesetzes."

In Anlage 1 Nr. 2.1.3 der EnEV heißt es:

„Werden in Wohngebäude bauliche oder anlagentechnische Komponenten eingesetzt, für deren energetische Bewertung weder anerkannte Regeln der Technik noch gemäß § 9 Absatz 2 Satz 2 dritter Teilsatz bekannt gemachte gesicherte Erfahrungswerte vorliegen, so dürfen die energetischen Eigenschaften dieser Komponenten unter Verwendung derselben Randbedingungen wie in den Berechnungsverfahren nach Nummer 2.1.1 beziehungsweise Nummer 2.1.2 durch dynamisch-thermische Simulationsrechnungen ermittelt werden."

4.1.2 Anlagenkomponenten

Nachfolgend werden die Anlagenkomponenten erläutert, die einen wesentlichen Einfluss auf die Anlagenkennzahl e_p und somit auf den Energiebedarf des Gebäudes haben. Diese beziehen sich in erster Linie auf die nach DIN V 4701-10 zu berücksichtigenden Anlagenkomponenten, können aber auch sinngemäß auf die nach DIN V 18599-5, DIN V 18599-6 und DIN V 18599-8 zu berücksichtigenden Anlagenkomponenten übertragen werden.

4.1.2.1 Wärmeerzeuger und Energieträger für das Heizsystem (Erzeuger H)

Einfluss auf die Anlagenkennzahl e_P:

Das Heizsystem beeinflusst den e_P-Wert durch seinen Nutzungsgrad. Der Nutzungsgrad sagt aus, wie viel von der zugeführten Energie (Energiegehalt im Brennstoff H_u = Brennwert) zum Heizen genutzt werden kann. Je höher der Nutzungsgrad (bei gleichem Brennstoff), desto niedriger ist die Anlagenkennzahl. In der DIN V 4701-10 wird diese durch die Aufwandszahl e_g ausgedrückt. Je kleiner die Aufwandszahl e_g, umso weniger Energie muss dem Heizsystem zugeführt werden, um die benötigte Heizwärme zu erzeugen.

Der Energieträger beeinflusst die Anlagenkennzahl e_P durch seine Umweltverträglichkeit, die durch den Primärenergiefaktor f_P ausgedrückt wird. Je weniger umweltschädliche Gase wie CO_2, Schwefel und Kohlenmonoxid bei Gewinnung, Transport und Verbrennung des Energieträgers frei werden, desto umweltfreundlicher ist dieser und desto kleiner fällt die Anlagenkennzahl e_P aus. Regenerative Energieträger wie Holz und pflanzliche Öle binden beim Wachstum soviel CO_2, wie bei der Verbrennung freigegeben wird, sodass diese als CO_2-neutral bewertet werden.

Für die Berechnung des Jahresprimärenergiebedarfs Q_P nach EnEV ist der Wert für den Primärenergiefaktor f_P für den nicht erneuerbaren Anteil zu verwenden. Für Strom ist dieser nach DIN V 18599-1 und DIN 4701-10/A1:2012-04 mit 2,4 anzusetzen. Ab dem 1. Januar 2016 ist nach EnEV Anlage 1 Nummer 2.1.1 der Primärenergiefaktor für Strom mit 1,8 anzusetzen.

Folgende Wärmeerzeuger stehen in der DIN V 4701-10 für das Tabellenverfahren zur Verfügung:

Abkürzung	Energieträger	Bezeichnung
NT	Gas/Öl	**Niedertemperaturkessel**

Erläuterung:

Niedertemperaturkessel sind Heizkessel, die mit gleitender Kesseltemperatur und niedrigen Kesseltemperaturen betrieben werden können. Die Kesseltemperatur passt sich automatisch der Außentemperatur über Außentemperaturfühler an. Die untere Kesseltemperatur liegt bei 30 – 40 °C.

Beispiel-Haus:

Nutzungsgrad η:	ca. 95 %	
Aufwandszahl e_g:	ca. 1,11 – 1,13	(DIN V 4701-10, Tabelle C.3-4b)
Primärenergiefaktor f_P		
insgesamt:	1,1	(DIN V 4701-10/A1, Tabelle C.3-4d)
nicht erneuerbarer Anteil:	1,1	(DIN V 4701-10/A1, Tabelle C.3-4d)

Abkürzung	Energieträger	Bezeichnung
BW	Gas/Öl	**Brennwertkessel**

Erläuterung:

Brennwertkessel sind in der Lage, den Energiegehalt des bei der Verbrennung frei werdenden Wasserdampfes über Hochleistungswärmetauscher weitgehend wieder zurückzugewinnen. In dem Wärmetauscher werden die Verbrennungsgase so weit abgekühlt, dass Wassertröpfchen entstehen. Die dabei frei werdende Kondensationswärme wird dann an den Warmwasserkreislauf abgegeben. Durch die Nutzung dieser Wärme erreichen Brennwertkessel einen Nutzungsgrad von bis zu 109 %. Dies liegt daran, dass der Nutzungsgrad immer auf der Basis des unteren Heizwertes H_u angegeben wird, in dem die Energie des Wasserdampfes nicht enthalten ist.

Da im Erdgas mehr Wasserstoff gebunden ist als im Erdöl, wird diese Technik hauptsächlich bei Gaskesseln angewendet. Sie ist aber auch bei Öl sinnvoll.

Beispiel-Haus:

Nutzungsgrad η:	ca. 109 %	
Aufwandszahl e_g:	ca. 0,95 – 1,01	(DIN V 4701-10, Tabelle C.3-4b)
Primärenergiefaktor f_P		
insgesamt:	1,1	(DIN V 4701-10/A1, Tabelle C.3-4d)
nicht erneuerbarer Anteil:	1,1	(DIN V 4701-10/A1, Tabelle C.4-1)

Abkürzung	Energieträger	Bezeichnung
WP	Strom	**Wärmepumpen**

Erläuterung:

Elektrische Wärmepumpen nutzen die Wärme aus der Umwelt. Dazu wird die in der Umwelt gespeicherte Sonnenenergie mit technischer Hilfe auf das benötigte Temperaturniveau angehoben. Das Funktionsprinzip ist wie das eines Kühlschranks, nur dass hier nicht Kälte, sondern Wärme produziert wird.

Mithilfe eines Wärmetauschers wird die in der Umwelt gespeicherte Wärme (Erdreich, Wasser oder Luft) an das sogenannte Arbeitsmittel des geschlossenen Wärmepumpenkreislaufs abgegeben. Die gewonnene Wärme dient zur Verdampfung des Arbeitsmittels. Dieses wird anschließend mit zugeführter Energie (meist Strom) verdichtet, damit ein höheres Temperaturniveau erreicht wird. Umso höher das Temperaturniveau angehoben werden muss (abhängig von der Vorlauftemperatur), umso mehr Energie muss zugeführt werden. Im Verflüssiger wird die Wärme über einen Wärmetauscher dem Arbeitsmittel wieder entzogen und an den Warmwasserkreislauf der Heizungsanlage abgegeben. Dem nun wieder flüssigen Arbeitsmittel wird wieder Wärme aus der Umwelt zugeführt und der Kreislauf beginnt von vorne.

Die Kenngrößen von Wärmepumpen werden durch die Leistungszahl ε und die Jahresarbeitszahl ß (JAZ) definiert. Die Leistungszahl ε beschreibt das Verhältnis der an das Heiznetz abgegebenen Wärmeleistung in Kilowatt (kW) zur aufgenommenen elektrischen Leistung der Wärmepumpe in Kilowatt (kW). Die Jahresarbeitszahl ß beschreibt das Verhältnis der über ein ganzes Jahr ans Heiznetz abgegebenen Energie zu der in diesem Zeitraum aufgenommenen elektrischen Energie. Umso höher diese ist, umso weniger Strom wird zur Erzeugung der Heizwärme benötigt. Um die Energieverluste, die bei der Erzeugung und dem Transport von Strom entstehen (ca. 2/3), auszugleichen, muss die Jahresarbeitszahl über 3 liegen. Gute Wärmepumpen erreichen eine Arbeitszahl von bis zu ß = 5. Voraussetzung für eine hohe Arbeitszahl der Wärmepumpe ist eine niedrige Vorlauftemperatur des Heizungswassers (Neubau 35 °C, Altbau 55 °C).

Abkürzung	Energieträger	Bezeichnung
WP/W	Strom	**Wärmequelle: Grundwasser**

Erläuterung:

Grundwasser bietet durch seine über das Jahr weitgehend gleichmäßige Temperatur von 8 – 12 °C sehr gute Bedingungen als Wärmequelle. Zu deren Nutzung müssen zwei Brunnen gebohrt werden, die für Einfamilienhäuser ca. 6 – 10 m tief und ca. 10 m auseinander liegen müssen. Mit einer Tauchpumpe wird aus den Förderbrunnen Grundwasser entnommen, über einen Wärmetauscher geleitet, wo dieses um ca. 3 – 5 K abgekühlt und anschließend über den zweiten Brunnen, den Schluckbrunnen, zurückgeführt wird. Für die Nutzung des Grundwassers als Wärmequelle muss im Vorfeld eine Grundwasseranalyse durchgeführt werden. Außerdem muss die Entnahme von Grundwasser von den zuständigen Behörden genehmigt werden. Grundwasser-Wärmepumpen haben unter den Wärmepumpen den größten Wirkungsgrad. Sie benötigen aber auch die meiste Hilfsenergie für das Pumpen.

Beispiel-Haus:

Aufwandszahl e_g:	0,19 – 0,23	(DIN V 4701-10, Tabelle C.3-4c)
Primärenergiefaktor f_P		
insgesamt:	3 (Strom)	(DIN V 4701-10/A1, Tabelle C.4-1)
nicht erneuerbarer Anteil:	2,4 (Strom)	(DIN V 4701-10/A1, Tabelle C.4-1)
	1,8 (Strom)	ab 1. Januar 2016

Abkürzung	Energieträger	Bezeichnung
WP/E	Strom	**Wärmequelle: Erdreich**

Erläuterung:

Erdwärme kann sowohl durch Erdwärmekollektoren als auch durch Erdwärmesonden genutzt werden. Bei Erdwärmekollektoren werden horizontal in einer frostsicheren Tiefe von ca. 1,5 m Rohre mit einem Abstand von ungefähr 0,5 – 0,8 m im Garten verlegt. Hierfür wird ca. das 1,5- bis 2-Fache an Fläche der beheizten Wohnfläche benötigt (je nach Energiebedarf des Gebäudes). Zur Nutzung der Erdwärme wird durch die verlegten Rohre eine Sole (Wasser-Glykol-Gemisch) geleitet, welche durch das Erdreich auf die Erdreichtemperatur (0 – 15 °C) aufgeheizt wird. In einem Wärmetauscher wird der Sole die Wärme wieder entzogen. Das Ganze befindet sich in einem geschlossenen Kreislauf.

Für die Nutzung der Erdwärme durch Erdwärmesonden müssen diese in eine Tiefe von 10 – 100 m eingebracht werden, je nach Feuchte und Bodenbeschaffenheit. Für Einfamilienhäuser mit ca. 150 m² Wohnfläche werden zwei Sonden mit ca. 75 m Tiefe benötigt. Alternativ können auch spiralförmige Energiekörbe in das Erdreich eingesetzt werden. Diese sind ca. 2 – 4 m tief und haben einen Durchmesser von bis zu 1 m.

Die Funktion der Sonde ist die gleiche wie die der Kollektoren, nur dass die Sole nach unten gepumpt wird. Da bei der Bohrung meist grundwasserführende Schichten getroffen werden, muss für diese eine wasserrechtliche Erlaubnis eingeholt werden. Die Kosten für die Erstellung der Erdwärmesonden betragen ungefähr das Doppelte gegenüber der von Erdwärmekollektoren. Sie werden überwiegend dort eingesetzt, wo nur geringe Freiflächen zur Verfügung stehen. Die benötigte Hilfsenergie ist laut DIN V 4701-10 um ca. die Hälfte geringer als die bei der Nutzung von Grundwasser.

Beispiel-Haus:

Aufwandszahl e_g:	0,23 – 0,27	(DIN V 4701-10, Tabelle C.3-4c)
Primärenergiefaktor f_P		
insgesamt:	3 (Strom)	(DIN V 4701-10/A1, Tabelle C.4-1)
nicht erneuerbarer Anteil:	2,4 (Strom)	(DIN V 4701-10/A1, Tabelle C.4-1)
	1,8 (Strom)	ab 1. Januar 2016

Abkürzung	Energieträger	Bezeichnung
WP/L	Strom	**Wärmequelle: Außenluft**

Erläuterung:

Luft/Wasser-Wärmepumpen nutzen die Außenluft als Wärmequelle. Außenluft ist die kostengünstigste Lösung bei der Nutzung von Wärme aus der Umwelt. Zur deren Nutzung wird die Außenluft über Rohre angesaugt und durch einen Wärmetauscher geleitet, wo ihr Wärme entzogen wird. Der Nachteil dieser Wärmequelle liegt in der Abhängigkeit von Temperaturschwankungen der Außenluft. Je niedriger die Außenlufttemperatur, desto geringer die Wärmeleistung. Aus diesem Grund können Luft/Wasser-Wärmepumpen meist nur im bivalenten Betrieb realisiert werden, wie z. B. durch den Einsatz eines zusätzlichen Wärmeerzeugers wie einen Elektroheizstab. Die notwendige Hilfsenergie wird in der DIN V 4701-10 mit Null angesetzt.

Beispiel-Haus:

Aufwandszahl e_g:	0,30 – 0,37	(DIN V 4701-10/A1, Tabelle C.3-4d)
Primärenergiefaktor f_P:		
insgesamt:	3 (Strom)	(DIN V 4701-10/A1, Tabelle C.4-1)
nicht erneuerbarer Anteil	2,4 (Strom)	(DIN V 4701-10/A1, Tabelle C.4-1)
	1,8 (Strom)	ab 1. Januar 2016

Abkürzung	Energieträger	Bezeichnung
EH	Strom	**Elektroheizung**

Erläuterung:

Elektroheizungen erzeugen direkt aus Strom Wärme. Die bekanntesten sind Nachtspeicheröfen, Heizlüfter, Elektroheizkörper und Specksteinöfen. Es ist die einfachste Lösung, um Wärme vor Ort zu erzeugen – die Heizkörper müssen nur an die Steckdose angeschlossen werden. Die Wärmeverluste für die Erzeugung und Verteilung der Wärme sind dadurch gleich Null. Wenn der Strom mit fossilen Energieträgern wie Kohle, Erdöl oder Erdgas erzeugt wird, ist der Primärenergiebedarf für die erzeugte Wärme aber überdurchschnittlich hoch, da von der Erzeugung des Stroms bis zur Steckdose ca. 2/3 der eingesetzten Energie verloren gehen.

Beispiel-Haus:

Aufwandszahl e_g:	1	(DIN V 4701-10/A1, Tabelle C.3-4d)
Primärenergiefaktor f_P:		
insgesamt	3	(DIN V 4701-10/A1, Tabelle C.4-1)
nicht erneuerbarer Anteil:	2,4	(DIN V 4701-10/A1, Tabelle C.4-1)
	1,8 (Strom)	ab 1. Januar 2016

Abkürzung	Energieträger	Bezeichnung
FW	Fern- und Nahwärme	**Heizkraftwerke mit KWK**

Erläuterung:

Bei der Beheizung des Gebäudes mit Fern- und Nahwärme wird, wie der Name schon sagt, die Heizwärme nicht vor Ort erzeugt, sondern in einem außerhalb des Gebäudes liegenden Nah- bzw. Fernwärmekraftwerk. Hierbei wird zwischen Heizkraftwerken mit oder ohne Kraft-Wärme-Kopplung (KWK) und zwischen der Befeuerung mit fossilen oder erneuerbaren Brennstoffen unterschieden. Heizkraftwerke mit KWK können sowohl Kraft (Strom) als auch Wärme erzeugen, wodurch sie einen sehr hohen Wirkungsgrad besitzen. Heizkraftwerke ohne KWK produzieren nur Wärme. Bei Bestimmung des e_p-Wertes mit dem Tabellenverfahren ist es sinnvoll, sich den Primärenergiefaktor f_P vom Energieversorgungsunternehmen geben zu lassen. Dieses gibt auch Auskunft, ob und in welchem Prozentsatz KWK genutzt wird.

Beispiel-Haus:

Aufwandszahl e_g:	1,01	(DIN V 4701-10, Tabelle C.3-4e)
Primärenergiefaktor f_P		

(fossiler Brennstoff)

insgesamt:	0,7	(DIN V 4701-10/A1, Tabelle C.4-1)
nicht erneuerbarer Anteil:	0,7	(DIN V 4701-10/A1, Tabelle C.4-1)

(erneuerbarer Brennstoff)

insgesamt:	0,7	(DIN V 4701-10/A1, Tabelle C.4-1)
nicht erneuerbarer Anteil:	0,0	(DIN V 4701-10/A1, Tabelle C.4-1)

Biomasse-Wärmeerzeuger:

Erläuterung:

Biomasse-Wärmeerzeuger haben bei der Bestimmung des e_P-Wertes den großen Vorteil, dass sie als CO_2-neutral beurteilt werden. Das bei der Verbrennung frei werdende CO_2 wird beim Wachsen der Holzpflanzen durch Fotosynthese aus der Atmosphäre aufgenommen, sodass durch die Verbrennung kein zusätzliches CO_2 in die Atmosphäre abgegeben wird. Der Primärenergiefaktor f_P ist aus diesem Grund in der DIN V 4701-10 für den erneuerbaren Anteil nur mit 0,2 angegeben.

Stückholz-Feuerung:

Es gibt die verschiedensten Systeme von Festbrennstoffkesseln, die mit Stückholz befeuert werden. Sie unterscheiden sich nach der Art der Stückholzzufuhr (z. B. Unterbrand- oder Oberbrandkessel), nach der Größe des Stückholzes, ob automatisch oder per Hand bestückt werden muss und nach der Art der Verbrennung (direkt oder Vergasung). Wenn Stückholzfeuerkessel als Zentralheizung eingesetzt werden, sollten diese aufgrund ihrer trägen Regulierbarkeit nur in Verbindung mit einem Warmwasserspeicher betrieben werden, in dem die überschüssige Wärme gespeichert werden kann.

Beispiel-Haus:

Aufwandszahl e_g:	1,75	(DIN V 4701-10, Tabelle C.3-4f)
Primärenergiefaktor f_P		
insgesamt:	1,2	(DIN V 4701-10/A1, Tabelle C.4-1)
nur erneuerbarer Anteil:	0,2	(DIN V 4701-10/A1, Tabelle C.4-1)

Pellet-Feuerung:

Pellet-Heizungen gibt es in den verschiedensten Ausführungen und Leistungsbereichen. Grundsätzlich werden zwei Bauarten unterschieden, Pellet-Öfen und Pellet-Zentralheizungen.

Pellet-Öfen werden direkt im Wohnraum aufgestellt und per Hand befüllt. Diese geben entweder direkt über Konvektion und Wärmestrahlung die Wärme an die Raumluft ab oder besitzen zusätzlich eine Wassertasche, die warmes Wasser an eine Zentralheizung abgibt. Pellet-Öfen sind ab einem Leistungsbereich von 4 kW erhältlich.

Pellet-Zentralheizungen werden in einem Heizungsraum installiert und dienen zur Beheizung des gesamten Gebäudes. Die Pellets werden in einem Behälter oder Raum gelagert und mithilfe von Förderschnecken oder einem

Ansauggebläse zur Heizung transportiert. Pellet-Zentralheizungen werden wie Öl- bzw. Gasheizungen über Außentemperaturfühler gesteuert.

Holz-Pellets sind stark verdichtete, 10 – 30 mm lange, zylindrische Presslinge mit einem Durchmesser von 6 mm. Sie werden aus Waldresthölzern und Holzabfällen wie Sägemehl, Hobelspänen oder Schleifstaub hergestellt. Durch die geringe Größe ist es möglich, die Brennstoffzufuhr genau zu dosieren, wodurch die Leistung des Heizkessels dem Wärmebedarf entsprechend angepasst werden kann. Die Qualität der Pellets sollte geprüft sein.

Im Tabellenverfahren der DIN V 4701-10 wird nur unterschieden, ob der Kessel die erzeugte Wärme direkt (Heizkessel steht im Raum) oder indirekt (Wärmeabgabe an Wasser als Wärmeträger) an den Raum abgibt.

Die in der DIN V 4701-10 angegebenen Aufwandszahlen e_g sind sehr hoch und entsprechen nicht den Kenndaten von modernen Pelletsheizkesseln. Zur genauen Berechnung des Endenergiebedarfs ist es sinnvoll, vom Kesselhersteller die genaue Aufwandszahl zu erfragen.

Beispiel-Haus:

Aufwandszahl e_g:	1,49 (direkte und indirekte Wärmeabgabe)	
	1,38 (nur indirekte Wärmeabgabe an Heizkreis) (DIN V 4701-10, Tabelle C.3-4f)	
Primärenergiefaktor f_P		
insgesamt:	1,2	(DIN V 4701-10/A1, Tabelle C.4-1)
nur erneuerbarer Anteil:	0,2	(DIN V 4701-10/A1, Tabelle C.4-1)

4.1.2.2 Vorlauf-/Rücklauftemperatur des Heizungswassers

Einfluss auf die Anlagenkennzahl e_P:

Je höher die Temperatur des Heizungswassers, desto größer sind die Wärmeverluste bei der Verteilung im Gebäude und umso größer ist auch der e_P-Wert. Aus diesem Grund sollte nach Möglichkeit immer eine möglichst niedrige Vorlauftemperatur eingestellt werden. Die Vorlauftemperatur richtet sich nach der Art der Heizung und der Heizkörper im Raum. Bei Heizungsanlagen, deren optimaler Wirkungsgrad im hohen Temperaturniveau erzielt wird (NT, Stückholzheizungen, FW), sollte, wenn kein Warmwasserspeicher für das Heizungswasser vorhanden ist, die Vorlauftemperatur möglichst hoch eingestellt werden; bei Wärmepumpen, Solaranlagen und Brennwertkesseln so niedrig wie möglich. Je niedriger die Vorlauftemperatur ist, desto größer müssen die Heizflächen dimensioniert werden.

4.1.2.3 Wärmeerzeugung und Energieträger für die Trinkwasserbereitung (Erzeuger TW)

Einfluss auf die Anlagenkennzahl e_P:

Wenn das Trinkwasser zentral im Gebäude erwärmt wird, muss dieses über Leitungen an die Zapfstellen verteilt werden. Bei der Verteilung gibt das Wasser Wärme an die Leitungsrohre ab. Wenn diese durch unbeheizte Bereiche geführt werden, entstehen dadurch Wärmeverluste. Die Heizungsrohre müssen aus diesem Grund nach Anlage 5 der EnEV gedämmt werden.

Alternativ zur zentralen Wärmeverteilung gibt es die Möglichkeit der dezentralen Erwärmung des Trinkwassers. Wärmeverluste durch Verteilung werden hierbei vermieden. Als Energiequelle dient Strom oder Gas. Die Vorteile sind geringer Platzbedarf, gute Regelfähigkeit und die einfache Installation. Nachteil bei strombetriebenen Durchlauferhitzern ist der hohe Primärenergieverbrauch, der sich im hohen e_P-Wert dieser Anlagen widerspiegelt.

Abkürzungen

zen: **zentrale Trinkwassererwärmung**

mit oder ohne Zirkulation:

Erläuterung:

Das erwärmte Trinkwasser kann mit oder ohne Zirkulationspumpe im Gebäude verteilt werden. Bei Gebäuden bis zu 500 m² (nach DIN V 4701-10) ist dies auch ohne Zirkulation möglich. Für die Zirkulation wird Hilfsenergie benötigt und es entstehen höhere Verteilerverluste, sodass auf eine ständige Zirkulation des Trinkwassers verzichtet werden sollte. Nach § 14 der EnEV müssen die Pumpen mit selbstständig wirkenden Einrichtungen zur Ein- und Ausschaltung ausgestattet werden, wie z. B. zeitgesteuerte Zirkulationspumpen.

Wasserspeicher für das Trinkwasser:

Erläuterung:

Zentral erwärmtes Trinkwasser wird in der Regel in einem Warmwasserspeicher zwischengelagert. Da dieser Wärme an die Umgebungsluft abgibt, entstehen durch die Speicherung Wärmeverluste, wenn dieser nicht im beheizten Bereich steht. In der DIN V 4701-10 wird unterschieden zwischen „*überwiegend außerhalb der thermisch gedämmten Gebäudehülle*“ oder „*überwiegend innerhalb der thermisch gedämmten Gebäudehülle*“.

Es gibt die verschiedensten Warmwasserspeicher auf dem Markt: vom Kombispeicher, der im Wärmeerzeuger integriert ist, über den indirekt beheizten Speicher, der separat angeordnet wird, bis zum bivalenten Solarspeicher und dem Schichtenspeicher, der für die Integration von Solarkollektoren notwendig ist.

dez: dezentrale Trinkwassererwärmung

Wasserspeicher für dezentrale Systeme:

Erläuterung:

Bei dezentralen Systemen wird das Trinkwasser durch Durchlauferhitzer in einem Wasserspeicher erwärmt. Sie werden überwiegend in Altbauten eingesetzt. Auch hier wird unterschieden zwischen Trinkwasserversorgung innerhalb oder außerhalb der thermischen Hülle und nach der Anzahl der Zapfstellen. Folgende Möglichkeiten stehen dort zur Verfügung:

- 1 Raum mit einer Zapfstelle
- 1 Raum mit mehreren Zapfstellen
- 2 Räume mit gemeinsamer Installationswand
- und wohnungszentraler Trinkwasserversorgung

4.1.2.4 Solaranlagen

Einfluss auf die Anlagenkennzahl e_P:

Durch die Installation von Solarkollektoren auf dem Dach kann Trinkwasser mithilfe von Sonnenenergie erwärmt werden. Es ist möglich, in den Sommermonaten auf diese Weise nahezu den gesamten Wärmebedarf für das Trinkwasser abzudecken, was häufige Brennerstarts vermeidet. Auch zur Heizungsunterstützung werden Solaranlagen eingesetzt. Hierzu sind aber größere Flächen und spezielle Warmwasserspeicher notwendig.

TW: **solare Unterstützung der Trinkwasserbereitung**

Erläuterung:

Die auf dem Dach durch Sonnenenergie im Kollektor erwärmte Flüssigkeit wird durch einen mit Frostschutz versehenen Kollektorkreis zum Brauchwasserspeicher geleitet. Dieser wird im Zwangsumlauf durch eine Umwälzpumpe betrieben. Im Brauchwasserspeicher wird die Wärmeenergie über einen Wärmetauscher an das Brauchwasser abgegeben. Je nach Strahlungsbedingungen und Temperaturdifferenzen entscheidet die Regelung über den Betriebszustand der Solaranlage. Wichtig ist, dass die Regelungstechnik zwischen Heizungsanlage und Solarkollektoren richtig funktioniert, da sonst die gewonnene Wärme ungenutzt bleibt. Der Heizkessel darf nicht zur gleichen Zeit wie die Solarkollektoren Wärme an den Speicher liefern. Er sollte diesen auch nicht in den Vormittagsstunden aufheizen, damit die über den Tag gewonnene Wärme gespeichert werden kann. Solarkollektoren sollten möglichst südorientiert und mit einer Neigung zwischen 25° und 45° installiert werden. Mit ca. 1,0 – 1,5 m² Kollektorfläche pro Person können 50 – 70 % des Trinkwasserbedarfs gedeckt werden. Es werden drei Haupttypen von Warmwasserkollektoren unterschieden:

- Flachkollektor, Standardkollektor
- Vakuum-Röhrenkollektor, für hohe Leistung und hohe Temperaturen
- unverglaste Absorber, kostengünstige Lösung

In der DIN V 4701-10 wird nicht zwischen den verschiedenen Kollektortypen unterschieden. Der Deckungsanteil ist jedoch abhängig von zwei Faktoren:

- Wird das Trinkwasser mit oder ohne Zirkulation verteilt?
- Befindet sich die Anlagentechnik in oder außerhalb der thermischen Hülle?

TWH: **solare Unterstützung der Trinkwasserbereitung und der Heizung**

Erläuterung:

Da der höchste Bedarf an Heizwärme in den Monaten mit dem geringsten Strahlungsangebot besteht, können Solarkollektoren unter wirtschaftlichen Gesichtspunkten nur einen Teil der benötigten Wärme abdecken. Hohe Deckungsanteile sind nur mit einem erheblichen Aufwand an Anlagentechnik realisierbar. Diese Anlagen müssen von Fachleuten geplant und umgesetzt werden, da sie sehr hohe Temperaturen erzeugen. Voraussetzung für eine sinnvolle Unterstützung der Heizungsanlage sind niedrige Vorlauftemperaturen, eine funktionierende Anlagentechnik und ein auf das Heizsystem abgestimmter Warmwasserspeicher. Wird der Deckungsanteil der Solaranlage nach DIN V 4701-10 bestimmt, darf er je nach Zusatzheizung mit maximal 10 % angesetzt werden.

4.1.2.5 Lüftungsanlagen

Einfluss auf die Anlagenkennzahl e_P:

Nach § 6 der EnEV sind Gebäude luftdicht herzustellen. Die hohe Gebäudedichtheit stellt gegenüber der früheren „undichten" Bauweise hohe Anforderung an das Lüftungsverhalten seiner Bewohner. Falsches und unkontrolliertes Lüften kann entweder, wenn zu wenig gelüftet wird, zu Feuchteschäden oder, wenn zu viel gelüftet wird, zu unnötigen Wärmeverlusten führen. Lüftungsanlagen gewährleisten einen hygienischen und energetisch optimalen Luftwechsel, der je nach Anforderung eingestellt werden kann. Wenn Lüftungsanlagen mit einer Wärmerückgewinnung ausgestattet sind, tragen sie zusätzlich zur Reduzierung des Heizwärmebedarfs bei. Dies wird bei der Bestimmung des e_P-Wertes berücksichtigt. Werden Lüftungsanlagen eingesetzt, müssen diese der Anlage 4 der EnEV entsprechen. Im Tabellenverfahren der DIN V 4701-10 wird zwischen folgenden Lüftungssystemen unterschieden:

ABl: **Abluftanlage ohne Wärmepumpe**

Erläuterung:

Bei Abluftanlagen wird die Innenluft aus den Räumen kontinuierlich abgesaugt und an zentraler Stelle ausgeblasen. Die Absaugung erfolgt meist in den Feuchträumen und in der Küche. Nachströmöffnungen in den Außenwänden sorgen für eine kontrollierte Luftzufuhr in das Gebäude. Vorteil solcher Anlagen ist die einfache und kostengünstige Installation. Sie werden hauptsächlich in der Gebäudemodernisierung eingesetzt. Da bei diesen Anlagen keine Wärme aus der Abluft zurückgewonnen wird, ist der Einfluss auf den e_P-Wert nur gering.

ABl-WP: **Abluftanlage mit Wärmepumpe**

Erläuterung:

Bei Abluftanlagen mit Wärmepumpe wird mithilfe der Wärmepumpe Wärme aus der Abluft zurückgewonnen (siehe WP/L-Wärmepumpen). Die gewonnene Wärme wird meist zur Erwärmung des Trinkwassers genutzt.

WRG: **Zu-/Abluftanlage ausschließlich mit Wärmerückgewinnung**

Erläuterung:

Bei diesen Anlagen wird die Zuluft zentral angesaugt, über einen Wärmetauscher erwärmt und über ein Leitungsnetz den Wohn- und Schlafräumen zugeführt. Ventilatoren sorgen für einen kontinuierlichen Luftwechsel. Als Wärmetauscher werden Platten- oder Rotationswärmetauscher eingesetzt. In diesen wird der Abluft Wärme entzogen und an die Zuluft abgegeben. Durch die Wärmerückgewinnung können die Lüftungswärmeverluste erheblich reduziert werden, gleichzeitig wird ein erhöhtes Behaglichkeitsgefühl erzeugt. Der Wärmerückgewinnungsgrad liegt bei modernen Anlagen bei bis zu 95 %.

WP: **Zu-/Abluftanlage mit Wärmerückgewinnung durch eine Wärmepumpe**

Erläuterung:

Hier wird die Wärme der Abluft mithilfe einer Wärmepumpe entzogen. Zusätzlich wird nach dem Wärmerückgewinnungsgrad unterschieden:

Die Reduzierung der Lüftungswärmeverluste ist abhängig vom Wärmerückgewinnungsgrad der Anlage. In der DIN V 4701-10 kann im Tabellenverfahren zwischen Anlagen mit 60 % und 80 % Wärmerückgewinnungsgrad gewählt werden.

60 %: Lüftungsanlage mit 60 % Wärmerückgewinnung

80 %: Lüftungsanlage mit 80 % Wärmerückgewinnung

4.1.2.6 Wärmeübergabe an den Raum (Wärmeübergabe)

Einfluss auf die Anlagenkennzahl e_P:

Es gibt verschiedene Möglichkeiten, erzeugte Wärme an einen Raum zu übergeben. Die Übergabe ist abhängig von der Heizungsanlage. Bei Heizungsanlagen, die hohe Warmwassertemperaturen erzeugen (NT-Kessel, Festbrennstoff-Kessel), sind nur kleine Heizflächen notwendig, um die Wärme an den Raum abzugeben. Bei Heizungsanlagen, die niedrige Wassertemperaturen erzeugen, sind große Heizflächen notwendig, um genügend Wärme an den Raum abzugeben. Wärme, die von großen Heizflächen wie Fußböden und Wandheizungen abgegeben wird, wirkt auf den Bewohner in der Regel angenehmer, weil diese einen höheren Anteil an Strahlungswärme besitzen (Kachelofeneffekt). Umso niedriger die Wassertemperatur ist, umso weniger Wärme geht bei der Verteilung verloren. Elektroheizungen geben die Wärme direkt an den Raum ab. Bei Luftheizungen wird zentral erwärmte Luft über Leitungsnetze in die Räume transportiert.

HK	**freie Heizfläche** (z. B. über Heizkörper)
FBH	**integrierte Heizflächen** (z. B. Fußbodenheizung, Wandheizung)
EH	**Elektroheizung**
LH	**Lüftungsheizung**

Bei der Wärmeübergabe wird zusätzlich nach der Regelung der **Thermostatventile** unterschieden.

1 K	Thermostatventile mit 1 Kelvin Regelung, bei Heizkörpern
0,5 K	Thermostatventile mit 0,5 Kelvin Regelung, bei Fußbodenheizung
elekt.	Heizkörper mit elektrischer Regeleinrichtung

4.1.2.7 Anordnung der zentralen Komponenten der Anlagentechnik

Einfluss auf die Anlagenkennzahl e_P:

Alle Komponenten einer Heizungsanlage, wie Heizkessel, Wärmeverteilernetz und Wärmespeicher, geben Wärme an die Umgebung ab. Wenn diese sich innerhalb des beheizten Bereiches befinden, kann die Wärme zur Beheizung des Gebäudes genutzt werden. Befinden sich diese außerhalb, sind dies Wärmeverluste, die bei der Ermittlung des e_P-Wertes zu berücksichtigen sind.

a	überwiegend **außerhalb** der thermisch gedämmten Hülle
i	überwiegend **innerhalb** der thermisch gedämmten Hülle

4.2 Berechnung der Anlagenkomponenten nach DIN V 4701-10

Autor: Johannes Volland

Wird der Heizenergiebedarf nach DIN V 4108-6 ermittelt, ist der End- und Primärenergiebedarf nach DIN V 4701-10 zu berechnen. Nach dieser Norm dürfen Anlagen berechnet werden, die nach 1995 eingebaut wurden.

Aufgrund der Komplexität der Berechnungsgänge zur Bestimmung der Anlagenaufwandszahl e_P wurden in die DIN V 4701-10 drei verschiedene Verfahren mit unterschiedlicher Genauigkeit und unterschiedlichem Schwierigkeitsgrad aufgenommen.

Hinweis:

In der DIN V 4701-10/A1:2012-07 wurde das Diagrammverfahren nach Anhang C.5 gestrichen, sodass dieses nun nicht mehr zur Ermittlung der Anlagenkennzahl verwendet werden darf.

a) Tabellenverfahren – die Nutzung tabellierter Standardkennwerte (DIN V 4701-10, Anhang C.1 bis C.4)

b) Diagrammverfahren – die Verwendung von Diagrammen definierter Anlagensysteme auf Basis der tabellierten Standardkennwerte

(DIN V 4701-10:2003-08; DIN V 4701-10/A1:2012-07)

4.2.1 Tabellenverfahren zur Bestimmung von e_P und Q_E

In der DIN V 4701-10, Anhang C.1 bis C.4 steht ein Berechnungsverfahren zur Verfügung, mit dem die Möglichkeit besteht, die Komponenten einer Heizungsanlage selbst zu definieren. Aus einer Vielzahl von Tabellen können die Kennwerte für die einzelnen Anlagenverluste herausgelesen werden. Es handelt sich hier um Gerätekenndaten, deren energetische Qualität dem unteren Durchschnitt des Marktniveaus entspricht. Dies gilt insbesondere für Pelletskessel.

In der DIN V 4701-10, Anhang A sind Tabellen abgebildet, in denen die abgelesenen Werte eingetragen und mit deren Hilfe der Primärenergiebedarf Q_P, der Endenergiebedarf Q_E, die Hilfsenergie Q_{HE} und die Anlagenaufwandszahl e_P zu berechnen sind. Diese werden getrennt für die Heizwärmeerzeugung, die Trinkwassererwärmung und für eventuell vorhandene Lüftungsanlagen berechnet.

Die Berechnung des Endenergiebedarfs und des Primärenergiebedarfs erfolgt nach folgendem Schema:

1. Trinkwasserbereitung:

Trinkwasserbedarf q_{tw} oder q_w 12,5 kWh/(m²a)

+ Verluste Übergabe	($q_{TW,ce}$)
+ Verluste Verteilung	($q_{TW,d}$)
+ Verluste Speicherung	($q_{TW,s}$)
= zu deckender Wärmebedarf der Heizungsanlage	
Anlagenaufwandzahl	($e_{TW,g}$)
= Endenergiebedarf	**($q_{TW,E}$)**
Primärenergiefaktor	(f_p)
= Primärenergiebedarf	**($q_{TW,P}$)**

2. Lüftung:

Die Gutschrift aus der Lüftung zur Deckung des Heizenergiebedarfs setzt sich wie folgt zusammen:

+ Wärmegewinne aus Wärmerückgewinnung über Wärmetauscher	WÜT
+ Wärmegewinne aus Luft/Luft-Wärmepumpen	LL-WP
+ Wärmegewinne aus Heizregister	
= gewonnene Wärme aus der Lüftungsanlage	
– Wärmeverluste bei der Verteilung	($q_{L,d}$)
– Wärmeverluste bei der Übergabe in den Raum	($q_{L,ce}$)
– Wärmeverluste über die Luftwechselkorrektur	($q_{L,n}$)
= Gutschrift aus Lüftungsanlagen	($q_{h,L}$)

3. Heizenergie:

Ermittelte Heizenergie q_h nach DIN V 4108-6

– Gutschrift aus Trinkwassererzeugung	($q_{h,TW}$)
– Gutschrift aus Lüftungswärmeverteilung	($q_{h.L}$)
+ Verluste Übergabe	($q_{H,c}$)
+ Verluste Verteilung	($q_{H,d}$)
+ Verluste Speicherung	($q_{H,s}$)
= zu deckender Wärmebedarf der Heizungsanlage	
Anlagenaufwandzahl	($e_{H,g}$)
= Endenergiebedarf	**($q_{H,E}$)**
Primärenergiefaktor	(f_p)
= Primärenergiebedarf	**($q_{H,P}$)**

Für die Verteilung, Speicherung, Übergabe und Erzeugung der Wärme ist elektrische Energie notwendig, die ebenfalls ermittelt werden muss und beim Jahresprimärenergiebedarf mit anzurechnen ist.

4.2.1.1 Berechnung der Anlagenkennwerte für das Referenzgebäude

Nachfolgend wird aufgezeigt, wie die Anlagenkennwerte für das Referenzgebäude der EnEV Anlage 1 Tabelle 1 nach den Tabellenverfahren zu ermitteln sind.

Folgende Kenndaten werden für die Ermittlung der Werte benötigt:

Nutzfläche A_N	= 186,25	m² (siehe Anwendungsbeispiel Kapitel 2)
Heizenergiebedarf Q_h (q_h)	= 70,50	kWh/(m²a) (siehe Berechnung des Referenzgebäudes im Kapitel 7.1.2)

Tabelle 4.1: Beschreibung der Anlagentechnik des Referenzgebäudes (Quelle: EnEV 2014 Anlage 1 Tabelle 1)

5	Heizungsanlage	• Wärmeerzeugung durch Brennwertkessel (verbessert), Heizöl EL, Aufstellung: – für Gebäude bis zu 500 m² innerhalb der thermischen Hülle – für Gebäude mit mehr als 500 m² außerhalb der thermischen Hülle • Auslegungstemperatur 55/45 °C, zentrales Verteilsystem innerhalb der wärmeübertragenden Umfassungsfläche, innen liegende Stränge und Anbindeleitungen, Standard-Leitungslängen nach DIN V 4701-10:2003-08 Tabelle 5.3-2, Pumpe auf Bedarf ausgelegt (geregelt, Δp konstant), Rohrnetz hydraulisch abgeglichen. • Wärmeübergabe mit freien statischen Heizflächen, Anordnung an normaler Außenwand, Thermostatventile mit Proportionalbereich 1 K
6	Anlage zur Warmwasserbereitung	• zentrale Warmwasserbereitung • gemeinsame Wärmebereitung mit Heizungsanlage nach Zeile 5 • bei Berechnung nach DIN V 18599: Solaranlage mit Flachkollektor sowie Speicher ausgelegt gemäß DIN V 18599-8:2011-12, Tabelle 15 • bei Berechnung nach DIN V 4108-6: Solaranlage mit Flachkollektor zur ausschließlichen Trinkwassererwärmung entsprechend den Vorgaben nach DIN V 4701-10:2003-08, Tabelle 5.1-10 mit Speicher, indirekt beheizt (stehend), gleiche Aufstellung wie Wärmeerzeuger: – kleine Solaranlage bei AN ≤ 500 m² (bivalenter Solarspeicher) – große Solaranlage bei AN > 500 m² • Verteilsystem innerhalb der wärmeübertragenden Umfassungsfläche, innen liegende Stränge, gemeinsame Installationswand, Standard-Leitungslängen nach DIN V 4701-10:2003-08, Tabelle 5.1-2 mit Zirkulation
7	Kühlung	keine Kühlung
8	Lüftung	zentrale Abluftanlage, bedarfsgeführt mit geregeltem DC-Ventilator

Bestimmung der Energieverluste bei Deckung des Trinkwasserbedarfs Q_{TW}

Tabelle aus DIN V 4701-10:2003-08, Anhang A zur Berechnung des Endenergiebedarfs $Q_{TW,E}$, des Primärenergiebedarfs $Q_{TW,P}$ und der Hilfsenergie $Q_{TW,HE,P}$ für die Trinkwassererwärmung Q_W (q_{TW}); die einzelnen Werte sind für die oben angegebene Heizungsanlage aus den Tabellen des Anhangs C.1 der DIN entnommen.

Tabelle 4.2: Bestimmung von $Q_{TW,P}$, $Q_{TW,E}$ und $Q_{TW,HE,P}$ für das Referenzgebäude – ENGP-bautop, nach DIN V 4701-10:2003-08, Anhang A und C.1

I. TRINKWASSERERWÄRMUNG

Bereich:	Q_{tw} =	2.328 kWh/a
TW-Strang:	A_N =	186,25 m²
	q_{tw} =	12,5 kWh/(m²a) EnEV

Wärme (WE)	Rechenvorschrift / Quelle					
q_{TW} =	aus EnEV	kWh/(m²a)		12,50		
$q_{TW,ce}$ =	Tabelle C.1.1	kWh/(m²a)		0,00		
$q_{TW,d}$ =	Tabelle C.1.2.a bzw. C.1.2.c	kWh/(m²a)		8,50		
$q_{TW,s}$ =	Tabelle C.1.3a	kWh/(m²a)		2,14		
q^*_{TW} =	$(q_{TW} + q_{TW,ce} + q_{TW,d} + q_{TW,s})$	kWh/(m²a)		23,14		
			Erzeuger 1	Erzeuger 2 (Solar)	Erzeuger 3	
$\alpha_{TW,g,i}$	Tabelle C.1.4a	[-]	0,50	0,50	0,00	(Erzeuger 2: Solaranlage)
$e_{TW,g,i}$	Tabelle C.1.4b,c,d,e oder f	[-]	1,12	0,00	0,00	
$q_{TW,E,i}$	$q^*_{tw} \cdot (e_{TW,gi} \cdot \alpha_{TW,g})$	kWh/(m²a)	12,9	0,00	0,00	12,9 kWh/(m²a) $q_{TW,E}$ Endenergie
		Energieträger	Gas	Solar		
$f_{P,i}$	Tabelle C.4.1	[-]	1,1	2,4	0,0	11,6 kWh/(m²a) Solare Gewinne
$q_{TW,P,i}$	$\Sigma\, q_{tw,E,i} \cdot f_{P,i}$	kWh/(m²a)	14,2	0,0	0,0	14,2 kWh/(m²a) $q_{TW,P}$ Primärenergie

Heizwärmegutschrift		
$q_{h,TW,d}$	3,91 kWh/(m²a]	C.1.2a
$q_{h,TW,s}$	0,96 kWh/(m²a]	C.1.3a
$q_{h,TW}$	4,86 kWh/(m²a]	Summe

Hilfsenergie (HE)	Rechenvorschrift / Quelle					
$q_{TW,ce,HE}$ =	Tabelle C.1.1	kWh/(m²a)		0,00		
$q_{TW,d,HE}$ =	Tabelle C.1.2b	kWh/(m²a)		0,70		
$q_{TW,s,HE}$ =	Tabelle C.1.3b	kWh/(m²a)		0,07		
$\Sigma\, q_{tw,HE}$		kWh/(m²a)		0,78		
			Erzeuger 1	Erzeuger 2 (Solar)	Erzeuger 3	
$\alpha_{TW,g,i}$	Tabelle C.1.4a	[-]	0,50	0,50	0,00	
$q_{TW,g,HE,i}$	Tabelle C.1.4b,c,d,e oder f	kWh/(m²a)	0,22	0,75	0,00	
$\alpha_i \cdot q_i$	$q_{TW,g,HE,i} \cdot \alpha_{TW,g,i}$	kWh/(m²a)	0,11	0,75	0,00	
$\Sigma\, q_{TW,HE,E}$	$\Sigma\, q_{tw,HE} + \Sigma(\alpha_i \cdot q_i)$	kWh/(m²a)		1,64		1,64 kWh/(m²a) $q_{TW,HE,E}$ Endenergie
		Energieträger		Strom		
f_P	Tabelle C.4.1	[-]		2,4		
$q_{TW,HE,P}$	$q_{TW,HE,E} \cdot f_P$	kWh/(m²a)		3,9		3,93 kWh/(m²a) $q_{TW,HE,P}$ Primärenergie

Trinkwasserenergiebedarf $Q_{TW,E}$ (Endenergie)

$Q_{TW,WE,E} = q_{TW,WE,E} \times A_N$	Energieträger 1	Gas	2.406 kWh/a
	Energieträger 2	Solar	0 kWh/a
	Energieträger 3		0 kWh/a
$Q_{TW,HE,E} = q_{TW,HE,E} \times A_N$	Hilfsenergie	Strom	305 kWh/a
	gesamt		2.711 kWh/a

Primärenergiebedarf Trinkwasser

$Q_{TW,P} = (q_{TW,P} + q_{TW,HE,P}) \cdot A_N$	**gesamt**	**3.378 kWh/a**

Die zur Trinkwassererwärmung Q_{TW} benötigte Endenergie $Q_{TW,E}$ beträgt 2.711 kWh/a. Der Primärenergiebedarf $Q_{TW,P}$ beträgt 3.378 kWh/a.

Bestimmung der Energieverluste bei mechanischen Lüftungsanlagen

Tabelle aus DIN V 4701-10:2003-08, Anhang A zur Berechnung des Endenergiebedarfs $Q_{L,E}$, des Primärenergiebedarfs $Q_{L,P}$ und der Hilfsenergie $Q_{L,HE,P}$ für die Lüftungsanlage; die einzelnen Werte sind aus den Tabellen des Anhangs C.2 der Norm zu entnehmen.

Tabelle 4.3: Bestimmung von QL,P, QL,E und QL,HE,P für das Referenzgebäude – ENGP-bautop, nach DIN V 4701-10:2003-08, Anhang A und C.2

III. Lüftung

Bereich:		A_N =	186,25 m²	
Lüftungs-Strang:		F_{GT} =	KKh/a	Tabelle 5.2
		n_A =	0,4 1/h	
		f_g =	1,0	Tabelle 5.2-3

Wärme (WE)

	Rechenvorschrift		Erzeugung: Erzeuger WGR mit WÜT	Erzeugung: Erzeuger L/L-WP	Erzeugung: Erzeuger Heizregister	Summe	Abzüge: Verteilung (Tabelle C.2-2)	Abzüge: Übergabe (Tabelle C.2-1)	Abzüge: Luftwechsel Korrektur (Tabelle C.2-4)	Lüftungsbeitrag am Q_h
$q_{L,g,i}$ =	Abschnitt C.2.3.1	kWh/(m²a)	0,0	0,0	0,0	0,00	0,00	0	0,00	0,00
$e_{L,g,i}$ =	Abschnitt C.2.3.1	kWh/(m²a)	---				$q_{L,d}$ [kWh/(m²a)]	$q_{L,ce}$ [kWh/(m²a)]	$q_{h,n}$ [kWh/(m²a)]	$q_{h,L}$ [kWh/(m²a)]
$q_{L,g,E,i}$ =	$q_{L,g,i} \cdot e_{L,g,i}$	kWh/(m²a)		0,00	0,00	0,00	kWh/m²a	$q_{L,E}$	Endenergie	
		Energieträger		Strom	Strom					
$f_{P,i}$	Tabelle C.4.1	[--]		2,4	0,00					
$q_{L,P,i}$ =	$q_{L,g,E,i} \cdot f_{P,i}$	kWh/(m²a)		0,0	0,00	0,00	kWh/m²a	$q_{L,P}$	Primärenergie	

Hilfsenergie (HE)

	Rechenvorschrift / Quelle		Erzeugung: Erzeuger WGR mit WÜT	Erzeugung: Erzeuger L/L-WP	Erzeugung: Erzeuger Heizregister	Summe			
$q_{L,g,HE,i}$ =	Abschnitt C.2.3.1	kWh/(m²a)	1,1	0	0	1,1			
$q_{L,ce,HE}$ =	Abschnitt C.2.1	kWh/(m²a)		0					
$q_{L,d,HE}$ =	Abschnitt C.2.2	kWh/(m²a)		0					
$q_{L,HE,E}$ =	$\Sigma q_{L,g,HE,i} + q_{L,ce,HE} + q_{L,d,HE}$	kWh/(m²a)		1,10			kWh/m²a	$q_{L,HE,E}$	Endenergie
		Energieträger		Strom					
f_P	Tabelle C.4.1	[--]		2,4					
$q_{L,HE,P}$ =	$\Sigma q_{L,HE,E} \times f_P$	kWh/(m²a)		2,6			kWh/m²a	$q_{L,HE,P}$	Primärenergie

Lüftungsenergiebedarf $Q_{H,E}$ (Endenergie)

$Q_{L,WE,E}$ =	$\Sigma q_{L,WE,E} \cdot A_N$	Energieträger 1	Strom	0 kWh/a
		Energieträger 2	Strom	0 kWh/a
				0 kWh/a
$Q_{L,HE,E}$ =	$\Sigma q_{L,HE,E} \cdot A_N$	Hilfsenergie	Strom	205 kWh/a
		gesamt		205 kWh/a

Primärenergiebedarf Lüftung

$Q_{L,P}$ =	**$(q_{L,P} + q_{L,HE,P}) \cdot A_N$**	**gesamt**	**492 kWh/a**

Da es sich bei der Lüftungsanlage um eine reine Abluftanlage handelt, wird durch diese keine Wärme zurückgewonnen. Es wird für die Betreibung aber Strom benötigt, sodass die Hilfsenergie zu berücksichtigen ist. Diese beträgt 205 kWh/a an Endenergiebedarf und 492 kWh/a an Primärenergiebedarf.

Bestimmung der Energieverluste bei Deckung des Heizwärmebedarfs Q_h

Tabelle 4.4 lehnt sich an die Tabelle aus DIN V 4701-10:2003-08, Anhang A zur Berechnung des Endenergiebedarfs $Q_{H,E}$, des Primärenergiebedarfs $Q_{H,P}$ und der Hilfsenergie $Q_{H,HE,P}$ für den Heizwärmebedarf Q_H an. Die einzelnen Werte sind für die oben angegebene Heizungsanlage aus den Tabellen des Anhangs C.3 der Norm entnommen.

Tabelle 4.4: Bestimmung von $Q_{H,P}$, $Q_{H,E}$ und $Q_{H,HE,P}$ für das Referenzgebäude – ENGP-bautop, nach DIN V 4701-10:2003-08, Anhang A und C.3

II. Heizung

Bereich:		Q_h = 13.130 kWh/a
TW-Strang:		A_N = 186,25 m²
		q_h = 70,50 kWh/(m²a)

Wärme (WE)	Rechenvorschrift / Quelle			
q_h =	nach Abschnitt 4.1	kWh/(m²a)		70,50
$q_{h,TW}$ =	Heizwärmegutschrift TW	kWh/(m²a)	–	-4,86
$q_{h,L}$ =	Heizwärmegutschrift LÜ	kWh/(m²a)		0,00
$q_{H,ce}$ =	Tabelle C.3.1	kWh/(m²a)		1,10
$q_{H,d}$ =	Tabelle C.3.2.a, b, d	kWh/(m²a)	+	1,66
$q_{H,s}$ =	Tabelle C.3.3	kWh/(m²a)		0,00
q^*_H	Summe	kWh/(m²a)		68,39

			Erzeuger 1	Erzeuger 2	Erzeuger 3 (Solar)	
$\alpha_{H,g,i}$	Tabelle C.3.4a	[-]	1,00	0,00	0,00	(Erzeuger 3: Solaranlage)
$e_{H,g,i}$	Tabelle C.3.4b, c, d oder e	[-]	0,96	0,00	0,00	
$q_{H,E}$	Σ q x ($e_{H,gi}$ x $\alpha_{H,g}$)	kWh/(m²a)	65,7	0,0	0,0	65,7 kWh/(m²a) $q_{H,E}$ Endenergie
		Energieträger	Gas			
f_P	Tabelle C.4.1	[-]	1,1	0	0	
$q_{H,P,i}$	Σ $q_{H,E,i} \cdot f_{P,i}$	kWh/(m²a)	72,2	0,0	0,0	72,2 kWh/(m²a) $q_{H,P}$ Primärenergie

Hilfsenergie (HE)	Rechenvorschrift / Quelle		
$q_{H,ce,HE}$ =	Tabelle C.3.1	kWh/(m²a)	0,00
$q_{H,d,HE}$ =	Tabelle C.3.2c	kWh/(m²a)	1,14
$q_{H,s,HE}$ =	Tabelle C.3.3	kWh/(m²a)	0,00
Σ q_{HE}		kWh/(m²a)	1,14

			Erzeuger 1	Erzeuger 2	Erzeuger 3
$\alpha_{H,g,i}$	Tabelle C.3.4a	[-]	1,00	0,00	0,00
$q_{H,g,HE,i}$	Tabelle C.3.4b-e	kWh/(m²a)	0,60	0,00	0,00
($\alpha_i \cdot q_i$)	$q_{H,g,HE,i} \cdot \alpha_{H,g,i}$	kWh/(m²a)	0,60	0,00	0,00

$q_{H,HE,E}$	Σ q_{HE} + ($\alpha_i \cdot q_i$)	kWh/(m²a)	1,74	1,74 kWh/(m²a) $q_{H,HE,E}$ Endenergie
		Energieträger	Strom	
f_P	Tabelle C.4.1	[-]	2,4	
$q_{H,HE,P}$	$q_{H,HE,E} \cdot f_P$	kWh/(m²a)	4,2	4,2 kWh/(m²a) $q_{H,HE,P}$ Primärenergie

Heizenergiebedarf $Q_{H,E}$ (Endenergie)

$Q_{H,WE,E}$ =	$q_{H,WE}$ x A_N	Energieträger 1	Gas	12.228 kWh/a
		Energieträger 2		0 kWh/a
		Energieträger 3		0 kWh/a
$Q_{H,HE,E}$ =	$q_{H,HE,E}$ x A_N	Hilfsenergie	Strom	324 kWh/a
		gesamt		12.552 kWh/a

Primärenergiebedarf Heizung

$Q_{H,P}$ =	**($q_{H,P} \cdot q_{H,HE,P}$) $\cdot$ A_N**	**gesamt**	**14.229 kWh/a**

Die zur Deckung des Heizenergiebedarfs Q_h benötigte Endenergie $Q_{H,E}$ beträgt 12.552 kWh/a und der Primärenergiebedarf $Q_{H,P}$ beträgt 14.229 kWh/a.

Bestimmung des Jahresend- und Primärenergiebedarfes sowie des e_P-Wertes

Der ermittelte Primär- und Endenergiebedarf sowie die Hilfsenergie für Trinkwassererwärmung, Heizwärmebedarf und Lüftung werden in einer Tabelle zusammengefasst, daraus wird die Anlagenaufwandszahl e_P berechnet.

Hinweis: Das in Tabelle 4.5 angegebene Q_h = 13.129 kWh/a weicht etwas vom im Kapitel 7.1.2 berechneten Q_h = 13.068 kWh/a ab.

Tabelle 4.5: Bestimmung des e_P-Wertes für das Referenzgebäude – ENGP-bautop, nach DIN V 4701-10:2003-08, Anhang A

A_N = 186,2 m²	q_h = 70,5 kWh/(m²a)	

	Trinkwassererwärmung	Heizung	Lüftung
absoluter Bedarf	Q_{tw} = 2.328,1 kWh/a	Q_h = 13.129,9 kWh/a	
bezogener Bedarf	q_{tw} = 12,5 kWh/(m²a)	q_h = 70,5 kWh/(m²a)	

II. Systembeschreibung nach EnEV 2009 Anlage 1 Tabelle1

	Trinkwassererwärmung	Heizung	Lüftung
Übergabe		freie statische Heizflächen, Anordnung an der Außenwand, 1K	
Verteilung	Verteilsystem innerhalb der thermischen Hülle, innen liegende Stränge, gemeinsame Installationswand	Auslegung 55/45 °C, Verteilung innerhalb der thermischen Hülle,	zentrale Abluftanlage, bedarfsgeführt mit geregeltem DC-Ventilator
Speicherung	indirekt beheizter Speicher, Aufstellung innerhalb der therm. H.	keine Speicherung	

	Trinkwasser			Heizung			Lüftung		
Erzeuger	Erzeuger 1	Erzeuger 2	Erzeuger 3	Erzeuger 1	Erzeuger 2	Erzeuger 3	Erzeuger WÜZ	Erzeuger L/L-WP	Erzeuger Heizregister
Deckungsanteil	0,50	0,50	0,00	1,00	0,00	0,00			
Erzeuger									
Energieträger	BW- Kessel	Solaranlage		BW- Kessel					

III. Ergebnisse

	Trinkwasser	Heizung	Lüftung
	Heizwärmegutschrift		
Deckung von Qh	$q_{h,TW}$ = 4,86 kWh/(m²a)	$q_{h,H}$ = 65,6 kWh/(m²a)	$q_{h,L}$ = 0,00 kWh/(m²a)
	Endenergiebedarf Trinkwasser	Endenergiebedarf Heizung	Endenergiebedarf Lüftung
1. Energieträger	$Q_{TW1,E}$ = 2.406 kWh/a	$Q_{H1,E}$ = 12.228 kWh/a	$Q_{L1,E}$ = 0,00 kWh/a
2. Energieträger	$Q_{TW2,E}$ = 0 kWh/a	$Q_{H2,E}$ = 0 kWh/a	$Q_{L2,E}$ = 0,00 kWh/a
3. Energieträger	$Q_{TW3,E}$ = 0 kWh/a	$Q_{H3,E}$ = 0 kWh/a	$Q_{L3,E}$ = 0,00 kWh/a
Summe Q_E	$Q_{TW,E}$ = 2.406 kWh/a	$Q_{H,E}$ = 12.228 kWh/a	$Q_{L,E}$ = 0,00 kWh/a
Hilfsenergie Q_E =	$Q_{TW,HE,E}$ 305 kWh/a	$Q_{H,HE,E}$ 324 kWh/a	$Q_{L,HE,E}$ 205 kWh/a
Summe Q_E	$Q_{TW,E}$ = 2.711 kWh/a	$Q_{H,E}$ = 12.552 kWh/a	$Q_{L,E}$ = 205 kWh/a
	Primärenergie Trinkwasser	Primärenergie Heizung	Primärenergie Lüftung
1. Energieträger	$Q_{TW1,P}$ = 2.647 kWh/a	$Q_{H1,P}$ = 13.451 kWh/a	$Q_{L1,P}$ = 0 kWh/a
2. Energieträger	$Q_{TW2,P}$ = 0 kWh/a	$Q_{H2,P}$ = 0 kWh/a	$Q_{L1,P}$ = 0 kWh/a
3. Energieträger	$Q_{TW3,P}$ = 0 kWh/a	$Q_{H3,P}$ = 0 kWh/a	$Q_{L1,P}$ = 0 kWh/a
Hilfsenergie QP =	$Q_{TW,HE,P}$ = 732 kWh/a	$Q_{H,HE,P}$ = 779 kWh/a	$Q_{L,HE,P}$ = 492 kWh/a
Summe Q_P	$Q_{TW,P}$ = 3.378 kWh/a	$Q_{H,P}$ = 14.229 kWh/a	$Q_{L,P}$ = 492 kWh/a

Endenergie	Q_E = 14.634 kWh/a	Summe Wärme	78,57 kWh/(m²a)
	$Q_{HE,E}$ = 834 kWh/a	Summe Hilfsenergie	4,48 kWh/(m²a)
Primärenergie	Q_P = 18.099 kWh/a	Summe Primärenergie	
	q_P = 97,18 kWh/(m²a)		
Anlagen-Aufwandszahl	**e_P = 1,17** [-]	$e_P = Q_P / (Q_h + Q_{tw})$	

Als Ergebnis ergibt sich ein gesamter Endenergiebedarf für das Referenzgebäude von **14.634** kWh/a [78,57 kWh(m²a)], ein zulässiger Primärenergiebedarf von **18.099** kWh/a [97,18 kWh/(m²a)] und eine sich daraus errechnende Anlagenaufwandszahl e_P von **1,17**.

4.2.2 Detailliertes Verfahren zur Bestimmung von e_P und Q_E

Das detaillierte Verfahren ist das genaueste Verfahren zur Bestimmung der Anlagenverluste.

Hierfür sind die genauen Kenndaten der Anlagenkomponenten und deren Installation notwendig.

Die Vorgehensweise entspricht der des Tabellenverfahrens. Hier werden aber die Kenndaten nicht aus Tabellen für durchschnittliche Anlagen entnommen, sondern genau berechnet.

4.3 Berechnung der Anlagenkomponenten nach DIN V 18599

Autor: Friedemann Zeitler

Die Berechnung der Anlagenkomponenten nach DIN V 18599 entspricht im Vorgehen weitestgehend dem Tabellenverfahren nach DIN V 4701, Teil 10, wobei anstelle von standardisierten Tabellenwerten für die verschiedenen Anlagenkomponenten immer auch geräte- bzw. gebäudespezifische Werte angesetzt werden können. Die Standardwerte repräsentieren allerdings Geräte, deren energetische Qualität dem unteren Durchschnitt des Marktniveaus entspricht, sodass es sich im Normalfall lohnt, mit konkreten Produktwerten bzw. Planungsangaben zu rechnen.

Ergebnis der Berechnung der Anlagenkomponenten ist hier nicht die Anlagenaufwandszahl e_p, sondern die Ermittlung des Endenergiebedarfs inklusive der benötigten Hilfsenergien, der sich aus dem zuvor ermittelten Heizwärmebedarf ergibt (siehe dazu Kapitel 7.1.3).

Für die Berechnung der Anlagenkomponenten bei Wohnhäusern werden die folgenden Normenteile benötigt:

– DIN V 18599-5: Berechnung des Endenergiebedarfs von Heizsystemen,
– DIN V 18599-6: Berechnung des Endenergiebedarfs von Wohnungslüftungsanlagen und Luftheizungsanlagen für den Wohnungsbau,
– DIN V 18599-8: Berechnung des Nutz- und Endenergiebedarfs von Warmwasserbereitungssystemen.

Die Besonderheit der DIN V 18599, dass der jeweilige Endenergiebedarf für jede Nutzungszone einzeln ermittelt wird, kommt bei Wohngebäuden nicht zum Tragen, da diese als sogenannte 1-Zonen-Modelle abgebildet werden.

Die Berechnung der Anlagenkomponenten wird immer mithilfe einer geeigneten Software erfolgen. Deshalb wird in den nachfolgenden Abschnitten eher auf die Besonderheiten bei der Eingabe in die Software sowie bei der Auswertung der Ergebnisse eingegangen als auf die Berechnung und die dazugehörigen Algorithmen an sich.

Mit Inkrafttreten der EnEV 2014 wird zukünftig auf die DIN V 18599 in der Ausgabe vom Dezember 2011 verwiesen. Im Rahmen der Novellierung der DIN V 18599 wurden vor allem im Bereich der Haustechnik Veränderungen vorgenommen. Teilweise wurden Kennwerte aktualisiert, im Wesentlichen wurden aber weitere Heiz- und Kühltechniken in das Berechnungsverfahren aufgenommen. Für Wohngebäude ist z. B. jetzt die Möglichkeit der aktiven Kühlung über Wohnraumlüftungsanlagen mithilfe der Norm abbildbar.

4.3.1 Besonderheiten bei der Berechnung von Anlagenkomponenten

Anders als bei der Bilanzierung nach DIN V 4701-10 wird für die Anlagenverluste nicht eine gesamte Heizperiode betrachtet, sondern diese werden monatsweise ermittelt. Für die Laufzeiten der einzelnen Anlagenteile wird dabei noch einmal in Nutzungs- und Nichtnutzungszeiten unterschieden. So lassen sich z. B. rechnerisch auch unterschiedliche Betriebszeiten von Heizungsanlagen in Bezug auf Nachtabsenkung/-abschaltung darstellen. Für den öffentlich-rechtlichen Nachweis ist jedoch die tägliche Nutzungszeit in DIN V 18599-10, Tabelle 3 während der Heizperiode auf 17 Stunden festgeschrieben, wenn eine Heizungsanlage mit Nachtabsenkung/-abschaltung vorhanden ist.

Eine entscheidende Besonderheit ist die Tatsache, dass sich alle Wärmemengen, die durch Verbrennungsprozesse gewonnen werden, auf den Brennwert und nicht auf den Heizwert des jeweiligen Energieträgers beziehen. Auf diese Weise wird vermieden, dass sich bei der Beschreibung von Wärmeerzeugern mit Brennwertnutzung Wirkungsgrade von mehr als 100 % ergeben. Der ermittelte Endenergiebedarf ist somit brennwertbezogen. Für die Bestimmung des heizwertbezogenen Primärenergiebedarfs wird der ermittelte Endenergiebedarf wieder auf den Heizwert umgerechnet und mit den bekannten Primärenergiefaktoren multipliziert. Die Umrechnung von Brennwert zu Heizwert erfolgt nach DIN V 18599-1, Tabelle B.1. Bei einer Berechnung nach DIN V 18599 kann deshalb z. B. bei Einsatz von Gasbrennwerttechnik der Endenergiebedarf (brennwertbezogen) höher als der Primärenergiebedarf (heizwertbezogen) liegen.

Tabelle 4.6: Energieträgerabhängigkeit Umrechnungsfaktoren (Quelle: DIN V 18599-1, Tabelle B.1)

Energieträger		Verhältnis Brennwert/Heizwert H_s/H_i (Umrechnungsfaktor für die Endenergie) f_{H_s/H_i}
Brennstoff	Heizöl	1,06
	Erdgas	1,11
	Flüssiggas	1,09
	Steinkohle	1,04
	Braunkohle	1,07
	Holz	1,08
andere Energieträger	Strom	1,00
	Nah-/Fernwärme, Fernkälte	1,00
	Umweltenergie	1,00
	Abwärme	1,00

4.3.2 DIN V 18599-5: Endenergiebedarf von Heizsystemen

Die Berechnung der Anlagenkomponenten erfolgt unter Berücksichtigung der folgenden Prozessschritte:

- Übergabe der Wärme (z. B. Heizkörper, Fußbodenheizung, Heizregister in einer Lüftungsanlage etc.),
- Verteilung der Wärme (z. B. in ein oder mehreren Heizkreisen),
- Speicherung der Wärme (falls vorhanden, z. B. Pufferspeicher etc.),
- Erzeugung der Wärme (z. B. Heizkessel, Wärmepumpe etc.).

Für jeden dieser Prozessschritte wird der zugehörige Hilfsenergiebedarf separat ermittelt.

4.3.2.1 Übergabe

Die Art der Übergabesysteme muss definiert werden. Infrage kommen Heizkörper und Flächenheizsysteme, aber auch Heizregister in Lüftungsanlagen bzw. reine Warmluftheizungen. Diese Systeme lassen sich dann noch einmal weiter spezifizieren, z. B. in Bezug auf Regelung, Lage im Raum oder weitere mit der Übergabe gekoppelte Energieverbraucher wie Stellmotoren oder Ventilatoren (z. B. bei Bodenkonvektoren).

4.3.2.2 Verteilung

Für die Berechnung der Verteilverluste spielen die installierten Leitungslängen eine entscheidende Rolle. Diese können bei einer vorliegenden Fachplanung direkt in die entsprechenden Berechnungsprogramme übernommen werden. Dabei werden bei Zweirohrsystemen die Längen von Vor- und Rücklauf addiert.

Wenn keine Fachplanung vorliegt, können die unterschiedlichen Leitungslängen vereinfachend mit den Rechenansätzen aus DIN V 18599-5, Tabelle 22 bestimmt werden. Hierzu ist die Bestimmung der charakteristischen Länge und Breite des Gebäudes sowie der Anzahl und Höhe der Geschosse notwendig. Wenn sich das Gebäude in mehrere Bauteile zergliedert, sollte die charakteristische Gebäudelänge und -breite nicht durch ein alles umschreibendes Rechteck definiert werden. Der Grundriss kann in mehrere Rechtecke zerlegt werden. Die einzelnen Längen werden dann jeweils pro Geschoss addiert und anschließend durch die Geschossanzahl geteilt und ergeben damit eine mittlere Gesamtlänge. Die charakteristische Breite wird dann als Mittelwert über die jeweiligen Geschossflächen berechnet (siehe DIN V 18599-1, Abschnitt 8.2.4). Nur so werden nicht komplett überzogene, sondern annähernd realistische Leitungslängen ermittelt.

charakteristische Gebäudelänge L_{char}:

$$L_{char} = \frac{1}{n_G} \sum_i L_i \qquad \text{m}$$

(Formel 4.1)
(DIN V 18599-1, Formel 28)

und

charakteristische Gebäudebreite:

$$B_{char} = \frac{1}{n_G} \cdot \frac{\sum_i L_i \cdot B_i}{L_{char}} \qquad \text{m}$$

(Formel 4.2)
(DIN V 18599-1, Formel 29)

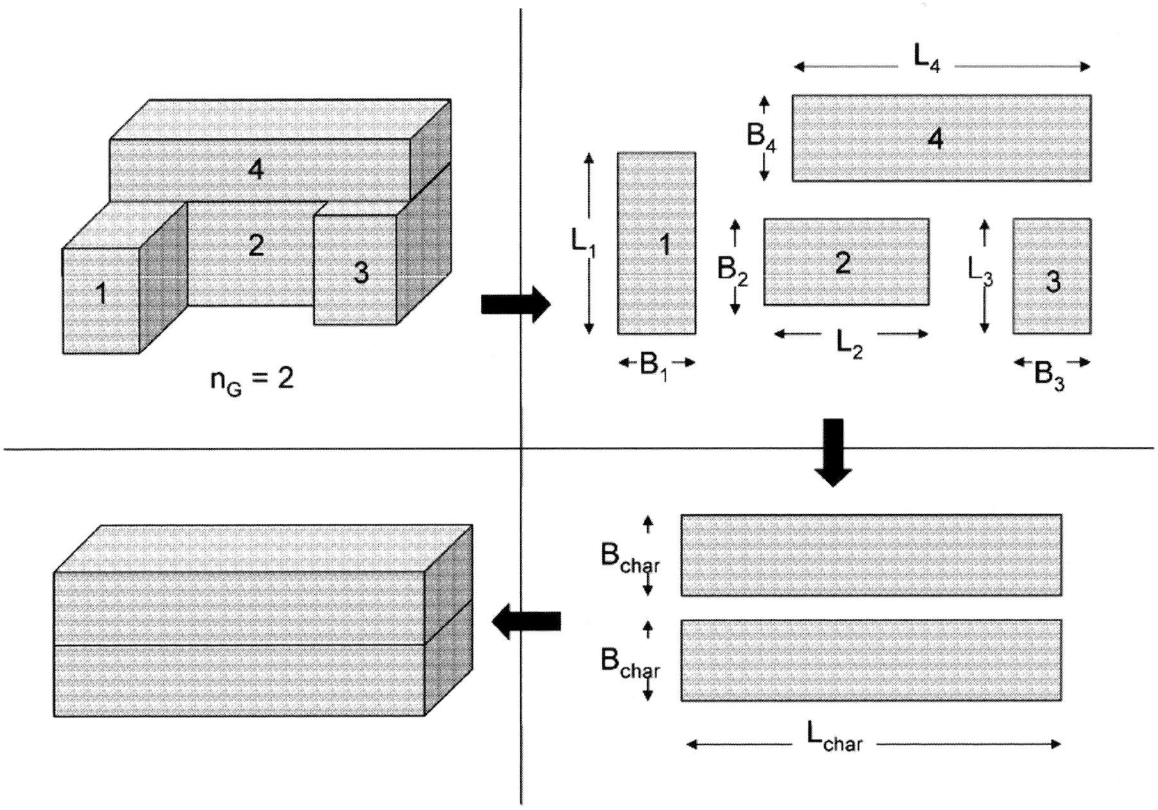

Bild 4.2: Ermittlung der charakteristischen Länge und Breite eines Gebäudes nach DIN V 18599-1, Abschnitt 8.2.4

Sind die Teilkörper nicht rechteckig, so sind Längen und Breiten des Teilkörpers zu mitteln (siehe Bild 4.3).

$$L_i = \frac{\sum_j L_j}{j} \text{ und } B_i = \frac{\sum_j B_j}{j}$$

(Formel 4.3)
(DIN V 18599-1, Formel 30)

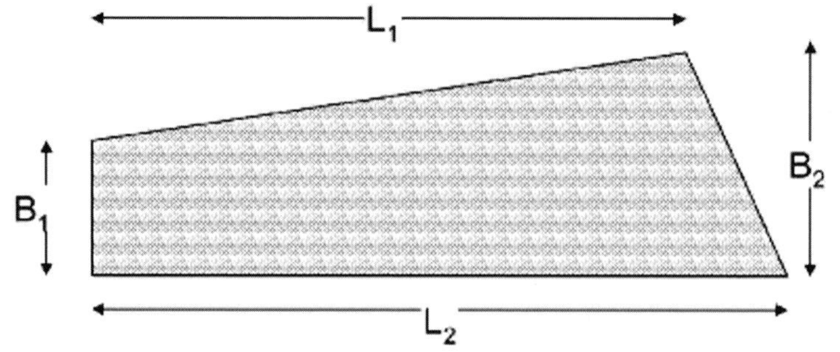

Bild 4.3: Ermittlung der charakteristischen Länge und Breite eines Gebäudes bei nicht rechteckigen Grundrissen nach DIN V 18599-1, Abschnitt 8.2.4

Besitzt ein Gebäude unterschiedliche Geschosszahlen für die einzelnen Gebäudeteile, so ist auch die Geschosszahl zu mitteln. Sie ist der flächengewichtete ganzzahlige Mittelwert für das Gebäude, sofern keine eindeutige Angabe gemacht werden kann.

Beispiel-Haus:

Für das Beispiel-Haus (Kapitel 2.5) ergeben sich folgende charakteristische Längen und Breiten mit den folgenden Randbedingungen:

- das Hauptgebäude ist zweigeschossig mit einem beheizten Kelleranteil,
- der Anbau ist eingeschossig, entsprechend Bild 4.2 wird der Anbau als ein senkrecht zum Baukörper stehender Gebäudeteil gesehen, sodass die Länge nur 3,37 m beträgt und die Breite 12,49 m. Nur so lassen sich unrealistisch große Maße für die charakteristische Länge vermeiden.

Geschosszahl n_G:

Hauptgebäude: 2 Geschosse + Keller

Nebengebäude: 1 Geschoss

n_G = (12,49 · 5,49 · 2 + 5,30 · 2,63 + 12,49 · 3,37 · 1) / (12,49 · 5,49 + 12,49 · 3,37)

$\mathbf{n_G}$ = 193,17 / 110,66 = **1,75 → 2** (muss ganzzahlig sein)

Charakteristische Gebäudelänge L_{char}:

Hauptgebäude: Länge = 12,49 · 2 + 5,30 = 30,28 m

Nebengebäude: Länge = 3,37 m

$\mathbf{L_{char}}$ = (30,28 + 3,37) / 2= **16,83** m

Charakteristische Gebäudebreite B_{char}:

Hauptgebäude: Breite = 5,49 m

Nebengebäude: Breite = 12,49 m

B_{char} = (12,49 · 5,49 · 2 + 5,30 · 2,63 + 12,49 · 3,37) / (2 · 16,83) m

B_{char} = 193,17 / 33,66 = 5,73 m

Für die Ermittlung der charakteristischen Maße ist auch ein vereinfachtes Rechenverfahren zugelassen. Hier errechnet sich die charakteristische Länge und Breite aus der Nettogrundfläche des Gebäudes und gebäudetypischen Faktoren. Diese unterscheiden sich bei den Nichtwohngebäuden, sie sind jedoch für alle Wohngebäude gleich. Es ergeben sich damit für Wohngebäude die beiden folgenden Formeln:

charakteristische Gebäudelänge L_{char}:

$$L_{char} = \sqrt{\frac{A_{NGF}}{n_G \cdot 0{,}392}}$$ m
(Formel 4.4)
(DIN V 18599-1, Formel 31)

und

charakteristische Gebäudebreite:

$$B_{char} = L_{char} \cdot 0{,}31$$ m
(Formel 4.5)
(DIN V 18599-1, Formel 32)

Beispielhaus:

Nettogeschossfläche: 169,4 m²

$$L_{char} = \sqrt{\frac{169{,}4}{2 \cdot 0{,}392}} = \sqrt{216{,}1} = 14{,}70 \text{ m}$$

$$B_{char} = 14{,}70 \text{ m} \cdot 0{,}31 = 4{,}56 \text{ m}$$

Es fällt auf, dass die charakteristische Gebäudelänge und -breite bei dem vereinfachten Berechnungsverfahren jeweils kürzer ausfallen. Bei größeren und weniger zergliederten Wohngebäuden führt es zumindest bei der charakteristischen Länge zu ähnlichen, tendenziell größeren Werten.

Die Erfahrung hat gezeigt, dass die über die charakteristische Länge und Breite ermittelten Leitungslängen sehr großzügig dimensioniert sind, sodass bei exakter Eingabe der Leitungslängen deutlich geringere Verteilungsverluste bilanziert werden. Für das Referenzgebäude werden deshalb mit der Einführung der EnEV 2014 die Leitungslängen nicht nach dem oben beschriebenen Verfahren der DIN V 18599 mithilfe der charakteristischen Länge und Breite berechnet, sondern hier werden die einzelnen Leitungslängen für Verteil-, Strang- und Anbindeleitungen gemäß DIN V 4701-10:2003-08, Tabelle 5.3-2 bestimmt.

Nach Berechnung der Leitungslängen müssen die einzelnen Rohrabschnitte des Leitungsnetzes noch genauer definiert werden. Dies ist von Bedeutung, da die Rohrabschnitte sowohl in beheizten als auch in unbeheizten Gebäudebereichen liegen können (z. B. in einem unbeheizten Keller) und häufig auch unterschiedliche Querschnitte und Dämmstandards aufweisen.

In den meisten Fällen besitzt ein Verteilkreis auch eine eigene Zirkulationspumpe, die ebenfalls beschrieben werden muss, damit der zum Betrieb benötigte Strom als Hilfsenergie bilanziert werden kann. Auch hier sind wieder in der Norm Standardwerte hinterlegt.

4.3.2.3 Speicherung

Sind im Heizungs- bzw. Warmwassersystem Speicher vorhanden, so müssen deren Wärmeverluste bilanziert werden. Hier ist zum einen der Aufstellort von großer Bedeutung. Befindet sich der Speicher innerhalb der beheizten Gebäudehülle, werden die Verluste als ungeregelter Wärmeeintrag in das Gebäude gewertet, während sie andernfalls als reine Verluste bilanziert werden. Die Verluste bemessen sich nach der Temperaturdifferenz zwischen Speichermedium und Umgebungstemperatur sowie dem Speichervolumen. Für die Berechnung der Speicherverluste sind ebenfalls Standardwerte in der Norm hinterlegt. Dabei wird die Umgebungstemperatur, je nach Aufstellort, wieder mit monatlich differenzierten Daten festgelegt.

Speicherladepumpen müssen separat erfasst und bilanziert werden, um die anfallende Hilfsenergie zu berücksichtigen.

4.3.2.4 Erzeugung

Ein Gebäude kann grundsätzlich monovalent mit einem Wärmeerzeuger oder mit einer Kombination aus verschiedenen Erzeugern beheizt werden. Durch die monatliche Bilanzierung und die Übernahme von monatstypischen Temperaturen kann der jeweilige Auslastungsgrad z. B. einer Solaranlage oder einer Außenluft-Wasser-Wärmepumpe errechnet und somit die Laufzeit eines zusätzlichen Spitzenlastkessels ermittelt werden.

Auch für den Wärmeerzeuger ist der Aufstellort von Bedeutung. Befindet sich der Erzeuger innerhalb der beheizten Gebäudehülle, werden die Verluste als ungeregelter Wärmeeintrag in das Gebäude gewertet, während sie andernfalls als reine Verluste bilanziert werden. Die Bereitschaftsverluste werden wieder monatlich entsprechend der Umgebungstemperatur des Erzeugers ermittelt.

Bei der genauen Spezifizierung des Wärmeerzeugers können entweder Herstellerdaten (falls bekannt) oder Standardwerte der DIN V 18599-5 verwendet werden. In den meisten Fällen sind die Herstellerdaten günstiger als die hinterlegten Standardwerte.

4.3.3 DIN V 18599-6: Endenergiebedarf von Wohnungslüftungsanlagen und Luftheizungsanlagen für den Wohnungsbau

Bei der Bewertung der Anlagenkomponenten von Lüftungsanlagen werden die notwendigen Kennwerte für die Ermittlung der Lüftungswärmeverluste zur Bestimmung des Heizwärmebedarfs des Gebäudes sowie die notwendigen Hilfsenergien zum Betrieb dieser Anlagen ermittelt.

4.3.3.1 Typologie der Wohnungslüftungsanlagen

Es lassen sich die folgenden Anlagen abbilden:

Abluft-Anlagen ohne Wärmerückgewinnung führen zu einem kontrollierten Luftwechsel, ohne die in der Abluft enthaltene Wärme zu nutzen. Sie erzeugen im Gebäude einen Unterdruck und führen zu einer Nachströmung durch erhöhte Infiltration und geplante Außenluftdurchlässe in der Gebäudehülle.

Abluftanlagen mit Abluft-Wärmepumpen nutzen dabei die in der Abluft enthaltene Wärme als Wärmequelle und nutzen die erzeugte Wärme meist zur Trinkwarmwasserbereitung, evtl. auch zur Heizungsunterstützung.

Zu- und Abluftanlagen ohne Wärmerückgewinnung führen zu einem kontrollierten Luftwechsel mit ausgeglichenem Zu- und Abluftvolumenstrom, ohne die in der Abluft enthaltene Wärme zu nutzen. Sie erzeugen im Gebäude deshalb keinen Unterdruck und vermeiden eine erhöhte Infiltration.

Zu- und Abluftanlagen mit Wärmerückgewinnung entziehen der Abluft die enthaltene Wärme und nutzen diese zur Vorwärmung der Zuluft (bei Wohnungslüftungsanlagen meistens über Plattenwärmetauscher). Hier sind auch dezentrale Anlagen für die raumweise Be- und Entlüftung darstellbar.

Zu- und Abluftanlagen mit Abluft-Zuluft-Wärmepumpen übertragen die erzeugte Wärme ausschließlich auf die Zuluft der Wohnungslüftungsanlage. Sie können mit vorgeschalteten Wärmeübertragern kombiniert werden.

Zu- und Abluftanlagen mit Abluft-Wasser-Wärmepumpen nutzen die in der Abluft enthaltene Wärme als Wärmequelle und nutzen die erzeugte Wärme meist zur Trinkwarmwasserbereitung, evtl. auch zur Heizungsunterstützung.

Luftheizungsanlagen sind Heizsysteme, bei denen die Wärmezufuhr in das Gebäude vollständig durch Luft als Wärmeträger erfolgt. Luftheizungsanlagen beinhalten mindestens einen Wärmeerzeuger (z. B. eine Abluft-Wärmepumpe); zusätzlich kann z. B. eine Wärmerückgewinnung vorhanden sein. Diese Anlagen können im reinen Außenluft-, im Außen- und Umluft- bzw. im reinen Umluftbetrieb betrieben werden.

Alle Zu- und Abluftanlagen können zusätzlich ein Heizregister zur Erwärmung der Zuluft besitzen und der erforderliche Nutzenergiebedarf kann ermittelt werden.

Ein Großteil dieser Anlagen ließ sich bei einer Bilanzierung nach DIN V 4701-10 bislang nicht abbilden.

Inzwischen lassen sich mit dem Bilanzierungsverfahren der aktuell gültigen DIN V 18599-6 auch Lüftungsanlagen mit Kühlfunktion darstellen.

4.3.3.2 Betriebsweise von Wohnungslüftungsanlagen

Auch die Betriebsweise von Wohnraumlüftungsanlagen wird entsprechend der Betriebszeiten unterschieden:

Bei **ganzjährigem Betrieb** ist das Wohnungslüftungssystem an allen Tagen des Jahres eingeschaltet. Außerhalb der Heizperiode wird die Wärmerückgewinnung, falls vorhanden, durch einen Beipass umgangen bzw. außer Betrieb gesetzt.

Beim **Heizperiodenbetrieb** (Heizmonatsverfahren) wird das Wohnungslüftungssystem in den Sommermonaten (außerhalb der Heizperiode) abgeschaltet. Die Betriebszeit in der Heizperiode wird standardmäßig aus den Heizmonaten ermittelt, d. h. das Wohnungslüftungssystem ist an allen Tagen der Heizmonate in Betrieb. Als Heizmonate gelten die Monate, für die nach DIN V 18599-2 ohne Lüftungssystem ein Nutzwärmebedarf ausgewiesen wird.

Im **Heizperiodenbetrieb** (Heizzeitverfahren) kann alternativ zum Heizmonatsverfahren die Betriebszeit je Monat aus der Heizzeit ohne Lüftungssystem nach DIN V 18599-2 bestimmt werden. Das Wohnungslüftungssystem ist nur an den Heiztagen in Betrieb. Wird das Heizzeitverfahren zur Bilanzierung herangezogen, muss das Wohnungslüftungssystem nach einer geeigneten Führungsgröße (z. B. witterungsgeführt) geregelt werden.

4.3.3.3 Besonderheiten bei der Bilanzierung von Wohnungslüftungsanlagen

Wärmerückgewinnungssysteme mit Abluft-Zuluft-Wärmeübertrager werden bei der Berechnung des Nutzwärmebedarfs der Heizung in DIN V 18599-2 berücksichtigt. Der Beitrag zur Gebäudebeheizung der Wärmerückgewinnung entspricht der Differenz einer Betrachtung des Gebäudeenergiebedarfs der übrigen Wärmeerzeuger, berechnet einmal mit Wärmerückgewinnung und einmal ohne Wärmerückgewinnung. Um diesen Betrag beziffern zu können, muss das Gebäude zweimal berechnet werden.

Die mittlere monatliche Zulufttemperatur wird aus DIN V 18599-6 an DIN V 18599-2 übergeben. Sie ist bei allen Systemen ohne Wärmerückgewinnung gleich der mittleren monatlichen Außentemperatur. Entsprechend des Wirkungsgrades der WRG erhöht sich die Zulufttemperatur. Ein weiterer Zuschlag des Wirkungsgrades um 10 % wird durch den Einsatz eines Erdwärmetauschers erreicht. Handelt es sich dagegen um Anlagen, deren Baujahr früher als 1999 war, muss ein Abschlag der Standardwerte von 10 % vorgenommen werden.

Tabelle 4.7: Standardwerte für monatliche Zulufttemperatur bei Abluft-Zuluft-Wärmeübertrager ohne vorgeschalteten Erdreich-Zuluft-Wärmeübertrager, errichtet nach 1999 nach DIN V 18599-6, Tabelle 7

Monat	Jan.	Feb.	Mrz.	Apr.	Mai	Jun.	Jul.	Aug.	Sep.	Okt.	Nov.	Dez.
	in °C											
$\vartheta_{e,mth}$	1	1,9	4,7	9,2	14,1	16,7	19,0	18,6	14,3	9,5	4,1	0,9
$\vartheta_{v,mech}$ bei $\eta_{WÜT,mth} = 0,60$	13,0	13,4	14,5	16,3	18,2	19,3	20,2	20,0	18,3	16,4	14,2	13,0
$\vartheta_{v,mech}$ bei $\eta_{WÜT,mth} = 0,80$	17,0	17,2	17,7	18,6	19,6	20,1	20,6	20,5	19,7	18,7	17,6	17,0
Anmerkung: Wird das Lüftungssystem nicht ganzjährig oder in den Sommermonaten ohne Wärmerückgewinnung betrieben, gilt außerhalb der Betriebs- bzw. Wärmerückgewinnungszeiten $\vartheta_{v,mech} = \vartheta_{e,mth}$												

Besitzt die Lüftungsanlage ein Heizregister, so wird über die Definition der Zulufttemperatur und des Luftwechsels der Wärmeeintrag durch das Lüftungssystem in das Gebäude festgelegt. Entsprechend weniger müssen die anderen (statischen) Heizsysteme leisten.

Bei der Ermittlung des Wärmeeintrags werden wieder die vier Prozessschritte Übergabe, Verteilung, Speicherung und Erzeugung berücksichtigt.

Für Wohnungslüftungsanlagen mit Nachheizregister, bei denen die Zulufttemperatur höher als die Raumsolltemperatur ist, wird der Gesamtwirkungsgrad für die Wärmeübertragung an den Raum ermittelt und berücksichtigt. Alle anderen Systeme, also z. B. die klassischen Wohnungslüftungsanlagen, die nur mit einer Wärmerückgewinnung über einen Wärmetauscher ausgerüstet sind, weisen keine Übertragungsverluste auf.

Abluftsysteme und dezentrale Lüftungsgeräte weisen keine Verteilungsverluste auf. Bei allen Systemen, bei denen die Zulufttemperatur höher als die Raumsolltemperatur ist, müssen Verteilungsverluste bilanziert werden bzw. die Rohrleitungen müssen als Wärmesenke bilanziert werden, wenn die Zulufttemperatur niedriger als die Raumsolltemperatur ist. Sind die tatsächlichen Rohrlängen und Dämmstandards nicht bekannt, werden in der Norm zur Berechnung Standardwerte angeboten. Diese sind anders als bei Heizungs- und Warmwasserrohrnetzen nicht von der charakteristischen Länge und Breite abhängig, sondern vom Nettogebäudevolumen und jeweils von der Geschosszahl und -höhe.

Der Hilfsenergiebedarf der Ventilatoren zum Transport der Luft durch das Lüftungsnetz kann sowohl separat bei der Verteilung oder auch zusammen mit dem Hilfsenergiebedarf des Wohnungslüftungsgerätes berücksichtigt werden, wenn der Ventilator fester Bestandteil des Lüftungsgerätes ist und dort energetisch berücksichtigt wird.

Speicherverluste bei Wohnungslüftungsanlagen sind unüblich und treten nur in Verbindung mit einer Abluft-Wasser-Wärmepumpe mit einem Pufferspeicher auf.

Je nach vorhandenem Wärmeerzeuger sind unterschiedliche Erzeugungsverluste für die verschiedenen Lüftungssysteme als Standardwerte in der Norm hinterlegt.

4.3.4 DIN V 18599-8: Nutz- und Endenergiebedarf von Warmwasserbereitungssystemen

In der DIN V 18599, Teil 8 wird der Energiebedarf des Trinkwarmwassersystems mit seinen verschiedenen Prozessbereichen (Übergabe, Verteilung, Speicherung und Erzeugung) beschrieben. Dabei werden die Wärmeverluste sowie die Hilfsenergieaufwendungen der einzelnen Prozessbereiche ermittelt und für die weitere Berechnung in DIN V 18599-1 und DIN V 18599-2, soweit sie innerhalb der beheizten Gebäudehülle liegen, zur Verfügung gestellt.

4.3.4.1 Typologie der Trinkwassererwärmungsanlagen

Es lassen sich die folgenden Anlagen abbilden:

– dezentrale Trinkwassererwärmungsanlage:
System, bei dem die Wärme zur Trinkwassererwärmung in einem Gerät erzeugt und im gleichen Raum übergeben wird (z. B. Elektrokleinspeicher),

– wohnungszentrale Trinkwassererwärmungsanlage:
Trinkwassererwärmungssystem, bei dem die Wärme für das Trinkwarmwasser in einem Gerät innerhalb der Wohnung erzeugt und über Verteilleitungen an mehrere Räume innerhalb einer Wohnung transportiert wird (z. B. Elektrospeicher oder Gas-Durchlauferhitzer),

– zentrale Trinkwassererwärmungsanlage:
Heizungssystem, bei dem die Wärme in einem Gerät erzeugt und über Verteilleitungen an mehrere Räume eines Gebäudes transportiert wird.

4.3.4.2 Bilanzierungsverfahren

Der Trinkwarmwasserbedarf wird für Wohngebäude in DIN V 18599-10, Tabelle 4 festgelegt. Er beträgt für Einfamilienhäuser 11 kWh/(m²a) und für Mehrfamilienhäuser 15 kWh/(m²a). Bezugsfläche ist nach dieser Tabelle (Fußnote a) jeweils die beheizte Nettogrundfläche. Diese Angabe führt zu einem annähernd gleichen Warmwasserbedarf bei Mehrfamilienhäusern und zu einem deutlich verringerten Warmwasserbedarf bei Einfamilienhäusern im Vergleich zur Berechnungsmethode nach DIN 4108-6, Anhang D, wo die meist größere EnEV-Nutzfläche als Bezugsfläche für die Ermittlung des Warmwasserbedarfs herangezogen wird.

Die Bestimmung des Wärme- und Hilfsenergiebedarfs für die Warmwasserbereitung findet in Analogie zu den Heizungsanlagen unter Berücksichtigung der vier Prozessschritte (Übergabe, Verteilung, Speicherung und Erzeugung) statt. Wenn keine Angaben für die tatsächlichen Leitungslängen vorliegen, werden wieder die charakteristische Gebäudelänge und -breite sowie Geschosszahl und -höhe für die Berechnung der Leitungslängen und damit der Verteilungsverluste bzw. der ungeregelten Wärmeeinträge in das Gebäude herangezogen.

4.3.4.3 Thermische Solaranlagen zur Trinkwarmwasserbereitung

Das Berechnungsverfahren für thermische Solaranlagen und deren Deckungsanteil an der Warmwasserbereitung in der DIN V 18599-8 entspricht dem detaillierten Verfahren der DIN V 4701-10. Die Berechnung des Energieertrags der Solaranlage zur Trinkwarmwassererwärmung erfolgt durch Korrekturfaktoren, die verschiedenen Tabellen der Norm entnommen werden können. Alternativ können auch Ergebnisse von Simulationsrechnungen verwendet werden, sofern die Simulationen mit den gleichen Randbedingungen durchgeführt wurden, die auch der DIN V 18599 zugrunde gelegt wurden. So muss z. B. die Simulation unabhängig vom tatsächlichen Standort des Gebäudes mit den Referenzklimadaten (Standort Potsdam) durchgeführt werden.

Anders als bei der Ermittlung des Heizwärmebedarfs wird bei der Bilanzierung nach DIN V 18599 nicht ein monatlicher solarer Ertrag ermittelt, sondern ein Ganzjahresertrag wird nachträglich nach einem speziellen Verteilungsschlüssel auf die einzelnen Monate verteilt.

Tabelle 4.8: Monatsanteile zur Aufteilung des Jahresertrags von Solaranlagen (Quelle: DIN V 18599-8, Tabelle 13)

Monat	Jan.	Feb.	Mrz.	Apr.	Mai	Jun.	Jul.	Aug.	Sep.	Okt.	Nov.	Dez.
$f_{part, w, mt, h, Ref}$ in %	2,7	3,2	6,9	13,7	12,3	13,4	14,2	11,8	10,7	7,0	3,3	0,8

Bei der Berechnung von Speicherverlusten des Solarspeichers müssen nur die Wärmeverluste des Speicherbereichs berücksichtigt werden, der zum Zwecke des Trinkwarmwasserkomforts immer wieder nachgeheizt werden muss. Die Verluste der Speicherbereiche, die ausschließlich zur Speicherung von Solarenergie dienen, müssen nicht berücksichtigt werden, da diese bereits bei der Berechnung des Energieertrags der Solaranlage berücksichtigt werden.

Für die meisten zur Berechnung benötigten Größen sind Standardwerte in Tabelle 15 der DIN V 18599-8 hinterlegt. Diese dürfen allerdings nur für Gebäude mit einer Nettogeschossfläche kleiner als 3000 m² verwendet werden. Bei größeren Gebäuden sind hier die tatsächlichen Anlagenkennwerte zu verwenden.

4.3.4.4 Wärmepumpen zur Trinkwarmwasserbereitung

Im Teil 8 der DIN V 18599 finden sich auch die Berechnungsgrundlagen für die verschiedensten Arten der Trinkwarmwasserbereitung mit Wärmepumpen. Auch hier können Anlagen abgebildet werden, die noch keinen Eingang in die DIN V 4701-10 gefunden haben.

Grundsätzlich wird nach der genutzten Wärmequelle unterschieden:

- Wärmepumpen mit Wärmequelle Außenluft,
- Wärmepumpen mit Wärmequelle Abluft,
- Wärmepumpen mit Wärmequelle Abluft von RLT-Anlagen mit Wärmerückgewinnung,
- Wärmepumpen mit Wärmequelle Erdreich,
- Wärmepumpen mit Wärmequelle Grundwasser.

Des Weiteren wird nach der Antriebsart unterschieden:

- motorisch angetriebene Wärmepumpen (Elektro- oder Gasmotor),
- Sorptions-Gaswärmepumpen.

Berücksichtigt werden auch die Nachheizsysteme, sofern notwendig.

4.3.5 Primärenergiebedarfe nach DIN V 18599 für das Referenzgebäude

Das Referenzgebäude und das sanierte Beispiel-Haus aus Kapitel 2.5 wurde nach DIN V 18599 durchgerechnet. Noch immer führen Berechnungen mit unterschiedlichen Software-Produkten zu leicht unterschiedlichen Ergebnissen. Die angegebenen Werte dienen deshalb nur als Anhaltswerte zum Vergleich mit der Berechnung nach DIN V 4108-6.

Referenzgebäude – Beispiel-Haus:

Der zulässige Jahresprimärenergiebedarf Q_P wird nun für das Referenzgebäude zu dem Beispiel-Haus nach DIN V 18599 berechnet. Dementsprechend wurde die Anlagentechnik für das Referenzgebäude nach EnEV Anlage 1 Tabelle 1 angesetzt (siehe Kapitel 9).

Tabelle 4.9: Berechnung des End- und Primärenergiebedarfs für das Referenzgebäude des Beispiel-Hauses

Prozessbereich	Energieträger	Endenergie Q_E in kWh/a	f_P	f_{H_S/H_I}	Primärenergie Q_P in kWh/a
Heizwärme	Heizöl	15.816	1,10	1,06	16.413
Hilfsenergie H	Strom-Mix	272	2,40	1,00	654
Warmwasser	Heizöl	2.359	1,10	1,06	2.736
Warmwasser	solar*	(1.908)	0,00	1,00	–
Hilfsenergie WW	Strom-Mix	167	2,40	1,00	400
gesamt	in kWh/a	18.613			19.803
Nutzfläche A_N	186 m²				
gesamt	in kWh/(m²a)	100			106
* wird beim Endenergiebedarf nicht angerechnet					

Der zulässige Jahresprimärenergiebedarf Q_P für das Beispiel-Haus nach DIN V 18599 beträgt 106 kWh/(m^{2}a).

Zum Vergleich:

Nach DIN V 4108-6 beträgt der zulässige Jahresprimärenergiebedarf Q_P 97,18 kWh/(m^{2}a).

Erläuterung:

Nach DIN V 18599 ist der zulässige Jahresprimärenergiebedarf ca. 6 % höher als der Jahresprimärenergiebedarf nach DIN V 4108-6. Dies liegt vor allem an den schlechteren pauschalen Standardwerten für die Heizungsanlage nach DIN V 18599.

Nachdem das Referenzgebäude und das nachzuweisende Gebäude nach dem gleichen Rechenverfahren zu berechnen sind, sind auch die Anforderungen an das Gebäude bei beiden Rechenverfahren gleich hoch. Bei der Darstellung im Energieausweis kommt das Gebäude nach DIN V 18599 jedoch schlechter weg.

Die Zulassung beider Rechenverfahren für den Energieausweis führt somit nicht zur besseren Vergleichbarkeit des Energiebedarfs der Gebäude untereinander.

4.3.6 Primärenergiebedarfe nach DIN V 18599 für das sanierte Beispiel-Haus

Der vorhandene Jahresprimärenergiebedarf Q_P wird nun mit den Gebäudedaten des sanierten Beispiel-Hauses berechnet. Die Bauteilschichten für das sanierte Beispiel-Haus wurden in Kapitel 5 optimiert. Für die Anlagentechnik wurde ein Gas-Brennwertkessel mit Solaranlage für die Warmwasserbereitung und die Heizungsunterstützung eingesetzt. Die Anlagentechnik ist außerhalb der thermischen Hülle aufgestellt. Die Berechnung erfolgte mit Standardwerten der DIN V 18599.

Der Transmissionswärmetransferkoeffizient beträgt:

H_T = 204 W/K

H'_T = 0,39 $W/(m^2 \cdot K)$

zul. H'_T = 0,40 Anlage 1 Tabelle 2 der EnEV W/K

Tabelle 4.10: Berechnung des End- und Primärenergiebedarfs für das sanierte Beispiel-Haus

Prozessbereich	Energieträger	Endenergie Q_E in kWh/a	f_P	f_{H_S/H_I}	Primärenergie Q_P in kWh/a
Heizwärme	Erdgas H	16.491	1,10	1,11	16.342
Heizwärme	solar*	(792)	0,00	1,00	–
Hilfsenergie H	Strom-Mix	398	2,4	1,00	956
Warmwasser	Erdgas H	1.804	1,10	1,11	2.207
Warmwasser	solar*	(2.678)	0,00	1,00	–
Hilfsenergie WW	Strom-Mix	175	2,4	1,00	420
gesamt	in kWh/a	18.868			19.505
Nutzfläche A_N	186 m²				
gesamt	in kWh/(m²a)	101			105
* wird beim Endenergiebedarf nicht angerechnet					

Der Jahresprimärenergiebedarf Q_P für das Beispiel-Haus nach DIN V 18599 beträgt **105 kWh/(m²a)** und ist somit niedriger als der zulässige Wert des Referenzgebäudes von **106 kWh/(m²a). Die Anforderungen der EnEV für Neubauten werden somit auch bei der Berechnung nach DIN V 18599 erfüllt.**

4.4 Bewertung von bestehenden Heizungsanlagen

Autor: Dieter Dierschedl

Bei bestehenden Anlagen ist die Beurteilung der Anlagenkomponenten wesentlich schwieriger als bei neuen Anlagen. Die richtige Beurteilung ist aber wichtig, da sonst mögliche Sanierungsmaßnahmen nicht richtig beurteilt werden können. Es muss nicht immer gleich jede „alte" Heizungsanlage ausgewechselt werden. Oft kann schon durch das richtige Einstellen und Regeln der Anlage, durch den Einbau einer Energieeffizienz-Pumpe und das Dämmen der Rohrleitungen der Energiebedarf des Gebäudes erheblich gesenkt werden.

Die Beurteilung von bestehenden Heizanlagen ist immer wieder Grund zur Diskussion. So ist es durchaus möglich, eine z. B. in Folge der Erneuerung des alten Heizkessels durch eine moderne Brennwertfeuerstätte scheinbar gut modernisierte Heizanlage falsch zu beurteilen, indem man dem Wärmeerzeuger (Brennwertfeuerstätte) zu große Wichtigkeit in der Beurteilung der Gesamtanlage beimisst. Das äußere Erscheinungsbild einer Heizungsanlage im Aufstellraum sollte nicht über Mängel im Verteilungssystem und bei den Wärmeübertragungsflächen hinwegtäuschen.

Im Hintergrund des oben Erwähnten sollte man sich eben deshalb mit den einzelnen Bestandteilen einer Heizungsanlage, die für eine Gesamtbeurteilung einer Heizungsanlage unerlässlich sind, auseinandersetzen:

- Wärmerzeugern,
- Heizwärmespeicherung, .
- Brauchwassererzeugung,
- Brauchwasserspeicherung, ,
- Wärmeverteilungssysteme und Regelung,
- Zirkulationsanlagen und Leitungen sowie
- Heizflächen, Heizkörper..

4.4.1 Historische Entwicklung der Wärmeerzeuger

Um einen Wärmeerzeuger zu beurteilen, ist es zunächst einmal wichtig zu wissen, welcher Art (Heiz- und Regelungstechnik) dieser Wärmeerzeuger angehört. So haben sich durch die historische Entwicklung der Wärmeerzeuger Namen im Sprachgebrauch gebildet, die eine bestimmte Heiztechnik in einer bestimmten Zeitphase meinen. Häufig sind diese Namen nicht selbsterklärend und deshalb erläuterungsbedürftig, so wie z. B. der Standardkessel.

a) Gussgliederkessel

Entwickelt 1893 von Josef Strebel war dieser Kessel bis in die 70er Jahre der am weitesten verbreitete Heizkessel für Wohngebäude in Deutschland. Durch die Anzahl der verwendeten Glieder wurde die Heizleistung bestimmt.

Grundauslegung dieser Heizkessel und damit der optimalen Brennstoffausnutzung waren die Brennstoffe Kohle und Koks. Durch Umbauten und Zusatzkomponenten konnten mit diesen Anlagen aber auch Öl und Gas als Brennstoffe verwendet werden, sie wurden zum **Umstell- oder Wechselbrandkessel**.

Diese Kesselbauart wurde anschließend auch in Stahlkesseln eingesetzt, jedoch wiesen alle Kessel aufgrund der großen überdimensionierten Rauchgaszüge bei der Verwendung von Öl und Gas sehr hohe Abgastemperaturen und entsprechend schlechte Wirkungsgrade auf.

b) Spezialheizkessel

Durch die ständige und gleichbleibende Versorgung mit den Brennstoffen Öl und Gas wurden Mitte der 70er Jahre die sogenannten Spezialheizkessel verbaut. Der Ausdruck „Spezial-" war jedoch nur auf die Verwendung des Brennstoffes bezogen. So gab es Spezialholz-, Spezialkohle-, Spezialöl- und Spezialgaskessel. Durch die Anpassung der Größe der Rauchgaszüge an den Brennstoff und damit das Abgasvolumen wurden somit bessere Wirkungsgrade erzielt.

Durch ständige Weiterentwicklung dieser Spezialheizkessel entwickelten sich weitere Unterarten des Spezialheizkessels. Zu nennen wären hier die **Standard-, Niedertemperatur (NT)- und Brennwertkessel.**

Tabelle 4.11: Spezialheizkessel – Unterart, Definition

Standardkessel Haupteinbauzeitraum 1970 – 1985	Heizkessel, deren Betriebstemperatur nur durch die Bauart und die Auslegung des Heizkessels beschränkt ist. Sie sind zwingend so zu betreiben, dass keine Kondensation im Abgasweg stattfindet.
Niedertemperaturkessel Haupteinbauzeitraum 1985 – 2000	Heizkessel, die entsprechend ihrer Regeleinrichtung „ohne untere festgelegte" Kesselvorlauftemperatur sind. Im Kessel kann es teilweise zur Kondensation in den Rauchgaszügen kommen, hierbei darf der Heizkessel keinen Schaden nehmen.
Brennwertkessel Haupteinbauzeitraum 1995 –	Heizkessel, die für die permanente Kondensation eines Großteils des sich im Abgas befindlichen Wasserdampfs konstruiert sind, dessen Energie nutzbar gemacht wird.

4.4.2 Heizungscheck

Seit 2008 gibt es eine Norm, die DIN EN 15378 „Heizungssysteme in Gebäuden – Inspektion von Kesseln und Heizungssystemen" zur einheitlichen Beurteilung von bestehenden Heizungsanlagen. Diese Norm ermöglicht erstmalig, Heizungssysteme vergleichbar zu bewerten. Diese Bewertungen erfolgen durch Datenentnahme vorhandener Dokumente und Bescheinigungen, zusätzlich durch Sichtkontrollen und Messungen.

Das Bewertungsverfahren, nach dem sich diese Norm richtet, ist eine Vergabe von Minuspunkten, die addiert werden und anschließend in ein Bewertungsband einzutragen sind. Der Betreiber/Eigentümer kann dadurch ohne Schwierigkeit erkennen, in welchem energetischen Zustand sich seine Heizanlage befindet.

Am Ende der Untersuchung sollten dem Betreiber Modernisierungsempfehlungen bezüglich seiner Heizungsanlage geben werden.

Die Norm gilt für Heizungsanlagen in Gebäuden ab 4 kW.

Fachfirma

Wenn unzustellbar, zurück !

Inspektion von Heizungsanlagen nach DIN EN 15378

Vereinfachtes Verfahren

Tag der Inspektion:
Betreiber der Anlage

Inspektionsbericht zum Heizungs-Check

Angaben zum Gebäude:				
Baujahr	Wärmeschutzstandard	Geschosshöhe m	Geschosszahl	Gebäudeart
Beheizte Nutzfläche m²	Anzahl der Wohneinheiten			

Wärmeerzeuger:				
Hersteller, Typ, Hersteller Nr.			Errichtung	Brennstoff
NwL (kw)	Feuerstättenart	Betriebsweise	Art der Anlage	

Bewertung Heizungsanlage (Punkte)			
1. Wärmeerzeugung	2. Wärmeverteilung	3. Wärmeübergabe	Gesamt

Anlage ok **Heizungsanlagenbewertung** Sie sollten aktiv werden!

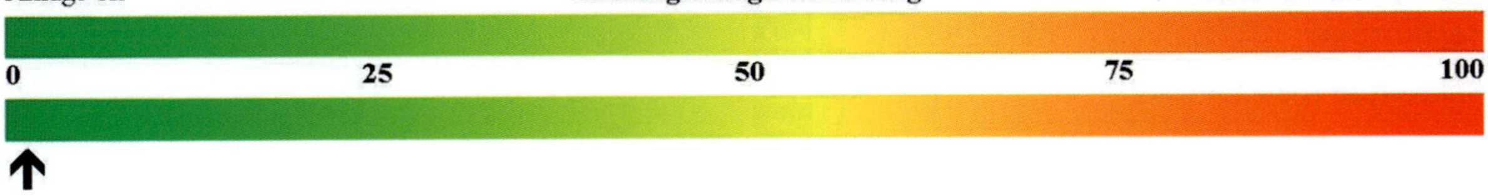

Empfehlungen für den Betreiber / Eigentümer:

Datum Unterschrift

Bild 4.4: Vorderseite des Inspektionsberichts zum Heizungs-Check nach DIN EN 15378

Tabelle 4.12: Heizungscheck Rückseite nach DIN EN 15378

Heizungsanlagenbewertung	mögliche Punkte für das Verbesserungspotenzial (0 Punkte = optimal)	ermittelte Punkte für das Verbesserungs-potenzial
1. Wärmeerzeuger		
Abgasverluste nach 1. BimSchV	0 – 15	
Oberflächenverluste	0 – 8	
Ventilationsverluste	0 – 5	
Brennwertnutzung ja/nein	0/5	
Kessel überdimensioniert ja/nein	0/5	
Regelung:		
Kesselthermostat/ohne Regelung	10	
raumgeführt	5/7/9	
witterungsgeführt	0/2/4	
Zwischensumme	max. 48 Pkt	
2. Wärmeverteilung		
hydraulischer Abgleich ja/nein	0/3/7	
Pumpe:		
ungeregelt oder stufig, überdimensioniert	10	
ungeregelt oder stufig, korrekt dimensioniert	5	
elektronisch geregelt, zu hoch eingestellt	5	
elektronisch geregelt, korrekt eingestellt	0	
Rohrleitungsdämmung:		
ohne	20	
Dämmung mäßig	10	
Dämmung nach EnEV	0	
Zwischensumme	max. 37 Pkt.	
3. Wärmeübergabe		
Heizkörper:		
Heizkörper mit Handrad	15	
Thermostatkopf ohne CENCER-Mark	10	
Thermostatventil alt	6/8	
Thermostatventil neu	2/4	
Regelung mit Zeitprogramm	0/2	
Fußbodenheizung:		
Handventil	15	
Einzelraumregelung	3	
Einzelraumregelung Zeitprogramm	0	
Zwischensumme	max. 15 Pkt.	
Gesamtpunkte	100	

4.5 Berechnung der Anlagenkomponenten bestehender Anlagen

Autor: Johannes Volland

Die Anlagenkennzahl für Heizungs-, Lüftungs- und Warmwassersysteme, die vor 1995 eingebaut wurden, ist nach DIN V 4701-12 in Verbindung mit PAS 1027 zu berechnen.

Wurde der Heizenergiebedarf nach DIN V 18599 berechnet, kann auch die bestehende Anlage nach dieser Norm berechnet werden.

Nach § 9, Abs. 2 der EnEV dürfen, wenn energetische Kennwerte für die Anlagensysteme nicht vorliegen, gesicherte Erfahrungswerte für die Anlagenkomponenten vergleichbarer Altersklassen nach den anerkannten Regeln der Technik verwendet werden.

4.5.1 Berechnung nach den Bekanntmachungen der Bundesregierung

Die Einhaltung der anerkannten Regeln der Technik wird vermutet, wenn hierfür die vom Bundesministerium für Verkehr, Bau und Stadtentwicklung im Bundesanzeiger bzw. unter www.bbsr-energieeinsparung.de bekannt gemachten Veröffentlichungen verwendet werden.

Da die Bekanntmachungen von 2009 nicht auf die EnEV 2014 zugeschnitten sind, sollen in Kürze aktualisierte Bekanntmachungen veröffentlicht werden.

Bekanntmachung vom Bundesministerium für Verkehr, Bau und Stadtentwicklung zum § 9, Abs. 2 der EnEV 2009 vom 30. Juli 2009:

In dieser Bekanntmachung stehen zwei mögliche Verfahren zur Verfügung, um bestehende Anlagen, die vor 1995 eingebaut wurden, zu berechnen:

- Tabellen 4 – 6 der Bekanntmachung mit Kennwerten für die einzelnen Prozessbereiche Trinkwasser, Heizung und Lüftung in Anlehnung an das Tabellenverfahren der DIN V 4701-10 (siehe Kapitel 4.2.1 in diesem Kapitel)
- Tabelle 7 mit Angaben zum Endenergiebedarf für ausgewählte Systemkombinationen in Anlehnung an das Diagrammverfahren der DIN V 4701-10.

4.5.1.1 Vereinfachte Ermittlung für ausgewählte Systemkombinationen

Für einige ausgewählte und häufig auftretende Systeme gibt die Tabelle 4.13 pauschalierte Werte zur Ermittlung des Endenergiebedarfs an. Die Interpolation zwischen den Spalten ist zulässig. Diese müssen noch mit dem Primärenergiefaktor f_P multipliziert werden (siehe DIN 4701-10, Anhang C 4).

$$Q_P = Q_E \cdot f_P \qquad \text{kWh/a}$$

(Formel 4.6)

Q_P	=	Primärenergiebedarf	kWh/a
Q_E	=	Endenergiebedarf nach Tabelle 6.4	kWh/a
f_P	=	Primärenergiefaktor	(DIN V 4701-10, Anhang C 4)
e_P	=	$q_P/(q_h + q_{tW})$	–
q_P	=	Primärenergiebedarf	kWh/(m²a)
q_H	=	Heizenergiebedarf	kWh/(m²a)
q_{TW}	=	Trinkwasserbedarf	kWh/(m²a)

Tabelle 4.13: Energiebedarf für ausgewählte Systemkombinationen (Quelle: Bekanntmachung des Bundesministeriums für Verkehr, Bau und Stadtentwicklung „Regeln zur Datenaufnahme und Datenverwendung im Wohngebäudebestand" vom 30. Juli 2009, Tabelle 7)

Zentralheizungen mit zentraler Verteilung und Thermostatventilen (Proportionalbereich 2K)			Endenergiebedarf des Gebäudes für Heizung und Warmwasser [1] [kWh/(m²·a)]					
			Gas / Heizöl EL					Strom / Hilfsenergie
Nr.	Bezeichnung	Baualtersklasse	Heizwärmebedarf q_H [kWh/(m²·a)] des Gebäudes: 50	100	150	200	250	für alle Gebäude
Gebäudenutzfläche A_N = 150 m²								
1.11	NT-Kessel mit zentraler Wasserbereitung mit Zirkulation	bis 1986	256	318	380	442	504	5,3
1.12		ab 1987	136	196	255	315	374	4,5
2.11	NT-Kessel mit dezentraler elektrischer Wasserbereitung ohne Zirkulation	bis 1986	157	219	281	342	404	21,3
2.12		ab 1987	85	145	204	264	323	20,5
3.11	Brennwert-Kessel mit zentraler Wasserbereitung mit Zirkulation	bis 1986	215	270	325	380	435	5,3
3.12		ab 1987	121	175	228	282	336	4,5
4.11	Brennwert-Kessel mit dezentraler elektrischer Wasserbereitung ohne Zirkulation	bis 1986	120	175	230	285	340	21,3
4.12		ab 1987	72	125	179	233	287	20,5
Gebäudenutzfläche A_N = 500 m²								
1.21	NT-Kessel mit zentraler Wasserbereitung mit Zirkulation	bis 1986	175	235	296	356	416	2,6
1.22		ab 1987	112	170	228	285	343	2,3
2.21	NT-Kessel mit dezentraler elektrischer Wasserbereitung ohne Zirkulation	bis 1986	114	175	235	295	356	19,3
2.22		ab 1987	75	133	191	248	306	19,0
3.21	Brennwert-Kessel mit zentraler Wasserbereitung mit Zirkulation	bis 1986	150	204	258	312	366	2,6
3.22		ab 1987	101	153	206	259	312	2,3
4.21	Brennwert-Kessel mit dezentraler elektrischer Wasserbereitung ohne Zirkulation	bis 1986	91	145	199	254	308	19,3
4.22		ab 1987	65	118	171	223	276	19,0
Gebäudenutzfläche A_N = 2500 m²								
1.31	NT-Kessel mit zentraler Wasserbereitung mit Zirkulation	bis 1986	144	203	262	321	380	1,6
1.32		ab 1987	102	158	215	271	328	1,5
2.31	NT-Kessel mit dezentraler elektrischer Wasserbereitung ohne Zirkulation	bis 1986	99	158	217	276	336	18,5
2.32		ab 1987	71	128	184	241	297	18,4
3.31	Brennwert-Kessel mit zentraler Wasserbereitung mit Zirkulation	bis 1986	125	178	232	285	339	1,6
3.32		ab 1987	92	144	196	249	301	1,5
4.31	Brennwert-Kessel mit dezentraler elektrischer Wasserbereitung ohne Zirkulation	bis 1986	81	135	188	241	295	18,5
4.32		ab 1987	62	115	167	219	271	18,4

[1] Zugrunde liegt der Trinkwasser-Wärmebedarf nach Anhang 1, Nr. 2.2 EnEV von 12,5 kWh/(m²a).

Berechnung der Heizungsanlage für das Beispiel-Haus

Notwendige Kenndaten:

Nutzfläche A_N = 186,25 m² (siehe Kapitel 2)
Heizwärmebedarf Q_h = 223 kWh/(m²a) (die Berechnung wird im Buch nicht dargestellt)
Heizung Öl-Niedertemperaturkessel mit zentraler Warmwasserbereitung mit Zirkulation, Einbau 1985

Tabelle 4.14: Bestimmung des e_P-Wertes für das Beispiel-Haus – ENGP-bautop (nach Bekanntmachung des Bundesministeriums für Verkehr, Bau und Stadtentwicklung zum § 9 Abs. 2 vom 30. Juli 2009)

Zentralheizungen mit zentraler Verteilung und Thermostatventilen (Proportionalbereich 2K)			Energiebedarf q_E des Gebäudes für Heizung und Warmwasser[13] [kWh/(m²a)] Gas/Heizöl EL						Berechnung von q_E und der Hilfsenergie $q_{HE,E}$							
1						1										
							1		u. Wert q_H =	200 kWh/(m²a)			u. Wert A_N =	150 m²		
Nr.	Bezeichnung	Baualtersklasse	Heizwärmebedarf q_H [kWh/m²a] des Gebäudes					Strom/Hilfsenergie	o. Wert q_H =	250 kWh/(m²a)			o. Wert A_N =	500 m²		
			50	100	150	200	250	für alle Gebäude	vorh. Q_h =	223,5 kWh/(m²a)			vorh. A_N =	186,25 m²		
Gebäudenutzfläche A_N = 150 m²									u. Wert q_E	o. Wert q_E	interpoliert q_E	$q_{HE,E}$	q_E	$q_{HE,E}$	q_E	$q_{HE,E}$
1.11	NT- Kessel mit zentraler Wasserbereitung mit Zirkulation	bis 1986	256	318	380	442	504	5,3	442,00	504,00	471,11	5,3				
1.12		ab 1987	136	196	255	315	374	4,5	315,00	374,00						
2.11	NT- Kessel mit dezentraler el. Wasserbereitung ohne Zirkulation	bis 1986	157	219	281	342	404	21,3	342,00	404,00						
2.12		ab 1987	85	145	204	264	323	20,5	264,00	323,00			471,1	5,3		
3.11	Brennwert- Kessel mit zentraler Wasserbereitung mit Zirkulation	bis 1986	215	270	325	380	435	5,3	380,00	435,00						
3.12		ab 1987	121	175	228	282	336	4,5	282,00	336,00						
4.11	Brennwert- Kessel mit dezentraler el. Wasserbereitung ohne Zirkulation	bis 1986	120	175	230	285	340	21,3	285,00	340,00						
4.12		ab 1987	72	125	179	233	287	20,5	233,00	287,00						
Gebäudenutzfläche A_N = 500 m²																
1.21	NT- Kessel mit zentraler Wasserbereitung mit Zirkulation	bis 1986	175	235	296	356	416	2,6	356,00	416,00	384,17	2,6				
1.22		ab 1987	112	170	228	285	343	2,3	285,00	343,00						
2.21	NT- Kessel mit dezentraler el. Wasserbereitung ohne Zirkulation	bis 1986	114	175	235	295	356	19,3	295,00	356,00						
2.22		ab 1987	75	133	191	248	306	19,0	248,00	306,00			384,2	2,6	462,11	5,02
3.21	Brennwert- Kessel mit zentraler Wasserbereitung mit Zirkulation	bis 1986	150	204	258	312	366	2,6	312,00	366,00						
3.22		ab 1987	101	153	206	259	312	2,3	259,00	312,00						
4.21	Brennwert- Kessel mit dezentraler el. Wasserbereitung ohne Zirkulation	bis 1986	91	145	199	254	308	19,3	254,00	308,00						
4.22		ab 1987	65	118	171	223	276	19,0	223,00	276,00						
Gebäudenutzfläche A_N = 2500 m²																
1.31	NT- Kessel mit zentraler Wasserbereitung mit Zirkulation	bis 1986	144	203	262	321	380	1,6	321,00	380,00	348,70	1,6				
1.32		ab 1987	102	158	215	271	328	1,5	271,00	328,00						
2.31	NT- Kessel mit dezentraler el. Wasserbereitung ohne Zirkulation	bis 1986	99	158	217	276	336	18,5	276,00	336,00						
2.32		ab 1987	71	128	184	241	297	18,4	241,00	297,00						
3.31	Brennwert- Kessel mit zentraler Wasserbereitung mit Zirkulation	bis 1986	125	178	232	285	339	1,6	285,00	339,00						
3.32		ab 1987	92	144	196	249	301	1,5	249,00	301,00						
4.31	Brennwert- Kessel mit dezentraler el. Wasserbereitung ohne Zirkulation	bis 1986	81	135	188	241	295	18,5	241,00	295,00						
4.32		ab 1987	62	115	167	219	271	18,4	219,00	271,00						

Ergebnisse der Berechnung:

Durch Interpolation werden folgende Werte ermittelt:

q_E = 462,1 kWh/(m²a) Endenergie Öl

$q_{HE,E}$ = 5,0 kWh/(m²a) Hilfsenergie Strom

$Q_P = Q_E \cdot f_P$ kWh/a (Formel 4.7)

f_P = 1,1 für Öl (DIN V 4701-10, Anhang C 4)

f_P = 2,6 für Strom (EnEV 2009 Anlage 1, Nr. 2.1.1)

Q_P = 462,1 kWh/(m²a) · 1,1 + 5,0 kWh/(m²a) · 2,6

Q_P = 521 kWh/(m²a)

$e_P = q_P/(q_h + q_{TW})$ – (Formel 4.8)

e_P = 521 / (223 + 12,5) kWh/(m²a)

e_P = 2,21 –

Die Anlagenverluste werden über dieses Verfahren sehr pauschal ermittelt und liegen auf der sicheren Seite. Will man die Anlagenverluste genauer ermitteln, indem die Anlagenkomponenten differenzierter betrachtet und bewertet werden, sollte das detailierte Verfahren der Bekanntmachung angewandt werden.

4.5.1.2 Detaillierte Ermittlung

Mit diesem Rechenverfahren besteht die Möglichkeit, die Anlagenkomponenten differenzierter zu betrachten. Es entspricht den Tabellenverfahren der DIN V 4701-10.

In den Tabellen 4 – 6 der Bekanntmachung stehen Kenndaten für die einzelnen Prozessbereiche zur Verfügung. Diese sind in Abhängigkeit der Nutzfläche A_N (nach EnEV) zu ermitteln. Die einzelnen Ergebnisse sind in den Tabellen der DIN V 4701-10, Anhang A, C1 – C3 zusammenzufassen. Mit deren Hilfe können die gesamten Anlagenverluste sowie der Primär- und Endenergiebedarf berechnet werden (siehe Kapitel 4.2.1).

Nachfolgend wird die Berechnung der Anlagenkennzahl für das Beispiel-Haus im Bestand durchgeführt.

Notwendige Kenndaten:

Nutzfläche A_N	= 186,25 m² (siehe Kapitel 2)
Heizwärmebedarf Q_h	= 223 kWh/(m²a) (die Berechnung wird im Buch nicht dargestellt)
Heizung	Öl-Niedertemperaturkessel mit zentraler Warmwasserbereitung mit Zirkulation, Einbau 1985

alle Angaben in kWh/(m²a)

a) Prozessbereich Warmwasser

Tabelle 4.15: Tabelle 4 der Bekanntmachung „Pauschale Ansätze für die Anlagentechnik Prozessbereich – Verteilung Warmwasser – ENGP-bautop“

Prozessbereich Verteilung Warmwasser			Kennwert bezogen auf die Gebäudenutzfläche A_N Wärmeverluste $q_{TW,d}$			Kennwert bezogen auf die Gebäudenutzfläche A_N Heizwärmegutschrift $q_{h,TW,d}$			Kennwert bezogen auf die Gebäudenutzfläche A_N Hilfsenergiebedarf $q_{TW,d,HE}$					
1			1			1			1					
				1			1			1				
Nr.	Bezeichnung	Baualtersklasse	Nutzfläche A_N [m²] 150	500	2500	Nutzfläche A_N [m²] 150	500	2500	Nutzfläche A_N [m²] 150	500	2500	interpoliert		
Verteilung Warmwasser												$q_{TW,d}$	$q_{h,TW,d}$	$q_{TW,d,HE}$
1.1	zentrale Verteilung mit Zirkulation	bis 1978	68,6	47,4	38,9	12,4	14,6	15,9	1,4	0,8	0,6			
1.2		bis 1978 nachtr. gedämmt	41,9	35,4	33,2	12,4	14,6	15,9	1,4	0,8	0,6			
1,3		Ab 1979 bis 1994	27,3	22,6	21,0	8,2	9,3	9,9	1,4	0,8	0,6	26,82	8,31	1,34
1.4		Ab 1995	11,6	7,6	6,6	1,7	1,9	2,2	0,8	0,3	0,1			
2.1	zentrale Verteilung ohne Zirkulation	bis 1978	17,0	10,4	8,1	3,5	3,5	3,5	0,0	0,0	0,0			
2.2		bis 1978 nachtr. gedämmt	12,6	8,8	7,4	3,5	3,5	3,5	0,0	0,0	0,0			
2.3		Ab 1979 bis 1994	10,8	8,3	7,5	3,7	3,7	3,7	0,0	0,0	0,0			
2.4		Ab 1995	5,4	3,4	2,8	1,0	1,0	1,0	0,0	0,0	0,0			
3.1	dezentrales System	bis 1994	3,8	3,8	3,8	2,0	2,0	2,0	0,0	0,0	0,0			
3.2		Ab 1994	1,5	1,5	1,5	0,7	0,7	0,7	0,0	0,0	0,0			

Die Anlage wurde zwischen 1979 und 1994 mit einer zentralen Verteilung und mit einer Zirkulationsleitung eingebaut. Aus Tabelle 4.15 können die Energieverluste bei der Wärmeverteilung, die Heizwärmegutschrift und die notwendige Hilfsenergie abgelesen werden. Da ein Teil der Leitungen durch beheizte Räume verläuft, können die Wärmeverluste zum Teil für die Beheizung genutzt werden.

Tabelle 4.16: Tabelle 4 der Bekanntmachung „Pauschale Ansätze für die Anlagentechnik Prozessbereich – Speicherung Warmwasser – ENGP-bautop“

Prozessbereich Speicherung Warmwasser			Kennwert bezogen auf die Gebäudenutzfläche A_N Wärmeverluste $q_{TW,s}$			Kennwert bezogen auf die Gebäudenutzfläche A_N Heizwärmegutschrift $q_{h,TW,s}$			Kennwert bezogen auf die Gebäudenutzfläche A_N Hilfsenergiebedarf $q_{TW,s,HE}$					
1			1			1			1					
				1			1			1				
Nr.	Bezeichnung	Baualtersklasse	Nutzfläche A_N [m²]			Nutzfläche A_N [m²]			Nutzfläche A_N [m²]			interpoliert		
			150	500	2500	150	500	2500	150	500	2500			
Speicherung Warmwasser												$q_{TW,s}$	$q_{h,TW,s}$	$q_{TW,s,HE}$
4	Speicherung außerhalb thermischer Hülle	alle	5,1	1,8	0,5	0,0	0,0	0,0	0,2	0,2	0,3	4,76	0,00	0,20
5	Speicherung innerhalb thermischer Hülle		4,2	1,4	0,4	2,2	0,8	0,2	0,2	0,2	0,3			
6	gasbefeuerter Speicher		18,0	11,9	-	0,0	0,0	-	0,0	0,0	-			
7	Elektro-Kleinspeicher		1,5	1,5	1,5	0,8	0,8	0,8	0,0	0,0	0,0			

Das Warmwasser wird gespeichert. Der Speicher steht außerhalb der thermischen Hülle. Aus Tabelle 4.16 können die Energieverluste bei der Speicherung, die Heizwärmegutschrift und die notwendige Hilfsenergie abgelesen werden. Nachdem der Speicher außerhalb der thermischen Hülle steht, können die Wärmeverluste des Speichers auch nicht für die Beheizung gutgeschrieben werden.

Tabelle 4.17: Tabelle 4 der Bekanntmachung „Pauschale Ansätze für die Anlagentechnik Prozessbereich – Erzeugung Warmwasser – ENGP-bautop“

Prozessbereich Erzeugung Warmwasser			Kennwert bezogen auf die Gebäudenutzfläche A_N Erzeugeraufwandszahl			Kennwert bezogen auf die Gebäudenutzfläche A_N			Kennwert bezogen auf die Gebäudenutzfläche A_N Hilfsenergiebedarf $q_{TW,HE}$					
1			1			1			1					
				1			1			1				
Nr.	Bezeichnung	Baualtersklasse	Nutzfläche A_N [m²]			Nutzfläche A_N [m²]			Nutzfläche A_N [m²]			interpoliert		
			150	500	2500	150	500	2500	150	500	2500			
zentrale Wärmeversogung Warmwasser												$e_{,TW,g,i}$		$q_{TW,g,HE}$
8.1	Konstanttemperatur-Kessel	bis 1986	2,05	1,64	1,33	0,00	0,00	0,00	0,10	0,10	0,10			
8.2		1987-1994	1,90	1,57	1,31	0,00	0,00	0,00	0,20	0,10	0,10			
8.3		ab 1994	1,71	1,46	1,26	0,00	0,00	0,00	0,20	0,10	0,10			
9.1	NT-Kessel	bis 1986	1,30	1,23	1,18	0,00	0,00	0,00	0,10	0,10	0,10	1,29	0,00	0,10
9.2		1987-1994	1,31	1,23	1,17	0,00	0,00	0,00	0,20	0,10	0,10			
9.3		ab 1995	1,19	1,15	1,12	0,00	0,00	0,00	0,20	0,10	0,10			
10.1	Brennwert-Kessel	bis 1986	1,24	1,17	1,13	0,00	0,00	0,00	0,10	0,10	0,10			
10.2		1987-1994	1,25	1,17	1,12	0,00	0,00	0,00	0,20	0,10	0,10			
10.3		ab 1994	1,15	1,12	1,09	0,00	0,00	0,00	0,20	0,10	0,10			
11	Brennwert-Kessel verbes.	ab 1999	1,13	1,10	1,07	0,00	0,00	0,00	0,20	0,10	0,10			
11.1	Elektro-Wärmepumpe	ab 1979-1994	0,37	0,37	0,37	0,00	0,00	0,00	0,00	0,00	0,00			
11.2	(Luft; mit Heizstab)	ab 1995	0,34	0,34	0,34	0,00	0,00	0,00	0,00	0,00	0,00			
12.1	Elektro-Wärmepumpe	ab 1979-1994	0,32	0,32	0,32	0,00	0,00	0,00	0,30	0,30	0,20			
12.2	(Erdreich-momov.)	ab 1995	0,27	0,27	0,27	0,00	0,00	0,00	0,30	0,30	0,20			
13.1	Elektro-Wärmepumpe	ab 1979-1994	0,26	0,26	0,26	0,00	0,00	0,00	0,50	0,40	0,40			
13.2	(Grundwasser-monov.)	ab 1995	0,23	0,23	0,23	0,00	0,00	0,00	0,50	0,40	0,40			
14	Fernwärme-Übergabest.	alle	1,14	1,14	1,14	0,00	0,00	0,00	0,40	0,40	0,40			
15	zentrale elektr. Speicher		1,00	1,00	1,00	0,00	0,00	0,00	0,00	0,00	0,00			
16	gasbefeuerte Speicher		1,22	1,22	-	0,00	0,00	-	0,00	0,00	-			
wohnungsweise Warmwasserversorgung ohne Zirkulation														
17.1	Therme	bis 1994	1,32	1,32	-	0,00	0,00	-	0,20	0,20	-			
17.2	(Umlaufwasserheizer	ab 1995	1,32	1,32	-	0,00	0,00	-	0,20	0,20	-			
18	Brennwert-Therme	ab 1995	1,28	1,28	-	0,00	0,00	-	0,20	0,20				
19	dezentraler elekt. Kleinspei.	alle	1,00	1,00	1,00	0,00	0,00	0,00	0,00	0,00	0,00			
20	dezentraler elekt. Durchlauf.	allle	1,00	1,00	1,00	0,00	0,00	0,00	0,00	0,00	0,00			
21.1	dezentraler Gas-	bis 1994	1,19	1,19	1,19	0,00	0,00	0,00	0,00	0,00	-			
21.2	Durchlauferhitzer	ab 1995	1,16	1,16	1,16	0,00	0,00	0,00	0,00	0,00	-			
solargestützte Warmwasserbereitung			**von der Solaranlage** bereitgestellte **Wärme**						Hilfsenergie					
22	thermische Solaranlage		11,30	8,00	6,00				0,80	0,40	0,30		0,00	

Beim Heizkessel handelt es sich um einen NT-Kessel, der vor 1986 eingebaut worden ist. Aus der Tabelle 4.17 kann die Anlagenkennzahl für die Erzeugung des Warmwassers und die notwendige Hilfsenergie abgelesen werden.

b) Prozessbereich Heizung

Tabelle 4.18: Tabelle 5 der Bekanntmachung „Pauschale Ansätze für die Anlagentechnik Prozessbereich – Übergabe Heizung – ENGP-bautop"

Prozessbereich Übergabe Heizung			**Kennwert** bezogen auf die Gebäudenutzfläche A_N **Wärmeverluste $q_{H,ce}$**			**Kennwert** bezogen auf die Gebäudenutzfläche A_N **Hilfsenergiebedarf $q_{H,ce,HE}$**				
1			1			1				
				1			1			
Nr.	Bezeichnung	Baualtersklasse	Nutzfläche A_N [m²]			Nutzfläche A_N [m²]			interpoliert	
			150	500	2500	150	500	2500	$q_{H,ce}$	$q_{H,ce,HE}$
Übergabe Heizung										
H 1	Zentralheizung thermostatisch geregelt	alle	3,3	3,3	3,3	0,0	0,0	0,0	3,30	0,00
H 2	Einzelfeuerstätten		0,0	0,0	0,0	0,0	0,0	0,0		

Die Heizkörper sind mit Thermostatventilen ausgestattet. Aus Tabelle 4.18 können die Wärmeverluste bei der Übergabe an den Raum abgelesen werden. Hilfsenergie ist hier keine notwendig.

Tabelle 4.19: Tabelle 5 der Bekanntmachung „Pauschale Ansätze für die Anlagentechnik Prozessbereich – Verteilung Heizung – ENGP-bautop"

Prozessbereich Verteilung Heizung			**Kennwert** bezogen auf die Gebäudenutzfläche A_N **Wärmeverluste $q_{H,d}$**			**Kennwert** bezogen auf die Gebäudenutzfläche A_N **Hilfsenergiebedarf $q_{H,d,HE}$**				
1			1			1				
				1			1			
Nr.	Bezeichnung	Baualtersklasse	Nutzfläche A_N [m²]			Nutzfläche A_N [m²]			interpoliert	
			150	500	2500	150	500	2500	$q_{H,d}$	$q_{H,d,HE}$
Verteilung Heizung										
H 3.1	zentrale Verteilung 70/55 °C	bis 1978	75,10	43,50	32,70	2,30	1,00	0,50		
H 3.2		bis 1978 nachtr. gedämmt	40,90	28,20	23,90	2,30	1,00	0,50		
H 3.3		ab 1979 bis 1994	20,20	13,80	11,60	1,90	0,80	0,40	19,54	1,79
H 3.4		ab 1995	9,30	5,40	4,10	1,60	0,70	0,30		
H 4.1	zentrale Verteilung 55/45 °C	bis 1978	57,40	32,90	24,40	2,50	1,20	0,70		
H 4.2		bis 1978 nachtr. gedämmt	30,80	21,00	17,60	2,50	1,20	0,70		
H 4.3		ab 1979 bis 1994	15,30	10,30	8,50	2,00	0,90	0,50		
H 4.4		ab 1995	9,30	3,90	2,90	1,70	0,80	0,50		
H 5.1	wohnungsweise Verteilung	bis 1994	8,40	8,40	8,40	3,41	3,41	3,41		
H 5.2		ab 1995	5,40	5,40	5,40	2,73	2,73	2,73		
H 5.3		ab 1995	1,30	1,30	1,30	2,30	2,30	2,30		
6	dezentrales System	alle	0,00	0,00	0,00	0,00	0,00	0,00		

Aus Tabelle 4.19 können die Wärmeverluste für die Verteilung des Heizungswassers sowie die dazu notwendige Hilfsenergie abgelesen werden. Diese sind von der Höhe der Vorlauftemperatur abhängig. Die vorhandene Anlage des Beispiel-Hauses wird mit einer Vorlauftemperatur von 70 °C betrieben.

Tabelle 4.20: Tabelle 5 der Bekanntmachung „Pauschale Ansätze für die Anlagentechnik Prozessbereich – Speicherung Heizung – ENGP-bautop"

Prozessbereich Speicherung Heizung			**Kennwert** bezogen auf die Gebäudenutzfläche A_N **Wärmeverluste $q_{H,s}$**			**Kennwert** bezogen auf die Gebäudenutzfläche A_N **Hilfsenergiebedarf $q_{H,s,HE}$**				
1			1			1				
				1			1			
Nr.	Bezeichnung	Baualtersklasse	Nutzfläche A_N [m²]			Nutzfläche A_N [m²]				
			150	500	2500	150	500	2500	interpoliert	
Verteilung Heizung									$q_{H,s}$	$q_{H,s,HE}$
H 7.1	El.-Zentralspeicher	bis 1994	3,20	1,30	0,40	0,50	0,20	0,10		
H 7.2		ab 1995	2,50	1,00	0,30	0,40	0,20	0,10		
H 8.1	Pufferspeicher El.-Wärmepumpe	bis 1994	2,50	1,00	0,30	0,50	0,20	0,10		
H 8.2		ab 1995	1,90	0,70	0,20	0,40	0,20	0,10		
H 9.1	Pufferspeicher Holzkessel	bis 1994	4,40	1,80	1,10	0,50	0,20	0,10		
H 9.3		ab 1995	3,40	1,40	0,80	0,40	0,20	0,10		

Bei der vorhandenen Anlage wird das Heizungswasser nicht gespeichert.

Tabelle 4.21: Tabelle 5 der Bekanntmachung „Pauschale Ansätze für die Anlagentechnik Prozessbereich – Wärmeerzeugung Heizung – ENGP-bautop"

Prozessbereich Wärmeerzeugung Heizung			**Kennwert** bezogen auf die Gebäudenutzfläche A_N **Erzeugeraufwandszahl**			**Kennwert** bezogen auf die Gebäudenutzfläche A_N **Hilfsenergiebedarf $q_{h,HE}$**				
1			1			1				
				1			1			
Nr.	Bezeichnung	Baualtersklasse	Nutzfläche A_N [m²]			Nutzfläche A_N [m²]				
			150	500	2500	150	500	2500	interpoliert	
zentrale Wärmeerzeugung									$e_{h,g,i}$	$q_{h,g,HE}$
H 10.1	Konstanttemperatur-Kessel	bis 1986	1,47	1,36	1,28	1,20	0,50	0,20		
H 10.2		1987-1994	1,34	1,26	1,19	0,80	0,40	0,20		
H 10.3		ab 1995	1,33	1,23	1,16	0,70	0,40	0,20		
H 11.1	NT- Kessel	bis 1986	1,24	1,21	1,18	1,20	0,50	0,20	1,24	1,13
H 11.2		1987-1994	1,19	1,15	1,13	0,80	0,40	0,20		
H 11.3		ab 1995	1,14	1,11	1,09	0,70	0,40	0,20		
H 12.1	Brennwert-Kessel	bis 1986	1,11	1,09	1,07	1,20	0,50	0,20		
H 12.2		1987-1994	1,09	1,06	1,04	0,80	0,40	0,20		
H 12.3		ab 1995	1,07	1,05	1,04	0,70	0,40	0,20		
H 13	Brennwert-Kessel verbess.	ab 1999	0,99	0,98	0,97	0,70	0,40	0,20		
H14	Fernwärme-Übergabest.	alle	1,02	1,02	1,02	0,00	0,00	0,00		
H 15.1	Elektro-Wärmepumpe Außenluft	1979 bis 1994	0,41	0,41	0,41	0,00	0,00	0,00		
H 15.2		ab 1995	0,39	0,39	0,39	0,00	0,00	0,00		
H 16.1	Elektro-Wärmepumpe Erdreich	1979 bis 1994	0,33	0,33	0,33	1,20	1,00	0,90		
H 16.2		ab 1995	0,27	0,27	0,27	1,20	1,00	0,90		
H 17.1	Elektro-Wärmepumpe Grundwasser	1979 bis 1994	0,27	0,27	0,27	1,90	1,70	1,50		
H 17.2		ab 1995	0,23	0,23	0,23	1,90	1,70	1,50		
H 18	zentraler Elektro-Speicher	alle	1,02	1,02	0	0	0	0		
wohnungszentrale Wärmeerzeugung										
H 19.1	Therme (Umlaufwasser-heizer)	alle	1,24	1,24	1,24	1,20	1,20	1,20		
H 19.2			1,14	1,14	1,14	1,50	1,50	1,50		
H 20	Brennwerttherme		1,07	1,07	1,07	1,50	1,50	1,50		
Einzelheizgeräte										
H 21	ölbefeuerte Einzelöfen mit Verdampfungsbrenner	alle	1,40	1,40	-	0,00	0,00	-		
H 22	Kohle- oder Holzofen		1,60	1,60	-	0,00	0,00	-		
H 23	Gasraumheizer		1,47	1,47	-	0,00	0,00	-		
H 24.1	Elektro-Nachtspeicherheizung	bis 1994	1,12	1,12	-	0,00	0,00	-		
H 24.2		ab 1995	1,05	1,05	-	0,00	0,00	-		
H 25	Elektro-Direktheizgerät	alle	1,02	1,02	-	0,00	0,00	-		

Beim Heizkessel handelt es sich um einen NT-Kessel, der vor 1986 eingebaut worden ist. Aus der Tabelle 4.21 kann die Anlagenkennzahl für die Erzeugung des Heizungswassers und die dazu notwendige Hilfsenergie abgelesen werden.

c) Berechnung der Anlagenaufwandszahl e_P, des Primärenergiebedarfs Q_p und des Endenergiebedarfs Q_E

Der ermittelte Primär- und Endenergiebedarf sowie die Hilfsenergie für Trinkwassererwärmung, Heizwärmebedarf und Lüftung werden in einer Tabelle zusammengefasst und daraus die Anlagenaufwandszahl e_P berechnet.

Hierfür können die Tabellen aus der DIN V 4701-10, Anhang A verwendet werden.

Tabelle 4.22: Bestimmung von $Q_{TW,P}$, $Q_{TW,E}$ und $Q_{TW,HE,P}$ für das Beispiel-Haus – ENGP-bautop, Tabellen aus DIN V 4701-10:2003-08, Anhang A

I. TRINKWASSERERWÄRMUNG

Bereich:	WHG 3	Q_{tw} =	0 kWh/a
TW-Strang:		A_N =	186,00 m²
		q_{tw} =	12,5 kWh/(m²·a) EnEV

Wärme (WE)

	Rechenvorschrift / Quelle		Erzeuger 1	Erzeuger 2 (Solar)	Erzeuger 3	
q_{TW} =	aus EnEV	kWh/(m²·a)		12,50		
$q_{TW,solar}$ =	Tabelle 4 (solare Gewinne)	kWh/(m²·a)		0,00		
$q_{TW,d}$ =	Tabelle 4	kWh/(m²·a)		26,82		
$q_{TW,s}$ =	Tabelle 4	kWh/(m²·a)		4,76		
q^*_{TW} =	$(q_{TW} + q_{TW,ce} + q_{TW,d} + q_{TW,s})$	kWh/(m²·a)		44,08		
$\alpha_{TW,g,i}$		[-]	1,00	0,00	0,00	
$e_{TW,g,i}$		[-]	1,29			
$q_{TW,E,i}$	$q^*_{tw} \cdot (e_{TW,gi} \cdot \alpha_{TW,g})$	kWh/(m²·a)	56,98	0,00	0,00	57,0 kWh/(m²·a) $q_{TW,E}$ Endenergie
		Energieträger	Öl			
$f_{P,i}$	Tabelle C.4.1	[-]	1,1			
$q_{TW,P,i}$	$\Sigma\, q_{tw,E,i} \cdot f_{P,i}$	kWh/(m²·a)	62,7	0,0	0,0	62,7 kWh/(m²·a) $q_{TW,P}$ Primärenergie

Heizwärmegutschrift			
$q_{h,TW,d}$	8,31	kWh/(m²·a)	C.1.2a
$q_{h,TW,s}$	0,00	kWh/(m²·a)	C.1.3a
$q_{h,TW}$	8,31	kWh/(m²·a)	Summe

Hilfsenergie (HE)

	Rechenvorschrift / Quelle		Erzeuger 1	Erzeuger 2 (Solar)	Erzeuger 3	
$q_{TW,solar}$ =	Tabelle 4 (Solaranlage)	kWh/(m²·a)		0,00		
$q_{TW,d,HE}$ =	Tabelle 4	kWh/(m²·a)		1,34		
$q_{TW,s,HE}$ =	Tabelle 4	kWh/(m²·a)		0,20		
$\Sigma\, q_{tw,HE}$		kWh/(m²·a)		1,54		
$\alpha_{TW,g,i}$	Tabelle C.1.4a	[-]	1,00	0,00	0,00	
$q_{TW,g,HE,i}$	Tabelle C.1.4b,c,d,e oder f	kWh/(m²·a)	0,10	0,00	0,00	
$\alpha_i \cdot q_i$	$q_{TW,g,HE,i} \cdot \alpha_{TW,g,i}$	kWh/(m²·a)	0,10	0,00	0,00	
$\Sigma\, q_{TW,HE,E}$	$\Sigma\, q_{tw,HE} + \Sigma(\alpha_i \cdot q_i)$	kWh/(m²·a)		1,64		1,64 kWh/(m²·a) $q_{TW,HE,E}$ Endenergie
		Energieträger		Strom		
f_P	Tabelle C.4.1	[-]		2,60	Strom	
$q_{TW,HE,P}$	$q_{TW,HE,E} \cdot f_P$	kWh/(m²·a)		4,3		4,26 kWh/(m²·a) $q_{TW,HE,P}$ Primärenergie

Trinkwasserenergiebedarf $Q_{TW,E}$ (Endenergie)

$Q_{TW,WE,E}$ =	$q_{TW,WE,E} \times A_N$	Energieträger 1	Öl	10.599 kWh/a
		Energieträger 2	0	0 kWh/a
		Energieträger 3	0	0 kWh/a
$Q_{TW,HE,E}$ =	$q_{TW,HE,E} \times A_N$	Hilfsenergie	Strom	305 kWh/a
		gesamt		10.904 kWh/a

Primärenergiebedarf Trinkwasser

$Q_{TW,P}$ =	**$(q_{TW,P} + q_{TW,HE,P}) \cdot A_N$**	**gesamt**	**12.451 kWh/a**

Die zur Trinkwassererwärmung Q_{TW} benötigte Endenergie $Q_{TW,E}$ beträgt 10.904 kWh/a. Der Primärenergiebedarf $Q_{TW,P}$ beträgt 12.451 kWh/a.

Tabelle 4.23: Bestimmung von $Q_{H,P}$, $Q_{H,E}$ und $Q_{H,HE,P}$ für das Beispiel-Haus – ENGP-bautop, Tabellen aus DIN V 4701-10:2003-08, Anhang A

II. Heizung

Bereich:	WHG 3	Q_h =	41.478 kWh/a
TW-Strang:		A_N =	186,00 m²
		q_h =	223,00 kWh/(m²·a)

Wärme (WE)	Rechenvorschrift / Quelle			
q_h =	nach Abschnitt 4.1	kWh/(m²·a)		223,00
$q_{h,TW}$ =	Heizwärmegutschrift TW	kWh/(m²·a)	–	-8,31
$q_{h,L}$ =	Heizwärmegutschrift LÜ	kWh/(m²·a)		0,00
$q_{H,ce}$ =	Tabelle 5	kWh/(m²·a)		3,30
$q_{H,d}$ =	Tabelle 5	kWh/(m²·a)	+	19,54
$q_{H,s}$ =	Tabelle 5	kWh/(m²·a)		0,00
q^*_H	Summe	kWh/(m²·a)		237,53

			Erzeuger 1	Erzeuger 2	Erzeuger 3 (Solar)	
$\alpha_{H,g,i}$	Tabelle C.3.4a	[-]	1,00	0,00	0,00	(Erzeuger 3: Solaranlage)
$e_{H,g,i}$	Tabelle C.3.4b, c, d oder e	[-]	1,24	0,00	0,00	
$q_{H,E}$	Σ q x ($e_{H,gi}$ x $\alpha_{H,g}$)	kWh/(m²·a)	293,8	0,0	0,0	293,8 kWh/(m²·a) $q_{H,E}$ Endenergie
		Energieträger	Öl			
f_P	Tabelle C.4.1	[-]	1,1	0	0	
$q_{H,P,i}$	Σ $q_{H,E,i}$ · $f_{P,i}$	kWh/(m²·a)	323,2	0,0	0,0	323,2 kWh/(m²·a) $q_{H,P}$ Primärenergie

Hilfsenergie (HE)	Rechenvorschrift / Quelle		
$q_{H,ce,HE}$ =	Tabelle C.3.1	kWh/(m²·a)	0,00
$q_{H,d,HE}$ =	Tabelle C.3.2c	kWh/(m²·a)	1,79
$q_{H,s,HE}$ =	Tabelle C.3.3	kWh/(m²·a)	0,00
Σ q_{HE}		kWh/(m²·a)	1,79

			Erzeuger 1	Erzeuger 2	Erzeuger 3	
$\alpha_{H,g,i}$	Tabelle C.3.4a	[-]	1,00	0,00	0,00	
$q_{H,g,HE,i}$	Tabelle C.3.4b-e	kWh/(m²·a)	1,13	0,00	0,00	
(α_i · q_i)	$q_{H,g,HE,i}$ · $\alpha_{H,g,i}$	kWh/(m²·a)	1,13	0,00	0,00	
$q_{H,HE,E}$	Σ q_{HE} + (α_i · q_i)	kWh/(m²·a)		2,91		2,91 kWh/(m²·a) $q_{H,HE,E}$ Endenergie
		Energieträger		Strom		
f_P	Tabelle C.4.1	[-]		2,6		
$q_{H,HE,P}$	$q_{H,HE,E}$ · f_P	kWh/(m² a)		7,6		7,6 kWh/(m²·a) $q_{H,HE,P}$ Primärenergie

Heizenergiebedarf Q_{HE} (Endenergie)

$Q_{H,WE,E}$ =	$q_{H,WE}$ x A_N	Energieträger 1	Öl	54.647 kWh/a
		Energieträger 2		0 kWh/a
		Energieträger 3		0 kWh/a
$Q_{H,HE,E}$ =	$q_{H,HE,E}$ x A_N	Hilfsenergie	Strom	542 kWh/a
		gesamt		55.189 kWh/a

Primärenergiebedarf Heizung

$Q_{H,P}$ =	($q_{H,P}$ + $q_{H,HE,P}$) · A_N	gesamt	**61.522 kWh/a**

Der zur Deckung des Heizenergiebedarfs Q_h benötigte Endenergiebedarf $Q_{H,E}$ beträgt 55.189 kWh/a. Der Primärenergiebedarf $Q_{H,P}$ beträgt 61.522 kWh/a.

Tabelle 4.24: Bestimmung von Q_P, Q_E und der Anlagenkennzahl e_p für das Beispiel-Haus – ENGP-bautop, Tabellen aus DIN V 4701-10:2003-08, Anhang A

III. Ergebnisse

	Heizwärmegutschrift		
Deckung von Q_h	$q_{h,TW}$ = 8,31 kWh/(m²·a)	$q_{h,H}$ = 214,7 kWh/(m²·a)	$q_{h,L}$ = 0,00 kWh/(m²·a)
	Endenergiebedarf Trinkwasser	Endenergiebearf Heizung	Endenergiebedarf Lüftung
1. Energieträger	$Q_{TW1,E}$ = 10.599 kWh/a	$Q_{H1,E}$ = 54.647 kWh/a	$Q_{L1,E}$ = 0,00 kWh/a
2. Energieträger	$Q_{TW2,E}$ = 0 kWh/a	$Q_{H2,E}$ = 0 kWh/a	$Q_{L2,E}$ = 0,00 kWh/a
3. Energieträger	$Q_{TW3,E}$ = 0 kWh/a	$Q_{H3,E}$ = 0 kWh/a	$Q_{L3,E}$ = 0,00 kWh/a
Summe Q_E	$Q_{TW,E}$ = 10.599 kWh/a	$Q_{H,E}$ = 54.647 kWh/a	$Q_{L,E}$ = 0,00 kWh/a
Hilfsenergie Q_E =	$Q_{TW,HE,E}$ 305 kWh/a	$Q_{H,HE,E}$ 542 kWh/a	$Q_{L,HE,E}$ 0 kWh/a
Summe Q_E	$Q_{TW,E}$ = 10.904 kWh/a	$Q_{H,E}$ = 55.189 kWh/a	$Q_{L,E}$ = 0 kWh/a
	Primärenergie Trinkwasser	Primärenergie Heizung	Primärenergie Lüftung
1. Energieträger	$Q_{TW1,P}$ = 11.659 kWh/a	$Q_{H1,P}$ = 60.112 kWh/a	$Q_{L1,P}$ = 0 kWh/a
2. Energieträger	$Q_{TW2,P}$ = 0 kWh/a	$Q_{H2,P}$ = 0 kWh/a	$Q_{L1,P}$ = 0 kWh/a
3. Energieträger	$Q_{TW3,P}$ = 0 kWh/a	$Q_{H3,P}$ = 0 kWh/a	$Q_{L1,P}$ = 0 kWh/a
Hilfsenergie Q_P =	$Q_{TW,HE,P}$ = 792 kWh/a	$Q_{H,HE,P}$ = 1.410 kWh/a	$Q_{L,HE,P}$ = 0 kWh/a
Summe Q_P	$Q_{TW,P}$ = 12.451 kWh/a	$Q_{H,P}$ = 61.522 kWh/a	$Q_{L,P}$ = 0 kWh/a

Endenergie	Q_E = 65.246 kWh/a	Summe Wärme	350,79 kWh/(m².a)
	$Q_{HE,E}$ = 847 kWh/a	Summe Hilfsenergie	4,55 kWh/(m².a)
Primärenergie	Q_P = 73.973 kWh/a	Summe Primärenergie	
	q_P = 397,70 kWh/(m²·a)		
Anlagen-aufwandszahl	e_P = 1,69 [-]		$e_P = Q_P / (Q_h + Q_{tW})$

Als Ergebnis ergibt sich ein e_P-Wert von 1,69. Dieser ist um einiges niedriger als der e_P-Wert über die vereinfachte Ermittlung mit der Tabelle 7 der Bekanntmachung der Bundesregierung mit 2,21 (siehe Tabelle 4.14).

Fazit:

Umso genauer die Kenndaten zur Bestimmung der Energiekennzahl eines Gebäudes ermittelt werden, umso niedriger ist diese in der Regel.

Der Endenergiebedarf beträgt 65.246 kWh/a, was einem Ölbedarf von 6.525 l entspricht.

Der Primärenergiebedarf beträgt 79.973 kWh/a, was eine Energiekennzahl von 398 kWh(m²a) ergibt.

Daraus kann abgelesen werden, dass bei diesem Gebäude ein dringender Sanierungsbedarf vorhanden ist. Die Energiekennzahl des Referenzgebäudes nach Tabelle 4.5 liegt bei 97 kWh/(m²a).

4.6 Fragen

1. Nach welcher Norm ist der End- und Primärenergiebedarf zu berechnen, wenn der Heizenergiebedarf nach DIN V 4108-6 berechnet wurde?
2. Welche Arten von Heizungsanlagen werden in der DIN V 4701-10 unterschieden?
3. Um welche Heizungsanlage handelt es sich bei folgender Angabe?

   BW/zen/Solar/TWH/WRG 80/FBH/i/Speicher/o. Zirkulation

   Erläutern Sie die einzelnen Kürzel.
4. Welche Anlage hat eine kleinere Anlagenaufwandzahl ep? Begründen Sie Ihre Antwort.
   a) Wasser/Wasserwärmepumpe
   b) Luft/Wasserwärmepumpe
5. Welche Heizungsanlage benötigt für die Deckung des Heizenergiebedarf Q_h den geringeren Endenergiebedarf? Begründen Sie Ihre Antwort.
   a) Wärmepumpe Wasser/Wasser
   b) Brennwert-Kessel
6. Welche Berechnungsverfahren stehen nach DIN V 4701-10 zur Verfügung? Wie unterscheiden sich diese voneinander?
7. Berechnen Sie den Primärenergiebedarf mit folgenden Angaben:

   Heizwärmebedarf Q_h = 65 kWh/(m²a)

   Trinkwasserbedarf Q_W = 12,5 kWh/(m²a)

   Anlagenkennzahl e_P = 1,2
8. Wie groß darf die Anlagenkennzahl e_p sein, wenn der zulässige Primärenergiebedarf 105 kWh/(m²a) beträgt und der Heizenergiebedarf mit 90 kWh/(m²a) berechnet wurde?
9. Welche Verluste müssen bei der Ermittlung des Endenergiebedarfs für Trinkwasser und Heizung berücksichtigt werden? Wann können die Verluste zur Deckung des Heizenergiebedarfs genutzt werden?
10. Nach welcher Norm ist der End- und Primärenergiebedarf zu berechnen, wenn der Nutzenergiebedarf $Q_{h,B}$ nach DIN 18599-2 berechnet wurde?
11. Welche Normenteile müssen bei der Berechnung eines Wohngebäudes aus den DIN V 18599 berücksichtig werden?
12. Was sind die wesentlichen Unterschiede zwischen der DIN 18599 und der DIN V 4701-10?
13. Ab wann sind Heizungsanlagen als neue Anlagen zu bewerten?
14. Welche Möglichkeiten gibt es, den End- und Primärenergiebedarf von bestehenden Anlagen, die vor 1995 eingebaut wurden, zu berechnen?
15. Ein bestehender Heizungskessel wurde 1982 eingebaut. Welche Art von Kessel kann aus dem Einbaudatum vermutet werden?
16. Welches genormte Verfahren ermöglicht eine einheitliche Beurteilung von bestehenden Heizungsanlagen?

4.7 Antworten

1. nach DIN V 4701-10
2. Nach folgenden Kesseln wird unterschieden:

NT	Niedertemperaurkessel
BW	Brennwertkessel
WP-W	Wärmepumpe Wasser/Wasser
WP-E	Wärmepumpe Erdreich/Wasser
WP-L	Wärmepumpe Luft/Wasser
WP-ABl	Wärmepumpe Abluft
EH	Elektroheizung
FW	Fernwärme
Holz	Holzkessel

3. Erläuterung der Anlage

zen	Zentrale Anlage
BW	Brennwertkessel
solar	Solaranlage
TWH	solare Trinkwasser- und Heizungsunterstützung
i	Anlagentechnik innen liegend
Speicher	bivalenter Warmwasserspeicher vorhanden
o. Zirkulation	Warmwasserverteilung ohne Zirkulation

4. Anlage a

   Grundwasser hat im Winter im Durchschnitt eine höhere Temperatur als die Außenluft. Somit wird weniger Energie benötigt, um die benötigte Warmwassertemperatur zu erzeugen. Dadurch ergibt sich bei der Wasser/Wasser Wärmepumpe eine kleinere Anlagenaufwandszahl.

5. Anlage a, die Wärmepumpe. Die Wärmepumpe entzieht dem Grundwasser Wärme. Bei einer Jahresarbeitszahl über 3 benötigt die Wärmepumpe weniger Energie für die Deckung des Heiz- und Trinkwasserbedarfs, als sie an Wärme erzeugt.

6. a) Detailliertes Verfahren – die detaillierte Bestimmung einzelner bzw. aller Kennwerte (DIN V 4701-10, Abschnitt 5)

   b) Tabellenverfahren – die Nutzung tabellierter Standardkennwerte (DIN V 4701-10, Anhang C.1 bis C.4)

7. $Q_P = (Q_h + Q_W) \cdot e_P$
   $Q_P = (65 + 12{,}5) \cdot 1{,}2 = 93\ \mathrm{kWh/(m^2a)}$

8. $e_P = Q_P / (Q_h + Q_W) = 105 / (90 + 12{,}5) = 1{,}024$

9. Es müssen die Verluste bei der Übergabe der Wärme, bei der Verteilung, bei der Speicherung und bei der Erzeugung der Wärme berücksichtigt werden. Wenn die Verteilung, Speicherung und Erzeugung der Wärme innerhalb des beheizten Bereiches stattfindet, können sie zum Teil zur Deckung des Heizenergiebedarfs genutzt werden.

10. auch nach DIN V 18599-5, DIN V 18599-6 und DIN V 18599-8

11. DIN V 18599-2 – Nutzenergiebedarf
DIN V 18599-5 – Heizsysteme
DIN V 18599-6 – Wohnungslüftungsanlagen
DIN V 18599-8 – Warmwasserbereitungssysteme

12. Anders als bei der Bilanzierung nach DIN V 4701-10 wird für die Anlagenverluste nicht eine gesamte Heizperiode betrachtet, sondern diese werden monatsweise ermittelt. Für die Laufzeiten der einzelnen Anlagenteile wird dabei noch einmal in Nutzungs- und Nichtnutzungszeiten unterschieden. So lassen sich z. B. rechnerisch auch unterschiedliche Betriebszeiten von Heizungsanlagen in Bezug auf Nachtabsenkung/-abschaltung darstellen. Für den öffentlich-rechtlichen Nachweis ist jedoch die tägliche Nutzungszeit in DIN V 18599-10, Tabelle 3 während der Heizperiode auf 17 h festgeschrieben, wenn eine Heizungsanlage mit Nachtabsenkung/-abschaltung vorhanden ist.

    Eine entscheidende Besonderheit ist die Tatsache, dass sich alle Wärmemengen, die durch Verbrennungsprozesse gewonnen werden, auf den Brennwert und nicht auf den Heizwert des jeweiligen Energieträgers beziehen. Auf diese Weise wird vermieden, dass sich bei der Beschreibung von Wärmeerzeugern mit Brennwertnutzung Wirkungsgrade von mehr als 100 % ergeben. Der ermittelte Endenergiebedarf ist somit brennwertbezogen. Für die Bestimmung des heizwertbezogenen Primärenergiebedarfs wird der ermittelte Endenergiebedarf wieder auf den Heizwert umgerechnet und mit den bekannten Primärenergiefaktoren multipliziert. Die Umrechnung von Brennwert zu Heizwert erfolgt nach DIN V 18599-1, Tabelle B1. Bei einer Berechnung nach DIN V 18599 kann deshalb z. B. bei Einsatz von Gasbrennwerttechnik der Endenergiebedarf (brennwertbezogen) höher als der Primärenergiebedarf (heizwertbezogen) liegen.

13. wenn sie nach 1995 eingebaut wurden

14. Bestehende Anlagen können nach DIN V 4701-12, nach den Bekanntmachungen der Bundesregierung und nach DIN V 18599 berechnet werden. Nach DIN V 18599 nur, wenn auch der Nutzenergiebedarf nach dieser Norm berechnet wurde.

15. Ein Standardkessel. Diese wurden im Zeitraum von 1970 – 1985 eingebaut.

16. der Heizungscheck nach DIN EN 15378

5 Optimierung

Autor: Dipl.-Ing. (FH) Johannes Volland

Inhalt Seite

5.1 Optimierung der Dämmschichten

5.1.1 Grundlagen – Optimierung der Dämmschichten

5.1.1.1 Optimierung der Dämmschicht in homogenen Bauteilen

Wenn ein Bauteil geändert oder saniert wird, müssen die Anforderungen nach EnEV Anlage 3 eingehalten werden. Dort sind in Tabelle 1 maximale Wärmedurchgangskoeffizienten U_{max} aufgelistet, die bei Änderungen von Bauteilen an der Gebäudehülle nach § 9 der EnEV eingehalten werden müssen.

Auch die KfW-Bank schreibt maximale U-Werte vor, wenn die Sanierungsmaßnahmen über die KfW-Bank finanziert oder bezuschusst werden sollen.

Bei der Sanierung eines Bauteils muss der Bauherr also wissen, in welcher Dicke das Bauteil gedämmt werden muss, um die Anforderungen der EnEV Anlage 3 bzw. die Anforderungen der KfW-Bank erfüllen zu können.

Nachfolgend werden Algorithmen erläutert, die eine solche Bemessung nach unterschiedlichen Vorgaben ermöglichen.

Wie in Kapitel 3.2.6 dargestellt, errechnet sich der U-Wert eines Bauteils aus dem reziproken Wert der Summe aller Wärmedurchlasswiderstände:

$$U = 1 / \left(R_{si} + \sum R + R_{se}\right) \qquad W/(m^2 \cdot K)$$

(Formel 5.1)

Der Wärmedurchlasswiderstand ergibt sich aus der Dicke und Wärmeleitzahl einer Schicht.

$$R = d / \lambda \qquad m^2 \cdot K/W$$

Wird nach der Dicke oder der Wärmeleitzahl einer Schicht gefragt, um mit den übrigen Schichten einen vorgegebenen U-Wert einzuhalten, sind vom gegebenen Wärmedurchgangswiderstand R_T (1 / U) die gegebenen Wärmedurchlasswiderstände $R_{geg.}$ der übrigen Schichten zu subtrahieren. Aus der Differenz kann die erforderliche Schichtdicke $d_{erf.}$ bzw. die erforderliche Wärmeleitzahl $\lambda_{erf.}$ berechnet werden.

Durch Umstellung ergeben sich folgende Ableitungen:

a) Erforderlicher Wärmedurchlasswiderstand

$$R_{D,erf.} \geq 1 / U_{soll} - R_{geg.} \qquad m^2 \cdot K/W$$

(Formel 5.1)

$R_{D,erf.}$ = gesuchter Wärmedurchlasswiderstand zur Einhaltung von 1 / U_{max}
$R_{geg.}$ = Widerstand ohne die zu dimensionierende Schicht

b) Erforderliche Schichtdicke $d_{D,erf.}$

Bei gegebener Wärmeleitzahl λ des Dämmstoffes ergibt sich die erforderliche Schichtdicke d aus:

$$d_{D,erf.} \geq R_{D,erf.} \cdot \lambda_D \qquad m$$

(Formel 5.2)

$\lambda_{D,erf.}$ = Wärmeleitzahl des zu dimensionierenden Stoffes

c) Erforderliche Wärmeleitzahl $\lambda_{D,erf.}$

Bei gegebener Schichtdicke d des Dämmstoffes ergibt sich die erforderliche Wärmeleitzahl λ aus:

$$\lambda_{D,erf.} \leq d_{D,erf.} / R_{D,erf.} \qquad W/(m \cdot K)$$

(Formel 5.3)

$d_{D,erf.}$ = Schichtdicke des zu dimensionierenden Stoffes

Rechenbeispiel:

Berechnung der erforderlichen Wärmeleitzahl $\lambda_{D,erf.}$ einer Schicht für einen vorgegebenen U-Wert.

Aufgabe:

Es soll untersucht werden, welche Wandbausteine für die Herstellung einer Außenwand geeignet sind, wenn von dieser ein U-Wert von 0,257 W/(m² · K) einzuhalten ist.

Gegeben:

U_{soll} = 0,257 W/(m² · K)

Tabelle 5.1: Beispiel – Wandaufbau

Baustoffe von innen nach außen	d m	λ W/(m · K)	R m² · K/W
R_{si}			0,130
Kalkgipsputz	0,015	0,70	0,021
Wandbaustein	0,365	?	?
Leichtputz	0,020	0,20	0,100
R_{se}			0,040
		$R_{T,geg.}$	0,291

Gesucht:

a) erforderliche Wärmeleitzahl des Wandbausteins

b) Auswahl des geeigneten Materials

Arbeitsschritte und Formeln:

a) $\lambda \leq d / (1 / U_{soll} - R_{T,geg.})$ W/(m · K) (Formel 5.4)

b) geeignetes Material auswählen

Berechnung:

$\lambda \leq 0{,}365 / (1 / 0{,}257 - 0{,}291)$

$\leq 0{,}101$ W/(m · K)

Antwort:

a) Geeignet sind Wandbausteine mit einer Wärmeleitzahl $\lambda \leq 0{,}10$ W/(m · K).

b) Folgende Steine sind hierfür ohne zusätzliche Wärmedämmung geeignet:

Porenbeton 300	$\lambda = 0{,}10$	geklebt
Ziegel mit Zulassung	$\lambda = 0{,}09$	geklebt

5.1.1.2 Optimierung der Dämmschicht in inhomogenen Bauteilen

Bei Außenwänden in Holzständerbauweise oder bei Sparrendächern mit Zwischensparrendämmung befinden sich die Dämmschicht und die Tragschicht in einer Ebene. Sie bilden ein Fachwerk. Als Dämmmaterialien werden hierfür in der Regel anpassungsfähige nachgiebige Materialien, z. B. Mineralwolle oder Zellulosefasern, mit einer Wärmeleitzahl von 0,036 bzw. 0,04 W/(m² · K) verwendet. Die Wärmeleitzahl ist also vorgegeben. Es ist aber wichtig zu wissen, wie dick Trag- und Dämmschicht einer Konstruktion sein müssen, um einen vorgegebenen Dämmstandard einzuhalten.

Im Kapitel 3.2.6 wurde unter Wärmedurchgangskoeffizient von inhomogenen Schichten erläutert, wie der U-Wert eines Fachwerks als Mittelwert aus den flächenanteiligen R_T-Werten der nebeneinanderliegenden Bereiche Rippe und Gefache berechnet werden kann.

Danach errechnet sich der Mittelwert

$R_T = (R'_T + R''_T) / 2$ m² · K/W

und

$U = 1 / R_T$ W/(m² · K)

R'_T = oberer Grenzwert
R''_T = unterer Grenzwert

Der obere Grenzwert R'_T wird aus dem oberen mittleren U-Wert des Gefaches berechnet:

$$U' = \frac{U_R \cdot B_R + U_G \cdot B_G}{B_R + B_G}$$ W/(m² · K)
(Formel 5.6)

B_R = Breite der Rippe
B_G = Breite des Gefaches

$R'_T = 1 / U'$ m² · K/W
(Formel 5.7)

Aus dieser Formel kann die Schichtdicke nicht berechnet werden. Dies ist nur aus dem unteren Grenzwert R''_T möglich.

Der untere Grenzwert R''_T berechnet sich wie folgt:

$R''_T = R_{si} + \sum R_j + R_{se}$ m² · K/W
(Formel 5.8)

R_j ist der äquivalente Wärmedurchlasswiderstand einer Schicht aus unterschiedlichen Stofffeldern. Er berechnet sich aus der Dicke der Stoffschicht d_j und der äquivalenten Wärmeleitzahl λ_j der Schicht.

$R_j = d_j / \lambda_j$ m² · K/W
(Formel 5.9)

Die äquivalente Wärmeleitzahl λ_j ergibt sich aus der Summe der jeweiligen Flächenanteile der Felder und den Wärmeleitzahlen.

$\lambda_j = \lambda_a \cdot f_a + \lambda_b \cdot f_b + \ldots + \lambda_q \cdot f_q$ W/(m · K)
(Formel 5.10)

Für ein Fachwerk aus Rippen und Gefache ergibt sich:

$\lambda_F = (\lambda_R \cdot B_R + \lambda_G \cdot B_G) / B_R + B_G$ W/(m · K)
(Formel 5.11)

B_R = Breite der Rippe
B_G = Breite der Gefache

Ist in einem Fachwerk die Rippe genau so dick wie der Dämmstoff im Gefache, kann die Dicke d_j dieser Schicht über die äquivalente Wärmeleitzahl berechnet werden.

$$d_j = \lambda_j \cdot R_j \qquad \text{m}$$

(Formel 5.12)

Bezeichnet man den R_j-Wert der Schicht, die das Fachwerk bildet, als R_F, kann dieser Wert für R'' wie nachfolgend beschrieben abgeleitet werden.

Bei einem Bauteil aus drei Schichten gilt:

$$R''_T = R_{si} + R_1 + R_F + R_2 + R_{se} \qquad \text{m}^2 \cdot \text{K/W}$$

(Formel 5.13)

Dabei ist R''_T vorgegeben über U_{max} für das Bauteil. Daraus ergibt sich der erforderliche R-Wert für das Fachwerk:

$$R_{F,erf.} = R''_T - R_{si} - R_1 - R_2 - R_{se} \qquad \text{m}^2 \cdot \text{K/W}$$

(Formel 5.14)

Die für einen vorgegebenen R_T-Wert erforderliche Schichtdicke d_F ergibt sich daraus mit:

$$d_F = \lambda_F (R''_T - R_{si} - R_{j,1} - R_{j,2} - R_{se}) \qquad \text{m}$$

(Formel 5.15)

Die auf diese Weise ermittelte Schichtdicke ist etwas unterdimensioniert und muss deshalb bei der Anpassung auf eine handelsübliche Schichtdicke aufgerundet werden.

Rechenbeispiel:

Dimensionierung der Wärmedämmung in einem Fachwerk

Aufgabe:

Für das unten dargestellte Fachwerk soll ein U-Wert von 0,19 W/(m² · K) eingehalten werden. Wie dick muss die Tragschicht sein?

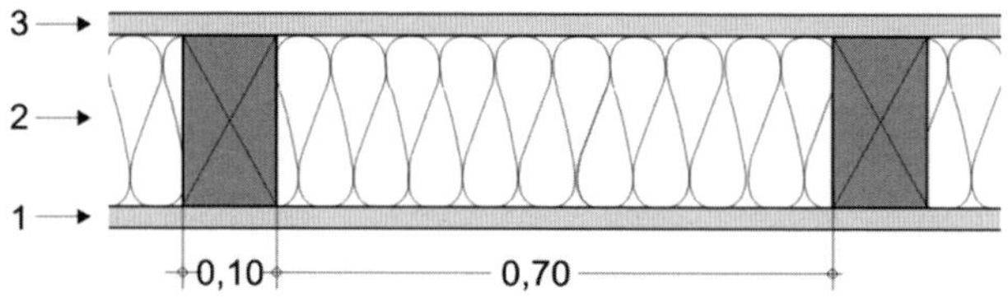

Bild 5.1: Fachwerk aus drei Schichten (z. B. der anrechenbare Bereich eines Sparrendaches)

Gegeben:

Tabelle 5.2: Vorgaben: dreischichtiges Fachwerk

Baustoffe von innen nach außen	d m	λ W/(m · K)	R m² · K/W
Gipskarton	0,0125	0,150	0,083
Mineralwolle	?	0,035	?
Sparren	?	0,130	?
Holzfaserdämmplatte	0,022	0,050	0,440
		$R_{T,geg.}$	0,523

Gesucht:

Berechnung der notwendigen Dicke d der Wärmedämmung

a) Berechnung der äquivalenten Wärmeleitzahl λ_F für die Tragschicht (Sparren und Gefache)

$\lambda_F = (\lambda_R \cdot B_R + \lambda_G \cdot B_G) / (B_R + B_G)$ W/(m · K) (Formel 5.16)

Für

$\lambda_R = 0{,}13$ W/(m · K)
$B_R = 0{,}10$ m
B_R = Sparrenbreite

$\lambda_G = 0{,}035$ W/(m · K)
$B_G = 0{,}70$ m
B_G = Gefachebreite m

ergibt sich:

$\lambda_F = (0{,}13 \cdot 0{,}10 + 0{,}035 \cdot 0{,}70) / (0{,}10 + 0{,}7)$

$= 0{,}0468 = 0{,}047$ W/(m · K)

b) Für diese Vordimensionierung muss vereinfachend R''_T aus $U_{m,soll}$ des Fachwerks berechnet werden.

$R''_T = 1 / U_{m,soll}$ m² · K/W

$= 1 / 0{,}19$

$= 5{,}26$ m² · K/W

c) $d_{F,\,erf.}$

$d_{F,erf} = \lambda_F (R''_T - R_{si} - R_1 - R_2 - R_{se})$ m (Formel 5.17)

$$d_{F,erf} = 0{,}047 \cdot \left(5{,}26 - 0{,}10 \quad \frac{0{,}022}{0{,}05} - \frac{0{,}0125}{0{,}15} - 0{,}10\right)$$

$d_{F,erf} = 0{,}047 \cdot (5{,}26 - 0{,}10 - 0{,}523 - 0{,}10)$

$d_{F,erf}$ = 0,216 m gewählt 0,22 m

Nachfolgend wird untersucht, wie weit eine genaue U_m-Wert-Berechnung mit dieser ermittelten Dämmstoffdicke von der Vorgabe abweicht.

d) Oberer Grenzwert R'_T

Formel: U-Mittelwert

$$U' = \frac{U_R \cdot B_R + U_G \cdot B_G}{B_R + B_G}$$ W/(m² · K) (Formel 5.18)

U-Wert Rippe

$$U_R = 1 / \left(0{,}10 + \frac{0{,}022}{0{,}05} + \frac{0{,}22}{0{,}13} + \frac{0{,}0125}{0{,}15} + 0{,}10\right)$$

$U_R = 0{,}414$ W/(m² · K)

U-Wert Gefache

$U_G \quad = 1 \, / \left(0{,}10 + \dfrac{0{,}022}{0{,}05} + \dfrac{0{,}22}{0{,}035} + \dfrac{0{,}0125}{0{,}15} + 0{,}10 \right)$

$U_G \quad = 0{,}143$ $\qquad$ W/(m² · K)

U-Mittel

$U' \quad = (0{,}414 \cdot 0{,}10 + 0{,}143 \cdot 0{,}70) \, / \, 0{,}8$

$U' \quad =$ **0,177** $\qquad$ W/(m² · K)

$R'_T \quad = 1 \, / \, U'$

$R'_T \quad = 5{,}654$ $\qquad$ m² · K/W

e) Unterer Grenzwert R''_T

Formel: R''_T

$R''_T \quad = R_{si} + \sum R_j + R_{se}$ $\qquad$ m² · K/W (Formel 5.19)

Für die Fachwerkschicht wird R_j mit der hierfür ermittelten äquivalenten Wärmeleitzahl berechnet [$\lambda_F = 0{,}047$ W /(m² · K)].

Tabelle 5.3: Berechnung von R_j

Baustoffe von innen nach außen	d m	λ W/(m · K)	R m² · K/W
Gipskarton	0,0125	0,150	0,083
Mineralwolle u. Sparren	0,220	0,047	4,68
Holzfaserdämmplatte	0,022	0,050	0,440
		$R_{T,ges.}$	5,20

$R''_T \quad = 0{,}10 + 5{,}20 + 0{,}10$

$\quad = 5{,}40$ $\qquad$ m² · K/W

$R_T \quad = (R'_T + R''_T) \, / \, 2$

$\quad = (5{,}654 + 5{,}40) \, / \, 2$

$\quad = 5{,}512$ $\qquad$ m² · K/W

$U \quad = 1 \, / \, 5{,}512$

$U \quad = 0{,}181$ $\qquad$ W/(m² · K)

Dieser U-Wert ist geringfügig kleiner als die Vorgabe von 0,19 W/(m² · K). Dies ist auch auf das vorgenommene Aufrunden der Dämmstoffdicke zurückzuführen.

Fazit:

Aus der Untersuchung geht hervor, dass die Ermittlung einer äquivalenten Wärmeleitzahl aus der Formel für den unteren Grenzwert R''_T für den Zweck einer Vordimensionierung der Schichtdicke des Gefaches ausreichend genau ist. Es wird sich in der Regel ein geringfügig kleinerer U-Wert als der vorgegebene U-Wert einstellen.

5.1.2 Optimierung und Bilanzierung der Bauteile für das Beispiel-Haus

Grundlagen

Mit dieser Untersuchung wird gezeigt, wie im Rahmen einer Bilanzierung die Dämmstoffdicken der einzelnen Bauteile so dimensioniert werden, dass nach Möglichkeit die Anforderungen der EnEV Anlage 3 eingehalten werden können. Wenn das nicht für alle Bauteile möglich ist, kann der Nachweis nach § 9 erbracht werden, indem der Jahresprimärenergiebedarf und der Transmissionswärmeverlust berechnet werden. Diese dürfen die zulässigen Werte nach Anlage 1 Tabelle 1 und 2 um 40 % überschreiten. Die Zeile 1.0 der Tabelle 1 ist für bestehende Gebäude nach § 9 nicht relevant.

Durchführung der Optimierung

Die Durchführung der Optimierung kann entweder mit selbst erstellten Excel-Tabellen oder mit dem Programm ENGP-bautop erfolgen.

Erläuterung der Dimensionierung der Hauptdämmschichten anhand der Bauteile des Beispiel-Hauses mit dem Programm ENGP-bautop

Das Kriterium für die Reihenfolge der Dimensionierung der Bauteile ist entweder deren Energieverluste Q_T oder vorhandene Zwänge für die maximale Dicke der Hauptdämmschicht.

Als Erstes sollten die Bauteile dimensioniert werden, bei denen die Dicke der Hauptdämmschicht aus baulichen Zwängen vorgegeben ist. Anschließend werden die Bauteile dimensioniert, die den geringsten Energieverbrauch Q_T aufweisen. Diese Bauteile haben nur einen geringen Einfluss auf den gesamt Energiebedarf $Q_{T,gesamt}$. Die Bauteile, die den höchsten Anteil am gesamten Energiebedarf haben, sollten zum Schluss dimensioniert werden.

Bauteil 5: Decke Eingang zur Außenluft

Schritt 1 – U-Wert ohne Dämmschicht

Als erstes Bauteil wird das Bauteil 5 – „Decke Eingang zur Außenluft“ in die Tabellen der Optimierung übernommen (Startmenü „2.5 Optimierung der Dämmstoffdicke“). Dies ist das Bauteil mit den geringsten Energieverlusten Q_T.

Zur Verbesserung des U-Wertes wird an der Deckenunterseite eine zusätzliche Dämmschicht angebracht. Diese soll nun so dimensioniert werden, dass der neue U-Wert des Bauteils den Anforderungen der Anlage 3 der EnEV entspricht. Hierfür wird die Dämmschicht mit deren λ-Wert in die Tabelle eingetragen. Anschließend wird der zulässige U-Wert eingetragen.

Es wird nun unter „2. Erforderliche Dämmstoffdicke d_{erf} bzw. lambda λ“ die erforderliche Dicke des Dämmstoffs berechnet.

Tabelle 5.4: Dimensionierung Bauteil 5 des Beispiel-Hauses – Programm ENGP-bautop, Decke Eingang zur Außenluft

Baustoffe von innen nach außen	Dicke m	λ W/(m · K)	λ mittel W/(m · K)	R_i m² · K/W
Fliesen	0,010	1,300	1,300	0,008
Zement-Estrich	0,045	1,400	1,400	0,032
Mineralwolle (MW)	0,030	0,045	0,045	0,667
Beton armiert	0,180	2,300	2,300	0,078
Dämmung		0,037	0,037	0,000
Fachwerk Rippe	Dicke	λ		
Fachwerkbreite dieser Schicht				
Fachwerk Gefache	Dicke	λ		
Fachwerkbreite dieser Schicht				
λ mittel				
U- Wert Berechnung			Summe	0,785
Wärmedurchgangswiderst.			Wärmeübergangswiderst.	
R_T- Wert	0,995 m² · K/W		innen	0,17
U-Wert =	1,005 W/(m² · K)		außen	0,04

2. Erforderliche Dämmstoffdicke d_{erf} bzw. lamda (λ)			
U_{max} nach Anlag 3 EnEV Tabelle 1	=	0,240	W/(m² · K)
$R_{i,erf} = 1/U_{soll} - R_{vorh}$	=	3,17	m² · K/W
$d = \lambda \cdot R_{i,erf}$	=	0,12	m
λ Gefache =	=		W/(m² · K)

Damit der zulässige U_{max}-Wert der Anlage 3 Tabelle 1 Zeile 5c von 0,24 W/(m² · K) eingehalten werden kann, ist eine Dämmstoffdicke von 120 mm notwendig.

Schritt 2 – Auswahl des Dämmstoffes mit handelsüblicher Dimension

Hier sind die handelsüblichen Daten des gewählten Materials festzulegen. Es wurde eine Dicke von 120 mm ausgewählt.

Schritt 3 – Berechnung des neuen U-Wertes

Die gewählte Dicke ist in die Tabelle einzutragen.

Tabelle 5.5: Berechnung des neuen U-Wertes Bauteil 5 des Beispiel-Hauses – Programm ENGP-bautop, Decke Eingang zur Außenluft

Baustoffe von innen nach außen	Dicke m	λ W/(m · K)	λ mittel W/(m · K)	R_i m² · K/W
Fliesen	0,010	1,300	1,300	0,008
Zement-Estrich	0,045	1,400	1,400	0,032
Mineralwolle (MW)	0,030	0,045	0,045	0,667
Beton armiert	0,180	2,300	2,300	0,078
Dämmung	0,120	0,037	0,037	3,243
Fachwerk Rippe	Dicke	λ		
Fachwerkbreite dieser Schicht				
Fachwerk Gefache	Dicke	λ		
Fachwerkbreite dieser Schicht				
λ mittel				
U- Wert Berechnung			Summe	4,028
Wärmedurchgangswiderst.			Wärmeübergangswiderst.	
R_T- Wert	4,238 m² · K/W		innen	0,17
U-Wert =	0,236 W/(m² · K)		außen	0,04

Bauteil 7: Kellerwand zu Erdreich

Dieses Bauteil bekommt keine zusätzliche Dämmung, da diese nur mit großem Aufwand angebracht werden kann.

Tabelle 5.6: Berechnung des neuen U-Wertes Bauteil 7 des Beispiel-Hauses – Programm ENGP-bautop, Kellerwand zu Erdreich

Baustoffe von innen nach außen	Dicke m	λ W/(m · K)	λ mittel W/(m · K)	R_i m² · K/W
Innenputz (Kalkputz, Kalkzement)	0,015	1,000	1,000	0,015
Betonstein Hbl NM	0,300	0,740	0,740	0,405
Fachwerk Rippe	Dicke	λ		
Fachwerkbreite dieser Schicht				
Fachwerk Gefache	Dicke	λ		
Fachwerkbreite dieser Schicht				
λ mittel				
U-Wert-Berechnung			Summe	0,420
Wärmedurchgangswiderst.			Wärmeübergangswiderst.	
R_T-Wert	0,550 m² · K/W		innen	0,13
U-Wert =	1,817 W/(m² · K)		außen	0,00

Bauteil 8: Bodenplatte beheizter Keller

Dieses Bauteil bekommt keine zusätzliche Dämmung, da diese nur mit großem Aufwand angebracht werden kann.

Tabelle 5.7: Berechnung des neuen U-Wertes Bauteil 8 des Beispiel-Hauses – Programm ENGP-bautop, Bodenplatte beheizter Keller

Baustoffe von innen nach außen	Dicke m	λ W/(m · K)	λ mittel W/(m · K)	R_i m² · K/W
Fliesen	0,010	1,400	1,400	0,007
Estrich	0,040	1,400	1,400	0,029
Polystyrol (PS)-Partikelschaum	0,030	0,040	0,040	0,750
Beton armiert	0,250	2,300	2,300	0,109

Fachwerk Rippe	Dicke	λ
Fachwerkbreite dieser Schicht		
Fachwerk Gefache	Dicke	λ
Fachwerkbreite dieser Schicht		
λ mittel		

U-Wert-Berechnung		Summe	0,894
Wärmedurchgangswiderst.		Wärmeübergangswiderst.	
R_i-Wert	1,064 m² · K/W	innen	0,17
U-Wert =	0,939 W/(m² · K)	außen	0,00

Bauteil 13: Außenwand Anbau gegen Dachraum

Dieses Bauteil bekommt keine zusätzliche Dämmung, da diese nur mit großem Aufwand angebracht werden kann. Nachdem der angrenzende Dachraum komplett gedämmt wird, entstehen über diese Fläche keine Wärmeverluste mehr, sodass es aus der Bilanzierung herausgenommen werden kann.

Tabelle 5.8: Berechnung des neuen U-Wertes Bauteil 13 des Beispiel-Hauses – Programm ENGP-bautop, Außenwand Anbau gegen Dachraum

Baustoffe von innen nach außen	Dicke m	λ W/(m · K)	λ mittel W/(m · K)	R_i m² · K/W
Innenputz	0,015	0,700	0,700	0,021
Leichthochlochziegel	0,300	0,450	0,450	0,667
Außenputz	0,025	1,000	1,000	0,025

Fachwerk Rippe	Dicke	λ
Fachwerkbreite dieser Schicht		
Fachwerk Gefache	Dicke	λ
Fachwerkbreite dieser Schicht		
λ mittel		

U-Wert-Berechnung		Summe	0,713
Wärmedurchgangswiderst.		Wärmeübergangswiderst.	
R_i-Wert	0,973 m² · K/W	innen	0,13
U-Wert =	1,028 W/(m² · K)	außen	0,13

Bauteil 10: Kellerinnenwände

Schritt 1 – U-Wert ohne Dämmschicht

Zur Verbesserung des U-Wertes wird an der kalten Seite der Kellerinnenwände eine zusätzliche Dämmschicht angebracht. Diese soll nun so dimensioniert werden, dass der neue U-Wert des Bauteils den Anforderungen der Anlage 3 der EnEV entspricht. Hierfür wird die Dämmschicht mit deren λ-Wert in die Tabelle eingetragen. Anschließend wird der zulässige U-Wert eingetragen.

Tabelle 5.9: Berechnung des neuen U-Wertes Bauteil 10 des Beispiel-Hauses – Programm ENGP-bautop, Kellerinnenwände

Baustoffe von innen nach außen	Dicke m	λ W/(m · K)	λ mittel W/(m · K)	R_i m² · K/W
Innenputz	0,015	1,000	1,000	0,015
Gitterziegel	0,175	0,395	0,395	0,443
Innenputz	0,015	1,000	1,000	0,015
Wärmedämmung		0,037	0,037	0,000
Innenputz	0,015	1,000	1,000	0,015

Fachwerk Rippe	Dicke	λ
Fachwerkbreite dieser Schicht		
Fachwerk Gefache	Dicke	λ
Fachwerkbreite dieser Schicht		
λ mittel		

U- Wert Berechnung		Summe	0,488
Wärmedurchgangswiderst.		Wärmeübergangswiderst.	
R_T- Wert	0,748 m² · K/W	innen	0,13
U-Wert =	1,337 W/(m² · K)	außen	0,13

2. Erforderliche Dämmstoffdicke $d_{erf.}$ bzw. lamda (λ)			
Umax nach Anlag 3 EnEV Tabelle 1	=	0,300	W/(m² · K)
$R_{i,erf} = 1/U_{soll} - R_{vorn}$	=	2,59	m² · K/W
$d = \lambda \cdot R_{i,erf}$	=	0,096	m
λ Gefache =	=		W/(m² · K)

Damit der zulässige U_{max}-Wert der Anlage 3 Tabelle 1 Zeile 5a von 0,30 W/(m² · K) eingehalten werden kann, ist eine Dämmstoffdicke von 96 mm notwendig.

Schritt 2 – Auswahl des Dämmstoffes mit handelsüblicher Dimension

Hier sind die handelsüblichen Daten des gewählten Materials festzulegen. Es wurde eine Dicke von 100 mm ausgewählt.

Schritt 3 – Berechnung des neuen U-Wertes

Die gewählte Dicke ist in die Tabelle einzutragen.

Tabelle 5.10: Berechnung des neuen U-Wertes Bauteil 10 des Beispiel-Hauses – Programm ENGP-bautop, Kellerinnenwände

Baustoffe von innen nach außen	Dicke m	λ W/(m · K)	λ mittel W/(m · K)	R_i m² · K /W
Innenputz	0,015	1,000	1,000	0,015
Gitterziegel	0,175	0,395	0,395	0,443
Innenputz	0,015	1,000	1,000	0,015
Wärmedämmung	0,100	0,037	0,037	2,703
Innenputz	0,015	1,000	1,000	0,015
Fachwerk Rippe	Dicke	λ		
Fachwerkbreite dieser Schicht				
Fachwerk Gefache	Dicke	λ		
Fachwerkbreite dieser Schicht				
λ mittel				
U- Wert Berechnung			Summe	3,191
Wärmedurchgangswiderst.			Wärmeübergangswiderst.	
R_T- Wert	3,451 m² · K/W		innen	0,13
U-Wert =	0,290 W/(m² · K)		außen	0,13

Bauteil 11: Bodenplatte Anbau

Bei der Bodenplatte des Anbaus wird der vorhandene Bodenbelag entfernt, auf den Estrich wird eine neue Wärmedämmung aufgebracht und darüber ein neuer Bodenbelag gelegt.

Die Dimensionierung der Dämmstoffdicke ist nach demselben Schema wie bei Bauteil 5 und 10 durchzuführen. Um den U_{max}-Wert von 0,30 W/(m² · K) aus der Tabelle 3 Zeile 5a einhalten zu können, muss eine Dämmschicht von 60 mm mit einem λ-Wert von 0,025 W/(m · K) eingebracht werden.

Tabelle 5.11: Berechnung des neuen U-Wertes Bauteil 11 des Beispiel-Hauses – Programm ENGP-bautop, Bodenplatte Anbau

Baustoffe von innen nach außen	Dicke m	λ W/(m · K)	λ mittel W/(m · K)	R_i m² · K /W
Holzparkett	0,010	0,180	0,180	0,056
Dämmung	0,060	0,025	0,025	2,400
Estrich	0,040	1,400	1,400	0,029
Polystyrol (PS)-Partikelschaum	0,030	0,040	0,040	0,750
Beton armiert	0,180	2,300	2,300	0,078
Fachwerk Rippe	Dicke	λ		
Fachwerkbreite dieser Schicht				
Fachwerk Gefache	Dicke	λ		
Fachwerkbreite dieser Schicht				
λ mittel				
U- Wert Berechnung			Summe	3,312
Wärmedurchgangswiderst.			Wärmeübergangswiderst.	
R_T- Wert	3,482 m² · K/W		innen	0,17
U-Wert =	0,287 W/(m² · K)		außen	0,00

Bauteil 6: Dachfläche Anbau

Damit die Blechdeckung des Daches vom Anbau nicht entfernt werden muss, wird der Hohlraum zwischen der vorhandenen Dämmung und der oberen Holzschalung mit Zellulosefaser ausgeblasen. Es ergibt sich dann eine Keildämmung, die nach Kapitel 3.2.6.4 berechnet werden kann. Die wärmetechnisch wirksame Schicht beträgt demnach 20 cm. Der einzuhaltende U_{max}-Wert von 0,24 W/(m² · K) aus Zeile 4a der Tabelle 1 Anlage 3 ist somit eingehalten.

Tabelle 5.12: Berechnung des neuen U-Wertes Bauteil 6 des Beispiel-Hauses – Programm ENGP-bautop, Dachfläche Anbau

Baustoffe von innen nach außen	Dicke m	λ W/(m · K)	λ mittel W/(m · K)	R_i m² · K/W
Fliesen	0,010	1,400	1,400	0,007
Estrich	0,040	1,400	1,400	0,029
Polystyrol (PS)-Partikelschaum	0,030	0,040	0,040	0,750
Beton armiert	0,180	2,300	2,300	0,078
Wärmedämmung	0,060	0,040	0,040	1,500

Fachwerk Rippe	Dicke	λ
Fachwerkbreite dieser Schicht		
Fachwerk Gefache	Dicke	λ
Fachwerkbreite dieser Schicht		
λ mittel		

U-Wert-Berechnung		Summe	2,364
Wärmedurchgangswiderst. R_i-Wert	2,704 m² · K/W	Wärmeübergangswiderst. innen	0,17
U-Wert =	0,370 W/(m² · K)	außen	0,17

Bauteil 9: Decke zu unbeheiztem Keller

An die Unterseite der Kellerdecke wird eine 6 cm dicke Dämmung mit einem λ-Wert von 0,028 W/(m² · K) angebracht. Der einzuhaltende U_{max}-Wert nach Zeile 5a der Tabelle 1 Anlage 3 von 0,30 W/(m² · K) wird eingehalten.

Tabelle 5.13: Berechnung des neuen U-Wertes Bauteil 9 des Beispiel-Hauses – Programm ENGP-bautop, Decke zu unbeheiztem Keller

Baustoffe von innen nach außen	Dicke m	λ W/(m · K)	λ mittel W/(m · K)	R_i m² · K /W
Fliesen	0,010	1,400	1,400	0,007
Estrich	0,040	1,400	1,400	0,029
Polystyrol (PS)-Partikelschaum	0,030	0,040	0,040	0,750
Beton armiert	0,180	2,300	2,300	0,078
Wärmedämmung	0,060	0,028	0,028	2,143

Fachwerk Rippe	Dicke	λ
Fachwerkbreite dieser Schicht		
Fachwerk Gefache	Dicke	λ
Fachwerkbreite dieser Schicht		
λ mittel		

U- Wert Berechnung			Summe	3,007
Wärmedurchgangswiderst.			Wärmeübergangswiderst.	
Ri- Wert	3,347	m² · K/W	innen	0,17
U-Wert =	0,299	W/(m² · K)	außen	0,17

Bauteil 2: Außenwände Anbau

Um die Außenwände des Anbaus zu dämmen, muss die Schalung entfernt werden. Es wird eine 12 cm dicke Dämmung an der Außenwand aufgebracht. Diese wird anschließend wieder verschalt. Der einzuhaltende U_{max}-Wert nach Zeile 1 der Tabelle 1 Anlage 3 von 0,24 W/(m² · K) wird eingehalten.

Tabelle 5.14: Berechnung des neuen U-Wertes Bauteil 2 des Beispiel-Hauses – Programm ENGP-bautop, Außenwände Anbau

Baustoffe von innen nach außen	Dicke m	λ W/(m · K)	λ mittel W/(m · K)	R_i m² · K/W
Innenputz	0,015	0,700	0,700	0,021
Leichthochlochziegel A, B N.Mörtel	0,300	0,450	0,450	0,667
Wärmedämmung	0,120	0,037	0,037	3,243

Fachwerk Rippe	Dicke	λ
Fachwerkbreite dieser Schicht		
Fachwerk Gefache	Dicke	λ
Fachwerkbreite dieser Schicht		
λ mittel		

U-Wert-Berechnung		Summe	3,931
Wärmedurchgangswiderst.		Wärmeübergangswiderst.	
R_i-Wert	4,191 m² · K/W	innen R_{si}	0,13
U-Wert =	0,239 W/(m² · K)	außen R_{se}	0,13

Bauteil 3: Dachfläche Hauptgebäude

Damit die Blechdeckung des Daches nicht entfernt werden muss, wird der Hohlraum zwischen der vorhandenen Dämmung und der oberen Holzschalung mit Zellulosefaser ausgeblasen. Die Höhe des zur Verfügung stehenden Hohlraums beträgt 18 cm. Die vorhandene

Dämmung sollte vorher kontrolliert werden, ob sie trocken und funktionsfähig ist. Wenn diese ausgetauscht werden muss, muss das Dach von oben oder unten aufgemacht werden.

Hier handelt es sich um ein Fachwerk. Wie die Dämmschicht eines Fachwerks optimiert werden kann, ist unter 5.1.1.2 beschrieben.

Nach Anlage 3 Tabelle 1 Zeile 4a ist ein U_{max}-Wert von 0,24 W/(m² · K) einzuhalten.

Schritt 1 – U-Wert ohne Dämmschicht

Tabelle 5.15: Berechnung des neuen U-Wertes Bauteil 3 des Beispiel-Hauses – Programm ENGP-bautop, Dachfläche Hauptgebäude

Baustoffe von innen nach außen	Dicke m	λ W/(m · K)	λ mittel W/(m · K)	R_i m² · K/W
Gipskartonplatte	0,013	0,250	0,250	0,050
Lattung	0,030	0,130	0,130	0,231
Luftschicht	1,000	6,250	6,250	0,160
Sparren	0,160	0,130	0,049	
Mineralwolle (MW)		0,040	0,049	0,000
Holzschalung	0,019	0,130	0,130	0,146

Fachwerk Rippe	Dicke	λ
Sparren	0	0,13
Fachwerkbreite dieser Schicht	0,080	
Fachwerk Gefache	**Dicke**	**λ**
Zellulosefaser	0	0,04
Fachwerkbreite dieser Schicht	0,700	
λ mittel		0,049

U- Wert Berechnung		Summe	0,587
Wärmedurchgangswiderst.		Wärmeübergangswiderst.	
Ri- Wert	0,727 m² · K/W	innen	0,1
U-Wert =	1,376 W/(m² · K)	außen	0,04

2. Erforderliche Dämmstoffdicke $d_{erf.}$ bzw. lamda (λ)			
U_{max} nach Anlage 3 EnEV Tabelle 1	=	0,240	W/(m² · K)
$R_{i,erf} = 1/U_{soll} - R_{vorh}$	=	3,44	m²K/W
$d = \lambda \cdot R_{i,erf}$	=	0,169	m
λ Gefache =	=		W/(m² · K)

Schritt 2 – Auswahl des Dämmstoffes mit handelsüblicher Dimension

Hier sind die handelsüblichen Daten des gewählten Materials festzulegen. Es wurde eine Dicke von 180 mm ausgewählt. Diese Dicke steht auch als Hohlraum zur Verfügung.

Schritt 3 – Berechnung des neuen U-Wertes

Die gewählte Dicke ist in die Tabelle einzutragen.

Tabelle 5.16: Berechnung des neuen U-Wertes Bauteil 3 des Beispiel-Hauses – Programm ENGP-bautop, Dachfläche Hauptgebäude

Baustoffe von innen nach außen	Dicke m	λ W/(m · K)	λ mittel W/(m · K)	R_i m² · K /W
Gipskartonplatte	0,013	0,250	0,250	0,050
Lattung	0,030	0,130	0,130	0,231
Luftschicht	1,000	6,250	6,250	0,160
Sparren	0,180	0,130	0,049	
Mineralwolle (MW)	0,180	0,040	0,049	3,656
Holzschalung	0,019	0,130	0,130	0,146

Fachwerk Rippe	Dicke	λ
Sparren	0,18	0,13
Fachwerkbreite dieser Schicht	0,080	
Fachwerk Gefache	Dicke	λ
Zellulosefaser	0,18	0,04
Fachwerkbreite dieser Schicht	0,700	
λ mittel		0,049

U- Wert Berechnung		Summe	4,243
Wärmedurchgangswiderst.		Wärmeübergangswiderst.	
Ri- Wert	4,383 m² · K/W	innen	0,1
U-Wert =	0,228 W/(m² · K)	außen	0,04

Bauteil 1: Außenwände – verputzt

An die Außenwände wird eine 12 cm dicke Dämmung aufgebracht und anschließend verputzt. Der vorhandene Putz muss vorher geprüft werden, ob er noch tragfähig ist. Außerdem sollte das Mauerwerk trocken sein. Der einzuhaltende U_{max}-Wert nach Zeile 1 der Tabelle 1 Anlage 3 von 0,24 W/(m² · K) wird eingehalten.

Tabelle 5.17: Berechnung des neuen U-Wertes Bauteil 1 des Beispiel-Hauses – Programm ENGP-bautop, Außenwände – verputzt

Nun wurden die Dämmstoffschichten aller Bauteile dimensioniert.

Beachten Sie:

Die Dämmstoffschichten der Bauteile wurden so dimensioniert, dass die Anforderungen der Anlage 3 der EnEV 2014 eingehalten werden.

Es kann aber durchaus sinnvoll sein, das eine oder andere Bauteil noch besser zu dämmen. Dies muss aber dann mit den Bauherren abgesprochen werden, wobei die Wirtschaftlichkeit der besseren Dämmung dargestellt werden sollte.

5.1.3 Optimierte Anschlussdetails für das Beispiel-Haus

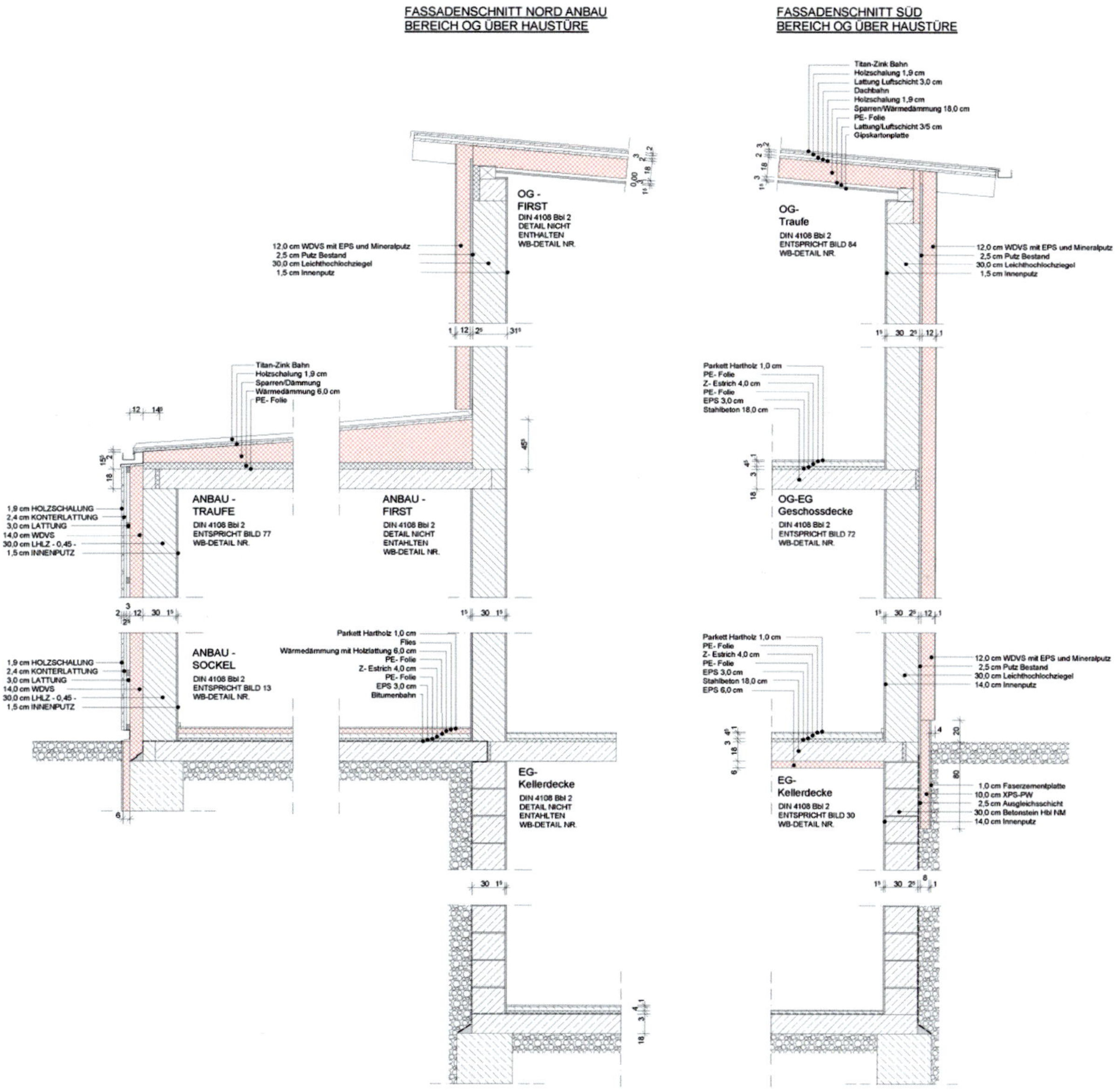

Bild 5.2: Schicht- und stoffoptimierte Anschlussdetails für das Beispiel-Haus

5.2 Fragen

1. Wie wird die Energiemenge bezeichnet, die nach EnEV nicht überschritten werden darf?

2. Nach welchen Verfahren ist der zulässige Jahresprimärenergiebedarf zu bestimmen?

3. Von welchen Hauptfaktoren wird der Primärenergiebedarf beeinflusst?

4. Welchen Einfluss hat die Anlagenaufwandszahl e_P auf die erforderlichen Dämmmaßnahmen zur Einhaltung des maximal zulässigen Primärenergiebedarfs?

5. Wie wird in der EnEV sichergestellt, dass bei Ansatz eines sehr kleinen e_P-Wertes ein Mindestdämmstandard nicht unterschritten wird?

6. Wie kann der e_P-Wert ermittelt werden?

7. Welche Anforderungen müssen nach EnEV eingehalten werden, wenn ein Bauteil saniert wird?

5.3 Antworten

1. zulässiger Jahresprimärenergiebedarf Q_p

2. mit den Werten des Referenzgebäudes nach EnEV Anlage 1, Tabelle 1

3. von:

   a) der Bereitstellung und Verteilung der Energie (Qualität der Anlage) – Anlagenaufwandszahl e_P

   b) der Wärmeverlust des Gebäudes (Heizwärmebedarf Q_h)

   c) der Energie für Warmwasserbereitung Q_w

4. Je weniger fossile Energie für die Anlage verbraucht wird (kleiner e_P-Wert), desto mehr Energie bleibt für den Heizwärmebedarf, d. h., desto weniger muss gedämmt werden, um die Vorgaben nach EnEV einzuhalten.

5. Der spezifische Transmissionswärmeverlust H_T darf den vorgegebenen Wert der EnEV Anlage 1, Tabelle 2 nicht überschreiten.

6. nach folgenden Verfahren der DIN V 4701-10:

   a) Tabellenverfahren

   b) detailliertes Verfahren

7. Es müssen die Anforderungen der Anlage 3 der EnEV eingehalten werden. Die Tabelle 1 enthält maximale U-Werte, die bei der Sanierung eines Bauteils nach § 9 eingehalten werden müssen. Alternativ darf auch der Primärenergiebedarf berechnet werden. Der berechnete Primärenergiebedarf darf dann den zul. Primärenergiebedarf des Referenzgebäudes nicht um mehr als 40 % überschreiten.

6 Schwachstellen

Autoren: Prof. Karlheinz Volland
Dipl.-Ing. (FH) Johannes Volland

Inhalt Seite

6.1 Wärmebrücken

6.1.1 Einleitung

Wärmebrücken sind energetische Schwachstellen der Gebäudehülle und erfordern zusätzliche Dämmmaßnahmen. Je nach Energiestandard und Baukonstruktion kann der Einfluss bis zu 20 % des errechneten Energieverbrauchs betragen. Sie müssen deshalb bei jeder Energiebilanz berücksichtigt werden.

Die Berechnung des Wärmedurchgangs an die Außenluft ist in DIN EN ISO 6946 definiert. Die dort angegebenen Algorithmen gelten jedoch nur für thermisch homogene und „näherungsweise" für inhomogene Schichten. Diese Norm gilt nicht für die Berechnung von Oberflächentemperaturen zur Abschätzung des Tauwasserausfalls. In diesem Kapitel werden die Mechanismen des Wärmetransports an Wärmebrücken behandelt, Möglichkeiten zur Abschätzung der Oberflächentemperaturen dargelegt und die Algorithmen des Tauwasserausfalls an Bauteiloberflächen vorgestellt. Außerdem wird darauf eingegangen, wie Wärmebrücken nach EnEV zu behandeln sind.

Warum müssen Wärmebrücken vermieden werden?

a) Erhöhter Energieverbrauch

An Wärmebrücken kann ein höherer Energiefluss als in den ungestörten Bereichen der Gebäudehülle auftreten. Insbesondere bei nachträglich gedämmten Gebäuden können die zusätzlichen Wärmeverluste an den Wärmebrücken erheblich steigen, wenn die Dämmung nicht sauber ausgeführt wird.

b) Beeinträchtigung der thermischen Behaglichkeit

Aufgrund von Wärmebrücken entstehen an der inneren Oberfläche von Bauteilen unterschiedliche Oberflächentemperaturen, die mehrere °C ausmachen können. Wärmebrücken kühlen die Bauteile in ihrem Umkreis ab. Niedrige Oberflächentemperaturen werden als unangenehm empfunden, da sie im Winter weniger Strahlungswärme abgeben. Aufgrund dessen wird oft die Innentemperatur erhöht, damit die Raumluft die fehlende Strahlungswärme ausgleicht.

c) Feuchtigkeitsprobleme

An kalten Bauteilen fällt wesentlich schneller Feuchtigkeit aus als an warmen Bauteilen.
Je höher die Temperatur der Luft ist, umso mehr Feuchtigkeit kann sie aufnehmen. Wenn an kalten Bauteilen die Raumluft so stark abgekühlt wird, dass sie die Feuchtigkeit nicht mehr halten kann, fällt sie aus und das Bauteil wird feucht. An feuchten Stellen können sich Schimmelpilze bilden, die für den Menschen ein erhebliches Gesundheitsrisiko darstellen. Zusätzlich zu beachten ist, dass feuchte Bauteile die Wärme schneller leiten als trockene und der Wärmebrückeneffekt dadurch verschärft wird.

d) Gefährdung der Bausubstanz

Wenn Bauteile über längere Zeit durchfeuchtet werden, werden sie mürbe, morsch und brüchig. Dies kann in extremen Fällen durchaus zur Schädigung der Tragkonstruktion und dadurch zur Gefährdung der Bausubstanz führen.

6.1.2 Definition von Wärmebrücken

Wärmebrücken sind Bauteilbereiche, an denen ein größerer Wärmestrom fließt als an der übrigen ungestörten Fläche des Bauteils. Dies wird durch Materialwechsel in der Bauteilebene und durch die Bauteilgeometrie verursacht. Man spricht auch von stofflichen oder geometrischen Wärmebrücken, deren Phänomene sich durchaus überlagern können.

Mit den unten dargestellten Isothermen an einer Außenwand wird die Komplexität des Wärmetransports in einem Bauteil aus unterschiedlichen Stoffen und geometrischen Formen verdeutlicht.

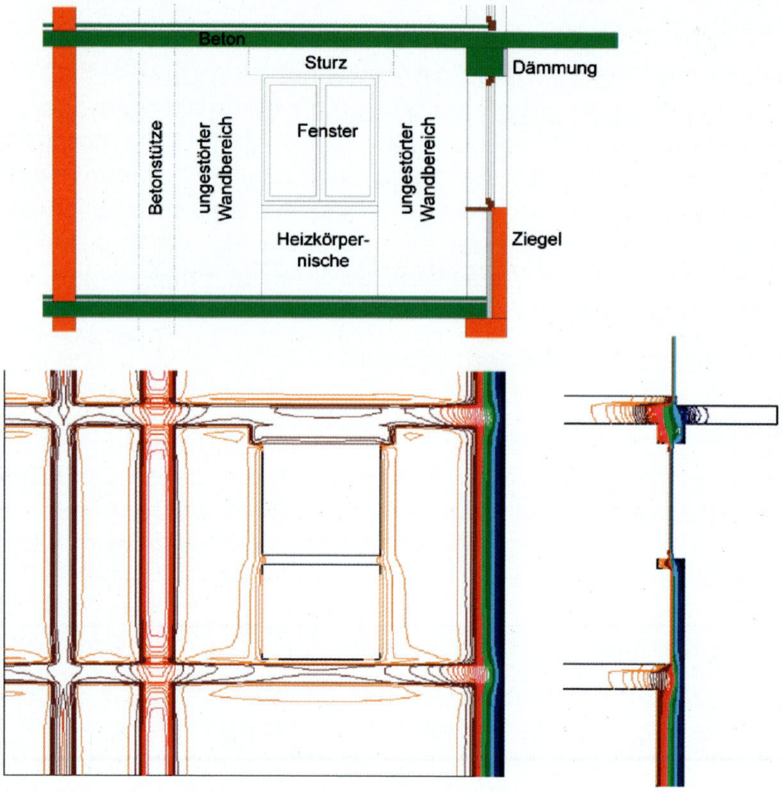

Bild 6.1: Innenansicht und Schnitt einer Außenwand mit Darstellung der Isothermen

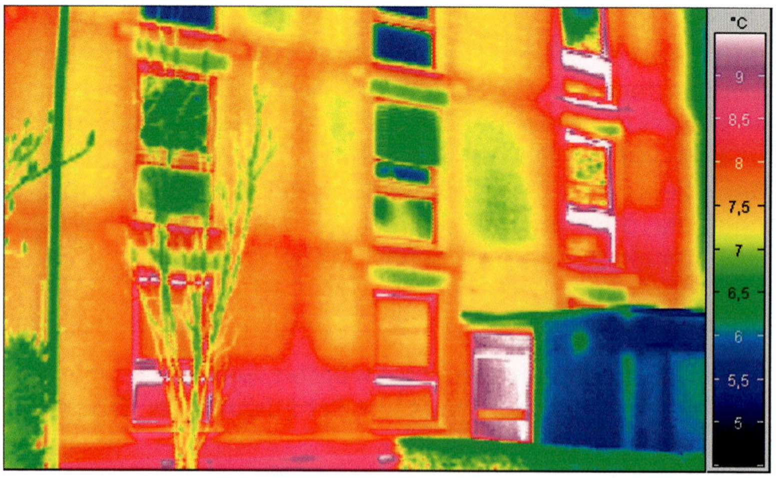

Bild 6.2: Außenansicht einer Fassade mit einer Infrarotkamera fotografiert

Bild 6.1 und Bild 6.2 zeigen eine gewöhnliche Fassade aus einer Wandfläche und den sich darin befindenden Fenstern. Im Bereich der Fenster sind Heizkörpernischen, eine Fensterbank, ein Rollladenkasten und ein Sturz vorhanden. In die Außenwand sind die Geschossdecken sowie eine Zwischenwand eingebunden. Die obere Betondecke kragt an einer Seite aus (im Bild 6.2 nicht sichtbar). An den Ecken des Gebäudes verändert sich die Geometrie der Fläche. Zusätzlich stören Wandschlitze und eingebaute Betonstützen die thermische Homogenität des Wandgefüges.

Wie im Kapitel 3 beschrieben ergibt sich in Bauteilen mit unterschiedlichen, nebeneinander liegenden Stoffen an den Berührungsstellen eine Änderung des Wärmestroms.

Der Wärmestrom ändert sich auch, wenn verschiedene Bauteile in Raumecken oder Kanten aufeinander stoßen. Die Abschätzung der Größe des Wärmestroms an Wärmebrücken ist sowohl für eine genaue Bilanzierung des Heizwärmebedarfs als auch für die Abschätzung der Taupunkttemperatur erforderlich.

In der DIN EN ISO 10211 sind Algorithmen zur Erfassung von Wärmebrücken beschrieben. Danach sind zur Ermittlung der niedrigsten Temperaturen an geometrischen Wärmebrücken in Abhängigkeit des zu betrachtenden Bereiches drei Modelle zu unterscheiden:

a) eindimensionale,

b) zweidimensionale und

c) dreidimensionale Wärmeströme.

Zusätzliche Wärmebrücken entstehen durch

d) Fugen und Undichtigkeiten sowie

e) Überlagerung von Wärmebrücken.

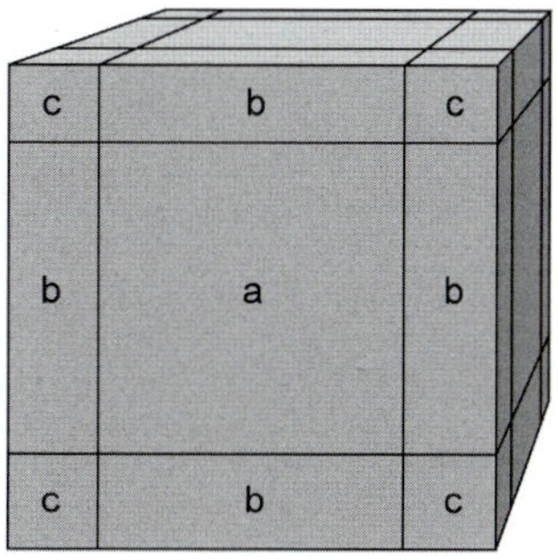

Bild 6.3: Mögliche Wärmebrücken an der Gebäudehülle – nach DIN EN ISO 10211

a) Eindimensionale Wärmebrücken

Eindimensionale Wärmebrücken entstehen durch Stoffunterschiede innerhalb eines Bauteils. Sie werden durch unterschiedliche Wärmeleitfähigkeiten verursacht.

Beispiele:

- Stahlbetonstütze im Mauerwerk
- Fachwerkkonstruktionen
- Ringanker
- Deckenauflager

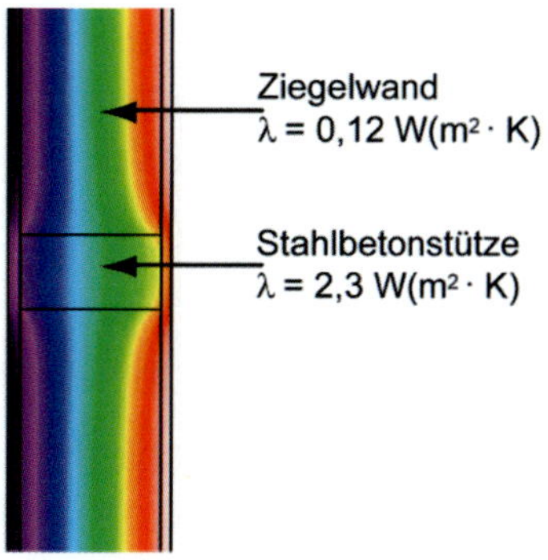

Bild 6.4: Eindimensionale Wärmebrücke

b) Zweidimensionale Wärmebrücken

Zweidimensionale Wärmebrücken entstehen an den Raumkanten. Sie entstehen dort, wo die innere und die äußere Bauteilfläche unterschiedlich groß sind. Diese können nicht vermieden, sondern ihre Auswirkung nur nach Möglichkeit weitgehend reduziert werden.

Beispiele:

- Gebäudeecke
- auskragende Balkonplatte
- Rück- und Vorsprünge in der Gebäudehülle

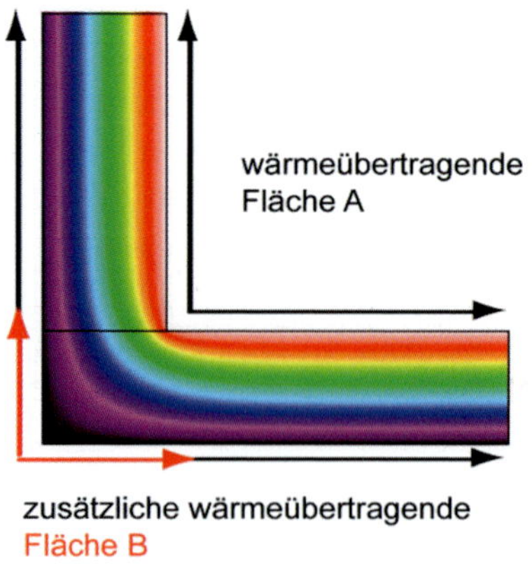

Bild 6.5: Zweidimensionale Wärmebrücke

c) Dreidimensionale Wärmebrücken

Dreidimensionale Wärmebrücken entstehen an Gebäudeecken. Sie entstehen überall dort, wo drei oder mehr Bauteile aufeinandertreffen.

Beispiele:

- Ecken von auskragenden Bauteilen
- Ecke Anschluss Dach – Außenwände
- Ecke Anschluss Außenwände – Bodenplatte

Zu den dreidimensionalen Wärmebrücken gehören auch die punktförmigen Wärmebrücken wie einbindende Stützen in Decken.

d) Fugen und Undichtigkeiten

Überall dort, wo undichte Gebäudefugen vorhanden sind, entstehen Wärmebrücken. An diesen Stellen entweicht mehr Wärme als an den angrenzenden Bauteilen, wodurch die Randbereiche der Bauteile ebenfalls schneller abkühlen.

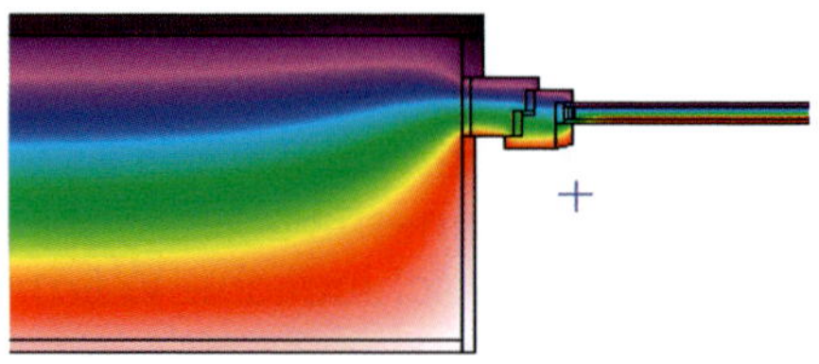

Bild 6.6: Fugen und Undichtigkeiten

e) Überlagerung von Wärmebrücken

Es können sich auch verschiedene Wärmebrücken überlagern. Dies geschieht, wenn an Gebäudekanten auch unterschiedliche Materialien zusammentreffen.

Ein Paradebeispiel dafür ist die auskragende Balkonplatte. Dort ist sowohl eine Gebäudekante als auch ein Materialwechsel vorhanden. Diese Stellen sind besonders gefährdet, da hier starke Temperaturunterschiede entstehen können.

In ungestörten Bereichen mit genügend großem Abstand zu geometrischen Veränderungen kann die Oberflächentemperatur über den U-Wert berechnet werden.

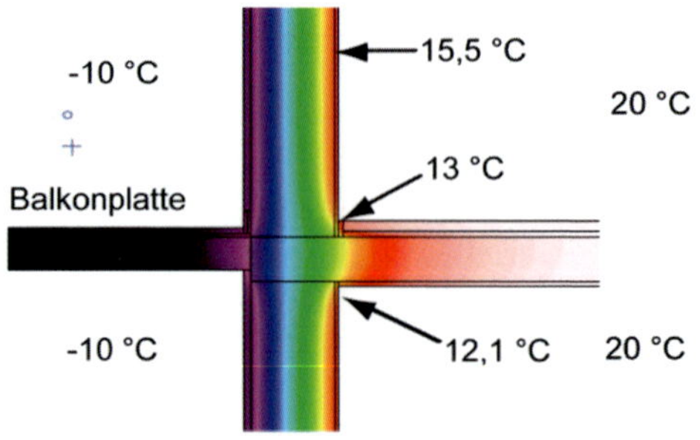

Bild 6.7: Überlagerung von WB

An Raumkanten entsteht ein zweidimensionaler und an Raumecken ein dreidimensionaler Wärmestrom. In diesen Bereichen können die Oberflächentemperatur und der Wärmedurchgang in einem wirtschaftlich vertretbaren Zeitaufwand nur mit entsprechenden EDV-Programmen berechnet werden.

Parameter für die Beurteilung von Wärmebrücken

Wärmebrücken haben zwei wesentliche Auswirkungen. Sie erzeugen zum einen zusätzliche Wärmeverluste und zum anderen niedrige raumseitige Oberflächentemperaturen.

Demzufolge sind zur Kennzeichnung der Wirkung von Wärmebrücken auch zwei unterschiedliche, voneinander unabhängige Kenngrößen notwendig:

f = Temperaturfaktor –

zur Beurteilung der raumseitigen Oberflächentemperatur

ψ = Wärmebrückenverlustkoeffizient W/(m · K)

zur Berechnung der zusätzlichen Wärmeverluste über die Wärmebrücken.

6.1.3 Berechnung von Oberflächentemperaturen

6.1.3.1 Temperaturen in thermisch homogenen Bauteilen

Wenn die Oberflächentemperatur eines Bauteiles zu niedrig wird (< 12,6 °C, nach DIN 4108-2), besteht die Gefahr von Schimmelpilzbildung an der Bauteiloberfläche. Diese können sich schon vor Ausfall von Tauwasser an der Bauteiloberfläche bilden (siehe Kapitel 6.2.1.6). Aus diesem Grund ist es notwendig, die Oberflächentemperaturen an Wärmebrücken zu bestimmen, um die Gefahr von Tauwasser und Schimmelpilzbildung erkennen und vermeiden zu können.

Unter der Voraussetzung, dass sich die Innen- und Außentemperatur über einen längeren Zeitraum nicht verändert (stationäre Verhältnisse), stellt sich innerhalb eines Bauteils in allen Schichten ein gleich großer Wärmestrom ein.

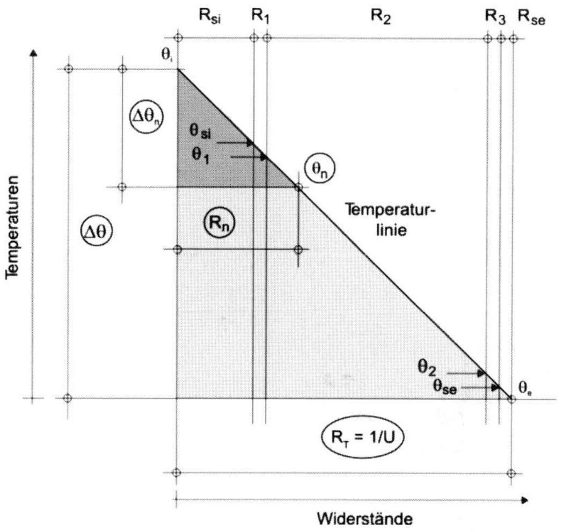

Bild 6.8: Proportionalität von Wärmedurchlasswiderstand und Temperatur

Bei einem Aufheizvorgang ist dies erst der Fall, wenn der Energieinhalt aller Teilchen so groß ist, dass in diesen keine weitere Temperaturerhöhung stattfindet.

Bei gleichmäßigem Wärmestrom stellt sich die Temperatur an einer Stelle n in Abhängigkeit zu den davor liegenden Wärmedurchlasswiderständen ein. Hierdurch entsteht im gesamten Bauteil ein zu den Wärmedurchlasswiderständen der einzelnen Stoffschichten proportionales Temperaturgefälle.

Berechnung der inneren Oberflächentemperatur

Die transportierte Wärmemenge verringert sich nach jeder Schicht proportional zu deren Wärmedurchlasswiderstand R. Entsprechend verringert sich die Temperatur. Daraus ergibt sich die Formel für die Temperatur an der inneren Wandoberfläche θ_{si}:

θ_{si}	$= \theta_i - R_{si} \cdot U \cdot (\theta_i - \theta_e)$	°C (Formel 6.1)
$\theta_i - \theta_e$	$= \Delta\theta$	K
θ_{si}	= Temperatur an der inneren Wandoberfläche	°C
θ_i	= Temperatur der Raumluft	°C
θ_e	= Temperatur der Außenluft	°C
R_{si}	= Wärmeübergangswiderstand innen	$m^2 \cdot K/W$
U	= Wärmedurchgangskoeffizient	$W/(m^2 \cdot K)$

Berechnung der Temperaturen innerhalb des Bauteils

Aus dem Produkt des mit auf 1 K bezogenen Wärmestroms im U-Wert multipliziert mit der Temperaturdifferenz $\Delta\theta$ ergibt sich die auf 1 m² bezogene Wärmestromdichte q.

$$U \cdot \Delta\theta = q$$

q	= Wärmestromdichte	W/m^2

Da q im gesamten Querschnitt gleich groß ist, kann die Temperatur an jeder beliebigen Stelle des Querschnittes über den sich bis dorthin ergebenden Wärmedurchlasswiderstand R berechnet werden.

$$\theta_n = \theta_i - R_n \cdot q \qquad \text{°C (Formel 6.2)}$$

$R_n = R_{si} + R_1 + R_{\text{von Schichtgrenze 2 bis n}}$

Die Temperatur θ_n nach einer Schicht n berechnet sich danach mit:

$$\theta_{ne} = \theta_{ni} - R_n \cdot q \qquad \text{°C (Formel 6.3)}$$

θ_{ne}	= Temperatur an der Außenseite der Schicht i
θ_{ni}	= Temperatur an der Innenseite der Schicht i

Für ein mehrschichtiges Bauteil ergeben sich die Temperaturen an den einzelnen Schichtgrenzen somit wie folgt:

$$\theta_{si} = \theta_i - R_{si} \cdot q$$
$$\theta_1 = \theta_{oi} - R_1 \cdot q$$
$$\theta_2 = \theta_1 - R_2 \cdot q$$
$$\theta_{se} = \theta_2 - R_3 \cdot q$$

Die Temperatur nach der Schicht n kann aus θ_i direkt wie folgt berechnet werden:

$$\theta_n = \theta_i - \left(R_{si} + \sum_{i=1}^{n} R_i \right) \cdot q \qquad \text{°C (Formel 6.4)}$$

R_i = Wärmedurchlasswiderstand der Schicht i

Randbedingungen für die Berechnung von Oberflächentemperaturen

Für die Berechnung von Bauteiloberflächentemperaturen sind die Randbedingungen nach DIN 4108, Beiblatt 2 und DIN 4108-2 zu verwenden.

Randbedingungen:

Innenlufttemperatur	θ_i	= 20	°C
Außenlufttemperatur	θ_e	= – 5	°C
Wärmeübergangswiderstand innen			
beheizte Räume	R_{si}	= 0,25	m² · K/W
unbeheizte Räume	R_{si}	= 0,17	m² · K/W
Wärmeübergangswiderstand außen	R_{se}	= 0,04	m² · K/W

Tabelle 6.1: Temperaturen für Bauteile, die das Erdreich an unbeheizte Keller und Pufferzonen abgrenzen – nach DIN 4108-2, Tabelle 5

Gebäudeteil bzw. Umgebung	Temperatur θ
unbeheizter Keller	10 °C
Erdreich	10 °C
unbeheizte Pufferzone	10 °C
nicht gedämmter Dachraum, Tiefgarage	– 5 °C

Für die Berechnung von Bauteiloberflächentemperaturen im Bereich des Erdreichs wird in DIN 4108, Beiblatt 2 unterschieden zwischen *„Erdreichanschüttung größer 1 m"* und *„geringe oder keine Erdreichanschüttung"*.

Im Bild 6.9 werden die Randbedingungen für Gebäude mit einer Erdreichanschüttung größer als 1 m dargestellt.

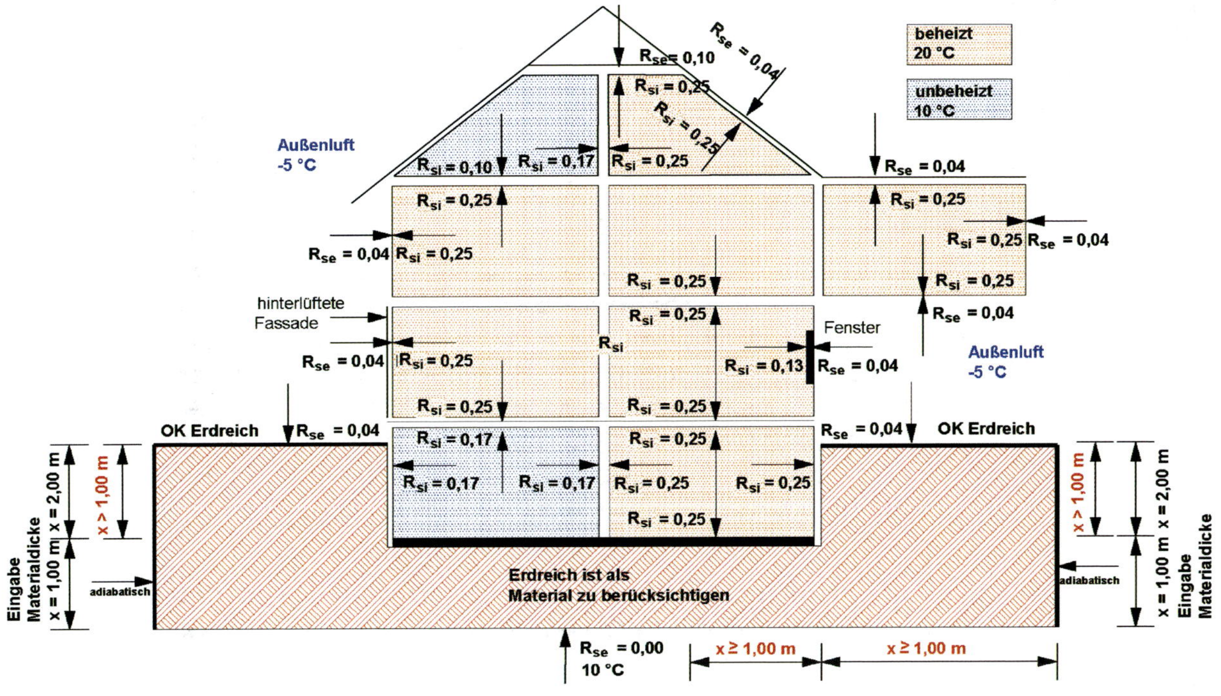

Bild 6.9: Randbedingungen nach DIN 4108, Beiblatt 2 – Erdreichanschüttung größer als 1 m

Im Bild 6.10 werden die Randbedingungen für Gebäude mit einer geringen oder keiner Erdreichanschüttung dargestellt.

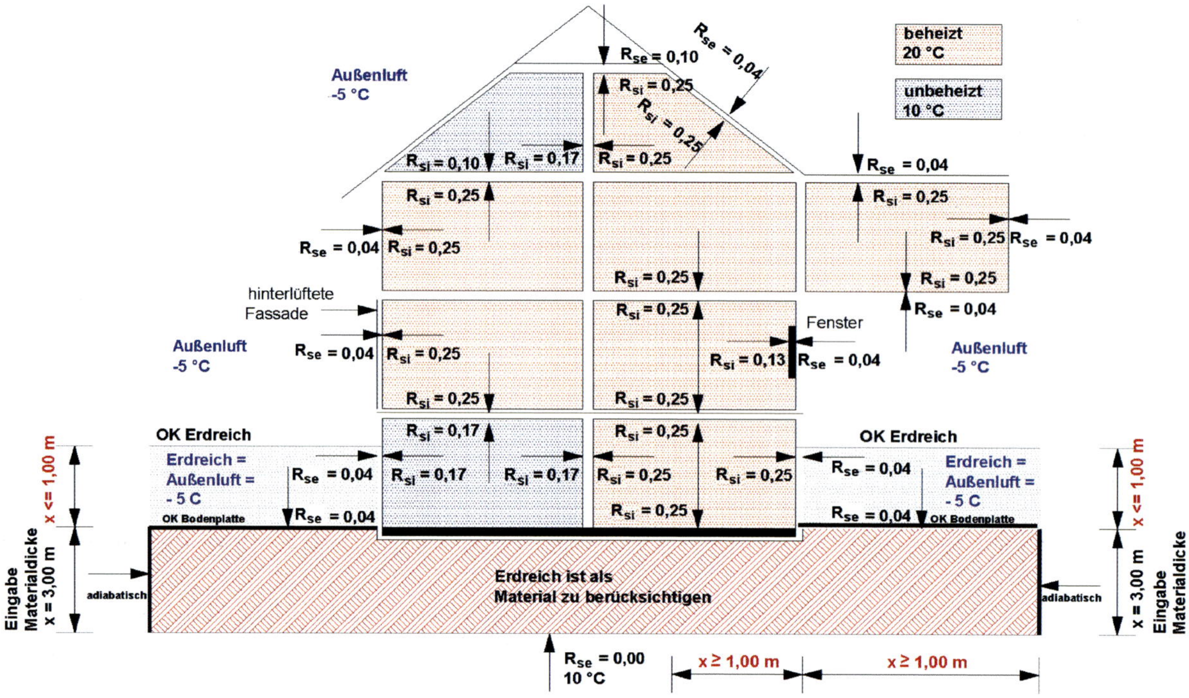

Bild 6.10: Randbedingungen nach DIN 4108, Beiblatt 2 – geringe oder keine Erdreichanschüttung

Die Berechnung von Oberflächentemperaturen an Bauteilen gegen Erdreich kann nur mithilfe von Isothermen-Programmen erfolgen.

Nachfolgend wird aufgezeigt, wie die Oberflächentemperatur einer Außenwand gegen Außenluft berechnet werden kann.

Rechenbeispiel:

Berechnung der inneren Oberflächentemperatur

Wie groß ist die innere Oberflächentemperatur an der Außenwand mit hinterlüfteter Verkleidung?

Gegeben:

R der Außenwand	= 3,91	m² · K/W
R_{si}	= 0,25	m² · K/W
R_{se}	= 0,04	m² · K/W
		(hier auch bei hinterlüfteten Fassaden)
R_T	= 4,20	m² · K/W
U	= 0,24	W/(m² · K)
Raumlufttemperatur θ_i	= 20	°C
Außenlufttemperatur θ_e	= – 5	°C

Gesucht:

Temperatur an der inneren Oberfläche der Außenwand θ_{si}.

Nach Formel 6.1:

$\theta_{si} = \theta_i - R_{si} \cdot U \cdot (\theta_i - \theta_e)$ °C

$\theta_{si} = 20 - 0{,}25 \cdot 0{,}24 \cdot 25$

$= \mathbf{18{,}5}$ **°C**

Ergebnis:

Die Temperatur an der inneren Oberfläche der Außenwand beträgt bei den in DIN 4108, Beiblatt 2 für solche Untersuchungen angegebenen Klimadaten 18,5 °C.

6.1.3.2 Temperaturverteilung in thermisch inhomogenen Bauteilen

Modelle zur Wärmeausbreitung

Bild 6.11 und Bild 6.12 zeigen an schematischen Modellen die Temperaturbewegungen von drei hintereinanderliegenden Stoffteilchen. Die den Teilchen unterlegten Kreisscheiben zeigen die Größe der Temperaturbewegungen. Die großen Pfeile zeigen die Richtung, die kleinen zeigen, in welche Richtung die Temperaturbewegungen an andere Teilchen weitergegeben werden.

Wärmefluss in thermisch homogenen Bauteilen

In thermisch homogenen Bauteilen fließt der Wärmestrom geradlinig von innen nach außen, weil nur in dieser Richtung ein Temperaturgefälle besteht. Die parallel zur Oberfläche nebeneinander liegenden Teilchen sind alle gleich temperiert, sodass zwischen diesen kein Energieaustausch erfolgt.

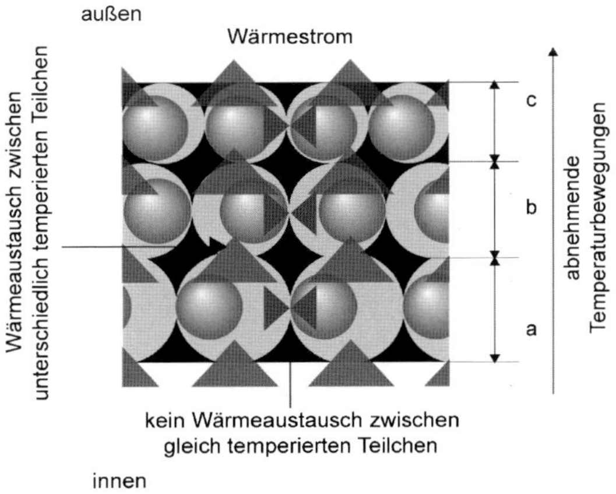

Bild 6.11: Schematische Darstellung des Wärmestroms in homogenen Bauteilen

Wärmefluss in thermisch inhomogenen Bauteilen

In Bauteilen, in denen Stoffe mit unterschiedlicher Wärmeleitfähigkeit nebeneinander liegen, also in thermisch inhomogenen Bauteilen, werden die parallel zur Oberfläche nebeneinander liegenden Teilchen unterschiedlich temperiert, sodass es auch zwischen diesen zu einem Energieaustausch kommt. Die Wärme fließt hier nicht nur senkrecht zur Oberfläche, sondern auch parallel dazu aus dem Bereich mit der höheren in den mit der niedrigeren Temperatur.

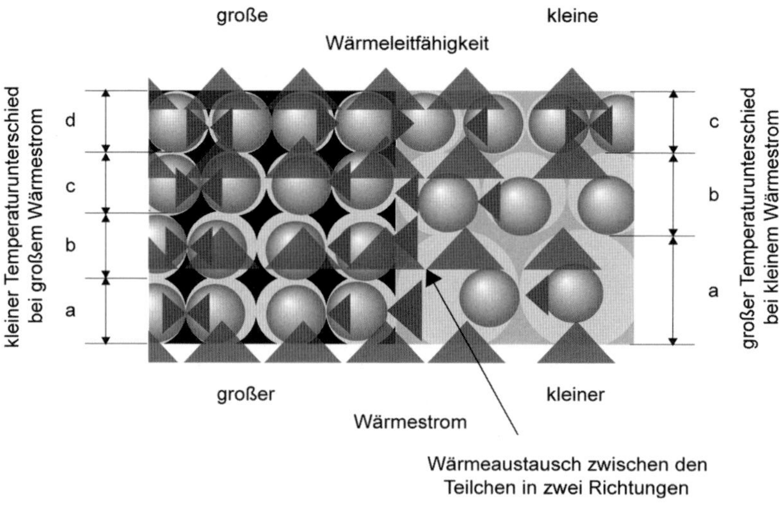

Bild 6.12: Schematische Darstellung des Wärmestroms in thermisch inhomogenen Bauteilen

Im Kapitel 3 wurde erläutert, wie der Wärmedurchgang einer Schicht aus unterschiedlichen nebeneinander liegenden Stoffen berechnet wird. Das Verfahren ist stark vereinfacht und nicht uneingeschränkt anwendbar. Bei Bauteilen mit sehr unterschiedlichen Wärmedurchlasswiderständen kann der mittlere Wärmedurchgang nicht mehr durch einfache Addition der flächenanteiligen U-Werte berechnet werden, sondern ist nach DIN EN ISO 10211 zu ermitteln.

Dies ist nur mit entsprechenden EDV-Programmen in wirtschaftlich vertretbarer Zeit durchführbar. Für zweidimensionale Wärmebrücken können die Isothermen u. a. mit dem Programm „Therm 7.2" berechnet und grafisch dargestellt werden. Wie mit dem Programm „Therm 7.2" Wärmebrücken detailliert berechnet werden können, ist im Buch „Wärmebrücken" (Volland, Pils, Skora, 2012) genauer erläutert.

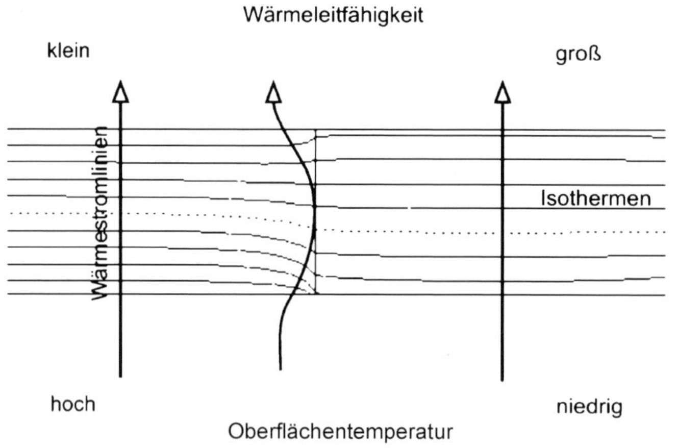

Bild 6.13: Isothermen und Wärmestromlinien an der Berührungsstelle von Baustoffen mit unterschiedlicher Wärmeleitfähigkeit

In Bild 6.13 ist erkennbar, dass die Isothermen nicht geradlinig bis zur Berührungsstelle der unterschiedlichen Stoffe verlaufen, sondern sich im schlechter leitenden Material bereits vorher aufspreizen und im besser leitenden zusammenziehen. Die in diesem Bereich dargestellte Wärmestromlinie zeigt den in Bild 6.12 erläuterten Vorgang. Auf der warmen Seite fließt Wärme in das Bauteil mit großer Wärmeleitfähigkeit, auf der kalten Seite umgekehrt.

Wärmefluss an geometrischen Wärmebrücken

In Bereichen, in denen sich die Geometrie des Bauteils ändert und die wärmeaufnehmende Fläche kleiner als die wärmeabgebende oder umgekehrt ist, wie z. B. an Außenwandkanten, Raumecken, Fensterlaibungen etc., entstehen geometrische Wärmebrücken.

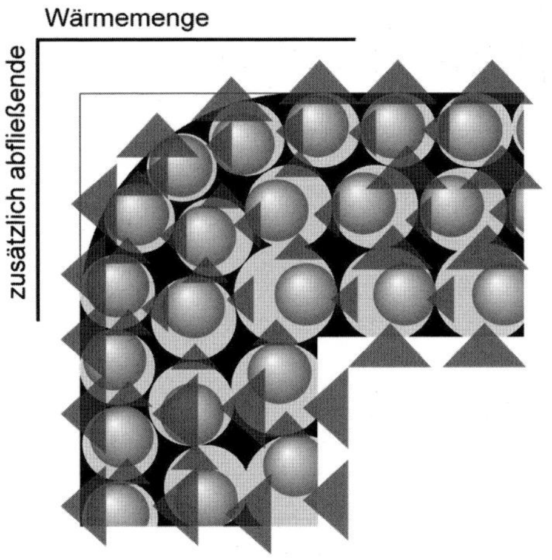

Bild 6.14: Schematische Darstellung des Wärmestroms in einer Ecke (Kante)

Bei einer Gebäudeecke sind auf der äußeren Oberfläche des Bauteils mehr Teilchen nebeneinander angeordnet als auf der Innenseite. Erwärmt werden jedoch nur die innen liegenden, sodass zu den in der Ecke liegenden Teilchen ein Temperaturgefälle besteht. Hierdurch erfolgt ein Energieaustausch zwischen den von innen erwärmten und den im Eckbereich von innen nicht erwärmten Teilchen. Die einfließende Energie wird in der Ecke von mehr Teilchen übertragen als in anderen Bereichen, der Wärmestrom wird an dieser Stelle größer.

6.1.3.3 Isothermen und Oberflächentemperaturen bei unterschiedlicher Lage der Wärmedämmung

Nachfolgend wird der Einfluss der Lage einer Wärmedämmung bei einer Stahlbetonstütze auf die innere Oberflächentemperatur untersucht. Hierfür wurde der Isothermenverlauf für drei verschiedene Lagen der Wärmedämmung berechnet.

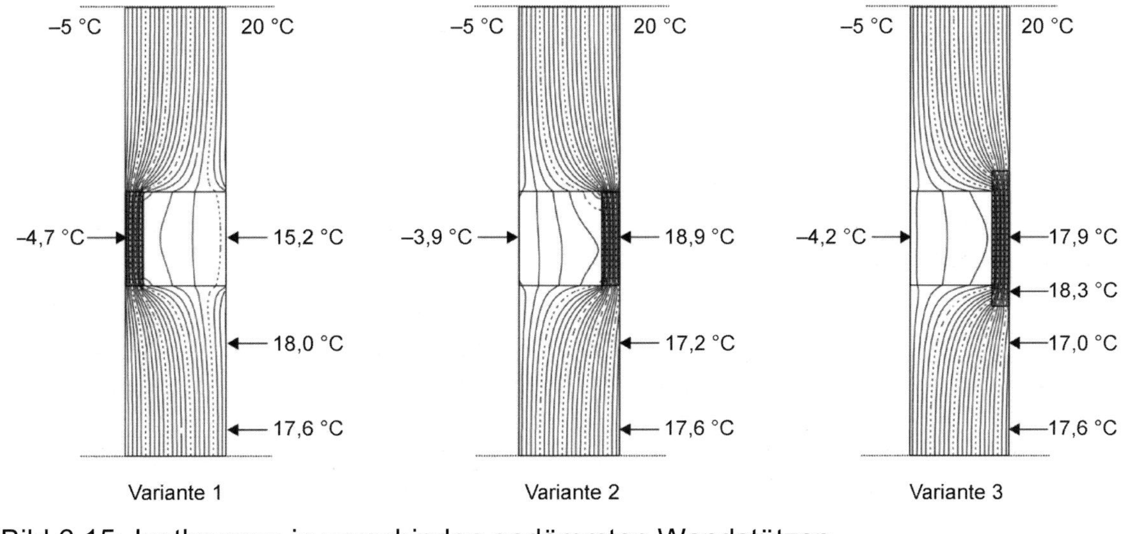

Bild 6.15: Isothermen in verschieden gedämmten Wandstützen

Hierbei wurden die R-Werte der Schichten so angenommen, dass sich für die Stütze und die Wand der gleiche U-Wert ergibt. Nachfolgend werden die einzelnen Varianten erläutert:

Variante 1 – mit außen liegender Wärmedämmung

Bei außen liegender Wärmedämmung ergibt sich an der Stütze eine niedrigere Innentemperatur als an der Wand. Dieser Unterschied wird sich bei Auf- und Abheizvorgängen (instationärer Beheizung) noch vergrößern, weil das schwere Material eine größere Wärmeträgheit besitzt als das leichtere, sich also langsamer aufheizt und langsamer abkühlt.

Die außen angebrachte Wärmedämmung liegt bezüglich der Dampfdiffusion auf der sicheren Seite. Die bautechnischen Probleme aufgrund des wechselnden Putzuntergrundes müssen jedoch beachtet werden. Putz über der Dämmung erwärmt sich schneller als auf dem besser leitenden Mauerwerk.

Variante 2 – mit innen liegender Wärmedämmung

Obwohl der U-Wert im Bereich der Stütze genauso groß ist wie bei außen liegender Wärmedämmung, ergibt sich an der inneren Oberfläche der Stütze eine wesentlich höhere Temperatur als bei der Variante 1, weil sich der Wärmestrom bereits auf der Innenseite und nicht erst auf der Außenseite der Stütze staut.

In der Stützenmitte ist die innere Oberflächentemperatur sogar höher als im ungestörten Bereich. An den Flanken des Dämmstreifens ergibt sich eine etwas niedrigere Temperatur.

Bei einer innen liegenden Wärmedämmung besteht jedoch grundsätzlich die Gefahr der Tauwasserbildung. Hier sollten nur Dämmstoffe mit hohem Dampfdiffusionswiderstand (z. B. extrudierter Polystyrol-Hartschaum XPS bzw. Schaumglas) verwendet werden. Eventuelle Dampfsperren unter der inneren Verkleidung können von innen leicht verletzt werden (durch Nägel, Dübel etc.).

Variante 3 – mit verbreiterter Wärmedämmung

Zieht man die Wärmedämmung über die Stützenbreite seitlich hinaus, ergibt sich keine niedrigere Temperatur in den Randbereichen.

Beispiel: Unterschiedliche Oberflächentemperaturen an einem Ringanker

Die Bilder zeigen die durch unterbrochenen Heizbetrieb an einem Ringanker aus Beton aufgetretenen Temperaturunterschiede. Der Betonringanker ist außen gedämmt.

Die Infrarotaufnahme wurde am Morgen nach der Wiederaufnahme des Heizbetriebs angefertigt: Der hellgrüne Bereich kennzeichnet die Lage des Ringankers, der auch durch den blaugrünen Bereich mit niedrigeren Temperaturen erkennbar ist. Das darunter befindliche Mauerwerk erscheint in Gelb und hat somit eine höhere Temperatur. Der Temperaturunterschied wurde als Ursache für eine erhöhte Luftumwälzung gewertet.

Bild 6.16: Innenansicht

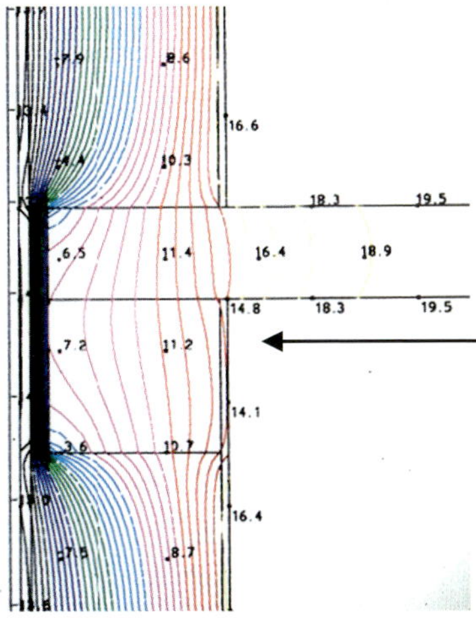

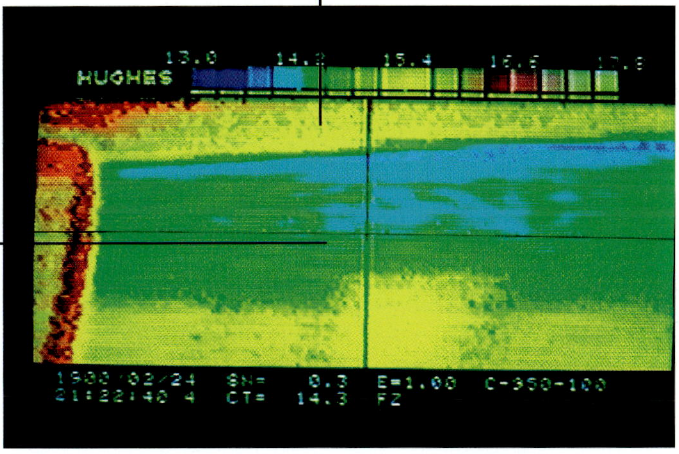

Isothermen im Ringankerbereich

Infrarotaufnahme des Ringankerbereichs

Bild 6.17: Temperaturunterschiede an unterschiedlichen Materialien

Wie die Untersuchungen zeigen, ist ohne genaue Berechnungen eine Vorhersage des Temperaturverlaufs kaum möglich. Grundsätzlich ist jedoch zu beachten, dass an in Mauerwerk eingebauten Betonteilen (Stützen, Ringanker etc.) auch bei gleichem U-Wert andere Oberflächentemperaturen entstehen als an der übrigen Wand. Bei innen gedämmten Betonstützen zwischen Ziegelmauerwerk ist zu beachten, dass beide Materialien unterschiedliche thermische Ausdehnungskoeffizienten besitzen, was zu Rissen führen kann.

6.1.3.4 EDV-Programme zur Isothermenberechnung

Zur Berechnung von Wärmebrücken steht eine Reihe von in Bedienung und Preis recht unterschiedlichen EDV-Programmen zur Verfügung. Die Genauigkeit der damit erzielten Rechenergebnisse sollte der DIN EN ISO 10211 entsprechen. Es werden Programme für die Berechnung von zwei- und von dreidimensionalen Wärmebrücken angeboten. Mit einigen können auch instationäre Klimaverhältnisse berücksichtigt werden. Die Berücksichtigung instationärer Verhältnisse ist dann von Bedeutung, wenn damit gleichzeitig der Feuchtigkeitsgehalt innerhalb von Bauteilen untersucht werden soll (z. B. Programm „wufi", Fraunhofer-Institut).

6.1.3.5 Temperaturfaktor f und f_{Rsi} (Temperaturdifferenzverhältniszahl)

Zur Abschätzung der Tauwasseranfälligkeit von Bauteiloberflächen genügt eine zweidimensionale Berechnung mit stationären Klimavorgaben nach DIN 4108, Beiblatt 2.

Für eine Reihe von Detailpunkten aus unterschiedlichen Materialien wurden in Wärmebrückenkatalogen sowohl für zwei- als auch für dreidimensionale Wärmebrücken dimensionslose Temperaturdifferenzverhältniszahlen f bzw. Temperaturfaktoren f_{Rsi} veröffentlicht. Für die darin enthaltenen Konstruktionen können mit den angegebenen f-Werten die Temperaturen an Wärmebrücken berechnet werden. Je nachdem welche Temperaturen man in Beziehung setzt, ergeben sich die Temperaturfaktoren f oder f_{Rsi}.

Der Temperaturfaktor f kennzeichnet das Verhältnis der Differenz zwischen Raumluft- und Bauteiloberflächentemperatur zu der Differenz zwischen Raumluft- und Außenlufttemperatur. Der Temperaturfaktor f_{Rsi} kennzeichnet das Verhältnis der Differenz zwischen Bauteiloberflächentemperatur und Außenlufttemperatur zu der Differenz zwischen Raumluft- und Außenlufttemperatur.

(Anmerkung: Der Faktor f_{Rsi} wird in der Literatur auch manchmal als Temperaturdifferenzquotient ξ_{Rsi} bezeichnet.)

Ableitung von f und f_{Rsi}:

$$f = \frac{\theta_i - \theta_{si}}{\theta_i - \theta_e}$$ – (Formel 6.5)

$$f_{Rsi} = \frac{\theta_{si} - \theta_e}{\theta_i - \theta_e}$$ – (Formel 6.6) (nach DIN 4108-2)

θ_i = Raumlufttemperatur
$\theta_{si,}$ = innere Oberflächentemperatur
θ_e = Außenlufttemperatur

$f + f_{Rsi} = 1$

Nach Bild 6.18 ergeben sich f und f_{Rsi} aus folgenden Proportionen:
f = b/a, das entspricht R_{si}/U
f_{Rsi} = c/a, das entspricht $R + R_{se}/U$

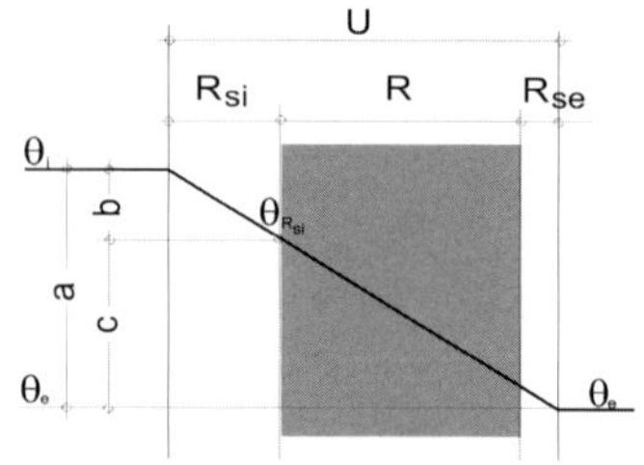

Bild 6.18: Erläuterung von f und f_{Rsi}

Rechenbeispiel:

Ermittlung von f und f_{Rsi}

Gegeben:

θ_i = 20 °C

θ_{si} = 18,5 °C

θ_e = – 5 °C

Gesucht:

f und f_{Rsi}

Berechnung:

$$f = \frac{20 - 18{,}5}{25} = \mathbf{0{,}06}$$

$$f_{Rsi} = \frac{18{,}5 - (-5)}{25} = \mathbf{0{,}94}$$

Ist R_{si} und U bekannt, ergibt sich die innere Wandoberflächentemperatur aus der Formel:

$$\theta_{si} = \theta_i - R_{si} \cdot U\,(\theta_i - \theta_e)$$ °C (Formel 6.7)

Ist f_{Rsi} und R_{si} bekannt, lässt sich damit der U-Wert eines Bauteils bestimmen.

Durch Umstellung der Formel 6.7 ergibt sich U aus

$$U = \frac{(\theta_i - \theta_{si})}{(\theta_i - \theta_e)} \cdot \frac{1}{R_{si}}$$ W/(m² · K) (Formel 6.8)

$$\frac{(\theta_i - \theta_{si})}{(\theta_i - \theta_e)} = f$$ –

Mit f ergibt sich daraus:

$$U = f \cdot \frac{1}{R_{si}}$$ W/(m² · K) (Formel 6.9)

$1/R_{si}$ ist der innere Wärmeübergangskoeffizient h_i W/(m² · K)

Mit f und h_i ergibt sich für U:

$$U = f \cdot h_i$$ W/(m² · K) (Formel 6.10)

Rechenbeispiel:

Berechnung von U aus f

Gegeben:

f = 0,06

h_i = 4 (= 1/0,25)

U = 0,06 · 4

U = 0,24 W/(m² · K)

Der Temperaturfaktor f ermöglicht somit die Definition eines U-Wertes in Abhängigkeit von der inneren und äußeren Lufttemperatur und dem Wärmeübergangskoeffizienten. Zur Bestimmung der inneren Oberflächentemperatur wird nach DIN 4108-2 der f_{Rsi}-Wert verwendet. In Wärmebrückenkatalogen wird der f_{Rsi}-Wert zur Berechnung der niedrigsten Oberflächentemperatur θ_{si} angegeben. Damit errechnet sich θ_{si} mit der Formel:

$$\theta_{si} = f_{Rsi} \cdot (\theta_i - \theta_e) + \theta_e \qquad °C$$

(Formel 6.11)

Nach DIN 4108-2, Abschnitt 6.2 ist an Wärmebrücken $f_{Rsi} \geq 0{,}7$ einzuhalten.

(Erläuterung siehe Kapitel 6.2.1.6)

Rechenbeispiel:

Ermittlung des f_{Rsi}-Faktors an einem Sockeldetail

Im oben genannten Wärmebrückenkatalog ist unter dem dortigen Bild 2.2.2.1 ein dem Sockeldetail des Beispiel-Hauses adäquates Detail dargestellt (Bild 6.19).

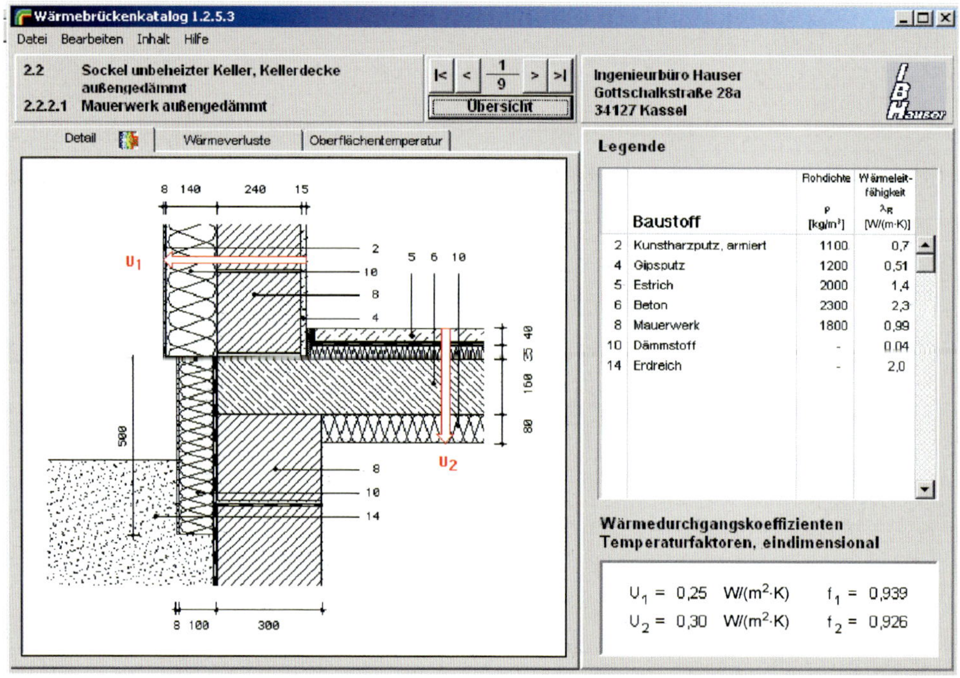

Bild 6.19: Aufbau der Sockelausbildung (Quelle: Hauser, G. / Stiegel, H. / Haupt, W.: Wärmebrückenkatalog auf CD-ROM, Vers. 1.2.5, Ingenieurbüro Prof. Dr. Hauser GmbH, Kassel, 2005, Bild 2.2.2.1)

Für dieses Detail soll die Temperatur an der Kante Wand/Boden ermittelt werden.

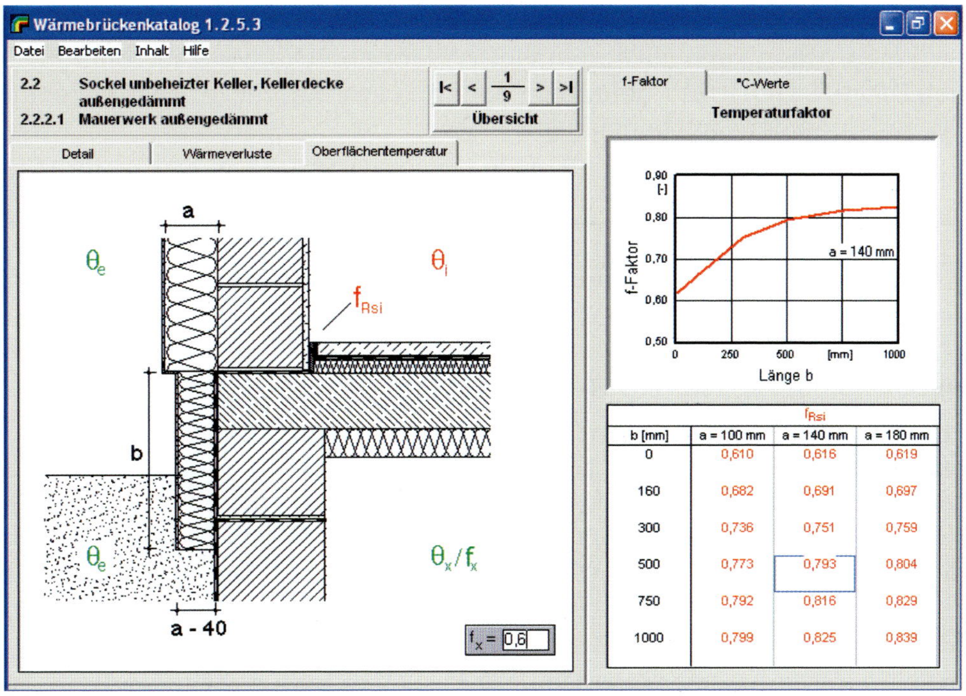

Bild 6.20: Darstellung der f_{Rsi}-Werte (Quelle: Hauser, G. / Stiegel, H. / Haupt, W.: Wärmebrückenkatalog auf CD-ROM, Vers. 1.2.5, Ingenieurbüro Prof. Dr. Hauser GmbH, Kassel, 2005, Bild 2.2.2.1)

Aus Bild 6.20 kann f_{Rsi} für unterschiedliche Breiten der Randdämmung abgelesen werden. Für die Breite von 500 mm ergibt sich ein f_{Rsi} von 0,793.

Die Temperatur θ_{si} an der Kante Wand/Boden errechnet sich nach der Formel:

θ_{si} = 0,793 · [20 – (– 5)] + (– 5) (Formel 6.11)

θ_{si} **= 14,83** **°C**

Hinweis:

In dem Fenster oberhalb der Tabelle mit den f_{Rsi}-Werten sind diese als Kurve in Abhängigkeit zur Breite der Sockeldämmung dargestellt. Daraus geht hervor, dass die Kantentemperatur oberhalb einer Breite von 500 mm nur noch gering steigt.

6.1.4 Wärmeverluste über Wärmebrücken

Aufgrund des an Wärmebrücken größeren Wärmestroms kommt es dort zu einem erhöhten Energieverlust und zur Absenkung der Oberflächentemperatur. Dieser zusätzliche Energieverlust an Wärmebrücken kann als sogenannter Wärmebrückenverlustkoeffizient (WBV oder ψ-Wert) nach DIN EN ISO 10211 berechnet oder aus Wärmebrückenatlanten entnommen werden (z. B. Kataloge der Bausteinindustrie).

Die Berechnung der gesamten zusätzlichen Wärmebrückenverluste an einem Gebäude ΔU_{WB}, bezogen auf einen m² Hüllfläche, kann nur mit geeigneten Rechenprogrammen nach den oben genannten Normen erfolgen und ist mit einem relativ großen Arbeitsaufwand verbunden. Für die Erstellung von Energieausweisen werden in der EnEV deshalb Pauschalwerte für die zusätzlichen Wärmeverluste an Wärmebrücken vorgeben (ΔU_{WB}). Deren Größe ist davon abhängig, ob die Bauteilanschlüsse zu den in DIN 4108, Beiblatt 2 enthaltenen Referenzabbildungen gleichwertig sind (siehe 6.1.5.2).

Je nach Art der Wärmebrücke wird ein linearer oder punktförmiger WBV bestimmt. Lineare Wärmebrücken befinden sich z. B. an Decken- und Wandkanten, Fenster- und Türlaibungen sowie eingebundenen Stützen. Punktförmige Wärmebrücken entstehen z. B. an den die Dämmung durchdringenden Verbindungsmitteln, wenn diese nicht bereits bei der Ermittlung des U-Wertes als Zuschlag nach DIN EN ISO 6946 berücksichtigt wurden. Zusätzliche Wärmeströme über punktförmige Wärmebrücken müssen bei Nachweisen nach EnEV und KfW nicht berücksichtigt werden.

Wie der zusätzliche Wärmestrom über Wärmebrücken zu berechnen ist, wird in diesem Buch nicht weiter erläutert. Genaue Erläuterungen hierzu finden Sie im Buch „Wärmebrücken – erkennen – optimieren – berechnen – vermeiden“ (Volland, Pils, Skora, 2012).

Bestimmung der ψ-Werte mithilfe von Wärmebrückenkatalogen

Viele Standard-Details sind in Wärmebrückenkatalogen abgebildet. Dies erleichtert die Arbeit bei der Berechnung der einzelnen ψ-Werte erheblich. Fast alle namhaften Baustoffhersteller haben für ihre Baustoffe Wärmebrückenkataloge erstellt, in denen eine Vielzahl von Details abgebildet sind. Als baustoffunabhängiger Wärmebrückenkatalog kann der Wärmebrückenkatalog von Prof. Dr. Hauser empfohlen werden.

Beispiel:

Ermittlung eines ψ-Wertes mithilfe eines Wärmebrückenkatalogs

Für das unten im Wärmebrückenkatalog dargestellte Sockeldetail ist für die Breite der Sockeldämmung von 500 mm ein ψ-Wert von 0,220 W/(m · K) angegeben. Der U-Wert der Wand beträgt im ungestörten Bereich 0,25 W/(m² · K).

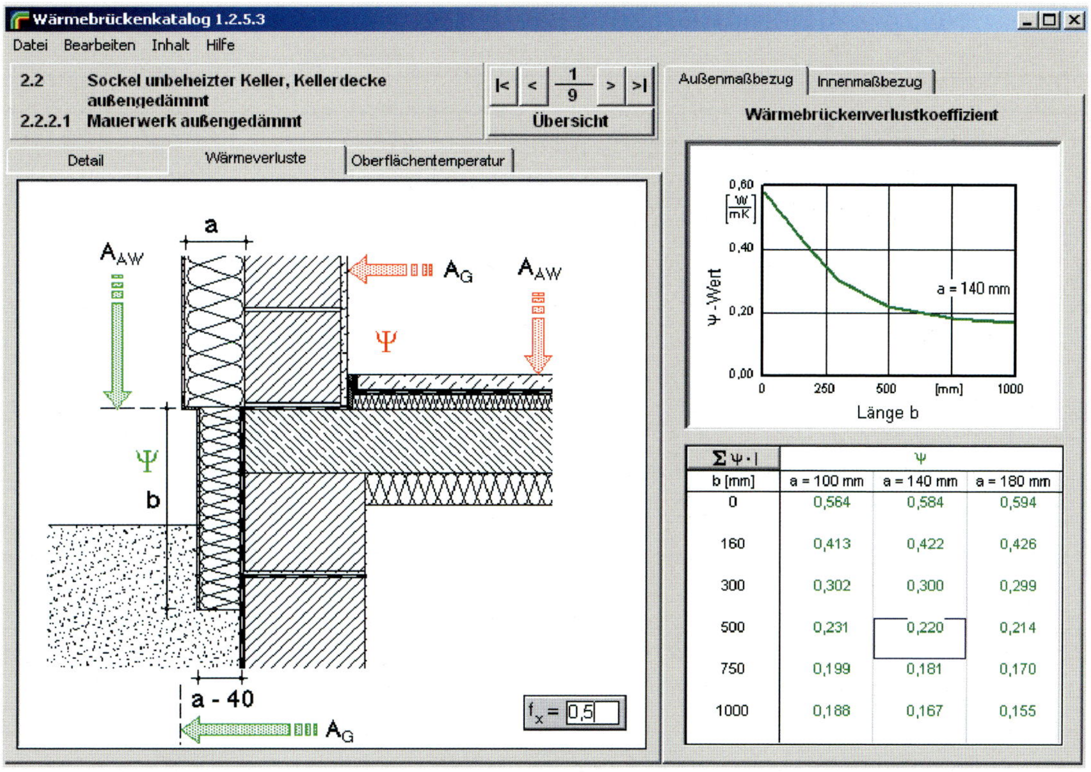

Bild 6.21: Darstellung des ψ- und U-Wertes (Quelle: Hauser, G. / Stiegel, H. / Haupt, W.: Wärmebrückenkatalog auf CD-ROM, Vers. 1.2.5, Ingenieurbüro Prof. Dr. Hauser GmbH, Kassel, 2005, Bild 2.2.2.1)

Abschätzen der Wärmeverluste an Wärmebrücken bestehender Gebäude

Die Größe der zusätzlichen Wärmeverluste an Wärmebrücken ist unabhängig vom Dämmstandard des Gebäudes. Schlecht gedämmte Gebäude haben oft geringere zusätzliche Wärmeverluste an den Wärmebrücken als gut gedämmte Gebäude, deren Wärmebrückendetails nicht sauber ausgeführt sind. Dies liegt daran, dass bei schlecht gedämmten Gebäuden an den Wärmebrücken kein wesentlich größerer Wärmestrom vorhanden ist als an den übrigen Bauteilen.

Das ist insbesondere bei der Sanierung von bestehenden Gebäuden zu beachten. Wenn die Wärmebrücken, wie z. B. an einer auskragenden Balkonplatte, nicht beseitigt werden können, erhöht sich der Wärmebrückenzuschlag durch das Dämmen der Außenwände erheblich, da nach dem Dämmen der Wärmefluss an der auskragenden Balkonplatte im Verhältnis zur Außenwand wesentlich größer ist als vorher.

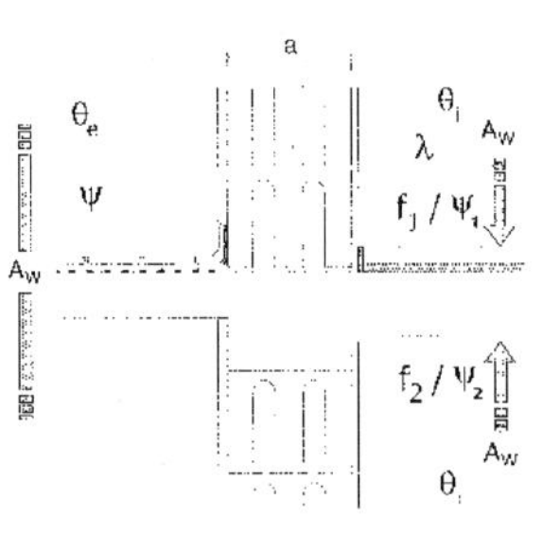

Parameter:
a = Wanddicke
λ = Wärmeleitfähigkeit MW
Erläuterung:
Bei dieser auskragenden Balkonplatte sinken alle ψ-Werte mit zunehmender Wanddicke. Der obere innenmaßbezogene ψ-Wert steigt mit der Wärmeleitfähigkeit λ. Der untere fällt hingegen leicht.
Die f-Werte steigen mit der Wanddicke und fallen mit zunehmender Wärmeleitfähigkeit λ. Außer die beiden f-Werte für den Fall a = 365 mm und λ = 0,29 liegt immer mindestens jeweils ein Wert unter der Grenze von 0,7.
Der vorliegende Ausgangszustand stellt also keine zufriedenstellende Konstruktion dar.

λ / a	0,29		**0,46**		0,64	
	ψ_a	$\psi_{i,1}$ / $\psi_{i,2}$	ψ_a	$\psi_{i,1}$ / $\psi_{i,2}$	ψ_a	$\psi_{i,1}$ / $\psi_{i,2}$
240	0,470	0,185 / 0,510	0,349	0,189 / 0,479	0,247	0,190 / 0,455
300	0,444	0,170 / 0,462	0,337	0,174 / 0,435	0,245	0,175 / 0,413
360	0,414	0.156 / 0,418	0,321	0,160 / 0,394	0,238	0,162 / 0.375

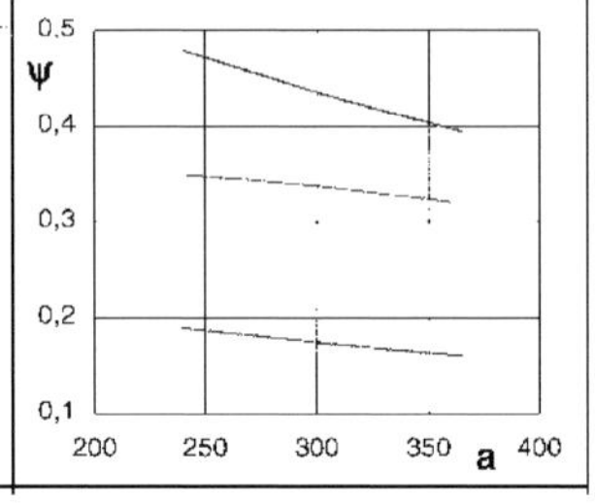

Bild 6.22: Darstellung der ψ -Werte einer ungedämmten Wand mit auskragender Balkonplatte (Quelle: Hauser, G. / Stiegel, H.: Wärmebrückenkatalog für Modernisierungs- und Sanierungsmaßnahmen zur Vermeidung von Schimmelpilzen. Fraunhofer IRB Verlag, Stuttgart, 2006, Abbildung 6.1)

Die zusätzlichen Wärmeverluste (ψ-Wert) an einer auskragenden Balkonplatte bei einer Wandstärke von 30,0 cm und einem λ-Wert von 0,46 W/(m · K) betragen **0,337 W/(m · K)**.

Wird die Außenwand gedämmt, bleibt der Wärmefluss im Bereich der Auskragung nahezu gleich, jedoch der Wärmestrom durch die Wand wird durch die Dämmung verringert. Der Unterschied der Wärmeströme und somit auch der Wärmebrückenverlustkoeffizient ψ sind nach dem Dämmen größer als vorher.

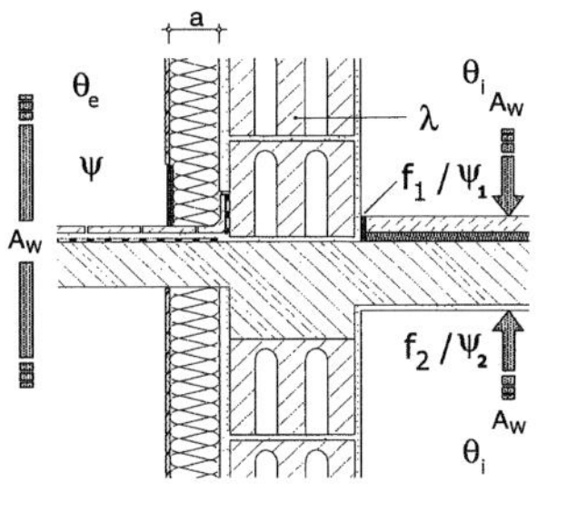

Parameter:
a = Dämmstoffdicke
λ = Wärmeleitfähigkeit MW
Erläuterung:
Bei bei Vergrößerung der Dämmstoffdicke a fällt der untere innenmaßbezogene ψ-Wert, der obere verändert sich kaum. Der außenmaßbezogene ψ-Wert steigt bei Vergrößerung der Dämmstoffdicke zunächst, fällt dann jedoch wieder leicht.
Beide f-Werte steigen mit der Dicke a. Die Wärmeleitfähigkeit λ hat nur einen geringen Einfluss auf diese. Alle f-Werte liegen über 0,7. Diese Sanierungsvariante ist also empfehlenswert.

a \ λ	0,29		**0,46**		0,64			
	ψ_a	$\psi_{i,1}$ / $\psi_{i,2}$	ψ_a	$\psi_{i,1}$ / $\psi_{i,2}$	ψ_a	$\psi_{i,1}$ / $\psi_{i,2}$		
40	0,458	0,167	0,460	0,195	0,473	0,222		
		0,395		0,390		0,390		
60	0,469	0,170	0,485	0,201	0,507	0,230		
		0,384		0,383		0,385		
80	0,471	0,170	0,494	0,202	0,519	0,231		
		0,374		0,374		0,376		
100	0,468	0,168	0,494	0,200	0,519	0,228		
		0,363		0,363		0,365		
120	0,463	0,166	0,489	0,197	0,514	0,224		
		0,352		0,352		0,353		

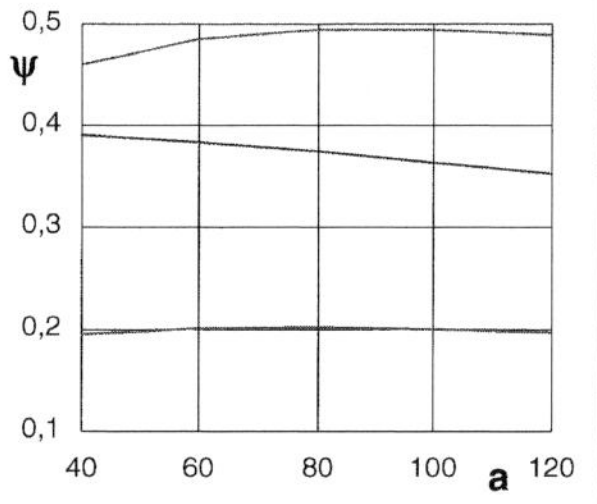

Bild 6.23: Darstellung der ψ-Werte einer gedämmten Wand mit auskragender Balkonplatte (Quelle: Hauser, G. / Stiegel, H.: Wärmebrückenkatalog für Modernisierungs- und Sanierungsmaßnahmen zur Vermeidung von Schimmelpilzen. Fraunhofer IRB Verlag, Stuttgart, 2006, Abbildung 6.2)

Wenn die Wand mit 12 cm gedämmt wird, betragen die zusätzlichen Wärmeverluste ψ an der auskragenden Balkonplatte **0,489 W/(m · K)**, also um 0,152 W/(m · K) mehr als vorher.

Die gleiche Wirkung hat auch das Dämmen eines Sockeldetails.

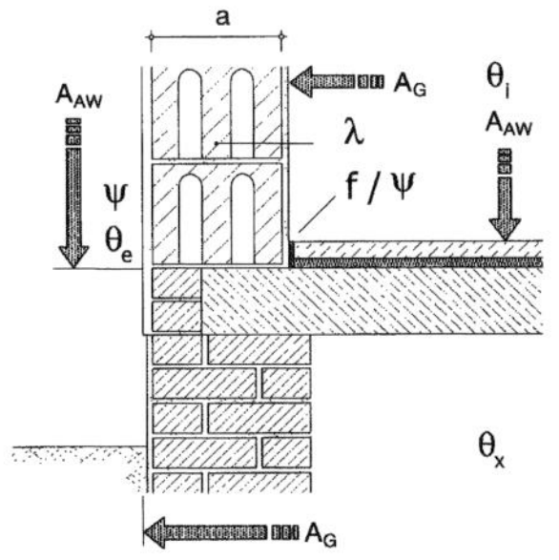

Parameter:
a = Wanddicke
λ = Wärmeleitfähigkeit MW
Erläuterung:
Bei diesem Anschlussdetail steigen die innenmaßbezogenen ψ-Werte mit zunehmender Wärmeleitfähigkeit des Mauerwerks. Sie steigen ebenfalls geringfügig mit der Wanddicke. Die außenmaßbezogenen ψ-Werte sind alle negativ und fallen mit der Wanddicke ebenso wie mit der Wärmeleitfähigkeit des Mauerwerks.
Die f-Werte fallen mit der Wärmeleitfähigkeit λ und steigen mit der Wanddicke. Es liegen nur die beiden f-Werte für λ = 0,29 und a = 365 bzw. a = 490 oberhalb des Grenzwerts von 0,7.

a \ λ	0,29		**0,46**		0,7			
	ψ_a	ψ_i	ψ_a	ψ_i	ψ_a	ψ_i		
240	-0,107	0,142	-0,120	0,152	-0,133	0,157		
365	-0,137	0,144	-0,145	0,156	-0,156	0,163		
490	-0,171	0,147	-0,175	0,162	-0,182	0,170		

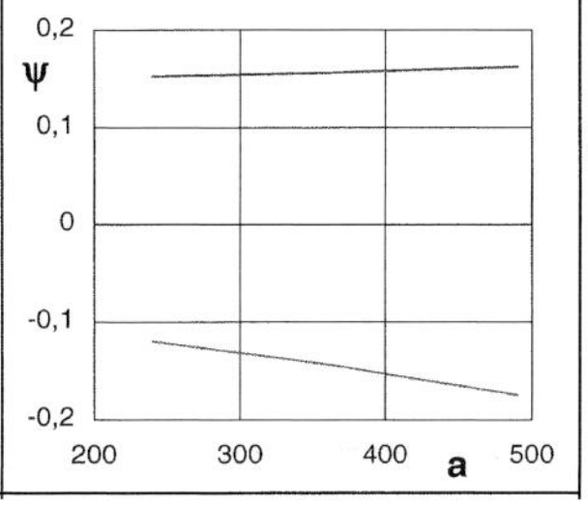

Bild 6.24: Darstellung der ψ-Werte eines ungedämmten Sockeldetails (Quelle: Hauser, G. / Stiegel, H.: Wärmebrückenkatalog für Modernisierungs- und Sanierungsmaßnah-

men zur Vermeidung von Schimmelpilzen. Fraunhofer IRB Verlag, Stuttgart, 2006, Abbildung 4.4)

Die zusätzlichen Wärmeverluste ψ an einem ungedämmten Sockeldetail bei einer Wandstärke von 36,5 cm und einem λ-Wert von 0,46 W/(m · K) betragen **– 0,145 W/(m · K)**.

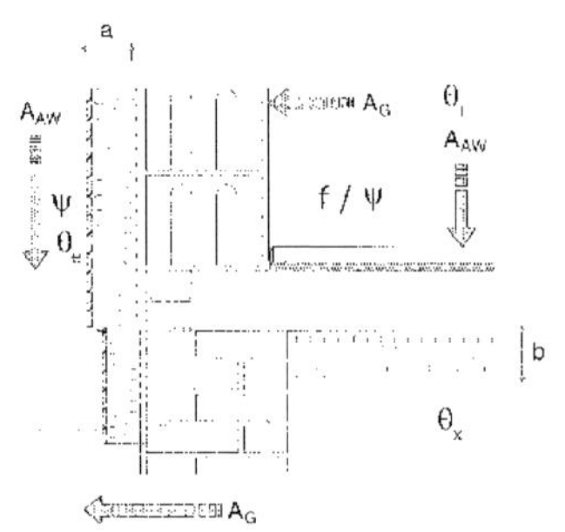

Parameter:
a = Dämmstoffdicke
b = Dämmstoffdicke - Kellerdecke
Erläuterung:
Die innenmaßbezogenen ψ-Werte steigen mit zunehmender Dicke der Kellerdeckendämmung b. Sie fallen hingegen, außer für b = 0, mit steigender Dicke der Außendämmung. Das Verhalten der außenmaßbezogenen ψ-Werte ist tendenziell genauso.
Die f-Werte steigen sowohl mit der Dicke a als auch mit der Dicke b. Es liegen nur die f-Werte für Konstruktionen ohne Außendämmung unterhalb von 0,7. Alle anderen Werte sind somit zulässig.

a \ b	0		40		80		120	
	ψ_a	ψ_i	ψ_a	ψ_i	ψ_a	ψ_i	ψ_a	ψ_i
0	-0,145	0,156	0,093	0,273	0,182	0,324	0,228	0,351
60	-0,129	0,185	0,071	0,236	0,145	0,262	0,180	0,274
80	-0,133	0,190	0,067	0,234	0,140	0,257	0,174	0,267
100	-0,139	0,195	0,063	0,234	0,136	0,255	0,170	0,263
120	-0,147	0,198	0,058	0,234	0,132	0,254	0,167	0,261

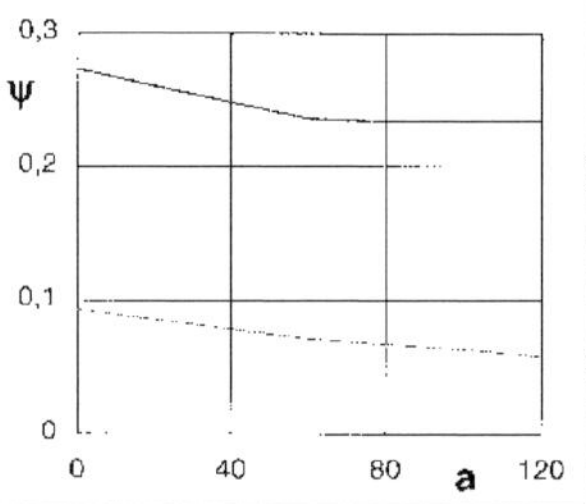

Bild 6.25: Darstellung der ψ-Werte eines gedämmten Sockeldetails (Quelle: Hauser, G. / Stiegel, H.: Wärmebrückenkatalog für Modernisierungs- und Sanierungsmaßnahmen zur Vermeidung von Schimmelpilzen. Fraunhofer IRB Verlag, Stuttgart, 2006, Abbildung 4.5)

Die zusätzlichen Wärmeverluste ψ an dem mit 12 cm außen und mit 8 cm unter der Geschossdecke gedämmten Sockeldetail bei einer Wandstärke von 36,5 cm und einem λ-Wert von 0,46 W/(m · K) betragen **0,132 W/(m · K)**, also um 0,277 mehr als vorher. Wird die Decke jedoch nicht gedämmt, bleibt der ψ-Wert mit -0,147 W/(m · K) nahezu gleich.

Auch die Dämmstoffdicke sagt nicht unbedingt etwas über den Wärmestrom an einer Wärmebrücke aus. Die nachfolgenden Bilder 6.26 und 6.27 zeigen, dass sich die innere Oberflächentemperatur in der Kante des Sockeldetails auch bei wesentlicher Verstärkung der Dämmstoffdicke nur geringfügig ändert. Dies ist damit zu erklären, dass der senkrecht zu den Isothermen verlaufende Wärmestrom in diesem Bereich Wärme aus den darüber liegenden Abschnitten transportiert. Die Größe dieses Wärmestroms, der im weiteren Verlauf die Dämmstoffschürze an der Kellerwand umfließt, wird wesentlich stärker von deren Länge als von deren Dicke beeinflusst. Dies ist auch in der in Bild 6.21 dargestellten ψ-Wert-Tabelle nachzuvollziehen.

Anders verhält es sich, wenn die Kellerdecke von oben gut gedämmt ist. Dann gelangt wesentlich weniger Wärme in die Kellerdecke, sodass die Sockeldämmung an Bedeutung verliert.

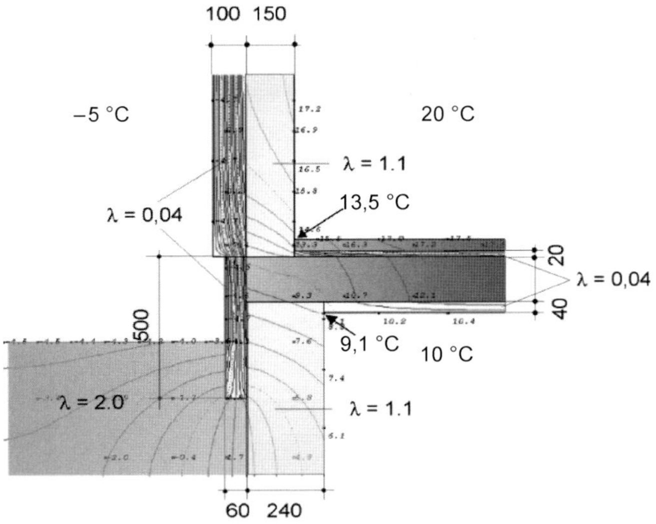

Bild 6.26: Isothermen für Referenzbild 30 in DIN 4108, Beiblatt 2 mit den kleinstmöglichen Abmessungen und einem λ-Wert von 1,1 W/(m · K) für das Mauerwerk in EG und KG

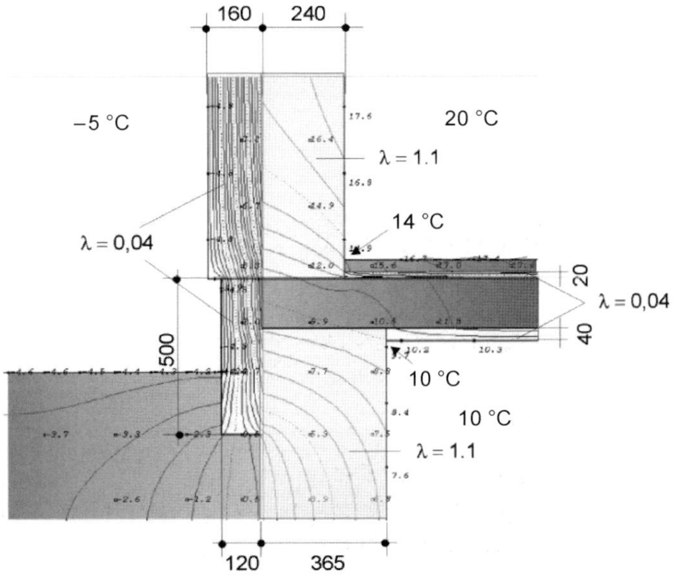

Bild 6.27: Isothermen für das Sockeldetail mit den hierfür größtmöglichen Abmessungen; λ-Wert für Mauerwerk in EG und KG = 1,1 W/(m · K)

Der Vergleich zwischen den Bildern 6.26 und 6.27 zeigt, dass die Oberflächentemperaturen nur noch gering von den unterschiedlichen Dämmstoffdicken beeinflusst werden. Befindet sich die Dämmung der Kellerdecke nicht unterhalb, sondern oberhalb der Stahlbetondecke, hat die Dicke der Dämmschürze einen stärkeren Einfluss. Dies zeigt, dass jedes Detail für sich betrachtet werden muss und Pauschalaussagen oft falsch liegen.

6.1.5 Wärmebrückenzuschlag nach EnEV

6.1.5.1 Pauschaler Wärmebrückenzuschlag ΔU_{WB}

Nach EnEV § 7, Absatz 3 sind die zusätzlichen Wärmeverluste über Wärmebrücken nach den Angaben des jeweils angewendeten Berechnungsverfahrens zu berücksichtigen, also nach DIN V 4108-6, Anhang D.3 oder nach DIN V 18599-2. Die Art der Berücksichtigung ist in beiden Normen ähnlich.

Der Wärmebrückenzuschlag ΔU_{WB} kann nach beiden Normen als pauschaler spezifischer Wärmebrückenzuschlag angesetzt oder genau berechnet werden. Er gibt an, wie viel Wärme **zusätzlich** über Wärmebrücken, bezogen auf die Gebäudehülle, verloren geht.

Die Berechnung erfolgt jeweils nach der Formel:

$$H_{WB} = \Delta U_{WB} \cdot \sum A_j \qquad \text{W/K}$$

(Formel 6.12)
(DIN V 4108-6, Abschnitt 5.5.2.2)
(DIN V 18599-2, Abschnitt 6.2.1.2)

H_{WB} = spezifischer Wärmebrückenzuschlag
A = Hüllfläche

Die spezifischen Transmissionswärmeverluste unter Berücksichtigung der Wärmebrückenverluste können dann wie folgt berechnet werden (siehe auch Kapitel 7.1.2 und 7.1.3):

Nach DIN V 4108-6:

$$H_T = \sum U_i \cdot A_i + H_U + L_S + H_{WB} + \Delta H_{T,FH} \qquad \text{W/K}$$

(Formel 6.13)
(DIN V 4108-6, Gleichung 28)

$U_i \cdot A_i$ = Bauteile, die an die Außenluft grenzen
H_U = Bauteile, die an unbeheizte oder niedrig beheizte Räume grenzen
L_S = Bauteile, die an das Erdreich grenzen
H_{WB} = Wärmebrückenverluste in Bauteilen
$\Delta H_{T,FH}$ = Bauteile mit Flächenheizung

Nach DIN V 18599-2:

$$H_{T,i} = \sum (U_j \cdot A_j) + \Delta U_{WB} \cdot \sum A_j \qquad \text{W/K}$$

(Formel 6.14)
(DIN V 18599-2, Abschnitt 6.2.1.2)

$H_{T,i}$ = Transmissionswärmeverluste der einzelnen Bauteile i zur Außenluft, zu unbeheizten Räumen und an das Erdreich einschließlich der Wärmebrückenverluste

und

$$Q_{T,i} = H_{T,i} \cdot (\vartheta_i - \vartheta_e)\, t \qquad \text{kWh/a}$$

(Formel 6.15)

$Q_{T,i}$ = Transmissionswärmesenken in kWh/a

Unterschied zwischen DIN V 4108-6 und DIN 18599-2

In der DIN V 18599 werden die Wärmebrückenverluste direkt bei den einzelnen Transmissionswärmeverlusten (Wärmesenken) der verschiedenen Bauteile mit berücksichtigt. Bauteile, die nicht an die Außenluft grenzen, werden einschließlich der Wärmebrückenverluste über den F_x-Faktor gemindert.

Bei Berechnung nach DIN V 4108-6 werden die einzelnen Transmissionswärmeverluste der verschiedenen Bauteile ohne die Wärmebrückenverluste berechnet. Die zusätzlichen Wärmeverluste über die Wärmebrücken werden separat berechnet.

Pauschaler Wärmebrückenzuschlag für Neubauten:

Nach DIN V 4108-6, Anhang D.3 oder nach DIN V 18599-2 ist der Wärmebrückenzuschlag wie folgt anzusetzen:

ΔU_{WB} = 0,10 W/(m² · K)
(DIN V 4108-6, Anhang D.3)
(DIN V 18599-2, Abschnitt 6.2.1.2)

Werden wärmetechnisch vergleichbare Konstruktionen nach DIN 4108 Beiblatt 2 ausgeführt, kann der pauschale spezifische Wärmebrückenzuschlag ΔU_{WB} halbiert werden.

ΔU_{WB} = 0,05 W/(m² · K)
(DIN 4108-6, Anhang D.3)
(DIN V 18599-2, Abschnitt 6.2.1.2)

Hinweis:

Nach DIN 4108-6, Tabelle D.3 und nach DIN V 18599-2 darf *„[...] bei Vorhangfassaden, bei denen der Wärmebrückeneinfluss bereits bei der Bestimmung des Wärmedurchgangskoeffizienten U berücksichtigt ist, die Hüllfläche A in der Gleichung um die Vorhangfassadenfläche vermindert werden“*. Die Fläche der Vorhangfassade muss nicht noch einmal mit dem Wärmebrückenzuschlag multipliziert werden.

Pauschaler Wärmebrückenzuschlag für bestehende Gebäude:

Für bestehende Wohngebäude sind nach EnEV Anlage 3, Nr. 8 folgende Wärmebrückenzuschläge anzusetzen:

a) Im Regelfall:

ΔU_{WB} = 0,10 W/(m² · K)

b) Wenn mehr als 50 % der Außenwand mit einer innen liegenden Dämmschicht und einbindender Massivdecke versehen sind:
ΔU_{WB} = 0,15 W/(m² · K)

c) Bei vollständiger energetischer Modernisierung aller zugänglichen Wärmebrücken unter Berücksichtigung von DIN 4108, Beiblatt 2:
ΔU_{WB} = 0,05 W/(m² · K)

Weiterhin können sowohl für Neubauten als auch für Altbauten die Wärmebrückenverluste durch einen genauen Nachweis nach DIN V 4108-6 und DIN V 18599-2 in Verbindung mit weiteren anerkannten Regeln der Technik erfolgen. Hierzu werden spezielle Wärmebrückenkataloge und Rechenprogramme angeboten.

Die Berechnung muss dann allerdings für sämtliche Wärmebrücken erfolgen. Mit dieser relativ aufwendigen Vorgehensweise errechnet sich in der Regel ein kleinerer Wärmebrückenfaktor, wodurch die Vorgaben der EnEV oder KfW leichter eingehalten werden können.

Eine Mischberechnung aus pauschalen und genau berechneten Werten ist nicht zulässig.

6.1.5.2 Festlegen der Gleichwertigkeit der Wärmebrücken nach EnEV

Wärmebrückendetails sollten bei Neubauten und nach Möglichkeit auch bei der Sanierung von bestehenden Gebäuden so ausgeführt werden, dass über diese so gut wie keine zusätzlichen Wärmeverluste auftreten. Bei einem detaillierten Nachweis der Wärmebrücken liegt der Wärmebrückenzuschlag bei optimierter Ausführung zwischen 0,00 und 0,025 W/(m² · K). Wenn aber kein Nachweis der Wärmebrücken erfolgt, muss mit einem Wärmebrückenaufschlag von 0,10 W/(m² · K) gerechnet werden. Dies führt zu absolut unwirtschaftlichen Maßnahmen, um die notwendigen Anforderungen der EnEV oder der KfW-Bank erfüllen zu können.

In der nachfolgenden Tabelle wird dargestellt, wie dick ein Mauerwerk sein muss (Spalte 4 – 6), damit unter Berücksichtigung des ΔU_{WB} von 0,02, 0,05 und 0,1 W/(m² · K) der gleiche U_{AW}-Wert erreicht wird (Spalte 3) wie ohne Berücksichtigung des Wärmebrückenfaktors.

Tabelle 6.2: Einfluss des Wärmebrückenfaktors ΔU_{WB} auf die Dicke des Mauerwerks zur Einhaltung eines vorgegebenen U-Wertes

Regel-Mauerwerksdicke U_{AW}-Wert ohne ΔU_{WB} $U_{AW} = 1/(0,13 + d/\lambda + 0,04)$			Erforderliche Dicke für gleichen U-Wert einschl. ΔU_{WB} $U_{gesamt} = U_{AW} + \Delta U_{WB}$		
1	2	3	4	5	6
Dicke d m	λ-Wert W/(m·K)	U-Wert W/(m²·K)	ΔU_{WB} = 0,02 m	ΔU_{WB} = 0,05 m	ΔU_{WB} = 0,10 m
0,30	0,21	0,63	0,31	0,33	0,36
0,365	0,21	0,52	0,38	0,41	0,46
0,42	0,21	0,46	0,44	0,48	0,55
Dicke m	λ-Wert W/(m·K)	U-Wert W/(m²·K)	ΔU_{WB} = 0,02 m	ΔU_{WB} = 0,05 m	ΔU_{WB} = 0,10 m
0,30	0,09	0,29	0,32	0,37	0,47
0,365	0,09	0,24	0,40	0,47	0,64
0,42	0,09	0,21	0,47	0,56	0,83

Eine 42 cm starke Mauer mit einem λ-Wert des Steins von 0,09 W(m · K) hat einen U_{AW}-Wert ohne Berücksichtigung des Wärmebrückenfaktors von 0,21 W(m² · K) (siehe Spalte 3). Wenn kein Nachweis der Wärmebrücken erfolgt, muss mit einem ΔU_{WB} von 0,10 W(m² · K) gerechnet werden. Um diesen Wärmebrückenaufschlag auszugleichen, muss die Wand auf 83 cm verstärkt werden, damit der gleiche U_{AW}-Wert erzielt werden kann.

Aus diesem Grund sollte zumindest immer ein Gleichwertigkeitsnachweis geführt werden, damit mit dem geminderten Wärmebrückenzuschlag von 0,05 W/(m² · K) gerechnet werden darf.

Nach EnEV § 7, Abs. 3 ist der Gleichwertigkeitsnachweis wie folgt zu führen:

„Der verbleibende Einfluss der Wärmebrücken bei der Ermittlung des Jahresprimärenergiebedarfs ist nach Maßgabe des jeweils angewendeten Berechnungsverfahrens zu berücksichtigen. Soweit dabei Gleichwertigkeitsnachweise zu führen wären, ist dies für solche Wärmebrücken nicht erforderlich, bei denen die angrenzenden Bauteile kleinere

Wärmedurchgangskoeffizienten aufweisen, als in den Musterlösungen der DIN 4108 Beiblatt 2:2006-03 zugrunde gelegt sind."

Demnach muss für Details mit Bauteilen, die besser gedämmt sind als die eines gleichwertigen Referenzbildes im Beiblatt 2, kein Nachweis geführt werden. Dies würde heißen, dass bei gut gedämmten Bauteilen der Einfluss der Wärmebrücken automatisch kleiner wird. Dies ist aber nicht der Fall, weil nicht der Dämmstandard für die Wärmeverluste über Wärmebrücken ausschlaggebend ist, sondern die Ausführung der Wärmebrücke an sich.

Die EnEV versucht, durch eine von DIN 4108-6, Beiblatt 2 abweichende Regelung den Aufwand für den Gleichwertigkeitsnachweis zu reduzieren. Dies kann aber zu einer falschen Beurteilung der Wärmebrückenverluste führen.

6.1.5.3 Festlegen der Gleichwertigkeit nach Beiblatt 2

Die in DIN 4108, Beiblatt 2 dargestellten Detailpunkte dienen nur als Konstruktionsempfehlung und legen ein Referenzniveau für die energetische Qualität einer Anschlussausbildung fest. Um festzustellen, ob eine gewählte Konstruktion dem im Beiblatt 2 abgebildeten Referenzbild entspricht und somit der Wärmebrückenzuschlag von ΔU_{WB} = 0,05 W/(m² · K) angesetzt werden kann, ist ein Gleichwertigkeitsnachweis zu erbringen.

Bei der Führung des Gleichwertigkeitsnachweises muss nach Beiblatt 2 folgendermaßen verfahren werden:

„a) *Bei der Möglichkeit einer eindeutigen Zuordnung des konstruktiven Grundprinzips und bei Vorliegen der Übereinstimmung der beschriebenen Bauteilabmessungen und Baustoffeigenschaften ist eine Gleichwertigkeit gegeben;*

b) *Bei Materialien mit abweichender Wärmeleitfähigkeit erfolgt der Nachweis der Gleichwertigkeit über den Wärmedurchlasswiderstand R der jeweiligen Schicht;*

c) *Ist auf diesem Wege keine Übereinstimmung zu erzielen, so sollte die Gleichwertigkeit des entsprechenden Anschlussdetails mit einer Wärmebrückenberechnung nach den in DIN EN ISO 10211 beschriebenen Verfahren unter Verwendung der in Kapitel 7 (des Beiblattes) angegebenen Randbedingungen nachgewiesen werden;*

d) *Ebenso können ψ-Werte Veröffentlichungen oder Herstellernachweisen entnommen werden, die auf den in diesem Beiblatt festgelegten Randbedingungen basieren."*

Nach EnEV:

> Wenn *„die angrenzenden Bauteile kleinere Wärmedurchgangskoeffizienten aufweisen, als in den Musterlösungen der DIN 4108 Beiblatt 2:2006-03 zugrunde gelegt sind"*, muss für dieses Detail kein Gleichwertigkeitsnachweis geführt werden.

Bei der energetischen Betrachtung können nach Beiblatt 2 folgende Details vernachlässigt werden:

- „*Anschluss Außenwand/Außenwand (Außen- und Innenecke);*
- *Anschluss Innenwand an durchlaufende Außenwand oder obere bzw. untere Außenbauteile, die nicht durchstoßen werden bzw. eine durchlaufende Dämmschicht mit einer Dicke ≥ 100 mm bei einer Wärmeleitfähigkeit von 0,04 W/(m · K) aufweisen;*
- *Anschluss Geschossdecke (zwischen beheizten Geschossen) an Außenwand, bei der eine durchlaufende Dämmschicht mit R größer/gleich 2,5 m² · K/W vorliegt;*
- *einzeln auftretende Türanschlüsse von Wohngebäuden in der wärmetauschenden Hüllfläche (Haustür, Kellerabgangstür, Kelleraußentür, Türen zum unbeheizten Dachraum);*

- *kleinflächige Querschnittsänderungen in der wärmetauschenden Hüllfläche z. B. durch Steckdosen und Leitungsschlitze;*
- *Anschlüsse außenluftberührter kleinflächiger Bauteile wie z. B. Unterzüge und untere Abschlüsse von Erkern mit außen liegenden Wärmedämmschichten mit $R \geq 2{,}5\ m^2 \cdot K/W$."*

Vorgehensweise bei der Durchführung des Gleichwertigkeitsnachweises

1) Darstellen und Nummerieren der zu untersuchenden Wärmebrücken

Hinweis:

In den Bildern 6.28 bis 6.35 sind alle Wärmebrücken erfasst, auch diejenigen, die für den Gleichwertigkeitsnachweis nicht untersucht werden müssen (siehe Tabelle 6.5).

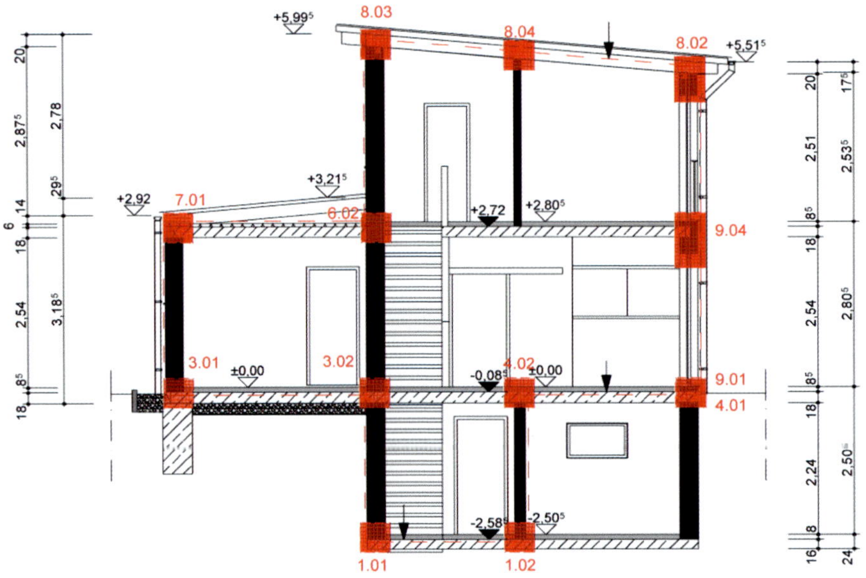

Bild 6.28: Schnitt A-A

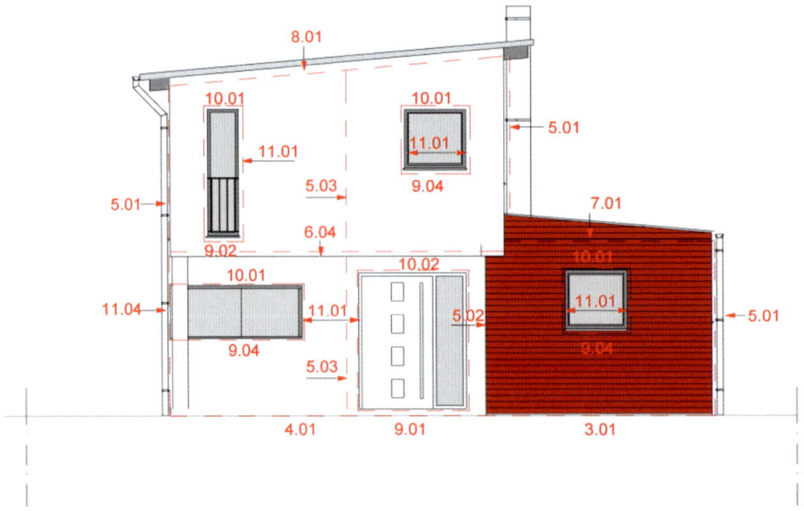

Bild 6.29: Ansicht Ost

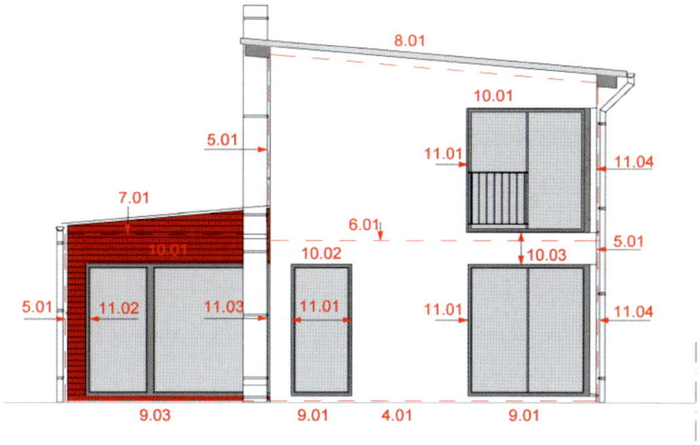

Bild 6.30: Ansicht West

Bild 6.31: Ansicht Süd

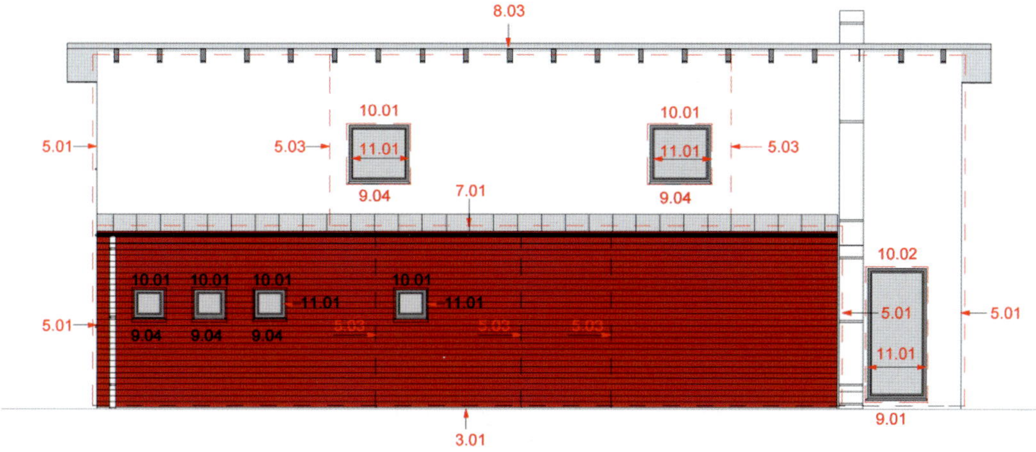

Bild 6.32: Ansicht Nord

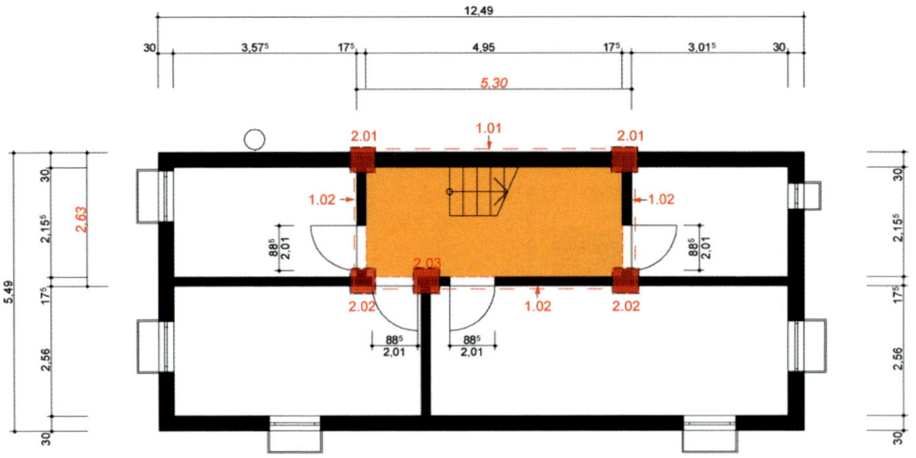

Bild 6.33: Grundriss KG

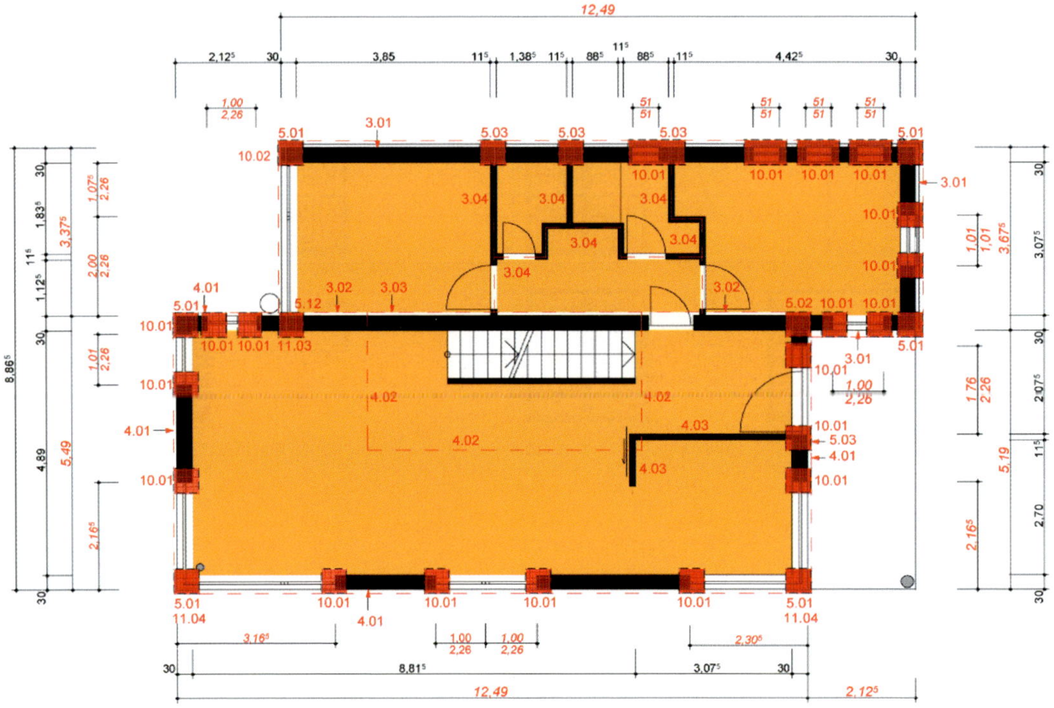

Bild 6.34: Grundriss EG

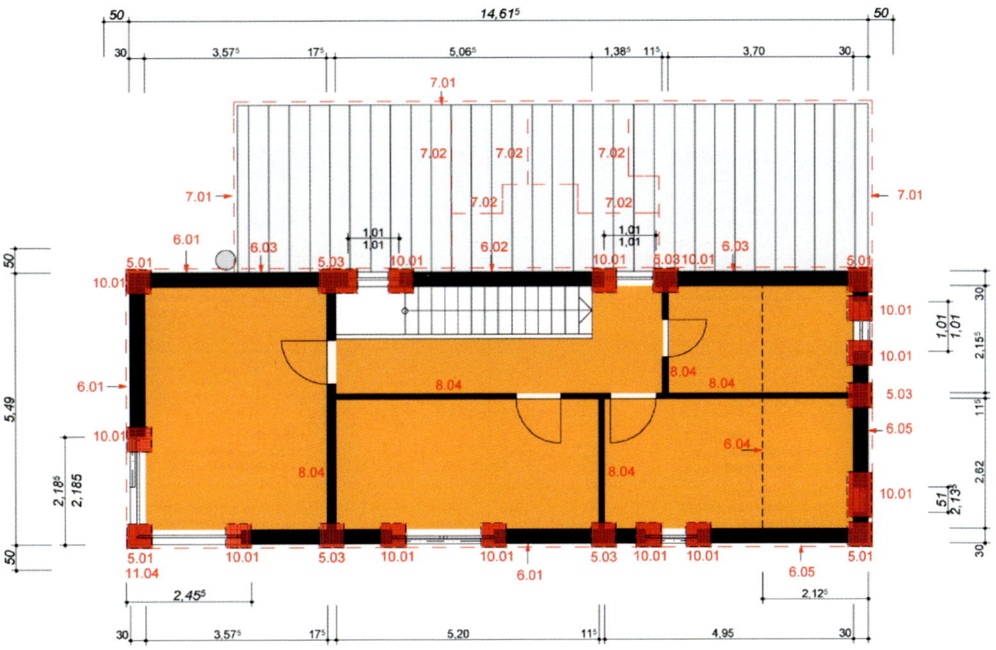

Bild 6.35: Grundriss OG

2) Darstellen der Wärmebrückendetails

In der Tabelle 6.3 sind alle Wärmebrückendetails des Gebäudes aufgelistet. Die notwendigen Dämmmaßnahmen für die Sanierung des Gebäudes sind rot dargestellt (siehe Kapitel 5.2.2). Zur Reduzierung der Anzahl der Wärmebrücken wurde nicht zwischen verschalten und verputzten Wänden unterschieden. Die Verschalung hat keinen wesentlichen Einfluss auf den ψ- Wert.

Tabelle 6.3: Darstellen der Wärmebrückendetails für das Beispiel-Haus

<table>
<tr><td>1.0 Bodenplatte beheizter Keller</td><td></td></tr>
<tr><td>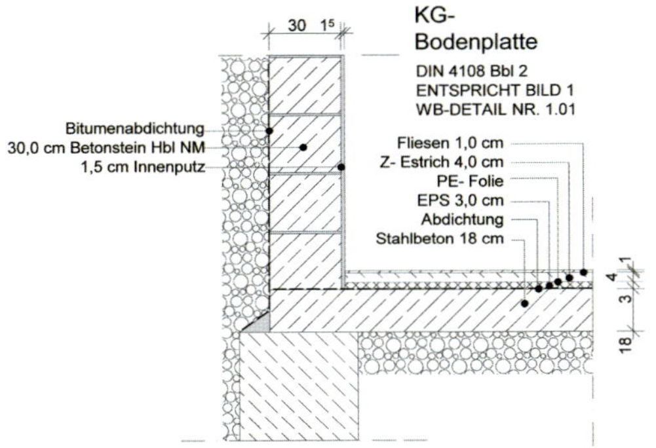
</td><td>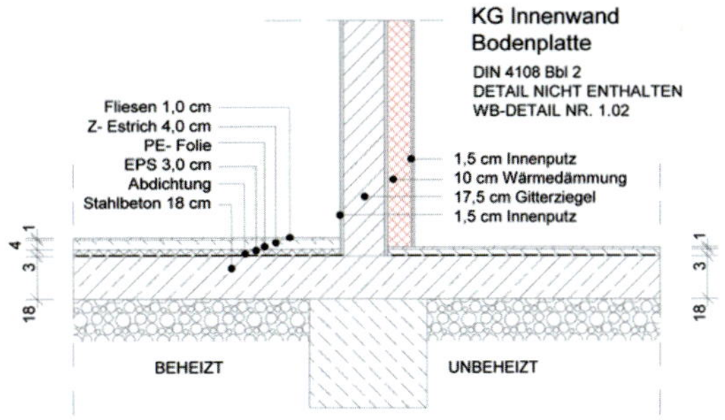
</td></tr>
<tr><td>1.01 Anschluss Kelleraußenwand</td><td>1.02 Anschluss Kellerinnenwand</td></tr>
</table>

Fortsetzung Tabelle 6.3:

2.0 Kellerwände

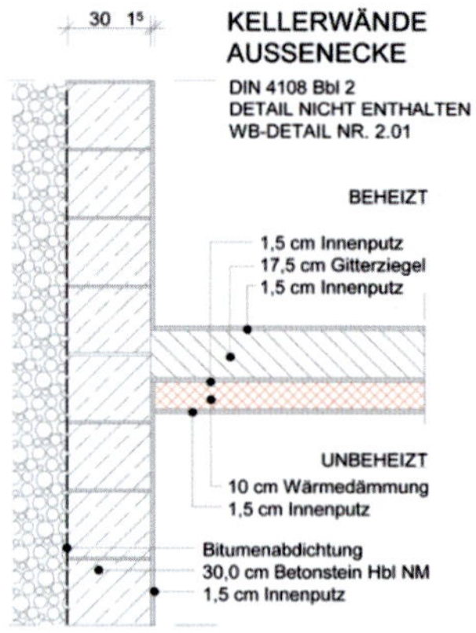

2.01 Außenecke

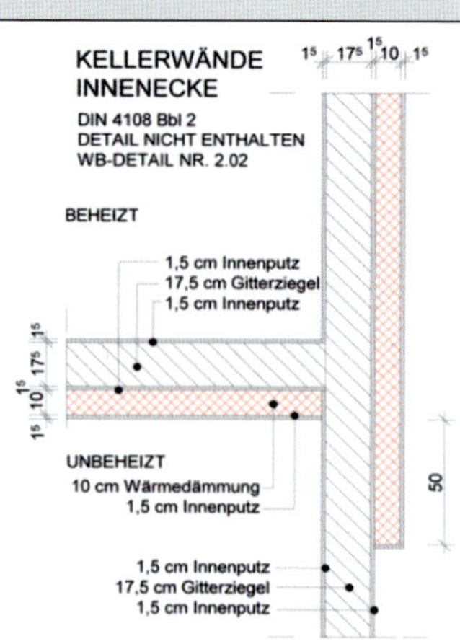

2.02 Innenecke

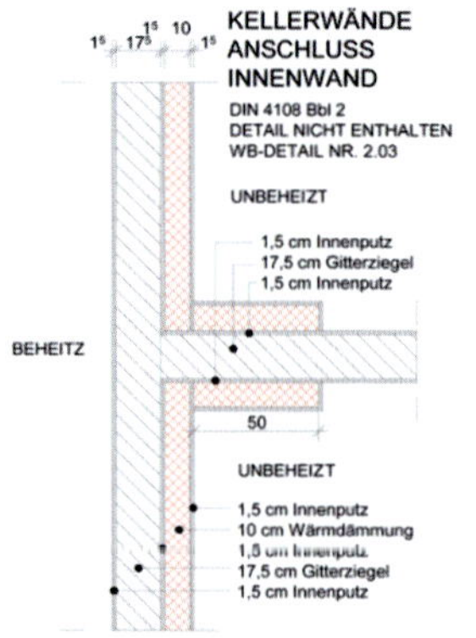

2.03 Anschluss Innenwand

3.0 Bodenplatte Anbau

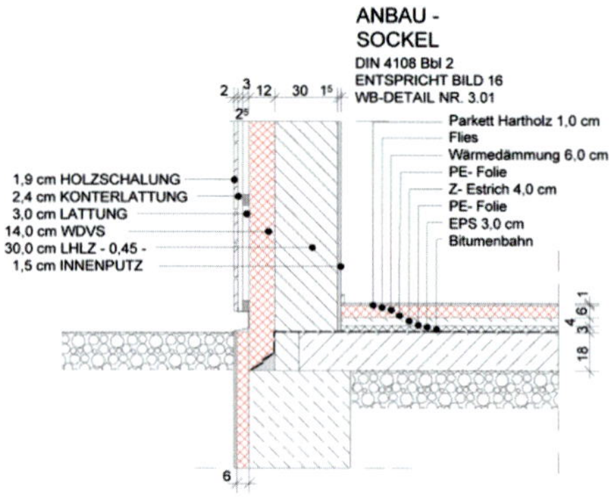

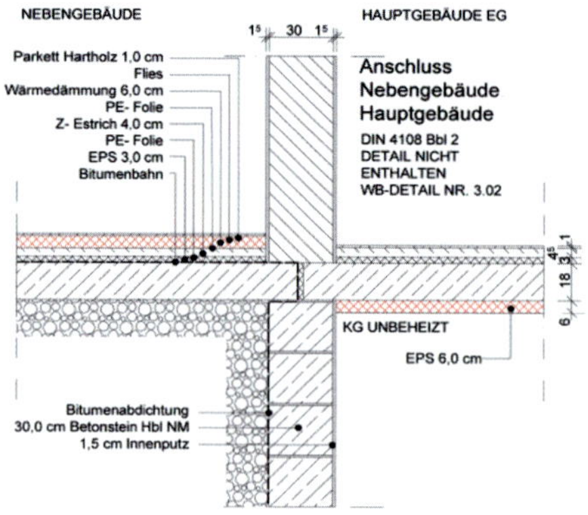

Fortsetzung Tabelle 6.3:

<table>
<tr><td>3.01 Sockel, Anschluss Außenwand</td><td>3.02 Anschluss an Hauptgebäude Keller unbeheizt</td></tr>
<tr><td>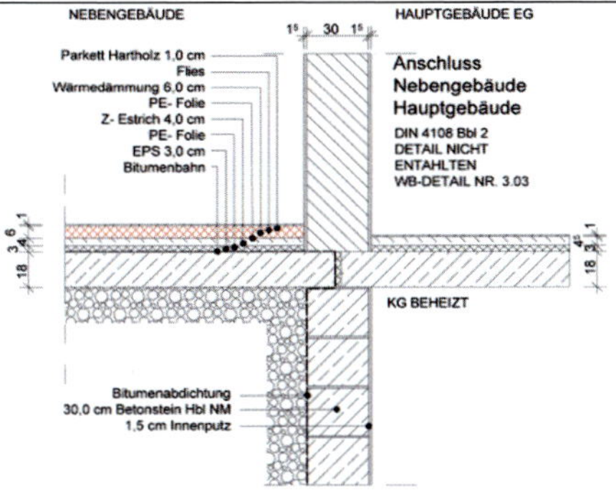
</td><td>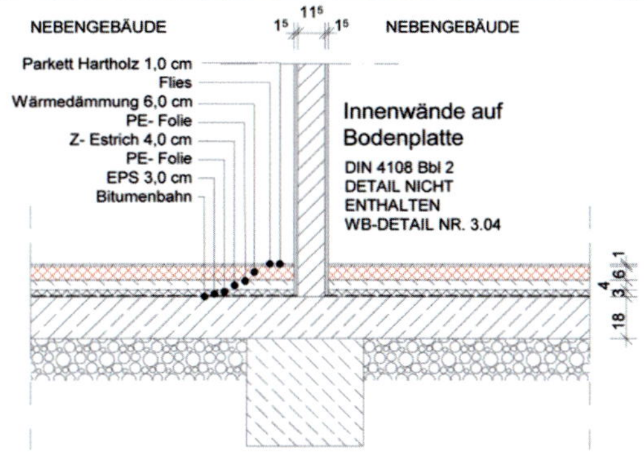
</td></tr>
<tr><td>3.03 Anschluss an Hauptgebäude Keller beheizt</td><td>3.04 Innenwände auf Bodenplatte</td></tr>
<tr><td>4.0 Kellerdecke</td><td></td></tr>
<tr><td>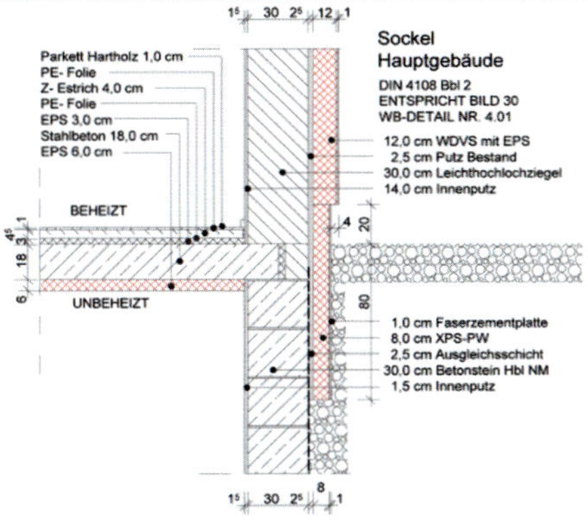
</td><td>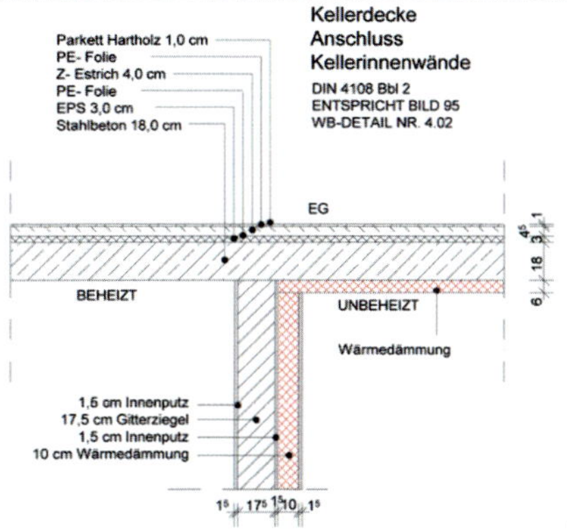
</td></tr>
<tr><td>4.01 Anschluss Sockel Keller unbeheizt</td><td>4.02 Anschluss Kellerinnenwände unten</td></tr>
<tr><td>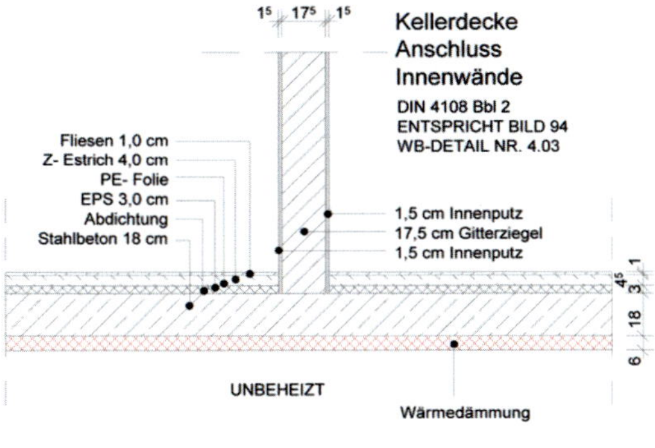
</td><td></td></tr>
<tr><td>4.03 Anschluss Kellerinnenwände oben</td><td></td></tr>
</table>

Fortsetzung Tabelle 6.3:

5.0 Außenwände	
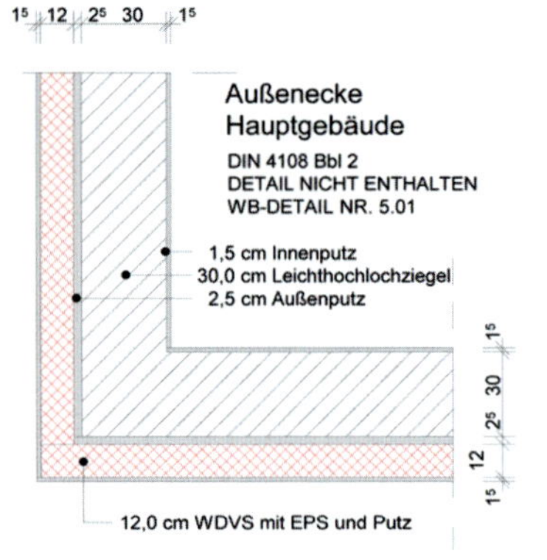	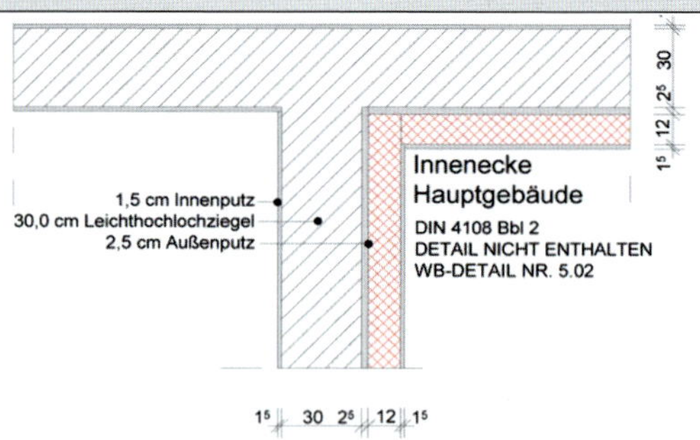
5.01 Außenecke	5.02 Innenecke
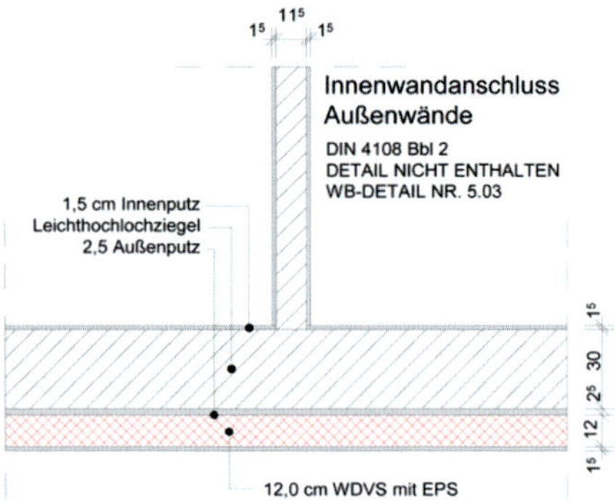	
5.03 Innenwandanschluss an Außenwand	
6.0 Geschossdecke	
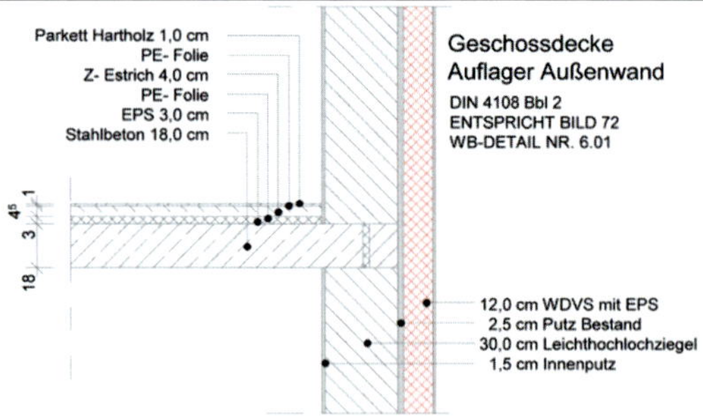	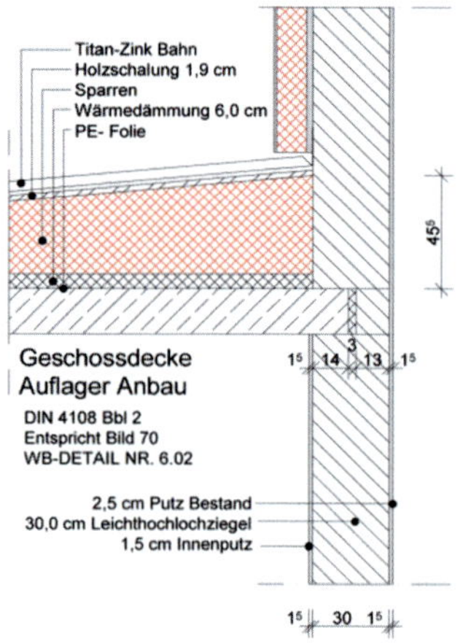
6.01 Auflager Außenwand	6.02 Auflager Anbau Treppenhaus

Fortsetzung Tabelle 6.3:

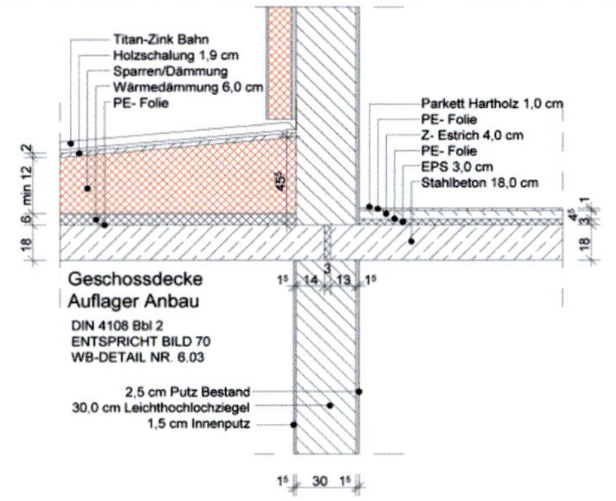

6.03 Auflager Anbau Geschossdecke

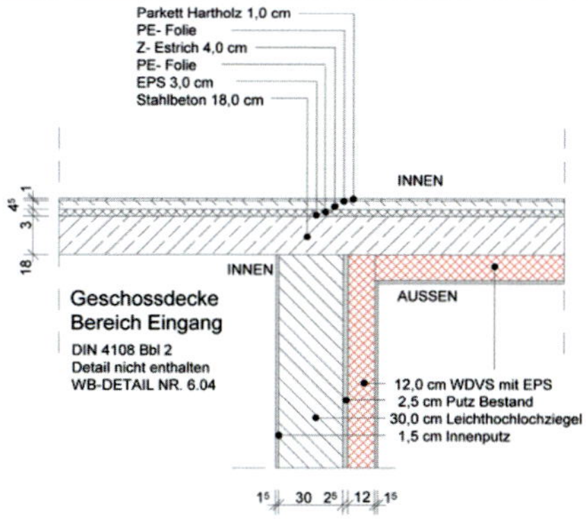

6.04 auskragende Innenecke

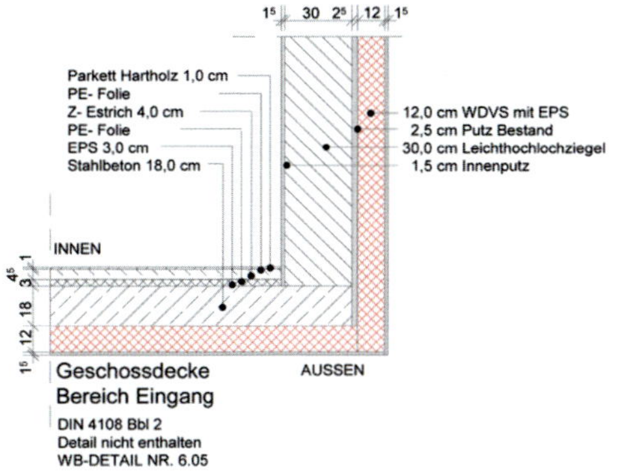

6.05 auskragende Außenecke

7.0 oberste Geschossdecke Anbau

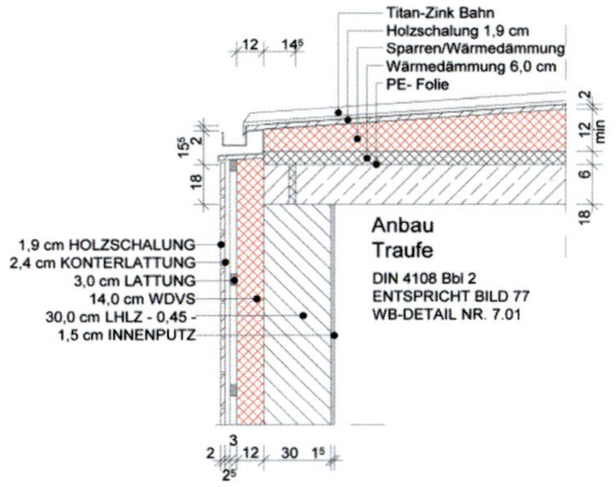

7.01 Auflager Außenwand

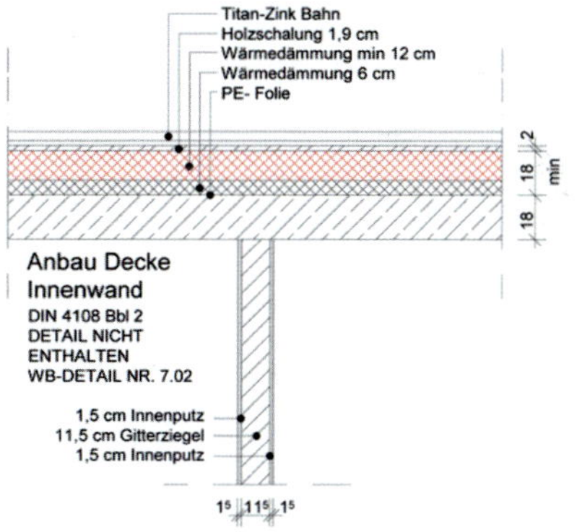

7.02 Anschluss Innenwände

Fortsetzung Tabelle 6.3:

8.0 Dach Hauptgebäude

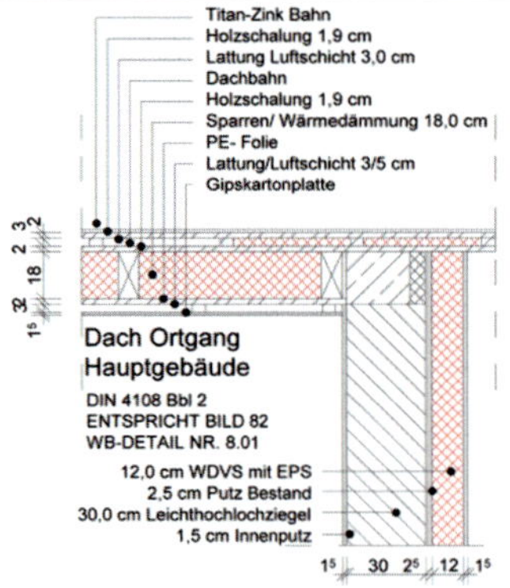

8.01 Ortgang

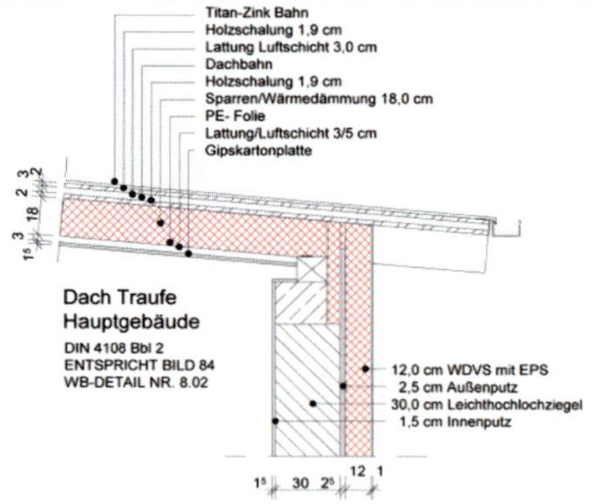

8.02 Traufe

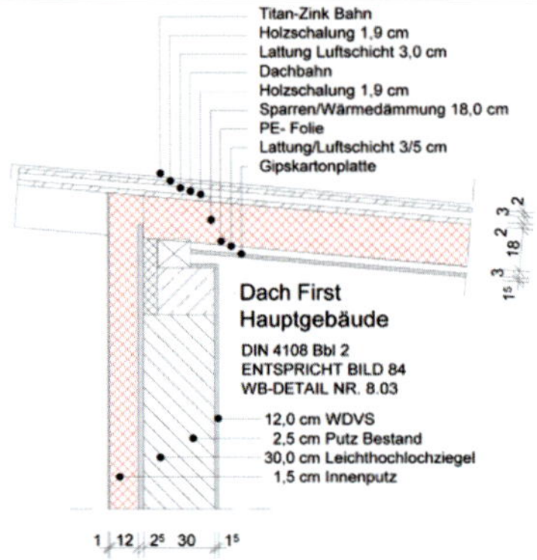

8.03 First

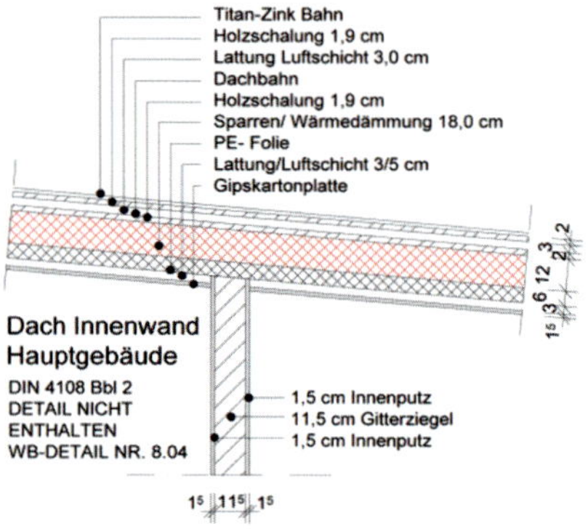

8.04 Anschluss Innenwände

9.0 Fensteranschluss unten

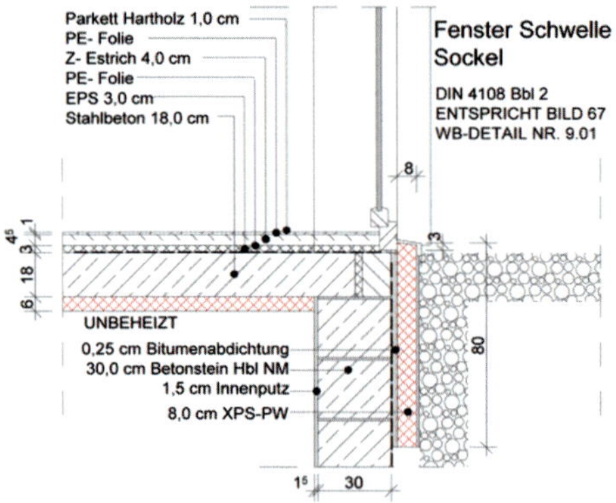

9.01 Schwelle auf Sockel

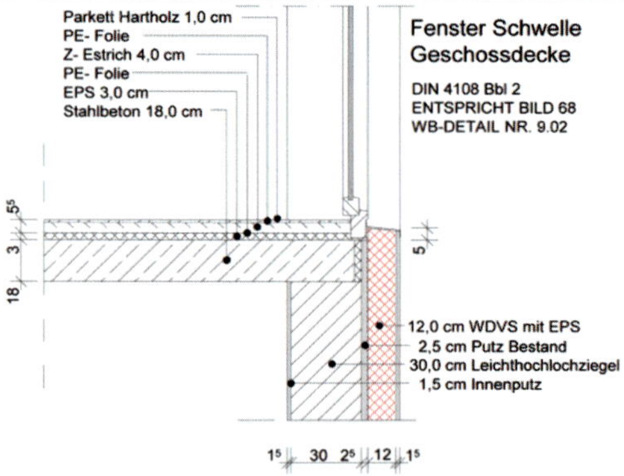

9.02 Schwelle auf Geschossdecke

Fortsetzung Tabelle 6.3:

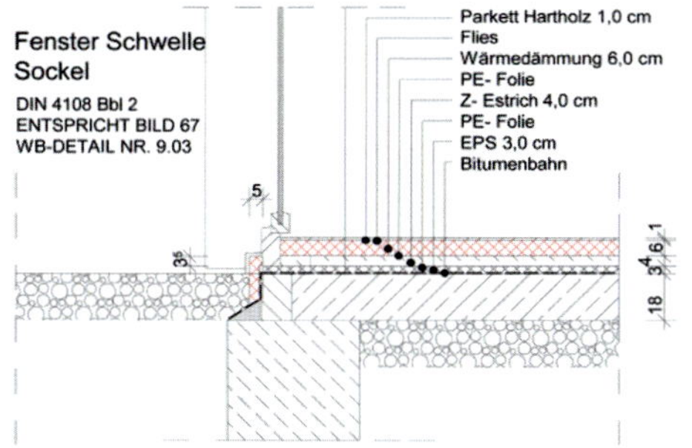	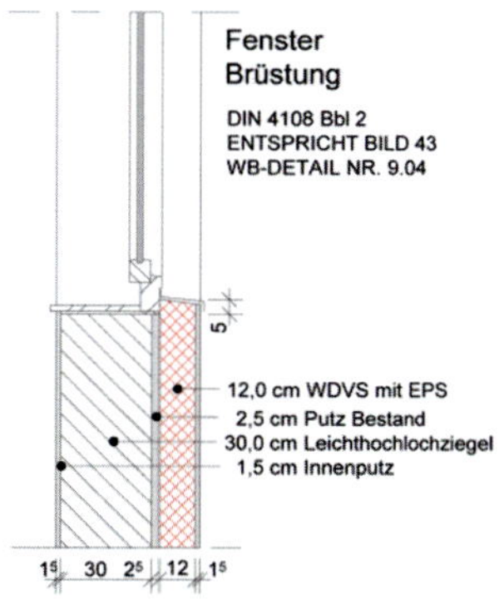
9.03 Schwelle auf Bodenplatte	9.04 Brüstung
10.0 Fensteranschluss oben	
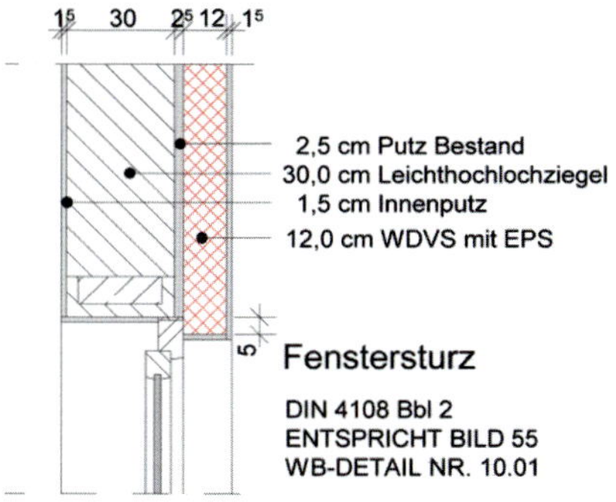	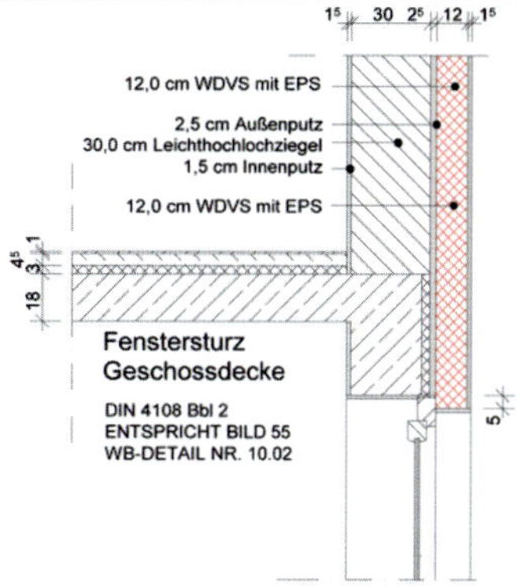
10.01 Fenstersturz	10.02 Anschluss Geschossdecke
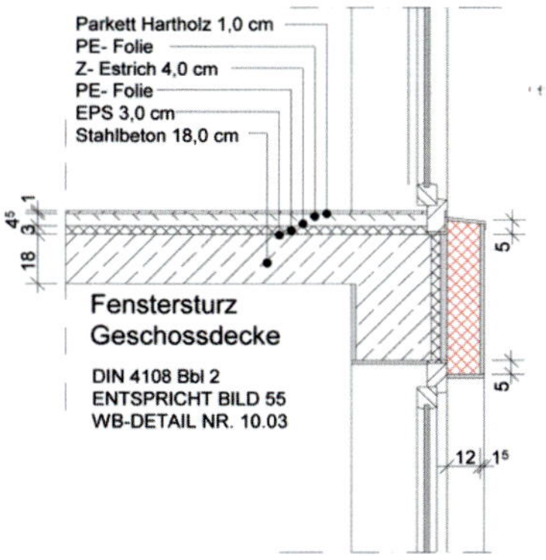	
10.03 Anschluss Geschossdecke mit Fensteranschluss oben	

Fortsetzung Tabelle 6.3

11.0 Fensterlaibung	
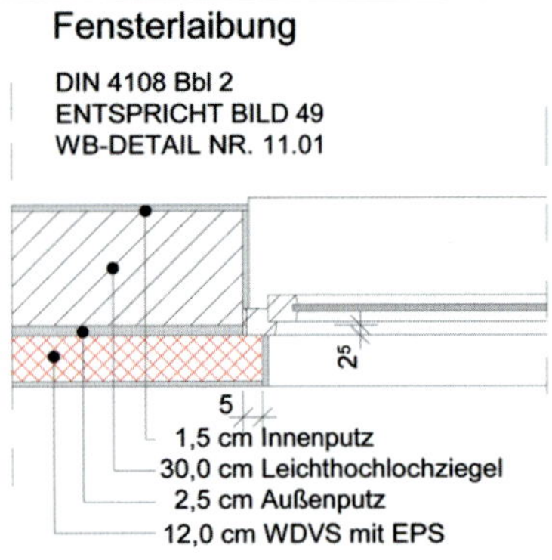	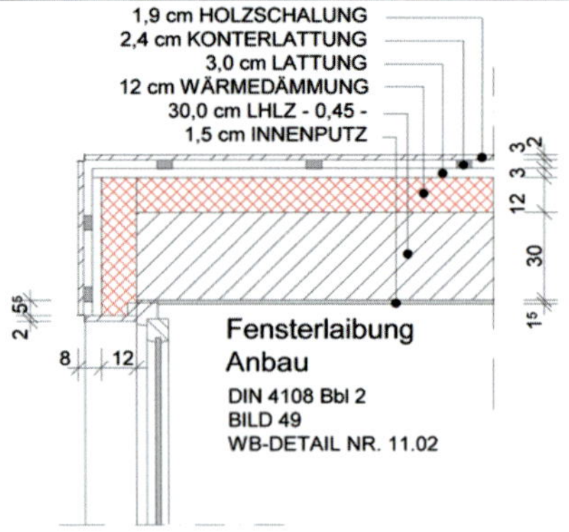
11.01 Laibung	11.02 Laibung, Anschluss Außenwandecke
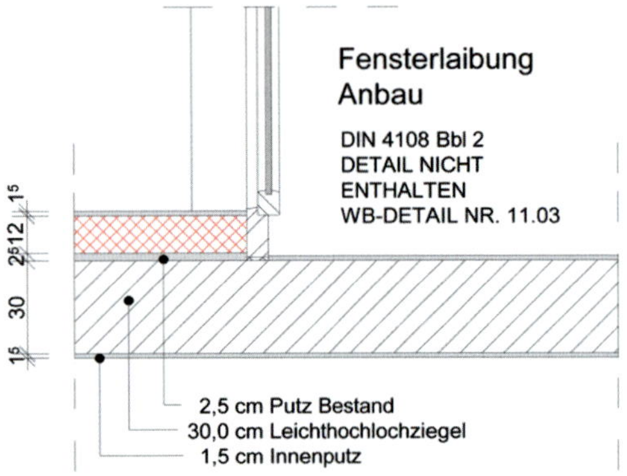	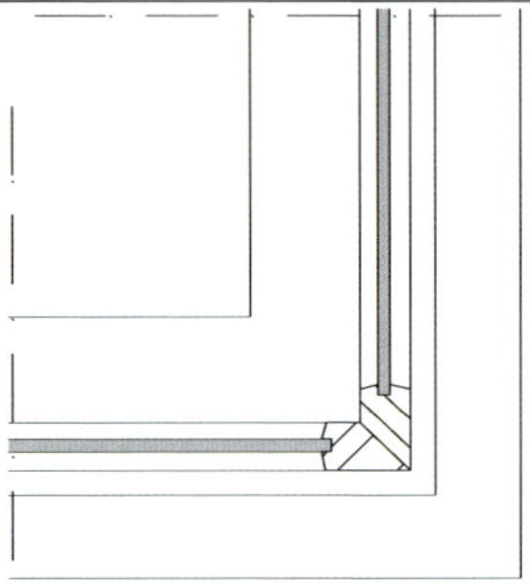
11.03 Laibung, Anschluss Innenecke	11.04 Fensterecke

3) Untersuchung auf Gleichwertigkeit der einzelnen Details mit den Referenzbildern des Beiblatts 2

Gleichwertigkeit nach EnEV

Es muss nachgewiesen werden, dass die angrenzenden Bauteile des Wärmebrückendetails einen kleineren U-Wert aufweisen als die eines vergleichbaren Details aus dem Beiblatt 2. Dies wird anhand des Sockeldetails Bild 6.36 aufgezeigt.

Für die U-Wert Berechnung der Bauteile sind nur die Schichten zu berücksichtigen, die im Referenzbild auch bemaßt sind. Auch die Wärmeübergangskoeffizienten können vernachlässigt werden.

U-Wert Außenwand der vorhandenen Sockelausbildung (Bild 6.36 links):

U_{AW} = 1 / (0,16/0,04 + 0,24/1,1) W/(m² · K)
U_{AW} = 1 / 4,22 W/(m² · K)
U_{AW} = 0,24 W/(m² · K)

U-Wert Außenwand des Referenzbildes (Bild 6.36 rechts):

Nachdem im Beiblatt 2 keine eindeutigen U-Werte für die Bauteile angegeben sind, sondern nur Bereiche von Schichtdicken und λ-Werten, wird davon ausgegangen, dass der größte mögliche U-Wert der einzelnen Bauteile als Vergleichswert heranzuziehen ist.

Die λ-Werte sind aus den Schraffuren der einzelnen Materialien abzulesen. In der Tabelle 3 im Beiblatt 2 sind den einzelnen Schraffuren λ-Werte zugeordnet.

U_{AW} = 1 / (0,10/0,04 + 0,15/1,1) W/(m² · K)
U_{AW} = 1 / 2,64 W/(m² · K)

U_{AW} = 0,38 W/(m² · K)

Ergebnis:

Der U-Wert der Außenwand der vorhandenen Sockelausbildung ist kleiner als der des Referenzbildes aus Beiblatt 2.

U-Wert Kellerdecke der vorhandenen Sockelausbildung (Bild 6.36 links):

U_{AW} = 1 / (0,02/0,04 + 0,06/0,04) W/(m² · K)
U_{AW} = 1 / 2 W/(m² · K)
U_{AW} = 0,5 W/(m² · K)

U-Wert Kellerdecke des Referenzbildes (Bild 6.36 rechts):

U_{AW} = 1 / (0,02/0,04 + 0,04/0,04) W/(m² · K)
U_{AW} = 1 / 1,5 W/(m² · K)
U_{AW} = 0,67 W/(m² · K)

Ergebnis:

Auch der U-Wert der Kellerdecke der vorhandenen Sockelausbildung ist kleiner als der des Referenzbildes aus Beiblatt 2. Somit darf dieses Detail nach §7 Abs. 3 EnEV als gleichwertig betrachtet werden.

Für alle Details, deren Bauteile keinen besseren U-Wert aufweisen als die Bauteile eines vergleichbaren Details aus dem Beiblatt 2, muss die Gleichwertigkeit wie nachfolgend beschrieben nachgewiesen werden.

Gleichwertig nach DIN 4108, Beiblatt 2

a) Gleichwertig durch eindeutige Zuordnung

Entspricht ein Detail einem der Referenzbilder aus Beiblatt 2 bezüglich der Bauteilabmessungen und der Wärmeleitzahlen der einzelnen Stoffschichten (innerhalb des Wertebereiches), gilt es als gleichwertig.

Als Beispiel hierzu wird nachfolgend ein Sockeldetail mit dem entsprechenden Referenzbild aus dem Beiblatt 2 verglichen (nicht aus dem Beispiel-Haus).

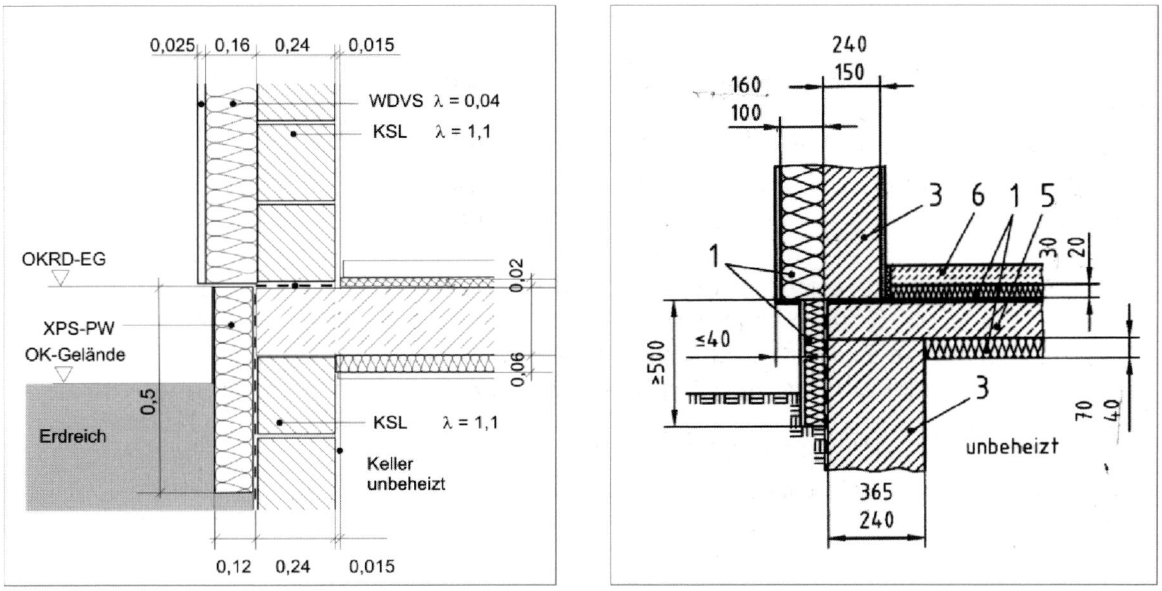

Bild 6.36: Links: Sockelausbildung Ausführungsdetail, rechts: Referenzbild
(Quelle: DIN 4108, Beiblatt 2, Bild 30)

Das für die Ausführung vorgesehene Detail liegt sowohl bezüglich der Bauteilabmessungen als auch der Wärmeleitzahlen innerhalb der im Referenzbild angegebenen Bereiche und ist somit gleichwertig. Die Gleichwertigkeit wäre nicht gegeben, wenn die Kellerwand aus Beton bestehen würde.

Weicht ein Detail bezüglich der Bauteilabmessungen oder der Wärmeleitzahlen vom Referenzbild ab, so kann die Gleichwertigkeit mithilfe der R-Werte untersucht werden.

b) Gleichwertigkeit durch Vergleich der Wärmedurchlasswiderstände R

Für diese Untersuchung müssen die R-Werte der einzelnen Schichten des Ausführungsdetails mit dem R-Wertebereich der Schichten des Referenzbildes verglichen werden. Jeder R-Wert der einzelnen Schichten muss innerhalb des R-Wertebereichs der Schichten des Ausführungsdetails liegen, damit dieses gleichwertig ist.

Diese Untersuchung wird in der Tabelle 6.4 für das im Bild 6.36 dargestellte Sockeldetail durchgeführt. Für dieses Beispiel wird die Kelleraußenwand in Stahlbeton ausgeführt.

Tabelle 6.4: Ausführungsdetail und Referenzbild – Gegenüberstellung der R-Werte

R- Wert Ausführungsdetail

		d	λ	R	zulässig
		m	W/(m · K)	m² · K/W	?
Wand EG					
Dämmschicht	EPS	0,160	0,040	4,000	ja
Tragschicht	Kalksandstein	0,240	1,100	0,218	ja
Wand KG					
Dämmschicht	XPS	0,120	0,040	3,000	ja
Tragschicht	Beton	0,240	2,100	0,114	nein
Kellerdecke					
Dämmschicht oben	EPS	0,020	0,040	0,500	ja
Dämmschicht unten	Ps-ML	0,060	0,040	1,500	ja

R- Wert Referenzbild

		d1	d2	λ1	λ2	R1	R2
		m	m	W/(m · K)	W/(m · K)	m² · K/W	m² · K/W
Wand EG							
Dämmschicht	EPS	0,100	0,160	0,040	0,040	2,500	4,000
Tragschicht	Kalksandstein	0,150	0,240	1,100	0,210	0,136	1,143
Wand KG							
Dämmschicht	XPS	0,060	0,160	0,040	0,040	1,500	4,000
Tragschicht	Beton	0,240	0,365	1,100	0,210	0,218	1,738
Kellerdecke							
Dämmschicht	EPS	0,020	0,030	0,040	0,040	0,500	0,750
Dämmschicht	Ps-ML	0,040	0,070	0,040	0,040	1,000	1,750

Es zeigt sich, dass hier die Gleichwertigkeit nicht gegeben ist. Wenn der R-Wert einer Schicht nicht im R-Wertebereich des Referenzbildes liegt, ist die Gleichwertigkeit nicht gegeben. Hier muss die Gleichwertigkeit über den ψ-Wert nachgewiesen werden.

Die Wärmeleitzahlen für die einzelnen Schichten in den Referenzbildern sind in DIN 4108, Beiblatt 2, Tabelle 1 definiert. Danach ergibt sich für die Wand im Referenzbild 30 ein λ-Wert von $0{,}21 \leq 1{,}1$ W/(m · K).

c) und d) Nachweis über die ψ-Werte

Für den Nachweis nach c) und d) muss die Gleichwertigkeit über die ψ-Werte der einzelnen Details nachgewiesen werden. Diese können entweder mithilfe eines Wärmebrückenkatalogs ermittelt werden, in dem die vorhandenen Details mit den dazugehörigen ψ-Werten abgebildet sind, oder für die darin nicht abgebildeten Details mit einem geeigneten Wärmebrücken-Programm berechnet werden. Für Altbauten gibt es leider nur wenige Details in Wärmebrückenkatalogen, so dass hier die Gleichwertigkeit meist nur über die genaue Berechnung der ψ- Werte erfolgen kann.

Die vorhandenen Details müssen den Details aus dem Beiblatt 2 zugeordnet werden. Es geht dabei nicht darum, dass die Details genau gleich ausschauen müssen, sondern das gleiche Konstruktionsprinzip Darstellen, wie z.B. eine Gebäudeecke oder einen Fensteranschluss. Die Lage der Wärmedämmung ist oft ein entscheidendes Merkmal bei der Auswahl des zu vergleichenden Details.

Wie mit Details umzugehen ist, die nicht im Beiblatt 2 dargestellt sind, wird unter Fachleuten heftig diskutiert. Hierzu gibt es eine Stellungnahme von der Projektgruppe EnEV, der Fachkommission Bautechnik der Bauministerkonferenz von 26.09.2011. Darin heißt es, ***„das Wärmebrücken, die in der DIN 4108 Beiblatt 2 nicht aufgeführt sind, unberücksichtigt bleiben können, d.h. auch ohne Gleichwertigkeitsnachweis darf der reduzierte Wärmebrückenzuschlag von 0,05 W/(m² · K) nach DIN V 4108-6 angesetzt werden“.***

Wichtig: Der Mindestwärmeschutz und die Schimmelpilzfreiheit muss für jedes Detail gewährleistet sein.

Für KfW-Nachweise:

Bei Nachweisen für die KfW, wird diese Regelung von der KfW nicht anerkannt. Hier müssen bei einem Gleichwertigkeitsnachweis alle nach Beiblatt 2 nachzuweisenden Wärmebrücken gleichwertig sein. Kann ein Detail nicht auf Gleichwertig geprüft werden, weil es im Beiblatt 2 nicht vorhanden ist, darf auch nicht mit dem reduzierten Wärmebrückenfaktor von 0,05 W/(m² · K) gerechnet werden.

In der Tabelle 6.5 wurde für das Beispiel-Haus ein Gleichwertigkeitsnachweis anhand der ψ-Werte geführt. Die ψ-Werte wurden mit dem Program „Therm“ berechnet.

Tabelle 6.5: Gleichwertigkeitsnachweis

Lf. Nr.	WB Nr.	Bezeichnung	Berechnet ψ-Wert W/(m·K)	Beiblatt 2 Nr. Wb.	max ψ-Wert W/(m·K)	Gleichwertig ja/nein
	1.0	Bodenplatte Anbau				
1	1.01	Anschluss Kellerwand/Bodenplatte	-0,17	Bild 1	-0,04	ja
2	1.02	Anschluss Innenwand		n. möglich		
	2.0	Kellerwände				
3	2.01	Außenecke		n, möglich		
4	2.02	Innenecke		n. möglich		
5	2.03	Anschluß Innenwand		n. möglich		
	3.0	Bodenplatte Anbau				
6	3.01	Sockel, Anschluss Außenwand	0,07	Bild 13	0,14	ja
7	3.02	Anschluß an Hauptgebäude Keller unbeheizt		n. möglich		
8	3.03	Anschluß an Hauptgebäude Keller beheizt		n. möglich		
9	3.04	Innenwände auf Bodenplatte	0,23	Bild 94	0,56	ja
	4.0	Kellerdecke				
10	4.01	Anschluß Sockel Keller unbeheizt	0,13	Bild 30	0,30	ja
11	4.02	Anschluß Kellerinnenwände unten	-0,05	Bild 95	0,47	ja
12	4.03	Anschluß Kellerinnenwände oben	0,08	Bild 95	0,47	ja
	5.0	Außenwände verputz				
13	5.01	Außenecke		n. notwendig		
14	5.02	Innenecke		n. notwendig		
15	5.03	Innenwandanschluß		n. notwendig		
	6.0	Geschossdecke				
18	6.01	Auflager Außenwand		n. notwendig		
19	6.02	Auflager Anbau Treppenhaus	0,03	Bild 92	0,06	ja
20	6.03	Auflager Anbau Geschossdecke	0,03	Bild 92	0,06	ja
21	6.04	Auskragende Innenecke		n. notwendig		
22	6.05	Auskragende Außenecke		n. notwendig		
	7.0	Oberste Geschossdecke Anbau				
23	7.01	Auflager Außenwand	-0,06	Bild 77	-0,06	ja
24	7.02	Anschluss Innenwände		n. notwendig		
	8.0	Dach Hauptgebäude				
25	8.01	Ortgang	-0,02	Bild 82	0,06	ja
26	8.02	Traufe		Bild 84	Nachweis entfällt	
27	8,03	First		Bild 84	Nachweis entfällt	
28	8.04	Anschluss Innenwand		n. notwendig		
	9.0	Fensteranschluss unten				
29	9.01	Schwelle auf Sockel	0,08	Bild 67	0,09	ja
30	9.02	Schwelle auf Gechossdecke	-0,01	Bild 68	-0,01	ja
31	9.03	Schwelle auf Bodenplatte	-0,13	Bild 67	0,09	ja
32	9.04	Brüstung	0,01	Bild 43	0,14	ja
	10.0	Fensteranschluss oben				
33	10.01	Fenstersturz	0,00	Bild 55	0,05	ja
34	10.02	Anschluss Geschossdecke	0,00	Bild 55	0,05	ja
35	10.03	A. Geschossdecke mit Fensteranschluss	0,00	Bild 55	0,05	ja
	11.0	Fenstelaibung				
37	11.01	Laibung	-0,02	Bild 49	0,08	ja
38	11.02	Laibung, Anschluß Außenwandecke	-0,03	Bild 49	0,08	ja
39	11.03	Laibung, Anchluß Innenecke		n. möglich		
40	11.04	Fensterecke		n. notwendig		

Auch bei diesem Gebäude können nicht alle Details auf Gleichwertigkeit geprüft werden. Insbesondere die Details eines teilbeheizten Kellers sind im Beiblatt 2 nicht enthalten.

Die restlichen nachzuweisenden Details sind mit dem Beiblatt 2 gleichwertig, da die berechneten ψ-Werte kleiner oder gleich sind als die vergleichbaren Details aus dem Beiblatt 2.

Somit darf für den EnEV-Nachweis mit dem reduzierten Wärmebrückenfaktor von 0,05 W/(m² · K) gerechnet werden.

6.1.6 Mindestwärmeschutz

Die DIN 4108-2 enthält in der Tabelle 3 Mindestwerte der Wärmedurchlasswiderstände sowohl für die Bauteile, die für den Energieausweis zu erfassen sind, als auch für solche, die innerhalb des Gebäudes Bereiche unterschiedlicher Nutzung trennen oder von verschiedenen Eigentümern genutzt werden. Die Einhaltung des Mindestwärmeschutzes ist wichtig, damit an den Bauteiloberflächen unter genormten Bedingungen wie 50 % relative Luftfeuchtigkeit und 20 °C Innentemperatur, bei bis zu –5 °C Außentemperatur die Gefahr von Schimmelpilzen vermieden wird.

Mindestwärmeschutz an Wänden

Die in der Tabelle 3 der DIN 4108-2 aufgeführten Wärmedurchlasswiderstände für Wände mit einer Gesamtmasse von mindestens 100 kg/m² müssen an jeder Stelle vorhanden sein. So u. a. an Nischen unter Fenstern, Brüstungen von Fensterbauteilen, Fensterstürzen, im Wandbereich auf der Außenseite von Heizkörpern und Rohrkanälen.

Anforderungen an leichte Bauteile

Bei leichten Bauteilen mit einer flächenbezogenen Gesamtmasse von unter 100 kg/m^2 muss $R \geq 1{,}75$ m^2 · K/W eingehalten werden.

Anforderungen an inhomogene nichttransparente Bauteile

Bei Skelett-, Rahmen- oder Holzständerbauweisen sowie Pfosten-Riegel-Konstruktionen ist im Bereich der Gefache ein Wärmedurchlasswiderstand von $R_G \geq 1{,}75$ m^2 · K/W einzuhalten. Im Mittel ist über das gesamte Bauteil $R_m \geq 1{,}0$ m^2 · K/W einzuhalten.

Anforderungen an transparente und teiltransparente Bauteile

Für opake Ausfachungen von transparenten oder teiltransparenten Bauteilen in Pfosten-Riegel-Konstruktionen, Vorhangfassaden, Glasdächern, Fenstern, Fenstertüren und -wänden einer wärmeübertragenden Umfassungsfläche gilt bei beheizten und niedrig beheizten Räumen ein Wärmedurchlasswiderstand von $R \geq 1{,}2$ m² · K/W bzw. $U_p \leq 0{,}73$ W/(m^2 · K). Für Rahmen gilt $U_f \leq 2{,}9$ W/(m^2 · K) nach DIN EN ISO 10077-1. Transparente Bauteile sind mindestens mit Isolierglas oder zwei Glasscheiben auszustatten.

Tabelle 6.6: Mindestwerte für Wärmedurchlasswiderstände von Bauteilen nach DIN 4108-2, Tabelle 3

	Bauteile	R ($m^2 \cdot K/W$)[b)]
1	**Wände beheizter Räume**	
	gegen Außenluft, Erdreich, Tiefgarage, nicht beheizte Räume, nicht beheizte Dachräume oder Kellerräume	1,20 (0,55 bei niedrig beheizten Räumen)
2	**Dachschrägen beheizter Räume gegen Außenluft**	1,20
3	**Decken beheizter Räume nach oben und Flachdächer**	
3.1	gegen Außenluft	1,20
3.2	zu belüfteten Räumen zwischen Dachschrägen und Abseitenwänden bei ausgebauten Dachräumen	0,90
3.3	zu nicht beheizten Räumen, zu bekriechbaren oder noch niedrigeren Räumen	0,90
3.4	zu Räumen zwischen gedämmten Dachschrägen und Abseitenwänden bei ausgebauten Dachräumen	0,35
4	**Decken beheizter Räume nach unten**	
4.1[a)]	gegen Außenluft, gegen Tiefgaragen; gegen Garagen (auch beheizte), Durchfahrten (auch verschließbare) und belüftete Kriechkeller	1,75
4.2	gegen nicht beheizte Kellerräume	0,90
4.3	unterer Abschluss wie z. B. Sohlplatten unter Aufenthaltsräumen, unmittelbar an das Erdreich grenzend bis zu einer Raumtiefe von 5 m	0,90
4.4	über einem nicht belüfteten Hohlraum, z. B. Kriechkeller, an das Erdreich grenzend	0,90
5	**Bauteile an Treppenräumen**	
5.1	Wände zwischen beheizten Räumen und direkt beheiztem Treppenraum, Wände zwischen beheiztem Raum und indirekt beheiztem Treppenraum, sofern die anderen Bauteile des Treppenraums die Anforderungen der Tabelle 3 der Norm erfüllen	0,07
5.2	Wände zwischen beheiztem Raum und indirekt beheiztem Treppenraum, wenn nicht alle anderen Bauteile des Treppenraums die Anforderungen der Tabelle 3 erfüllen.	0,25
5.3	oberer und unterer Abschluss eines beheizten oder indirekt beheizten Treppenraumes	wie Bauteil beheizter Raum
6	**Bauteile zwischen beheizten Räumen**	
6.1	Wohnungs- und Gebäudetrennwände zwischen beheizten Räumen	0,07
6.2	Wohnungstrenndecken, Decken zwischen Räumen unterschiedlicher Nutzung	0,35

a) zur Vermeidung von Fußkälte
b) bei erdberührten Bauteilen konstruktiver Wärmedurchlasswiderstand

Tabelle 6.7: Zuschlagswerte für Umkehrdächer nach DIN 4108-2, Tabelle 4

Anteil des Wärmedurchlasswiderstandes raumseitig der Abdichtung am Gesamtwärmedurchlasswiderstand in %	Zuschlagswert ΔU in $W/(m^2 \cdot K)$
unter 10	0,05
von 10 bis 50	0,03
über 50	0

Hinweis zum Mindestwärmeschutz an Außenwänden

An einer Außenwandecke mit einer Außenwand, die gerade den Mindestwärmeschutz R = 1,2 $m^2 \cdot K/W$ einhält, ergibt sich an der Innenecke eine Oberflächentemperatur von ca. 12,6 °C. Diese Temperatur muss eingehalten werden, damit unter genormten Verhältnissen keine Schimmelpilzgefahr vorhanden ist.

Ein R-Wert von 1,2 $m^2 \cdot K/W$ ergibt bei einer Außenwand einen U-Wert von 0,842 $W/(m^2 \cdot K)$. Dieser U-Wert wird mit einem 36,5 cm dicken Mauerstein mit einem λ -Wert von 0,38 $W/(m \cdot K)$ erreicht.

Rollladenkästen

Rollladenkästen können in der Energiebilanz wie folgt berücksichtigt werden:

- als flächige Bauteile mit ihrem U-Wert und ihrer Fläche,
- in der Wärmebrückenberechnung.

In der Wärmebrückenberechnung kann der Rollladenkasten bei der Ermittlung der Außenwandflächen übermessen werden. Entspricht die Einbausituation einem Referenzbild aus DIN 4108, Beiblatt 2, so kann ΔU_{WB} mit 0,05 $W/(m^2 \cdot K)$ angesetzt werden. Weiterhin können die Wärmeverluste auch über den ψ-Wert des Anschlussdetails bestimmt werden.

Für die Deckel von Rollladenkästen ist ein Wert von R $\geq$ 0,55 $m^2 \cdot K/W$ einzuhalten und für das gesamte Bauteil im Mittel $R_m \geq 1{,}0\ m^2 \cdot K/W$.

Bauteile mit Abdichtungen

Bei Bauteilen mit Abdichtungen sind bei der Berechnung des R-Wertes nur die raumseitigen Schichten bis zur Bauwerks- bzw. Dachabdichtung zu berücksichtigen. Ausgenommen sind folgende Konstruktionen, bei denen die Dämmschichten zu berücksichtigen sind:

- „Wärmedämmsysteme als Umkehrdach unter Verwendung von Dämmstoffplatten aus extrudergeschäumtem Polystyrolschaumstoff nach DIN EN 13164 in Verbindung mit DIN 4108-10, die mit einer Kiesschicht oder Betonplatten im Kiesbett oder auf Abstandhaltern abgedeckt sind (weitere Ausführungshinweise siehe DIN 4108-2, Abs. 5.2.2). Bei der Berechnung ist der errechnete Wärmedurchgangskoeffizient U um einen Betrag ΔU in Abhängigkeit des prozentualen Anteils des Wärmedurchlasswiderstandes unterhalb der Abdichtung am Gesamtwärmedurchlasswiderstand nach Tabelle 1.2 zu erhöhen. Bei leichter Unterkonstruktion mit einer flächenbezogenen Masse unter 250 kg/m^2 muss der Wärmedurchlasswiderstand unterhalb der Abdichtung mindestens 0,15 $m^2 \cdot K/W$ betragen".
- „Wärmedämmsysteme als **Perimeterdämmung** (außen liegende Wärmedämmung erdberührender Gebäudeflächen, außer unter Gründungen) unter Verwendung von Dämmstoffplatten aus extrudergeschäumtem Polystyrolschaumstoff nach DIN EN 13164 und Schaumglas nach DIN EN 13167, in Verbindung mit DIN 4108-10, wenn die Perimeterdämmung nicht ständig im Grundwasser liegt (weitere Ausführungshinweise siehe DIN 4108-2, Abs. 5.2.2)."

Oberste Geschossdecken

Wenn die oberste Geschossdecke die Anforderungen für flächige Bauteile nach DIN 4108-2 (vgl. Tabelle 1.2) einhält, werden bei einem nicht ausgebauten Dach an die darüberliegenden Dachflächen keine Anforderungen bezüglich des Mindestwärmeschutzes gestellt.

Weitere Randbedingungen

In der DIN 4108-2 sind weitere Randbedingungen für die Einhaltung des Mindestwärmeschutzes aufgelistet.

6.2 Tauwasser

6.2.1 Tauwasser an Bauteiloberflächen

6.2.1.1 Wasserdampf in Räumen

Im Kapitel 3.2 wurde bereits darauf hingewiesen, dass der Wassergehalt innerhalb von Baustoffen auch von dem in der Raumluft enthaltenen Wasserdampf beeinflusst wird. Weiterhin kann dieser an kalten Bauteiloberflächen kondensieren und somit Schimmelpilze nähren.

In diesem Kapitel wird erläutert, wie es zur Wasserdampfkondensation kommt und wie man an Bauteilen die Gefahr der Schimmelpilzbildung überprüfen kann.

Aus Bild 6.37 und der Tabelle 6.8 geht hervor, dass innerhalb einer Wohnung erhebliche Mengen Wasserdampf erzeugt werden.

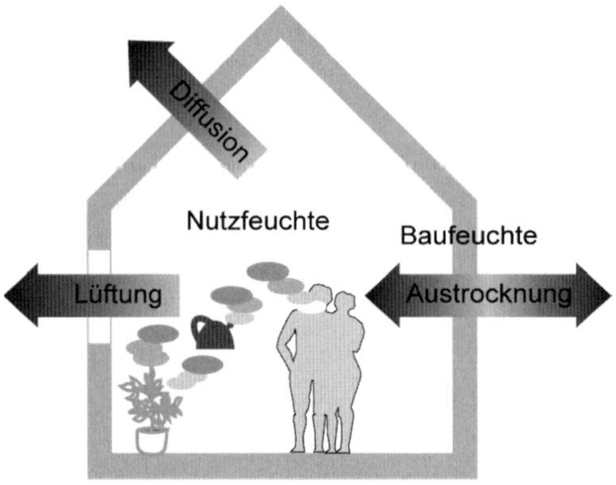

Bild 6.37: Be- und Entfeuchtung

Tabelle 6.8: Feuchtequellen in Wohnräumen nach Erhorn/Gertis

	Wasserabgabe	ca. g/h
Mensch	leichte Aktivität mittelschwere Aktivität schwere Arbeit	30 – 60 120 – 300 200 – 300
Räume		
Bad	Wannenbad Duschen	700 2.600
Küche	Kochen Tagesmittel	600 – 150 100

Die Tabelle enthält nur die wichtigsten Aktivitäten. Nicht enthalten ist z. B. die Wasserverdunstung von Topfpflanzen. Diese ist genauso groß wie die eingebrachte Gießwassermenge und kann bei entsprechender Pflanzenzahl die Werte in der Tabelle erheblich überschreiten.

Für das bessere Verständnis der Wasserdampfdiffusion werden nachfolgend die physikalischen Grundlagen von Wasser und Wasserdampf besprochen.

6.2.1.2 Das Wassermolekül

Eine Vielzahl von physikalischen und chemischen Vorgängen ist durch den geometrischen Aufbau und die sich daraus ergebende Polarität des Wassermoleküls erklärbar. So ist z. B. die Kondensationstemperatur von Wasserdampf wesentlich höher als die der anderen Luftbestandteile, was – genauso wie das größere Volumen von gefrorenem gegenüber flüssigem Wasser – auf die Wasserstoffbrückenbindung zurückzuführen ist.

Zum Verständnis der Mechanismen der Wasserdampfkondensation ist es hilfreich, sich den Wasserdampf als einzelne sich schnell bewegende Moleküle vorzustellen.

In Abhängigkeit zu der pro Raumeinheit vorhandenen Menge stoßen die Moleküle mehr oder weniger häufig zusammen und führen somit Zickzackbewegungen aus (ca. 10^{29} Moleküle in einem cm³ je Sekunde). Binden sich mehrere Moleküle zu kleinen Gruppen, entsteht Nebel. Aus großen Gruppen entsteht Regen.

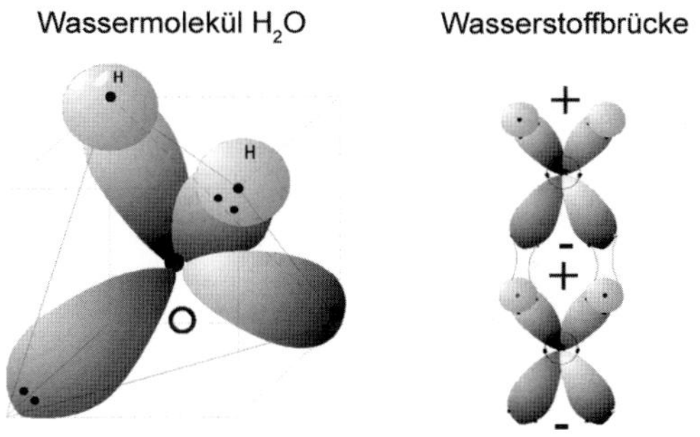

Bild 6.38: Wassermolekül

6.2.1.3 Wasserdampfkondensation

Wassermoleküle können in der Luft, an der Oberfläche oder innerhalb von Baustoffen kondensieren. Ob dies geschieht, ist von deren Menge und deren Temperatur abhängig.

Wassermoleküle können sich so lange frei bewegen, d. h. sie sind so lange gasförmig, wie ihre Energie aus den Temperaturbewegungen größer ist als die der gegenseitigen Anziehung. Die Wahrscheinlichkeit der gegenseitigen Anziehung wächst mit der Anzahl der Wassermoleküle innerhalb eines Raumes, sodass sich in einem Raum mit einer bestimmten Temperatur und bei gleichbleibendem Druck nur eine bestimmte Anzahl von Molekülen frei bewegen kann. Erhöht sich die Anzahl oder senkt sich deren Temperatur, kommt es zur Wasserstoffbrückenbildung – Kondensation – und es fällt so viel Wasser aus, bis sich wieder ein Gleichgewicht einstellt.

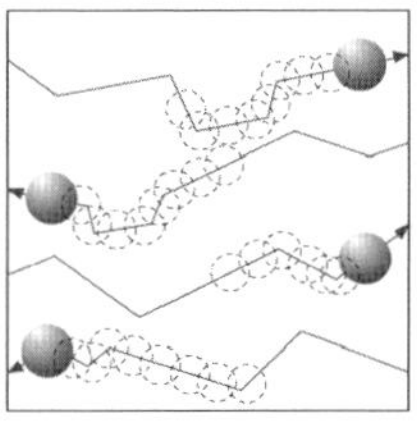

Bild 6.39: Wassermoleküle – kinetische Energie $\geq$ Wasserstoffbrückenbindung – keine Kondensation

Wenn Bewegungsenergie und Teilchenabstand sehr groß sind, bewegen sich die Dampfteilchen frei im Raum.

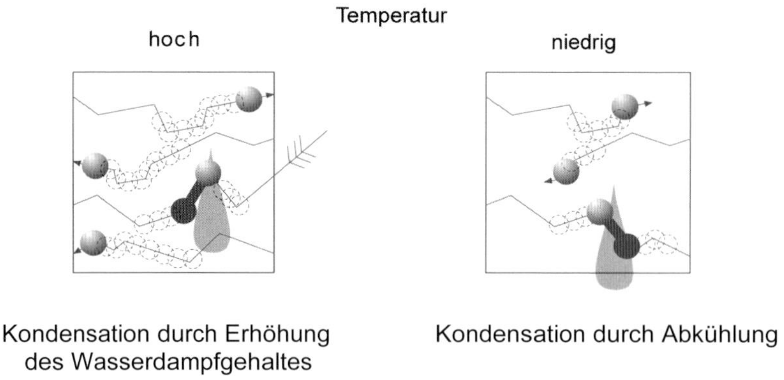

Bild 6.40: Möglichkeiten der Wasserdampfkondensation

Verringert sich der Teilchenabstand durch Eindringen zusätzlicher Wassermoleküle oder verringert sich die Temperatur (Bewegungsenergie), kommt es zur Bildung von Wasserstoffbrücken und somit zur Kondensation.

Um hierdurch eventuell entstehende Tauwasserschäden zu vermeiden, ist es erforderlich, die mögliche Menge der bei einer bestimmten Temperatur frei beweglichen Wassermoleküle zu kennen. Diese Menge lässt sich experimentell ermitteln und für jede Temperatur angeben.

6.2.1.4 Wasserdampfdruck

Die sich in einem Gas frei bewegenden Moleküle erzeugen auf eine Raumbegrenzung einen von ihrer Temperatur und ihrer Anzahl abhängigen Druck. Aus dem Druck eines Gases kann deshalb abgeleitet werden, wie viele Moleküle bei einer bestimmten Temperatur in ihm enthalten sind. Der Gesamtdruck eines Gasgemisches, z. B. der Luft, setzt sich aus Teildrücken seiner Bestandteile zusammen.

Die Luft besteht aus ca. 21 Vol.-% Sauerstoff,
ca. 78 Vol.-% Stickstoff,
den Rest von 1 Vol.-% bilden andere Gase (z. B. Wasserdampf).

Der Wasserdampfdruck p_D ist somit ein Teil des atmosphärischen Luftdruckes $p_{ges.}$

$$p_{ges.} = p_L + p_D$$ Pascal [Pa] (Formel 6.16)

p_L = Druckanteil der Luft
p_D = Druckanteil des Wasserdampfs

Gemessen wird der Dampfruck in Pascal:

1 Pa = 1 N/m²

Der Atmosphärendruck beträgt etwa 100.000 Pa = 100 kN/m².

Die Druckdifferenz Δp von Wasserdampf ist nicht geradlinig proportional zur Temperaturdifferenz $\Delta\theta$. Die unten dargestellte Tabelle und das Diagramm zeigen, das bei hoher Temperatur die Wasseraufnahmefähigkeit der Luft größer ist als bei niedriger Temperatur. Das bedeutet, dass an kalten Wänden eine geringere Erhöhung der Luftfeuchte zur Tauwasserbildung führt als an wärmeren Wandoberflächen.

°C	Pa	g/m³
– 10	260	2,14
0	611	4,80
10	1228	9,40
20	2340	17,30
30	4244	30,30

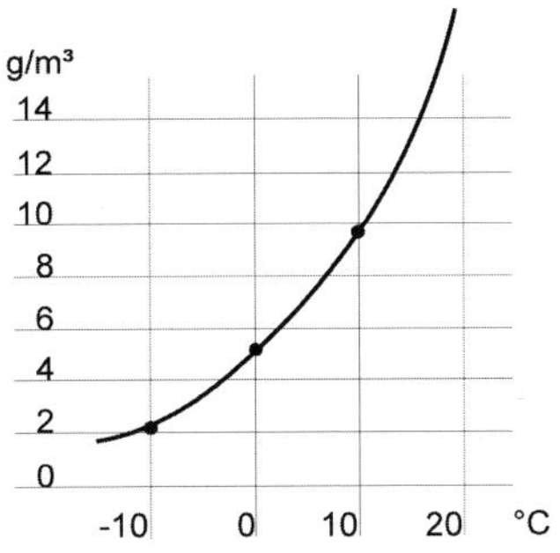

Bild 6.41: Maximaler Dampfdruck und maximaler Wassergehalt in der Luft in Abhängigkeit von der Temperatur

Die bei einer bestimmten Temperatur mögliche Sättigungsmenge f_s von Wassermolekülen in g/m³ entspricht dem Wasserdampfsättigungsdruck p_s in Pa. Beide Werte können entsprechenden Tabellen (siehe Bild 6.41) entnommen oder berechnet werden.

p_s kann näherungsweise wie folgt berechnet werden:

$$p_s = a \cdot \left(b + \frac{\theta}{100\ °C}\right)^c \qquad \text{Pa}$$

(Formel 6.17)

Die Konstanten a, b und c werden für zwei Temperaturbereiche festgelegt.

Tabelle 6.9: Werte der Konstanten a, b und c, angegeben für verschiedene Temperaturbereiche nach DIN 4108-3, Tabelle A.3

	$0\ °C \leq \theta \leq 30\ °C$	$-20\ °C \leq \theta \leq 0\ °C$
a in Pa	288,68	4,689
b	1,098	1,486
c	8,02	12,30

Beispiel: Größe des Sattdampfdrucks p_s bei 20 °C

$$p_s = 288{,}68 \cdot \left(1{,}098 + \frac{20}{100}\right)^{8{,}02}$$

$$= 2.338{,}19 \text{ Pa}$$

Nach DIN 4108-3, Tabelle A.2 für temperaturabhängigen Wasserdampfsättigungsdruck beträgt der Wert 2.340 Pa.

Tabelle 6.10: Wasserdampfsättigungsdruck im Temperaturbereich von 30,9 °C bis – 20,9 °C (Quelle: DIN 4108-3, Tabelle A.2)

Ganzzahlige Werte	Temperatur θ, in °C Dezimalwerte									
	,0	,1	,2	,3	,4	,5	,6	,7	,8	,9
	Wasserdampfsättigungsdruck p_s Pa									
30	4 244	4 269	4 294	4 319	4 344	4 369	4 394	4 419	4 445	4 469
29	4 006	4 030	4 053	4 077	4 101	4 124	4 148	4 172	4 196	4 219
28	3 781	3 803	3 826	3 848	3 871	3 894	3 916	3 939	3 961	3 984
27	3 566	3 588	3 609	3 631	3 652	3 674	3 695	3 717	3 793	3 759
26	3 362	3 382	3 403	3 423	3 443	3 463	3 484	3 504	3 525	3 544
25	3 169	3 188	3 208	3 227	3 246	3 266	3 284	3 304	3 324	3 343
24	2 985	3 003	3 021	3 040	3 059	3 077	3 095	3 114	3 132	3 151
23	2 810	2 827	2 845	2 863	2 880	2 897	2 915	2 932	2 950	2 968
22	2 645	2 661	2 678	2 695	2 711	2 727	2 744	2 761	2 777	2 794
21	2 487	2 504	2 518	2 535	2 551	2 566	2 582	2 598	2 613	2 629
20	2 340	2 354	2 369	2 384	2 399	2 413	2 428	2 443	2 457	2 473
19	2 197	2 212	2 227	2 241	2 254	2 268	2 283	2 297	2 310	2 324
18	2 065	2 079	2 091	2 105	2 119	2 132	2 145	2 158	2 172	2 185
17	1 937	1 950	1 963	1 976	1 988	2 001	2 014	2 027	2 039	2 052
16	1 818	1 830	1 841	1 854	1 866	1 878	1 889	1 901	1 914	1 926
15	1 706	1 717	1 729	1 739	1 750	1 762	1 773	1 784	1 795	1 806
14	1 599	1 610	1 621	1 631	1 642	1 653	1 663	1 674	1 684	1 695
13	1 498	1 508	1 518	1 528	1 538	1 548	1 559	1 569	1 578	1 588
12	1 403	1 413	1 422	1 431	1 441	1 451	1 460	1 470	1 479	1 488
11	1 312	1 321	1 330	1 340	1 349	1 358	1 367	1 375	1 385	1 394
10	1 228	1 237	1 245	1 254	1 262	1 270	1 279	1 287	1 296	1 304
9	1 148	1 156	1 163	1 171	1 179	1 187	1 195	1 203	1 211	1 218
8	1 073	1 081	1 088	1 096	1 103	1 110	1 117	1 125	1 133	1 140
7	1 002	1 008	1 016	1 023	1 030	1 038	1 045	1 052	1 059	1 066
6	935	942	949	955	961	968	975	982	988	995
5	872	878	884	890	896	902	907	913	919	925
4	813	819	825	831	837	843	849	854	861	866
3	759	765	770	776	781	787	793	798	803	808
2	705	710	716	721	727	732	737	743	748	753
1	657	662	667	672	677	682	687	691	696	700
0	611	616	621	626	630	635	640	645	648	653
0	611	605	600	595	592	587	582	577	572	567
−1	562	557	552	547	543	538	534	531	527	522
−2	517	514	509	505	501	496	492	489	484	480
−3	476	472	468	464	461	456	452	448	444	440
−4	437	433	430	426	423	419	415	412	408	405
−5	401	398	395	391	388	385	382	379	375	372
−6	368	365	362	359	356	353	350	347	343	340
−7	337	336	333	330	327	324	321	318	315	312
−8	310	306	304	301	298	296	294	291	288	286
−9	284	281	279	276	274	272	269	267	264	262
−10	260	258	255	253	251	249	246	244	242	239

Relative Luftfeuchte ϕ

Bei der Untersuchung von Tauwasserproblemen interessiert, wie weit die Temperatur an der Oberfläche oder innerhalb eines Bauteils gegenüber der Temperatur in der Raumluft absinken darf, damit es dort zu keiner Wasserdampfkondensation kommt. Man möchte wissen, wie viel Wasserdampf in der Luft vorhanden ist bzw. wie viel darin Platz hätte. Dieses Verhältnis wird durch die relative Luftfeuchte ϕ angegeben.

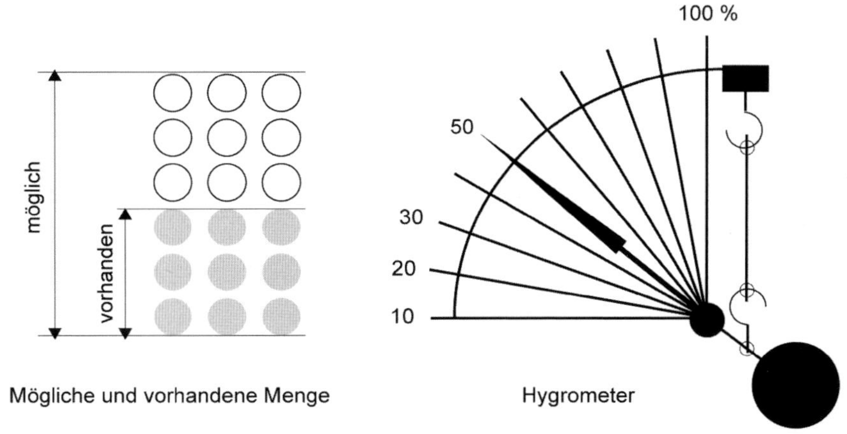

Bild 6.42: Relative Luftfeuchte als Verhältnis zwischen möglicher und vorhandener Wasserdampfmenge und Funktionsschema des Hygrometers

Funktion des Hygrometers

Der Hygrometer überträgt die durch Feuchtigkeitsaufnahme bzw. -abgabe entstehende Längenänderung eines Mediums (z. B. Haare) auf eine Skala. Das trockene Medium zeigt 0 %, das nasse 100 % relative Luftfeuchte an.

Mit dem Wert der relativen Luftfeuchte ϕ können von der bei einer bestimmten Temperatur möglichen Wasserdampfmenge die

Sättigungsmenge c_s g/m³

bzw. der
Sattdampfdruck p_s Pa

sowie die tatsächlich in der Luft enthaltene Wasserdampfmenge als
absolute Luftfeuchte c g/m³

bzw.
absoluter Dampfdruck p Pa

berechnet werden.

Ist die in der Luft enthaltene Wassermenge bzw. der daraus resultierende Dampfdruck und die maximal mögliche Menge bzw. der maximale Dampfdruck bekannt, ergibt sich die vorhandene relative Luftfeuchte wie folgt:

$\phi = c/c_s \cdot 100\ \%$ %
(Formel 6.18)

bzw.

$\phi = p/p_s \cdot 100\ \%$ %
(Formel 6.19)

Für die an einem Hygrometer abgelesene relative Luftfeuchte errechnet sich die vorhandene Dampfmenge (absolute Feuchte bzw. absoluter Dampfdruck) aus der Sättigungsmenge (f_s bzw. p_s) wie folgt:

$$c = \phi \cdot c_s / 100 \qquad \text{g/m}^3$$

(Formel 6.20)

bzw.

$$p = \frac{\phi \cdot p_s}{100} \qquad \text{Pa}$$

(Formel 6.21)

Rechenbeispiel: Relative Luftfeuchte

Wie groß ist der absolute Dampfdruck in Pa, wenn p_s = 2.340 Pa und die relative Luftfeuchte ϕ = 50 % beträgt?

$$P = \frac{\phi \cdot p_s}{100} \qquad \text{Pa}$$

$$p_s = 2.340 \qquad \text{Pa}$$

$$P = \frac{50 \cdot 2.340}{100} = 1.170 \qquad \text{Pa}$$

p_s ist für die entsprechende Temperatur DIN 4108-3, Tabelle A.2 zu entnehmen (siehe Tabelle 6.11). Danach beträgt bei 20 °C der Sattdampfdruck p_s= 2.340 Pa.

6.2.1.5 Taupunkttemperatur θ_s

Die Temperaturen an der inneren Oberfläche von an die Außenluft grenzenden Bauteilen sind im Winter an jeder Stelle, insbesondere im Bereich von Wärmebrücken, niedriger als die Raumluft. In diesem Bereich ist deshalb die maximal mögliche Wasserdampfmenge kleiner als in der Raumluft.

Die Temperatur, bei der sich in Bezug auf das Raumklima die Sättigungsmenge einstellt, wird als Taupunkttemperatur bezeichnet.

Innerhalb von Kapillaren kommt es schon bei einem geringeren Anteil an Wasserdampf zur Kondensation. Kapillarkondensation kann schon bei **70 bis 80 % relativer Luftfeuchte** eintreten.

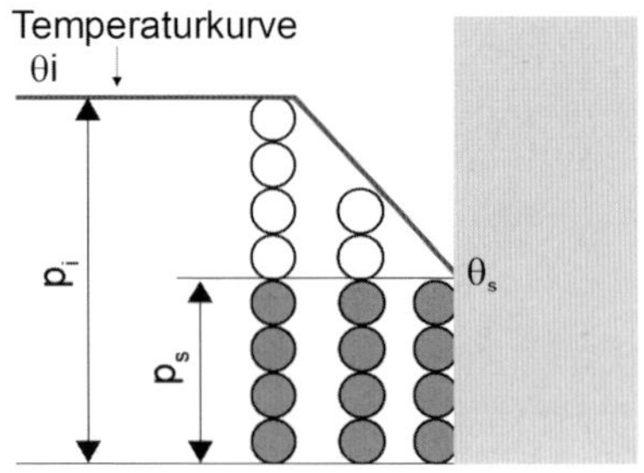

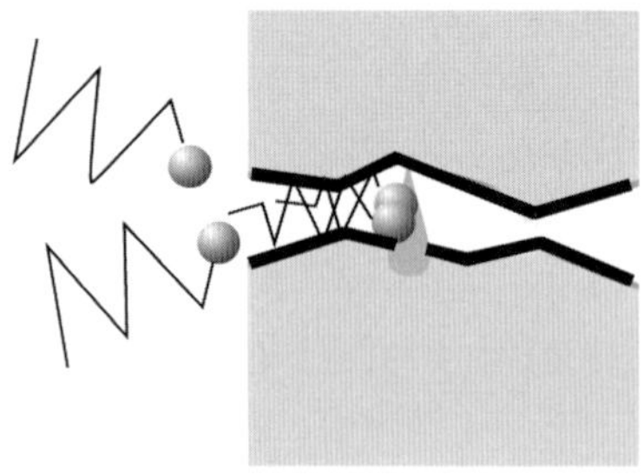

Bild 6.43: Links: Taupunkttemperatur θ_s in Abhängigkeit des bei θ_i möglichen und des vorhandenen Dampfdrucks p_i/p_s. Rechts: Schema der Wasserdampfkondensation in Kapillaren

Die Taupunkttemperatur θ_s kann für die absolute Luftfeuchte c in g/m³ bzw. p in Pa aus DIN 4108-3, Tabelle A.4 abgelesen werden.

Rechenbeispiel: Taupunkttemperatur

Bei welcher Bauteiloberflächentemperatur fällt Tauwasser aus?

Gegeben:

Relative Luftfeuchte ϕ = 50 % Lufttemperatur θ_i = 20 °C

Gesucht:

Taupunkttemperatur θ_s

Arbeitsschritte und Formeln:

a) Für θ_i = 20 °C Sattdampfdruck aus Tabelle 6.10 ablesen.

b) Den absoluten Dampfdruck für gegebene relative Luftfeuchte berechnen.

$$p = \frac{\phi \cdot p_s}{100} \quad \text{Pa}$$

c) Aus der Tabelle ablesen, bei welcher Temperatur der Dampfdruck zum Sattdampfdruck wird.

Berechnung:

a) p_s bei 20 °C = 2.340 Pa

b) $p = \frac{50 \cdot 2.340}{100} = 1.170$ Pa

d) 1170 Pa ist der Sattdampfdruck bei einer Temperatur von 9,3 °C.

Ergebnis:

Die Taupunkttemperatur für die gegebenen Klimadaten beträgt ca. 9,3 °C.

Bereits ausgerechnet findet man diese Werte in DIN 4108-3, Tabelle A.4 „Taupunkttemperatur der Luft in Abhängigkeit von Temperatur und Luftfeuchte".

Um Tauwasserausfall zu vermeiden, muss die Wärmedämmung so dimensioniert werden, dass die innere Oberflächentemperatur an keiner Stelle des Bauteils die Taupunkttemperatur erreicht. Um Schimmelpilzbildung zu vermeiden, darf die innere Oberflächentemperatur θ_{si} = 12,6 °C nicht unterschreiten.

Rechenbeispiel: Zulässige relative Luftfeuchte

Wie groß darf die relative Luftfeuchte sein, damit an der inneren Oberfläche einer Außenwand kein Tauwasser ausfällt?

Gegeben:

Oberflächentemperatur θ_{si} = 16 °C

Raumtemperatur θ_i = 20 °C

Gesucht:

ϕ max. rel. Feuchte für tauwasserfreie Oberfläche

Arbeitsschritte und Formeln:

Damit kein Tauwasser ausfällt, darf in der Raumluft maximal so viel Feuchtigkeit vorhanden sein, wie diese bei der Temperatur der Wandoberfläche aufnehmen kann. Die maximale relative Luftfeuchte ergibt sich aus dem Verhältnis des möglichen Dampfdrucks an der Wandoberfläche zu dem in der Raumluft.

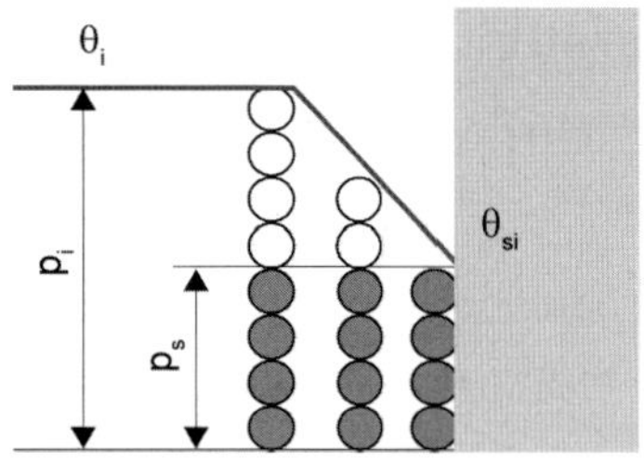

Bild 6.44: Die maximale relative Luftfeuchte ergibt sich aus dem bei θ_{si} vorhandenen Dampfdruck $p_{s,\theta si}$ zu dem bei θ_i möglichen Dampfdruck an Bauteiloberflächen $p_{s,\theta i}$

$p_{s,\theta si}$ aus Tabelle 6.10 für 16 °C = 1.818 Pa
$p_{s,\theta i}$ aus Tabelle 6.10 für 20 °C = 2.340 Pa

$p_{s,\theta si}$ = Sattdampfdruck an der inneren Bauteiloberfläche
$p_{s,\theta i}$ = Sattdampfdruck der Raumluft

$$\phi = \frac{p_{s,\theta_{si}}}{p_{s,\theta_i}} \cdot 100\ \%$$

Berechnung:

$$\phi = \frac{1.818}{2.340} \cdot 100\ \% = 77{,}6\ \%$$

Ergebnis:

Die relative Luftfeuchte im Raum darf 77,6 % nicht überschreiten.

Mit einer tauwasserfreien Oberfläche kann gerechnet werden, wenn die Mindestwerte des Wärmeschutzes nach DIN 4108-2 sowie für die Vorgaben für Wärmebrücken nach DIN 4108, Beiblatt 2 eingehalten werden.

6.2.1.6 Vermeidung von Schimmelpilzen

Grenztemperatur an der inneren Bauteiloberfläche

Für das Entstehen von Schimmelpilzen genügt es, dass 80 % des Sattdampfdruckes erreicht werden, da es bei dieser Konzentration von Wasserdampfmolekülen in feinen Kapillaren früher zu Wasserstoffbrückenbindungen kommt (siehe Bild 6.43. Nach DIN 4108-2 ist deshalb für alle Konstruktionen, die von denen in DIN 4108, Beiblatt 2, dargestellten Referenzbildern abweichen, der Nachweis zu erbringen, dass der Temperaturfaktor f_{Rsi} an der ungünstigsten Stelle den Wert von 0,7 nicht unterschreitet. Mit den in DIN 4108-2 vorgegebenen Klimadaten kann damit die diesbezüglich kleinste zulässige Oberflächentemperatur θ_{si} berechnet werden.

Rechenbeispiel: Oberflächentemperatur für $\mathbf{f_{Rsi} = 0,7}$

θ_{si} aus f_{Rsi} errechnet sich nach der Formel:

$$\theta_{si} = f_{Rsi}\,(\theta_i - \theta_e) + \theta_e \qquad \text{(Formel 6.11)}$$

Für die Klimadaten:

θ_i = 20 °C
θ_e = – 5 °C

ergibt sich:

$$\theta_{si} = 0{,}7 \cdot [20 - (-5)] + (-5)$$
$$= 12{,}5\ °C \qquad °C$$

Die Temperatur an inneren Bauteiloberflächen darf an keiner Stelle 12,5 °C unterschreiten.

Untersuchung eines Sockeldetails auf Tauwasserausfall

In Kapitel 6.1.5.3 wurde eine Sockelausbildung bezüglich der Gleichwertigkeit zu DIN 4108, Beiblatt 2 diskutiert. Nach DIN 4108-2 sind alle formbedingten und stoffbedingten Wärmebrücken, die beispielhaft in DIN 4108, Beiblatt 2 aufgeführt sind, ausreichend wärmegedämmt. Hierfür ist kein Nachweis erforderlich.

Für alle davon abweichenden Konstruktionen muss der Temperaturfaktor an der ungünstigsten Stelle die Mindestanforderung $f_{Rsi} \geq 0{,}70$ erfüllen. Dies entspricht bei den in der DIN 4108-2 angegebenen Randbedingungen einer raumseitigen Oberflächentemperatur von θ_{si} = 12,6 °C bei 20 °C Raumtemperatur.

Um den entsprechenden Nachweis zu erbringen, muss dieses Detail mit einem Wärmebrückenprogramm untersucht werden, das die Temperaturen an der inneren Oberfläche darstellt.

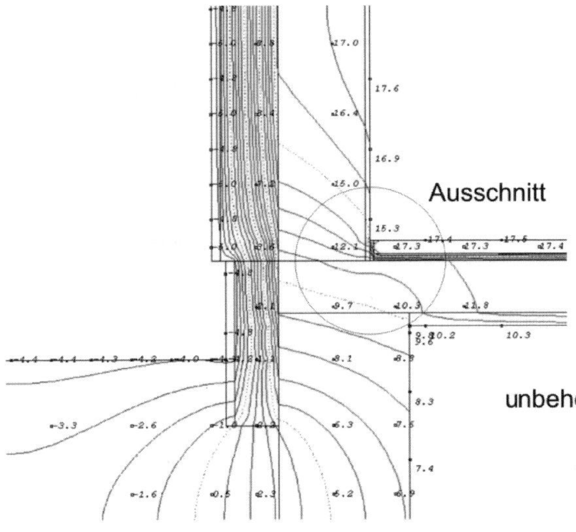

Temperatur an der Kante Außenwand/Kellerdecke für das Beispiel-Haus

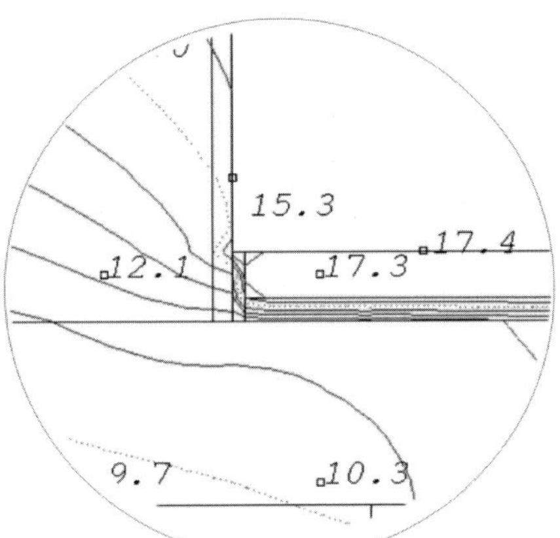

Ausschnitt ohne Sockelleiste

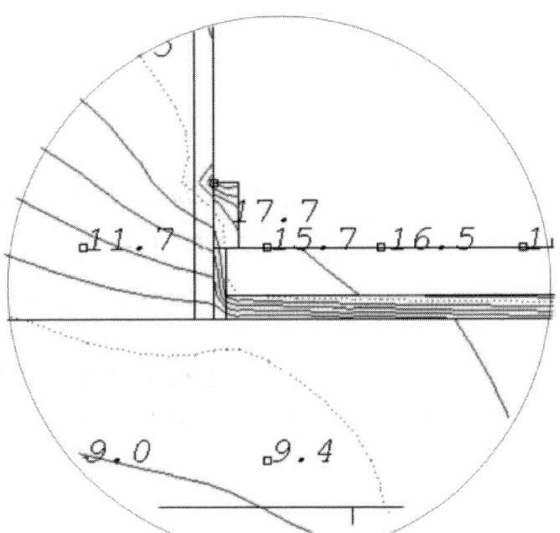

Ausschnitt-Variante mit Sockelleiste

Bild 6.45: Temperatur an der Kante Außenwand/Kellerdecke

Auf dem vergrößerten Ausschnitt ist erkennbar, dass die niedrigste Temperatur an der Wandoberfläche mit 15 °C etwas oberhalb des Fußbodens liegt. Berücksichtigt man auch noch eine Holzsockelleiste, kann man erkennen, dass sich zwar an deren Oberfläche eine etwas höhere Temperatur, aber dahinter niedrigere Temperaturen ergeben als ohne Sockelleiste. Die Zwölf-Grad-Linie liegt etwa in der Mitte des Estrichrandstreifens.

Rechenbeispiel: Zulässige relative Luftfeuchte in Raumluft und Kellerluft

Wie groß darf die maximale relative Luftfeuchte sein, damit es an den Deckenkanten zu keiner Schimmelbildung kommt?

Gegeben:

Im Wohnraum:

a) Raumluft	θ_{Luft}	= 20 °C	P_s	= 2.340 Pa
	$\theta_{si,min.\ am\ Sockel}$	= 16 °C	P_s	= 1.818 Pa
b) Kellerluft	θ_{Luft}	= 10 °C	P_s	= 1.228 Pa
	$\theta_{si,min.\ an\ d.\ Decke}$	= 9,5 °C	P_s	= 1.187 Pa

Gesucht:

Maximale relative Luftfeuchte in der beheizten Raumluft und der unbeheizten Kellerluft.

Berechnung:

a) $\phi_{max.}$ Raumluft

$p_{max.}$ = 80 % von p_s bei 16 °C

p_s bei 16 °C = 1.818 Pa

$$1.818 \cdot \frac{80}{100} = 1.454,4 \text{ Pa}$$

Diese Werte des Dampfdrucks dürfen auch in der Raumluft mit 20 °C nicht überschritten werden. Daraus ergibt sich die relative Luftfeuchte in der Raumluft mit:

$$\phi_{max.\ Raumluft} = \frac{p_{max.}}{p_{20°C}} \cdot 100 = \frac{1.454,4}{2.340} \cdot 100 = 62 \ \%$$

b) $\phi_{max.}$ Kellerluft

$p_{max.}$ = 80 % von p_s bei 9,5 °C

p_s bei 9,5 °C = 1.187 Pa

$$1.187 \cdot \frac{80}{100} = 949,6 \text{ Pa}$$

$$\phi_{max.\ Kellerluft} = \frac{p_{max.}}{p_{10°C}} \cdot 100 = \frac{949,6}{1.228} \cdot 100 = 77 \ \%$$

Ergebnis:

Zur Vermeidung von Schimmelpilzen darf die relative Luftfeuchte in der Raumluft 62 %, in der Kellerluft 77 % nicht übersteigen.

6.2.2 Tauwasser innerhalb von Bauteilen

6.2.2.1 Einleitung

Durch Wasserdampfkondensation innerhalb des Bauteilquerschnittes kommt es zur Durchfeuchtung der Baustoffe. Dies hat immer eine Erhöhung der Wärmeleitfähigkeit zur Folge. Kann die Feuchtigkeit nicht mehr austrocknen, besteht bei organischen Materialien die Gefahr der Fäulnisbildung. Nach DIN 4108-3 ist für Außenwände und Dächer, die nach Abschnitt 4.3 nicht ausdrücklich davon ausgeschlossen sind, ein rechnerischer Tauwassernachweis erforderlich.

Anmerkung zur Anwendung des Glaserdiagramms

Das in der DIN 4108-3 aufgeführte und als Regel der Technik anerkannte Glaserverfahren ist nur bei Ansatz der vorgegebenen strengen Klimafaktoren zur Abschätzung der Tauwasserbildung in einer geplanten Konstruktion geeignet. Die tatsächlichen Feuchteverhältnisse, insbesondere in Bauteilen aus mineralischen Stoffen, sind aufgrund der Kapillarkondensation und des kapillaren Wassertransports sowie der immer vorhandenen Eigenfeuchte wesentlich komplexer.

Bei Ansatz anderer Klimafaktoren werden die Ergebnisse des Glaserverfahrens fragwürdig. Auch für die Überprüfung bereits errichteter Bauteile ist das Glaserdiagramm ungeeignet.

Glaserdiagramm

Der Feuchtegehalt innerhalb eines Bauteils ist sowohl von den Austrocknungsmöglichkeiten des bei der Errichtung des Neubaus eingebrachten Wassers, der Wasseraufnahme bei Bewitterung als auch von einer eventuellen Wasserdampfkondensation durch Nutzungsfeuchte abhängig. Praktikable Rechenverfahren zu einer quantitativen Erfassung all dieser Mechanismen wurden in den letzten Jahren vom Fraunhofer-Institut in Holzkirchen entwickelt (siehe PC-Programm „wufi“).

Die für diese Untersuchungen zu verwendenden Klima- und Stoffdaten sind derzeit noch nicht genormt. Zur Abschätzung der Wasserdampfkondensation durch Nutzungsfeuchte innerhalb von Bauteilen gilt deshalb das in der DIN 4108-3 beschriebene Verfahren derzeit noch als Regel der Technik.

6.2.2.2 Wasserdampfdiffusion

Nachfolgend werden die dem Glaserverfahren zugrunde liegenden Algorithmen beschrieben.

Im Winter ist in Aufenthaltsräumen durch die Wasserdampfabgabe von Menschen, Tieren und Pflanzen mehr Feuchtigkeit vorhanden als in der Außenluft. Der Dampfdruck in den Innenräumen ist deshalb größer als in der Außenluft. So beträgt z. B. der Sattdampfdruck bei Normklima nach DIN 4108-3:

innen für	θ	=	20 °C	p_s	=	2340 Pa
außen für	θ	=	– 10 °C	p_s	=	260 Pa

Ein Feuchtigkeitsausgleich erfolgt in der Regel durch ausreichendes Lüften. Da aber alle Baustoffe mehr oder weniger porös sind, kann in diese Wasserdampf ein- bzw. hindurchdiffundieren. Die hierdurch transportierten Feuchtemengen sind sehr gering und im Vergleich zur Fensterlüftung unbedeutend. Eine Beeinflussung des Raumklimas findet dadurch nicht statt. Bei andauernder Kondensation von Wasserdampf innerhalb des Bauteils kann es allerdings zur Feuchtigkeitsanreicherung mit den zuvor genannten Folgen kommen.

Vorgang:

Ist in zwei getrennten Bereichen unterschiedlicher Gasdruck vorhanden, besteht das Bestreben, diesen über das trennende Element auszugleichen. Besteht der Druckunterschied zwischen dem in der Innen- und Außenluft vorhandenen Wasserdampf, können in ein poröses Bauteil Wassermoleküle eindringen und aufgrund des dort vorhandenen Temperaturgefälles kondensieren.

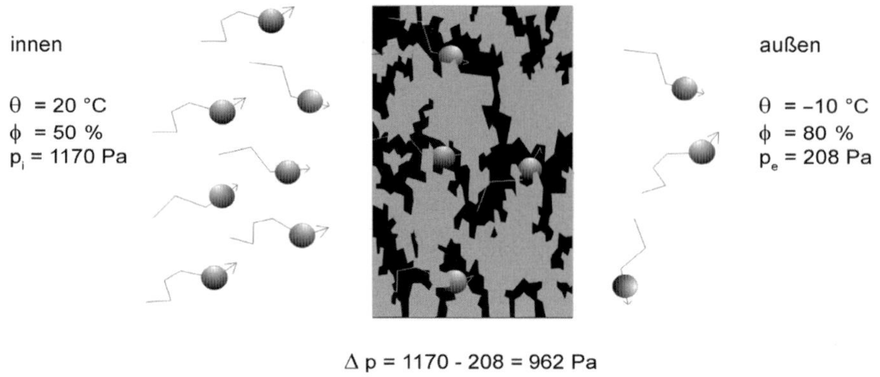

Bild 6.46: Wasserdampfdiffusion durch Bauteile

Wasserdampfkondensation kann sowohl durch Unterschreitung der Taupunkttemperatur als auch durch Überschreitung der bei einer bestimmten Temperatur möglichen Wasserdampfmenge erfolgen (siehe Kapitel 6.2.1.3). Letzteres wird beim Atmen an einem kalten Wintertag sichtbar. Der am Morgen in der Natur vorhandene Tauniederschlag ist durch Unterschreitung der Taupunkttemperatur entstanden.

Überträgt man diese bei freier Beweglichkeit der Moleküle geltenden Mechanismen auf die Poren und Kapillaren in Stoffen, kann man durch Bestimmung der Temperaturen und der eindringenden Dampfmenge eine mögliche Kondensation innerhalb des Bauteils abschätzen.

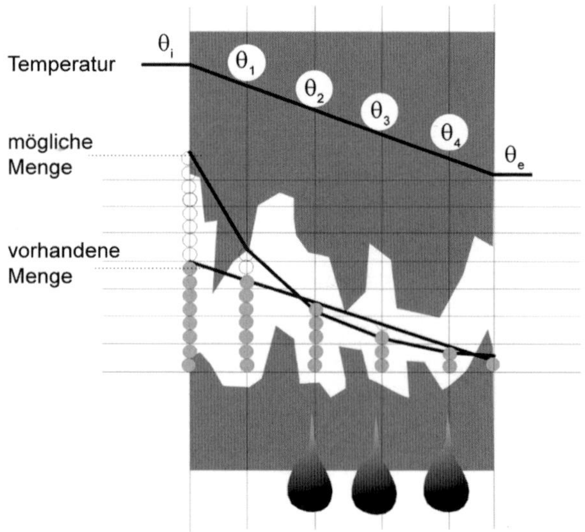

Bild 6.47: Wasserdampfkondensation in einer Kapillare

In Bild 6.47 ist der innerhalb eines Bauteils vorhandene Temperaturverlauf und der sich hierfür einstellende Sattdampfdruck eingezeichnet (mögliche Menge). Die als Gerade gezeichnete „Teildampfdruckkurve“ (vorhandene Menge) gibt den sich in Abhängigkeit von der Dampfdurchlässigkeit des Stoffes und der in der Innen- und Außenluft enthaltenen Dampfmenge einstellenden Dampfdruck an. Überschreitet dieser an einer Stelle den möglichen Sattdampfdruck, kommt es zur Tauwasserbildung. Mit den nachfolgend definierten Messgrößen kann dieser Vorgang rechnerisch erfasst werden (siehe auch Kondens-sim auf www.enev-profi.de).

6.2.2.3 Messgrößen zur Bestimmung der diffundierenden Dampfmengen

Wasserdampfdiffusionsdurchlasskoeffizient W

Jeder Stoff stellt dem Wasserdampfdiffusionsstrom in Abhängigkeit von seiner Struktur einen Widerstand entgegen. In der Luft sind dies die Moleküle der anderen Luftgase, in fester Materie die Stoffteilchen.

Die Dampfdurchlässigkeit eines Stoffes ist von dessen Porosität abhängig und wird durch den Wasserdampfdiffusionsdurchlasskoeffizient W in kg/(m^2 · h · Pa) beschrieben. Dieser gibt an, wie viel Kilogramm Wasserdampf in einer Stunde pro Quadratmeter Wandfläche diffundiert, wenn die Differenz des Dampfdrucks zwischen innerer und äußerer Oberfläche 1 Pa beträgt.

In einer Luftschicht mit der Dicke d gilt:

$$W = \frac{1}{d \cdot 1{,}5 \cdot 10^6} \qquad \frac{kg}{m^2 \cdot h \cdot Pa}$$

(Formel 6.22)

d = Dicke der Luftschicht

$$W_{Feststoff} = \frac{1}{\mu \cdot d \cdot 1{,}5 \cdot 10^6} \qquad \frac{kg}{m^2 \cdot h \cdot Pa}$$

(Formel 6.23)

μ = Wasserdampfdiffusionswiderstand (wird noch erläutert)

Um den W-Wert für Feststoffe zu berechnen, ist der durch Luftmoleküle erzeugte Dampfdiffusionswiderstand noch mit dem μ-Wert des Stoffes zu multiplizieren.

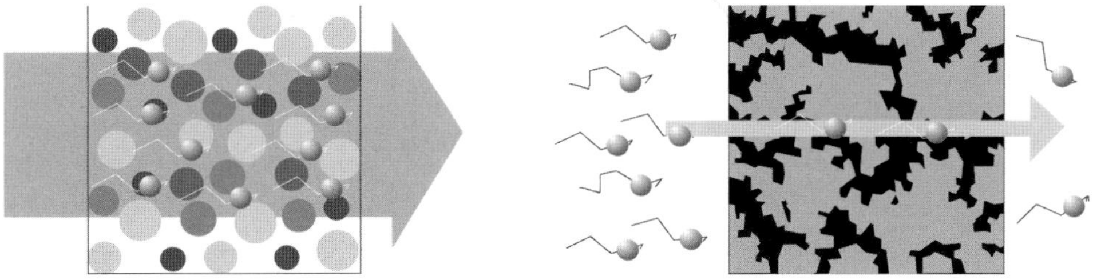

in der Luft

in einem Stoff

Bild 6.48: Wasserdampftransport

Beispiel:

Ziegel mit µ = 5 und d = 0,365 m

$$W_{Ziegel} = \frac{1}{5 \cdot 0,365 \cdot 1,5 \cdot 10^6} = 0,37 \cdot 10^{-6} \qquad \frac{kg}{m^2 \cdot h \cdot Pa}$$

Wasserdampfdiffusionsdurchlasswiderstand Z

Der Diffusionswiderstand einer Stoffschicht ist der Reziprokwert des Diffusionskoeffizienten:

$$Z = \frac{1}{W} \qquad \frac{Pa \cdot m^2 \cdot h}{kg}$$

(Formel 6.24)

bzw.

$$Z = 1,5 \cdot 10^6 \cdot \mu \cdot d \qquad \frac{Pa \cdot m^2 \cdot h}{kg}$$

(Formel 6.25)

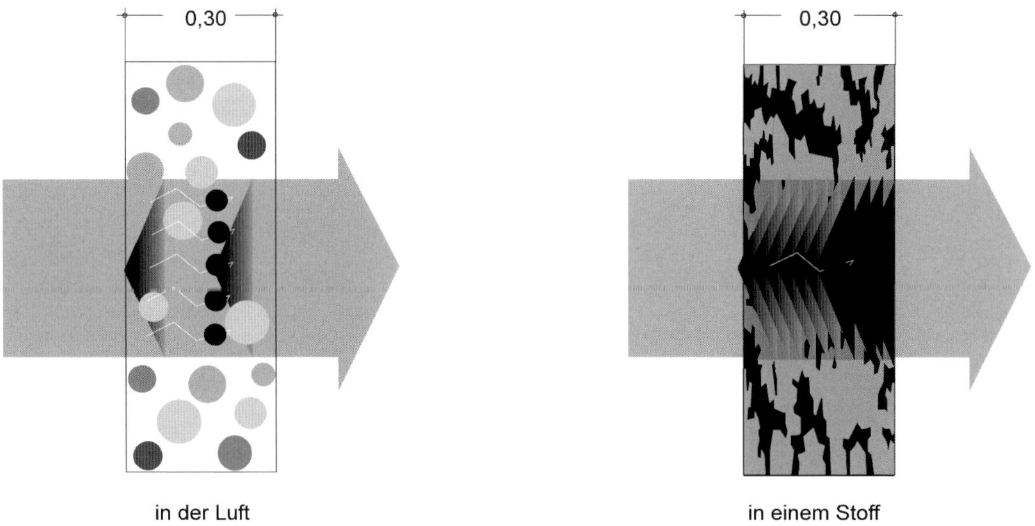

Bild 6.49: Dampfdiffusionswiderstand

Beispiel:

Unterschied zwischen dem Wasserdampfdiffusionsdurchlasswiderstand einer Luftschicht und der einer gleich dicken Ziegelschicht (d = 0,3 m).

$$Z_{Luft} = 0,3 \cdot 1,5 \cdot 10^6 = 0,45 \cdot 10^6 \qquad \frac{Pa \cdot m^2 \cdot h}{kg}$$

$$Z_{Ziegel} = 5 \cdot 0,3 \cdot 1,5 \cdot 10^6 = 2,25 \cdot 10^6 \qquad \frac{Pa \cdot m^2 \cdot h}{kg}$$

Dampfdiffusionsstromdichte g

Die durch die Kapillaren strömende Dampfmenge ist neben der Durchlässigkeit des Stoffes auch von dem zwischen Innen- und Außenluft bestehenden Dampfdruckunterschied abhängig. Die diffundierende Dampfmenge wird als Dampfdiffusionsstromdichte g bezeichnet.

Die Dampfdiffusionsstromdichte g gibt an, wie viel Kilogramm Wasserdampf in einer Stunde durch einen Quadratmeter eines Stoffes diffundieren.

$$g = W \cdot (p_i - p_e) = \frac{p_i - p_e}{Z} \qquad \frac{kg}{m^2 \cdot h}$$

(Formel 6.26)

p_i = Wasserdampfpartialdruck innen in Pa
p_e = Wasserdampfpartialdruck außen in Pa
W = Wasserdampfdiffusionsdurchlasskoeffizient
Z = Wasserdampfdiffusionsdurchlasswiderstand

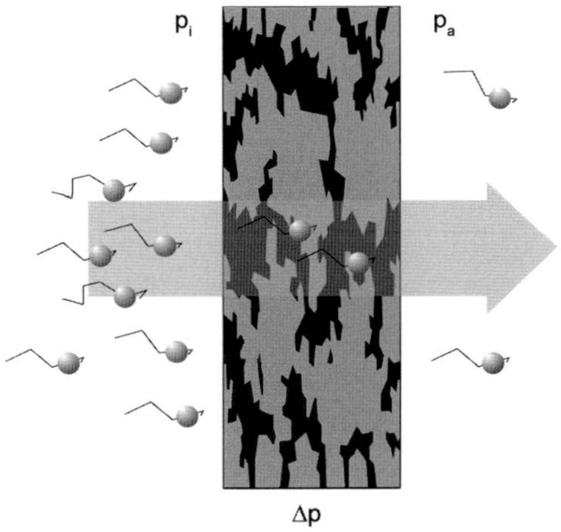

Bild 6.50: Dampfdiffusionsstromdichte g

Dampfdiffusionsstromdichte für:

p_i = 1.170 Pa; p_e = 208 Pa; Schichtdicke d = 0,3 m

Luft Z = $0{,}45 \cdot 10^6$

Ziegel Z = $2{,}25 \cdot 10^6$

g_{Luft} = $(1.170 - 208)/0{,}45 \cdot 10^6 = 0{,}002$ kg/m$^2 \cdot$ h

g_{Ziegel} = $(1.170 - 208)/2{,}25 \cdot 10^6 = 0{,}0004$ kg/m$^2 \cdot$ h

Wie man sieht, sind die durch Diffusion transportierten Wassermengen in der Praxis sehr klein.

Wasserdampfdiffusionswiderstandszahl μ

Die durch einen Stoff hindurchgehende Dampfmenge wird über den Faktor μ mit der Menge verglichen, die durch eine gleich dicke Luftschicht diffundiert. μ ist die Dampfdiffusionswiderstandszahl. Sie ist als reiner Vergleichswert dimensionslos.

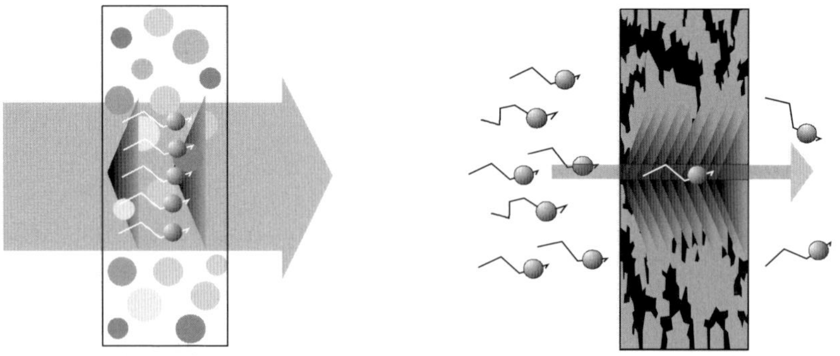

in Luft in einem Stoff

Bild 6.51: Dampfdiffusionswiderstandszahl μ

Der μ-Wert wird ermittelt, indem man einen mit Trocknungsmittel (z. B. Silicat-Gel) gefüllten Behälter mit dem zu untersuchenden Stoff verschließt und in einen Klimaschrank mit gleichmäßiger Luftfeuchtigkeit stellt. Durch die Gewichtszunahme des hygroskopischen Materials kann man die Dampfdurchlässigkeit des Verschlussmaterials berechnen.

Da die gleichen Materialien oft große Streubreiten aufweisen, werden für viele Stoffe ein unterer und ein oberer Wert angegeben. Beim späteren Feuchtigkeitsnachweis (Glaserdiagramm) eines Bauteils sind die unteren Werte auf der warmen, die oberen Werte auf der kalten Seite zu verwenden.

Die für die einzelnen Baustoffe zu verwendenden μ-Werte sind in der DIN V 4108-4 als *„Berechnungswerte der Dampfdiffusionswiderstandszahl μ"* angegeben. Für Holz und Holzwerkstoffe sind die μ-Werte in der DIN EN 12524 enthalten.

Äquivalente Luftschichtdicke s_d

Um in der Praxis die unhandliche Zahl $1{,}5 \cdot 10^6$ beim Diffusionswiderstand Z zu vermeiden, lässt man den Diffusionswiderstand einfach weg und sagt zu dem Produkt μ · d äquivalente Luftschichtdicke s_d, angegeben in Meter. In der Praxis wird das Diffusionsverhalten von Schichten praktisch nur durch diesen Wert charakterisiert, W und Z sind relativ ungebräuchlich.

$$s_d = \mu \cdot d \qquad \text{m}$$

(Formel 6.27)

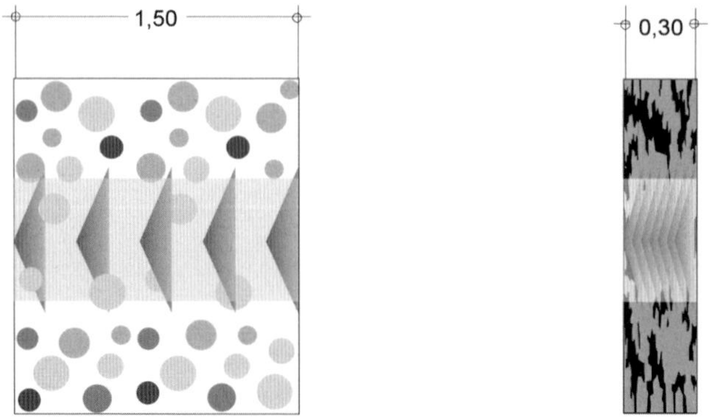

Luftschicht mit μ = 1 Stoffschicht mit μ = 5

Bild 6.52: Äquivalente Luftschichtdicke

Beispiel:

Größe des s_d-Wertes einer Ziegelwand mit 0,3 m, $\mu_{Ziegel} = 5$

s_d = 5 · 0,3

s_d = 1,5 m

Das heißt, dass durch eine 30 cm dicke Ziegelwand genauso viel Wasserdampf hindurchdiffundiert wie durch eine 1,5 m dicke stehende Luftschicht.

Durch die Angabe eines s_d-Wertes kann der erforderliche Widerstand einer Schicht einfach und anschaulich angegeben werden. So ist z. B. die Notwendigkeit eines rechnerischen Nachweises des Tauwasserausfalls davon abhängig, ob die in der DIN 4108-3 für bestimmte Bauteile und Bauteilschichten vorgegebenen s_d-Werte eingehalten werden. Auch die Qualität der Wasserabweisung von Außenputzen ist durch den s_d-Wert definiert. Nach DIN 4108-3 wird in Gebieten mit starker Schlagregenbeanspruchung (Beanspruchungsgruppe III) ein wasserabweisender Außenputz gefordert. Nach Tabelle 2 der gleichen Norm sollen diese Putze einen s_d-Wert von 2 m nicht überschreiten.

Rechenbeispiel: s_d-Wert

Nach DIN 4108-3, Abschnitt 4.3.3.2 ist für nicht belüftete Dächer mit nicht belüfteter Dachdeckung kein rechnerischer Tauwassernachweis erforderlich, wenn raumseitig eine diffusionshemmende Schicht mit $s_{di} \geq 100$ m unterhalb der Wärmedämmschicht angebracht ist.

Wie dick muss eine PE-Folie sein, um diese Forderung zu erfüllen?

Gegeben:

s_d-soll = 100 m

$\mu_{PE\text{-}Folie}$ = 100.000

Gesucht:

Erforderliche Dicke einer PE-Folie.

Formel:

$d = s_d / \mu$

Berechnung:

$$d_{erf.\ PE\text{-}Folie} = \frac{100}{100.000} = 0{,}001 \text{ m} = 1 \text{ mm}$$

Ergebnis:

PE-Folien haben in der Regel nur eine Dicke zwischen 0,2 und 0,4 mm. Sie sind also für den vorgesehenen Fall nicht ausreichend. Für diffusionshemmende Schichten mit $s_d \geq 40$ m sind Metallfolien geeignet.

6.3 Glaserdiagramm

Eine Methode zur Abschätzung der Tauwassergefahr in einer Außenwand oder einem Dach ist das schon erwähnte Glaserverfahren (siehe Kapitel 6.2.2.1), nach dem Klimatechniker Prof. K. Glaser benannt.

Hierbei werden in dem im Maßstab der Diffusionswiderstände dargestellten Wandquerschnitt die dem Temperaturgefälle entsprechenden Sattdampfdruckwerte aufgetragen und untersucht, ob aufgrund des vorhandenen Dampfdiffusionswiderstandes und des Dampfdruckgefälles der eindiffundierende Wasserdampf die Sattdampfdruckwerte erreicht.

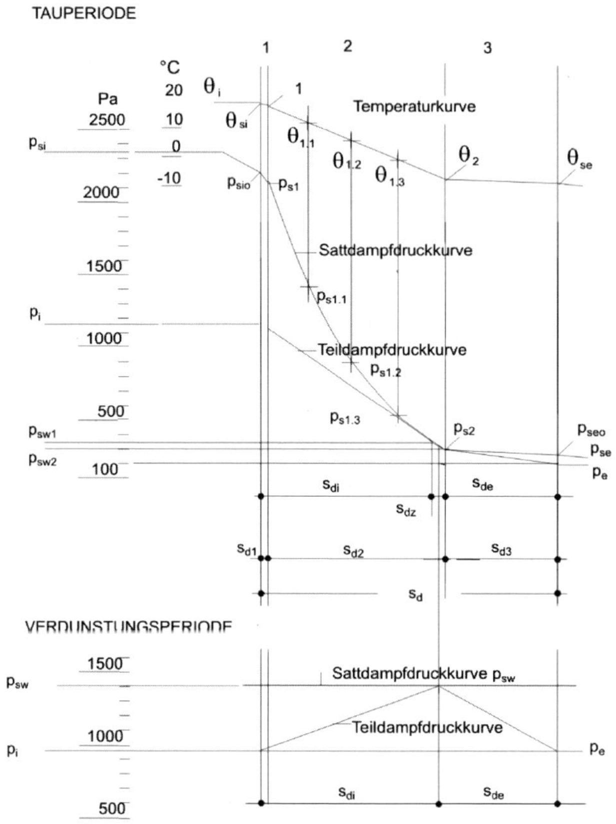

Bild 6.53: Glaserdiagramm

6.3.1 Aufbau eines Glaserdiagramms

Darstellung des Teildampfdruckgefälles

Bei der theoretischen Annahme, dass sich der Wasserdampfdruck in der Innen- und Außenluft über einen längeren Zeitraum nicht ändert und die Kapillaren und Poren des Bauteils immer trocken sind, stellt sich das Teildampfdruckgefälle proportional zu den Dampfdiffusionswiderständen (s_d-Werte) der einzelnen Schichten ein. Genau wie im Wärmeschutz geht man also auch hier vom sogenannten stationären Gleichgewicht aus, das sich hier wie dort praktisch nie einstellt, da sich die Bedingungen klimabedingt ständig ändern. Diese Vereinfachung ermöglicht aber eine schnelle Abschätzung der Tauwassergefahr, die jedoch nur unter den in der DIN 4108-3 genannten Bedingungen angenommen werden darf.

Im stationären Gleichgewicht herrscht überall in der Wand dieselbe Diffusionsstromdichte g. Nirgendwo in der Wand wird Feuchtigkeit angesammelt oder wegtransportiert. Was in die Wand warmseitig an Feuchtigkeit eindringt, kommt kaltseitig auch wieder heraus. Gemäß

$$\Delta p_i = Z_i \cdot g = 1{,}5 \cdot 10^6 \cdot s_{di} \cdot g \qquad \text{Pa}$$

(Formel 6.28)

ist das Dampfdruckgefälle $\Delta p_j / s_{dj} = 1{,}5 \cdot 10^6 \cdot g$ in allen Schichten j gleich. Mathematisch entspricht $\Delta p_j/s_{dj}$ aber der Steigung (besser: des Gefälles) der Teildampfdruckkurve im Glaserdiagramm. Sie ist nach dem oben Gesagten in allen Schichten gleich. Diese Kurve quer durch die komplette Wand ergibt in der gewählten Auftragung und bei den getroffenen Annahmen also eine einzige Gerade.

Die Dampfdruckdifferenz Δp_j an einer Schicht j ist von der gesamten Druckdifferenz zwischen innen und außen und dem Dampfdiffusionswiderstand dieser Schicht abhängig.

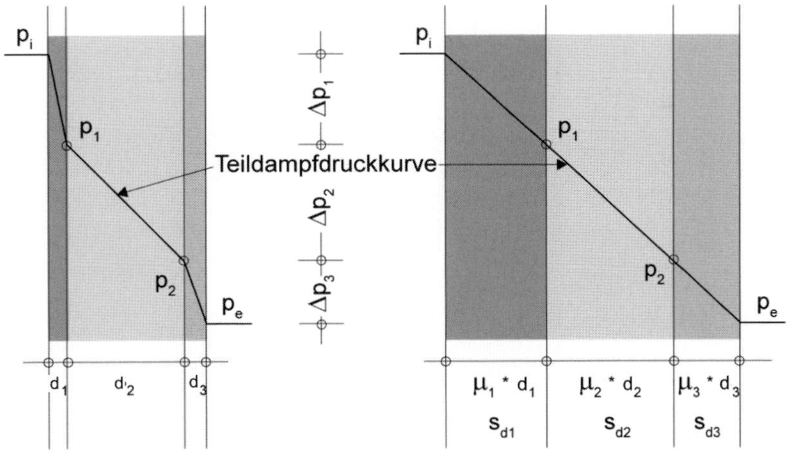

Bild 6.54: Teildampfdruckkurve

Der an einer Schichtgrenze auftretende Teildampfdruck kann sowohl nach der Proportionsgleichung berechnet als auch für eine beliebige Stelle an der eingezeichneten Pa-Skala abgelesen werden.

Beispiel:

Das Verhältnis der Druckdifferenzen einer Schicht zu der Druckdifferenz zwischen innen und außen entspricht dem des s_d-Wertes dieser Schicht zum gesamten s_d-Wert des Bauteils.

$$\frac{\Delta p_1}{p_i - p_e} = \frac{s_{d1}}{s_{d\,gesamt}} \qquad –$$

(Formel 6.29)

Die innerhalb einer Schicht entstehende Druckdifferenz lässt sich daraus wie folgt ableiten:

$$\Delta p_1 = \frac{s_{d1}}{s_{d\,gesamt}} \cdot (p_i - p_e) \qquad \text{Pa}$$

(Formel 6.30)

Darstellung des Sattdampfdruckgefälles

Zur Untersuchung, ob der vorhandene Teildampfdruck den möglichen Sattdampfdruck überschreitet, ist die vom Temperaturverlauf abhängige Sattdampfdruckkurve zu zeichnen. Der Sattdampfdruck kann für die innerhalb einer Konstruktion bestehenden Temperaturen aus der Tabelle Sättigungsdruck p_s (siehe Tabelle 6.10, Kapitel 6.2.1.4) abgelesen und in den gezeichneten Querschnitt eingetragen werden. Hierzu sind vorher die Temperaturen zumindest an den jeweiligen Schichtgrenzen, bei Schichten mit größeren s_d-Werten auch noch an weiteren Stellen, zu ermitteln.

Die Verbindung der so aufgetragenen Sattdampfdruckwerte ergibt in der Regel eine Kurve, die als Sattdampfdruckkurve bezeichnet wird.

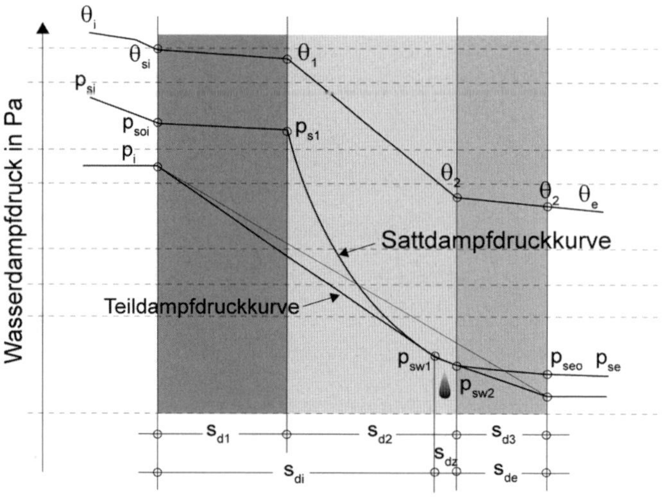

Bild 6.55: Sattdampfdruckkurve

Erreicht der Teildampfdruck Werte des Sattdampfdrucks (Berührung der beiden Kurven), kommt es zur Tauwasserbildung. Die Teildampfdruckkurve kann jedoch niemals die Werte der Sattdampfdruckkurve überschreiten, da bei Erreichen des Sattdampfdrucks Tauwasser ausfällt und sich dann das Dampfdruckgefälle verändert. Bei Tauwasserausfall schmiegt sich die Teildampfdruckkurve als Seilzug-Linie (oder „Gummiband"-Linie) an die Sattdampfdruckkurve an. An den Berührungspunkten entsteht Tauwasser.

Man spricht von **Tauwasserebene**, wenn es nur einen Berührungspunkt gibt (einen Knick in der Teildampfdruckkurve). Ein **Tauwasserbereich** liegt vor, wenn sich Sattdampfdruck und Teildampfdruck über eine längere Strecke berühren.

6.3.2 Berechnung der Tauwassermenge $m_{W,T}$

Ergibt sich aus dem Glaserdiagramm eine Tauwasserbildung, muss untersucht werden, ob die ausfallende Menge die Konstruktion schädigen kann und ob die im Winter (Tauperiode) eindiffundierende Menge im Sommer wieder ausdiffundiert oder sich im Laufe der Jahre anreichert.

Die in ein Bauteil eindringende Tauwassermenge errechnet sich gemäß Formel 6.26 aus dem Gefälle der Teildampfdruckkurve auf der linken Seite der Tauwasserebene oder des Tauwasserbereichs:

$$g_i = \frac{1}{1{,}5 \cdot 10^6} \cdot \frac{p_i - p_1}{s_{di}} \qquad \text{kg/m}^2$$

(Formel 6.31)

g = Dampfdiffusionsstromdichte
Index i = innen liegend bis zur Tauwasserebene
p_i = Teildampfdruck im Inneren (nach DIN 4108-3, Tabelle B.1: 1.170 Pa)
p_1 = Dampfdruck an der Tauwasserebene = p_{sw1} in der Zeichnung

Die ausdiffundierende Menge ergibt sich entsprechend aus:

$$g_e = \frac{1}{1{,}5 \cdot 10^6} \cdot \frac{p_2 - p_e}{s_{de}} \qquad \text{kg/m}^2$$

(Formel 6.32)

Index e = außen liegend von der Tauwasserebene weg
p_2 = am Ende eines Tauwasserbereichs = p_{sw2} in der Zeichnung
p_e = Dampfdruck außen (DIN 4108-3: 208 Pa)

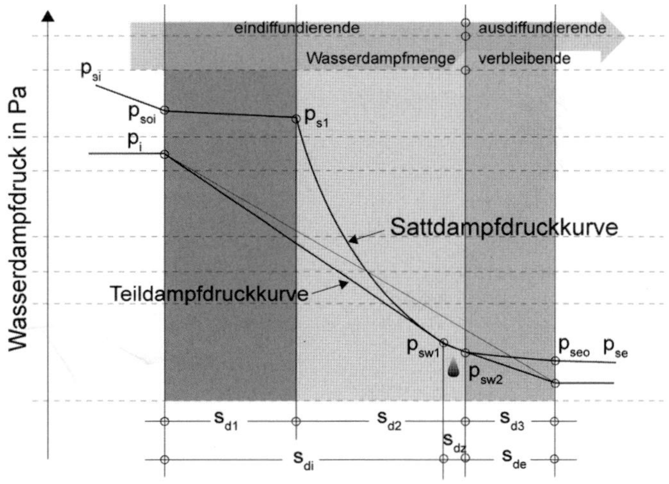

Bild 6.56: Diffundierende Wasserdampfmengen

Die bei Kondensation in der Tauperiode in einem Bauteil verbleibende Tauwassermenge ($m_{W,T}$) errechnet sich aus der Differenz der bis zum Anfang des Kondensationsbereichs eindringenden und von dessen Ende weiter nach außen diffundierenden Wasserdampfmenge multipliziert mit der Zeitdauer des Diffusionsvorgangs.

$$m_{W,T} = t_T \cdot (g_i - g_e) \qquad \text{kg/m}^2$$

(Formel 6.33)

$m_{W,T}$ = Tauwassermenge in der Tauperiode
g_i = eindiffundierende Wassermenge
g_e = ausdiffundierende Wassermenge
t_T = Dauer des Diffusionsvorganges in der Tauperiode
= 1.440 h, entsprechend 60 Tage

6.3.2.1 Tauwassermenge in der Tauperiode

Nach DIN 4108-3, Gleichung A.14 ergibt sich die Diffusionsstromdichte von innen bis zur Tauwasserebene:

$$g_i = \frac{p_i - p_{sw}}{Z_i} \quad \text{kg/(m}^2 \cdot \text{h)}$$

(Formel 6.34)

g_i = Dampfstromdichte zwischen der inneren Oberfläche und der Tauwasserebene

Z_i = Wasserdampfdiffusionsdurchlasswiderstand der Baustoffschichten zwischen der inneren Oberfläche und der Tauwasserschicht = $1{,}5 \cdot 10^6 \cdot s_{di}$ m² · h · Pa/kg

Die Diffusionsstromdichte von der Tauwasserebene nach außen ergibt sich nach DIN 4108-3, Gleichung A.15:

$$g_e = \frac{p_{sw} - p_e}{Z_e} \quad \text{kg/(m}^2 \cdot \text{h)}$$

(Formel 6.35)

g_e = Dampfstromdichte zwischen der Tauwasserebene und der äußeren Oberfläche

Z_e = Wasserdampfdiffusionsdurchlasswiderstand der Baustoffschichten zwischen der Tauwasserschicht und der äußeren Oberfläche = $1{,}5 \cdot 10^6 \cdot s_{di}$ m² · h · Pa/kg

Die während der Tauperiode in der Tauwasserebene ausfallende Wassermasse $m_{W,T}$ berechnet sich nach DIN 4108-3, Gleichung A.16:

$$m_{W,T} = t_T \cdot (g_i - g_e)$$

(Formel 6.36)

t_T = angenommene Zeit, in der Wasserdampf in das Bauteil eindiffundiert Tauperiode = 1440 h = 60 d

Für die Berechnung der Tauwassermasse ergibt sich somit die Formel:

$$m_{W,T} = \frac{1.440}{1{,}5 \cdot 10^6} \cdot \left(\frac{1.170 - p_{sw}}{s_{di}} - \frac{p_{sw} - 208}{s_{de}} \right) \quad \text{kg/m}^2$$

(Formel 6.37)

p_{sw} = Wasserdampfdruck in der Tauwasserebene

Setzt man das Ergebnis des immer konstanten Bruches $\frac{1.440}{1{,}5 \cdot 10^6}$ als Zahl ein, ergibt sich:

$$\mathbf{m_{W,T} = 0{,}00096 \left(\frac{1.170 - p_{sw}}{s_{di}} - \frac{p_{sw} - 208}{s_{de}} \right)} \quad \mathbf{kg/m^2}$$

(Formel 6.38)

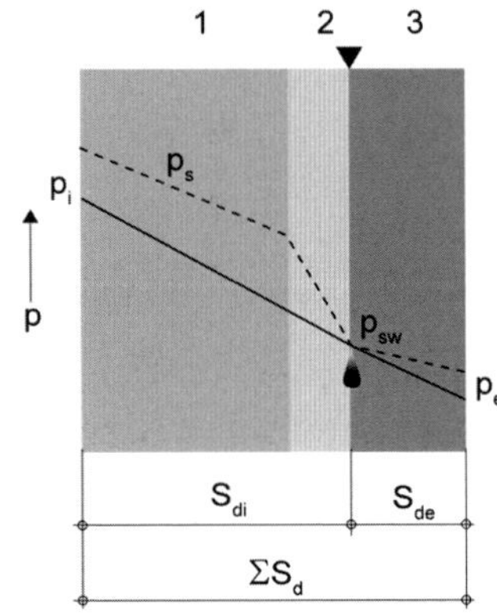

Die Ermittlung der Tauwassermengen bei Ausfall in zwei Ebenen oder einer Zone siehe DIN 4108-3, Abschnitt 6.2.4, Fall c.

Bild 6.57: Tauwasserausfall in einer Ebene – nach DIN 4108-3

6.3.2.2 Tauwasser in der Verdunstungsperiode

Die in der Verdunstungsperiode ausdiffundierende Wassermenge $m_{W,V}$ errechnet sich aus der Summe der aus dem Kondensationsbereich nach beiden Seiten diffundierenden Wasserdampfmenge multipliziert mit der Zeit des Diffusionsvorgangs.

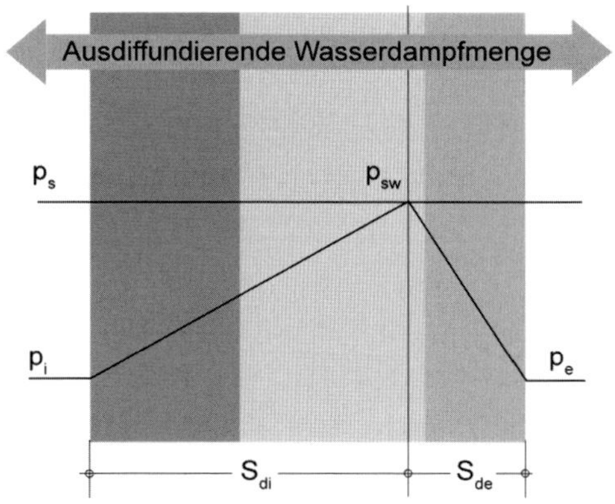

Bild 6.58: Ausdiffundierende Wassermengen

Die Diffusionsstromdichte von der Tauwasserebene nach innen beträgt:

$$g_i = \frac{p_{sw} - p_i}{Z_i} \qquad \text{kg/(m}^2 \cdot \text{h)}$$

(Formel 6.39)

Die Diffusionsstromdichte von der Tauwasserebene nach außen beträgt:

$$g_e = \frac{p_{sw} - p_e}{Z_e} \qquad \text{kg/(m}^2 \cdot \text{h)}$$

(Formel 6.40)

Die während der Verdunstungsperiode ausdiffundierende Wassermenge $m_{W,V}$ beträgt:

$$m_{W,V} = t_V \cdot (g_i + g_e) \qquad \text{kg/m}^2$$

(Formel 6.41)

t_V = angenommene Zeit, in der Wasserdampf aus dem Bauteil ausdiffundiert
Verdunstungsperiode = 2160 h = 90 d

Für die Berechnung der Verdunstungsmasse ergibt sich somit aus dieser Formel:

$$m_{W,V} = \frac{2.160}{1{,}5 \cdot 10^6} \cdot \left(\frac{1.403 - 982}{s_{di}} + \frac{1.403 - 982}{s_{de}} \right)$$

$$= 0{,}61 \cdot \left(\frac{1}{s_{di}} + \frac{1}{s_{de}} \right) \qquad \text{kg/m}^2$$

(Formel 6.42)

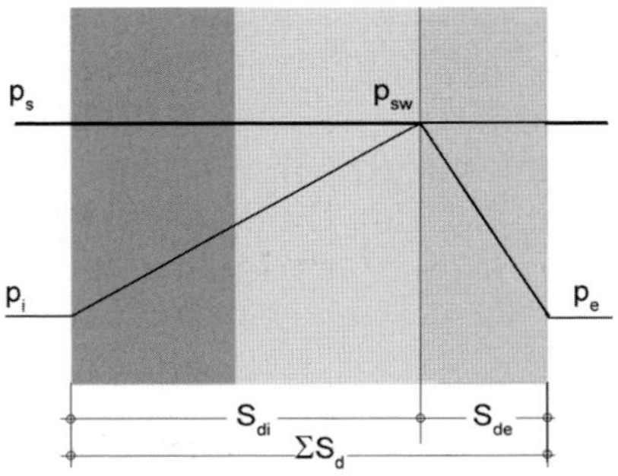

Bild 6.59: Tauwasserausfall in einer Ebene – nach DIN 4108-3

In den Formeln bedeutet:

$m_{W,T}$	= Tauwassermasse in der Tauperiode	kg/m²			
$m_{W,V}$	= Tauwassermasse in der Verdunstungsperiode	kg/m²			
				in TP	in VP
p_i	= Wasserdampfteildruck an der raumseitigen Oberfläche	Pa =		1.170	982
p_e	= Wasserdampfteildruck an der außenseitigen Oberfläche	Pa =		208	982
$p_{e1/2}$	= Sattdampfdrücke im Taubereich	Pa			
s_d	= äquivalente Luftschichtdicke aus $\mu \cdot s$	m			

Im Fall 1

s_{di} = $\sum \mu \cdot d$ der Schichten zwischen raumseitiger Oberfläche und der Tauwasserebene

s_{de} = $\sum \mu \cdot d$ der Schichten zwischen Tauwasserebene und außenseitiger Oberfläche

Im Fall 2

s_{di} = $\sum \mu \cdot d$ der Schichten zwischen raumseitiger Oberfläche und der ersten Tauwasser ebene p_1

s_{dz} = $\sum \mu \cdot d$ der Schichten zwischen der ersten und der zweiten Tauwasserebene p_2

s_{de} = $\sum \mu \cdot d$ der Schichten zwischen der zweiten Tauwasserebene p_2 und der außenseitigen Bauteiloberfläche

Im Fall 3

s_{di} = $\sum \mu \cdot d$ der Schichten zwischen raumseitiger Oberfläche und dem Anfang des Tauwasserbereichs p_1

s_{dz} = Tauwasserzone $\sum \mu \cdot d$ zwischen p_1 und p_2

s_{de} = $\sum \mu \cdot d$ der Schichten zwischen dem Ende des Tauwasserbereichs p_2 und der außenseitigen Oberfläche

6.3.3 Randbedingungen

6.3.3.1 Maximale Tauwassermasse in Bauteilen nach DIN 4108-3

In DIN 4108-3, Abschnitt 4.2.1 sind die bei einem evtl. Tauwasserausfall zu beachtenden Anforderungen definiert. Danach ist eine Erhöhung der Stofffeuchte, die zu einer Materialschädigung oder zu Beeinträchtigungen der Funktionssicherheit (z. B. Korrosion, Pilzbefall) führt, zu vermeiden.

Das in der Tauperiode anfallende Tauwasser muss in der Verdunstungsperiode wieder abgegeben werden können.

Weiterhin darf die flächenbezogene Tauwassermasse $m_{W,T}$ folgende Werte nicht überschreiten:

bei Dach- und Wandkonstruktionen	≤ 1,0 kg/m²
an Berührungsflächen mit einer kapillar nicht wasseraufnahmefähigen Schicht	≤ 0,5 kg/m²
Bei Holzbauteilen ist nach DIN 68800-2:1996-05, Abschnitt 6.4 bei nicht wasseraufnahmefähigen Schichten eine Tauwassermasse $m_{W,T}$ zulässig, wenn die Verdunstungsmasse $m_{W,V}$ mindestens das 5-Fache der auftretenden Tauwassermasse beträgt.	≤ 1,0 kg/m²
Bei Holz ist eine Erhöhung des massenbezogenen Feuchtegehalts μ_m um mehr als 5 %, bei Holzwerkstoffen um mehr als 3 % unzulässig.	

6.3.3.2 Klimadaten

Für die Untersuchung des Tauwasserausfalls innerhalb von Bauteilen nach DIN 4108-3 sind folgende Randbedingungen einzuhalten:

Wände – Tauperiode

Wirkungsdauer	= 1.440 Stunden (entspricht zwei Monaten)
Temperatur innen	20 °C
Temperatur außen	– 10 °C
relative Luftfeuchte innen	50 %
relative Luftfeuchte außen	80 %

Wände – Verdunstungsperiode

Wirkungsdauer	= 2.160 Stunden (entspricht drei Monaten)
Temperatur innen	+ 12 °C
Temperatur außen	+ 12 °C
relative Luftfeuchte innen	70 %
relative Luftfeuchte außen	70 %
im Tauwasserbereich	+ 12 °C
relative Luftfeuchte	100 %

Dächer

Wirkungsdauer	= 2.160 Stunden (entspricht drei Monaten)
Temperatur innen	+ 12 °C
Temperatur der Dachoberfläche	20 °C
Temperatur außen	+ 12 °C
relative Luftfeuchte innen	70 %
relative Luftfeuchte außen	70 %
im Tauwasserbereich	+ 12 °C
relative Luftfeuchte	100 %

6.3.3.3 Wärmeübergangswiderstände R_s

(nach DIN 4108-3 abweichend von DIN ISO EN 6946)

R_{si}: Wärmestrom horizontal und aufwärts R_{si} = 0,13 m² · K/W, abwärts R_{si} = 0,17 m² · K/W

R_{se}: Bauteile an Außenluft R_{se} = 0,04 m² · K/W, an belüft. Luftschichten R_{se} = 0,08 m² · K/W

6.3.4 Untersuchung des Tauwasserausfalls mithilfe des Glaserdiagramms

6.3.4.1 Notwendigkeit des rechnerischen Nachweises

Der Aufwand für den rechnerischen Nachweis des Tauwasserausfalls in Bauteilen ist nicht unerheblich, wenn man diesen mit dem Taschenrechner durchführt und das Glaserdiagramm von Hand zeichnet. Für eine Reihe häufig angewandter Konstruktionen liegen ausreichende Erfahrungen bezüglich ihres Verhaltens bei Dampfdiffusion vor.

In DIN 4108-3, Abschnitt 4.3 sind die Bauteile genau beschrieben, für die kein Nachweis durchgeführt werden muss. Für Bauteile, die in ihrem Aufbau von dieser detaillierten Beschreibung auch nur in Einzelheiten abweichen, muss jedoch der Nachweis erbracht werden. Da heute mithilfe der EDV solche Nachweise einfach und schnell durchzuführen sind, sollte dies während der Ermittlung von Schichtaufbauten für eine Wand- oder Dachkonstruktion immer geschehen.

Nachfolgend werden am Beispiel einer Leichtbauwand die für die Untersuchung auf Tauwasserbildung erforderlichen Schritte dargestellt.

6.3.4.2 Rechenbeispiel: Leichtbauwand

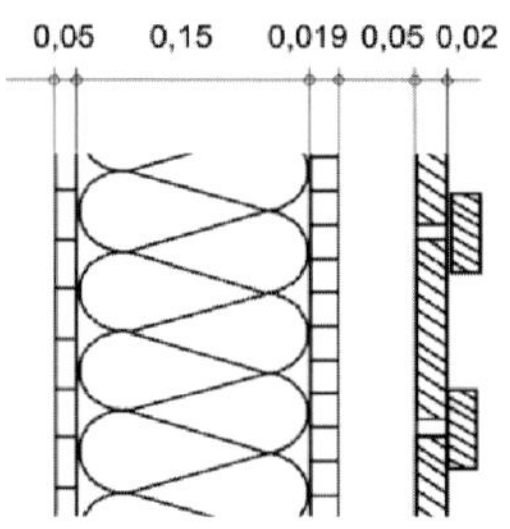

Bild 6.60: Aufbau der Leichtbauwand

Berechnung der Werte:

Tabelle 6.11: Berechnung der Daten für das Glaserdiagramm

Spalte	1	2	3	4	5	6	7
Symbol	d	μ	s_d	λ	R	θ	p_s
Einheit	m		m	W/(m · K)	m² · K/W	°C	Pa
						20,0	2.340
R_{si} [4]					0,130		
						19,1	2.212
Gipskarton[1]	0,015	4	0,06	0,25	0,060		
						18,6	2.145
PS-Hartschaum[2]	0,150	20	3,00	0,04	3,750		
						– 8,4	298
Spanplatte 600[1]	0,019	50	0,95	0,14	0,136		
						– 9,4	274
Hinterlüftung[3]	0,050						
Holzverkleidung[3]	0,020						
R_{se} [4]					0,080	– 10,0	
Summen			s_d 4,01		R_T 4,156		
U = 0,240 W/(m² · K)							

[1] λ und μ nach DIN EN 12524, Tabelle 2
[2] λ und μ nach DIN V 4108-4, Tabelle 1
[3] Wird nicht berechnet; DIN 6946, Abschnitt 5.3.3
[4] DIN 4108-3

In der Tabelle 6.11 bedeuten:

Spalte

1	d	=	Schichtdicke	m
2	μ	=	Wasserdampfdiffusionswiderstandszahl	ohne Dimension (DIN 4108-4)
3	s_d	=	äquivalente Luftschichtdicke = μ · d	m
4	λ	=	Wärmeleitzahl	W/(m · K) (DIN 4108-4)
5	R	=	Wärmedurchlass- und Wärmeübergangswiderstand	m² · K/W (DIN EN ISO 6946)
6	θ	=	Temperatur an den Schichtgrenzen	°C
7	p_s	=	Sattdampfdruck	Pa für die jeweiligen Temperaturen (DIN 4108-3, Tabelle A.2)

Die Berechnung der Schichttemperaturen wird in Kapitel 6.1.3.1 erläutert.

Darstellung des Diagramms für die Tauperiode (siehe auch Kondens-sim auf www.enev-profi.de)

Die einzelnen Schichten des Bauteils werden in einem den s_d-Werten entsprechenden Maßstab auf der Abszisse aufgetragen. Auf der Ordinate wird eine Skala für die Dampfdruckwerte von 100 bis 2.340 Pa sowie im oberen Bereich eine weitere Skala für die Temperaturen von – 10 °C bis + 20 °C dargestellt. In diesem Diagramm sind die berechneten Temperaturen und die dazu ermittelten Sattdampfdrücke an den Schichtgrenzen der Baustoffe zu markieren. Die Temperaturabnahme innerhalb eines Baustoffes verläuft geradlinig, sodass die Temperaturkurve als Verbindung der Werte an den Schichtgrenzen zu zeichnen ist.

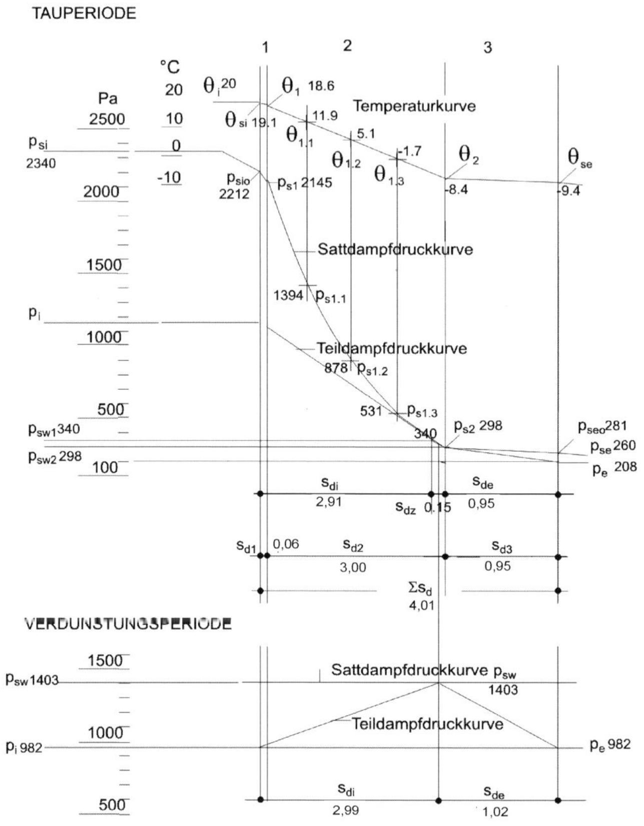

Bild 6.61: Glaserdiagramm – Rechenbeispiel

In Stoffschichten mit größeren s_d-Werten und größerem Temperaturgefälle sind Zwischentemperaturen zu berechnen und dafür die Sattdampfdrücke aufzutragen. In dem oben dargestellten Diagramm werden diese zwischen der Temperatur θ_1 = 18,6 °C und θ_2 = – 8,4 °C in vier Teile geteilt und mit dieser Teiltemperatur die weiteren Zwischentemperaturen berechnet.

$$\theta_{1.1} = 18{,}6 - \frac{18{,}6 + 8{,}4}{4} = 11{,}9 \quad °C$$

$$\theta_{1.2} = 11{,}9 - 6{,}8 = 5{,}1 \quad °C$$

$$\theta_{1.3} = 5{,}1 - 6{,}8 = -1{,}7 \quad °C$$

Die Verbindung der einzelnen Sattdampfdrücke ergibt die Sattdampfdruckkurve. Die Teildampfdruckkurve beginnt an der inneren Bauteilbegrenzung bei 1.170 Pa (für relative Luftfeuchte nach DIN 4108-3, Tabelle A1 = 50 % und + 20 °C) und endet bei 208 Pa (für relative Luftfeuchte nach DIN 4108-3, Tabelle A1 = 80 % und – 10 °C) auf der äußeren Bauteilbegrenzung. Sie kann als gerade Verbindung dieser Punkte gezeichnet werden, wenn sich keine Überschneidung mit der Sattdampfdruckkurve ergibt. Ist dies nicht der Fall, dann ist die Teildampfdruckkurve als Tangente an die Sattdampfdruckkurve darzustellen. An den Berührungspunkten entsteht Tauwasser.

Für die Berechnung der diffundierenden Dampfmengen sind der Beginn und das Ende der Kondensationszone auf der Abszisse für die s_d-Werte (s_{di}, s_{dz}, s_{de}) und auf der Ordinate für die p-Werte (p_1, p_2) festzustellen. Die s_d-Werte können entsprechend dem gewählten Maßstab auf der s_d-Skala, die p-Werte auf der Pascal-Skala abgelesen werden.

Berechnung der Tauwassermasse

Aus dem Glaserdiagramm (Bild 6.61) geht hervor, dass sich innerhalb der Wärmedämmung eine Tauwasserzone bildet. Es muss deshalb untersucht werden, ob die in der Tauperiode anfallende Wassermasse die zulässigen Werte überschreitet und ob das Bauteil im Sommer wieder austrocknet.

Die in der Tauperiode anfallende Wassermasse errechnet sich nach den Formeln 6.37, 6.38 und 6.39:

Werte aus dem Diagramm:

p_i = 1.170 Pa; p_e = 208 Pa; p_1 = 340 Pa; p_2 = 298 Pa

s_{di} = 2,91 m; s_{de} = 0,95 m; t_T = 1440 h

$$m_{W,T} = 1.440 \cdot \left(\frac{1.170 - 340}{2{,}91 \cdot 1{,}5} - \frac{298 - 208}{0{,}95 \cdot 1{,}5} \right) \cdot 10^{-6}$$

oder vereinfacht:

$$m_{W,T} = 0{,}00096 \cdot \left(\frac{1.170 - 340}{2{,}91} - \frac{298 - 208}{0{,}95} \right)$$

$$m_{W,T} = 0{,}18 \text{ kg/m}^2$$

Die Berechnung ergibt, dass die anfallende Tauwassermasse unter der zulässigen Masse von 1 kg/m² liegt.

Da das Tauwasser im Anschluss an die Holzspanplatte entsteht und vorwiegend von dieser aufgenommen werden kann, muss die in Abhängigkeit ihrer Rohdichte zulässige Wassermasse berechnet werden. Bei Holzwerkstoffen (außer mineralisch gebundenen Holzwolle-Leichtbauplatten) darf sich der massenbezogene Feuchtigkeitsgehalt maximal um 3 % erhöhen.

Die Rohdichte ρ der Spanplatte beträgt	700	kg/m³
Dicke d	0,019	m

Zulässige Tauwassermasse:

$$m_{W,T\,zul.} = 0{,}03 \cdot s \cdot p$$

$$= 0{,}03 \cdot 0{,}019 \cdot 700$$

$$= 0{,}40 \quad \text{kg/m}^3$$

$$m_{W,T\,zul.} = 0{,}40 \text{ kg/m}^3 > W_{t\,vorh.} = 0{,}18 \quad \text{kg/m}^3$$

Das in einer Tauperiode anfallende Tauwasser gefährdet danach die Konstruktion nicht. Es muss aber in der Verdunstungsperiode wieder austrocknen.

Berechnung der Verdunstungsmasse

Zur Berechnung der möglichen Verdunstungsmasse wird angenommen, dass in der Tauwasserzone 100 % Luftfeuchtigkeit besteht und diese nach beiden Seiten des Bauteils ausdiffundiert.

Berechnet wird die Wassermenge, die innerhalb einer vorgegebenen Zeit verdunsten könnte. Diese Masse muss größer oder zumindest gleich der in der Tauperiode eindiffundierenden Masse sein.

Die Verdunstungsmasse ergibt sich nach der Formel 6.42.

Die Werte ergeben sich aus den Randbedingungen für die Verdunstungsperiode nach DIN 4108-3 sowie aus dem Glaserdiagramm wie folgt:

p_1	= Sattdampfdruck für 12 °C	=	1.403	Pa
p_i und p_e	= Teildampfdruck für 70 % und relative Luftfeuchte bei 12 °C	=	982	Pa
$s_{di} + 0{,}5\ s_{dz}$	$= 2{,}91 + 0{,}5 \cdot 0{,}15$	=	2,985	m
$s_{de} + 0{,}5\ s_{dz}$	$= 0{,}95 + 0{,}5 \cdot 0{,}15$	=	1,025	m
t_v	= 2.160			h

$$m_{W,V} = 2.160 \cdot \left(\frac{1.403 - 982}{2{,}99 \cdot 1{,}5} + \frac{1.403 - 982}{1{,}03 \cdot 1{,}5}\right) \cdot 10^{-6}$$

oder vereinfacht:

$$m_{W,V} = 0{,}61 \cdot \left(\frac{1}{2{,}99} + \frac{1}{1{,}03}\right)$$

$$m_{W,V} = 0{,}80\ \text{kg/m}^2 > W_{W,T} = 0{,}18\ \text{kg/m}^2$$

Anmerkung: Die Ergebnisse wurden auf zwei Stellen gerundet.

6.3.4.3 Ergebnis der Tauwasseruntersuchung

Im Sommer kann mehr Wasser ausdiffundieren als im Winter im Bauteil kondensiert. Somit trocknet das Bauteil wieder aus.

Der untersuchte Schichtaufbau entspricht den Regeln der Technik.

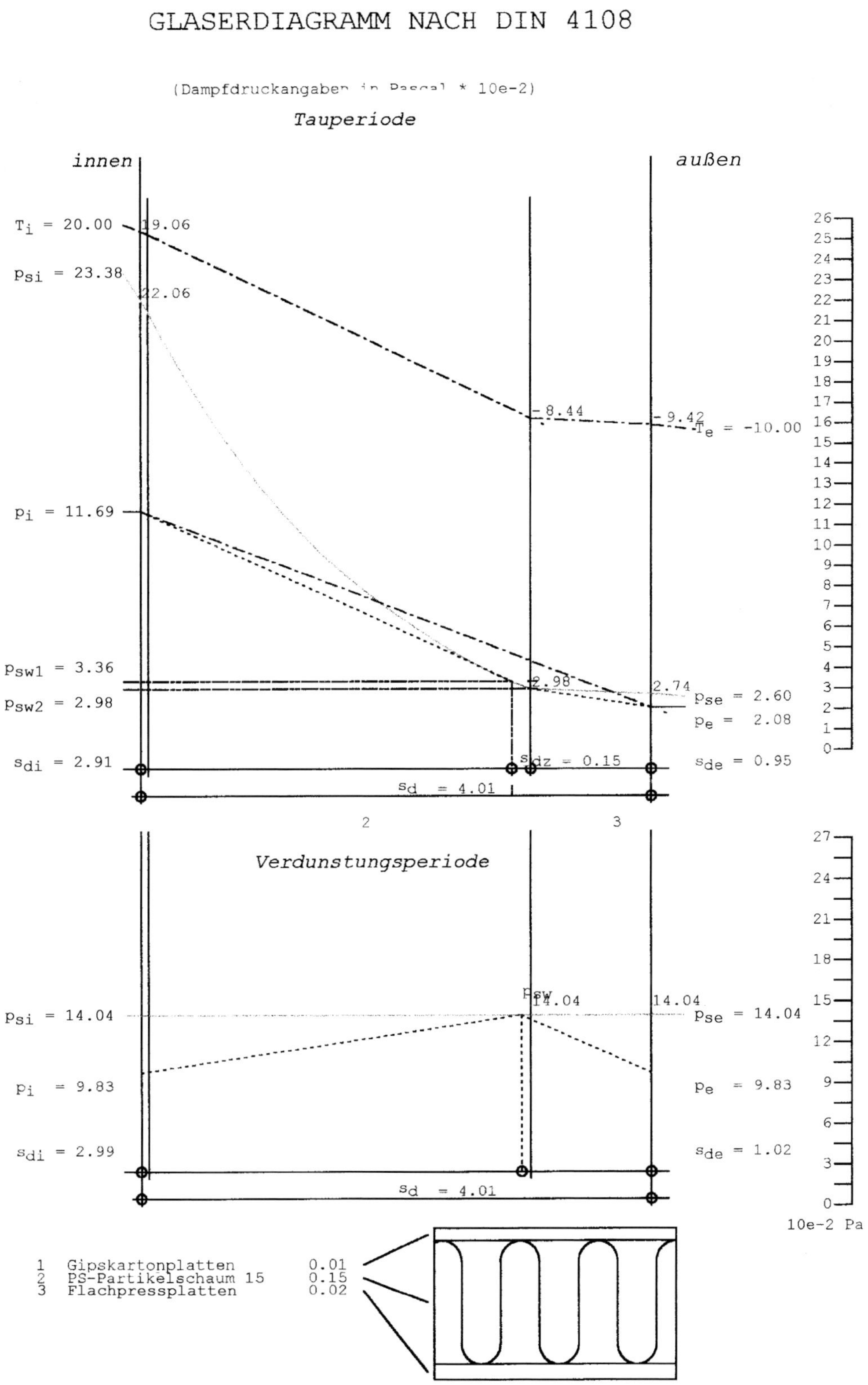

Bild 6.62: Glaserdiagramm zum Rechenbeispiel

6.4 Luftdurchlässigkeit von Bauteilen

Ein erheblicher Anteil der zur Beheizung eines Gebäudes erforderlichen Energie ist für die Erwärmung der kontrolliert und unkontrolliert eindringenden Frischluft erforderlich.

Während die Wärmedämmung eines Gebäudes relativ genau dimensioniert werden kann, ist die Luftdurchlässigkeit des Gebäudes nur dann abzuschätzen, wenn dieses luftdicht ist und die Lüftung kontrolliert erfolgt.

Nachfolgend werden die Algorithmen zur Erfassung des Luftdurchgangs durch Gebäudefugen und der Luftwechselzahl beschrieben.

6.4.1 Lüftungsbedarf des Menschen

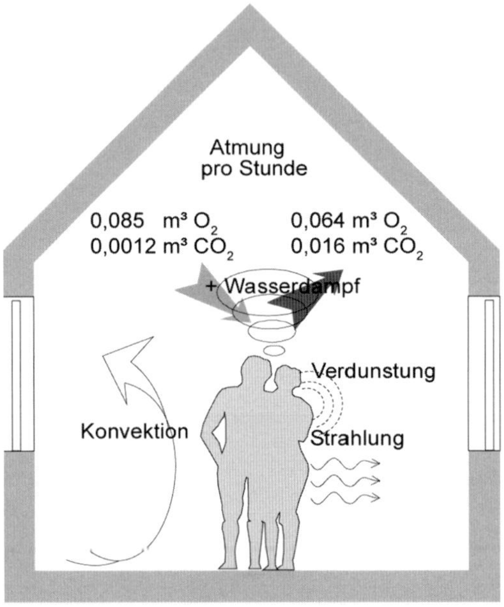

Bild 6.63: Luftaustausch durch Atmung

Nach dem Werk „Kursbuch Mensch" (Lexikonredaktion des Verlages F. A. Brockhaus [Hrsg.], 2001) atmet der Mensch in Ruhestellung 14 mal pro Minute einen halben Liter Luft. Rechnet man daraus den Luftbedarf pro Stunde in Kubikmetern, ergibt sich 60 · 14 · 0,0005 = 0,42 m³/h.

Man kann davon ausgehen, dass sich dieser Rhythmus des Atmens so eingestellt hat, weil mit dem in dieser Luftmenge enthaltenen Sauerstoff der für den Stoffwechsel erforderliche Bedarf gedeckt werden kann. Vergleicht man weiterhin die in der Frischluft enthaltene Menge an Sauerstoff mit der in der ausgeatmeten Menge, erfährt man, dass sich diese mit jedem Atemzug um 5 % verringert.

Die ausgeatmete Luft enthält:

ca. 16 % O_2
und
ca. 4 % CO_2

Die frische Luft enthält:

ca. 21 % O_2 (Sauerstoff)
und
ca. 0,03 % CO_2 (Kohlendioxid)

Bei der Atmung werden somit

21 – 16 = 5 % O_2

für den Stoffwechsel verbraucht. Der Sauerstoffgehalt der Raumluft wird durch ausgeatmete Kohlendioxide, Wasserdampf und andere Emissionen verdrängt.

Der Mensch bereichert die Luft nicht nur mit CO_2, sondern auch mit Haut- und sonstigen Ausdünstungen. Die Raumluft muss deshalb regelmäßig erneuert werden.

Der erforderliche Luftaustausch in einem Raum wird durch die Luftwechselzahl n pro Stunde angegeben.

$$n = \frac{\text{Volumen Frischluft}}{\text{Volumen Raumluft}} \quad h^{-1}$$

(Formel 6.43)

Die Häufigkeit des Luftwechsels ist von der Raumgröße, der Zahl der sich dort aufhaltenden Personen und der Nutzung des Raumes abhängig.

In den Regelwerken werden für Wohnräume folgende Luftwechselzahlen angegeben:

			n in h^{-1}
Grundlüftung aus hygienischen Gründen		=	0,2
Nach	DIN 4701 und DIN EN 832	=	0,5
	WSchV 95	=	0,8
	EnEV ohne Druckprüfung	~	0,7
	EnEV mit Druckprüfung	~	0,6

Um den Luftwechsel auf das für die Behaglichkeit erforderliche Maß zu beschränken, muss dieser kontrolliert erfolgen. Das bedeutet, dass keine unkontrollierbaren Wege für einen Luftaustausch vorhanden sein dürfen. Das Gebäude muss also luftdicht sein.

6.4.2 Luftdurchlässigkeit der Gebäudehülle

6.4.2.1 Undichte Gebäudeteile

Die spezifische Dichte der Luft ist wie bei anderen Medien von der Temperatur abhängig. Die Dichtedifferenz der Luft beträgt je 5 K ca. 20 g/m³. Bei entsprechend großen Temperaturunterschieden können hierdurch Stürme mit zerstörerischen Kräften entstehen. Mehr oder weniger große Luftbewegungen sind immer vorhanden.

Aufgrund eines der Windgeschwindigkeit entsprechenden Staudrucks wird über Undichtigkeiten in das Gebäude Frischluft eingedrückt bzw. auf der Leeseite (= windabgewandte Seite) abgesaugt.

Undichte Stellen befinden sich insbesondere an:

Fenstern,	Balkonen,
Rollladenkästen,	Antennen,
Haustüren,	Abwasserentlüftungen,
Briefkästen,	Dachanschlüssen an Ortgang und Traufe,
Steckdosen,	Schornsteinen etc.,

also an allen die Gebäudehülle durchdringenden Bauteilen.

6.4.2.2 Anforderungen an die Dichtigkeit nach EnEV 2014

In der EnEV wird in § 6 darauf hingewiesen, dass *„die wärmeübertragende Umfassungsfläche einschließlich der Fugen dauerhaft luftundurchlässig entsprechend den anerkannten Regeln der Technik“* abzudichten ist. Die Dichtheit der Fenster, Fenstertüren und Dachflächenfenster muss den Anforderungen der EnEV Anhang 4 genügen.

Die Dichtheit kann mit einem Blower-Door-Test nach DIN 13829 Verfahren B geprüft werden. Hierbei darf bei einer Druckdifferenz zwischen innen und außen von 50 Pa folgender Volumenstrom, bezogen auf das beheizte oder gekühlte Luftvolumen, nicht überschritten werden:

– bei Gebäuden ohne raumlufttechnische Anlagen $3{,}0\ h^{-1}$

und

– bei Gebäuden mit raumlufttechnischen Anlagen $1{,}5\ h^{-1}$.

Wird ein Wohngebäude nach DIN V 18599 berechnet und beträgt das Luftvolumen mehr als 1.500 m³, dürfen folgende Werte bei einem Blower-Door-Test nach DIN 13829 Verfahren B nicht überschritten werden:

– bei Gebäuden ohne raumlufttechnische Anlagen $4{,}5\ m \cdot h^{-1}$

und

– bei Gebäuden mit raumlufttechnischen Anlagen $2{,}5\ m \cdot h^{-1}$.

6.4.2.3 Rechenbeispiel: Abschätzung der Luftdurchlässigkeit an einer Fuge

Um darzustellen, welche Wärmeverluste an falsch ausgeführten Anschlussdetails auftreten können, wird den in Ehm: „Wärmeschutzverordnung 1995“ (Ehm, H., 1996) enthaltenen Grundlagen folgend der Wärmeverlust einer an der Traufe eines Daches mit Aufdachdämmung vorhandenen Fuge untersucht. Zusätzlich ist immer damit zu rechnen, dass in Holzteilen Risse entstehen, durch die ein Luftaustausch erfolgen kann.

Abschätzung des Lüftungswärmeverlustes an der Fuge zwischen der Sparrenausmauerung und Dachschalung

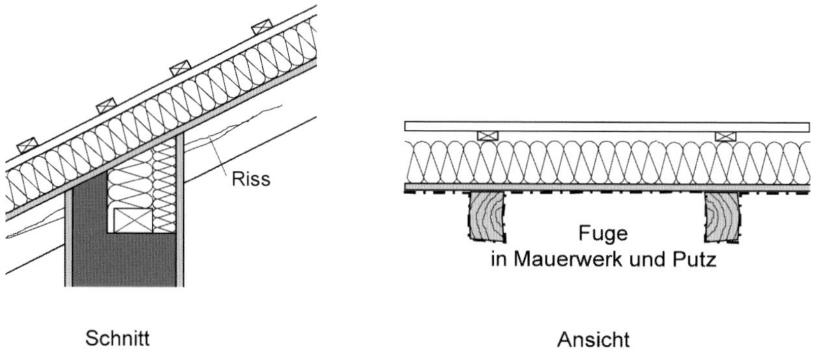

Bild 6.64: Luftdurchlässige Traufausbildung bei einer Aufdachdämmung

Gegeben:

Fugenbreite	b	=	1	mm
Fugenlänge	l	=	20	m
durchschnittliche Windgeschwindigkeit (entspricht Windstärke 3 „schwache Brise“)	v_L	=	4	m/s

Gesucht:

Zusätzlicher Lüftungswärmeverlust in einer Heizperiode Q_L in kWh/a

Formeln:

Q_L	$= H_L \cdot l \cdot 82{,}8$	kWh/a (Formel 6.44)
H_L	= spezifischer Lüftungswärmestrom in W/(m · K) nach Diagramm für Δp nach Ehm, H., 1996	
l	= Fugenlänge	m
82,8	= Gradtagzahlfaktor F_{Gt}	(nach DIN 18599-10, Referenzklima Potsdam)

Berechnung:

1. Staudruck p_{st}

$p_{st} = 0{,}5 \cdot \rho \cdot v_L^2$

p_{st}	$= 0{,}5 \cdot 1{,}2 \cdot 4^2$	
	$= 0{,}6 \cdot 16$	
	$= 9{,}6$	Pa
	~ 10	Pa

2. H_L

H_L für: Fugenbreite	= 1	mm
Δp	= 10	Pa
H_L	~ 1,5	W/(m · K)

Nach Ehm, H., 1996 (vgl. Anhang: Quellen)

Q_L	$= 1{,}5 \cdot 20 \cdot 82{,}8$	
	= 2.484	kWh/a

Ergebnis:

Bei einer Fuge von nur 1 mm Breite und 20 m Länge entsteht bereits ein zusätzlicher Lüftungswärmeverlust von 2.484 kWh/a (Klimarandbedingungen nach EnEV 2014).

6.4.3 Luftdichtheitsprüfung

Prüfung der Fugendichtigkeit am Bauwerk

Die Luftdichtheit eines Gebäudes kann durch Erzeugen eines kontrollierten abwechselnden Über- und Unterdruckes überprüft werden. Der Umfang eventuell vorhandener Undichtigkeiten ergibt sich aus der zur Aufrechterhaltung dieses Drucks erforderlichen Luftmenge. Die Prüfung der Luftdurchlässigkeit von Gebäuden wird in DIN EN 13829 beschrieben. Darin werden hierzu Verfahren vorgestellt unter Verwendung von

- Gebläse mit Luftkanal,
- Blower-Door,
- Ventilatoren von gebäudeeigenen Lüftungs-, Klima- oder Luftheizungsanlagen.

Für die Untersuchung von Wohngebäuden wird wegen der relativ einfachen Ausführbarkeit häufig die Blower-Door-Prüfung verwendet. Hierzu wird in dem zu prüfenden Gebäude mit einem in einer Einpasstür der Blower-Door eingebauten Ventilator abwechselnd ein Überdruck und ein Unterdruck von jeweils 50 Pa erzeugt und die dabei jeweils transportierte Luftmenge gemessen. Der Mittelwert aus beiden Messungen ergibt in Bezug zum Luftvolumen des Gebäudes die vorhandene Luftwechselzahl (n_{50}-Wert).

$$n = \frac{\text{Luftstrom}}{\text{Raumvolumen}} \quad h^{-1}$$

(Formel 6.45)

Diese Luftwechselzahl soll nach DIN V 4108-7 und EnEV Anlage 4 folgende Werte nicht überschreiten:

- Bei Gebäuden ohne raumlufttechnische Anlagen (natürliche Lüftung):
  bezogen auf das Raumvolumen 3 h^{-1}
- Bei Gebäuden mit raumlufttechnischen Anlagen (auch Abluftanlagen):
  bezogen auf das Raumvolumen 1,5 h^{-1}

Eine Visualisierung von Undichtigkeiten kann mit Stickstoff erfolgen, der durch die Fugen nach außen gepresst wird. Die an den Undichtigkeiten auftretende Abkühlung ist mit einer Infrarotkamera zu erkennen.

Der n_{50}-Wert kennzeichnet nur den bei einer Prüfung einzuhaltenden Soll-Wert und nicht den bei Normaldruck entstehenden Luftwechsel.

In der EnEV wird die Größe der Luftwechselzahl n zur Berechnung des Lüftungswärmeverlustes davon abhängig gemacht, ob für das Gebäude eine Luftdichtheitsprüfung durchgeführt wird. Mit Druckprüfung kann n mit 0,6 h^{-1}, ohne Druckprüfung muss n mit 0,7 h^{-1} angesetzt werden.

6.4.4 Ausführung von Luftdichtheitsschichten

6.4.4.1 Luftdichtheitskonzept

Die Herstellung von luftdichten Gebäudeanschlüssen und geeigneten Materialien für die Luftdichtheitsebene sind in der DIN 4108-7 ausführlich beschrieben.

Um die Luftdichtheit eines Gebäudes zu gewährleisten, ist bereits während der Planung in den Werk- und auch in den Detailplänen über ein Luftdichtheitskonzept die Luftdichtheitsebene zu definieren. Sie soll, wie im Bild 6.65 dargestellt, auf der Innenseite der Konstruktion angeordnet werden, damit die mit Feuchtigkeit angereicherte Raumluft nicht in der Konstruktion kondensieren kann.

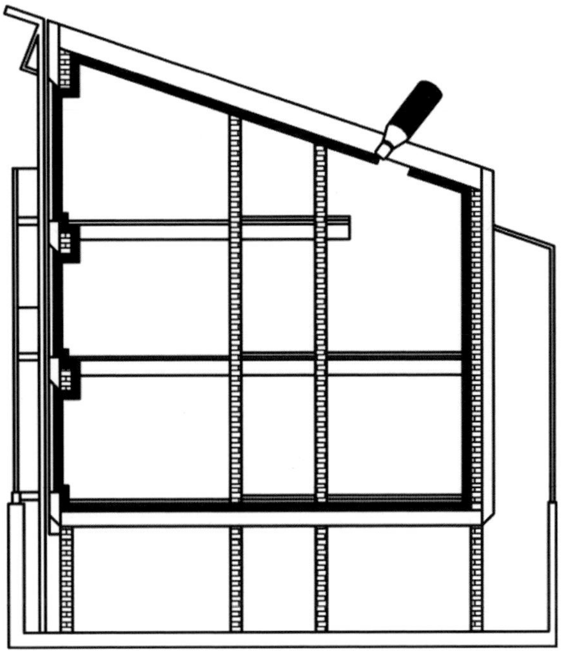

Bild 6.65: Prinzipielle Darstellung für eine umlaufende Lufdichtheitsebene

Die Luftdichtheitsebene muss mit einem Stift im Schnitt ohne abzusetzen eingezeichnet werden können (siehe Bild 6.65). In der DIN 4108-7 sind im Bild 2 bis 5 Details abgebildet, wie die Luftdichtheitsebene angeordnet werden kann, damit Durchdringungen vermieden werden.

Außerdem werden in der DIN 4108-7 in einer Vielzahl von Prinzipskizzen Beispiele dargestellt, wie Bauteilanschlüsse in Abhängigkeit der Materialien luftdicht ausgeführt werden können.

Inwieweit die Luftdichtheitsebene gleichzeitig als Dampfsperre oder als Dampfbremse fungieren soll, hängt von der jeweiligen Konstruktion ab. Unabhängig von dieser inneren Luftdichtheitsschicht ist die Konstruktion durch eine außen liegende Windsperre vor dem Eindringen von Kaltluft zu schützen. Der Dampfdiffusionswiderstand beider Schichten ist so aufeinander abzustimmen, dass die Dichtigkeit nach außen abnimmt.

6.4.4.2 Anschlüsse an Fenstern und Türen

Das in der Praxis übliche ausschließliche Ausschäumen zwischen Fensteranschluss und Mauerwerk mit Montageschaum gewährleistet keine ausreichende Luftdichtheit.

In der DIN 4108-7 werden folgende Möglichkeiten für einen dichten Fensteranschluss aufgezeigt:

Fensteranschluss im Mauerwerk:

1. Glatte Fensterlaibung mit Hinterfüllprofil und Dichtstoff (Bild 25 der Norm)
2. Glatte Fensterlaibung mit vorkomprimiertem Dichtband mit Verleistelung (Bild 26 der Norm)
3. Glatte Fensterlaibung mit vlieskaschiertem Klebeband (Bild 27 der Norm)

Außerdem gibt es zugelassene Fensteranschlüsse nach RAL-Gütezeichen.

6.4.4.3 Leichtbaukonstruktionen

Bei Leichtbaukonstruktionen mit Wärmedämmung zwischen den Tragelementen ist darauf zu achten, dass auf der Innenseite vor der Luftdichtheitsebene noch ausreichend Platz für alle notwendigen Installationen des technischen Ausbaus (Rohre, Leerdosen etc.) vorhanden ist und diese so befestigt werden können, dass die Luftdichtheitsebene nicht durchstoßen wird.

Um eine einwandfreie handwerkliche Ausführung zu ermöglichen, sollten alle Anschlüsse geplant und im größeren Maßstab dargestellt werden.

Auf der Baustelle ist die Kontrolle der Ausführung in allen Bereichen unerlässlich und soll nach Befestigung aller Installationen, aber vor deren Verkleidung durchgeführt werden.

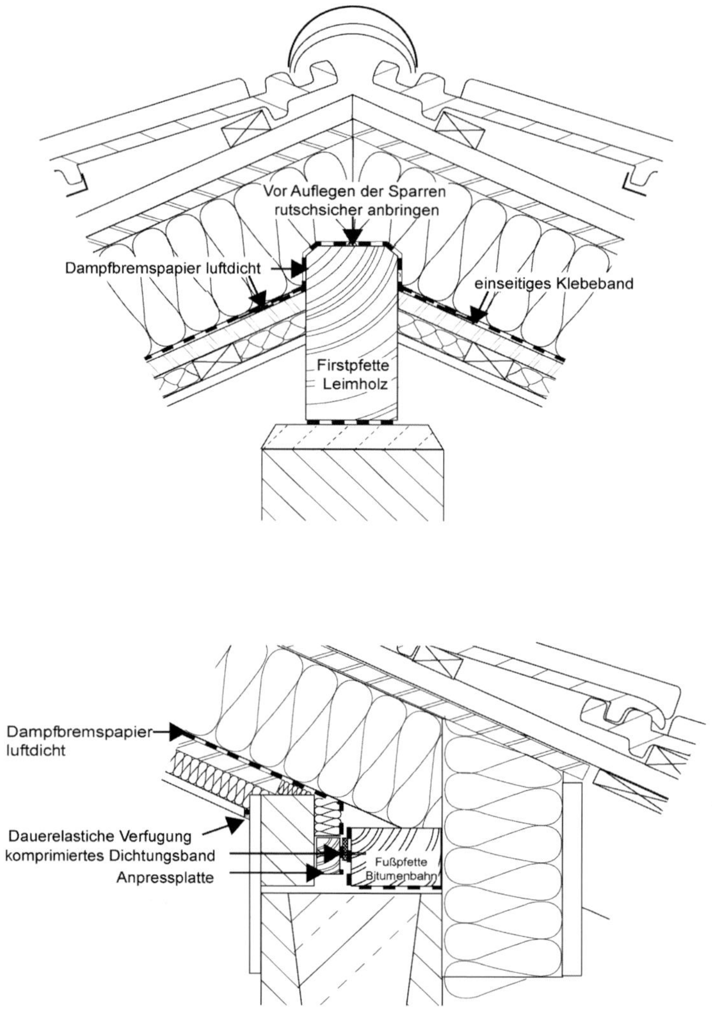

Bild 6.66: Mögliche Anschlussdetails

6.5 Fragen

6.5.1 Wärmebrücken

1. Was versteht man unter dem Begriff Wärmebrücke?

2. Welche Arten von Wärmebrücken gibt es?

3. Warum bewegt sich der Wärmestrom in homogenen Bauteilen nur senkrecht zur Bauteiloberfläche?

4. Warum verändert der Wärmestrom bei inhomogenen Bauteilen seine Richtung?

5. Ergänzen Sie in der unten dargestellten Wand an der Berührungsstelle der beiden Stoffe die Isothermen und tragen Sie die Wärmestromlinie ein.

   Erläutern Sie, warum diese so verlaufen.

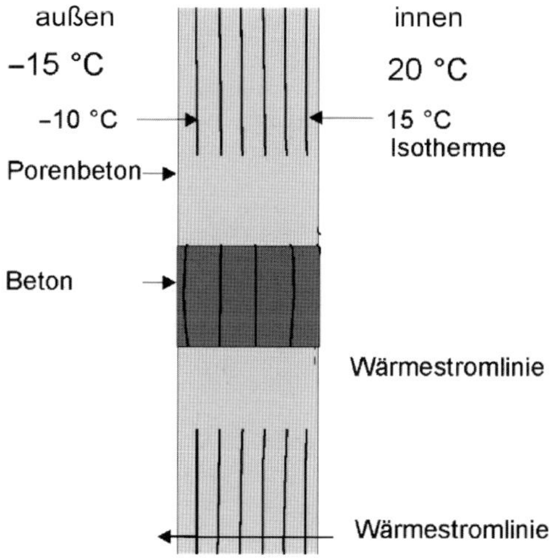

Bild 6.67: Temperaturverlauf

6. Wie lautet die Formel zur Berechnung des erforderlichen U-Wertes für die Einhaltung einer bestimmten Oberflächentemperatur?

7. Berechnen Sie für folgenden Schichtaufbau die Temperaturen zwischen den einzelnen Schichtgrenzen.

   Gegeben:

Lufttemperatur θ_{Li}	=	20	°C
Außenklima θ_{La}	=	– 5	°C
R_{si}	=	0,25	m² · K/W
R Betonschicht R_B	=	0,14	m² · K/W
R Wärmedämmung R_D	=	2,00	m² · K/W
R_{se}	=	0,04	m² · K/W
R_T	=	2,43	m² · K/W
U	=	0,411	W/(m² · K)
$\Delta\theta \cdot U$	=	q	W/m²
q	=	0,411 · 25	
q	=	10,28	W/m²

8. Welche Möglichkeiten gibt es, die Wärmeverluste über Wärmebrücken im Energieausweis zu berücksichtigen?

9. Was gibt der Wärmebrückenverlustkoeffizient ψ an?

10. Wann muss für ein Wärmebrückendetail nach EnEV kein Gleichwertigkeitsnachweis geführt werden?

6.5.2 Tauwasser an Bauteiloberflächen

1. Warum kommt es bei der Abkühlung von Wasserdampf zur Kondensation?

2. Was versteht man unter den Begriffen:

   a) Sattdampfdruck

   b) absoluter Dampfdruck

3. Was versteht man unter relativer Luftfeuchte und nach welcher Formel wird diese berechnet?

4. Wie groß ist der absolute Dampfdruck p in Pa bei 19 °C, wenn die relative Luftfeuchtigkeit bei 60 % liegt?

   (p_s siehe Tabelle 6.10)

5. Ab welcher Oberflächentemperatur an der Innenseite von Außenbauteilen besteht die Gefahr von Schimmelpilzbildung?

6.5.3 Tauwasser im Inneren von Bauteilen

1. Wann und warum kann Wasserdampf durch Bauteile diffundieren?

2. Es werden für jeden Stoff ein großer und ein kleiner µ-Wert angegeben.
   Wann ist welcher zu verwenden?

3. Was versteht man unter äquivalenter Luftschichtdicke s_d und wie wird diese berechnet?

4. Die Gefahr eines Tauwasserausfalls innerhalb von Bauteilen kann durch Bestimmung der Dampfdruckverhältnisse an der gefährdeten Schichtgrenze abgeschätzt werden. Untersuchen Sie dies für eine außen gedämmte Wand aus Beton.

   Berechnen Sie hierzu die erforderlichen Werte und stellen Sie diese in dem unten gezeichneten Diagramm grafisch dar.

   Gegeben:

Temperaturen:		Relative Luftfeuchte:	
Innenluft	20 °C	ϕ_{innen}	50 %
Außenluft	– 10 °C	$\phi_{außen}$	80 %

Ermittlung der R-, U-, q- und s_d-Werte

Material von innen nach außen	d m	λ W/(m · K)	R m² · K/W	μ	s_d m
R_{si}			0,130		
Beton	0,24	2,00	0,114	80/130	19,2
XPS	0,10	0,04	2,500	80/250	25,0
R_{se}			0,040		
		R_T =	2,784		44,2
U = 0,36 W/(m² · K)					
q = 0,66 W/(m² · K) · 30 K = 10,8 W/m²					

Darstellung des Diagramms:

Tragen Sie auf der s_d-Achse, bei 0 beginnend, den s_d-Wert der Schicht 1 und anschließend den der Schicht 2 ein. Zeichnen Sie an der Schichtgrenze eine Senkrechte und markieren Sie darauf mit einem Punkt den Sattdampfdruck.

Die Teildampfdruckkurve verläuft von p_i bis p_e. Lesen Sie am Schnittpunkt mit der Schichtgrenze den sich dort einstellenden Teildampfdruck ab, vergleichen Sie diesen Wert mit dem Sattdampfdruck und lösen Sie die Aufgabe.

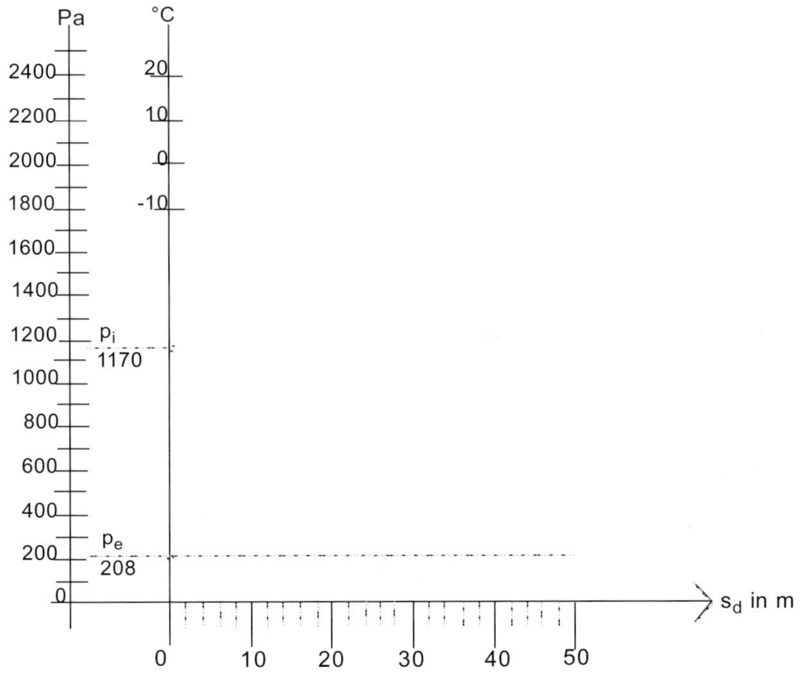

6.5.4 Luftdurchlässigkeit von Bauteilen

1. Nennen Sie Beispiele, durch die ein unkontrollierter Luftaustausch zwischen Außenluft und Raumluft entsteht.

2. Beschreiben Sie, warum Wanddurchdringungen mit Massivholz nicht luftdicht hergestellt werden können.

3. Wie errechnet sich die Luftwechselzahl n?

4. Von welchen Faktoren ist der notwendige Luftwechsel eines Raumes abhängig (allgemein, nicht nach EnEV)?

5. Wie nennt man das Verfahren, mit dem die Dichtheit eines Gebäudes nach DIN EN 13829 geprüft werden kann?

6. Beschreiben Sie, wie mit diesem Verfahren die Luftdurchlässigkeit geprüft wird.

7. Welche Luftwechselrate n muss für die Energiebilanz angesetzt werden, wenn die Luftdichtheit des Gebäudes nicht geprüft wird?

8. Um wie viel Prozent erhöht sich der Lüftungswärmeverlust eines Gebäudes, um wie viel absolut, wenn sich die Luftwechselrate von 0,6 auf 0,7 erhöht?

   Beispiel:

   Einfamilienhaus

   Gegeben:

Luftvolumen:	V	=	712,8	m^3

   Gesucht:

Q_V für	n	=	0,6	h^{-1}
Q_V für	n	=	0,7	h^{-1}

6.6 Antworten

6.6.1 Wärmebrücken

1. Bereiche eines Bauteils, in denen ein größerer Wärmestrom fließt als in anderen Bereichen

2. Es gibt stoffliche, geometrische, punktförmige, zweidimensionale und dreidimensionale Wärmebrücken.

3. In thermisch homogenen Bauteilen fließt der Wärmestrom geradlinig von innen nach außen, weil nur in dieser Richtung ein Temperaturgefälle besteht. Die parallel zur Oberfläche nebeneinander liegenden Bereiche sind alle gleich temperiert, sodass zwischen diesen kein Energieaustausch erfolgt.

4. Bei thermisch inhomogenen Bauteilen liegen Bereiche mit unterschiedlichen Temperaturen nebeneinander, sodass hier nicht nur ein Temperaturgefälle von innen nach außen, sondern auch zwischen benachbarten Bereichen vorhanden ist.

5. Die Wärmeleitfähigkeit des Porenbetons ist wesentlich geringer als die der Stahlbetonstütze. Im Porenbeton ist deshalb der Wärmestrom kleiner als in der Stütze. Dadurch ergibt sich in den beiden Bauteilen ein unterschiedliches Temperaturgefälle. In den Randbereichen zwischen der Stütze und dem Porenbeton fließt der Wärmestrom deshalb nicht mehr senkrecht zur Wandoberfläche, sondern an der Innenseite der Wand in Richtung zum besser leitenden und deshalb dort kühleren Beton und im Außenbereich in Richtung des schlechter leitenden und deshalb dort kühleren Porenbetons.

6. $\theta_i - \theta_1 / \Delta\theta \quad = \quad R_{si} \cdot U$

$\theta_1 \quad = \quad \theta_i - (R_{si} \cdot \Delta\theta \cdot U)$

$R_{si} \cdot \Delta\theta \cdot U \quad = \quad \theta_i - \theta_1$

$U \quad = \quad (\theta_i - \theta_1) / (R_{si} \cdot \Delta\theta)$ W/(m² · K)

7. Oberflächentemperatur innen:

Formel:	$\theta_{oi} = \theta_i - R_{si} \cdot q$	°C
Berechnung:	$\theta_{oi} = 20 - 0{,}25 \cdot 10{,}29$	°C
	$\theta_{oi} = 17{,}4$	°C

Temperatur an der Grenzfläche Beton/Dämmung:

Formel:	$\theta_1 = \theta_{oi} - R_B \cdot q$	°C
Berechnung:	$\theta_1 = 17{,}4 - 0{,}14 \cdot 10{,}29$	
	$\theta_1 = 16$	°C

Oberflächentemperatur außen:

Formel:	$\theta_{oa} = \theta_1 - R_D \cdot q$	°C
Berechnung:	$\theta_{oa} = 16 - 2{,}00 \cdot 10{,}29$	
	$\theta_{oa} = -4{,}6$	°C

Außenluft:

Formel:	$\theta_a = \theta_{oa} - R_{se} \cdot q$	°C
Berechnung:	$\theta_a = -4{,}6 - 0{,}04 \cdot 10{,}29$	
	$\theta_a = -5$	°C

8. Die Wärmeverluste über Wärmebrücken können über pauschale Faktoren pro m² Gebäudehülle berücksichtigt oder genau berechnet werden.

   Pauschale Berücksichtigung bezogen auf m² Gebäudehülle:

   0,10 W/(m² · K) – wenn kein Nachweis über die Wärmebrückenverluste geführt wird.

   0,05 W/(m² · K) – wenn die nachzuweisenden Details nach Beiblatt 2 gleichwertig mit den Details aus dem Beiblatt 2 sind.

   Detaillierte Berechnung:

   Wenn die zusätzlichen Wärmeverluste aller Wärmebrücken mithilfe von Isothermenprogrammen berechnet werden, darf mit dem genau ermittelten Wärmebrückenverlustkoeffizienten gerechnet werden.

9. den im Bereich der Wärmebrücke zusätzlichen Wärmeverlust in W/(m · K) bzw. W/(m² · K), bezogen auf die bereits schon berücksichtigten zweidimensionalen Wärmeverluste

10. Wenn die U-Werte der Bauteile kleiner sind als die eines vergleichbaren Details im Beiblatt 2, muss für den EnEV-Nachweis kein Gleichwertigkeitsnachweis für dieses Detail geführt werden.

6.6.2 Tauwasser an Bauteiloberflächen

1. Abkühlung bedeutet eine Verringerung der kinetischen Energie der Wassermoleküle. Hierdurch vergrößert sich die Möglichkeit, dass sich im Wasserdampf frei bewegende Moleküle über die Wasserstoffbrückenbindung zu größeren Aggregaten – also zu Wasser – zusammenschließen.

2. a) Der Sattdampfdruck kennzeichnet den Druck, den die bei einer bestimmten Temperatur maximal mögliche Menge von sich frei bewegenden Wassermolekülen – also die Sättigungsmenge – erzeugt.

   b) Der absolute Dampfdruck kennzeichnet den Druck, der von den vorhandenen Wassermolekülen erzeugt wird.

3. Die relative Luftfeuchte kennzeichnet das Verhältnis von vorhandener zur möglichen Wasserdampfmenge bzw. das Verhältnis zwischen absolutem Dampfdruck und Sattdampfdruck.

   Formel:

   $\phi = (p / p_s) \cdot 100\ \%$
   p_s für 19 °C = 2.197 Pa

4. Formel:

   absoluter Dampfdruck
   $p = \phi \cdot p_s / 100$ Pa

   Berechnung:

   $p = 60 \cdot 2.197 / 100$
   $= 1.318$ Pa

5. 12,6 °C

6.6.3 Tauwasser im Inneren von Bauteilen

1. Bei unterschiedlichen Temperaturen zwischen innen und außen herrschen auch unterschiedliche Dampfdrücke, die einen Ausgleich anstreben.

   Wenn die Kapillaren in einem Baustoff größer sind als der Durchmesser von Wasserstoffmolekülen, können letztere in den Baustoff eindringen.

2. Der größere μ-Wert ist auf der kalten, der kleinere auf der warmen Seite der Tauwasserebene zu verwenden.

3. Mit der äquivalenten Luftschichtdicke s_d wird der Dampfdiffusionswiderstand eines Stoffes mit dem der Luft verglichen. Der s_d-Wert gibt an, wie dick eine Luftschicht sein müsste, damit diese den gleichen Widerstand wie die Stoffschicht hat.

   Formel:

   $\mu \cdot d = s_d \cdot m$

4. Ermittlung der R-, U-, q- und s_d-Werte

Material von innen nach außen	d m	λ W/(m · K)	R m² · K/W	μ	s_d m
R_{si}			0,130		
Beton	0,24	2,00	0,114	80/130	19,2
XPS	0,10	0,04	2,500	80/250	25,0
R_{se}			0,040		
		R_T =	2,784		44,2
U = 0,36 W/(m² · K)					
q = 0,66 W/(m² · K) · 30 K = 10,8 W/m²					

Ermittlung der Temperaturen an der Schichtgrenze:

Formel:

$\theta_n \quad = \quad \theta_i - R_n \cdot q$

Berechnung:

$\theta_1 \quad = \quad 20 - (0{,}13 + 0{,}114) \cdot 10{,}8$

$\theta_1 \quad = \quad 17{,}36$ °C

Ermittlung des Sattdampfdrucks an der Schichtgrenze:

Für 17,4 °C $\quad p_s$ = 1.988 Pa

Darstellung des Diagramms:

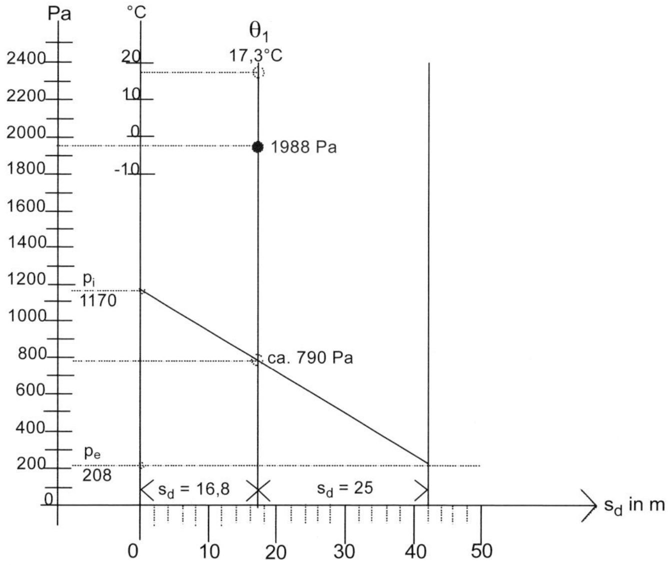

Es kommt zu keinem Tauwasserausfall, da die bei ca. 17,3 °C mögliche Wasserdampfmenge mit einem Sattdampfdruck von 1970 Pa wesentlich größer ist als die Wasserdampfmenge, die bis zu dieser Stelle vordringen kann, mit einem Teildampfdruck von 790 Pa.

6.6.4 Luftdurchlässigkeit von Bauteilen

1. Alle die Luftdichtheitsschichten durchdringenden und diese unterbrechenden Bauteile, wie Sparren, Pfetten und Deckenbalken für Balkone, führen zu einem unkontrollierten Luftaustausch.
2. Holzbalken neigen zu Verdrehungen und Rissen und verändern ihr Volumen in Abhängigkeit der relativen Luftfeuchte, sodass an diese keine luftdichten Anschlüsse hergestellt werden können.
3. $n = \frac{\text{Volumen Frischluft pro Stunde}}{\text{Volumen Raumluft}}$ in h^{-1}
4. von der Raumgröße, der Nutzung und der Anzahl der Personen
5. Blower-Door-Test
6. In dem zu prüfenden Gebäude wird mit einem Ventilator abwechselnd ein Überdruck und ein Unterdruck erzeugt und die dabei jeweils transportierte Luftmenge gemessen.

   Der Mittelwert aus beiden Messungen ergibt in Bezug zum Luftvolumen des Gebäudes eine mit Normwerten vergleichbare Luftwechselzahl.
7. $n = 0{,}7\ h^{-1}$
8. Formel:

   $Q_V = 82{,}8 \cdot n \cdot 0{,}34 \cdot V$

   Berechnung:

   für n = 0,6 $Q_V = 82{,}8 \cdot 0{,}6 \cdot 0{,}34 \cdot 712{,}8 =$ 12.040 kWh/a

   für n = 0,7 $Q_V = 82{,}8 \cdot 0{,}7 \cdot 0{,}34 \cdot 712{,}8 =$ 14.047 kWh/a

   ΔQ_V = 2.007 kWh/a

   Absolute Erhöhung: ~ 2.000 kWh/a

   Prozentuale Erhöhung:

   $(\Delta Q_V / Q_V) \cdot 100 = (2.000 / 12.040) \cdot 100$ = 16,6

   ~ 17 %

7 Energiebilanz und Energieausweis

Erläuterung des Nachweisverfahrens nach DIN V 4108-6 und DIN V 18599-2

Autor: Dipl.-Ing. (FH) Johannes Volland

Inhalt Seite

7.1 Erläuterung des Nachweisverfahrens (Alt- und Neubau)

Nachfolgend wird schrittweise erläutert, wie die nachzuweisenden Kenngrößen Primärenergiebedarf Q_P und der spezifische Transmissionswärmeverlust H_T für Alt- und Neubauten nach DIN V 4108-6 in Verbindung mit der DIN V 4701-10 und nach DIN V 18599-1 und -2 zu berechnen sind. Dies wird zusätzlich am Beispiel des Referenzgebäudes für das Beispiel-Haus nach EnEV Anlage 1, Tabelle 1, erläutert.

7.1.1 Bestimmung der Gebäudekenndaten

Als Erstes müssen die Kenndaten des Gebäudes ermittelt werden. Hierzu müssen alle Daten zur Berechnung des beheizten Volumens und der Bauteile mit den darin befindlichen Fensteröffnungen vorliegen.

7.1.1.1 Zonierung des Gebäudes

Bevor ein Gebäude energetisch bilanziert wird, ist es in Zonen zu unterteilen. Wohngebäude werden grundsätzlich immer als Ein-Zonen-Modell betrachtet. Die Bilanzierung eines gemischt genutzten Gebäudes ist in der EnEV § 22 geregelt. Dort heißt es:

„Teile eines Wohngebäudes, die sich hinsichtlich der Art ihrer Nutzung und der gebäudetechnischen Ausstattung wesentlich von der Wohnnutzung unterscheiden und die einen nicht unerheblichen Teil der Gebäudenutzfläche umfassen, sind getrennt als Nichtwohngebäude zu behandeln."

7.1.1.2 Bestimmung des Bruttovolumens V_e (siehe auch Kapitel 2)

Das beheizte Volumen beinhaltet alle Räume, die aufgrund ihrer bestimmungsgemäßen Nutzung direkt auf eine Innenlufttemperatur $\theta_i \geq 19$ °C (nach DIN V 4108-6) bzw. $\theta_i \geq 20$ °C (nach DIN V 18599-10) beheizt werden sowie solche, die durch Raumverbund (z. B. Flure) mit eingeschlossen werden. Die Berechnung erfolgt aus den Außenmaßen des Gebäudes.

Das Bruttovolumen dient:

- zur pauschalen Berechnung des beheizten Luftvolumens V,
- zur Bestimmung der spezifischen Lüftungswärmeverluste H_V sowie
- zur Bestimmung der Gebäudenutzfläche A_N.

Beispiel-Haus:

$V_e = 582{,}03$ m³
(vgl. Kapitel 2.5.3)
(EnEV Anlage 1, Nr. 1.3.2)

7.1.1.3 Bestimmung der Gebäudenutzfläche A_N und der Netto-Grundfläche A_{NGF} (siehe auch Kapitel 2)

Geschosshöhe zwischen 2,5 m und 3 m

$A_N = 0{,}32 \cdot V_e$ m²
(Formel 7.1)
(EnEV Anlage 1, Nr. 1.3.3)

Erläuterung:

Bei der Berechnung nach DIN V 4108-6 wird A_N zur Berechnung der internen Wärmegewinne Q_i, des Warmwasserbedarfs Q_W sowie zur Bestimmung der Anlagenverluste benötigt. Außerdem ist A_N die Bezugsfläche zur Bestimmung der Energiekennzahl im Energieausweis.

Beispiel-Haus:

Beheizte Nutzfläche A_N:

$A_N = 0{,}32 \cdot V_e$ m²

$A_N = 0{,}32\ m^{-1} \cdot 582{,}03\ m^3$

$= 186{,}25$ m²
(vgl. Kapitel 2.5.3)

Geschosshöhe weniger als 2,5 m und mehr als 3 m

Nach Anlage 1 Nr. 1.3.3 ist die Gebäudenutzfläche A_N eines Wohngebäudes bei einer durchschnittlichen Geschosshöhe der Vollgeschosse h_g von weniger als 2,5 m und mehr als 3,0 m wie folgt zu ermitteln:

$A_N = (1/h_G - 0{,}04\ m^{-1}) \cdot V_e$ m²
(Formel 7.2)
(EnEV Anlage 1, Nr. 1.3.3)

h_G = Höhe von OK Rohfußboden bis OK Rohfußboden der darüber liegenden Decken, Mittelwert aller Geschosse m²

Bestimmung der Bezugsfläche A_B bzw. A_{NGF}

Wird das Gebäude nach DIN V 18599 berechnet, wird für die Berechnung der internen Wärmegewinne (Wärmequellen) Q_I, des Warmwasserbedarfs Q_W sowie zur Bestimmung der Anlagenverluste die Netto-Grundfläche benötigt. Diese ist nach DIN 277 zu ermitteln.

Beispiel-Haus:

Nutzfläche $A_{NGF} = 149{,}13$ m²

7.1.1.4 Bestimmung der Fensterdaten A_W

(siehe auch Kapitel 2)

Für die Bestimmung der Transmissionswärmeverluste H_T und der solaren Wärmegewinne Q_S werden folgende Fensterdaten benötigt, die nach Himmelsrichtung getrennt zu ermitteln sind:

- Außenmaße der Fenster (lichte Fassadenöffnung der Fenster),
- Himmelsrichtung der Fenster (Süd, Süd/Ost, Süd/West, Ost, Nord/Ost, West, Nord/West, Nord),
- Neigung der Fenster (senkrecht oder geneigtes Fenster < 30°, z. B. Dachliegefenster),
- U-Werte der Fenster (Herstellerangaben oder Berechnung nach DIN EN ISO 10077, siehe auch Kapitel 2),
- Energiedurchlassgrad $g_\perp$ der Fenster (Herstellerangaben oder DIN V 4108-6, Tabelle 6) sowie
- Verschattung der Fenster.

Fensterdaten Beispiel-Haus (siehe Kapitel 2.5.3.2):

Fenster Süd	=	24,47	m²
Fenster Ost	=	3,13	m²
Fenster West	=	18,24	m²
Fenster Nord	=	10,85	m²
Fensterfläche gesamt	=	56,69	m²

7.1.1.5 Bestimmung der Hüllfläche A
(siehe auch Kapitel 2)

Die den beheizten Raum einer Temperaturzone begrenzenden wärmeübertragenden Umfassungsflächen A (Hüllflächen) sind für alle Bauteile mit unterschiedlichem U-Wert und unterschiedlichen Temperatur-Korrekturfaktoren (F_x-Wert) getrennt zu ermitteln. Werden auch die solaren Wärmegewinne über opake Bauteile berücksichtigt, sind die einzelnen Bauteile auch getrennt nach deren Himmelsrichtung zu erfassen. Die Ergebnisse werden auf zwei Stellen hinter dem Komma gerundet. Fensterflächen sind von den einzelnen Bauteilen abzuziehen und getrennt zu ermitteln.

Hierfür sind folgende Bauteile zu unterscheiden:

- Bauteile zur Außenluft mit oder ohne vorgehängte Fassade

  Beispiel-Haus:

  - Außenwände EG und OG verputzt (B1)
  - Außenwände EG mit Holzschalung (B2)
  - Dachfläche (B3)
  - Decke über Eingangsbereich (B5)
  - Haustür (B4)

- Wände und Decken zu nicht ausgebautem Dachraum und Drempel

  Beispiel-Haus:

  - Dachfläche Anbau (B6)

- Wände und Decken zu unbeheizten Räumen

  Beispiel-Haus:

  - Wand zu Dachraum (B13) – im sanierten Zustand nicht mehr vorhanden!

- Wände und Decken zu niedrig beheizten Räumen (Innentemperatur zwischen 12 °C und 19 °C).

  Beispiel-Haus: keine vorhanden

- Wände und Fenster zu unbeheiztem Glasvorbau, unterteilt in Glasvorbau

  - mit Einfachverglasung
  - mit Zwei-Scheiben-Verglasung
  - mit Wärmeschutzverglasung

  Beispiel-Haus: keine vorhanden

- Bauteile zum unbeheizten Keller

  Beispiel-Haus:

  - Kellerinnenwände des beheizten Kellers (B10)
  - Innentüren zum unbeheizten Keller (B12)
  - Kellerdecke zum unbeheizten Keller (B9)

- Bauteile, die an das Erdreich grenzen

  Beispiel-Haus:

  - Kellerwand zu Erdreich (B7)
  - Bodenplatte des beheizten Kellers (B8)
  - Bodenplatte Anbau (B11)

- Bodenplatte von niedrig beheizten Räumen

  Beispiel-Haus: keine vorhanden

- Bauteile mit Flächenheizung

  Beispiel-Haus: keine vorhanden

Es wird empfohlen, in den Planvorlagen die Flächen zu kennzeichnen und mit Positionsnummern zu versehen.

Nach EnEV Anlage 1 Nr. 1.3.1 sind die wärmeübertragenden Umfassungsflächen A in m^2 nach DIN V 18599-1:2011-12, Abschnitt 8, zu ermitteln.

Bei aneinandergereihten Gebäuden sind die Gebäudetrennwände wie folgt zu berücksichtigen (EnEV Anlage 2.6):

- zwischen Gebäuden mit gleichen Innentemperaturen werden diese bei der Ermittlung der wärmeübertragenden Umfassungsfläche A nicht berücksichtigt,
- zwischen Gebäuden mit normaler und niedriger Innentemperatur (12 °C bis 19 °C) wird der Wärmedurchgangskoeffizient der Trennwand mit einem Temperatur-Korrekturfaktor F_{nb} nach DIN 4108-6, Tabelle 3 oder nach DIN 18599-2, Tabelle 5, abgemindert,
- zwischen Gebäuden mit wesentlich niedriger Innentemperatur wird der Wärmedurchgangskoeffizient der Trennwand mit einem Temperatur-Korrekturfaktor F_u von 0,5 abgemindert.

Werden aneinandergereihte Gebäude gleichzeitig errichtet, dürfen diese wie ein Gebäude behandelt werden.

Ist die Nachbarbebauung von gereihten Gebäuden nicht gesichert, müssen die Trennwände den Mindestwärmeschutz nach § 7 Abs. 1 einhalten.

Tabelle 7.1: Zusammenstellung der Bauteilflächen für das Beispiel-Haus (siehe auch Kapitel 2)

Nr,	Bauteile	Fläche m²	Anteil
1	Außenwand - verputzt	134,06	25%
2	Außenwände - Anbau	49,77	9%
3	Dachfläche Hauptgebäude	80,53	15%
4	Haustüre	2,85	1%
5	Decke Eingang zur Außenluft	11,03	2%
6	Dachfläche Anbau	42,15	8%
7	Kellerwand zu Erdreich	13,25	2%
8	Bodenplatte beh. Keller	13,94	3%
9	Decke zu unb. Keller	54,63	10%
10	Kellerinnenwände	18,88	4%
11	Bodenplatte Anbau	42,79	8%
12	Kellertüren	7,52	1%
13	Fenster Süd	24,47	5%
14	Fenster Ost	3,13	1%
15	Fenster West	18,24	3%
16	Fenster Nord	13,85	3%
	Hüllfläche A	531,09	100%

7.1.1.6 Bestimmung der U-Werte
(siehe auch Kapitel 3)

a) Opake Bauteile

Um die U-Werte der einzelnen Bauteile bestimmen zu können, muss deren Bauteilschichtung mit den dazugehörigen λ-Werten (Wärmeleitfähigkeit), den Schichtdicken d und den Wärmeübergangswiderständen R_{si} und R_{se} festgelegt werden.

$U = 1 / R_T$ W/(m² · K)
(Formel 7.3)

R_T = Wärmedurchgangswiderstand als Summe aller anrechenbaren Wärmedurchlasswiderstände m² · K/W

Für Bauteile aus homogenen Schichten gilt:

$R_T = R_{si} + \sum R_n + R_L + R_U + R_{se}$ m² · K/W
(Formel 7.4)

R_{si} = Wärmeübergangswiderstand innen

Tabelle 7.2: Wärmeübergangswiderstände innen – nach DIN EN ISO 6946

Wärmestrom	m² · K/W
aufwärts	0,10
horizontal	0,13
abwärts horizontal = ±30 ° zur Horizontalen	0,17

R_n = Wärmedurchlasswiderstand der Stoffschichten m² · K/W

$R_n = d_n/\lambda_n$ m² · K/W
(Formel 7.5)

d = Schichtdicke der Bauteilschicht m

λ_n = Wärmeleitfähigkeit dieser Stoffschicht W/(m · K)
(DIN V 4108-4)

Erläuterung:

Der Bemessungswert des Wärmedurchlasswiderstandes berechnet sich aus der Dicke d einer homogenen Stoffschicht, geteilt durch den Bemessungswert λ_n für die Wärmeleitfähigkeit dieser Stoffschicht.

R_L = Wärmedurchlasswiderstand von Luftschichten m² · K/W
(DIN EN ISO 6946)

R_U = Wärmedurchlasswiderstand von kleinen unbeheizten Räumen ohne gedämmte Außenbauteile (z. B. Garagen, Lagerräume, unbeheizte Glasvorbauten) m² · K/W

R_{se} = Wärmeübergangswiderstand außen m² · K/W

Tabelle 7.3: Wärmeübergangswiderstände außen – nach DIN EN ISO 6946

Wärmestrom	m² · K/W
aufwärts	0,04
horizontal	0,04
abwärts	0,04
Außenflächen abgedeckt, stark hinterlüftet	$R_{si} = R_{se}$

Für Bauteile aus inhomogenen Schichten gilt: Inhomogene Schichten (z. B. Sparrendächer mit Zwischensparrendämmung) sind nach DIN EN ISO 6946 vereinfacht wie folgt zu berechnen:

$R_T = R'_T + R''_T /2$ m² · K/W
(Formel 7.6)

R'_T = oberer Grenzwert des Wärmedurchgangswiderstandes

R''_T = unterer Grenzwert des Wärmedurchgangswiderstandes (siehe Beispiel-Haus im Kapitel 3)

Beispiel-Haus:

Die U-Werte wurden im Kapitel 3 berechnet U-Werte bestehender Gebäude siehe Kapitel 3.3.

b) Transparente Bauteile

Für Fenster kann der U-Wert den Tabellen der DIN EN ISO 10077-1 entnommen oder genauer nach dieser Norm berechnet werden (siehe auch Kapitel 3). Es dürfen auch Herstellerangaben verwendet werden.

Beispiel-Haus:

Die U-Werte der Fenster wurden in Kapitel 3 berechnet.

Wenn alle Gebäudekenndaten ermittelt wurden, kann der zulässige Jahresprimärenergiebedarf Q_P für das Referenzgebäude ermittelt werden. Anschließend ist das Gebäude mit den tatsächlichen Bauteilschichtungen und der vorgesehenen Anlagentechnik zu berechnen.

Der sich dann ergebene Jahresprimärenergiebedarf Q_P darf den über das Referenzgebäude berechneten Wert nicht überschreiten. Das Referenzgebäude ist nach den gleichen Verfahren zu berechnen wie das nachzuweisende Gebäude.

7.1.1.7 Zulässiger Primärenergiebedarf Q_P nach EnEV

Neubauten

Der zulässige Jahresprimärenergiebedarf Q_P ist über ein Referenzgebäude nach EnEV zu ermitteln. Hierzu ist das nachzuweisende Gebäude mit der Ausführung des Referenzgebäudes nach Anhang 1, Tabelle 1 zu berechnen (siehe auch Kapitel 9). Die Berechnung wird in Kapitel 7.1.2 genauer erläutert.

Bestehende Wohngebäude

Für bestehende Wohngebäude darf der zulässige Jahresprimärenergiebedarf nach EnEV Anlage 1, Tabelle 1 um 40 % überschritten werden (nach § 9 EnEV).

7.1.2 Ermittlung des Heizwärmebedarfs Q_h nach DIN V 4108-6

Nachfolgend wird die Berechnung des Jahresheizwärmebedarfs Q_h für das Referenzgebäude des Beispiel-Hauses nach EnEV und DIN V 4108-6 erläutert. Die Berechnungen wurden mit dem Programm ENGP-bautop durchgeführt. Das Programm berücksichtigt keine Wärmegewinne von Wintergärten und Wärmegewinne über opake Bauteile, was nach DIN V 4108-6 Anhang D3 auch nicht notwendig ist.

Die Rahmenbedingungen für die Berechnung nach DIN V 4108-6 sind in EnEV Anhang 1, Nr. 2.1.2 beschrieben.

Hierzu heißt es:

„Der in diesem Rechengang zu bestimmende Jahresheizwärmebedarf Q_h ist nach dem Monatsbilanzverfahren nach DIN EN 832:2003-06 mit den in DIN V 4108-6:2003-06 Anhang D.3 genannten Randbedingungen zu ermitteln. Als Referenzklima ist abweichend von der DIN 4108-6:2003-06 das Klima nach DIN V 18599-10:2011-12 Abschnitt 7.1 (Region Potsdam) zu verwenden. Zur Berücksichtigung von Lüftungsanlagen mit Wärmerückgewinnung sind die methodischen Hinweise unter 4.1 der DIN V 4701-10:2003-08 zu beachten."

Die erforderlichen Werte zur Ermittlung von Q_h sind schrittweise zu ermitteln. Eine zusätzliche Erläuterung der Faktoren finden Sie auch im Kapitel 9.

Das Rechenverfahren darf sowohl für Neubauten als auch für bestehende Wohngebäude angewandt werden.

Berechnung des Jahresheizwärmebedarfs Q_h

$$Q_h = \sum_M Q_{h,M}\big|_{positiv} \qquad \text{kWh/a}$$

(Formel 7.7)
(DIN V 4108-6, Gleichung 26)

Erläuterung:

Der Jahresheizwärmebedarf Q_h wird aus der Summe aller Monate mit einer positiven Energiebilanz ermittelt, d. h. aus den Monaten, in denen dem Gebäude über das Heizsystem Wärme zugeführt werden muss. Der Unterschied zum Heizperioden-Verfahren ist, dass hier nicht mit einer vordefinierten Heizzeit gerechnet wird, sondern mit der tatsächlich vorhandenen Heizzeit in Abhängigkeit der Energiebilanz des Gebäudes (ein schlecht gedämmtes Gebäude hat eine längere Heizzeit als ein gut gedämmtes).

Monatlicher Heizwärmebedarf $Q_{h,M}$ MB-V kWh/M

$Q_{h,M} = Q_{l,M} - \eta_M \cdot Q_{g,M}$ kWh/a
(Formel 7.8)
(DIN V 4108-6, Gleichung 20)

Erläuterung:

Der monatliche Heizwärmebedarf $Q_{h,M}$ wird aus den monatlichen Wärmeverlusten $Q_{l,M}$ abzüglich der nutzbaren monatlichen Wärmegewinne $\eta_M \cdot Q_{g,M}$ berechnet.

$Q_{l,M}$	= monatliche Wärmeverluste	kWh/M
η_M	= Nutzungsgrad der Wärmegewinne	–
$Q_{g,M}$	= monatliche Wärmegewinne	kWh/M
M	= Index für Zeitraum Monat	

7.1.2.1 Ermittlung der monatlichen Wärmeverluste $Q_{l,M}$

Zur Bestimmung der monatlichen Wärmeverluste $Q_{l,M}$ werden die spezifischen Transmissionswärmeverluste H_T in W/K, die spezifischen Lüftungswärmeverluste H_V in W/K und die Wetterdaten nach DIN V 4108-6 benötigt.

a) Spezifische Transmissionswärmeverluste H_T

Wenn die Flächen und die U-Werte für die einzelnen Bauteilschichten berechnet sind, kann der spezifische Transmissionswärmeverlust H_T bestimmt werden.

$H_T = \sum U_i \cdot A_i + H_U + L_S + H_{WB} + \Delta H_{T,FH}$ W/K
(Formel 7.9)
(DIN V 4108-6, Gleichung 28)

Erläuterung:

Der Transmissionswärmeverlust H_T eines Gebäudes wird in fünf Bereiche eingeteilt:

Bauteile, die an die Außenluft grenzen = $U_i \cdot A_i$

(siehe auch Kapitel 3)

U_i	= Wärmedurchgangskoeffizient	$W/(m^2 \cdot K)$ (nach DIN EN ISO 6946)
A_i	= Fläche des Bauteils	m^2

Bauteile, die an unbeheizte oder niedrig beheizte Räume grenzen = H_U

(siehe auch Kapitel 3)

H_U = Transmissionswärmeverluste über Flächen zu unbeheizten Räumen

vereinfacht:

$H_U = F_{xi} \cdot (U_i \cdot A_i)$ W/K
(Formel 7.10)
(DIN V 4108-6, Gleichung 29)

F_{xi}	= Temperatur-Korrekturfaktor	– (DIN V 4108-6, Tabelle 3)

Bauteile, die an das Erdreich grenzen = L_S

(siehe auch Kapitel 3)

L_S = thermischer Leitwert über das Erdreich W/K

vereinfacht:

$L_S = F_{xi} \cdot (U_i \cdot A_i)$ W/K

(Formel 7.11)
(DIN V 4108-6, Gleichung E.5)

Wärmebrückenverluste in Bauteilen = H_{WB}

(siehe auch Kapitel 6)

H_{WB} = Wärmeverluste über Wärmebrücken W/K

(nach DIN V 4108-6, Anhang D.3)

Bauteile mit Flächenheizung = $\Delta H_{T,FH}$

$\Delta H_{T,FH}$ = Wärmeverluste von Bauteilen mit Flächenheizung W/K

Erläuterung:

Da Flächenheizungen in Außenbauteilen höhere Transmissionswärmeverluste verursachen, müssen diese separat nach DIN V 4108-6, Abschnitt 6.1.4 bestimmt werden.

Diese Berechnung kann für den öffentlich-rechtlichen Nachweis entfallen, wenn zwischen Heizfläche und außen liegendem konstruktivem Bauteil eine Wärmedämmung von mindestens 8 cm [$\lambda \leq 0{,}04$ W/(m · K)] angebracht wird (DIN 4108-6, Tabelle D.3, Zeile 14).

Zur Berechnung des Referenzgebäudes sind die U-Werte nach EnEV Anlage 1 Tabelle 1 zu verwenden.

Tabelle 7.4: EnEV Tabelle 1 Anlage 1 – Ausführung des Referenzgebäude

Zeile	Bauteile/System	Referenzausführung/Wert (Maßeinheit)	
1.0	Regelung für den zul. Primärenergiebedarf ab 1. Januar 2016 – siehe Erläuterung		
1.1	Außenwand, Geschossdecke gegen Außenluft	Wärmedurchgangskoeffizient	$U = 0{,}28$ W/(m² · K)
1.2	Außenwand gegen Erdreich, Bodenplatte, Wände und Decken zu unbeheizten Räumen (außer solche nach Zeile 1.1)	Wärmedurchgangskoeffizient	$U = 0{,}35$ W/(m² · K)
1.3	Dach, oberste Geschossdecke, Wände zu Abseiten	Wärmedurchgangskoeffizient	$U = 0{,}20$ W/(m² · K)
1.4	Fenster, Fenstertüren	Wärmedurchgangskoeffizient Gesamtenergiedurchlassgrad der Verglasung	$U = 1{,}30$ W/(m² · K) $g_\perp = 0{,}60$
1.5	Dachflächenfenster	Wärmedurchgangskoeffizient Gesamtenergiedurchlassgrad der Verglasung	$U = 1{,}40$ W/(m² · K) $g_\perp = 0{,}60$
1.6	Lichtkuppeln	Wärmedurchgangskoeffizient Gesamtenergiedurchlassgrad der Verglasung	$U = 2{,}70$ W/(m² · K) $g_\perp = 0{,}64$
1.7	Außentüren	Wärmedurchgangskoeffizient	$U = 1{,}80$ W/(m² · K)
2	Bauteile nach Z. 1.1 bis 1.7	Wärmebrückenzuschlag	$\Delta U_{WB} = 0{,}05$ W/(m² · K)

Erläuterung zu Zeile 1:

Ab dem 1. Januar 2016 ist der berechnete Primärenergiebedarf nach Tabelle 1 Anlage 1 der EnEV bei Neubauten mit 0,75 zu multiplizieren. Der sich daraus ergebende Primärenergiebedarf Q_P des Referenzgebäudes gilt dann als einzuhaltender Grenzwert.

Anschließend werden die Transmissionswärmeverluste für das Referenzgebäude des Beispiel-Hauses berechnet.

Tabelle 7.5: Berechnung der Transmissionswärmeverluste H_T für das Referenzgebäude des Beispiel-Hauses

Nr.	Bauteile	U-Werte [W/(m² · K)]	Fläche [m²]	Temperatur-korrekturfaktor [Fx]	ΔU_{WB} [W/K]	Wärmeverluste H_T [W/K]
1	Außenwand - verputzt	0,280	134,06	1	0,05	44,24
2	Außenwände - Anbau	0,280	49,77	1	0,05	16,42
3	Dachfläche Hauptgebäude	0,200	80,53	1	0,05	20,13
4	Haustüre	1,800	2,85	1	0,05	5,27
5	Decke Eingang zur Außenluft	0,280	11,03	1	0,05	3,64
6	Dachfläche Anbau	0,200	42,15	1	0,05	10,54
7	Kellerwand zu Erdreich	0,350	13,25	0,4	0,05	2,52
8	Bodenplatte beh. Keller	0,350	13,94	0,45	0,05	2,89
9	Decke zu unb. Keller	0,350	54,63	0,7	0,05	16,12
10	Kellerinnenwände	0,350	18,88	0,7	0,05	5,57
11	Bodenplatte Anbau	0,350	42,79	0,6	0,05	11,13
12	Kellertüren	1,800	7,52	0,7	0,05	9,85
21	Fenster Süd; Süd/Ost; Süd/West	1,3	24,47	1	0,05	33,04
22	Fenster Ost; Nord/Ost	1,3	3,13	1	0,05	4,22
23	Fenster West; Nord/West	1,3	18,24	1	0,05	24,63
24	Fenster Nord	1,3	10,85	1	0,05	14,64
25	Dachflächenfenster					
26	Fenster ohne Gewinne					
	Hüllfläche A		528,09			224,85

Zulässiger Transmissionswärmeverlust nach EnEV Anlage 1 Tabelle 2 :

Die spezifischen Transmissionswärmeverluste H_T dürfen die zulässigen Höchstwerte der EnEV Anlage 1 Tabelle 2 nicht überschreiten. Bei einem genauen Nachweis bestehender Wohngebäude darf dieser den zulässigen Wert nach Anlage 1 Tabelle 2 um bis zu 40 % überschreiten (§ 9 EnEV). Diese sind abhängig von der Art des Gebäudes. Für ein freistehendes Wohngebäude mit einer Nutzfläche von $A_N \leq 350$ m² ist der Höchstwert mit **0,40 W/(m² · K)** angegeben.

Zusätzliche Anforderungen bei Neubauten:

„Ab dem 1. Januar 2016 darf der spezifische, auf die wärmeübertragende Umfassungsfläche bezogene Transmissionswärmeverlust eines zu errichtenden Wohngebäudes das 1,0fache des entsprechenden Wertes des jeweiligen Referenzgebäudes nicht überschreiten. Die jeweiligen Höchstwerte der Tabelle 2 dürfen dabei nicht überschritten werden. § 28 bleibt unberührt.“

Das heißt, dass ab dem 1. Januar 2016 sowohl der Grenzwert nach Anlage 1 Tabelle 2 als auch der berechnete Transmissionswärmeverlust H_T des Referenzgebäudes eingehalten werden muss. Dies gilt aber nur für Neubauten.

Bei dem Nachweis von Bestandsgebäuden muss nur der Wert aus Anlage 1 Tabelle 2 eingehalten werden, mit einer zulässigen Überschreitung von 40 %.

$H'_{T,\ zul.}$ = 0,40 W/(m² · K) · 1,4 (EnEV Anhang 1 Tabelle 2 und § 9)

$H'_{T,\ zul.}$ = 0,56 W/(m² · K)

Berechnung der spezifischen, auf die wärmeübertragende Umfassungsfläche bezogenen Transmissionswärmeverluste H_T für das Referenzgebäude des Beispiel-Hauses.

$H'_{T,\ vorh.}$ = H_T / Hüllfläche W/m² · K)
(Formel 7.12)

$H'_{T,\ vorh.}$ = 224,85 W/K / 528,09 m²

$H'_{T,\ vorh.}$ = 0,426 W/(m² · K)

b) Spezifische Lüftungswärmeverluste H_V in W/K

Zur Bestimmung des spezifischen Lüftungswärmeverlustes H_V muss entschieden werden, ob das Gebäude einer Dichtheitsprüfung unterzogen wird und ob es eine kontrollierte Lüftungsanlage bekommt.

$H_V = n \cdot V \cdot \rho_L \cdot c_{pL}$ W/K
(Formel 7.13)
(DIN V 4108-6, Gleichung 40)

Erläuterung:

Der spezifische Lüftungswärmeverlust H_V wird berechnet über die Multiplikation von Luftwechselrate n mit dem Nettovolumen V und der spezifischen Wärmekapazität der Luft $\rho_L \cdot c_{pL}$. Als Ergebnis bekommt man die Energiemenge, die notwendig ist um das Luftvolumen $n \cdot V$, das stündlich ausgetauscht wird, um 1 K zu erwärmen.

V = Nettovolumen des Gebäudes m³

- Ein- und Zweifamilienhäuser bis zu drei Vollgeschossen:

  $V = 0{,}76 \cdot V_e$ m³
  (Formel 7.14)
  (EnEV Anlage 1, Nr. 2.4)

- Bei allen anderen Gebäuden:

  $V = 0{,}8 \cdot V_e$ m³
  (Formel 7.15)
  (EnEV Anlage 1, Nr. 2.4)

  V_e = Bruttogebäudevolumen m³

$\rho_L \cdot c_{pL}$ = spezifische Wärmekapazität der Luft = 0,34 Wh/(m³ · K)
(Formel 7.16)

n = Luftwechselrate h^{-1}
(DIN V 4108-6, Anhang D.3)

Bei der Luftwechselrate n wird unterschieden, ob die Lüftung ohne oder mit einer raumlufttechnischen Anlage erfolgt und ob das Gebäude einer Dichtheitsprüfung unterzogen wurde.

- Bei freier Lüftung

  ohne Nachweis der Luftdichtheit gilt:

  n = 0,7 h^{-1}

  mit Nachweis der Luftdichtheit gilt:

  n = 0,6 h^{-1}

- Bei bestehenden Wohngebäuden mit offensichtlichen Undichtheiten

  $n = 1$ h^{-1}

- Bei raumlufttechnischen Anlagen

  $n = n_A \cdot (1 - \eta_V) + n_x$ –

  (Formel 7.17)
  (DIN V 4108-6, Tabelle D.3, Gleichung D.11)

$n_A = 0{,}4\ h^{-1}$ (DIN V 4701-10)
η_V = Nutzungsfaktor der Luft/Luft-Wärmerückgewinnungssysteme (DIN V 4701-10, Tabelle 5.2.3)
$\eta_V = 0$
n_x = Leck-Luftwechselrate aufgrund eines Unter- oder Überdrucks
$n_x = 0{,}20\ h^{-1}$ für Zu- und Abluftanlagen
$n_x = 0{,}15\ h^{-1}$ für Abluftanlagen

Mechanische Be- und Entlüftungsanlagen dürfen bei der Berechnung der Lüftungswärmeverluste nach EnEV Anlage 1, Nr. 2.7 nur erfasst werden,

- wenn die Dichtheit des Gebäudes nach Anlage 4 Nr. 2 nachgewiesen wird,
- der mithilfe der Anlage erreichte Luftwechsel nach § 6 Abs. 2 den Mindestluftwechsel sicherstellt,
- wenn diese mit Einrichtungen versehen sind, die eine Beeinflussung der Luftvolumenströme jeder Nutzeinheit durch den Nutzer erlauben,
- sichergestellt ist, dass die aus der Abluft gewonnene Wärme vorrangig genutzt wird, also bevor das Heizsystem Wärme in den Raum liefert.

Die Kennwerte der Lüftungsanlage sind nach anerkannten Regeln der Technik zu bestimmen oder der bauaufsichtlichen Zulassung des Produktes zu entnehmen.

Hinweis:

Die Wärmegewinne aus Wärmerückgewinnungsanlagen Q_{WR} müssen entweder bei der Berechnung von Q_P nach DIN V 4108-6, Anhang D.3 oder bei der Ermittlung von e_p nach DIN V 4701-10 berücksichtigt werden. Sie dürfen nicht zweimal berücksichtigt werden.

In der Regel werden diese bei der Bestimmung der Anlagentechnik berücksichtigt.

Anschließend werden die Lüftungswärmeverluste für das Referenzgebäude des Beispiel-Hauses berechnet.

Nach Anlage 1, Tabelle 1, Zeile 8 ist das Referenzgebäude mit einer zentralen Abluftanlage zu berechnen. Diese ist bedarfsgeführt und mit einem geregelten DC-Ventilator ausgestattet.

Tabelle 7.6: Berechnung der Lüftungswärmeverluste H_V für das Referenzgebäude des Beispiel-Hauses

$H_V = n \cdot V \cdot c_{,pl} \cdot p_{,l}$ [W/K]		
Anrechenbares Volumen V:		
Gebäude mit bis zu drei Vollgeschossen:	$V = V_e \cdot 0{,}76$	x
Gebäude mit mehr als drei Vollgeschossen:	$V = V_e \cdot 0{,}8$	
Bruttovolumen V_e:	582 m³	
Anrechenbares Volumen V:	442 m³	
spezifische Wärmekapazität $c_{,pl}$:	0,28 Wh/kgK	$c_{,pl} \cdot p_{,l}$ = 0,34 Wh/m³K
Dichte der Luft $p_{,l}$:	1,2 kg/m³	
Luftwechselrate n:		
Art der Lüftung	x	n [h^{-1}]
Referenzgebäude mit Dichtheitsprüfung		
Mit raumlufttechnischer Anlage		
- mit Abluftanlage $n_x = 0{,}15\ h^{-1}$	x	0,15
Nutzungsfaktor des Luft/Luft-Wärmerückgewinnungssystems η_V DIN 4701-10	0,00	
Luftwechselrate $n = 0{,}4\ (1-\eta_V) + nx$		0,55
n in h^{-1} = 0,55	H_V =	82,72 W/K

c) Spezifischer Wärmeverlust H in W/K MB-V

Mit den berechneten Werten kann der spezifische Wärmeverlust H bestimmt werden.

$H = H_T + H_V$ W/K
(Formel 7.18)
(DIN V 4108-6, Gleichung 25)

Erläuterung:

Die spezifischen Wärmeverluste H setzen sich zusammen aus den Transmissionswärmeverlusten H_T und den monatlichen Lüftungswärmeverlusten H_V.

H_T = spezifischer Transmissionswärmeverlust W/K

H_V = spezifischer Lüftungswärmeverlust W/K

Referenzgebäude – Beispiel-Haus:

$H = 224{,}85 + 82{,}72 = 307{,}57$ W/K

H_T = aus Tabelle 7.5 W/K

H_V = aus Tabelle 7.6 W/K

d) Monatlicher Wärmeverlust $Q_{l,M}$ [kWh/M]

Mit den berechneten Werten kann der monatliche Wärmeverlust $Q_{l,M}$ bestimmt werden.

$Q_{l,M} = 0{,}024 \cdot H_M \cdot (\theta_i - \theta_{c,M}) \cdot t_M$ kWh/M
(Formel 7.19)
(DIN V 4108-6, Gleichung 21)

Erläuterung:

Der monatliche Wärmeverlust $Q_{l,M}$ wird berechnet durch die Multiplikation des spezifischen Wärmeverlustes H_M mit dem durchschnittlichen Temperaturunterschied des betreffenden Monats $(\theta_i - \theta_{c,M})$ und der Anzahl der Tage t_M. Je höher der durchschnittliche Temperaturunterschied ausfällt, desto größer sind die Wärmeverluste.

0,024	=	Umrechnungsfaktor von Tag in Stunden und Watt in Kilowatt	
H_M	=	spezifische Wärmeverluste	W/K
θ_i	=	durchschnittliche Innentemperatur: 19 °C	(DIN V 4108-6, Anhang D.3)
$\theta_{c,M}$	=	durchschnittliche Außentemperatur des betreffenden Monats	°C (DIN V 18599-10, Tabelle E.6)
t_M	=	Anzahl der Tage des betreffenden Monats	d

Referenzgebäude – Beispiel-Haus:

Für das Referenzgebäude des Beispiel-Hauses wird zuerst die Gradtagzahl F_{GT} berechnet und mit dieser werden die monatlichen Wärmeverluste $Q_{L,M}$ und $Q_{T,M}$ ermittelt.

$F_{GT} = 0{,}024 \cdot (\theta_i - \theta_{c,M}) \cdot t_M$ kKh/M (Formel 7.20)

$Q_{L,M} = F_{GT} \cdot H_L$ kWh/M (Formel 7.21)

$Q_{T,M} = F_{GT} \cdot H_T$ kWh/M (Formel 7.22)

$Q_{l,M} = Q_{L,M} + Q_{T,M}$ kWh/M (Formel 7.23)

Tabelle 7.7: Berechnung der Gradtagzahl F_{GT} (MB-V) für das Referenzgebäude des Beispiel-Hauses

Heizgradtagzahl $F_{GT} = (t_i - t_a) \cdot 24h \cdot Tage / 1000$				
mittlere Innentemperatur: [C°]			19	
Standort:			Potsdam	
Mon.	Tage/Monat d	Temperatur außen [C°]	Temperatur innen [C°]	Heizgradtagzahl F_{GT} [kKh/M]
Jan	31	1,0	19	13,4
Feb	28	1,9	19	11,5
Mrz	31	4,7	19	10,6
Apr	30	9,2	19	7,1
Mai	31	14,1	19	3,6
Jun	30	16,7	19	1,7
Jul	31	19,0	19	0,0
Aug	31	18,6	19	0,3
Sep	30	14,3	19	3,4
Okt	31	9,5	19	7,1
Nov	30	4,1	19	10,7
Dez	31	0,9	19	13,5
		9,5		82,8
			Kd	3.451

Tabelle 7.8: Berechnung der monatlichen Wärmeverluste Q_l für das Referenzgebäude des Beispiel-Hauses

				Jan	Feb	Mrz	Apr	Mai	Jun	Jul	Aug	Sep	Okt	Nov	Dez	Gesamt
				K/d												kKd/a
Heizgradtagzahl			kKh/M	13,4	11,5	10,6	7,1	3,6	1,7	0,0	0,3	3,4	7,1	10,7	13,5	82,8
Wärmeverluste			W/K	KWh/a												Gesamt
1. Lüftungswärmeverluste Q_V			82,72	1.108	951	880	584	302	137	1	25	280	585	887	1.114	6.851,9
2. Transmissionswärmeverluste Q_T																
Nr.	Bauteil:	H_T	W/K	KWh/a												
1	Außenwand - verputzt		44,24	592	508	471	312	161	73	0	13	150	313	475	596	3.665
2	Außenwände - Anbau		16,42	220	189	175	116	60	27	0	5	56	116	176	221	1.360
3	Dachfläche Hauptgebäude		20,13	270	231	214	142	73	33	0	6	68	142	216	271	1.668
4	Haustüre		5,27	71	61	56	37	19	9	0	2	18	37	57	71	436
5	Decke Eingang zur Außenluft		3,64	49	42	39	26	13	6	0	1	12	26	39	49	301
6	Dachfläche Anbau		10,54	141	121	112	74	38	17	0	3	36	74	113	142	873
7	Kellerwand zu Erdreich		2,52	34	29	27	18	9	4	0	1	9	18	27	34	209
8	Bodenplatte beh. Keller		2,89	39	33	31	20	11	5	0	1	10	20	31	39	240
9	Decke zu unb. Keller		16,12	216	185	171	114	59	27	0	5	55	114	173	217	1.335
10	Kellerinnenwände		5,57	75	64	59	39	20	9	0	2	19	39	60	75	461
11	Bodenplatte Anbau		11,13	149	128	118	79	41	18	0	3	38	79	119	150	922
12	Kellertüren		9,85	132	113	105	70	36	16	0	3	33	70	106	133	816
21	Fenster Süd; Süd/Ost; Süd/West		33,04	442	380	351	233	120	55	0	10	112	234	354	445	2.737
22	Fenster Ost; Nord/Ost		4,22	57	49	45	30	15	7	0	1	14	30	45	57	350
23	Fenster West; Nord/West		24,63	330	283	262	174	90	41	0	7	83	174	264	332	2.040
24	Fenster Nord		14,64	196	168	156	103	53	24	0	4	50	103	157	197	1.213
25	Flachdachfenster															
26	Fenster ohne Gewinne															
Transmissionswärmeverluste Q_T				3.011	2.584	2.392	1.587	820	372	2	67	761	1.589	2.412	3.028	18.625
Wärmeverluste $Q_{l\ gesamt}$			307,6	4.119	3.534	3.272	2.170	1.121	509	3	92	1.041	2.174	3.300	4.142	25.477
			Anteil	16%	14%	13%	9%	4%	2%	0%	0%	4%	9%	13%	16%	100%

Monatliche Lüftungswärmeverluste Q_V = 6.852 kWh/a

Monatliche Transmissionswärmeverluste Q_T = 18.625 kWh/a

Monatliche Wärmeverluste Q_l = 25.477 kWh/a

e) Berücksichtigung einer Nachtabsenkung

Durch eine Nachtabsenkung oder Nachtabschaltung kann der Heizwärmebedarf in den Nachtstunden verringert werden. Bei gut wärmegedämmten Gebäuden wird der Einfluss einer Nachtabsenkung oder Nachtabschaltung jedoch immer kleiner. Wenn dieser Einfluss berücksichtigt werden soll, ist die Reduzierung des Heizwärmebedarfs Q_h nach DIN 4108-6, Anhang C zu ermitteln. Da die Berechnung sehr umfangreich ist, wird hier nicht genauer darauf eingegangen. Für den öffentlich-rechtlichen Nachweis nach EnEV sind im DIN 4108-6, Anhang D folgende Pauschalwerte festgelegt.

Für die Zeit des Abschaltbetriebes ist anzunehmen:

– bei Wohngebäuden: 7 h

Die Normheizlast des Wärmeerzeugers ist wie folgt zu bestimmen:

$$\Phi_{pp} = 1{,}5 \cdot (H_T + H_V) \cdot 31\ K \qquad W$$

(Formel 7.24)

Referenzgebäude – Beispiel-Haus:

Die Berechnung wird in Tabelle 7.9 bis Tabelle 7.11 beispielhaft aufgezeigt.

Tabelle 7.9: Kenndaten des Beispiel-Hauses zur Berechnung der Reduzierung des Heizwärmebedarfs Q_h durch eine Heizungsunterbrechung bei Nacht

Dauer der Nachtabsenkung t_U =		7,00 h
Mindest- Innentemperatur θ_{isb} =		14,00 °C
Nennleistung der Heizungsanlage Φ_{pp} = 1,5 x (H_T+$H_{V,n=0,5}$) x 31		13.911 W
Abschaltbetrieb =		ja
Interne Wärmegewinne während der Nachtabsenkung Φ_g =		0,00 W
Wirksame Wärmespeicherf. $C_{wirk,HU}$ =		10477 Wh/K
Lüftungswärmeverluste H_v =		82,72 W/K
Lüftungswärmeverluste $H_{V,n=0,5}$ =		74,31 W/K
Spezifischer Wärmeverlust Hsb = (H_T + H_V) =		307,57 W/K
Spezifischer Wärmeverlust zwischen den Bauteilen Hic = 4 x A_N/0,13 m²		5730,75 W/K
Spezif. Wärmeverlust leichter Bauteile Hw (Fenster, Türen, Paneele <60kg(m²))		
Eingabe Bauteilnummer	Name Bauteil	H_W
3	Dachfläche Hauptgebäude	20,13 W/K
4	Haustüre	5,27 W/K
12	Kellertüren	9,85 W/K
Fenster	Fenster Süd	33,04 W/K
	Fenster Ost	4,22 W/K
	Fenster West	24,63 W/K
	Fenster Nord	14,64 W/K
	Fenster <30°C	0,00 W/K
	Fenster ohne Gewinne	0,00 W/K
	Summe H_W =	111,79 W/K
Spezifischer Wärmeverlust zwischen den Innenbauteilen und außen Hce: Hce = Hic x (Hsb - Hw - Hv) / (Hic - Hsb + Hw + Hv) =		115,34 W/K
Wirksamer Anteil der Wärmespeicherfähigkeit ζ = Hic / (Hic + Hce) =		0,98 -----
Verhältniswert ξ = Hic / (Hic + Hw + Hv) =		0,97 -----
Reaktionszeit der Bauteiltemperatur auf einen Wechsel der Heizleistung $\tau_P = \zeta \times C / (\xi \cdot Hsb)$ =		34,52
Ansprechzeit der Bauteiltemperatur auf einen Wechsel der Lufttemperatur: $\tau_T = \zeta \times C / (Hce + Hic)$ =		1,76
normale Sollinnentemperatur θ io =		19 °C

In Tabelle 7.10 sind die Formeln nach DIN V 4108-6, Anhang C zusammengestellt, die für die Berechnung der Reduzierung des Heizwärmebedarfs Q_h notwendig sind.

Tabelle 7.10: Formeln zur Berechnung der Reduzierung des Heizwärmebedarfs Q_h durch eine Heizungsunterbrechung

Zeile	Berechnung nach DIN 4108-6 Anhang C und D		Gleichung
4	Innentemperatur am Ende der Nichtheizphase ohne Regelphase	$\theta_{i1} = \theta_{inh} + \xi\,(\theta_{co} - \theta_{cnh})\,\exp(-t_{nh}/\tau_p)$	C.19
		$\theta_{cnh} = \theta_e + \xi\,(\theta_{inh} - \theta_e)$	C.17
10	Zeit der Aufheizphase $t_{bh} = \tau_p \cdot \ln(\xi\,(\theta_{cpp} - \theta c_2) / (\theta_{ipp} - \theta_{io}))$	$\theta c_2 = \theta c_1$	C.29
7	$\theta_{ipp} = \theta_e + (\Phi_{pp} + \Phi_g) / H_{sb}$		C.13
8	$\theta_{cpp} = \theta_e + \zeta\,(\theta_{ipp} - \theta_e)$		
9	$\theta_{cpp} = \theta_{cnh} + (\theta_{i1} - \theta_{inh}) / \xi$		C.21
	$\Phi_{pp} =$ 13.049 W		
11	Bauteiltemperatur Beginn Absenkung: $\theta_{co} = \theta_e + \zeta\,(\theta_{io} - \theta_e)$		C.11
12	Bauteiltemperatur Ende Aufheizphase: $\theta_{c3} = \theta_{cpp} + (\theta_{io} - \theta_{ipp}) / \xi$		C.31
13	Berechnung der Reduzierung der Wärmeverluste pro Tag $\Delta Q_{ilj} =$		
	$H_{sb}\,[(\theta_{io} - \theta_{inh}) \cdot t_{nh} + (\theta_{io} - \theta_{isb}) \cdot t_{sb} + (\theta_{io} - \theta_{ipp}) \cdot t_{bh}] - C \cdot \zeta \cdot (\theta_{co} - \theta_{c1} + \theta_{c2} - \theta_{c3})$		C.32
14	Berechnung der gesamten Reduzierung des Wärmeverlustes pro Monat $\Delta Q_{il} =$	$\Sigma j\, n_j \times \Delta Q_{il} =$	C.33

In der Tabelle 7.11 wird für das Beispiel-Haus schrittweise die Reduzierung des Heizwärmebedarfs berechnet.

Tabelle 7.11: Schrittweise Berechnung der Reduzierung des Heizwärmebedarfs Q_h des Beispiel-Hauses

Zeile	Faktoren		Einheit	Jan	Feb	Mrz	Apr	Mai	Jun	Jul	Aug	Sep	Okt	Nov	Dez
1	Außentemperatur	θ e	°C	1	1,9	4,7	9,2	14,1	16,7	19	18,6	14,3	9,5	4,1	0,9
2	niedrigste Innentemperatur	θ inh	°C	1	1,9	4,7	9,2	14,1	16,7	19	18,6	14,3	9,5	4,1	0,9
3	niedrigste Bauteiltemperatur	θ cnh	°C	1,0	1,9	4,7	9,2	14,1	16,7	19,0	18,6	14,3	9,5	4,1	0,9
4	Innentemp. am Ende der nicht Heizph.	θ i1	°C	14,9	15,1	15,8	16,8	17,9	18,5	19,0	18,9	17,9	16,9	15,6	14,9
5	Zeit in der nicht geheizt wird	tnh	h	7,0	7,0	7,0	7,0	7,0	7,0	7,0	7,0	7,0	7,0	7,0	7,0
6	Zeit mit abgesenkten Regelbetrieb	tsb	h	0	0	0	0	0	0	0	0	0	0	0	0
7	höchst mögliche Innentemperatur	θ ipp	°C	46,23	47,13	49,93	54,43	59,33	61,93	64,23	63,83	59,53	54,73	49,33	46,13
8	höchst mögliche Bauteiltemperatur	θ cpp	°C	45,34	46,24	49,04	53,54	58,44	61,04	63,34	62,94	58,64	53,84	48,44	45,24
9	Bauteiltemperatur Ende nicht Heizph.	θ c1	°C	15,4	15,6	16,1	17,0	18,0	18,5	19,0	18,9	18,1	17,1	16,0	15,4
10	Zeit der Aufheizphase	tbh	h	2,1	1,8	1,0	0,0	0,0	0,0	0,0	0,0	0,0	0,0	1,1	2,1
11	Bauteiltemperatur Beginn Absenkung	θ co	°C	18,6	18,7	18,7	18,8	18,9	19,0	19,0	19,0	18,9	18,8	18,7	18,6
12	Bauteiltemperatur Ende Aufheizph.	θ c3	°C	17,2	17,2	17,1	17,0	18,0	18,5	19,0	18,9	18,1	17,1	17,1	17,2
13	Berechnung der täglichen Reduzierung	ΔQilj	kWh/d	6,0	5,6	4,5	3,0	1,5	0,7	0,0	0,1	1,4	2,9	4,7	6,1
14	Berechnung der monatl. Reduzierung	ΔQil	kWh/M	188	158	139	90	46	21	0	4	43	90	142	189
															1110

Die Wärmeverluste Q_l mit Nachtabsenkung berechnen sich nun wie folgt:

$$Q_{l,\,Nachtabsenkung} = Q_l - \Delta Q_{il,\,Nachtabsenkung} \qquad \text{kWh/a}$$

(Formel 7.25)

Q_l siehe Tabelle 7.8

Tabelle 7.12: Berechnung der Wärmeverluste Q_l des Beispiel-Hauses mit Nachtabsenkung

Wärmeverluste $Q_{l\ gesamt}$	307,6	4.119	3.534	3.272	2.170	1.121	509	3	92	1.041	2.174	3.300	4.142	25.477
	Anteil	16%	14%	13%	9%	4%	2%	0%	0%	4%	9%	13%	16%	100%
Reduzierung Wärmeverluste bei Heizungsunterb.	kWh/M	188	158	139	90	46	21	0	4	43	90	142	189	1110
Wärmeverluste $Q_{l\ gesamt}$ m. Heizungsunterbrechung	kWh/M	3.931	3.376	3.133	2.080	1.075	488	3	88	998	2.084	3.158	3.953	**24.367**

Die monatlichen Wärmeverluste Q_l des Beispiel-Hauses mit Nachtabsenkung betragen 24.367 kWh/a. Durch die Berücksichtigung der Nachtabsenkung reduzieren sich die Wärmeverluste um 4 %.

7.1.2.2 Ermittlung der monatlichen Wärmegewinne $Q_{g,M}$

$$Q_{g,M} = 0{,}024 \cdot (\Phi_{S,M} + \Phi_{i,M}) \cdot t_M$$

kWh/M
(Formel 7.26)
(DIN V 4108-6, Gleichung 22)

Erläuterung:

Die monatlichen Wärmegewinne $Q_{g,M}$ werden berechnet durch die Multiplikation der mittleren solaren Wärmeströme $\Phi_{S,M}$ und der mittleren internen Wärmeströme $\Phi_{i,M}$ mit der Anzahl der Tage t_M und dem Umrechnungsfaktor 0,024.

Zur Bestimmung der nutzbaren monatlichen Wärmegewinne $Q_{G,M}$ sind die solaren und internen Wärmeströme $\Phi_{S,M}$ und $\Phi_{i,M}$ sowie der Ausnutzungsfaktor η_M zu bestimmen.

a) Wärmestrom aus den solaren Wärmegewinnen $\Phi_{S,M}$

$$\Phi_S = \sum_j I_{s,j} \cdot \sum_j^n A_{s,ji}$$

W
(DIN V 4108-6, Gleichung 53)

Erläuterung:

Die solaren Wärmeströme Φ_S werden berechnet durch Multiplikation des monatlichen Strahlungsangebotes $I_{s,j}$ mit der effektiven Kollektorfläche $A_{s,ji}$ der Fenster.

j = Himmelsorientierung Süd, Nord, Ost, West

i = Bauteil

$I_{s,j}$ = Strahlungsangebot bezogen auf eine Himmelsrichtung — W/m² (DIN V 4108-6 Tabelle D.5)

$A_{s,ji}$ = effektive Kollektorfläche der Fenster — m²

$$A_{s,ji} = F_F \cdot F_S \cdot F_C \cdot g_i \cdot A_i$$

m²
(Formel 7.27)
(DIN V 4108-6, Gleichung 54)

Erläuterung:

Die effektive Kollektorfläche wird berechnet durch die Multiplikation der Fensterfläche A_i (Rohbaumaß) mit folgenden Abminderungsfaktoren für die Verschattung:

F_F für den Rahmenanteil — –

Verhältnis der durchsichtigen Fläche des Fensters zur gesamten Fläche

Neubauten:
$F_F = 0{,}7$ wenn keine genaue Berechnung erfolgt — (DIN V 4108-6, Nr. 6.4.2)

Bestehende Wohngebäude:
F_F = 0,6 wenn keine genaue Berechnung erfolgt (EnEV Anlage 3, Nr. 8.1.3)

F_S für Verschattungsanteil –

F_S = 0,9 für übliche Anwendungsfälle bei Neubauten und bestehenden Wohngebäuden, wenn keine Beschattung vorhanden ist (DIN V 4108-6 Anhang D.3).

Bei vorhersehbarer oder vorhandener baulicher Verschattung (siehe Kapitel 2):

$$F_s = F_o \cdot F_f \cdot F_h$$ –
(Formel 7.28)
(DIN V 4108-6, Tabellen 9 bis 11)

F_o = Teilbestrahlungsfaktor für horizontale Überhänge nach Tabelle 10 der Norm
F_f = Teilbestrahlungsfaktor für seitliche Überhänge nach Tabelle 11 der Norm
F_h = Teilbestrahlungsfaktor für verschiedene Horizontwinkel der Verbauung nach Tabelle 9 der Norm

Hinweis:

Überwiegend verschattete Fenster sind als Nordfenster zu behandeln.

F_C für Sonnenschutzvorrichtungen

F_C = 1 wenn kein permanenter Sonnenschutz vorhanden ist
Fc = nach DIN V 4108-6, Tabelle 7, wenn permanenter Sonnenschutz vorhanden ist

g_i wirksamer Gesamt-Energiedurchlassgrad

$$g_i = F_w \cdot g_\perp$$ –
(Formel 7.29)
(DIN V 4108-6, Gleichung 55)

Fw = Abminderungsfaktor infolge nicht senkrechten Strahlungseinfalls
Fw = 0,9 (DIN V 4108-6, Anhang D.3)
$g_\perp$ = Gesamt-Energiedurchlassgrad bei senkrechtem Strahlungsanteil nach Tabelle 6 der Norm

A_i Bruttofläche des Fensters (Rohbaumaß) m²

Bei der Berechnung der effektiven Kollektorfläche mit Standardwerten nach DIN V 4108-6 Anhang D.3 ergibt sich der Wert:

$$A_{s,ji} = 0{,}7 \cdot 0{,}9 \cdot 1{,}0 \cdot 0{,}9 \cdot g_\perp \cdot A_i$$ m²
(Formel 7.30)

$$A_{s,ji} = 0{,}567 \cdot g_\perp \cdot A_i$$ m²

Referenzgebäude – Beispiel-Haus:

Im Beispiel-Haus werden die monatlichen solaren Wärmegewinne Q_S berechnet. Für die Berechnung der effektiven Kollektorfläche wurden die Standardwerte nach DIN V 4108-6, Anhang D.3 verwendet. Da das Fenster mit der Position Nr. 304 verschattet ist, wurde für dieses der Abminderungsfaktor F_s = 0,79 ermittelt (siehe Kapitel 2).

$$Q_{S,M} = 0{,}024 \cdot \Phi_{S,M} \cdot t_M$$ kWh/M
(Formel 7.31)

$$Q_S = \sum I_{s,M,j} \cdot \sum_{j=1}^{n} A_{s,ji} \cdot 0{,}024 \cdot t_M$$ kWh/a
(Formel 7.32)

Tabelle 7.13: Berechnung der effektiven Kollektorfläche A_S des Beispiel-Hauses

Nr.	Brutto Fläche A_i [m²]	Abminderung Verschattung F_S [-]	Abminderung Sonnenschutz F_C	Anteil Verglasung F_F [-]	Energie-durchlassg. g [-]	Abminderungs-faktor F_W [-]	$g \cdot F_W$ g_i [-]	Summe wirksame Fläche $A_{s,ji}$ [m²]
		Fenster Süd; Süd/Ost; Süd/West						
101	6,89	0,90	1,00	0,70	0,60	0,90	0,54	2,34
102	4,38	0,90	1,00	0,70	0,60	0,90	0,54	1,49
103	4,29	0,90	1,00	0,70	0,60	0,90	0,54	1,46
104	4,54	0,90	1,00	0,70	0,60	0,90	0,54	1,55
105	2,16	0,90	1,00	0,70	0,60	0,90	0,54	0,73
106	2,21	0,90	1,00	0,70	0,60	0,90	0,54	0,75
107								
	24,47	gesamt						8,33
		Fenster Ost; Nord/Ost						
201								
202	1,09	0,90	1,00	0,70	0,60	0,90	0,54	0,37
203	1,02	0,90	1,00	0,70	0,60	0,90	0,54	0,35
204	1,02	0,90	1,00	0,70	0,60	0,90	0,54	0,35
207								
	3,13	gesamt						1,06
		Fenster West; Nord/West						
301	4,63	0,90	1,00	0,70	0,60	0,90	0,54	1,58
302	4,38	0,90	1,00	0,70	0,60	0,90	0,54	1,49
303	2,28	0,90	1,00	0,70	0,60	0,90	0,54	0,78
304	6,95	0,79	1,00	0,70	0,60	0,90	0,54	2,08
307								
	18,24	gesamt						5,92
		Fenster Nord						
401	2,28	0,90	1,00	0,70	0,60	0,90	0,54	0,78
402	1,13	0,90	1,00	0,70	0,60	0,90	0,54	0,38
403	2,04	0,90	1,00	0,70	0,60	0,90	0,54	0,69
404	2,28	0,90	1,00	0,70	0,60	0,90	0,54	0,78
405	1,04	0,90	1,00	0,70	0,60	0,90	0,54	0,35
406	2,07	0,90	1,00	0,70	0,60	0,90	0,54	0,70
407								
	10,85	gesamt						3,69

Referenzgebäude – Beispiel-Haus:

$$Q_S = \sum I_{s,M,j} \cdot \sum_{j=1}^{n} A_{s,ji} \cdot 0{,}024 \cdot t_M$$ kWh/a

(Formel 7.32)

Tabelle 7.14: Berechnung der solaren Wärmegewinne Q_S für das Referenzgebäude des Beispiel-Hauses

Summe wirksame Fläche $A_{S,ji}$ [m²]	Strahlungsintensität $I_{S,M,j}$ nach DIN V 4108-6 Tabelle D.5												Solare Wärmegewinne Q_S												Solare Gewinne für das Monatsbilanzverfahren Q_S kWh/a
	Jan	Feb	Mrz	Apr	Mai	Jun	Jul	Aug	Sep	Okt	Nov	Dez	Jan	Feb	Mrz	Apr	Mai	Jun	Jul	Aug	Sep	Okt	Nov	Dez	
													31	28	31	30	31	30	31	31	30	31	30	31	
	W/m²												in kWh/M												
	Fenster Süd; Süd/Ost; Süd/West												Fenster Süd; Süd/Ost; Süd/West												Q_S MB- V
2,34	59	47	98	147	132	124	113	127	123	106	39	29	103	74	171	248	230	209	197	222	208	185	66	51	1.964
1,49	59	47	98	147	132	124	113	127	123	106	39	29	65	47	109	158	146	133	125	141	132	117	42	32	1.247
1,46	59	47	98	147	132	124	113	127	123	106	39	29	64	46	106	155	143	130	123	138	129	115	41	31	1.222
1,55	59	47	98	147	132	124	113	127	123	106	39	29	68	49	113	164	152	138	130	146	137	122	43	33	1.294
0,73	59	47	98	147	132	124	113	127	123	106	39	29	32	23	53	78	72	65	62	69	65	58	21	16	614
0,75	59	47	98	147	132	124	113	127	123	106	39	29	33	24	55	80	74	67	63	71	67	59	21	16	630
																									0
8,33													365	263	607	881	818	743	700	787	737	657	234	180	6.971
	Fenster Ost; Nord/Ost												Fenster Ost; Nord/Ost												
																									0
0,37	25	29	68	134	137	150	138	115	83	55	20	12	7	7	19	36	38	40	38	32	22	15	5	3	262
0,35	25	29	68	134	137	150	138	115	83	55	20	12	6	7	18	33	35	37	36	30	21	14	5	3	245
0,35	25	29	68	134	137	150	138	115	83	55	20	12	6	7	18	33	35	37	36	30	21	14	5	3	245
																									0
1,06													20	21	54	103	109	115	109	91	64	44	15	10	753
	Fenster West; Nord/West												Fenster West; Nord/West												
1,58	17	24	60	114	127	136	117	105	79	47	19	11	20	25	70	129	149	154	137	123	90	55	22	13	988
1,49	17	24	60	114	127	136	117	105	79	47	19	11	19	24	66	122	141	146	130	116	85	52	20	12	933
0,78	17	24	60	114	127	136	117	105	79	47	19	11	10	13	35	64	73	76	68	61	44	27	11	6	487
2,08	17	24	60	114	127	136	117	105	79	47	19	11	26	33	93	170	196	203	181	162	118	73	28	17	1.301
																									0
5,92													75	95	264	486	559	579	515	462	337	207	81	48	3.709
	Fenster Nord												Fenster Nord												
0,78	10	18	31	58	75	83	81	57	41	25	13	7	6	9	18	32	43	46	47	33	23	14	7	4	284
0,38	10	18	31	58	75	83	81	57	41	25	13	7	3	5	9	16	21	23	23	16	11	7	4	2	140
0,69	10	18	31	58	75	83	81	57	41	25	13	7	5	8	16	29	39	41	42	29	20	13	6	4	254
0,78	10	18	31	58	75	83	81	57	41	25	13	7	6	9	18	32	43	46	47	33	23	14	7	4	284
0,35	10	18	31	58	75	83	81	57	41	25	13	7	3	4	8	15	20	21	21	15	10	7	3	2	129
0,70	10	18	31	58	75	83	81	57	41	25	13	7	5	9	16	29	39	42	42	30	21	13	7	4	257
																									0
3,69													27	45	85	154	206	221	222	156	109	69	35	19	1.348
																									12.781

Die möglichen solaren Wärmegewinne Q_S betragen 12.781 kWh/a.

b) Wärmestrom aus den internen Wärmegewinnen $\Phi_{i,M}$

$\Phi_{i,M} = q_{i,M} \cdot A_N$ W

(Formel 7.33)
(DIN V 4108-6, Gleichung 50)

Erläuterung:

Die internen Wärmeströme $\Phi_{i,M}$ werden berechnet durch Multiplikation der mittleren internen Brutto-Wärmegewinne pro Quadratmeter Bezugsfläche $q_{i,M}$ mit der Bezugsfläche A_N.

$q_{i,M}$ = mittlere interne Wärmeleistung pro m² Bezugsfläche W/m²

Bei Neubauten und bestehenden Wohngebäuden:

$q_{i,M} = 5$ W/m²

Referenzgebäude – Beispiel-Haus:

Im Beispiel-Haus werden die monatlichen internen Wärmegewinne Q_i berechnet.

$Q_{S,M} = \Phi_{S,M} \cdot 0{,}024 \cdot t_M$ kWh/M

(Formel 7.34)

$Q_{i,M} = q_{i,M} \cdot A_N \cdot 0{,}024 \cdot t_M$ kWh/M
(Formel 7.35)

Hinweis:

Bei Wohngebäuden mit einer mittleren Geschosshöhe von mehr als 3,0 m und weniger als 2,5 m gilt:

$A_N = (1/h_G - 0{,}04\ m^{-1}) \cdot V_e$ m²
(Formel 7.2)

Tabelle 7.15: Berechnung der internen Wärmegewinne Q_i für das Referenzgebäude des Beispiel-Hauses

$Q_{i,M} = q_{i,M} \cdot A_N \cdot 24h / 1000 \cdot d$ [kWh/M]		
$q_{i,M}$ = [W/m²]	5,0	x
Jan	31	692,8
Feb	28	625,8
Mrz	31	692,8
Apr	30	670,5
Mai	31	692,8
Jun	30	670,5
Jul	31	692,8
Aug	31	692,8
Sep	30	670,5
Okt	31	692,8
Nov	30	670,5
Dez	31	692,8
		8.157,7

c) Monatliche Wärmegewinne $Q_{g,M}$

Aus den berechneten Daten können die monatlichen Wärmegewinne $Q_{g,M}$ ermittelt werden:

$Q_{g,M} = 0{,}024 \cdot (\Phi_{S,M} + \Phi_{i,M}) \cdot t_M$ kWh/M
(Formel 7.36)
(DIN V 4108-6, Gleichung 22)

Referenzgebäude Beispiel-Haus:

$Q_{g,M} = Q_{S,M} + Q_{i,M}$ kWh/M
(Formel 7.37)

$Q_{S,M}$ = siehe Tabelle 7.14 kWh/M
$Q_{i,M}$ = siehe Tabelle 7.15 kWh/M

Tabelle 7.16: Berechnung der Wärmegewinne Q_g für das Referenzgebäude des Beispiel-Hauses

Mon.	Solare Gewinne Qs [kWh]					Gesamt Q_s	Interne Q_i	Gesamt Q_g
	Süd	Ost	West	Nord	Flachdach	[kWh]	[kWh]	[Qg]
Jan	365	20	75	27	0	488	693	1180
Feb	263	21	95	45	0	424	626	1050
Mrz	607	54	264	85	0	1010	693	1703
Apr	881	103	486	154	0	1624	670	2294
Mai	818	109	559	206	0	1691	693	2384
Jun	743	115	579	221	0	1658	670	2329
Jul	700	109	515	222	0	1547	693	2239
Aug	787	91	462	156	0	1496	693	2189
Sep	737	64	337	109	0	1246	670	1917
Okt	657	44	207	69	0	976	693	1669
Nov	234	15	81	35	0	365	670	1035
Dez	180	10	48	19	0	257	693	950
	6.971	753	3709	1348	0	12.781	8.158	20.938

Die möglichen Wärmegewinne Q_g für das Referenzgebäude betragen 20.938 kWh/a.

Da die Nutzung der möglichen Wärmegewinne Q_g von den vorhandenen Wärmeverlusten Q_l abhängt, muss zur Berechnung der tatsächlich nutzbaren Wärmegewinne der Ausnutzungsfaktor η_M berechnet werden.

d) Berechnung des Ausnutzungsfaktors η

$\eta_M = (1 - \gamma^{\alpha}) / (1 - \gamma^{\alpha+1})$ –

(Formel 7.38)
(DIN V 4108-6, Gleichung 73)

Erläuterung:

Die Nutzbarkeit η der möglichen Wärmegewinne Q_g ist von zwei Faktoren abhängig:

- von dem vorhandenen Verhältnis γ zwischen Wärmeverlusten Q_l und Wärmegewinnen Q_G und
- von dem numerischen Parameter α, der von der wirksamen Wärmespeicherfähigkeit C_{wirk} des Gebäudes abhängt.

Verhältnis zwischen Wärmegewinnen und Wärmeverlusten γ:

$\gamma = Q_g / Q_l$ –

(Formel 7.39)
(DIN V 4108-6, Gleichung 68)

Q_g = Wärmegewinne kWh/M
Q_l = Wärmeverluste kWh/M

Referenzgebäude – Beispiel-Haus:

Q_g = siehe Tabelle 7.16 kWh/a
Q_l = siehe Tabelle 7.12 kWh/a

Tabelle 7.17: Berechnung des Wärmegewinn-/-verlustverhältnisses γ des Beispiel-Hauses

		Jan	Feb	Mrz	Apr	Mai	Jun	Jul	Aug	Sep	Okt	Nov	Dez	Gesamt
		[kWh]												[kWh]
Gesamtverluste $Q_{l,M}$		3.931	3.376	3.133	2.080	1.075	488	3	88	998	2.084	3.158	3.953	24.367
Gesamtgewinne $Q_{g,M}$		1.180	1.050	1.703	2.294	2.384	2.329	2.239	2.189	1.917	1.669	1.035	950	20.938
Gewinne / Verluste γ		0,30	0,31	0,54	1,10	2,22	4,77	728,14	24,95	1,92	0,80	0,33	0,24	

Berechnung des numerischen Parameters α:

$\alpha = \alpha_o + \tau/\tau_o$ –
(Formel 7.40)
(DIN V 4108-6, Gleichung 75)

α_o = 1 für monatliche Berechnungszeitschritte (DIN V 4108-6, Tabelle 12)
τ_o = 16 h
(DIN V 4108-6, Tabelle 12)
τ = Zeitkonstante h

$\tau = C_{wirk} / H$ h
(Formel 7.41)
(DIN V 4108-6, Gleichung 70)

C_{wirk} = wirksame Wärmespeicherfähigkeit Wh/K
H = spezifischer Wärmeverlust ($H_T + H_V$) W/K

Wirksame Wärmespeicherfähigkeit C_{wirk}:

$C_{wirk} = \sum (c_i \cdot \rho_i \cdot d_i \cdot A_i)$ Wh/K
(Formel 7.42)
(DIN 4108-6, Gleichung 69)

Erläuterung:

Die wirksame Wärmespeicherfähigkeit C_{wirk} wird für alle an die Innenraumluft grenzenden Bauteilschichten berechnet. Diese ist abhängig von der spezifischen Wärmekapazität c [Wh/(kg · K)], von deren Rohdichte ρ (kg/m³), von der Dicke d (m) des Bauteils und deren Fläche A (m²).

Da die Berechnung für alle Bauteile sehr aufwendig ist, wurden für den Nachweis nach EnEV auf das Volumen bezogene Standardwerte eingeführt. Dies muss aber im Bericht gesondert vermerkt werden. Es werden vier Fälle unterschieden.

Gebäude ohne Nachtabsenkung:

$C_{wirk,\eta} = 15\ Wh/(m^3 \cdot K) \cdot V_e$ für leichte Gebäude Wh/K
(Formel 7.43)

$C_{wirk,\eta} = 50\ Wh/(m^3 \cdot K) \cdot V_e$ für schwere Gebäude Wh/K
(Formel 7.44)
(DIN V 4108-6, Anhang D.3, Zeile 16)

Gebäude mit Nachtabsenkung:

$C_{wirk,NA} = 12\ Wh/(m^3 \cdot K) \cdot V_e$ für leichte Gebäude Wh/K
(Formel 7.45)

$C_{wirk,NA} = 18\ Wh/(m^3 \cdot K) \cdot V_e$ für schwere Gebäude Wh/K
(Formel 7.46)
(DIN V 4108-6, Anhang D.3, Zeile 17)

Als schwere Gebäude können eingestuft werden:

– Gebäude mit massiven Innen- und Außenbauteilen ohne untergehängte Decken.

Als leichte Gebäude können eingestuft werden:

– Gebäude in Holztafelbauart ohne massive Innenbauteile,
– Gebäude mit abgehängten Decken und überwiegend leichten Trennwänden sowie
– Gebäude mit hohen Räumen (Turnhallen, Museen etc.).

Referenzgebäude – Beispiel-Haus:

Für das Referenzgebäude des Beispiel-Hauses wird mit einer wirksamen Wärmespeicherfähigkeit C_{wirk} von 18 Wh/(m³ · K) · V_e für schwere Gebäude mit Nachtabsenkung gerechnet.

Tabelle 7.18: Berechnung des numerischen Parametersα: α für das Referenzgebäude des Beispiel-Hauses

Näherungsfunktion für den Nutzungsgrad η:

$\eta = 1-(Q_g/Q_l)^{\alpha} / (1-(Q_g/Q_l)^{(\alpha+1)}$

Berechnung der Wärmespeicherfähigkeit C_{wirk} in Wh/K:

leichte Gebäude: C_{wirk} = 15 WH/(m³K) · Ve

schwere Gebäude: C_{wirk} = 50 Wh/(m³K) · Ve

Gebäude mit Nachtabsenkung:

leichte Gebäude: C_{wirk} = 12 WH/(m³K) · Ve

schwere Gebäude: C_{wirk} = 18 Wh/(m³K) · Ve

Numerischer-Parameter α:

$\alpha = 1 + \tau/\tau_{o,m}$ $\tau_{o,m}$ = 16h

Thermische Zeitkonstante τ:

$\tau = C_{wirk}/H$ [h] $H = H_T + H_V$

C_{wirk}	C_{wirk} [Wh/K]:	
genaue Berechnung		
Pauschale Werte		
leichte Gebäude o. Nachtabsenk.		
leichte Gebäude m. Nachtabsenk.		
schwere Gebäude o. Nachtabsenk.		
schwere Gebäude m. Nachtabsenk.	10.477	x

C_{wirk}	H_T	H_V	τ	α
10.477	225	83	34,06	3,13

Berechnung des monatlichen Ausnutzungsgrades η für das Beispiel-Haus:

$\eta_M = (1 - \gamma^{a})/(1 - \gamma^{a+1})$ – (Formel 7.38)

γ = siehe Tabelle 7.17

α = siehe Tabelle 7.18

Tabelle 7.19: Berechnung des monatlichen Ausnutzungsgrades η für das Referenzgebäude – Beispiel-Haus

		Jan	Feb	Mrz	Apr	Mai	Jun	Jul	Aug	Sep	Okt	Nov	Dez	Gesamt
		[kWh]												[kWh]
Gesamtverluste $Q_{l,M}$		3.931	3.376	3.133	2.080	1.075	488	3	88	998	2.084	3.158	3.953	24.367
Gesamtgewinne $Q_{g,M}$		1.180	1.050	1.703	2.294	2.384	2.329	2.239	2.189	1.917	1.669	1.035	950	20.938
Gewinne / Verluste γ		0,30	0,31	0,54	1,10	2,22	4,77	728,14	24,95	1,92	0,80	0,33	0,24	
Nutzungsgrad η		0,98	0,98	0,93	0,72	0,43	0,21	0,00	0,04	0,49	0,83	0,98	0,99	

e) Berechnung der nutzbaren monatlichen Wärmegewinne $Q_{g,M}$

$Q_{g,M} = \eta \cdot Q_{S,M} + \eta \cdot Q_{i,M}$ kWh/M (Formel 7.47)

η = siehe Tabelle 7.19 –

$Q_{S,M}$ = siehe Tabelle 7.14 kWh/M

$Q_{i,M}$ = siehe Tabelle 7.15 kWh/M

Beispiel-Haus:

Tabelle 7.20: Berechnung der nutzbaren Wärmegewinne für das Referenzgebäude – Beispiel-Haus

		Jan	Feb	Mrz	Apr	Mai	Jun	Jul	Aug	Sep	Okt	Nov	Dez	Gesamt
	Nutzbare solare Wärmegewinne $Q_S \cdot \eta$	[kWh]												[kWh]
	Fenster Süd; Süd/Ost; Süd/West	359	258	562	634	351	155	1	32	358	548	229	178	3.666
22	Fenster Ost; Nord/Ost	19	20	50	74	47	24	0	4	31	36	15	9	330
23	Fenster West; Nord/West	74	94	245	349	240	121	1	19	164	173	79	48	1.605
24	Fenster Nord	27	44	79	111	88	46	0	6	53	57	34	19	565
25	Flachdachfenster	0	0	0	0	0	0	0	0	0	0	0	0	0
	Gesamt	480	416	936	1168	727	346	2	60	606	814	357	255	6.165
	Anteil	8%	7%	15%	19%	12%	6%	0%	1%	10%	13%	6%	4%	100%
	Nutzbare interne Wärmegewinne $Q_i \cdot \eta$	682	615	642	482	298	140	1	28	326	578	657	687	5.134
	Anteil	13%	12%	13%	9%	6%	3%	0%	1%	6%	11%	13%	13%	100%
	Nutzbare Wärmegewinne gesamt $Q_G \cdot \eta$	1161	1031	1577	1651	1024	485	3	88	931	1392	1014	941	11.299
		10%	9%	14%	15%	9%	4%	0%	1%	8%	12%	9%	8%	100%

Die nutzbaren Wärmegewinne für das Referenzgebäude betragen 11.299 kWh/a.

f) Solare Wärmegewinne über opake Bauteile

Solare Wärmegewinne über opake Bauteile brauchen beim Nachweis nach EnEV nicht berücksichtigt werden.

7.1.2.3 Berechnung des monatlichen Heizwärmebedarfs $Q_{h,M}$

$Q_{h,M} = Q_{l,M} - \eta_M \cdot Q_{g,M}$ kWh/a
(Formel 7.8)
(DIN V 4108-6, Gleichung 20)

$Q_{l,M}$ = siehe Tabelle 7.12 kWh/a
$\eta_M\ Q_{g,M}$ = siehe Tabelle 7.20 kWh/a

Referenzgebäude – Beispiel-Haus:

Tabelle 7.21: Berechnung des Heizwärmebedarfs Q_h für Referenzgebäude – Beispiel-Haus

Wärmeverluste $Q_{l,M}$	kWh/M	3.931	3.376	3.133	2.080	1.075	488	3	88	998	2.084	3.158	3.953	24.367
nutzbare Wärmegewinne $\eta \cdot Q_{g,M}$	kWh/M	1161	1031	1577	1651	1024	485	3	88	931	1392	1014	941	11299
Jahres- Heizwärmebedarf $Q_{h,M}$ (Referenzgebäude)	kWh/M	2.770	2.346	1.555	430	51	3	0	0	67	692	2.144	3.012	13.068
Anteil		21%	18%	12%	3%	0%	0%	0%	0%	1%	5%	16%	23%	100%
												kWh/m²a		70,17

Der Heizwärmebedarf für das Referenzgebäude des Beispiel-Hauses beträgt **13.068 kWh/a**. Umgerechnet auf die Wohnfläche A_N sind dies **70,17 kWh/(m²a)**.

7.1.2.4 Berechnung des Energiebedarfs für Warmwasserbereitung Q_W

Bei Wohngebäuden ist der Energiebedarf für die Warmwasserbereitung mit zu berücksichtigen.

$Q_W = 12{,}5 \cdot A_N$ kWh/a
(Formel 7.48)
(EnEV Anlage 1, Nr. 2.2)

Erläuterung:

Der Energiebedarf für Warmwasserbereitung berechnet sich aus dem flächenbezogenen Grenzwert 12,5 kWh/(m²a) multipliziert mit der Bezugsfläche A_N. Die 12,5 kWh/(m²a) ergeben sich bei einem Pro-Kopf-Verbrauch von 23 L warmem Wasser pro Tag mit einer Wassertemperatur von 50 °C und einem Betrachtungszeitraum von 350 d im Jahr.

Dies gilt auch für bestehende Wohngebäude.

Referenzgebäude – Beispiel-Haus:

$A_N = 186{,}25$ m²

$Q_W = 12{,}5\ \text{kWh/(m}^2\text{a)} \cdot 186{,}25\ \text{m}^2 = 2.328$ kWh/a

7.1.2.5 Primärenergiebedarf Q_P des Referenzgebäudes

$Q_P = (Q_h + Q_W) \cdot e_p$ kWh/a

(Formel 7.49)
(DIN V 4108-6, Gleichung 4)

Erläuterung:

Der Primärenergiebedarf Q_P wird berechnet durch das Multiplizieren des Heizwärmebedarfs Q_h und des Trinkwasserbedarfs Q_W (q_{TW}) mit der Anlagenaufwandszahl e_P.

Referenzgebäude – Beispiel-Haus:

Der zulässige Jahresprimärenergiebedarf Q_P wird nun mit den Ergebnissen aus dem MB-V berechnet. Die Anlagenaufwandszahl wurde bereits in Kapitel 4 ermittelt.

Werte aus dem MB-V:

Q_h = 13.068 kWh/a
Q_W = 2.328,1 kWh/a

e_P = 1,17 (siehe Kapitel 4)

Q_P = (13.068 + 2.328) · 1,17 = 18.099*) kWh/a
$Q_{P, zul.}$ = 18.099/186,25 = 97,18 kWh/(m²a)

Der zulässige Jahresprimärenergiebedarf für das Beispiel-Haus beträgt 96,83 kWh/a.

7.1.2.6 Primärenergiebedarf für das sanierte Beispiel-Haus nach DIN V 4108-6

In Kapitel 6 wurden die Bauteile des Beispiel-Hauses für die Sanierung nach EnEV optimiert. Mit den dort festgelegten Dämmstoffdicken wird der Heizwärmebedarf Q_h für das sanierte Gebäude neu durchgerechnet.

Tabelle 7.22: Berechnung der Transmissionswärmeverluste H_T für das sanierte Beispiel-Haus

Nr.	Bauteile	U-Werte [W/(m² · K)]	Fläche [m²]	Temperatur-korrekturfaktor [Fx]	ΔU_{WB} [W/K]	Wärmever-luste H_T [W/K]
1	Außenwand - verputzt	0,24	134,06	1	0,05	39,08
2	Außenwände - Anbau	0,24	49,77	1	0,05	14,36
3	Dachfläche Hauptgebäude	0,24	80,53	1	0,05	23,12
4	Haustüre	0,90	2,85	1	0,05	2,71
5	Decke Eingang zur Außenluft	0,24	11,03	1	0,05	3,15
6	Dachfläche Anbau	0,15	42,15	1	0,05	8,33
7	Kellerwand zu Erdreich	1,82	13,25	0,4	0,05	10,29
8	Bodenplatte beh. Keller	0,94	13,94	0,45	0,05	6,59
9	Decke zu unb. Keller	0,30	54,63	0,7	0,05	14,16
10	Kellerinnenwände	0,30	18,88	0,7	0,05	4,88
11	Bodenplatte Anbau	0,29	42,79	0,6	0,05	9,51
12	Kellertüren	1,40	7,52	0,7	0,05	7,75
21	Fenster Süd; Süd/Ost; Süd/West		24,47	1	0,05	25,70
22	Fenster Ost; Nord/Ost		3,13	1	0,05	3,29
23	Fenster West; Nord/West		18,24	1	0,05	19,15
24	Fenster Nord		10,85	1	0,05	11,39
25	Fenster Neigung <30°		0,00			0,00
26	Fenster ohne Gewinne		0,00			0,00
	Hüllfläche A		528,09			203,45

*) Der Wert wurde über das Programm ENGP-bautop mit nicht gerundeten Zwischenergebnissen berechnet.

Berechnung der spezifischen, auf die wärmeübertragende Umfassungsfläche bezogenen Transmissionswärmeverluste H_T für das sanierte Beispiel-Haus.

$H'_{T,\,vorh.} = H_T$ / Hüllfläche W/(m² · K)
(Formel 7.50)

$H'_{T,\,vorh.} = 203{,}45$ W/K / 528,09 m²
$H'_{T,\,vorh.} =$ **0,385** W/(m² · K) < zul. H_T = **0,40** W/(m² · K)

Bei der Durchrechnung des Gebäudes nach Kapitel 7.1.2 ergibt sich folgender Heizwärmebedarf Q_h:

Q_h = 12.141 kWh/a
Q_h = 65,19 kWh/(m²a)

Der zulässige Jahresprimärenergiebedarf Q_P wird nun mit den Ergebnissen aus dem MB-V berechnet. Die Anlagenaufwandszahl wurde bereits in Kapitel 4 ermittelt.

Werte aus dem MB-V:

Q_h	= 12.141		kWh/a
Q_W	= 2.328		kWh/a
e_P	= 1,13		(siehe Kapitel 4)
Q_P	= (12.141 + 2.328) · 1,13	= 16.316*)	kWh/a
$Q_{P,vorh.}$	**= 16.316 / 186,2**	**= 87,60**	**kWh/(m²a)**

Der zulässige Jahresprimärenergiebedarf für das Beispiel-Haus beträgt **97,18** kWh/a.

Somit ist das Ziel erreicht, das Gebäude auf EnEV-Standard zu sanieren.

7.1.3 Ermittlung des Nutzwärmebedarfs $Q_{h,B}$ nach DIN V 18599-2

Nachfolgend wird die Berechnung des Nutzenergiebedarfs Q_H für das Referenzgebäude des Beispiel-Hauses nach der DIN V 18599-1:2011-12 und DIN V 18599-2:2011-12 erläutert. Es wird hierbei nur auf die notwendigen Berechnungsschritte der DIN V 18599 eingegangen, die nach EnEV und DIN V 18599 für Wohngebäude notwendig sind.

Die Rahmenbedingungen für die Berechnung sind in der EnEV Anhang 1, Nr. 2.1.1 beschrieben.

*) Der Wert wurde über das Programm ENGP-bautop mit nicht gerundeten Zwischenergebnissen berechnet.

7.1.3.1 Aufbau der Verordnung

Normenteil	Inhalt	Gültig für Wohngebäude
Teil 1	allgemeine Bilanzierungsverfahren, Begriffe, Zonierung und Bewertung der Energieträger	Ja
Teil 2	Nutzenergiebedarf für Heizen und Kühlen von Gebäudezonen	Ja
Teil 3	Nutzenergiebedarf für die energetische Luftaufbereitung	Nein
Teil 4	Nutz- und Endenergiebedarf für Beleuchtung	Nein
Teil 5	Endenergiebedarf von Heizsystemen	Ja
Teil 6	Endenergiebedarf von Lüftungsanlagen, Luftheizungsanlagen und Kühlsystemen für den Wohnungsbau	Ja
Teil 7	Endenergiebedarf von Raumlufttechnik- und Klimakältesysteme für den Nichtwohnungsbau	Nein
Teil 8	Nutz- und Endenergiebedarf von Warmwasserbereitungssysteme	Ja
Teil 9	End- und Primärenergiebedarf von stromproduzierenden Anlagen	wenn vorhanden
Teil 10	Nutzungsrandbedingungen, Klimadaten	Ja
Teil 11	Gebäudeautomation	wenn vorhanden

7.1.3.2 Unterschiede in der Berechnung nach DIN V 4108-6 und DIN V 18599

a) Begriffliche Unterschiede

Nachfolgend werden die wichtigsten begrifflichen Unterschiede zwischen DIN V 4108-6 und DIN V 18599 zur Berechnung des Nutzenergiebedarfs dargestellt.

Tabelle 7.23: Begriffliche Unterschiede

DIN V 4108-6	DIN V 18599	Erläuterung
Wärmeverluste Q_l	Wärmesenke Q_{sink}	Wärmemenge, die dem Gebäude entzogen wird
Wärmegewinne Q_G	Wärmequellen Q_{source}	Wärmemengen mit Temperaturen über der Innentemperatur, die dem Gebäude zugeführt werden
Heizwärmebedarf Q_h	Nutzwärmebedarf Heizung Q_h	rechnerisch ermittelter Wärmebedarf, der zur Aufrechterhaltung der thermischen Raumkonditionen benötigt wird
Trinkwasserbedarf Q_W	Nutzenergiebedarf Trinkwasser $Q_{W,B}$	rechnerisch ermittelter Energiebedarf für Trinkwasser
spezifische Transmissionswärmeverluste H_T	Transmissionstransferkoeffizient H_T	Energiekennzahl für die Gebäudehülle bezogen auf den m² Gebäudehülle W/(m² · K)
spezifische Lüftungswärmeverluste H_V	Lüftungswärmetransferkoeffizient H_V	Energiekennzahl für die Lüftungswärmeverluste
Undichtigkeiten	Infiltration $H_{V,inf}$	Wärmeverluste über Undichtigkeiten in der Gebäudehülle

b) Unterschiede in der Berechnung

(Die energetische Bilanzierung von Gebäuden ist grundsätzlich in der DIN V 18599-2 Abschnitt 5 beschrieben.)

Die Berechnung des Nutzenergiebedarfs für die Beheizung und Kühlung eines Wohngebäudes erfolgt nach DIN V 18599-2 in einem iterativen Verfahren. Hierfür ist es notwendig, dass alle Wärmequellen und Wärmesenken berechnet und gegenübergestellt werden. Die meisten Bilanzteile, wie z. B. innere Wärmequellen aus Personen, Transmissionen, Lüftung und solare Wärmequellen, können einmalig ohne Iteration ermittelt werden. Nur die anlagentechnisch bedingten Wärmequellen und Wärmesenken sind von der Nutzenergie abhängig. Da die Nutzenergie aber erst das Ziel der Gegenüberstellung von Wärmequellen und Wärmesenken ist, erfolgt eine Iteration.

Was bedeutet Iteration:

Man versteht darunter *„eine Methode, sich der Lösung eines Rechenproblems schrittweise, aber zielgerichtet anzunähern. Sie besteht in der wiederholten Anwendung desselben Rechenverfahrens. Meistens iteriert man mit Rückkopplung: Die Ergebnisse eines Iterationsschrittes werden als Ausgangswerte des jeweils nächsten Schrittes genommen – bis das Ergebnis zufrieden stellt".* (Quelle: http//de.wikipedia.org/wiki/Iteration)

Erläuterung der Rechenschritte

Als Erstes sind folgende Wärmequellen und -senken zu berechnen:

Senken (Verluste):

– **Transmissionswärmeverluste $Q_{T,area}$, $Q_{T,Wb}$**

  Die Bilanzierung der Transmissionswärmeströme über opake und transparente Bauteilflächen $Q_{T,area}$ und über Wärmebrücken $Q_{T,Wb}$ infolge von Wärmeleitung in den Bauteilen.

– **Lüftungswärmeverluste $Q_{V,inf}$, $Q_{V,win}$, $Q_{V,mech}$**
  Bilanzierung der Lüftungswärmeströme, die sich über geöffnete Fenster $Q_{V,win}$ (Nutzereingriff) und Fugenlüftung $Q_{V,inf}$ (Infiltration) ergeben. Hierzu zählt auch nach DIN V 18599 *„der Zuluftstrom aus einer Wärmerückgewinnungsanlage oder aus einer Luftaufbereitungsanlage mit vorgegebener fester Zulufttemperatur"* $Q_{V,mech}$.

Quellen (Gewinne):

– **passive solare Wärmequellen $Q_{S,trans}$, $Q_{S,op}$:**
  Zu den Wärmequellen zählen solare Fremdwärmemengen, die durch Sonneneinstrahlung über opake ($Q_{S,op}$) oder transparente Bauteile $Q_{S,trans}$ im Gebäude gewonnen werden.

– **innere Wärmequellen/-senken (ohne Anlagentechnik): $Q_{I,fac}$, $Q_{I,cl}$, $Q_{I,p}$,**
  Zu den internen Wärmequellen/-senken zählen alle Wärme-/Kälteeinträge, die innerhalb des Gebäudes entstehen. Diese beinhalten die Abwärmemengen von Geräten $Q_{I,fac}$, die von Personen abgegebene Wärme $Q_{I,p}$ und die Abwärme sonstiger elektrischer Geräte $Q_{I,cl}$. Abwärme aus der Beleuchtung $Q_{I,L}$ ist noch bei Nichtwohngebäuden zu berücksichtigen.

Aus diesen Wärmequellen und -senken wird die dem Gebäude zuzuführende Nutzenergie $Q_{h,b}$ überschlägig ermittelt. Daraus ergibt sich eine überschlägige Anlagenauslastung, aus der die restlichen anlagentechnisch bedingten inneren Wärmequellen und Wärmesenken zu ermitteln sind.

Wärmequellen aus der Wärmeerzeugung und -verteilung

– innere Wärmequellen aus dem Heizungssystem $Q_{I,h}$

– innere Wärmequellen aus dem Trinkwarmwassersystem $Q_{I,w}$

– innere Wärmequellen/-senken aus Wohnungslüftungsanlagen $Q_{I,rv}$

Bei Nichtwohngebäuden kommen noch folgende Wärmequellen hinzu:

- innere Wärmequellen/-senken aus RLT-Lüftungsanlagen $Q_{I,vh}$, $Q_{I,vc}$
- innere Wärmequellen aus der Wärme-/Kälteversorgung der Raumlufttechnik $Q_{I,h}$, $Q_{I,c}$, $Q_{I,m}$;
- innere Wärmequellen aus dem Kühlsystem $Q_{I,c}$.

Die Wärmequellen aus der Wärmeerzeugung werden vom Nutzenergiebedarf $Q_{h,b}$ abgezogen, sodass nun die von der Heizungsanlage zu liefernde Energiemenge berechnet werden kann.

Die Bilanzierung des End- und Primärenergiebedarfs erfolgt für den Zeitraum eines Monats nach folgender Formel:

Energiekennwert

$$Q_a = \sum_{j=1}^{12} Q_{mth,j}$$ kWh/a

(Formel 7.51)
(DIN V 18599-1, Gleichung 1)

Q_a = Energiekennwert, Jahreswert
Q_{mth} = Energiekennwert, Monatswert
a = Jahr
mth = Monat

7.1.3.3 Bestimmung des Nutzenergiebedarfs für Wärme und Kälte $Q_{h,b}$

Der Nutzenergiebedarf ist bei Wohngebäuden für folgende Gewerke zu bestimmen:

- Nutzwärmebedarf für die Aufrechterhaltung der Heizwärme,
- Nutzwärmebedarf für den notwendigen Kälteeintrag
- Nutzenergiebedarf für die Luftaufbereitung und
- Nutzenergiebedarf für die Trinkwasserbereitung.

Nutzwärmebedarf (**Heizwärmebedarf**) $Q_{h,b}$

$$Q_{h,b} = Q_{sink} - \eta \cdot Q_{source}$$ kWh

(Formel 7.52)
(DIN V 18599-1, Gleichung 2)

Erläuterung:

Der Heizwärmebedarf $Q_{h,b}$ wird aus den Wärmesenken Q_{sink} (Wärmeverlusten) abzüglich der nutzbaren Wärmequellen (Wärmegewinne) $\eta \cdot Q_{source}$ berechnet.

$Q_{h,b}$	=	Nutzwärmebedarf	kWh
η	=	Ausnutzungsgrad der Wärmequellen	–
Q_{sink}	=	Summe aller Wärmesenken	kWh
Q_{source}	=	Summe aller Wärmequellen	kWh

Nutzkältebedarf (**Kühlbedarf**) $Q_{c,b}$

$$Q_{c,b} = (1 - \eta) -\cdot Q_{source}$$ kWh

(Formel 7.53)
(DIN V 18599-1, Gleichung 3)

Erläuterung:

Der Nutzkältebedarf $Q_{c,b}$ wird aus den vorhandenen Wärmequellen Q_{source} (Wärmegewinnen) multipliziert mit den Anteil der nicht nutzbaren Wärmequellen (1 - η) berechnet.

$Q_{c,b}$	=	Nutzkältebedarf nin der Gebäudezone	kWh
η	=	Ausnutzungsgrad der Wärmequellen	–
Q_{source}	=	Summe aller Wärmequellen	kWh

Sind mehrere Versorgungs- oder Kühlsysteme im Gebäude vorhanden, ist der Nutzwärme- bzw. Kältebedarf auf diese anteilig aufzuteilen.

Der Heizwärmebedarf ist zunächst als Tageswert für jeden Monat zu bestimmen. Der monatliche Nutzwärmebedarf (Heizwärmebedarf) ergibt sich dann durch die Multiplikation des Nutzwärmebedarfs $Q_{h,b}$ mit der Anzahl der Tage d des Monats (das gleiche gilt auch für den Kältebedarf).

$Q_{h,b,mth} = d_{mth} \cdot Q_{h,b}$ kWh/mth
(Formel 7.54)
DIN V 18599-2, Gleichung 4)

d_{mth} = Anzahl der Tage pro Monat

7.1.3.4 Ermittlung der Wärmesenken Q_{sink}

Zur Bestimmung der Wärmesenken Q_{sink} werden die spezifischen Transmissions- und Lüftungswärmesenken, d sowie Strahlungsverluste benötigt.

$Q_{sink} = Q_T + Q_V + Q_{I,sink} + Q_S + \Delta Q_{C,sink}$ kWh
(Formel 7.55)
(DIN V 18599-2, Gleichung 11)

Die internen Wärmesenken $Q_{I,sink}$ und die Wärmesenken aus reduziertem Betrieb müssen bei Wohngebäuden nicht berücksichtigt werden. Somit ergibt sich die Formel:

$Q_{sink} = Q_T + Q_V + Q_S$ kWh
(Formel 7.56)

Q_{sink} = die Summe der Wärmesenken der Gebäudezone
Q_T = die Transmissionswärmesenken
Q_V = die Lüftungswärmesenken
Q_S = die Wärmesenken durch Abstrahlung unter Berücksichtigung der solaren Einstrahlung

a) Transmissionswärmesenken Q_T

Die Transmissionswärmesenken sind in Abhängigkeit der Innen- und Außentemperatur zu berechnen.

$Q_T = \sum H_{T,j} \cdot (\vartheta_i - \vartheta_j)\, t$ kWh
(Formel 7.57)
(DIN V 18599-2, Gleichung 12)

$H_{T,j}$ = der Transmissionswärmetransferkoeffizient zwischen der betrachteten Gebäudezone und einem angrenzenden Bereich
ϑ_i = 20 °C – die Bilanz-Innentemperatur der Gebäudezone nach DIN V 18599-10, Tabelle 4
ϑ_j = die durchschnittliche monatliche Außentemperatur bzw. die durchschnittliche Temperatur in einer angrenzenden Zone
t = die Dauer des Berechnungsschritts (t = 24 h)

Bei Kühlbedarf:

ϑ_i = 25 °C – die Bilanz-Innentemperatur der Gebäudezone nach DIN V 18599-10, Tabelle 4

Der Transmissionswärmeverlust $H_{T,j}$ für Wohngebäude wird in der DIN V 18599 in drei Hauptbereiche eingeteilt:

Transmission durch die Außenbauteile
(siehe auch Kapitel 3)

$Q_{T,e} = H_{T,D} \cdot (\vartheta_i - \vartheta_e)\, t$ kWh
(Formel 7.58)
(DIN V 18599-2, Gleichung 42)

$H_{T,D}$ = Transmissionstransferkoeffizient zwischen beheizten Räumen und Außenluft

ϑ_e = die durchschnittliche monatliche Außentemperatur nach Tabelle E.1 der DIN V 18599-10

Der Transmissionswärmetransferkoeffizient ergibt sich als Summe über die einzelnen Bauteile, die die Gebäudezone nach außen hin abgrenzen. Die Berücksichtigung des Wärmebrückeneinflusses kann mit einem pauschalen spezifischen Wärmebrückenzuschlag ΔU_{WB} erfolgen (siehe auch Kapitel 6.1.5).

$$H_{T,D} = \sum(U_j \cdot A_j) + \Delta U_{WB} \cdot \sum A_j \quad \text{W/K}$$

(Formel 7.59)
(DIN V 18599-2, Gleichung 44)

U_i = Wärmedurchgangskoeffizient — W/(m² · K) (nach DIN EN ISO 6946)
A_i = Fläche des Bauteils — m²
ΔU_{WB} = spezifischer Wärmebrückenzuschlag — W/(m² · K)

Transmission durch ungeheizte Räume nach außen

(siehe Kapitel 3)

$$Q_{T,u} = H_{T,iu} \cdot (\vartheta_i - \vartheta_u)\, t \quad \text{kWh}$$

(Formel 7.60)
(DIN V 18599-2, Gleichung 46)

$H_{T,iu}$ = Transmissionswärmetransferkoeffizient zwischen beheizten und unbeheizten Räumen
ϑ_u = die mittlere Temperatur des unbeheizten Raumes

Der Transmissionswärmetransferkoeffizient ergibt sich als Summe über die einzelnen Bauteile, die die Gebäudezone zu unbeheizten Räumen hin abgrenzen. Die mittlere Temperatur des unbeheizten Raumes kann vereinfacht über die Formel 37 (siehe 0) oder detailliert nach DIN V 18599-2, Gleichung 38 erfolgen.

$$H_{T,iu} = \sum(U_j \cdot A_j) + \Delta U_{WB} \cdot \sum A_j \quad \text{W/K}$$

(Formel 7.61)

Die mittlere Temperatur des unbeheizten Raums ϑ_u ist wie folgt zu berechnen:

$$\vartheta_u = \vartheta_i - F_x \cdot (\vartheta_i - \vartheta_e) \quad \text{°C}$$

(Formel 7.62)
(DIN V 18599-2, Gleichung 37)

ϑ_i = 20 °C Innentemperatur der Gebäudezone — DIN V 18599-10, Tabelle 3
F_{xi} = Temperatur-Korrekturfaktor — –
(DIN V 18599-2, Tabelle 3)

Stellt man die Formel um, ergibt sich:

$$F_x \cdot (\vartheta_i - \vartheta_e) = \vartheta_i - \vartheta_u \quad –$$

(Formel 7.63)

Wird $F_x \cdot (\vartheta_i - \vartheta_e)$ in die Formel 7.60 für $(\vartheta_i - \vartheta_u)$ eingesetzt, ergibt sich nachfolgende Formel:

$$Q_{T,u} = H_{T,iu} \cdot F_x \cdot (\vartheta_i - \vartheta_e) \cdot t \quad \text{kWh}$$

(Formel 7.64)

Transmission über das Erdreich

(siehe Kapitel 3)

$$Q_{T,s} = H_{T,s} \cdot (\vartheta_i - \vartheta_u)\, t \quad \text{kWh}$$

(Formel 7.65)
(DIN V 18599-2, Gleichung 53)

Die Berechnung der Transmissionswärmesenken von beheizten Räumen an das Erdreich kann wie zu unbeheizten Räumen mithilfe von Temperatur-Korrekturfaktoren erfolgen.

Vereinfacht über den Temperatur-Korrekturfaktor F_x:

$$Q_{T,S} = H_{T,s} \cdot F_x \cdot (\vartheta_i - \vartheta_e)\, t$$ kWh (Formel 7.66)

$$H_{T,s} = \sum (U_j \cdot A_j) + \Delta U_{WB} \cdot \sum A_j$$ W/K (Formel 7.67)

In allen anderen Fällen sind die Transmissionswärmesenken über das Erdreich nach dem in DIN EN ISO 13370 beschriebenen Verfahren zu ermitteln.

Zur Berechnung des Referenzgebäudes sind die U-Werte nach Anhang 1 Tabelle 1 der EnEV zu verwenden (siehe Tabelle 7.4).

Beispiel-Haus:

Referenzgebäude nach DIN V 18599-2	H_T =	204,000	W/K
	H'_T =	0,386	W/(m² · K)
Referenzgebäude nach DIN V 4108-6	H_T =	224,850	W/K
	H'_T =	0,426	W/(m² · K)

Unterschiede in der Berechnung:

Die Wärmebrücken werden nach DIN V 4108-6 nicht Bauteilbezogen berücksichtigt, sondern als absoluter Wert für das gesamte Gebäude.

DIN V 18599

$$Q_T = \sum H_{T,j} \cdot F_x \cdot (\vartheta_i - \vartheta_j)\, t$$ – (Formel 7.68)

$$H_{T,j} = \sum (U_j \cdot A_j) + \Delta U_{WB} \cdot \sum A_j$$ W/K (Formel 7.69)

DIN V 4108-6

$$H_T = \sum U_i \cdot A_i + H_U + L_S + H_{WB} + \Delta H_{T,FH}$$ W/K (Formel 7.9)

Hinweis:

Die spezifischen Transmissionswärmeverluste H_T dürfen die zulässigen Höchstwerte der EnEV Anlage 1, Tabelle 2 nicht überschreiten. Bei einem genauen Nachweis bestehender Wohngebäude darf der berechnete Wert den zulässigen Wert nach Anlage 1 Tabelle 2 um bis zu 40 % überschreiten. Die Höchstwerte sind abhängig von der Art des Gebäudes. Für ein freistehendes Wohngebäude mit einer Nutzfläche von $A_N \leq 350$ m² ist der Höchstwert mit 0,40 W/(m² · K) angegeben.

zul. H'_T = 0,40 W/(m² · K) (EnEV Anhang 1, Tabelle 2)

Zusätzliche Anforderungen bei Neubauten:

„Ab dem 1. Januar 2016 darf der spezifische, auf die wärmeübertragende Umfassungsfläche bezogene Transmissionswärmeverlust eines zu errichtenden Wohngebäudes das 1,0fache des entsprechenden Wertes des jeweiligen Referenzgebäudes nicht überschreiten. Die jeweiligen Höchstwerte der Tabelle 2 dürfen dabei nicht überschritten werden. § 28 bleibt unberührt".

Das heißt, dass ab den 1. Januar 2016 sowohl der Grenzwert nach Anlage 1, Tabelle 2 als auch der berechnete Transmissionswärmeverlust H_T des Referenzgebäudes eingehalten werden muss. Dies gilt aber nur für Neubauten.

Bei dem Nachweis von Bestandsgebäuden muss nur der Wert aus Anlage 1, Tabelle 2 eingehalten werden, mit einer zulässigen Überschreitung von 40 %.

b) Lüftungswärmesenken Q_V

Lüftungswärmesenken sind allgemein wie folgt zu berechnen:

$$Q_V = \sum H_{V,k} \cdot (\vartheta_i - \vartheta_k)\, t \qquad \text{kWh}$$

(Formel 7.70)
(DIN V 18599-2, Gleichung 13)

$H_{V,k}$ = Lüftungswärmetransferkoeffizient für Lüftung von außen oder durch eine Lüftungsanlage
ϑ_i = 20 °C – die Bilanz-Innentemperatur der Gebäudezone nach DIN V 18599-10, Tabelle 4
ϑ_k = die durchschnittliche monatliche Außentemperatur oder die durchschnittliche Temperatur der Zuluft der Lüftungsanlage
t = die Dauer der Berechnungsschritte — 24 h

Wenn die eintretende Luft unter der Innentemperatur der Außenluft liegt, sind nach DIN V 18599-2 drei Hauptbereiche zu unterscheiden.

Lüftungswärmesenken durch Infiltration (Undichtigkeiten)
Diese sind abhängig von der Dichtheit des Gebäudes.

$$Q_{V,inf} = H_{V,inf} \cdot (\vartheta_i - \vartheta_e)\, t \qquad \text{kWh}$$

(Formel 7.71)
(DIN V 18599-2, Gleichung 56)

$H_{V,inf}$ = Wärmetransferkoeffizient für die Infiltration — W/K
ϑ_e = die durchschnittliche monatliche Außentemperatur nach DIN V 18599-10, E.1 — °C

Der Wärmetransferkoeffizient berechnet sich wie folgt:

$$H_{V,inf} = n_{inf} \cdot V \cdot \rho_a \cdot c_{p,a} \qquad \text{W/K}$$

(Formel 7.72)
(DIN V 18599-2, Gleichung 58)

n_{inf} = Tagesmittelwert des Infiltrationsluftwechsels — h^{-1}
V = Nettoraumvolumen — m^3
$c_{p,a}$ = spezifische Wärmekapazität von Luft
ρa = Dichte von Luft
$c_{p,a} \cdot \rho_a$ = 0,34 — $Wh/(m^3 \cdot K)$

Nettovolumen V:

Das Nettovolumen V ist nach EnEV Anlage 1, Nr. 2.4 wie folgt zu berechnen:

– Ein- und Zweifamilienhäuser bis zu drei Vollgeschossen:

$$V = 0{,}76 \cdot V_e \qquad m^3$$

(Formel 7.73)
(EnEV Anlage 1, Nr. 2.4)

– bei allen anderen Gebäuden:

$$V = 0{,}8 \cdot V_e \qquad m^3$$

(Formel 7.74)
(EnEV Anlage 1, Nr. 2.4)

V_e = Bruttogebäudevolumen — m^3

Tagesmittelwert des Infiltrationsluftwechsels n_{inf}:

Der Infiltrationsluftwechsel ist abhängig von der Dichtheit des Gebäudes. Als Maß für die Gebäudedichtheit gilt der gemessene Luftwechsel bei 50 Pa Druckdifferenz (n_{50}-Wert). Für ungeprüfte Gebäude sind Standardwerte festgelegt. Die Tabelle 7.24 gilt auch bei einer vorhandenen mechanischen Lüftungsanlage mit balancierter Zu- und Abluft.

$n_{inf} = n_{inf,0} = n_{50} \cdot e \cdot f_{ATD}$ h^{-1}
(Formel 7.75)
(DIN V 18599-2, Gleichung 59)

n_{50} = der Luftwechsel bei 50 Pa Druckdifferenz
nach erfolgter Dichtheitsprüfung: gemessener Wert
ohne Dichtheitsprüfung: Standardwert nach DIN V 18599-2, Tabelle 6

Bei Gebäude mit einem Nettoraumvolumen ≤ 1500 m³

Bei Gebäuden mit einem Nettoraumvolumen ≥ 1500 m³

q_{50} = die hüllflächenbezogene Luftdurchlässigkeit bei 50 Pa Druckdifferenz nach Tabelle 6

e = der Volumenstromkoeffizient, als Standardwert gilt: e = 0,07 (entspricht Abschirmungskoeffizient nach DIN EN ISO 13789 bei gemäßigter Abschirmung, mehr als eine Fassade dem Wind ausgesetzt);

f_{ATD} = ein Faktor zur Berücksichtigung von Außenluftdurchlässen

= 1 ohne ALD

= $(n_{50} + 1{,}5 h^{-1}) / (n_{50})$ mit ALD

Tabelle 7.24: n_{50} und q_{50}- Bemessungswerte nach DIN V 18599-2, Tabelle 6 (Standardwerte für ungeprüfte Gebäude)

Kategorie zur pauschalen Einschätzung der Gebäudedichtheit		n_{50} Nettoraumvolumen ≤ 1500 m³ h^{-1}	q_{50} Nettoraumvolumen ≥ 1500 m³ h^{-1}
I	Gebäude mit Dichtheitsprüfung nach DIN V 4108-7 a) ohne raumlufttechnische Anlage $n_{50} \leq 3{,}0\ h^{-1}$ b) mit raumlufttechnischer Anlage $n_{50} \leq 1{,}5\ h^{-1}$	 2 1	 3 2
II	zu errichtende Gebäude(teile) ohne Dichtheitsprüfung	4	6
III	Fälle, die nicht der Kategorie I, II, oder IV entsprechen z. B. bestehende Gebäude	6	9
IV	offensichtliche Undichtigkeiten	10	15

Lüftungswärmesenken durch Fensterlüftung

Bei den Lüftungswärmeverlusten ist zu den Infiltrationsluftwechseln die Luftwechselrate über Türen, Fenster und andere Öffnungen nach außen zu berücksichtigen, einschließlich der Luftwechselrate durch Nachströmöffnungen bei vorhandener Lüftungsanlage. Die Luftwechselrate ist unabhängig von Infiltrations- und Anlagenluftwechsel mit einem Mindestwert von 0,1 h^{-1} anzusetzen. Bei Gebäudezonen, die keine Durchlässe nach außen haben, ist der Fensterluftwechsel zu vernachlässigen, was bei Wohngebäuden nie der Fall ist.

Bestimmung der Wärmeverluste über Fensterlüftung

$Q_{V,win} = H_{V,win} \cdot (\vartheta_i - \vartheta_e)\, t$ kWh
(Formel 7.76)
(DIN V 18599-2, Gleichung 66)

$H_{V,wind}$ = Wärmetransferkoeffizient für Fensterlüftung W/K

ϑ_e = durchschnittliche monatliche Außentemperatur nach DIN V 18599-10, Tabelle E.1 °C

Der Wärmetransferkoeffizient durch Fensterlüftung berechnet sich wie folgt:

$H_{V,win} = n_{win} \cdot V \cdot \rho_a \cdot c_{p,a}$ W/K
(Formel 7.77)
(DIN V 18599-2, Formel 68)

n_{win} = mittlere tägliche Fensterluftwechselrate h^{-1}

V = das Nettoraumvolumen m³
(Formel 7.14 und 7.15)

$c_{p,a}$ = spezifische Wärmekapazität von Luft

ρ_a = Dichte von Luft

$c_{p,a} \cdot \rho_a$ = 0,34 Wh/(m³ · K)

Die mittlere tägliche Fensterluftwechselrate n_{win} berechnet sich wie folgt:

- ohne den Einsatz mechanischer Lüftung

$n_{win} = 0{,}1\ h^{-1} + \Delta n_{win} \cdot t_{nutz}/24\ h$ h^{-1}

(Formel 7.78)
(DIN V 18599-2, Gleichung 73)

Für Wohngebäude:

t_{nutz} = 24 h (tägliche Nutzungsdauer) h

Daraus ergibt sich eine tägliche Fensterluftwechselrate für Wohngebäude n_{win}:

$n_{win} = 0{,}1\ h^{-1} + \Delta n_{win}$ h^{-1}

(Formel 7.79)

Für eine Luftwechselrate von $n_{nutz} < 1{,}2$ bei Wohngebäuden gilt:

$\Delta n_{win} = n_{nutz} - (n_{nutz} - 0{,}2\ h^{-1})h^{-1} \cdot n_{inf} - 0{,}1\ h^{-1}$ h^{-1}

(Formel 7.80)
(DIN V 18599-2, Gleichung 68)

n_{nutz} = nutzungsbedingter Mindestluftwechsel (nach DIN V 18599-10, Tabelle 4)
n_{nutz} = 0,50 nicht bedarfsgeführt (nach DIN V 18599-10, Tabelle 4)
n_{nutz} = 0,45 bedarfsgeführt (nach DIN V 18599-10, Tabelle 4)

Mit Anlagenluftwechsel (24 h):

Hinweis:

Wird die Lüftungsanlage nicht über den ganzen Tag (24 h) betrieben, müssen die Lüftungswärmeverluste einmal für die Zeit mit und für die Zeit ohne eingeschaltete Lüftungsanlage getrennt berechnet werden. Für die Berechnung nach EnEV ist die Laufzeit immer mit 24 h anzusetzen.

Rechenbeispiel:

Berechnung der Luftwechselrate für ein Gebäude mit Dichtheitsprüfung und einer bedarfsgeführten Abluftanlage.

1. Berechnung des Infiltrationsluftwechsels n_{inf}

Nach Tabelle 7.24: Gebäudekategorie I

$n_{inf} = n_{50} \cdot e = 1 \cdot 0{,}07 = 0{,}07$ -

2. Berechnung der Luftwechselrate n_{win} durch Fensterlüftung

$n_{win} = 0{,}1\ h^{-1} + \Delta n_{win}$ h^{-1}

(Formel 7.81)

$\Delta n_{win} = n_{nutz} - (n_{nutz} - 0{,}2\ h^{-1})h^{-1} \cdot n_{inf} - 0{,}1\ h^{-1}$ h^{-1}

(Formel 7.82)

$n_{nutz} = 0{,}45$ h^{-1}
$\Delta n_{win} = 0{,}45 - (0{,}45 - 0{,}2) \cdot 0{,}07 - 0{,}1$ h^{-1}
$\Delta n_{win} = 0{,}33$ h^{-1}
$n_{win} = 0{,}1 + 0{,}33 = 0{,}43$
$n_{inf} + \Delta n_{win} = 0{,}07 + 0{,}43 = 0{,}50$ h^{-1}

Ergebnis:

Bei einem Gebäude mit Dichtheitsprüfung und einer bedarfsgeführten Abluftanlage ergibt sich eine Gesamt-Luftwechselrate von 0,50 h^{-1}.

Lüftungswärmesenken und -quellen durch Kälte- und Wärmeeinträge mechanischer Lüftungsanlagen

Ist eine mechanische Lüftungsanlage vorhanden, ist zusätzlich der Kälte- bzw. Wärmeeintrag über die Lüftungsanlage zu berücksichtigen. Dieser weicht aber nur dann von der Fensterlüftung ab, wenn die Zuluft über einen Wärmetauscher geführt wird.

Der Wärmestrom über mechanische Lüftungsanlagen ist bei der Berechnung des Nutzwärmebedarfs Q_h nicht mit zu bilanzieren. Die Kälte- bzw. Wärmeeinträge über eine solche Anlage sind erst im Anschluss an die Auslegungsbilanzierung zu ermitteln.

Die Ermittlung der Wärme- und Kälteeinträge erfolgt nach folgender Formel:

Kälteeintrag (Wärmesenke):

$$Q_{V,mech} = H_{V,mech} \cdot (\vartheta_i - \vartheta_{V,mech})\, t$$

kWh
(Formel 7.83)
(DIN V 18599-2, Gleichung 86)

Wärmeeintrag (Wärmequelle):

$$Q_{V,mech} = H_{V,mech} \cdot (\vartheta_{V,mech} - \vartheta_i)\, t$$

kWh
(Formel 7.84)
(DIN V 18599-2, Gleichung 87)

$H_{V,mech}$	= Wärmetransferkoeffizient für mechanische Lüftung	W/K
$\vartheta_{V,mech}$	= mittlere Temperatur der Zuluft	°C

Der Wärmetransferkoeffizient durch eine Lüftungsanlage berechnet sich wie folgt:

$$H_{V,mech} = n_{mech} \cdot V \cdot \rho_a \cdot c_{p,a}$$

W/K
(Formel 7.85)
(DIN V 18599-2, Gleichung 88)

n_{mech}	= mittlerer täglicher Luftwechsel über die Lüftungsanlage	h^{-1}
n_{mech}	= nach DIN 18599-6	
V	= Nettoraumvolumen	m^3 nach (Formel 7.14) und (Formel 7.15)
$c_{p,a}$	= spezifische Wärmekapazität von Luft	
ρ_a	= Dichte von Luft	
$c_{p,a} \cdot \rho_a$	= 0,34	$Wh/(m^3 \cdot K)$

Mittlere Temperatur der Zuluft:

Bei der Bestimmung der Zulufttemperatur wird in der DIN V 18599-2 unter vier Fällen unterschieden:

– *„Für Lüftungsanlagen ohne Luftaufbereitung gelten die Zulufttemperaturen nach DIN V 18599-3 oder vereinfacht:"*

$$\vartheta_{V,mech} = \vartheta_e$$

°C
(Formel 7.86)
(DIN V 18599-2, Gleichung 95)

– *„Für einfache Lüftungssysteme mit ungeregelten Wärmetauschern und einer Ablufttemperatur gleich der Innentemperatur gelten die Zulufttemperaturen nach DIN V 18599-3 oder vereinfacht"*:

$$\vartheta_{V,mech} = \vartheta_e + \eta_{V,mech} \cdot (\vartheta_i - \vartheta_e)$$

°C
(Formel 7.87)
(DIN V 18599-2, Gleichung 96)

– *„Für Wohnungslüftungsanlagen werden die in DIN V 18599-6 festgelegten Zulufttemperaturen angesetzt"*:

$$\vartheta_{V,mech} = \vartheta_{V,mech,WLA}$$

°C
(Formel 7.88)
(DIN V 18599-2, Gleichung 97)

– *„Für Lüftungsanlagen mit temperaturgeregelter Luftaufbereitung gelten die Zulufttemperaturen nach DIN V 18599-7 oder für Anlagen ohne Kühlfunktion nach DIN V 18599-3“*:

$\vartheta_{V,mech} = \vartheta_{V,mech,RLT}$ °C
(Formel 7.89)
(DIN V 18599-2, Gleichung 98)

ϑ_e = mittlere monatliche Außentemperatur
$\eta_{V,mech}$ = Nutzungsfaktor des Abluft-Zuluft-Wärmetauschersystems
$\vartheta_{V,mech,WLA}$ = für eine Wohnungslüftungsanlage mit einem Abluft-Zuluft-Wärmetauschersystem anzusetzende Zulufttemperatur nach DIN V 18599-6
$\vartheta_{V,mech,RLT}$ = anlagenspezifische Zulufttemperatur nach DIN V 18599-7

Beispiel-Haus:

Referenzgebäude nach DIN V 18599-2	H_V = 75,2	W/K
	n = 0,50	für Abluftanlagen
Referenzgebäude nach DIN V 4108-6	H_T = 82,72	W/K
	n = 0,55	für Abluftanlagen

Unterschiede in der Berechnung:
Der Differenz in der Berechnung lieg im unterschiedlichen Ansatz der Luftwechselrate n.

7.1.3.5 Ermittlung der Wärmequellen Q_{source}

Wenn die Wärmeverluste (Wärmesenken) berechnet wurden, sind anschließend die Wärmegewinne (Wärmequellen) zu bestimmen. Diese setzen sich zusammen aus Wärmeeinträge durch solare Einstrahlung über transparente und opake Bauteile, aus Lüftungswärmeeinträgen durch freie und maschinelle Lüftung und aus internen Wärmequellen in der Gebäudezone.

$Q_{source} = Q_S + Q_T + Q_V + Q_{I,source}$ kWh
(Formel 7.90)
(DIN V 18599-2, Gleichung 16)

Q_{source}	= Summe der Wärmequellen in der Gebäudezone	kWh
Q_S	= Wärmequellen aufgrund solarer Einstrahlung	kWh
Q_T	= Transmissionswärmequellen über opake Bauteile	kWh
Q_V	= Lüftungswärmequellen	kWh
$Q_{I,source}$	= internen Wärmequellen in der betrachteten Gebäudezone	kWh

a) Wärmequellen aufgrund solarer Einstrahlung Q_S

Solare Einstrahlung kann sowohl über transparente Bauteile wie Fenster oder verglaste Türen als auch indirekt über die Wärmeleitung von innen nach außen über opake Bauteile wie die Außenwände gewonnen werden. Im Unterschied zur DIN V 4108-6, Anhang D3 sind nach DIN V 18599 solare Gewinne über opake Bauteile zu berücksichtigen.

$Q_S = \sum Q_{S,tr} + \sum Q_{S,op}$ kWh
(Formel 7.91)
(DIN V 18599-2, Gleichung 17)

$Q_{S,tr}$ = Wärmeeinträge über solare Einstrahlung über transparente Bauteile
$Q_{S,op}$ = Wärmeeinträge durch solare Einstrahlung auf opake Flächen

Solare Wärmeeinträge über transparente Bauteile

Die Wärmeeinträge über transparente Bauteile berechnen sich wie nach DIN V 4108-6 über die vorhandene Rohbaufläche der transparenten Bauteile A multipliziert mit den Flächenanteilen der Fensterrahmen F_F, dem Energiedurchlassgrad der transparenten Fläche g_{eff}, mit der vorhandenen solaren Einstrahlung I_S und der Zeit t.

$Q_{s,tr} = F_F \cdot A \cdot g_{eff} \cdot I_S \cdot t$ kWh
(Formel 7.92)
(DIN V 18599-2, Gleichung 110)

F_F	=	Abminderungsfaktor für den Rahmenanteil	–
F_F	=	0,7, sofern keine genaueren Werte ermittelt werden	–
A	=	Fläche der transparenten Bauteile, lichtes Rohbaumaß (siehe Kapitel 2)	m²
g_{eff}	=	wirksamer Gesamtenergiedurchlassgrad	–
I_S	=	mittlere solare Einstrahlung während eines Monats nach DIN V 18599-10, Tabelle E.5	W/m²
t	=	Dauer der Berechnungsschritte	h

Im Unterschied zur DIN V 4108-6 wird die effektive Kollektorfläche nicht über die effektive Kollektorfläche A_S bestimmt, sondern über den wirksamen Gesamtenergiedurchlassgrad g_{eff}.

Bestimmung des wirksamen Gesamtenergiedurchlassgrad g_{eff}

Je nach Ausführung der Sonnenschutzvorrichtung ist g_{eff} wie folgt zu bestimmen:

– kein Sonnenschutz:

$$g_{eff} = F_S \cdot F_W \cdot F_V \cdot g_\perp$$ –

(Formel 7.93)
(DIN V 18599-2, Gleichung 111)

– feststehender Sonnenschutz.

$$g_{eff} = F_S \cdot F_W \cdot F_V \cdot g_{tot}$$ –

(Formel 7.94)
(DIN V 18599-2, Gleichung 112)

– variabler Sonnenschutz:

muss bei Wohngebäuden nicht berücksichtigt werden.

F_S	=	Abminderungsfaktor für Verschattung (siehe Formel 7.28)	–
F_W	=	Abminderungsfaktor infolge nicht senkrechten Strahlungseinfalls = 0,9	–
F_V	=	Abminderungsfaktor infolge von Verschmutzung = 1	–
$g_\perp$	=	Gesamtenergiedurchlassgrad der Verglasung nach DIN V 18599-2, Tabelle 5, bei senkrechtem Strahlungs-einfall	–
g_{tot}	=	Gesamtenergiedurchlassgrad einschließlich Sonnen-schutzvorrichtung nach DIN V 18599-2, Tabelle 7 oder nach objektbezogenem Nachweis des Herstellers	–

Tabelle 7.25: Standardwerte für $g_\perp$ von Verglasungen nach DIN V 18599-2 Tabelle 5

Verglasungstyp	Kennwerte ohne Sonnenschutzvorrichtung	
	U_g [d]	$g_\perp$
Einfach	5,8	0,87
zweifach	2,9	0,78
dreifach	2,0	0,70
WDG[e] 2fach	1,7	0,72
WDG[e] 2fach	1,4	0,67
WDG[e] 2fach	1,1	0,60
WDG[e] 3fach	0,8	0,6
WDG[e] 3fach	0,7	0,50
SSG[f] zweifach	1,3	0,48
SSG[f] zweifach	1,2	0,37
SSG[f] dreifach	0,7	0,24

[d] Bemessungswert in W/(m² · K) nach DIN V 4108-4 [einschließlich Korrekturwert von 0,1 W/(m² · K)].

[e] WDG: Wärmedämmglas [f] SSG: Sonnenschutzverglasung

Solare Wärmeeinträge über opake Bauteile

Auch die opaken Bauteile können Wärme von außen nach innen transportieren, wenn sie außen über die Sonne aufgeheizt werden. Diese sind zum einen abhängig von der Wärmeleitfähigkeit des Bauteils und zum anderen von der Bauteilfläche A. Umso größer der U-Wert ist, umso schneller kann die Wärme nach innen geleitet werden. Außerdem spielt die Orientierung des Bauteils eine ausschlaggebende Rolle für die Menge an globaler Sonneneinstrahlung I_S und die Eigenschaft, die solare Einstrahlung zu absorbieren, α (Absorptionskoeffizient). Zusätzlich hat die Neigung F_F des Bauteils einen Einfluss auf die Aufnahmemöglichkeit der solaren Einstrahlung, den äußeren Abstrahlungskoeffizient h_r und die Temperaturdifferenz zwischen Umgebungsluft und der scheinbaren Temperatur des Himmels $\Delta\vartheta_{er}$.

Somit berechnen sich die möglichen solaren Wärmegewinne über opake Bauteile wie folgt:

Wärmequelle: $\alpha \cdot I_S > F_f \cdot h_r \cdot \Delta\vartheta_{er}$

$$Q_{s,op} = R_{se} \cdot U \cdot A\,(\alpha \cdot I_S - F_f \cdot h_r \cdot \Delta\vartheta_{er})\,t$$ kWh

(Formel 7.95)
(DIN V 18599-2, Gleichung 115)

Wärmesenke: $\alpha \cdot I_S < F_f \cdot h_r \cdot \Delta\vartheta_{er}$

$$Q_{s,op} = R_{se} \cdot U \cdot A\,(F_f \cdot h_r \cdot \Delta\vartheta_{er} - \alpha \cdot I_S)\,t$$ kWh

(Formel 7.96)
(DIN V 18599-2, Gleichung 116)

R_{se}	=	äußerer Wärmeübergangskoeffizient	$m^2 \cdot K/W$
U	=	Wärmedurchgangskoeffizient	$W(m^2 \cdot K)$
A	=	Fläche des Bauteils	m^2
α	=	Absorptionskoeffizient nach DIN V 18599-2, Tabelle 8	–
I_S	=	globale Sonneneinstrahlung nah DIN V 18599-2	kWh/m^2
F_f	=	Formfaktor zwischen dem Bauteil und dem Himmel	
F_f	=	1,0 für waagrechte Bauteile bis 45 °C	–
F_f	=	0,5 für senkrechte Bauteile ab 45 °C	–
h_r	=	äußerer Abstrahlungskoeffizient	$W/(m^2 \cdot K)$
$\Delta\vartheta_{er}$	=	mittlere Temperaturdifferenz zwischen Temperatur der Umgebungsluft und der scheinbaren Temperatur des Himmels	
	=	10 K (vereinfachend)	K
t	=	Dauer des Berechnungszeitraums	d

Der äußere Abstrahlungskoeffizient h_r kann näherungsweise wie folgt berechnet werden:

$$h_r = 5 \cdot \varepsilon$$ $W/(m^2 \cdot K)$

(Formel 7.97)
(DIN V 18599-2, Gleichung 112)

ε	=	Emissionsgrad für Wärmestrahlung der Außenfläche	$W/(m^2 \cdot K)$
ε	=	0,9 falls keine Werte bekannt sind	

$$h_r = 5 \cdot 0{,}9 = 4{,}5$$ $W/(m^2 \cdot K)$

Tabelle 7.26: Standardwerte für den Strahlungsabsorptionsgrad verschiedener Oberflächen (Quelle: DIN V 18599-2, Tabelle 8)

Oberfläche	Strahlungsabsorptionsgrad α
Wandfläche: – heller Anstrich – gedeckter Anstrich – dunkler Anstrich	 0,4 0,6 0,8
Klinkermauerwerk	0,8
helles Sichtmauerwerk	0,6
Dächer (Beschaffenheit): – ziegelrot – dunkle Oberfläche – Metall (blank) – Bitumendachbahn (besandet)	 0,6 0,8 0,2 0,6

Aus der 0 lässt sich ablesen, dass dunkle Oberflächen eine höhere Strahlungsabsorption aufweisen als helle Flächen. Nachfolgend soll untersucht werden, welchen Einfluss der Strahlungsabsorptionsgrad und der U-Wert des Bauteils auf die solaren Wärmegewinne über opake Bauteile besitzen.

Rechenbeispiel:

Außenwand Süd des Beispiel-Hauses

1. Bestand mit heller Farbe

U- Wert = 1,13 W/(m² · K)

Fläche A = 79,80 m² – 5,96 m² – 7,15 m² – 4,38 m² – 4,31 m² – 4,52 m² – 2,26 m² – 2,21 m²
Fläche A = 49,01 m² (siehe Kapitel 2.5.3)
R_{se} = 0,04 m² · K/W
α = 0,4 (heller Anstrich)
I_S = 80 W/m² (im Monat März für 90° Neigung)
F_F = 0,5 für senkrechte Bauteile
h_r = 4,5 W/(m² · K)
$\Delta\vartheta_{er}$ = 10 K
$Q_{s,op} = R_{se} \cdot U \cdot A\,(\alpha \cdot I_S - F_f \cdot h_r \cdot \Delta\vartheta_{er})\,t$ kWh (Formel 7.98)
$Q_{s,op}$ = 0,04 · 1,13 · 49,01 (0,4 · 80 – 0,5 · 4,5 · 10) · 0,024 · 31 d
$Q_{s,op}$ = 2,21 m² · (32 W/m² – 22,5 W/m²) · 0,024 kh/d · 31 d
$Q_{s,op}$ = 15,62 kWh

2. Bestand mit dunkler Farbe

α = 0,8 (dunkler Anstrich)
$Q_{s,op}$ = 0,04 · 1,13 · 49,01 (**0,8** · 80 – 0,5 · 4,5 · 10) · 0,024 · 31 d
$Q_{s,op}$ = 2,21 m² · (**64** W/m² – 22,5 W/m²) · 0,024 kh/d · 31 d
$Q_{s,op}$ = 68,23 kWh

Ergebnis:

Die solaren Gewinne über opake Bauteile haben sich durch die Wahl eines dunklen Anstriches vervierfacht.

3. Sanierte Außenwand mit heller Farbe

$U = 0{,}23\ W/(m^2 \cdot K)$

$\alpha = 0{,}4$ (heller Anstrich)

$Q_{s,op} = 0{,}04 \cdot \mathbf{0{,}23} \cdot 49{,}01\ (\mathbf{0{,}4} \cdot 80 - 0{,}5 \cdot 4{,}5 \cdot 10) \cdot 0{,}024 \cdot 31\ d$

$Q_{s,op} = 0{,}45\ m^2 \cdot (\mathbf{32}\ W/m^2 - 22{,}5\ W/m^2) \cdot 0{,}024\ kh/d \cdot 31\ d$

$Q_{s,op} = 3{,}19$ kWh

4. Sanierte Außenwand mit dunkler Farbe

$U = 0{,}23\ W/(m^2 \cdot K)$

$\alpha = 0{,}8$ (dunkler Anstrich)

$Q_{s,op} = 0{,}04 \cdot \mathbf{0{,}23} \cdot 49{,}01\ (\mathbf{0{,}8} \cdot 80 - 0{,}5 \cdot 4{,}5 \cdot 10) \cdot 0{,}024 \cdot 31\ d$

$Q_{s,op} = 0{,}45\ m^2 \cdot (\mathbf{64}\ W/m^2 - 22{,}5\ W/m^2) \cdot 0{,}024\ kh/d \cdot 31\ d$

$Q_{s,op} = 13{,}92$ kWh

Ergebnis:

Die solaren Gewinne über opake Bauteile verringern sich erheblich, wenn die Außenbauteile gut gedämmt sind. Eine dunklere Farbe verbessert zwar immer noch die möglichen Gewinne, aber insgesamt sind diese sehr gering.

Außerdem sind diese nur in den Übergangszeiten möglich. Im Zeitraum vom November bis Februar ist die solare Einstrahlung auch auf der Südseite auf eine Außenwand so gering, dass hier nur noch über dunkle Oberflächen solare Einträge in das Gebäude vorhanden sind.

Solare Wärmeeinträge opaker Bauteile mit transparenter Wärmedämmung

Eine transparente Wärmedämmung auf der Außenseite einer Außenwand erhöht die möglichen solaren Wärmeeinträge über eine opake Wand erheblich. Um diese zu bestimmen, muss eine Vielzahl von Faktoren berücksichtigt werden. In diesem Buch wird aber auf die Berechnung nicht weiter eingegangen.

Solare Wärmeeinträge über unbeheizte oder ungekühlte Glasvorbauten

Glasvorbauten ohne Trennwand zum beheizten oder gekühlten Bereich sind zum beheizten oder gekühlten Bereich hinzuzurechnen. Sind diese durch eine Trennwand abgetrennt, können die solaren Wärmeeinträge über den Glasvorbau nach DIN V 18599-2, Gleichung 120 berechnet werden. Auf die Erläuterung der Berechnung wird hier nicht weiter eingegangen.

Mögliche Solare Wärmegewinne für das Beispiel-Haus:

Referenzgebäude nach DIN V 18599-2	Q_S	=	10.797 kWh/a
Referenzgebäude nach DIN V 4108-6	Q_S	=	12.781 kWh/a

Unterschiede in der Berechnung:

In der Berechnung nach DIN V 18599-2 wurden für die solaren Wärmegewinne auch die solaren Wärmegewinne über die opaken Bauteile berücksichtigt. Diese können, müssen aber nicht nach DIN V 4108-6, D.3 berücksichtigt werden.

b) Interne Wärmequellen in Wohngebäuden $Q_{I,source,WG}$

In einem Gebäude gibt es eine Vielzahl von Wärmequellen wie Personen, Lampen, Computer, Küchengeräte, TV- und Hi-Fi-Geräte etc., deren Wärme für die Aufrechterhaltung des Wohnraumklimas nützlich, aber auch störend sein kann, insbesondere dann, wenn die abgegebene Wärme nicht benötigt wird. Bei Nichtwohngebäuden sind diese getrennt für

- Personen $Q_{I,source,p}$
- Geräte und Maschinen $Q_{I,source,fac}$
- Stofftransporte $Q_{I,source,goods}$
- künstliche Beleuchtung $Q_{I,source,L}$

– das Heiz-, Kühl-, Trinkwasser- und Lüftungssystem $Q_{I,source,L}$

zu berechnen.

Bei Wohngebäuden können diese wie folgt berechnet werden:

$$Q_{I,source,WG} = Q_{I,source,p} + Q_{I,source,l} + Q_{I,source,fac} = q_I \cdot A_B$$

(Formel 7.99)
(DIN V 18599-2, Gleichung 20)

Vereinfacht können, wie auch nach DIN V 4108-6, die internen Wärmequellen für Wohngebäude über die Bezugsfläche A_B mit einem pauschalen Faktor q_i berechnet werden.

$$Q_{I,source,WG} = q_I \cdot A_B$$ –

(Formel 7.100)
(DIN V 18599-2, Gleichung 122)

q_i	=	durchschnittliche tägliche Wärmeabgabe von Personen, Maschinen und Beleuchtung in Wohngebäuden, bezogen auf die Bezugsfläche nach DIN V 18599-10 Tabelle 4	
q_i	=	45 EFH	Wh/(m² · d)
	=	1,875	W/m²
q_i	=	90 MFH	Wh/(m² · d)
	=	3,75	W/m²
A_B	=	Bezugsfläche der Gebäudezone Die Bezugsfläche bezieht sich auf die beheizte Netto-Grundfläche (Wohnfläche).	

Rechenbeispiel:

Berechnen der internen Wärmegewinne für das Beispiel-Haus

Nutzfläche:	=	149,13	m²
$Q_{I,source,WG}$	=	$q_I \cdot A_B$	– (Formel 7.101)
$Q_{I,source,WG}$	=	45 Wh/(m² · d) · 149,13 m²	Wh/d
$Q_{I,source,WG}$	=	6.710,85	Wh/d

Umgerechnet in Watt:

$Q_{I,source,WG}$	=	6.710,85 Wh/d / 24h/d	
$\mathbf{Q_{I,source,WG}}$	**=**	**279,61**	W (nach DIN V 18599-2)

Vergleich mit DIN V 4108-6

Nutzfläche	=	149,13	m²
Q_i	=	5 W/m² · A_N = 5 W/m² · 149,13 m²	W
$\mathbf{Q_i}$	**=**	**745,65**	W (nach DIN V 4108-6)

Ergebnis:

Es ist klar erkennbar, dass die internen Wärmegewinne nach DIN V 4108-6 für EFH wesentlich höher bewertet werden als nach DIN V 18599-2.

Beispiel-Haus:

Referenzgebäude nach DIN V 18599-2	Q_i	= 6.988	kWh/a
Referenzgebäude nach DIN V 4108-6	Q_i	= 8.158	kWh/a

Bei den internen Wärmegewinnen sind die größten Unterschiede für die Berechnung des Nutzenergiebedarfs Q_h zu erkennen.

c) Lüftungswärmequellen

Liegt die Außenlufttemperatur über der Innentemperatur, so wird über die Lüftung des Gebäudes Wärme in das Gebäude transportiert. Da bei Wohngebäude nur der Winterzeitraum zu betrachten ist, fallen Lüftungswärmequellen bei Wohngebäuden nicht an.

d) Transmissionswärmequellen

Wenn die Außenlufttemperatur eines Bauteils über der Innentemperatur liegt, entstehen auch Wärmegewinne über dieses Bauteil. Bei Wohngebäuden ist dies nur dann der Fall, wenn ein benachbarter Bereich höhere Temperaturen aufweist (Nichtwohngebäude). Ist dies der Fall, sind diese Wärmegewinne wie folgt zu berücksichtigen.

$$Q_T = \sum H_{T,j} \cdot (\vartheta_j - \vartheta_i)\, t$$ kWh
(Formel 7.102)
(DIN V 18599-2, Gleichung 18)

$H_{T,j}$	=	Wärmetransferkoeffizient	W
ϑ_j	=	Bilanz-Innentemperatur der Gebäudezone	°C
ϑ_i	=	durchschnittliche Temperatur der angrenzenden Gebäudezone	°C
t	=	Dauer des Berechnungsschritts (24 h)	d

7.1.3.6 Ausnutzungsgrad der Wärmequellen

Nachdem die möglichen Wärmequellen nur in Abhängigkeit der Wärmesenken genutzt werden können, muss deren Ausnutzungsgrad η bestimmt werden. Dies erfolgt zunächst überschlägig, ohne Berücksichtigung von internen Wärme- und Kälteeinträgen, über das Heiz- und Kühlsystem. Nachdem die internen Wärmequellen und -senken vollständig bestimmt wurden, wird deren Ausnutzungsgrad iterativ bestimmt.

Wenn die Wärmequellen nicht gleich den Wärmesenken sind, berechnet sich der Ausnutzungsgrad η wie folgt.

$$\eta = (1 - \gamma^{a}) / (1 - \gamma^{a+1})$$ –
(Formel 7.103)
(DIN V 18599-2, Gleichung 23)

Die Nutzbarkeit η der möglichen Wärmequellen Q_{source} ist von zwei Faktoren abhängig:

- von dem vorhandenen Verhältnis γ zwischen Wärmequellen Q_{source} und Wärmesenken Q_{sink}
- von dem numerischen Parameter a, der in erster Linie von der wirksamen Wärmespeicherfähigkeit C_{wirk} des Gebäudes abhängt.

Verhältnis zwischen Wärmequellen und Wärmesenken γ [–]:

$$\gamma = Q_{source} / Q_{sink}$$ –
(Formel 7.104)
(DIN V 18599-2, Gleichung 143)

Q_g	=	Wärmequellen	kWh/M
Q_l	=	Wärmesenken	kWh/M

Das Wärmequellen/Wärmesenken-Verhältnis γ berechnet sich für jeden Monat aus dem Verhältnis der Summe aller Wärmequellen zur Summe aller Wärmesenken im Berechnungszeitraum.

Berechnung des numerischen Parameters a:

a	$= a_o + \tau/\tau_o$	– (Formel 7.105) (DIN V 18599-2, Gleichung 142)
a_o	= 1 für monatliche Berechnungszeitschritte	(nach DIN V 18599-2)
τ_o	= 16	h (nach DIN V 18599-2)
τ	= Zeitkonstante	h
τ	$= C_{wirk} / H$	h (Formel 7.106) (DIN V 18599-2, Gleichung 136)
C_{wirk}	= wirksame Wärmespeicherfähigkeit	Wh/K
H	= Wärmetransferkoeffizient	W/K

Wirksame Wärmespeicherfähigkeit C_{wirk}

Die wirksame Wärmespeicherung C_{wirk} (in Wh/K) ist nach DIN EN ISO 13786 zu berechnen. Vereinfacht dürfen nachfolgende Pauschalwerte verwendet werden.

Für leichte Gebäudezonen:

$C_{wirk} = 50 Wh/(m^2 \cdot K) \cdot A_B$ Wh/K
(Formel 7.107)
(DIN V 18599-2, Gleichung 133)

Für mittelschwere Gebäude:

$C_{wirk} = 90\ Wh/(m^2 \cdot K) \cdot A_B$ Wh/K
(Formel 7.108)
(DIN V 18599-2, Gleichung 134)

Für schwere Gebäude:

$C_{wirk} = 130\ Wh/(m^2 \cdot K) \cdot A_B$ Wh/K
(Formel 7.109)
(DIN V 18599-2, Gleichung 135)

„Als Standardwert gilt der Wert für leichte Gebäude.

Als »mittelschwer« sind Gebäudezonen mit folgenden Eigenschaften einzustufen:

- *massive Innen- und Außenbauteile (Dichte ≥ 600 kg/m³);*
- *keine abgehängten oder thermisch abgedeckten Decken;*
- *keine innenliegende Wärmedämmung an den Außenbauteilen;*
- *keine hohen Räume (z. B. Turnhallen, Museen usw.).*

Als »schwer« sind Gebäudezonen mit folgenden Eigenschaften einzustufen:

- *massive Innen- und Außenbauteile (Dichte ≥ 1 600 kg/m);*
- *keine abgehängten oder thermisch abgedeckten Decken;*
- *keine innenliegende Wärmedämmung an den Außenbauteilen;*
- *keine hohen Räume (z. B. Turnhallen, Museen usw.).“*

Der Wärmetransferkoeffizient H wird aus dem Wärmetransferkoeffizienten für Transmission und Lüftung berechnet.

H	$= \sum H_{T,j} + \sum H_{V,k} + H_{V,mech,\vartheta}$	W
$\sum H_{T,j}$	= Summe der Transmissionstransferkoeffizienten	W (Kapitel 7.1.3.4 a))
$\sum H_{V,k}$	= Summe der Lüftungswärmetransferkoeffizienten	W (Kapitel 7.1.3.4 b))
$H_{V,mech,\vartheta}$	= der temperaturgewichtete Wärmetransferkoeffizient	W

$H_{V,mech,\vartheta}$ wird für RLT-Anlagen ohne Kühlfunktion und Wohnungslüftungsanlagen wie folgt berechnet:

$H_{V,mech,\vartheta} = H_{V,mech}$ W

bei Luftheizung mit einer Zulufttemperatur größer/gleich der Raum-Solltemperatur gilt:

$H_{V,mech,\vartheta} = 0$

7.1.3.7 Reduzierter Heizbetrieb während der Nachtstunde

Wird im Rechenverfahren ein reduzierter Betrieb der Heizung während der Nacht berücksichtigt, so ist die Innentemperatur monatsweise zu korrigieren. Als reduzierter Betrieb ist jeder Zeitraum zu werten, in dem ein Unterschreiten der normalen Soll-Innentemperatur zugelassen wird. Hierbei werden folgende Betriebsarten des reduzierten Betriebs unterschieden:

- Absenkbetrieb: Absenkung der Heizungsvorlauftemperatur während der Nachtstunden über einen festgesetzten Zeitraum
- Abschaltung: Abschaltung der Heizung während der Nachtstunden für einen festgesetzten Zeitraum, der den Absenk- und Aufheizbetrieb umfasst

In beiden Fällen ist eine Temperaturabsenkung nur bis zu einer festgesetzten maximalen Temperaturabsenkung ($\Delta\vartheta_{i,NA}$) anzurechnen.

Bei Wohngebäuden ist die tägliche Betriebsdauer der Heizung nach DIN V 18599-10 mit 17 Stunden anzusetzen. Dies entspricht einer Betriebszeit von 6:00 Uhr bis 23:00 Uhr.

7.1.3.8 Nutzwärmebedarf (Heizwärmebedarf) $Q_{h,b}$ für das Referenzgebäude

Wenn alle Wärmesenken Q_{sink} und Wärmequellen Q_{source} bestimmt wurden, kann nun der Nutzwärmebedarf berechnet werden.

$Q_{h,b} = Q_{sink} - \eta \cdot Q_{source}$ kWh
(Formel 7.52)

Beispiel-Haus:

Referenzgebäude nach DIN V 18599-2	$Q_{h,B}$	= 12.200	kWh/a
Referenzgebäude nach DIN V 4108-6	Q_h	= 13.098	kWh/a

7.1.3.9 Nutzenergiebedarf für die Trinkwasserbereitung

Die Berechnung des Energiebedarfs für die Trinkwasserbereitung wird im Kapitel 4 beschrieben. Hierbei ist der Nutzwärmebedarf wie folgt anzusetzen:

Bei Einfamilienhäusern EFH:

$q_{w,b} = 11$ kWh/(m²a)

Bei Mehrfamilienhäusern MFH:

$q_{w,b} = 15$ kWh/(m²a)

Als Bezugsfläche A_B ist auch hier die beheizte Netto-Grundfläche anzusetzen.

Der monatliche Nutzenergiebedarf für Trinkwasser $d_{w,mth}$ ist wie folgt zu bestimmen:

$Q_{w,b} = q_{w,b} / 365 \cdot d_{w,mth} \cdot A_{NGF}$ kWh/mth
(Formel 7.110)
(DIN V 18599-10, Tabelle 3)

Rechenbeispiel:

Netto-Grundfläche: 149,13 m²

Nach DIN V 18599:

$Q_{w,b} = 11 \cdot 149{,}13\ m^2 / 365$ kWh/d

$\mathbf{Q_{w,b} = 4{,}49}$ kWh/d

Nach DIN V 4108-6:

$Q_W = 12{,}5 \cdot A_N / 365$ kWh/d
(Formel 7.48)

$Q_W = 12{,}5 \cdot 186{,}25\ m^2 / 365$ kWh/d

$\mathbf{Q_W = 6{,}38}$ kWh/d

Ergebnis:

Dadurch, dass bei der Berechnung nach DIN V 18599-2 als Bezugsfläche A_{NGF} die Netto-Grundfläche anzusetzen ist und diese kleiner ist als die Nutzfläche A_N nach EnEV, die für Berechnungen nach DIN V 4108-6 gilt, ist auch der berechnete Nutzenergiebedarf $Q_{w,b}$ für die Trinkwasserbereitung nach DIN V 18599-2 geringer. Bei Mehrfamilienhäusern MFH wird dies durch den höher anzusetzenden Nutzenergiebedarf von 15 kWh/(m²a) ausgeglichen.

Beispiel-Haus:

Referenzgebäude nach DIN V 18599-2 $Q_{W,B}$ = 1.863kWh/a

Referenzgebäude nach DIN V 4108-6 Q_W = 2.328 kWh/a

7.1.3.10 Primärenergiebedarf für das Referenzgebäude nach DIN V 18599

Der Jahresprimärenergiebedarf für das Referenzgebäude wurde in Kapitel 4.3.5 berechnet.

7.1.3.11 Nutzenergiebedarf für die Luftaufbereitung

Wird die Luft aus mechanischen Lüftungsanlagen aufbereitet, indem die Luft erwärmt, gekühlt, be- oder entfeuchtet wird, ist hierfür Energie notwendig. Nachdem dies in der Regel bei Wohnungslüftungsanlagen nicht der Fall ist, muss dies bei der Berechnung von Wohngebäuden nicht berücksichtigt werden.

Die Algorithmen für die Berechnung sind in der DIN V 18599-3 beschrieben.

7.1.3.12 Maximale Heizleistung in der Gebäudezone

Zur Berechnung der Auslastung der Anlagenkomponenten und deren Energiebedarf wird die maximale Heizleistung benötigt. Hierfür wird die überschlägige Bilanzierung der Transmissions- und Lüftungswärmeverluste aus dem Kapitel 7.1.3.4 benötigt.

Ist im Gebäude eine mechanische Wohnraumlüftungsanlage vorhanden, ist es zur Berechnung der Auslastung einzelner Anlagenkomponenten notwendig, die Nacherwärmung der mechanisch zugeführten Energie mit einzubeziehen.

a) maximale Heizleistung $\dot{Q}_{h,max}$ für den Auslegungstag ohne mechanische Lüftung

$$\dot{Q}_{h,max} = \dot{Q}_{sink,max} = \dot{Q}_{T,max} + \dot{Q}_{V,max}$$ W

(Formel 7.111)
(DIN V 18599-2, Gleichung B1)

$\dot{Q}_{T,max}$ = maximale Transmissionswärmeverluste

$\dot{Q}_{V,max}$ = maximale Lüftungswärmeverluste

$\dot{Q}_{T,max} = \sum H_{T,j} \cdot (\vartheta_{i,h,min} - \vartheta_{j,h,min})$

(Formel 7.112)
(DIN V 18599-2, Gleichung B2)

$\dot{Q}_{V,max} = \sum H_{V,k} \cdot (\vartheta_{i,h,min} - \vartheta_{k,h,min})$

(Formel 7.113)
(DIN V 18599-2, Gleichung B3)

$\vartheta_{i,h,min}$ = Innentemperatur für die Auslegung im Heizfall
= 20 °C
(DIN V 18599-10, Tabelle 4)

$\vartheta_{j,h,min}$ = Temperatur des angrenzenden Bereichs
$\vartheta_{e,min}$ = gegen Außenluft = 12 °C
(DIN V 18599-10, Tabelle 9)

$\vartheta_{z,min}$ = gegen eine angrenzende beheizte Zone
$\vartheta_{u,h,min}$ = gegen eine angrenzende unbeheizte Zone
$\vartheta_{z,min}$ und $\vartheta_{u,h,min}$ kann vereinfacht über die Temperatur-Korrekturfaktoren berechnet werden.
$\vartheta_{k,h,min}$ = $\vartheta_{j,h,min}$

b) maximale Heizleistung $\dot{Q}_{h,max}$ für den Auslegungstag mit mechanischer Lüftung

Ist eine mechanische Wohnraumlüftung vorhanden, ist auch der Kälteeintrag durch die Zuluft der mechanischen Lüftungsanlage mit einzubeziehen.

$\dot{Q}_{h,max,res} = \dot{Q}_{sink,max} = \dot{Q}_{T,max} + \dot{Q}_{V,max} + \dot{Q}_{V,mech,min}$ W

(Formel 7.114)
(DIN V 18599-2, Gleichung B4)

$\dot{Q}_{V,mech,min}$ = Wärmeverluste über den Mindestvolumenstrom der mechanischen Lüftungsanlage

$\dot{Q}_{h,mech,min} = \dot{V}_{mech,min} \cdot c_{pa} \cdot P_a \left(\vartheta_{i,h,min} - \vartheta_{V,mech}\right)$

(Formel 7.115)
(DIN V 18599-2, Gleichung B7)

$\dot{V}_{mech,min}$ $\dot{V}$=Mindestvolumenstrom der mechanischen Lüftungsanlage
c_{pa} = die spezifische Wärmekapazität von Luft
P_a = die Dichte der Luft
$c_{pa} \cdot P_a$ = 0,34 Wh/(m³·K)
$\vartheta_{i,h,min}$ = 20 °C
$\vartheta_{V,mech}$ = Zulufttemperatur der mechanischen Lüftungsanlage °C

7.2 Energieausweis

7.2.1 Energieausweis auf der Grundlage des berechneten Energiebedarfs

Wenn alle notwendigen Nachweise nach EnEV geführt wurden, sind die Ergebnisse in den Energieausweis nach Anlage 6 der EnEV einzutragen und darzustellen (siehe Kapitel 7.1.1.1). Der Ausweis wurde für das sanierte Gebäude, berechnet nach DIN V 4108-6 und DIN V 4701-10, ausgestellt.

Tabelle 7.27: Energieausweis für das Beispiel-Haus nach Anlage 6 der EnEV

ENERGIEAUSWEIS für Wohngebäude

gemäß den §§ 16 ff. Energieeinsparverordnung (EnEV) vom[1] 2014

Gültig bis: 31.04.2023 Registriernummer[2]: **1**

Gebäude

Gebäudetyp	Neues Wohngebäude			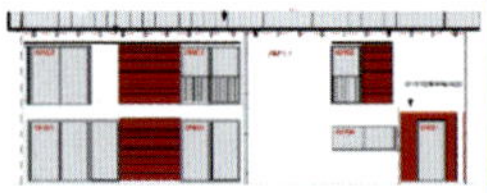
Adresse	Nelkenweg 2	99999 Musterhausen		
Gebäudeteil	gesamtes Gebäude			
Baujahr Gebäude[3]	1964			
Baujahr Wärmeerzeuger[3,4]	1984			
Anzahl Wohnungen	1			
Gebäudenutzfläche (A_N)	186,25			
Wesentliche Energieträger für Heizung und Warmwasser[3]	Gas-Brennwert Solarenergie			
Erneuerbare Energien	Art: Solarthermie	Verwendung: für Heizung und Trinkwasser		
Art der Lüftung/Kühlung	☐ Fensterlüftung ☐ Schachtlüftung	☐ Lüftungsanlage mit Wärmerückgewinnung X Lüftunganlage ohne Wärmerückgewinnung	☐ Anlage zur Kühlung	
Anlass der Ausstellung des Energieausweises	☐ Neubau ☐ Vermietung/Verkauf	x Modernisierung (Änderung/Erweiterung)	☐ Sonstiges (freiwillig)	

Hinweise zu den Angaben über die energetische Qualität des Gebäudes

Die energetische Qualität eines Gebäudes kann durch die Berechnung des **Energiebedarfs** unter standardisierten Randbedingungen oder durch die Auswertung des **Energieverbrauchs** ermittelt werden. Als Bezugsfläche dient die energetische Gebäudenutzfläche nach der EnEV, die sich in der Regel von den allgemeinen Wohnflächenangaben unterscheidet. Die angegebenen Vergleichswerte sollen überschlägige Vergleiche ermöglichen (**Erläuterungen - siehe Seite 5**). Teil des Energieausweises sind die Modernisierungsempfehlungen (Seite 4).

[x] Der Energieausweis wurde auf der Grundlage von Berechnungen des **Energiebedarfs** erstellt (Energiebedarfsausweis). Die Ergebnisse sind auf **Seite 2** dargestellt. Zusätzliche Informationen zum Verbrauch sind freiwillig.

[ ] Der Energieausweis wurde auf der Grundlage von Auswertungen des **Energieverbrauchs** erstellt (Energieverbrauchsausweis). Die Ergebnisse sind auf **Seite 3** dargestellt.

Datenerhebung Bedarf/Verbrauch durch [ ] Eigentümer [x] Aussteller

[ ] Dem Energieausweis sind zusätzliche Informationen zur energetischen Qualität beigefügt (freiwillige Angaben).

Hinweise zur Verwendung des Energieausweises

Der Energieausweis dient lediglich der Information. Die Angaben im Energieausweis beziehen sich auf das gesamte Wohngebäude oder den oben bezeichneten Gebäudeteil. Der Energieausweis ist lediglich dafür gedacht, einen überschlägigen Vergleich von Gebäuden zu ermöglichen.

Aussteller

.... Ausstellungsdatum

.... Unterschrift des Ausstellers

[1] Datum der angewendeten EnEV, gegebenenfalls angewendeten Änderungsverordnung zur EnEV [2] Bei nicht rechtzeitiger Zuteilung der Registriernummer (§ 17 Absatz 4 Satz 4 und 5 EnEV) ist das Datum der Antragstellung einzutragen; die Registriernummer ist nach deren Eingang nachträglich einzusetzen. [3] Mehrfachangaben möglich [4] bei Wärmenetzen Baujahr der Übergabestation

Tabelle 7.28: Energieausweis für das Beispiel-Haus nach Anlage 6 der EnEV; berechneter Energiebedarf des Gebäudes (siehe Kapitel 7.1.2.6).

ENERGIEAUSWEIS für Wohngebäude

gemäß den §§ 16 ff. Energieeinsparverordnung (EnEV) vom [1] 2014

Berechneter Energiebedarf des Gebäudes

Registriernummer[2]
(oder: "Registriernummer wurde beantragt am ..."

2

Energiebedarf

CO_2-Emissionen[3]) kg(m².a)

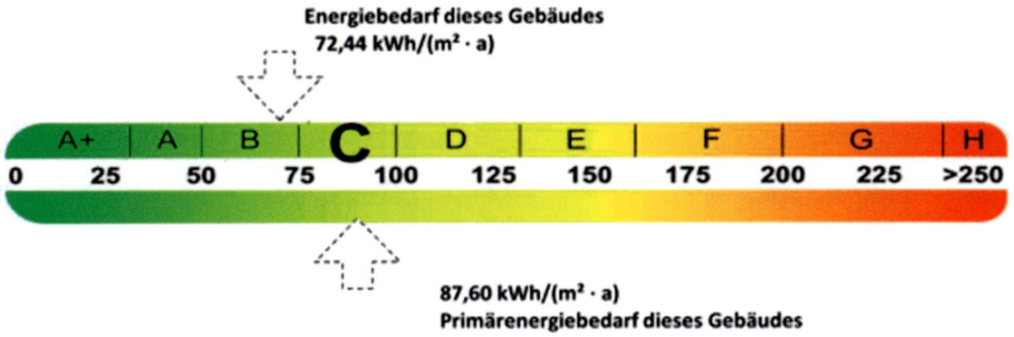

Anforderungen gemäß EnEV[4])

Primärenergiebedarf

Ist-Wert	87,60	kWh(m² · a)	Anforderungswert	97,18	kWh(m² · a)

Energetische Qualität der Gebäudehülle H_T'

Ist-Wert	0,385	W/(m² · K)	Anforderungswert	0,400	W/(m² · K)

Sommerlicher Wärmeschutz (bei Neubauten) [x] eingehalten

Für Energiebedarfsberechnungen verwendetes Verfahren

- [x] Verfahren nach DIN V 4108-6 und DIN V 4701-10
- [ ] Verfahren nach DIN V 18599
- [ ] Regelung nach § 3 Absatz 5 EnEV
- [ ] Vereinfachungen nach § 9 Abs. 2 EnEV

Endenergiebedarf dieses Gebäudes

[Pflichtangabe in Immobilienanzeigen] 72 kWh/(m² · a)

Angaben zum EEWärmeG [5])

Nutzung erneuerbarer Energien zur Deckung des Wärme- und Kältebedarfs auf Grund des Erneuerbare-Energien-Wärmegesetzes (EEWärmeG)

Art:		Deckungsanteil:	
	Solarenergie		24 %
			%
			%

Ersatzmaßnahmen [6]

Die Anforderungen des EEWärmeG werden durch die Ersatzmaßnahmen nach § 7 Absatz 1 Nummer 2 EEWärmeG erfüllt.

- [ ] Die nach § 7 Absatz 1 Nummer 2 EEWärmeG verschärften Anforderungen der EnEV sind eingehalten.
- [ ] Die in Verbindung mit § 8 EEWärmeG ___ % Verschärfter Anforderungswert der EnEV sind eingehalten.

Verschärfter Anforderungswert Primärenergiebedarf: ___ kWh/(m² · K)

Verschärfter Anforderungswert für die energetische Qualität der Gebäudehülle H_T' ___ W/(m² · K)

Vergleichswerte Endenergie

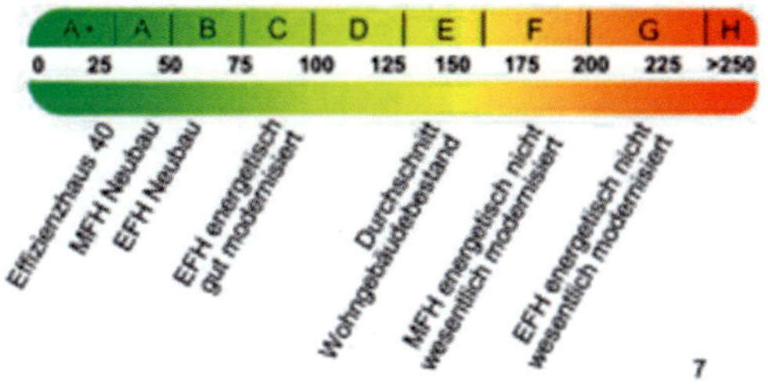

Erläuterung zum Berechnungsverfahren

Die Energieeinsparverordnung lässt für die Berechnung des Energiebedarfs unterschiedliche Verfahren zu, die im Einzel-fall zu unterschiedlichen Ergebnissen führen können. Insbesondere wegen standardisierter Randbedingungen erlauben die angegebenen Werte keine Rückschlüsse auf den tatsächlichen Energieverbrauch. Die ausgewiesenen Bedarfswerte der Skala sind spezifische Werte nach der EnEV pro Quadratmeter Gebäudenutzfläche (A_N), die im Allgemeinen größer ist als die

[1] siehe Fußnote 1 auf Seite 1 des Energieausweises [2] siehe Fußnote 2 auf Seite 1 des Energieausweises [3] freiwillige Angabe
[4] nur bei Neubau sowie bei Modernisierung im Fall des § 16 Absatz 1 Satz 3 EnEV [5] nur bei Neubau

Tabelle 7.29: Energieausweis für das Beispiel-Haus nach Abschn. 6 der EnEV; Erläuterung der Berechnung

ENERGIEAUSWEIS für Wohngebäude

gemäß den §§ 16 ff. Energieeinsparverordnung (EnEV) vom [1] 2014

Erläuterungen

5

Angabe Gebäudeteil – Seite 1
Bei Wohngebäuden, die zu einem nicht unerheblichen Anteil zu anderen als Wohnzwecken genutzt werden, ist die Ausstellung des Energieausweises gemäß dem Muster nach Anlage 6 auf den Gebäudeteil zu beschränken, der getrennt als Wohngebäude zu behandeln ist (siehe im Einzelnen § 22 EnEV). Dies wird im Energieausweis durch die Angabe „Gebäudeteil" deutlich gemacht.

Erneuerbare Energien – Seite 1
Hier wird darüber informiert, wofür und in welcher Art erneuerbare Energien genutzt werden. Bei Neubauten enthält Seite 2 (Angaben zum EEWärmeG) dazu weitere Angaben.

Energiebedarf – Seite 2
Der Energiebedarf wird hier durch den Jahres-Primärenergiebedarf und den Endenergiebedarf dargestellt. Diese Angaben werden rechnerisch ermittelt. Die angegebenen Werte werden auf der Grundlage der Bauunterlagen bzw. gebäudebezogener Daten und unter Annahme von standardisierten Randbedingungen (z. B. standardisierte Klimadaten, definiertes Nutzerverhalten, standardisierte Innentemperatur und innere Wärmegewinne usw.) berechnet. So lässt sich die energetische Qualität des Gebäudes unabhängig vom Nutzerverhalten und von der Wetterlage beurteilen. Insbesondere wegen der standardisierten Randbedingungen erlauben die angegebenen Werte keine Rückschlüsse auf den tatsächlichen Energieverbrauch.

Primärenergiebedarf – Seite 2
Der Primärenergiebedarf bildet die Energieeffizienz des Gebäudes ab. Er berücksichtigt neben der Endenergie auch die so genannte „Vorkette" (Erkundung, Gewinnung, Verteilung, Umwandlung) der jeweils eingesetzten Energieträger (z. B. Heizöl, Gas, Strom, erneuerbare Energien etc.). Ein kleiner Wert signalisiert einen geringen Bedarf und damit eine hohe Energieeffizienz sowie eine die Ressourcen und die Umwelt schonende Energienutzung. Zusätzlich können die mit dem Energiebedarf verbundenen CO_2-Emissionen des Gebäudes freiwillig angegeben werden.

Energetische Qualität der Gebäudehülle – Seite 2
Angegeben ist der spezifische, auf die wärmeübertragende Umfassungsfläche bezogene Transmissionswärmeverlust (Formelzeichen in der EnEV: H_T'). Er beschreibt die durchschnittliche energetische Qualität aller wärmeübertragenden Umfassungsflächen (Außenwände, Decken, Fenster etc.) eines Gebäudes. Ein kleiner Wert signalisiert einen guten baulichen Wärmeschutz. Außerdem stellt die EnEV Anforderungen an den sommerlichen Wärmeschutz (Schutz vor Überhitzung) eines Gebäudes.

Endenergiebedarf – Seite 2
Der Endenergiebedarf gibt die nach technischen Regeln berechnete, jährlich benötigte Energiemenge für Heizung, Lüftung und Warmwasserbereitung an. Er wird unter Standardklima- und Standardnutzungsbedingungen errechnet und ist ein Indikator für die Energieeffizienz eines Gebäudes und seiner Anlagentechnik. Der Endenergiebedarf ist die Energiemenge, die dem Gebäude unter der Annahme von standardisierten Bedingungen und unter Berücksichtigung der Energieverluste zugeführt werden muss, damit die standardisierte Innentemperatur, der Warmwasserbedarf und die notwendige Lüftung sichergestellt werden können. Ein kleiner Wert signalisiert einen geringen Bedarf und damit eine hohe Energieeffizienz.

Angaben zum EEWärmeG – Seite 2
Nach dem EEWärmeG müssen Neubauten in bestimmtem Umfang erneuerbare Energien zur Deckung des Wärme- und Kältebedarfs nutzen. In dem Feld „Angaben zum EEWärmeG" sind die Art der eingesetzten erneuerbaren Energien und der prozentuale Anteil der Pflichterfüllung abzulesen. Das Feld „Ersatzmaßnahmen" wird ausgefüllt, wenn die Anforderungen des EEWärmeG teilweise oder vollständig durch Maßnahmen zur Einsparung von Energie erfüllt werden. Die Angaben dienen gegenüber der zuständigen Behörde als Nachweis des Umfangs der Pflichterfüllung durch die Ersatzmaßnahme und der Einhaltung der für das Gebäude geltenden verschärften Anforderungswerte der EnEV.

Endenergieverbrauch – Seite 3
Der Endenergieverbrauch wird für das Gebäude auf der Basis der Abrechnungen von Heiz- und Warmwasserkosten nach der Heizkostenverordnung oder auf Grund anderer geeigneter Verbrauchsdaten ermittelt. Dabei werden die Energieverbrauchsdaten des gesamten Gebäudes und nicht der einzelnen Wohneinheiten zugrunde gelegt. Der erfasste Energieverbrauch für die Heizung wird anhand der konkreten örtlichen Wetterdaten und mithilfe von Klimafaktoren auf einen deutschlandweiten Mittelwert umgerechnet. So führt beispielsweise ein hoher Verbrauch in einem einzelnen harten Winter nicht zu einer schlechteren Beurteilung des Gebäudes. Der Endenergieverbrauch gibt Hinweise auf die energetische Qualität des Gebäudes und seiner Heizungsanlage. Ein kleiner Wert signalisiert einen geringen Verbrauch. Ein Rückschluss auf den künftig zu erwartenden Verbrauch ist jedoch nicht möglich; insbesondere können die Verbrauchsdaten einzelner Wohneinheiten stark differieren, weil sie von der Lage der Wohneinheiten im Gebäude, von der jeweiligen Nutzung und dem individuellen Verhalten der Bewohner abhängen.
Im Fall längerer Leerstände wird hierfür ein pauschaler Zuschlag rechnerisch bestimmt und in die Verbrauchserfassung einbezogen. Im Interesse der Vergleichbarkeit wird bei dezentralen, in der Regel elektrisch betriebenen Warmwasseranlagen der typische Verbrauch über eine Pauschale berücksichtigt: Gleiches gilt für den Verbrauch von eventuell vorhandenen Anlagen zur Raumkühlung. Ob und inwieweit die genannten Pauschalen in die Erfassung eingegangen sind, ist der Tabelle „Verbrauchserfassung" zu entnehmen.

Primärenergieverbrauch – Seite 3
Der Primärenergieverbrauch geht aus dem für das Gebäude ermittelten Endenergieverbrauch hervor. Wie der Primärenergiebedarf wird er mithilfe von Umrechnungsfaktoren ermittelt, die die Vorkette der jeweils eingesetzten Energieträger berücksichtigen.

Pflichtangaben für Immobilienanzeigen – Seite 2 und 3
Nach der EnEV besteht die Pflicht, in Immobilienanzeigen die in § 16a Absatz 1 genannten Angaben zu machen. Die dafür erforderlichen Angaben sind dem Energieausweis zu entnehmen, je nach Ausweisart der Seite 2 oder 3.

Vergleichswerte – Seite 2 und 3
Die Vergleichswerte auf Endenergieebene sind modellhaft ermittelte Werte und sollen lediglich Anhaltspunkte für grobe Vergleiche der Werte dieses Gebäudes mit den Vergleichswerten anderer Gebäude sein. Es sind Bereiche angegeben, innerhalb derer ungefähr die Werte für die einzelnen Vergleichskategorien liegen.

[1] siehe Fußnote 1 auf Seite 1 des Energieausweises

7.2.2 Energieausweis auf der Grundlage des gemessenen Energieverbrauchs

Wird bei bestehenden Wohngebäuden der Energieverbrauch als Kenngröße nach Abschnitt 5 der EnEV für den Energieausweis verwendet, ist dieser auf dem Formular „Erfasster Energieverbrauch" nach Anlage 6 der EnEV darzustellen.

Anschließend wird das vereinfachte Verfahren zur Berechnung des Energiekennwertes nach der Bekanntmachung des Bundesministeriums für Verkehr, Bau und Stadtentwicklung erläutert.

Bekanntmachung vom Bundesministerium für Verkehr, Bau und Stadtentwicklung zum § 19, Abs. 2 der EnEV vom 30. Juli 2009

Regeln für Energieverbrauchskennwerte im Wohngebäudebestand

a) Ermittlung des Energieverbrauchs

Die Ermittlung des Energiekennwertes erfolgt für einen konkreten Abrechnungszeitraum. Hierfür sind mindestens drei Abrechnungszeiträume mit je zwölf Monaten oder alternativ ein Abrechnungszeitraum von mindestens 36 Monaten anzusetzen. Für jeden Abrechnungszeitraum wird eine Energiekennzahl berechnet und daraus ein Mittelwert gebildet. Wird für die Berechnung ein Abrechnungszeitraum von mindestens 36 Monaten herangezogen, so ist ein mittlerer Klimafaktor über diesen Zeitraum zu bestimmen (siehe Bekanntmachung).

Da die Energiekennzahl in kWh angegeben wird, muss die gemessene Menge Energie in kWh Endenergie umgerechnet werden. Hierzu ist die ermittelte Menge Brennstoff B_V mit dem Heizwert H_i (Endenergieinhalt) zu multiplizieren.

$$E_{Vg,12mth,i} = B_{Vg,12mth,i} \cdot H_i$$

kWh/Abrechnungszeitraum
(Formel 7.107)
(Formel 1 der Bekanntmachung)

$E_{Vg,12mth,i}$	= Endenergieverbrauch bzw. Brennstoffmenge für zwölf Monate im Zeitabschnitt i = 1 bis n, mit $n \geq 3$	kWh
$B_{Vg,12mth,i}$	= Erfasste verbrauchte Menge des eingesetzten Energieträgers für zwölf Monate in der jeweiligen Mengeneinheit im Zeitabschnitt i = 1 bis n, mit $n \geq 3$	Energiemenge
H_i	= Heizwert in kWh je Mengeneinheit (frühere Bezeichnung H_u) nach Anlage 1 Bekanntmachung (siehe Kapitel 9)	kWh/Energiemenge
$n \geq 3$	= Berechnung für mindestens drei aufeinanderfolgende Zeitabschnitte von zwölf Monaten	

Da nur der Energieverbrauch für das Beheizen des Gebäudes witterungsbereinigt werden muss, ist der Anteil für die Trinkwasserbereitung (falls vorhanden) für jeden in die Ermittlung einbezogenen Zeitabschnitt von zwölf bzw. 36 Monaten heraus zu rechnen.

$$E_{Vh,12mth,i} = E_{Vg,12mth,i} - E_{V,WW,12mth,i}$$

kWh/Abrechnungszeitraum
(Formel 7.108)
(Formel 2 der Bekanntmachung)

$E_{V,h,12mth,i}$	= witterungsabhängiger Anteil an Heizenergie	kWh
$E_{Vg,12mth,i}$	= erfasster Gesamt-Energieverbrauch (zwölf Monate)	kWh
$E_{VWW,12mth,i}$	= witterungsunabhängiger Anteil an Trinkwasser	kWh

Der Energieanteil für die Trinkwassererwärmung ergibt sich entsprechend der Heizkostenverordnung:

- vorrangig als Messwert

oder ersatzweise

- als Rechenwert nach einem in der Heizkostenverordnung beschriebenen Verfahren. Hier ist jeweils die aktuelle Fassung heranzuziehen.

Wird das Warmwasser dezentral, z. B. elektrisch hergestellt, bleibt es für die weiteren Betrachtungen unberücksichtigt.

b) Witterungsbereinigung

Für die Witterungsbereinigung müssen sowohl der Einfluss der Witterung in den jeweiligen Zeitabschnitten als auch die unterschiedlichen Klimadaten am entsprechenden Standort berücksichtigt werden. Als Referenzstandort mit Durchschnittsklima in Deutschland wird Würzburg herangezogen.

Ermittlung des Energieverbrauchskennwertes für einen Zeitraum von dreimal 12 Monaten:

Zur Ermittlung des Klimafaktors $f_{Klima,12mth,i}$ für die Witterungsbereinigung sind folgende Schritte notwendig:

1. Festlegen der für die Ermittlung des Energieverbrauchskennwertes relevanten Zeitabschnitte. Für den Beginn oder das Ende eines Zeitabschnittes ist immer der Beginn oder das Ende des nächsten Monats anzusetzen;
2. Ablesen der Klimafaktoren nach Postleitzahl des Gebäudestandortes für den Abrechnungszeitraum der Energieverbrauchsdaten nach Anlage 3 der Bekanntmachung;
3. Multiplikation des Energieverbrauchsanteiles der Heizung mit dem zugehörigen Klimafaktor;
4. Dividieren des witterungsbereinigten Energieverbrauchsanteils der Heizung und des Energieverbrauchsanteils für Warmwasser durch die Gebäudenutzfläche A_N;
5. Addieren der beiden berechneten Werte;
6. Ermittlung des Energieverbrauchskennwertes als Durchschnittswert von mindestens drei berechneten Werten aus aufeinanderfolgenden Zeitabschnitten.

Alternativ kann die Ermittlung des Energieverbrauchskennwertes auch für einen Zeitraum von mindestens 36 Monaten nach Nummer 4 der Verordnung durchgeführt werden. Auf dieses Verfahren wird hier nicht eingegangen.

Als Klimafaktoren dürfen die im Internet unter www.dwd.de/klimafaktoren bekannt gemachten Werte verwendet werden. Diese werden laufend aktualisiert.

Es dürfen aber auch Werte anderer Wetterstationen verwendet werden, wenn sichergestellt ist, dass die oben genannten Ziele der Witterungsbereinigung erreicht werden, dass die Wetterstation die Witterung am Standort des Gebäudes hinreichend gut abbildet und dass die Klimafaktoren und das gewählte Verfahren zusammenpassen.

Berechnung des witterungsbereinigten Energieverbrauchskennwertes für die Heizung:

$$e_{Vhb,12mth,i} = (E_{V,h,12mth,i} \cdot f_{Klima,12mth,i}) / A_N$$ kWh/a

(Formel 7.109)
(Gleichung 3 der Bekanntmachung)

$e_{Vhb,12mth,i}$	= witterungsbereinigter Energieverbrauchskennwert für die Heizung im maßgeblichem Zeitraum i	kWh/(m²a)
$E_{V,h,12mth,i}$	= witterungsabhängiger Anteil an Heizenergie	kWh (Formel 7.108)
$f_{Klima,12mth,i}$	= Klimafaktor für den Zeitabschnitt i	
A_N	= Gebäudenutzfläche; für Ein- und Zweifamilienhäuser mit beheiztem Keller:	(§ 19 EnEV)

$$A_N = A_{Wohnfläche} \cdot 1{,}35$$ m²

(Formel 7.110)

Für alle sonstigen Wohngebäude:

$$A_N = A_{Wohnfläche} \cdot 1{,}2$$ m²

(Formel 7.111)

Berechnung des witterungsbereinigten Energieverbrauchskennwertes $e_{vb,12mth}$ für Heizung und Warmwasser:

$e_{Vb,12mth,i} = (E_{V,h,12mth,i} \cdot f_{Klima,12mth,i}) / A_N + E_{VWW,\,12mth,i} / A_N$ kWh/(m²a)
(Formel 7.112)

Der Energieverbrauchskennwert e_{Vb} des Gebäudes für den Energieausweis für den gesamten Zeitraum aus mindestens drei vorhergehenden Zeitabschnitten ergibt sich als Durchschnittswert der witterungsbereinigten Energieverbrauchskennwerte dieser Zeitabschnitte wie folgt:

$e_{Vb} = \sum_{i=1}^{n} e_{Vb,12mth,i} / n$ kWh/(m²a)
(Formel 7.113)

Berücksichtigung von längeren Leerständen: siehe Bekanntmachung des Bundesministeriums

Beispiel-Haus (Bestand):

Zur Erläuterung des Rechenverfahrens wird das Beispiel-Haus aus dem Kapitel 2.5 verwendet. Es wurde über die letzten drei Jahre folgender Energieverbrauch gemessen:

Energieverbrauch 01.01. – 31.12.2006: $B_{Vg,12mth,1}$ = 4.000 l Öl Heizung und Warmwasser
Energieverbrauch 01.01. – 31.12.2007: $B_{Vg,12mth,2}$ = 4.100 l Öl Heizung und Warmwasser
Energieverbrauch 01.01. – 31.12.2008: $B_{Vg,12mth,3}$ = 3.800 l Öl Heizung und Warmwasser

Die gemessenen Energieverbräuche müssen nach (Formel 7.107) in kWh umgerechnet werden.

$E_{Vg,12mth,i} = B_{Vg,12mth,i} \cdot H_i$ kWh/Abrechnungszeitraum
(Formel 7.107)

H_i für Heizöl nach Anlage 1 der Bekanntmachung = 10 kWh/l (siehe auch Kapitel 9)

$E_{Vg,12mth,1}$ = 4.000 l · 10 kWh/l = 40.000 kWh 2006
$E_{Vg,12mth,2}$ = 4.100 l · 10 kWh/l = 41.000 kWh 2007
$E_{Vg,12mth,3}$ = 3.800 l · 10 kWh/l = 38.000 kWh 2008

Die Wohnfläche A_{wo} des Beispiel-Hauses beträgt 149,13 m². Die Nutzfläche ergibt sich nach (Formel 7.110) mit 149,13 m² · 1,35 = 201,33 m².

1. Festlegen der für die Ermittlung des Energieverbrauchskennwertes relevanten Zeitabschnitte. Für den Beginn oder das Ende eines Zeitabschnittes ist immer der Beginn oder das Ende des nächsten Monats anzusetzen.

Beispiel-Haus (Bestand):

Zeitraum 1: 01.01. – 31.12.2006:

Zeitraum 2: 01.01. – 31.12.2007:

Zeitraum 3: 01.01. – 31.12.2008:

2. Ablesen der Klimafaktoren nach Postleitzahl des Gebäudestandortes für den Abrechnungszeitraum der Energieverbrauchsdaten nach Anlage 3 der Bekanntmachung oder im Internet (siehe oben).

Beispiel-Haus (Bestand):

Postleitzahl 83026

Zeitraum 1: Klimafaktor: 1,00

Zeitraum 1: Klimafaktor: 1,08

Zeitraum 1: Klimafaktor: 1,04

3. Multiplikation des Energieverbrauchsanteiles der Heizung mit dem zugehörigen Klimafaktor.

4. Dividieren des witterungsbereinigten Energieverbrauchsanteils der Heizung und des Energieverbrauchsanteils für Warmwasser durch die Gebäudenutzfläche A_N.

5. Addieren der beiden berechneten Werte.

Beispiel-Haus (Bestand):

Hierfür müssen als Erstes die Energieverbrauchsanteile der Heizung und des Trinkwassers berechnet werden.

$E_{Vh,12mth,i} = E_{Vg,12mth,i} - E_{V,WW,12mth,i}$ kWh/Abrechnungszeitraum (Formel 7.108)

Der Trinkwasseranteil $E_{V,WW,12mth,i}$ ist nach geltender Heizkostenverordnung zu bestimmen. Im Beispiel-Haus wird das Warmwasser über die zentrale Ölheizung mit erzeugt. Es liegt weder die Wärmemenge noch das Volumen des verbrauchten Warmwassers vor. Der Energiebedarf ist dann wie folgt zu ermitteln.

$E_{V,WW,12mth,i} = 32 \cdot \text{kWh} /(\text{m}^2 A_{Wohn}) \cdot A_{Wohn}$ (§ 9 Heizkostenverordnung vom 02.12.2008)

$A_{Wohn} = 149{,}13$ m^2 (siehe 7.1.1.3)

$E_{V,WW,12mth,i} = 32 \text{ kW/h/m}^2 \cdot 149{,}13 \text{ m}^2$

$E_{V,WW,12mth,i} = 4.772$ kWh

Der Anteil für die Heizung ergibt sich mit:

$E_{Vh,12mth,1} = 40.000 \text{ kWh} - 4.772 \text{ kWh} = 35.228$ kWh

$E_{Vh,12mth,2} = 41.000 \text{ kWh} - 4.772 \text{ kWh} = 36.228$ kWh

$E_{Vh,12mth,3} = 38.000 \text{ kWh} - 4.772 \text{ kWh} = 33.228$ kWh

Berechnung des witterungsbereinigten Energieverbrauchs nach (Formel 7.112):

$e_{Vb,12mth,i} = (E_{V,h,12mth,i} \cdot f_{Klima,12mth,i}) / A_N + E_{VWW\ 12mth,i} / A_N$ kWh/(m²a) (Formel 7.112)

$e_{Vb,12mth,1} = (35.228 \text{ kWh} \cdot 1{,}00) / 201{,}33 \text{ m}^2 + 4.772 \text{ kWh} / 201{,}33 \text{ m}^2$

$e_{Vb,12mth,1} = 198{,}68 \text{ kWh/(m}^2\text{a)}$

$e_{Vb,12mth,2} = (36.228 \text{ kWh} \cdot 1{,}08) / 201{,}33 \text{ m}^2 + 4.772 \text{ kWh} / 201{,}33 \text{ m}^2$

$e_{Vb,12mth,2} = 218{,}05 \text{ kWh/(m}^2\text{a)}$

$e_{Vb,12mth,3} = (33.228 \text{ kWh} \cdot 1{,}04) / 201{,}33 \text{ m}^2 + 4.772 \text{ kWh} / 201{,}33 \text{ m}^2$

$e_{Vb,12mth,3} = 195{,}35 \text{ kWh/(m}^2\text{a)}$

6. Ermittlung des Energieverbrauchskennwertes als Durchschnittswert von mindestens drei berechneten Werten aus aufeinanderfolgenden Zeitabschnitten.

$$e_{Vb} = \sum_{i=1}^{n} e_{Vb,12mth,i} / n \quad \text{kWh/(m}^2\text{a)} \qquad \text{(Formel 7.113)}$$

$e_{Vb} = [198{,}68 \text{ kWh/(m}^2\text{a)} + 218{,}05 \text{ kWh/(m}^2\text{a)} + 195{,}35 \text{ kWh/(m}^2\text{a)}] /3$

$\mathbf{e_{Vb} = 204{,}03 \text{ kWh/(m}^2\text{a)}}$

Der ermittelte Wert ist im Energieausweis nach Anlage 6 der EnEV darzustellen.

Tabelle 7.30: Energieausweis für das Beispiel-Haus (Bestand) nach Anlage 6 der EnEV; gemessener Energieverbrauch des Gebäudes

ENERGIEAUSWEIS für Wohngebäude

gemäß den §§ 16 ff. Energieeinsparverordnung (EnEV) vom [1] 2014

Erfasster Energieverbrauch des Gebäudes

Registriernummer [2]
(oder: "Registriernummer wurde beantragt am ....")

3

Energieverbrauch

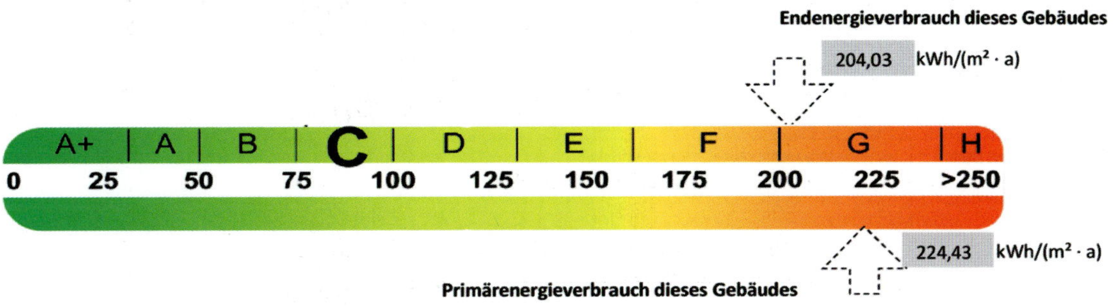

Endenergiebedarf dieses Gebäudes

[Pflichtangabe in Immobilienanzeigen] **204 kWh/(m² · a)**

Verbrauchserfassung - Heizung und Warmwasser

Zeitraum von	Zeitraum bis	Energieträger [3]	Primärenergiefaktor	Energieverbrauch [kWh]	Anteil Warmwasser [kWh]	Anteil Heizung [kWh]	Klimafaktor
1.1.06	31.12.06	Öl	1,1	40.000,00	4.772	35.228	1,00
1.1.07	31.12.07	Öl	1,1	41.000,00	4772	36.228	1,08
1.1.08	31.12.08	Öl	1,1	38.000,00	4772	33.228	1,04

Vergleichswerte Endenergie

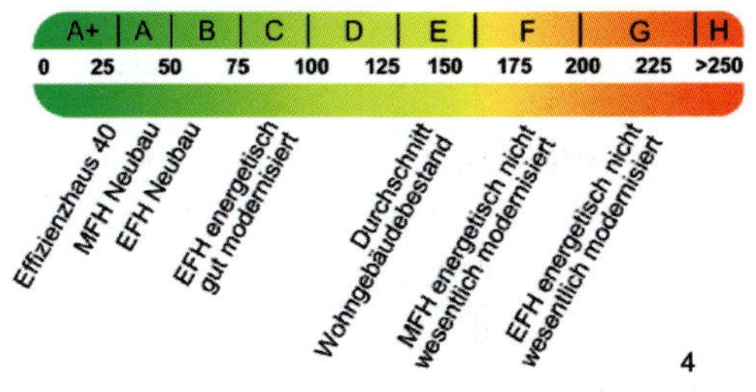

Die modellhaft ermittelten Vergleichwerte beziehen sich auf Gebäude, in denen die Wärme für Heizung und Warmwasser durch Heizkessel im Gebäude bereitgestellt wird.

Soll ein Energieverbrauchskennwert eines mit Fern- oder Nahwärme beheizten Gebäudes verglichen werden, ist zu beachten, dass hier normalerweise ein um 15 - 30 % geringerer Energieverbrauch als bei vergleichbaren Gebäuden mit Kesselheizung zu erwarten ist.

Erläuterung zum Verfahren

Das Verfahren zu Ermittlung von Energieverbrauchskennwerten ist durch die Energieeinsparverordnung vorgegeben. Die Werte der Skala sind spezifische Werte pro Quadratmeter Gebäudenutzfläche (A_N) nach der Energieeinsparverordnung, die im Allgemeinen größer ist als die Wohnfläche des Gebäudes. Der tatsächliche Energieverbrauch einer Wohnung oder eines Gebäudes weicht insbesondere wegen des Witterungseinflusses und sich ändernden Nutzerverhalten vom angegebenen Energieverbrauchskennwert ab.

[1] siehe Fußnote 1 auf Seite 1 des Energieausweises
[2] siehe Fußnote 2 auf Seite 1 des Energieausweises
[3] gegebenenfalls auch Leerstandszuschläge, Warmwasser- oder Kühlpauschale in kWh
[4] EFH: Einfamilienhaus, MFH: Mehrfamilienhaus

Für Modernisierungsempfehlungen bei bestehenden Wohngebäuden gibt es in Anlage 10 der EnEV ein Musterformular.

Tabelle 7.31: Musterformular für Modernisierungsempfehlungen nach EnEV Anlage 10

ENERGIEAUSWEIS für Wohngebäude

gemäß den §§ 16 ff. Energieeinsparverordnung (EnEV) vom [1] 2014

Empfehlung des Ausstellers Registriernummer[2]
(oder: "Registriernummer wurde beantragt am ...") **4**

Empfehlungen zur kostengünstigen Modernisierung

Maßnahmen zur kostengünstigen Verbesserung der Energieeffizienz | x | sind möglich | | sind nicht möglich

Empfohlene Modernisierungsmaßnahmen

Nr.	Bau- oder Anlagenteile	Maßnahmenbeschreibung in einzelnen Schritten	empfohlen in Zusammenhang mit großen Modernisierungsmaßnahmen	empfohlen als Einzelmaßnahme	(freiwillige Angaben) geschätzte Armotisationszeit	(freiwillige Angaben) geschätzte Kosten pro eingesparte kWh Energie
1	Heizung	Brennwert-Kessel oder Pellet-Heizung		x		
2	Heizung	Installation von Solarkollektoren		x		
3	Fenster	neue Fenster mit 3fach-Verglasung	x			
4	Außenwände	Dämmen der Außenwände mit 12 cm	x			
5	Dachfläche	Dämmen mit 18 cm	x			
6	Keller	Dämmen der Kellerwände mit 6-8 cm		x		
7	Bodenplatte	Dämmen der Bodenplatte Anbau	x			
8	Kellerwand	Dämmen der Kellerwand zum Erdreich	x			
9						
10						
11						
	weitere Empfehlungen auf gesondertem Blatt					

Hinweis: Modernisierungsempfehlungen für das Gebäude dienen lediglich der Information.
Sie sind nur kurz gefasste Hinweise und kein Ersatz für eine Energieberatung.

Genaue Angaben zu den Empfehlungen sind erhältlich bei/unter:

Ergänzende Erläuterungen zu den Angaben im Energieausweis (Angaben freiwillig)

[1] siehe Fußnote 1 auf Seite 1 des Energieausweises [2] siehe Fußnote 2 auf Seite 1 des Energieausweises

7.3 Fragen

1. Erläutern Sie den wesentlichen Unterschied zwischen der Berechnung nach DIN V 4108-6 und DIN V 4701-10 zur DIN V 18599:

   a) Berechnung nach DIN V 4108-6 und DIN V 4701-10

   b) Berechnung nach DIN V 18599

2. In wie viele Zonen darf ein Wohngebäude eingeteilt werden?

3. Wann ist es notwendig, dass die Bauteile auch nach deren Orientierung getrennt zu erfassen sind?

4. Wie berechnet sich der Jahresheizenergiebedarf Q_h nach DIN V 4108-6? Notieren Sie die Formel und erläutern Sie diese.

5. Wie berechnet sich der Jahresnutzenergiebedarf $Q_{h,B}$ nach DIN 18599-2? Notieren Sie die Formel und erläutern Sie diese.

6. Wie wird der zulässige Jahresprimärenergiebedarf Q_P nach EnEV berechnet?

7. Welche Anforderungen gibt es an die spezifischen Transmissionswärmeverluste H_T nach EnEV?

8. Welchen Unterschied gibt es bei der Berücksichtigung der Wärmebrückenverluste zwischen den beiden DIN Normen?

9. Welche Lüftungswärmeverluste sind nach DIN V 18599-2 für Wohngebäude zu berücksichtigen?

10. Wie können die anzusetzenden Lüftungswärmeverluste reduziert werden?

11. Für was wird die Gradtagzahl F_{GT} benötigt?

12. Welche Faktoren müssen bei der Berechnung der solaren Wärmegewinne berücksichtigt werden?

13. Welche Faktoren sind dafür ausschlaggebend, dass der Heizenergiebedarf Q_h (Nutzenergiebedarf $Q_{h,B}$) bei der Berechnung nach DIN V 18599-2 höher ist als nach DIN V 4108-6? Erläutern Sie diese.

14. Welche Faktoren sind für Ausnutzung der solaren Wärmegewinne von Bedeutung?

15. Müssen solare Wärmegewinne über opake Bauteile bei der Berechnung nach DIN V 4108-6 berücksichtigt werden?

16. Welche Faktoren haben den größten Einfluss auf die solare Wärmegewinnung über opake Bauteile?

17. Was versteht man unter opaken Bauteilen?

18. Wie wird bei der Berechnung des Energiebedarfs für Warmwasserbereitung bei den beiden DIN Normen unterschieden?

19. Wie sind Klimageräte bei der Berechnung des Jahresprimärenergiebedarfs zu berücksichtigen?

7.4 Antworten

1. a) Berechnung nach DIN V 4108-6 und DIN V 4701-10

   Es wird zuerst der Heizenergiebedarf Q_h bestimmt, der sich aus den Wärmeverlusten Q_l und den nutzbaren Wärmegewinnen Q_G zusammensetzt. In Abhängigkeit des Heizwärmebedarfs werden anschließend die Verluste der Heizungsanlage und die Verluste über die Verteilung der Wärme nach DIN V 4701-10 berechnet.

   b) Berechnung nach DIN V 18599

   Die Berechnung des Nutzenergiebedarfs Q_h für die Beheizung und Kühlung eines Wohngebäudes erfolgt nach DIN V 18599-2 in einem iterativen Verfahren. Hierfür ist es notwendig, dass alle Wärmequellen und Wärmesenken berechnet und gegenübergestellt werden. Die meisten Bilanzteile wie z. B. innere Wärmequellen aus Personen, Transmissionen, Lüftung und solare Wärmequellen können einmalig ohne Iteration ermittelt werden. Nur die anlagentechnisch bedingten Wärmequellen und Wärmesenken sind von der Nutzenergie abhängig. Da die Nutzenergie aber erst das Ziel der Gegenüberstellung von Wärmquellen und Wärmesenken ist, erfolgt eine Iteration.

2. in eine Zone

3. wenn die solaren Wärmegewinne auch über opake Bauteile berechnet werden sollen

4. Der Jahresheizwärmebedarf Q_h wird nach DIN V 4108-6 aus der Summe aller Monate mit einer positiven Energiebilanz ermittelt, d. h. aus den Monaten, in denen dem Gebäude über das Heizsystem Wärme zugeführt werden muss. Der Unterschied zum Heizperioden-Verfahren ist, dass hier nicht mit einer vordefinierten Heizzeit gerechnet wird, sondern mit der tatsächlich vorhandenen Heizzeit in Abhängigkeit der Energiebilanz des Gebäudes (ein schlecht gedämmtes Gebäude hat eine längere Heizzeit als ein gut gedämmtes).

   Formel:
   $Q_{h,M} = Q_{l,M} - \eta_M \cdot Q_{g,M}$

5. Der Heizwärmebedarf $Q_{h,b}$ wird aus den Wärmesenken Q_{sink} (Wärmeverlusten) abzüglich der nutzbaren Wärmequellen (Wärmegewinne) $\eta \cdot Q_{source}$ berechnet.

   $Q_{h,b} = Q_{sink} - \eta \cdot Q_{source}$

6. Der zulässige Jahresprimärenergiebedarf Q_P ist nach EnEV über ein Referenzgebäude nach Anlage 1 Tabelle 1 zu berechnen.

7. Die Transmissionswärmeverluste H_T dürfen die zulässigen Transmissionswärmeverluste der EnEV Anlage 1 Tabelle 2 nicht überschreiten. Diese sind vom Gebäudetyp abhängig. Ab dem 1. Januar 2016 muss bei neuen Gebäuden auch der berechnete Transmissionswärmeverlust des Referenzgebäudes eingehalten werden.

8. Berücksichtigung nach DIN V 4108-6

   Nach DIN V 4106-6 sind die Verluste über Wärmebrücken H_{WB} eigenständig zu ermitteln und werden nicht über die F_x-Faktoren nochmals abgemindert, was auch der richtige Ansatz ist.

   $H_T = \sum U_i \cdot A_i + H_U + L_S + \mathbf{H_{WB}} + \Delta H_{T,FH}$ (siehe Kapitel 7.1.2.1)

Berücksichtigung nach DIN V 18599-2

Nach DIN V 18599-2 werden die Wärmebrückenverluste bei den spezifischen Transmissionswärmeverlusten der einzelnen Bauteile berücksichtigt und zusätzlich über die Temperatur-Korrekturfaktoren F_x abgemindert.

$Q_{T,S} = H_{T,s} \cdot F_x \cdot (\vartheta_i - \vartheta_e)\, t$ (siehe Kapitel 7.1.3.4)

$H_{T,s} = \sum(U_j \cdot A_j) + \Delta U_{WB} \cdot \sum A_j$

9. Nach DIN V 18599-2 sind sowohl die Verluste über Infiltration (Undichtigkeiten) als auch über die Fensterlüftung zu berücksichtigen. Nach DIN V 4108-6 gibt es diese Unterteilung nicht.

10. über eine Dichtheitsprüfung (Blower-Door-Test)

11. Zur Berechnung der Wärmeverluste über einen gewissen Zeitraum Monat oder Jahr. In der Gradtagzahl wird einmal der Temperaturunterschied im Betrachtungszeitraum berücksichtigt und zum anderen dessen Dauer.

12. $I_{s,j}$ = Strahlungsangebot bezogen auf eine Himmelsrichtung

F_F = der Rahmenanteil

F_s = der Verschattungsanteil

F_c = permanent vorhandene Sonnenschutzvorrichtungen

g_i = wirksamer Gesamt-Energiedurchlassgrad

A_i = Bruttofläche des Fensters

13. die internen Wärmegewinne, wo nach DIN V 18599-2 ein niedrigerer Wert angesetzt wird als nach DIN V 4108-6

14. von der Wärmespeicherfähigkeit des Gebäudes und dem Verhältnis zwischen Wärmegewinnen und Wärmeverlusten

15. Nein, sie dürfen aber berücksichtigt werden.

16. der U-Wert des Bauteils und der Strahlungsabsorptionsgrad der Bauteiloberfläche

17. Bauteile, die nicht transparent sind

18. Nach DIN V 4108-6 wird der Wärmebedarf pauschal für alle Gebäude mit 12,5 kWh/(m²a) berechnet.

    Nach DIN V 18599-2 wird zwischen Einfamilienhäusern und Mehrfamilienhäusern unterschieden. Bei EFH mit 11 kWh/(m²a) und bei MFH mit 15 kWh/(m²a). Die Bezugsfläche ist nach DIN V 18599-2 für den Trinkwasserbedarf auch nicht die Nutzfläche A_N nach EnEV, sondern die tatsächliche Nettogrundfläche.

19. Klimageräte können nur bei einer Berechnung nach DIN V 18599 berücksichtigt werden.

8 Modernisierungsmaßnahmen

Autor: Dipl.-Ing. (FH) Johannes Volland

Inhalt Seite

Wird ein Energieausweis für ein bestehendes Gebäude ausgestellt, müssen dort nach EnEV § 20 mögliche Modernisierungsempfehlungen angegeben werden. In den nachfolgenden Kapiteln soll aufgezeigt werden, wie die richtigen Modernisierungsmaßnahmen auszuwählen, zu beurteilen und wirtschaftlich zu betrachten sind.

8.1 Auswahl von Modernisierungsmaßnahmen

8.1.1 Modernisierungsmaßnahmen als Erstinformation

Nicht immer sind aufwendige Untersuchungen und Berechnungen notwendig, um Mängel am Gebäude festzustellen. Offensichtliche Mängel wie marode und veraltete Anlagentechnik, Bauschäden und falsches Nutzerverhalten können oft schon bei einer Begehung des Gebäudes erkannt und beurteilt werden. Insbesondere der Energieverbrauch des Gebäudes gibt einen ersten Anhaltswert über den Energiestandard des Objekts. Zu beachten ist, dass der Energieverbrauch stark vom Nutzerverhalten beeinflusst wird und dies bei der Beurteilung zu berücksichtigen ist. Aufgrund dieser Erstinformationen können schon kleinere Maßnahmen ergriffen werden, die zur Senkung des Energiebedarfs beitragen.

- **Dämmen von zugänglichen Verteilerleitungen**
  muss den Anforderungen der EnEV Anlage 5, Tabelle 1 genügen.
- **Thermostatventile**
  dürfen durch Heizkörperverkleidungen und Vorhänge nicht verdeckt sein.
- **Zirkulations- und Heizungspumpen**
  - sollten auf eine möglichst kleine Leistungsstufe eingestellt und
  - mit Zeitschaltuhr oder Bedarfstaster ausgestattet sein.
- **Kundendienst der Heizungsanlage**
  erfolgt durch regelmäßiges Warten und Reinigen.
- **Dämmen der Heizkörpernischen**
  ist meist eine große Schwachstelle.
- **Hydraulischer Abgleich der Heizungsanlage**
  sichert die gleichmäßige Durchströmung der Heizungsanlage und verbessert die Regelbarkeit der Heizung.
- **Rollladenkästen abdichten und dämmen**
  ist wichtig, denn Rollladenkästen sind meist undicht und nicht wärmegedämmt.

Die Heizungsanlage kann mithilfe des Heizungs-Checks nach EN ISO 15378 gut und schnell beurteilt und bewertet werden (siehe Kapitel 4.4.8).

Aber nicht alle Schwachstellen sind mit dem Auge erkennbar. Undichtigkeiten und Wärmebrücken können oft nur erahnt und in ihrer Dimension geschätzt werden. Für die bildliche Darstellung und Messung dieser Schwachstellen ist es sinnvoll, diese mithilfe einer Blower-Door-Messung und einer Wärmebildkamera (Thermografie) zu untersuchen.

Blower-Door-Messung

Die Blower-Door-Messung dient zur Messung der Dichtheit eines Gebäudes. Sie wird in erster Linie bei Neubauten angewandt um festzustellen, ob das Gebäude die Anforderungen der EnEV bezüglich Luftdichtheit erfüllt. Sowohl bei Alt- als auch bei Neubauten können mithilfe dieser Messung Undichtigkeiten aufgedeckt und dadurch gezielt beseitigt werden.

Für die Untersuchung wird ein Gebläse luftdicht in den Rahmen einer Außentür oder in ein Fenster eingebaut. Anschließend wird im Gebäude sowohl ein Überdruck als auch ein Unterdruck erzeugt. Anhand des Volumenstroms, der notwendig ist um eine bestimmte Druckdifferenz zu erzeugen, kann die Dichtheit des Gebäudes festgestellt werden. Ist das Gebäude undicht, können mithilfe von Rauchspender, Luftgeschwindigkeitsmesser und Thermograf die Schwachstellen geortet werden. Der Bauherr bekommt mit dieser Messung einen sichtbaren Eindruck, wie viel an Wärme unnötig durch undichte Fugen verloren geht.

Thermografie

Mithilfe der Thermografie ist es möglich, die Oberflächentemperaturen der Außenbauteile zu messen und bildlich darzustellen. Hierzu werden die Außenbauteile mithilfe einer Wärmebildkamera sowohl innen als auch außen fotografiert. Anhand der Farben des Bildes – Rot für Wärme und Blau für Kälte – können die Oberflächentemperaturen bestimmt werden. Wärmebrücken und Undichtigkeiten sind auf diesen Bildern auch für den Laien gut erkennbar. Auch hier bekommt der Bauherr einen schnellen Eindruck zur energetischen Qualität der Gebäudehülle.

Wichtig ist, dass diese Messungen von geschulten und zertifizierten Fachleuten durchgeführt werden. Wenn die Rahmenbedingungen und Witterungsverhältnisse nicht richtig beurteilt werden, können die Messergebnisse zu falschen Interpretationen führen. Hierfür ist viel Erfahrung und bauphysikalisches Verständnis notwendig.

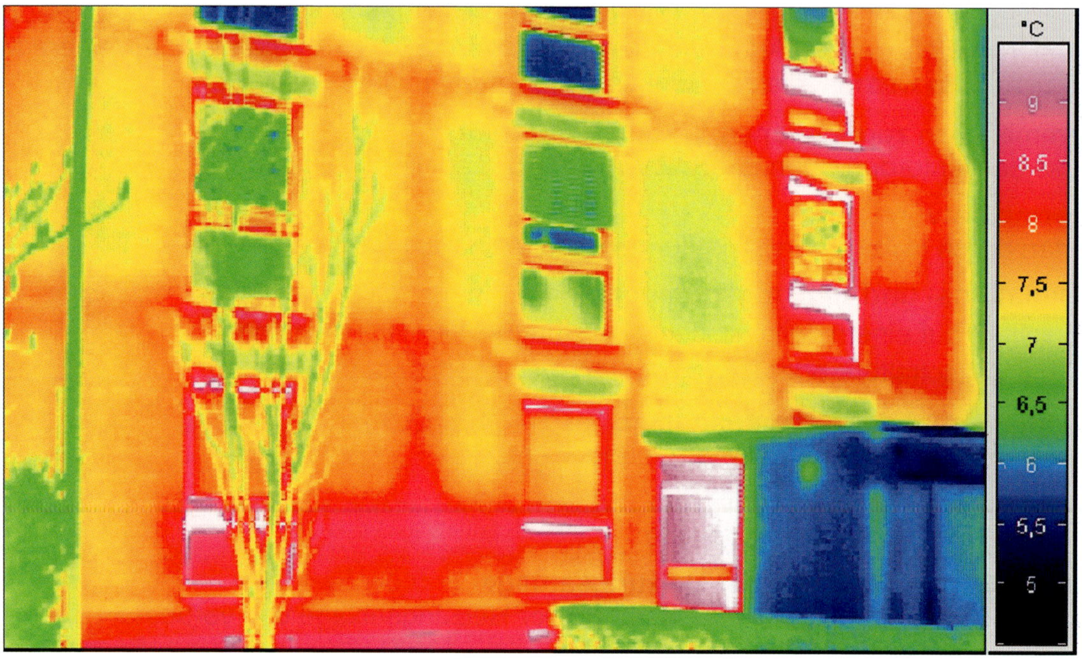

Bild 8.1: Thermografie einer Außenwand

Auf diesem Bild sind Wärmebrücken wie Heizkörpernischen, Rollladenkästen, Betonpfeiler und Betonstürze gut erkennbar. Die Oberflächentemperaturen sind an diesen Stellen teilweise um 2 °C höher als an der homogenen Wand.

Das Wichtigste an diesen Untersuchungen ist, dass der Bauherr die Schwachstellen seines Gebäudes erkennt und versteht, wo und wofür Energie benötigt bzw. unnötig verbraucht wird. Wenn er die Ursachen erkannt hat und der Wunsch vorhanden ist, den Energieverbrauch zu senken, wird er Maßnahmen zur Energieeinsparung durchführen lassen.

8.1.2 Entwicklung eines energetisch nachhaltigen Konzepts

Will der Bauherr sein Gebäude grundlegend sanieren, ist es notwendig, ein energetisch nachhaltiges Konzept zu entwickeln. Das heißt, es darf nicht nur das Gebäude für sich allein gesehen werden, sondern es muss im Zusammenhang mit seinen Nutzern und deren Nutzergewohnheiten betrachtet werden.

Folgende Punkte sollten dabei beachten werden:

- Wird das Gebäude noch seinen Anforderungen gerecht?
- Welche Anforderungskriterien werden vom Nutzer an das Gebäude gestellt?
- Welche Nutzergewohnheiten sind zu berücksichtigen?
- Welche Möglichkeiten der energetischen Verbesserung der Gebäudehülle sind vorhanden?
- Welchen künftigen Energiestandard soll das Gebäude besitzen?
- Welche energietischen Anforderung nach EnEV sind einzuhalten?
- Welche Möglichkeiten zur Nutzung regenerativer Energie sind vorhanden?
- Wie kann der Primärenergiebedarf durch Auswahl eines geeigneten Energieträgers minimiert werden?
- Welcher finanzielle Spielraum ist für die Sanierung vorhanden?
- Welche Möglichkeiten der Inanspruchnahme von Fördergeldern sind vorhanden?

Letzteres ist eines der entscheidenden Kriterien bei der Auswahl von Modernisierungsmaßnahmen. Denn nur was finanziert werden kann, ist auch umsetzbar.

Es sollte also als Erstes ein energetisches Gesamtkonzept entwickelt werden, worin aufgezeigt wird, welche Maßnahmen sinnvoll und nachhaltig zur Reduzierung des Energiebedarfs beitragen können. Anschließend sollte im Rahmen des finanziellen Spielraums die Reihenfolge der durchzuführenden Maßnahmen bestimmt werden.

8.2 Beurteilung von Modernisierungsmaßnahmen

Wenn die einzelnen Maßnahmen zur Reduzierung des Energiebedarfs im Rahmen eines energetisch nachhaltigen Konzepts erarbeitet wurden, müssen diese bezüglich ihrer Wertigkeit beurteilt werden. Hierfür ist es notwendig, das Gebäude rechnerisch zu erfassen und energetisch zu bewerten.

Bei der Berechnung muss beachtet werden, dass die Energiebilanz des Gebäudes nicht mit den Randbedingungen der EnEV zu erstellen ist, sondern mit den möglichst genauen klimatischen Verhältnisse und dem Nutzerverhalten seiner Bewohner.

Folgende Randbedingungen sollten dabei beachtet werden:

- möglichst wirklichkeitsgetreue Bauteileingabe mit deren einzelnen Schichten,
- Einstellen der vorhandenen Klimadaten bezüglich Strahlungsintensität und durchschnittlicher Außentemperatur vor Ort,
- tatsächlicher Trinkwasserbedarf,
- geschätzte Luftwechselrate,
- durchschnittliche Innentemperatur,
- Teilbeheizungsfaktor,
- Wirkungsgrad der Heizungsanlage,
- Urlaubsgewohnheiten.

Nur wenn das Gebäude richtig erfasst wurde, können der Nutzen und die Wirtschaftlichkeit von Sanierungsmaßnahmen einigermaßen genau beurteilt werden. Es handelt sich hier immer um theoretische Näherungswerte. Als Anhalt dient der tatsächliche Energieverbrauch des Gebäudes. Wenn die Rahmenbedingungen richtig erfasst wurden, muss der rechnerisch ermittelte Energieverbrauch mit dem tatsächlichen Energieverbrauch nahezu übereinstimmen.

Eines der größten Probleme ist hierbei die richtige Beurteilung der Wärmeverluste über die Gebäudehülle. Nachdem die einzelnen Bauteile nicht alle auf ihre Materialien und die dazu gehörigen Wärmeleitfähigkeit untersucht werden können (nur mit großem Aufwand möglich), ist man hier auf die Angaben des Besitzers und auf Erfahrungswerte angewiesen. Es gibt verschiedene Quellen, in denen Bauteilschichtungen aus den verschiedenen Erstellungsjahren des letzten Jahrhunderts aufgelistet sind (siehe Kapitel 3.3). Mit deren Hilfe kann die Wärmeleitfähigkeit der einzelnen Bauteile abgeschätzt werden. Man muss sich aber bewusst sein, dass hier eine große Fehlerquelle in der Berechnung liegen kann.

Eine weitere Herausforderung ist die Bestimmung des Wirkungsgrades der Heizungsanlage. Hierfür sind viel Erfahrung und Kenntnisse in der Anlagentechnik notwendig. Für einfache Anlagen gibt es Anlagenkennzahlen für verschiedene Heizsysteme unterschiedlichen Alters. Diese sind aber wiederum nur Durchschnittswerte. Bei komplexeren Anlagen ist es auf jeden Fall ratsam, einen Fachmann zur Beurteilung der Anlage heranzuziehen (siehe auch Kapitel 4.4 und 4.5).

Wenn das Gebäude energetisch plausibel erfasst wurde, sollten die einzelnen Verluste tabellarisch erfasst und grafisch ausgewertet werden.

Anschließend wurde dies für das unsanierte Beispiel-Haus aus dem Kapitel 2.5 durchgeführt. Die Anlagentechnik wurde im Kapitel 4.5.1.2 berechnet.

Tabelle 8.1: Wärmeverluste in Gruppen zusammengefasst für das unsanierte Beispiel-Haus

Nr.	Gruppen	Neu kWh/a	Bestand kWh/a
1.	Wärmeverluste über die opaken Bauteile	35.296	35.296
2.	Wärmeverluste Fenster	13.529	13.529
3.	Lüftungswärmeverluste Q_V	8.721	8.721
4.	Verluste Heizwärmeerzeugung und Verteilung	12.371	12.371
5.	Trinkwasserbedarf q_{tW}	2.328	2.328
6.	Verluste Trinkwasserbereitung	8.263	8.263
7.	Reduzierung der Verluste durch Nachtabsenkung	-5.147	-5.147
8.	Hilfsenergie	847	847
		76.208	76.208

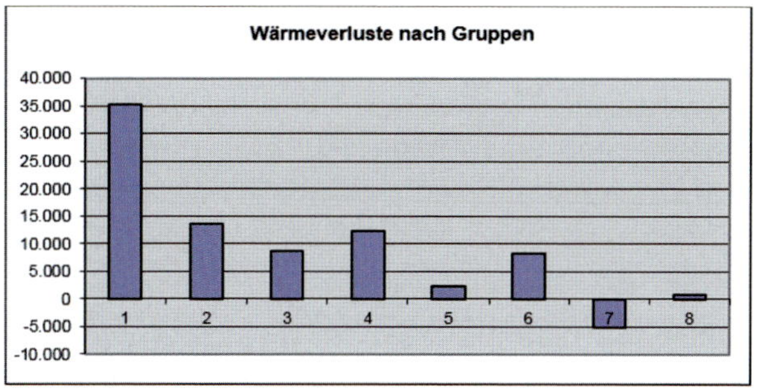

Tabelle 8.2: Wärmeverluste und Wärmegewinne des unsanierten Beispiel-Hauses

		U-Wert W/(m²·K)	Q_T	Anteil [%]
1	Außenwände - verputzt	1,132	13.130	22%
2	Außenwände - Anbau	1,055	4.554	8%
3	Dachfläche Hauptgebäude	0,622	4.481	7%
4	Haustüre	3,000	719	1%
5	Decke Eingang zur Außenluft	1,005	964	2%
6	Dachfläche Anbau	0,562	1.745	3%
7	Kellerwand zu Erdreich	1,817	853	1%
8	Bodenplatte beh. Keller	0,939	546	1%
9	Decke zu unb. Keller	0,831	2.857	5%
10	Kellerinnenwände	1,364	1.571	3%
11	Bodenplatte Anbau	0,924	2.142	4%
12	Kellertüren	3,000	1.340	2%
13	Außenwand Anbau geg. Dachr.	1,028	392	1%
15	Fenster Süd; Süd/Ost; Süd/West	siehe Berechnung Fenster	5.858	10%
16	Fenster Ost; Nord/Ost		728	1%
17	Fenster West; Nord/West		4.413	7%
18	Fenster Nord		2.530	4%
19	Flachdachfenster		0	0%
20	Fenster ohne Gewinne		0	0%
	Fenster gesamt		13.529	34%
21	Lüftungswärmeverluste Q_V		8.721	15%
22	Warmwasserbedarf Q_W		2.328	4%
	Gesamtwärmeverluste Q_{l+W} o. NA		59.874	100%
	Gesamtwärmeverluste Q_{l+W} m. NA		54.727	200%
	Interne Wärmegewinne		5.500	37%
	Solare Wärmegewinne Q_S		9.335	63%
	Gesamtwärmegewinne Q_G		14.836	100%
	Jahres-Heizenergiebedarf $Q_h + Q_W$		39.891	

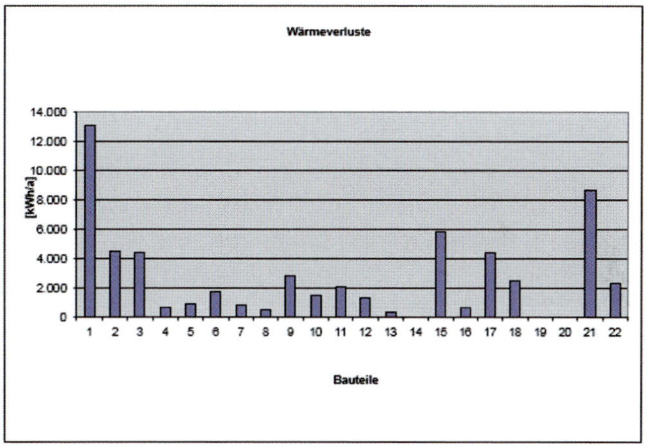

Mithilfe der Tabellen und Grafiken kann nun festgestellt werden, wo die meiste Energie verloren geht. Sie dienen als Entscheidungshilfe dafür, welche Bauteile vorrangig modernisiert werden sollten.

Werden Modernisierungsmaßnahmen untersucht, sind für deren energetische und wirtschaftliche Beurteilung folgende Punkte von Bedeutung:

- Einsparung an Endenergie Q_E,
- Einsparung an Primärenergie Q_P,
- Verringerung der Emissionen,
- Energiekosteneinsparung und
- neue Heizlast.

Die einzelnen Maßnahmen können nun anhand des theoretisch möglichen Einsparpotenzials beurteilt werden.

8.3 Wirtschaftliche Betrachtung

Zur Beurteilung der Wirtschaftlichkeit der einzelnen Maßnahmen müssen noch die Kosten für die Durchführung kalkuliert werden. Anhand der Energiekosteneinsparung und der dafür notwendigen Investition kann die Wirtschaftlichkeit der einzelnen Maßnahmen abgeschätzt und berechnet werden. Für eine genaue Beurteilung der Wirtschaftlichkeit muss eine Vielzahl von Komponenten berücksichtig werden: Nutzungsdauer der einzelnen Bauteile und Anlagentechnik, geschätzte Energiepreissteigerung, jährlich realer Zinssatz, Abschreibungs- und Fördermöglichkeiten etc.

Bei Einfamilienhäusern ist dies noch relativ einfach über die Annuitäts-Methode zu berechnen. Bei vermieteten Mehrfamilienhäusern spielt jedoch eine Vielzahl von Faktoren eine Rolle, die bei der Betrachtung der Wirtschaftlichkeit einzelner Maßnahmen bewertet werden müssen.

Nachfolgend soll aufgezeigt werden, wie die Wirtschaftlichkeit von Modernisierungsmaßnahmen über die Annuitäts-Methode berechnet werden kann. Die Formeln sind dem hessischen Leitfaden für energiebewusste Gebäudeplanung entnommen.

In der Annuitäts-Methode wird die Wirtschaftlichkeit einer Maßnahme über die Kosten der Einsparmaßnahme pro eingesparter kWh betrachtet. Diese Kosten werden verglichen mit einer zu erwartenden zukünftigen mittleren Energiepreisentwicklung. Die Einsparkosten ergeben sich durch Division der mittleren jährlichen Kapitalkosten der Investition, durch die jährliche erwartete Energieeinsparung.

Berechnung des mittleren Energiepreises:

$$P_n = P_0 \cdot a \cdot [(1 + s) / (p - s)] \cdot [1 - (1 + s) / (1 + p)^n]$$

(Formel 8.1)

P_n	=	mittlerer Energiepreis über n Jahre	€/kWh
P_0	=	heutiger Energiepreis	€
a	=	Annuitätsfaktor	
a	=	$p / [1 - (1 + p)^{-n}]$	
p	=	jährlicher Zinssatz	%
s	=	jährliche Preissteigerungsrate des Energieträgers	%
n	=	Betrachtungszeitraum	Jahre

Die mittleren jährlichen Kapitalkosten der Investition berechnen sich wie folgt:

$$Ki_m = I \cdot b$$

(Formel 8.2)

Ki_m	=	mittlere jährliche Kapitalkosten	€
I	=	Barwert der Investition	€
b	=	Annuitätsfaktor	
b	=	$q / [1- (1 + q)^{-m}]$	
q	=	jährlicher Zinssatz	%
m	=	Nutzungsdauer	Jahre

Nachfolgend wird die Berechnung der Wirtschaftlichkeit beispielhaft für ein Einfamilienhaus dargestellt.

Folgende Parameter wurden für die Berechnung angesetzt.

P_0 = 80 Cent/Liter Öl – Das Gebäude wird mit einer Niedertemperaturheizung beheizt.

P_0 = 24 Cent/kWh Strom für Hilfsenergie

p = 3,5 %

s = 3,0 %

n = 20 Jahre

q = 3,5 %

m = 20 Jahre

Tabelle 8.3: Wirtschaftlichkeitsberechnung von Sanierungsmaßnahmen nach der Annuitäts-Methode mit dem Programm ENGP-bautop – Berechnung der Kosteneinsparung zum momentanen Zeitpunkt

		Q_E				theoretische Heizkosten momentan			
		vorher	nachher	Einsparung		Energiekosten	vorher	nachher	Einsparung
	Maßnahmen	kWh/a	kWh/a	in kWh/a	in %	Cent/kWh	€/a	€/a	€/a
	Bestand	61.372				8,2	5.045		
1	Bauteil 5 - Dämmen der Decke gegen Außenluft - 12 cm	61.372	60.682	691	1,1%	8,2	5.045	4.990	55
2	Bauteil 10 - Dämmen der Kellerinnenwände - 10 cm	60.682	59.524	1.157	1,9%	8,2	4.990	4.898	93
3	Bauteil 11 - Dämmen der Bodenplatte Anbau - 6 cm	59.524	58.189	1.335	2,2%	8,2	4.898	4.791	107
4	Bauteil 6 - Dämmen Dachraum - 20 cm	58.189	57.045	1.144	1,9%	8,2	4.791	4.699	92
5	Bauteil 9 - Decke zum unb. Keller - 6 cm	57.045	55.379	1.666	2,7%	8,2	4.699	4.566	133
6	Bauteil 2 - Dämmen der Außenwände Anbau - 12 cm	55.379	52.042	3.337	5,4%	8,3	4.566	4.299	267
7	Bauteil 3 - Dämmen der Dachfläche - 18 cm	52.042	49.490	2.552	4,2%	8,3	4.299	4.095	204
8	Bauteil 1 - Dämmen der Außenwände - 12 cm	49.490	39.643	9.848	16,0%	8,3	4.095	3.307	788
9	Fenster - Neue Fenster mit einem Uw-Wert = 1,0	39.643	31.164	8.478	13,8%	8,4	3.307	2.629	678
	Summe der Gesamtmaßnahme			30.208					2.417

Tabelle 8.4: Wirtschaftlichkeitsberechnung von Sanierungsmaßnahmen nach der Annuitäts-Methode mit dem Programm ENGP-bautop – Berechnung der Kosteneinsparung über 20 Jahre

mittlere Heizkosten über die nächsten n Jahre					theor. Heizkosten n. n Jahren		
p	s1	n	a	P_N	nachher	Einsparung	
%	%	Jahre		Cent/kWh	€/a	€/a	
0,035	0,05	20	0,07	13,5	8.286		
3,5%	5,0%	20	0,07	13,5	8.196	91	1
3,5%	5,0%	20	0,07	13,5	8.044	152	2
3,5%	5,0%	20	0,07	13,5	7.868	175	3
3,5%	5,0%	20	0,07	13,5	7.718	150	4
3,5%	5,0%	20	0,07	13,5	7.499	219	5
3,5%	5,0%	20	0,07	13,6	7.060	438	6
3,5%	5,0%	20	0,07	13,6	6.725	335	7
3,5%	5,0%	20	0,07	13,7	5.431	1.294	8
3,5%	5,0%	20	0,07	13,9	4.317	1.114	9
						3.969	

Tabelle 8.5: Wirtschaftlichkeitsberechnung von Sanierungsmaßnahmen nach der Annuitäts-Methode mit dem Programm ENGP-bautop – Berechnung der Armortisationszeit

	Maßnahmen	Heizkosten-einsparung €/a	Nutzungs-dauer Jahre (m)	Einspa-rung ü. n Jahre	Investitions-kosten I (€)	jährl. Zinssatz q (%)	Laufzeit Darlehn Jahre	Annuitäts-faktor b	mittlere jährl. Kosten €/a	Investitions-kosten ü. n Jahre	Kosten Netto €	Kosten Netto €/kWh	Amortisa-tionszeit a
1	Bauteil 5 - Dämmen der Decke gegen Außenluft - 12 cm	90,74	20	1.815	1.323	3,5%	10	0,120	159,13	1.591	-223	0,23	17,54
2	Bauteil 10 - Dämmen der Kellerinnenwände - 10 cm	152,04	20	3.041	944	3,5%	10	0,120	113,49	1.135	-1.906	0,10	7,46
3	Bauteil 11 - Dämmen der Bodenplatte Anbau - 6 cm	175,38	20	3.508	5.135	3,5%	10	0,120	617,43	6.174	2.667	0,46	35,20
4	Bauteil 6 - Dämmen Dachraum - 20 cm	150,33	20	3.007	759	3,5%	10	0,120	91,24	912	-2.094	0,08	6,07
5	Bauteil 9 - Decke zum unb. Keller - 6 cm	218,93	20	4.379	2.732	3,5%	10	0,120	328,45	3.284	-1.094	0,20	15,00
6	Bauteil 2 - Dämmen der Außenwände Anbau - 12 cm	438,48	20	8.770	6.221	3,5%	10	0,120	748,02	7.480	-1.289	0,22	17,06
7	Bauteil 3 - Dämmen der Dachfläche - 18 cm	335,26	20	6.705	1.450	3,5%	10	0,120	174,29	1.743	-4.962	0,07	5,20
8	Bauteil 1 - Dämmen der Außenwände - 12 cm	1.293,86	20	25.877	16.758	3,5%	10	0,120	2015,00	20.150	-5.727	0,20	15,57
9	Fenster - Neue Fenster mit einem Uw-Wert = 1,0	1.113,94	20	22.279	31.179	3,5%	10	0,120	3749,01	37.490	15.211	0,44	33,66
	Summe der Gesamtmaßnahme	3.968,98		79.379,55	66.500,13				7.996,07	79.961			

Zu beachten ist bei diesen Berechnungen, dass die Preissteigerungsrate sehr schwer vorhersagbar ist. Auch wird unter Fachleuten immer wieder diskutiert, ob hier die Gesamtkosten oder nur die Differenz aus Investitionskosten und den Kosten für die Instandhaltung der Bauteile oder Anlagentechnik anzusetzen sind.

8.4 Empfehlungen im Energieausweis

Im § 20 der EnEV heißt es:

„Der Aussteller des Energieausweises hat dem Eigentümer im Energieausweis Empfehlungen für Maßnahmen zur kosteneffizienten Verbesserung der energetischen Eigenschaften des Gebäudes (Energieeffizienz) in Form von kurz gefassten fachlichen Hinweisen zu geben (Modernisierungsempfehlungen), es sei denn, solche Maßnahmen sind nicht möglich. Die Modernisierungsempfehlungen beziehen sich auf Maßnahmen am gesamten Gebäude, an einzelnen Außenbauteilen sowie an Anlagen und Einrichtungen im Sinne dieser Verordnung. In den Modernisierungsempfehlungen kann ergänzend auf weiterführende Hinweise in Veröffentlichungen des Bundesministeriums für Verkehr, Bau und Stadtentwicklung im Einvernehmen mit dem Bundesministerium für Wirtschaft und Technologie oder in Veröffentlichungen von ihnen beauftragter Dritter Bezug genommen werden. Die Bestimmungen des § 9 Absatz 2 Satz 2 über die vereinfachte Datenerhebung sind entsprechend anzuwenden. Sind Modernisierungsempfehlungen nicht möglich, hat der Aussteller dies im Energieausweis zu vermerken."

Es sind also bei Ausstellung eines Energieausweises für Bestandsgebäude kurz gefasste fachliche Hinweise für Modernisierungsmaßnahmen anzugeben, wenn diese kostengünstig zur Verbesserung der energetischen Eigenschaft des Gebäudes führen. Diese sind sowohl bei der Ausstellung des Bedarfs- als auch Verbrauchsausweises im Energieausweis mit anzugeben. Die praktischen Empfehlungen des Energieausweisausstellers bilden einen wesentlichen Inhalt des Energieausweises. Diese Angaben müssen dem Energieausweis bei Bestandsgebäuden unabhängig davon, ob kostengünstige Maßnahmen möglich sind oder nicht, immer beigelegt werden. Sind diese nach Meinung des Ausstellers nicht möglich, muss er es begründen.

Die empfohlenen Maßnahmen sollen dem Eigentümer einen Überblick geben, welche Möglichkeiten er hat, den Energiebedarf seines Gebäudes zu reduzieren.

Kostengünstige Maßnahmen sind laut DENA (Deutsche Energieagentur) Maßnahmen, die wirtschaftlich vertretbar sind. *„Dies ist der Fall, wenn sich die Investitionen innerhalb der Nutzungsdauer durch die dadurch eingesparten Energiekosten amortisieren. Modernisierungsmaßnahmen können also wirtschaftlich sein, selbst wenn sie zunächst mit hohen Investitionen verbunden sein sollten."*

Eine Gebäudebegehung ist nach EnEV vor der Ausstellung eines Energieausweises nicht verpflichtend. Nachdem aber die Empfehlungen auf das Gebäude zugeschnitten sein sollten, ist eine solche Gebäudebegehung vor Ausstellung des Energieausweises anzuraten. Nur so können sichtbare Mängel am Gebäude festgestellt, bereits getätigte Sanierungen berücksichtigt und Wärmebrücken erkannt werden.

Die wesentlichen Maßnahmen zur Reduzierung des Energiebedarfs eines Gebäudes sind:

- Dämmen der Außenwände,
- Dämmen der obersten Geschossdecke oder der Dachfläche,
- Dämmen der Kellerdecke,
- Austausch der Fenster,
- Modernisieren bzw. Erneuern der Heizungsanlage,
- Dämmen der Warmwasserleitungen,
- Einbau einer modernen Regelungstechnik,
- etc.

Welche Maßnahmen sinnvoll sind und als Erstes durchgeführt werden sollten, hängt immer vom jeweiligen Gebäude und dessen Nutzern ab. Pauschalaussagen können nur in den wenigsten Fällen getroffen werden.

Bei Ausstellung eines Energieausweises sollte deshalb immer darauf hingewiesen werden, dass nur die Ausarbeitung eines energetisch nachhaltigen Konzepts wirtschaftliche Modernisierungsmaßnahmen garantiert.

9 Faktoren der Energiebilanz

Autoren: Prof. Karlheinz Volland
Dipl.-Ing. (FH) Johannes Volland

Inhalt Seite

In diesem Kapitel werden die wichtigsten Faktoren der Energiebilanz noch einmal zusammengefasst und Erläutert. Es dient zum Nachschlagen der einzelnen Begriffe und deren genaueren Erläuterung. Die Bezeichnungen beziehen sich in erster Linie auf die DIN V 4108-6 und DIN 4701-10, aber auch, wenn erwähnt, auf die DIN V 18599.

9.1 Energieverbrauch B_V

Für den Energieausweis auf der Grundlage des gemessenen Energieverbrauchs ist es notwendig, den gemessenen Energieverbrauch B_V in kWh umzurechnen (siehe Kapitel 7). Genauso kann es aber auch sein, dass man aus dem berechneten Endenergiebedarf Q_E die notwendige Energiemenge des Energieträgers berechnen möchte. Für beide Berechnungen ist der Heizwert des eingesetzten Energieträgers notwendig. In der *„Bekanntmachung der Regeln für Energieverbrauchskennwerte im Wohngebäudebestand“* vom Bundesministerium für Verkehr, Bau und Stadtentwicklung zum § 19 Abs. 2 Satz 3 der EnEV vom 30. Juli 2009 steht, dass die Heizwerte aus der geltenden Heizkostenverordnung zu entnehmen sind.

Heizwert H_i

Ermittlung des Endenergieverbrauchs aus der gemessenen Brennstoffmenge

$E_{Vg} = B_V \cdot H_i$ kWh

E_{Vg} = Endenergieverbrauch in kWh
B_V = Erfasste verbrauchte Menge des eingesetzten Energieträgers/Energiemenge
H_i = Heizwert in kWh je Mengeneinheit (frühere Bezeichnung H_u) nach Anlage 1 Bekanntmachung kWh/Energiemenge

Ermittlung des Brennstoffbedarfs aus dem berechneten Endenergiebedarf

$B_V = E_V/H_i$ kWh

Tabelle 9.1: Heizwerte verschiedener Energieträger, aus der Heizkostenverordnung vom 8. Oktober 2009

Energieträger	Mengeneinheit	Heizwert H_i (Energieinhalt)
Leichtes Heizöl EL	l	10 kWh/l
Schweres Heizöl	kg	10,9 kWh(kg)
Erdgas H	m³	ca. 10 kWh/m³
	kWh (H_S)[1]	0,9 kWh/kWh (H_S)[1]
Erdgas L	m³	ca. 9 kWh/m³
	kWh (H_S)[1]	0,9 kWh/kWh (H_S)[1]
Flüssiggas	kg	13,0 kWh/kg
Koks	kg	8,0 kWh/kg
Braunkohle	kg	5,5 kWh/kg
Steinkohle	kg	8,0 kWh/kg
Holz (lufttrocken)	kg	ca. 4,1 kWh/kg[2]
Holzpellets	kg	ca. 5,0 kWh/kg
Holzhackschnitzel	SRm[3]	ca. 650 kWh/SRm[2,3]

[1] H_S: Brennwert (oberer Heizwert)
[2] abhängig von Holzart und Feuchtegehalt
[3] SRm: Schüttraummeter

9.2 Primärenergiebedarf Q_P – Endenergiebedarf Q_E

Bedeutung

Der Primärenergiebedarf Q_P ist diejenige fossile Energiemenge, die gewonnen werden muss, um den Gesamtenergiebedarf für die Beheizung und ggf. zur Trinkwassererwärmung des Gebäudes zu decken, also auch den Energiebedarf, der für die Gewinnung, die Umwandlung und den Transport des Energieträgers notwendig ist. Hierbei wird aber nur die Energiemenge berücksichtigt, die durch fossile Energieträger wie Erdöl, Erdgas und Kohle gedeckt wird.

Die regenerativen Energiequellen wie Holz, Stroh, Biogas oder Bioöl etc. werden als CO_2-neutral betrachtet. CO_2-neutral bedeutet, dass die bei der Verbrennung freiwerdende Menge an Kohlendioxid (CO_2) beim Nachwachsen des Rohstoffes wieder gebunden wird. Es ist jedoch auch für die Gewinnung und den Transport von regenerativen Energiequellen fossile Energie notwendig, sodass auch für diese Menge ein Primärenergiefaktor anzusetzen ist.

Beim Primärenergiefaktor f_P ist nach EnEV nur der nicht erneuerbare Anteil an Primärenergie zu berücksichtigen.

Je mehr die benötigte Endenergie Q_E durch regenerative Energien gedeckt wird, desto höher darf diese im Nachweisverfahren angesetzt werden.

Formel – Einheit

Es gibt zwei Möglichkeiten, Q_P nach DIN V 4701-10 zu berechnen:

Mit der Anlagenaufwandszahl e_P

$$Q_P = (Q_h + Q_W) \cdot e_P \qquad \text{kWh/a}$$

Q_P	= Primärenergiebedarf	kWh/a
Q_h	= Heizwärmebedarf	kWh/a
Q_W	= Heizwärmebedarf Warmwasser	kWh/a (= Q_{TW} in DIN V 4701-10)
e_P	= Anlagenaufwandszahl	

Mit dem Primärenergiefaktor f_P

Heizung $Q_{H,P}$ + Trinkwasser $Q_{TW,P}$ + Lüftung $Q_{L,P}$ +Hilfsenergie $Q_{HE,P}$

$$Q_P = [(Q_{H,E} \cdot f_{p,i}) + (Q_{TW,E} \cdot f_{P,i}) + (Q_{L,E} \cdot f_{p,i})] + (Q_{H,HE,E} + Q_{TW,HE,E} + Q_{L,HE,E}) \cdot f_{p,i}$$

Q_P	= Primärenergiebedarf	kWh/a
$Q_{H,E}$	= Heizung Endenergiebedarf	kWh/a
$Q_{L,E}$	= Lüftung Endenergiebedarf	kWh/a
$Q_{TW,E}$	= Trinkwasser Endenergiebedarf	kWh/a
$f_{P,i}$	= zugehöriger Primärenergiefaktor	(nach DIN V 4701-10)
$Q_{H,HE,E}$	= Hilfsendenergiebedarf Heizung	kWh/a
$Q_{TW,HE,E}$	= Hilfsendenergiebedarf Trinkwasser	kWh/a
$Q_{L,HE,E}$	= Hilfsendenergiebedarf Lüftung	kWh/a

Primärenergiebedarf bei einem gekühlten Wohngebäude

Wird ein Wohngebäude gekühlt, muss der Primärenergiebedarf nach DIN V 18599 berechnet werden.

Referenzgebäude-Verfahren

Für den Energieausweis nach EnEV darf der berechnete Q_P-Wert eines Gebäudes den des gleichwertigen Referenzgebäudes nach Tabelle 1 Anhang 1 der EnEV nicht überschreiten. Die Abhängigkeit der zulässigen Werte vom Verhältnis A/V_e wurde in der EnEV 2009 gestrichen und stattdessen das Referenzgebäudeverfahren eingeführt.

Um also den zulässigen Primärenergiebedarf nach EnEV zu ermitteln, muss das nachzuweisende Gebäude mit den bauphysikalischen Eigenschaften des Referenzgebäudes der Tabelle 1, Anlage 1 der EnEV berechnet werden.

Tabelle 9.2: Ausführung des Referenzgebäudes (Quelle: EnEV, Anlage 1 Tabelle 1)

Zeile	**Bauteile/System**	**Referenzausführung/Wert (Maßeinheit)**	
1.0	Der nach einem der in Nummer 2.1 angegebenen Verfahren berechnete Jahresprimärenergiebedarf des Referenzgebäudes nach den Zeilen 1.1 bis 8 ist für Neubauvorhaben ab dem 1. Januar 2016 mit dem Faktor 0,75 zu multiplizieren. § 28 bleibt unberührt.		
1.1	Außenwand (einschließlich Einbauten wie Rollladenkästen), Geschossdecke gegen Außenluft	Wärmedurchgangskoeffizient	$U = 0{,}28\ W/(m^2 \cdot K)$
1.2	Außenwand gegen Erdreich, Bodenplatte, Wände und Decken zu unbeheizten Räumen	Wärmedurchgangskoeffizient	$U = 0{,}35\ W/(m^2 \cdot K)$
1.3	Dach, oberste Geschossdecke, Wände zu Abseiten	Wärmedurchgangskoeffizient	$U = 0{,}20\ W/(m^2 \cdot K)$
1.4	Fenster, Fenstertüren	Wärmedurchgangskoeffizient Gesamtenergiedurchlassgrad der Verglasung	$U = 1{,}30\ W/(m^2 \cdot K)$ $g_\perp = 0{,}60$
1.5	Dachflächenfenster	Wärmedurchgangskoeffizient Gesamtenergiedurchlassgrad der Verglasung	$U = 1{,}40\ W/(m^2 \cdot K)$ $g_\perp = 0{,}60$
1.6	Lichtkuppeln	Wärmedurchgangskoeffizient Gesamtenergiedurchlassgrad der Verglasung	$U = 2{,}70\ W/(m^2 \cdot K)$ $g_\perp = 0{,}64$
1.7	Außentüren	Wärmedurchgangskoeffizient	$U = 1{,}80\ W/(m^2 \cdot K)$
2	Bauteile nach den Zeilen 1.1 bis 1.7	Wärmebrückenzuschlag	$\Delta U_{WB} = 0{,}05\ W/(m^2 \cdot K)$
3	Luftdichtheit der Gebäudehülle	Bemessungswert n_{50}	Bei Berechnung nach • DIN V 4108-6: 2003-06: mit Dichtheitsprüfung • DIN V 18599-2: 2011-12: nach Kategorie I
4	Sonnenschutzvorrichtung	keine im Rahmen der Nachweise nach Nummer 2.1.1 oder 2.1.2 anzurechnende Sonnenschutzvorrichtung	

Zeile	Bauteile/System	Referenzausführung/Wert (Maßeinheit)
5	Heizungsanlage	• Wärmeerzeugung durch Brennwert-Kessel (verbessert), Heizöl EL, Aufstellung: – für Gebäude mit bis zu 500 m² Wohneinheiten innerhalb der thermischen Hülle – für Gebäude mit mehr als 500 m² Wohneinheiten außerhalb der thermischen Hülle • Auslegungstemperatur 55/45 °C, zentrales Verteilsystem innerhalb der wärmeübertragenden Umfassungsfläche, innen liegende Stränge und Anbindeleitungen, Standard-Leitungslängen nach DIN V 4701-10:2003-08, Tabelle 5.3-2, Pumpe auf Bedarf ausgelegt (geregelt, Δp konstant), Rohrnetz hydraulisch abgeglichen • Wärmeübergabe mit freien statischen Heizflächen, Anordnung an normaler Außenwand, Thermostatventile mit Proportionalbereich 1 K
6	Anlage zur Warmwasserbereitung	• zentrale Warmwasserbereitung • gemeinsame Wärmebereitung mit Heizungsanlage nach Zeile 5 • Bei Berechnung nach Nummer 2.1.1: Solaranlage mit Flachkollektor sowie Speicher ausgelegt gemäß DIN V 18599-5:2011-12, Tabelle 15 • Bei Berechnung nach Nummer 2.1.2: Solaranlage mit Flachkollektor zur ausschließlichen Trinkwassererwärmung entsprechend den Vorgaben nach DIN V 4701-10:2003-08 • Speicher, indirekt beheizt (stehend), gleiche Aufstellung wie Wärmeerzeuger, Auslegung nach DIN V 4701-10: 2003-08-Tabelle 5.1-10 mit Speicher, indirekt beheizt (stehend), gleiche Aufstellung wie Wärmeerzeuger – kleine Solaranlage bei A_N < 500 m² (bivalenter Solarspeicher) – große Solaranlage bei A_N > 500 m² • Verteilsystem innerhalb der wärmeübertragenden Umfassungsfläche, innen liegende Stränge, gemeinsame Installationswand, Standard-Leitungslängen nach DIN V 4701-10:2003-08, Tabelle 5.1-2 mit Zirkulation
7	Kühlung	keine Kühlung
8	Lüftung	zentrale Abluftanlage, bedarfsgeführt mit geregeltem DC-Ventilator

Hinweis (Anlage 1 Nr. 1.1 der EnEV):

„Soweit in dem zu errichtenden Wohngebäude eine elektrische Warmwasserbereitung ausgeführt wird, darf diese bis zum 31. Dezember 2015 anstelle von Tabelle 1 Zeile 6 als wohnungszentrale Anlage ohne Speicher gemäß den in Tabelle 5.1-3 der DIN V 4701-10:2003-08, geändert durch A1:2012-07, gegebenen Randbedingungen berücksichtigt werden. Der sich daraus ergebende Höchstwert des Jahresprimärenergiebedarfs ist in Fällen des Satzes 2 um 10,0 kWh/(m²a) zu verringern; dies gilt nicht bei Durchführung von Maßnahmen zur Einsparung von Energie nach § 7 Absatz 1 Nummer 2 in Verbindung mit Nummer VII.1 und 2 der Anlage des Erneuerbare-Energien-Wärmegesetzes.“

Normung

EnEV 2014

Der Primärenergiebedarf ist nach DIN V 4701-10 oder DIN V 18599 zu berechnen.

Primärenergiefaktor f_P

Wenn über den Endenergiebedarf Q_E in Abhängigkeit des Energieträgers der Primärenergiebedarf berechnet werden soll, wird der Primärenergiefaktor f_P benötigt.

Dieser berücksichtigt die fossile Energiemenge für die Gewinnung, die Umwandlung und den Transport des Energieträgers. Dieser wird als „insgesamt“ sowie für den „nicht erneuerbaren Anteil“ angegeben. Der Anteil für den nicht erneuerbaren Anteil ist für den Nachweis nach EnEV zu verwenden. Der Anteil an Primärenergie für den erneuerbaren Anteil am Gesamtenergiebedarf wird nicht berücksichtigt.

Tabelle 9.3: Primärenergiefaktoren nach DIN V 4701-10/A1:2012-07, Tabelle C.4-1

Energieträger [a]		Primärenergiefaktoren f_p	
		insgesamt	nicht erneuerbarer Anteil
		A	B
Fossile Brennstoffe	Heizöl EL	1,1	1,1
	Erdgas H	1,1	1,1
	Flüssiggas	1,1	1,1
	Steinkohle	1,1	1,1
	Braunkohle	1,2	1,2
	Holz	1,2	0,2
Biogene Brennstoffe	Biogas	1,5	0,5
	Bioöl	1,5	0,5
	Holz	1,2	0,2
Nah-/Fernwärme aus KWK[b]	fossiler Brennstoff	0,7	0,7
	erneuerbarer Brennstoff	0,7	0,0
Nah-/Fernwärme aus Heizwerken	fossiler Brennstoff	1,3	1,3
	erneuerbarer Brennstoff	1,3	0,1
Strom	allgemeiner Strom-Mix	2,8	2,4
	Verdrängungsstrommix	2,8	2,8
	nach EnEV 2014 ab dem 01.01.2016	3,0	1,8
Umweltenergie	Solarenergie	1,0	0,0
	Erdwärme, Geothermie	1,0	0,0
	Umgebungswärme	1,0	0,0

[a] Bezugsgröße Endenergie: Heizwert $H_{1,1}$
[b] Angaben sind typisch für durchschnittliche Nah-/Fernwärme mit einem Anteil der KWK von 70 %

Anlagenaufwandszahl e_P nach DIN V 4701-10

Bedeutung

Die Anlagenaufwandszahl e_P beschreibt das Verhältnis der von der Anlagentechnik aufgenommenen fossilen Energie in Relation zu der von ihr abgegebenen Nutzwärme. Sie dient zum Vergleich unterschiedlicher Heizanlagen hinsichtlich ihres Primärenergieaufwands.

Berechnung

- Diagrammverfahren:

  Dieses Verfahren wurde in der DIN V 4701-10/A1:2012-07 gestrichen und darf somit nicht mehr angewendet werden.

- Tabellenverfahren:

  In DIN V 4701-10, Anhang C.1 bis C.4 werden Kennwerte für Standardprodukte von Heizsystemen angeboten. Mit diesen Kennwerten kann der e_P-Wert für fast jedes Heizsystem bestimmt werden.

- Detailliertes Verfahren:

  In DIN V 4701-10, Abschnitt 5 steht eine detaillierte Berechnungsmethode zur Verfügung, mit deren Hilfe der e_P-Wert für jedes Heizsystem genau bestimmt werden kann.

Normung

neue Heizungsanlagen nach DIN V 4701-10
alte Heizungsanlagen nach DIN 4701-12

Anlagenverluste für den Prozessbereich Heizwärme (DIN V 4701-10)

Bedeutung

Damit einem Raum die notwendige Wärme Q_h zugeführt werden kann, muss diese durch ein Heizsystem erzeugt werden. Die hierfür benötigte Energie nennt man Endenergie Q_E. Befindet sich das Heizsystem nicht in dem zu erwärmenden Raum, muss die Wärme durch einen Wärmeträger befördert und mithilfe eines Wärmetauschers an die Raumluft abgegeben werden. Um den Wirkungsgrad der Heizungsanlage zu erhöhen ist es – je nach Heizsystem – sinnvoll, die erzeugte Wärme zu speichern, bevor sie weitergeleitet wird.

Bei der Erzeugung, Speicherung, Verteilung und Übergabe an den zu erwärmenden Raum entstehen Wärmeverluste.

Verluste bei der Wärmeerzeugung $e_{H,g}$

Hier entstehen Wärmeverluste unter anderem durch Wärmeabstrahlung vom Brenner und Kessel und durch Abgabe von warmen Abgasen an die Außenluft. Die Wärmeverluste bei der Erzeugung können über den Wirkungsgrad des Heizsystems bestimmt werden. Dieser sagt aus, wie viel von der zugeführten Energie $Q_{H,E}$ (Endenergie) durch das Heizsystem in nutzbare Wärme umgewandelt werden kann. In der DIN V 4701-10 wird jedoch anstelle des Wirkungsgrads mit der Aufwandszahl $e_{H,g}$ gerechnet.

Befindet sich der Wärmeerzeuger im beheizten Bereich, fallen die Wärmeverluste geringer aus, da ein Teil der Abwärme der Beheizung des Raumes dient.

Verluste bei der Speicherung $q_{H,s}$

Aus Gründen der Wirtschaftlichkeit ist es – je nach Heizsystem – sinnvoll, die erzeugte Wärme in einem Wärmespeicher zwischen zu speichern, bevor sie an ihren Bestimmungsort weitergeleitet wird. Durch Wärmeabgabe des Speichermediums an seine Umwelt geht aber ein Teil der gespeicherten Wärme wieder verloren.

Wenn der Wärmespeicher sich im beheizten Bereich befindet, werden keine Wärmeverluste angesetzt, da diese zur Beheizung des Raumes genutzt werden können.

Verluste bei der Verteilung $q_{H,d}$

Bei der Verteilung der erzeugten Wärme im Gebäude durch die Wärmeträger Wasser oder Luft entstehen Wärmeverluste durch Wärmeabgabe in den Leitungswegen an die Umwelt. Diese müssen durch Wärmedämmung möglichst gering gehalten werden. Wenn sich die Leitungswege überwiegend im beheizten Raum befinden, fallen diese wesentlich geringer aus, weil ein Teil der Wärme für die Beheizung des Raumes genutzt werden kann.

Verluste bei der Wärmeübergabe $q_{H,ce}$

Je nach Wärmetauscher und deren Regelung kann die Wärme mehr oder weniger effizient an den Raum abgegeben werden. Wenn zu viel Wärme oder Wärme zur falschen Zeit an den zu beheizenden Raum abgegeben wird, kann diese nicht effektiv genutzt werden, wodurch Wärmeverluste entstehen.

Auch die Lage des Wärmetauschers ist von Bedeutung, da bei einem Wärmetauscher an der Außenwand ein Teil der Wärme an die Außenwände abgegeben wird.

Berechnung der Anlagenverluste für den Heizwärmebedarf

Siehe „Anlagenaufwandszahl e_P nach DIN V 4701-10“.

Gewinne aus der Umwelt für den Heizwärmebedarf

Bedeutung

Wird dem Heizsystem aus der Umwelt gewonnene Energie zugeführt, muss diese nicht mehr vom Heizsystem erzeugt werden. Die benötigte Endenergie verringert sich also um die aus der Umwelt gewonnene Energie. Als Umweltenergie stehen Sonnenenergie und Erdwärme zur Verfügung.

Die Sonnenenergie kann direkt oder indirekt genutzt werden. Eine direkte Nutzung erfolgt in der Regel durch Kollektoren, in denen Luft oder Wasser durch Sonneneinstrahlung erwärmt und an das Heizsystem weitergeleitet werden.

Eine indirekte Nutzung der Sonnenenergie ist über die Luft, das Erdreich oder das Grundwasser möglich. Diese werden von der Sonne aufgeheizt und speichern die Wärme mehr oder weniger konstant. Durch Wärmepumpen kann diesen die Wärme entzogen und dem Heizsystem zugeführt werden.

Als zweite Umweltenergie steht Wärme aus dem Erdinneren zur Verfügung, welche durch Erdwärmetauscher oder durch Wärme aus heißen Quellen genutzt werden kann.

Berechnung und Normung

neue Heizungsanlagen nach DIN V 4701-10
alte Heizungsanlagen nach DIN 4701-12

Endenergie für den Heizwärmebedarf $Q_{H,E}$ ($q_{H,E}$) (DIN V 4701-10)

Bedeutung

Der Endenergiebedarf $Q_{H,E}$ ist die Energiemenge, die dem Heizsystem zur Deckung des Heizwärmebedarfs zugeführt werden muss. Als Energieträger stehen Erdöl, Erdgas, Strom, Holz und diverse andere regenerative Energieträger zur Verfügung.

Formel – Einheit

$q_{H,E} = [q_h - (q_{h,TW} + q_{h,L}) + q_{H,ce} + q_{H,d} + q_{H,s}] \cdot e_{H,g}$ kWh/(m²a)

$Q_{H,E} = q_{H,E} \cdot A_N$

$Q_{H,E}$	= Heiz-Endenergiebedarf	kWh/a
$q_{H,E}$	= Heiz-Endenergiebedarf	kWh/(m²a)
q_h	= Jahresheizwärmebedarf	kWh/(m²a)
$q_{h,TW}$	= Heizwärmegutschrift aus Trinkwasserverteilung ($q_{TW,d}$)	kWh/(m²a)
$q_{h,L}$	= Heizwärmegutschrift aus Lüftungsanlagen ($q_{L,d}$)	kWh/(m²a)
$q_{H,ce}$	= Wärmeübergabeverluste	kWh/(m²a)
$q_{H,d}$	= Wärmeverteilerverluste	kWh/(m²a)
$q_{H,s}$	= Wärmespeicherverluste	kWh/(m²a)
e_g	= Aufwandszahl der Heizung	

Hilfsenergie:

$q_{H,HE,E} = q_{H,ce,HE} + q_{H,d,HE} + q_{H,s,HE} + q_{H,g,HE}$ kWh/(m²a)

$q_{H,HE,E}$	= Hilfsendenergiebedarf	kWh/(m²a)
$q_{H,ce,HE}$	= Hilfsenergiebedarf bei Wärmeübergabe	kWh/(m²a)
$q_{H,d,HE}$	= Hilfsenergiebedarf bei Wärmeverteilung	kWh/(m²a)
$q_{H,s,HE}$	= Hilfsenergiebedarf bei Wärmespeicherung	kWh/(m²a)
$q_{H,g,HE}$	= Hilfsenergiebedarf bei Wärmeerzeugung	kWh/(m²a)

Mithilfe der in DIN V 4701-10, Anhang A vorhandenen Berechnungsblätter können $Q_{H,E}$ und $Q_{HE,E}$ für den Nachweis nach EnEV bestimmt werden.

Normung

neue Heizungsanlagen nach DIN V 4701-10
alte Heizungsanlagen nach DIN 4701-12

Anlagenverluste für den Prozessbereich Trinkwassererwärmung (DIN V 4701-10)

Bedeutung

Damit an den Wasserhähnen Warmwasser zur Verfügung steht (Q_W bzw. Q_{TW}), muss dies durch ein Heizsystem erzeugt werden. Die hierfür benötigte Energie nennt man Endenergie $Q_{TW,E}$. Befindet sich das Heizsystem nicht an der Zapfstelle, wo das Warmwasser entnommen wird, muss dieses durch ein Leitungssystem vom Wärmeerzeuger zur Zapfstelle transportiert werden. Um den Wirkungsgrad der Heizungsanlage zu erhöhen, ist es je nach Heizsystem sinnvoll, das erzeugte Warmwasser zu speichern, bevor es weitergeleitet wird. Bei der Erzeugung, Speicherung und Verteilung des Warmwassers entstehen Wärmeverluste.

Verluste bei der Trinkwassererwärmung $e_{TW,g}$

Hier entstehen Wärmeverluste u. a. durch Wärmeabstrahlung von Brenner und Kessel und durch Abgabe warmer Abgase an die Außenluft.

Die Wärmeverluste bei der Erzeugung können über den Wirkungsgrad des Heizsystems bestimmt werden. In der DIN V 4701-10 wird der Wirkungsgrad als Aufwandszahl $e_{TW,g}$ bezeichnet. Der Wirkungsgrad sagt aus, wie viel von der zugeführten Energie $Q_{TW,E}$ (Endenergie) durch das Heizsystem in nutzbare Wärme umgewandelt werden kann.

Befindet sich der Wärmeerzeuger im beheizten Bereich, so fallen die Wärmeverluste geringer aus, da ein Teil der Abwärme der Beheizung des Raumes dient.

Verluste bei der Speicherung $q_{TW,s}$

Aus Gründen der Wirtschaftlichkeit ist es – je nach Heizsystem – sinnvoll, das erzeugte Warmwasser in einem Warmwasserspeicher zwischenzuspeichern, bevor es an den Bestimmungsort weitergeleitet wird. Durch Wärmeabgabe des Speichermediums an seine Umwelt geht aber ein Teil der gespeicherten Wärme wieder verloren.

Wenn der Wärmespeicher sich im beheizten Bereich befindet, werden keine Wärmeverluste angesetzt, da diese zur Beheizung des Raumes genutzt werden können (Heizwärmegutschrift $q_{h,TW}$).

Verluste bei der Verteilung $q_{TW,d}$

Bei der Verteilung des Warmwassers im Gebäue entstehen Wärmeverluste durch Wärmeabgabe in den Leitungswegen an die Umwelt. Diese müssen durch Wärmedämmung möglichst gering gehalten werden. Wenn sich die Leitungswege überwiegend im beheizten Raum befinden, kann diese Wärme für die Beheizung des Raumes genutzt werden (Heizwärmegutschrift $q_{h,TW}$).

Berechnung der Anlagenverluste für die Trinkwasserbereitung

Siehe „Anlagenaufwandszahl e_P nach DIN V 4701-10“.

Gewinne aus der Umwelt für die Trinkwassererwärmung

Siehe „Gewinne aus der Umwelt für den Heizwärmebedarf“.

Endenergie für die Trinkwassererwärmung $Q_{TW,E}$ ($q_{TW,E}$) (DIN V 4701-10)

Bedeutung

Der Endenergiebedarf $Q_{TW,E}$ ist die Energiemenge, die dem Heizsystem zur Deckung des Trinkwasserbedarfs zugeführt werden muss. Als Energieträger stehen Erdöl, Erdgas, Strom, Holz und diverse andere regenerative Energieträger zur Verfügung.

Berechnung

$q_{TW,E} = (q_{tw} + q_{TW,d} + q_{TW,s}) \cdot e_{TW,g}$ kWh/(m²a)

$Q_{TW,E} = q_{TW,E} \cdot A_N$

$Q_{TW,E}$	= Trinkwasser-Endenergiebedarf	kWh/a
$q_{TW,E}$	= Trinkwasser-Endenergiebedarf	kWh/(m²a)
q_{tw}	= Jahrestrinkwasserbedarf	kWh/(m²a)
$q_{TW,d}$	= Wärmeverteilerverluste Trinkwasser	kWh/(m²a)
$q_{TW,s}$	= Wärmespeicherverluste Trinkwasser	kWh/(m²a)
$e_{TW,g}$	= Aufwandszahl der Heizung für Trinkwasser	

Hilfsenergie:

$q_{TW,HE,E} = q_{TW,ce,HE} + q_{TW,d,HE} + q_{TW,s,HE} + q_{TW,g,HE}$ kWh/(m²a)

$q_{TW,HE,E}$	= Hilfsendenergiebedarf	kWh/(m²a)
$q_{TW,ce,HE}$	= Hilfsenergiebedarf bei Trinkwasserübergabe	kWh/(m²a) in der Regel „0“
$q_{TW,d,HE}$	= Hilfsenergiebedarf bei Trinkwasserverteilung	kWh/(m²a)
$q_{TW,s,HE}$	= Hilfsenergiebedarf bei Trinkwasserspeicherung	kWh/(m²a)
$q_{TW,g,HE}$	= Hilfsenergiebedarf bei Trinkwassererwärmung	kWh/(m²a)

Mithilfe der in DIN V 4701-10, Anhang A vorhandenen Berechnungsblätter können $Q_{W,E}$ und $Q_{W,HE,E}$ für den Nachweis nach EnEV bestimmt werden.

Normung

neue Heizungsanlagen nach DIN V 4701-10
alte Heizungsanlagen nach DIN 4701-12

Anlagenverluste für den Prozessbereich Lüftungsanlagen (DIN V 4701-10)

Bedeutung

Werden Lüftungssysteme zur Deckung des Heizwärmebedarfs eingesetzt, so müssen auch hier, je nach Lüftungssystem, Wärmeverluste bei der Verteilung und Übergabe an den Raum berücksichtigt werden.

Jahresheizarbeit $q_{L,g}$

In der DIN V 4701-10 werden drei Systeme unterschieden, mit denen Lüftungsanlagen Wärme erzeugen können:

- durch Abluft-Zuluft-Wärmeübertragung
- durch Abluft-Zuluft-Wärmepumpen
- durch Heizregister

Die Jahresheizarbeit der Lüftungsanlage ist abhängig vom System und der Anlagenluftwechselzahl n_A. Der hierfür notwendige Aufwand wird über den Wirkungsgrad der Anlage bestimmt. In der DIN V 4701-10 wird anstelle des Wirkungsgrads die Aufwandszahl e_L angesetzt.

Verluste bei der Wärmeverteilung $q_{L,d}$

Bei der Verteilung der erwärmten Luft im Gebäude entstehen Wärmeverluste durch Wärmeabgabe der Luftkanäle an die Umwelt. Diese sollten durch Wärmedämmung möglichst gering gehalten werden. Wenn sich die Luftkanäle überwiegend in beheizten Räumen befinden, kann diese Wärme für die Beheizung des Raumes genutzt werden (Heizwärmegutschrift $p_{h,L}$).

Verluste bei der Wärmeübergabe $q_{L,ce}$

Je nach Anordnung der Luftauslässe und deren Regelung kann die Wärme mehr oder weniger effizient an den Raum abgegeben werden. Wenn zu viel Wärme oder Wärme zur falschen Zeit an den zu beheizenden Raum abgegeben wird, kann diese nicht effektiv genutzt werden, wodurch Wärmeverluste entstehen.

Auch die Lage der Luftauslässe ist von Bedeutung, da diese an den Außenwänden einen Teil der Wärme nach außen abgeben.

Berechnung

Siehe „Anlagenaufwandszahl e_P nach DIN V 4701-10“.

Endenergie für Lüftungsanlagen $Q_{L,E}$ ($q_{L,E}$) (DIN V 4701-10)

Bedeutung

Der Endenergiebedarf $Q_{L,E}$ ist die Energiemenge, die aufgewendet werden muss, um eine bestimmte Heizwärmemenge in die zu beheizenden Räume liefern zu können.

Diese kann mithilfe der DIN V 4701-10 berechnet werden.

Berechnung

$q_{h,L} = q_{L,g} - q_{L,d} - q_{L,ce} - q_{h,n}$ kWh/(m²a)

$q_{h,L}$	= Lüftungsbeitrag am Q_h	
$q_{L,E}$	= $q_{L,g} \cdot e_{L,g}$	
$Q_{L,E}$	= $q_{L,E} \cdot A_N$	kWh/a
$Q_{L,E}$	= Heizwärme-Endenergiebedarf Lüftung	kWh/a
$q_{L,E}$	= Heizwärme-Endenergiebedarf Lüftung	kWh/(m²a)
q_L	= Jahresheizarbeit Lüftung	kWh/(m²a)
$q_{L,d}$	= Wärmeverteilerverluste Lüftung	kWh/(m²a)
$q_{L,ce}$	= Wärmeübergabeverluste Lüftung	kWh/(m²a)
$q_{h,n}$	= Luftwechsel-Korrekturfaktor	kWh/(m²a)
$e_{L,g}$	= Wirkungsgrad der Lüftung	

Hilfsenergie:

$q_{L,HE,E} = q_{L,ce,HE} + q_{L,d,HE} + q_{L,g,HE}$ kWh/(m²a)

$q_{L,HE,E}$	= Hilfsendenergiebedarf	kWh/(m²a)
$q_{L,ce,HE}$	= Hilfsenergiebedarf für Wärmeübergabe	kWh/(m²a)
$q_{L,d,HE}$	= Hilfsenergiebedarf bei Verteilung	kWh/(m²a)
$q_{L,g,HE}$	= Hilfsenergiebedarf bei Wärmegewinnung	kWh/(m²a)

Mithilfe der in DIN V 4701-10, Anhang A vorhandenen Berechnungsblätter können $Q_{L,E}$ und $Q_{L,HE,E}$ für den Nachweis bestimmt werden.

Normung

neue Heizungsanlagen nach DIN V 4701-10
alte Heizungsanlagen nach DIN 4701-12

Hilfsenergie HE (DIN V 4701-10)

Bedeutung

Hilfsenergie ist diejenige Energie, die zum Betreiben der Anlagentechnik notwendig ist. Alle Geräte wie Brenner, Pumpen, Steuerung etc. benötigen zum Betrieb elektrische Energie. Je nach Anlagentechnik kann diese einen mehr oder weniger großen Teil der gesamten Energiemenge ausmachen. Bei der Bestimmung des Gesamtenergiebedarfs muss also auch die notwendige Hilfsenergie berücksichtigt werden.

Berechnung

Siehe „Anlagenaufwandszahl e_P nach DIN V 4701-10“.

Normung

neue Heizungsanlagen nach DIN V 4701-10
alte Heizungsanlagen nach DIN 4701-12

9.3 Warmwasserbereitung Q_W

Weil der Warmwasserbedarf sehr individuell vom Bewohner abhängig und dadurch schwer zu bestimmen ist, wird dieser in der DIN V 4108-6 und DIN V 18599-2 in Abhängigkeit einer Bezugsfläche bestimmt.

a) nach DIN V 4701-10

Q_w = 12,5 kWh/(m²a) · A_N kWh/a

A_N = beheizte Nutzfläche = 0,32 · V_e m²

Ein genauer Wert lässt sich nach DIN V 4108-6, Abschnitt 5.4 in Abhängigkeit der erforderlichen Wassermenge und der Wassertemperaturdifferenz errechnen.

$Q_w = (\rho c)_w \cdot V_w \cdot \Delta\theta$ kWh

$(\rho c)_w$ = Volumenspezifische Wärmekapazität des Wassers = 1,161 kWh/(m³ · K)
V_w = Volumen des warmen Wassers im Betrachtungszeitraum
$\Delta\theta$ = 40 K

b) nach DIN V 18599-10, Tabelle 4

Bei Einfamilienhäuser EFH:

$q_{w,b}$ = 11 kWh/(m²a) bezogen auf Nutzfläche

Bei Mehrfamilienhäuser MFH:

$q_{w,b}$ = 15 kWh/(m²a) bezogen auf Nutzfläche

Als Bezugsfläche ist hier die beheizte Nutzfläche A_{NGF} anzusetzen.

Der monatliche Nutzenergiebedarf für Trinkwasser $Q_{w,b}$ ist nach Tabelle 4 wie folgt zu bestimmen:

$Q_{w,b} = q_{w,b} / 365 \cdot d_{w,mth} \cdot A_{NGF}$ kWh/mth
(DIN V 18599-10, Tabelle 4)

9.4 Heizwärmebedarf Q_h

Bedeutung

Q_h kennzeichnet die energetische Qualität des Gebäudekonzeptes (Passivkonzept). Laut Definition der DIN V 4108-6 ist *„Heizwärmebedarf der rechnerisch ermittelte Wärmeeintrag über ein Heizsystem, der zur Aufrechterhaltung einer bestimmten mittleren Raumtemperatur in einem Gebäude oder einer Zone eines Gebäudes benötigt wird. Dieser Wert wird auch als Netto-Heizenergiebedarf bezeichnet".*

In der EnEV ist der Heizwärmebedarf Q_h nur ein Zwischenwert zur Berechnung des als Vergleichswert dienenden Primärenergiebedarfs Q_p.

Q_h errechnet sich aus der Differenz der Wärmeverluste und der Wärmegewinne.

a) nach DIN V 4108-6

$Q_{h,M} = Q_{l,M} - \eta_M Q_{g,M}$ kWh/Monat

$Q_{l,M}$ = monatliche Wärmeverluste
η_M = monatlicher Ausnutzungsgrad der Wärmegewinne
$Q_{g,M}$ = monatliche Wärmegewinne kWh/Monat

Wärmeverluste:

$Q_{l,M} = (H_T + H_V) \cdot 0{,}024\ (\theta_i - \theta_{c,M}) \cdot t_M$ kWh/Monat

$H_T + H_V$ = spezifische Wärmeverluste W/K
0,024 = Umrechnungsfaktor von Watt und Tagen kWh
$\theta_i - \theta_{c,M}$ = Temperaturdifferenz zwischen Innenlufttemperatur θ_i und der Monatsmitteltemperatur der Außenluft $\theta_{c,M}$ eines Monats K
t_M = Anzahl der Tage des betreffenden Monats

Wärmegewinne:

$Q_{g,M} = (\Phi_{s,M} + \Phi_{i,M}) \cdot 0{,}024 \cdot t_M$ kWh/Monat

$\Phi_{s,M}$ = mittlerer monatlicher solarer Strahlungsgewinn W
$\Phi_{i,M}$ = mittlere monatliche interne Wärmeleistung aus internen Wärmequellen W
$\Phi_{i,M} = q_{i,M} \cdot A_B$ W
$q_{i,M}$ = flächenbezogene interne Wärmeleistung im Monat W/m^2
A_B = Bezugsfläche m^2

b) nach DIN V 18599-2

$Q_{h,b} = Q_{sink} - \eta \cdot Q_{source}$ kWh/Monat

Erläuterung:
Der Heizwärmebedarf $Q_{h,b}$ wird aus den Wärmesenken Q_{sink} (Wärmeverlusten) abzüglich der nutzbaren Wärmequellen (Wärmegewinne) $\eta \cdot Q_{source}$ berechnet.

$Q_{h,b}$ = Nutzwärmebedarf kWh
η_M = Ausnutzungsgrad der Wärmequellen –
Q_{sink} = Summe aller Wärmesenken kWh
Q_{source} = Summe aller Wärmequellen kWh

Wärmesenken:

$Q_{sink} = Q_T + Q_V + Q_S$ kWh

Q_{sink} = Summe der Wärmesenken der Gebäudezone
Q_T = Transmissionswärmesenken
Q_V = Lüftungswärmesenken
Q_S = Wärmesenken durch Abstrahlung unter Berücksichtigung der solaren Einstrahlung

Wärmequellen:

$Q_S = \sum Q_{S,tr} + \sum Q_{S,op}$ kWh

$Q_{S,tr}$ = Wärmeeinträge über solare Einstrahlung über transparente Bauteile
$Q_{S,op}$ = Wärmeeinträge durch solare Einstrahlung auf opake Flächen

Temperaturdifferenz $\Delta\theta$

Bedeutung

Die Größe der Temperaturdifferenz $\Delta\theta$ wird zur Berechnung der Wärmeverluste Q_l aus den spezifischen Wärmeverlusten H_T und H_V benötigt. Sie ergibt sich aus der für die Untersuchung festgelegte Innentemperatur θ_i und der innerhalb eines definierten Zeitraums (Monat oder Heizperiode) geltenden mittleren Außentemperatur θ_e.

$\Delta\theta$ ist die Differenz zwischen der Lufttemperatur innen θ_i und der Lufttemperatur außen θ_e.

Berechnung

Für das MB-V sind nach EnEV 2014, auch bei Berechnung nach DIN V 4108-6 die Monatsmitteltemperaturen der Außenluft θ_e nach DIN V 18599-10, Tabelle E.1 zu verwenden. Als Referenzort ist **Potsdam** anzusetzen:

Monat	Jan.	Feb.	Mrz.	Apr.	Mai	Juni	Juli	Aug.	Sep.	Okt.	Nov.	Dez.
θ_e	1,0	1,9	4,7	9,2	14,1	16,7	19,0	18,6	14,3	9,5	4,1	0,9

Im Jahresmittel: 9,5 °C

Symbol und Einheit

$\Delta\theta$ in K

Temperaturdifferenz in K

Normung

DIN V 18599-10

Heizgrenztemperatur θ_{ed}

Bedeutung

Die Heizgrenztemperatur θ_{ed} kennzeichnet die Außentemperatur, bei der die Heizperiode beginnt bzw. wieder endet.

Symbol – Einheit

θ_{ed} in °C nach DIN V 4108-6, Abschnitt 5.5.2.2

Heizgrenztemperatur in °C

Die Heizgrenztemperatur dient zur Festlegung von Anfang und Ende der Heizperiode im HP-V. Diese ist jedoch in der EnEV 2009 nicht mehr als Rechenverfahren zulässig.

θ_{ed} nach EnEV = 10 °C nach DIN V 4108-6, Abschnitt 5.5.2.2

Für das MB-V ergibt sich die Heizgrenztemperatur aus dem Verhältnis von Wärmegewinn und Wärmeverlust.

$$\theta_{ed} = \theta_i - \eta_o\, Q_{g,M}/(H_{M,tM} \cdot 0{,}024) \qquad °C$$

θ_{ed}	=	Heizgrenztemperatur	
θ_i	=	Lufttemperatur innen	
η_o	=	Außennutzungsgrad bei einem Wärmegewinn-/Verlustverhältnis $\gamma = 1$	
$Q_{g,M}$	=	monatlicher Wärmegewinn	kWh
$t_{,M}$	=	Anzahl der Tage eines Monats	
H_M	=	Temperaturspezifischer Wärmeverlust pro Monat	W/K

Normung

DIN V 4108-6

Geografische Lage

Bedeutung

Die geografische Lage eines Gebäudes hat einen erheblichen Einfluss auf den Energieverbrauch.

Bei der Berechnung des Wärmebedarfs ergibt sich die Größe der Transmissions- und Lüftungswärmeverluste Q_T und Q_V aus der Größe der Temperaturdifferenz $\Delta\theta$ zwischen Innen- und Außenluft. Innerhalb der für Deutschland angegebenen Referenzzonen schwankt $\Delta\theta$ im Jahresmittel um 7,3 K.

In der DIN V 18599-10:2011-12, Tabelle E.1 sind für den kältesten Referenzort Fichtelgebirge und den wärmsten Ort Mannheim folgende Mitteltemperaturen angegeben:
Jahresmitteltemperatur:

Fichtelgebirge	3,8 °C
Mannheim	11,1 °C

Tiefstes Monatsmittel im Januar:

Fichtelgebirge	-3,3 °C
Mannheim	+2,4 °C

Auch für das Strahlungsangebot zur Berechnung der solaren Wärmegewinne gibt es erhebliche Unterschiede.

Durchschnittliche Strahlungsintensität im Jahresmittel, Südrichtung und Neigung 90° zum Horizont:

Hamburg	2217 W/m²
Garmisch-Partk.	2617 W/m²

Genaue Werte enthält DIN V 18599-10, Anhang E.

Für den Energieausweis nach EnEV wird ein für Deutschland geltender Mittelwert festgelegt, der dem Referenzklima von Potsdam (Bezugsstandort) entspricht. Siehe hierzu DIN V 18599-10, Tabelle E.6.

Bezeichnung – Einheit

Strahlungsangebot	I_s in W/m²
Außenlufttemperatur	θ_e in °C

Verordnung – Normung

Für eine genaue Bilanzierung sind in der DIN V 18599-10, Anhang E. für 15 Referenzregionen die durchschnittliche monatliche Strahlungsintensität und die Außenlufttemperaturen angegeben. Diese detaillierten Werte gelten jedoch nicht für die Bilanzierung nach EnEV.

Der nach EnEV zu erstellende Energieausweis dient nur zur Beurteilung der energetischen Qualität eines Gebäudes und muss deshalb mit anderen Gebäuden vergleichbar sein. Hierzu sind nach EnEV die Randbedingungen nach DIN V 18599-10, Tabelle E.6 zu verwenden.

Wärmestrom und Transmissionswärmeverluste

Bedeutung

Vom Heizkörper weg fließt durch die Außenbauteile ein Wärmestrom Φ (phi) (in W). Die während eines Bezugszeitraumes, z. B. einer Heizperiode, durch die Außenbauteile abfließende Wärmemenge wird als Transmissionsverlust Q_T (in kWh) bezeichnet, $Q_T = \Phi \cdot t$. Der Transmissionsverlust ist proportional zum Wärmestrom und zur Heizdauer, andererseits proportional zur verbrauchten Brennstoffmenge.

Q_T ist also ein anschaulicher Vergleichswert, weil er sich einfach in eine Brennstoffmenge umrechnen lässt:

10 kWh entsprechen dem Brennwert von ca. 1 l Heizöl oder 1 m^3 Erdgas.

Q_T ist proportional zum Gradtagzahlfaktor F_{Gt}, in dem die Einflüsse von Heizdauer und Temperaturdifferenz zusammengefasst sind. Damit kann der spezifische Transmissionswärmeverlust H_T definiert werden:

$Q_T = F_{Gt} \cdot H_T$ kWh/a

$H_T = Q_T/F_{Gt}$ W/K

Der Transmissionswärmeverlust Q_T ist das Produkt aus dem Gradtagzahlfaktor F_{Gt} und dem spezifischen Transmissionswärmeverlust H_T.

Für die Energiebilanz nach EnEV ist der Q_T-Wert nicht erforderlich. Die Berechnung des Jahresheizwärmebedarfs erfolgt direkt aus den spezifischen Wärmeverlusten H_T. In den Rechenbeispielen wird Q_T stellenweise wegen seiner Anschaulichkeit weiterhin verwendet.

Normung

Q_T ist in den zur EnEV gehörenden Normen nicht mehr beschrieben.

Spezifischer Transmissionswärmeverlust H_T

Bedeutung

H_T kennzeichnet die Größe des Wärmestroms, der ab dem Wärmeübergabegerät (z. B. Heizkörper) durch die Wärme übertragenden Umfassungsflächen A fließt, wenn die Temperaturdifferenz zwischen Innen- und Außenluft 1 K beträgt.

H_T spiegelt die energetische Qualität der Gebäudehülle wieder. Da der nach EnEV einzuhaltende Primärenergiebedarf sowohl von der Qualität der Heizanlage als auch der energetischen Qualität der Gebäudehülle abhängt, wäre es denkbar, dass bei einem Einsatz hochwertiger Heizanlagen die Wärmedämmung an der Gebäudehülle unterdimensioniert wird.

Um dies zu vermeiden, sind für den auf die Wärme übertragenden Begrenzungsflächen bezogenen H_T'-Wert-Mindestwerte vorgegeben. Das Symbol H_T' bezeichnet den flächenbezogenen temperaturspezifischen Wärmestrom, bezogen auf die Umfassungsfläche A:

$H_T' = H_T/A$ W/(m² · K)

Tabelle 9.4: Zulässiges H_T' nach EnEV Anlage 1 Tabelle 2

Zeile	Gebäudetyp		Höchstwert des spezifischen Transmissionswärmeverlusts
1	frei stehendes Wohngebäude	mit $A_N \leq 350$ m²	$H_T' = 0{,}40$ W/(m² · K)
		mit $A_N > 350$ m²	$H_T' = 0{,}50$ W/(m_2 · K)
2	einseitig angebautes Wohngebäude		$H_T' = 0{,}45$ W/(m² · K)
3	alle anderen Wohngebäude		$H_T' = 0{,}65$ W/(m² · K)
4	Erweiterungen und Ausbauten von Wohngebäuden gemäß § 9 Absatz 5		$H_T' = 0{,}65$ W/(m² · K)

„Ab dem 1. Januar 2016 darf der spezifische, auf die wärmeübertragende Umfassungsfläche bezogene Transmissionswärmeverlust eines zu errichtenden Wohngebäudes das 1,0fache des entsprechenden Wertes des jeweiligen Referenzgebäudes nicht überschreiten. Die jeweiligen Höchstwerte der Tabelle 2 dürfen dabei nicht überschritten werden.“

a) Berechnung nach DIN V 4108-6

$H_T = \sum U_i \cdot A_i + H_U + L_S + H_{WB} + \Delta H_{T,FH}$ W/K

$U_i \cdot A_i$ = Wärmeverluste über Bauteile zur Außenluft
H_U = Transmissionswärmeverluste über Flächen zu unbeheizten Räumen
L_S = Wärmeverluste über Bauteile, die an das Erdreich grenzen
H_{WB} = Wärmebrückenverluste über Wärmebrücken
$\Delta H_{T,FH}$ = Wärmeverluste von Bauteilen mit Flächenheizung

b) Berechnung nach DIN V 18599-2

$Q_T = \sum H_{T,j} \cdot (\vartheta_i - \vartheta_j)\, t$ kWh
(Formel 7.1)
(DIN V 18599-2, Gleichung 12)

$H_{T,j}$ = Transmissionswärmetransferkoeffizient zwischen der betrachteten Gebäudezone und einem angrenzenden Bereich
ϑ_i = 20 °C – die Bilanz-Innentemperatur der Gebäudezone (DIN V 18599-10, Tabelle 4)
ϑ_j = durchschnittliche monatliche Außentemperatur bzw. die durchschnittliche Temperatur in einer angrenzenden Zone
t = Dauer des Berechnungsschritts (t = 24 h)

Der spezifische Transmissionswärmeverlust H_T errechnet sich aus der Summe der H_T-Werte aller Bauteile.

Bezogen auf die gesamte Umfassungsfläche A ergibt sich:

$$H_T' = \frac{H_T}{A} \qquad W/(m^2 \cdot K)$$

Normung

Wärmedurchgangskoeffizient U:
nach EN ISO 6946

Reduktionsfaktoren F_x:
DIN V 4108-6, Tabelle 3
DIN V 18599-2, Tabelle 3

Umfassungsfläche A:
DIN V 18599-1:2011-12, Abschnitt 8
Erläuterungen hierzu siehe Kapitel 2.

Wärmedurchgangskoeffizient U

Bedeutung

Der Wärmedurchgangskoeffizient kennzeichnet die Größe des Wärmestroms, der ab dem Wärmeabgabegerät (z. B. Heizkörper) durch 1 m² eines Bauteils in die Außenluft fließt, wenn die Temperaturdifferenz zwischen Innen- und Außenluft 1 K beträgt.

Der U-Wert ist die wichtigste Kenngröße zur Beurteilung der energetischen Qualität eines Bauteils bezüglich des Energieverbrauchs bei stationärem Temperaturgefälle.

Für die Beurteilung des Raumklimas, bei dem sich durch Auf- und Abheizzeiten instationäre Temperaturverhältnisse ergeben sowie für die Bewertung solarer Wärmegewinne ist auch die Wärmespeicherfähigkeit zu berücksichtigen.

Symbol – Einheit

U in W/(m² · K)
Wärmeübergangskoeffizient

$$U = 1 / R_T \qquad \text{W/(m}^2 \cdot \text{K)}$$

R_T = Wärmedurchgangswiderstand als Summe aller anrechenbaren Wärmedurchlasswiderstände

Für Bauteile aus homogenen Schichten gilt:

$$R_T = R_{si} + \sum_1^n R_n + R_L + R_U + R_{se} \qquad \text{m}^2 \cdot \text{K/W}$$

R_{si} = Wärmeübergangswiderstand innen
R_n = Wärmedurchlasswiderstand der Stoffschichten 1 bis n aus d_n/λ_n
R_L = Wärmedurchlasswiderstand von Luftschichten
R_U = Wärmedurchlasswiderstand von unbeheizten Räumen
R_{se} = Wärmeübergangswiderstand außen

Für Bauteile aus homogenen und inhomogenen Schichten (z. B. Sparrendächer mit Zwischensparrendämmung) kann nach DIN EN ISO 6946, Abschnitt 6.2 R_T vereinfacht wie folgt berechnet werden:

$$R_T = \frac{R'_T + R''_T}{2}$$

R'_T = oberer Grenzwert des Wärmedurchgangswiderstandes
R''_T = unterer Grenzwert des Wärmedurchgangswiderstandes

Normung

DIN EN ISO 6946

Wärmedurchlasswiderstand R

Bedeutung

Durch eine Materialschicht fließt bei unterschiedlichen Oberflächentemperaturen ein Wärmestrom. Er ist umso geringer, je größer der Wärmedurchlasswiderstand der Schicht ist. Der Wärmedurchlasswiderstand ist abhängig von der Materialart, speziell von der Wärmeleitfähigkeit und der Schichtdicke.

Der Bemessungswert des Wärmedurchlasswiderstandes gibt an, welcher Widerstand von einer Stoffschicht gegenüber dem abfließenden Wärmestrom unter spezifischen Einbaubedingungen als typisch betrachtet werden kann (siehe DIN EN ISO 6946, Abschnitt 5).

Formel – Einheit

a) Wärmedurchlasswiderstand

$$R = \frac{d}{\lambda} \qquad m^2 \cdot K/W$$

d = Dicke der Stoffschicht
λ = Wärmeleitzahl des Stoffes

Der Bemessungswert des Wärmedurchlasswiderstandes berechnet sich aus der Dicke d einer homogenen Stoffschicht, geteilt durch den Bemessungswert für die Wärmeleitfähigkeit dieser Stoffschicht.

b) Wärmedurchlasswiderstand von Luftschichten

Wärmedurchlasswiderstände von ruhenden Luftschichten, die von der Umgebung abgeschlossen sind, werden nach DIN EN ISO 6946 ermittelt.

Anmerkung:

Luftschichten in zweischaligen, hinterlüfteten Außenwänden und in solchen mit hinterlüfteten Verkleidungen sowie die Luftschichten in hinterlüfteten Dächern sind keine ruhenden Luftschichten. Diese Schichten werden mit einem entsprechenden Wärmeübergangswiderstand berücksichtigt.

Bei ruhenden Luftschichten mit mehr als 0,3 m Dicke sollten die Wärmeströme mittels einer Wärmebilanz nach DIN EN ISO 13789 ermittelt werden.

c) Wärmedurchlasswiderstand von kleinen unbeheizten Räumen ohne gedämmte Außenbauteile (z. B. Garagen, Lagerräume, unbeheizte Glasvorbauten)

Diese können vereinfacht nach DIN EN ISO 6946, Abschnitt 5.4 berechnet werden.

$$R_U = A_i / \left[\sum(A_{e,K} \cdot U_{e,k}) + 0{,}33 \cdot nV\right] \qquad m^2 \cdot K/W$$

A_i = Gesamtfläche aller Bauteile zwischen Innenraum und unbeheiztem Raum
$A_{e,k}$ = die Fläche des Bauteiles k zwischen unbeheiztem Raum und Außenumgebung
$U_{e,k}$ = der Wärmedurchgangskoeffizient des Bauteils k zwischen unb. Raum und Außenumgebung [wenn nicht bekannt, $U_{e,k} = 2\ W/(m^2 \cdot K)$]
n = die Luftwechselrate im unbeheizten Raum (wenn nicht bekannt, $n = 3\ h^{-1}$)
V = das Volumen des unbeheizten Raumes, in m^3

Der so ermittelte R_U-Wert ist der Wärmedurchlasswiderstand zwischen der äußeren Oberfläche der Innenwand und der Außenwand. Der äußere Wärmeübergangswiderstand ist nicht enthalten.

Normung:

DIN EN ISO 6946

Wärmeübergangswiderstand innen R_{si}

Bedeutung

Der innere Wärmeübergangswiderstand R_{si} kennzeichnet den Widerstand, der dem Wärmestrom im Bereich zwischen dem Wärmeabgabegerät (z. B. Heizkörper) und der inneren Oberfläche von Außenbauteilen entgegengestellt wird.

Da die Wärme durch Konvektion und Strahlung übertragen wird, ist die Größe des inneren Wärmeübergangswiderstandes zwar auch von den Wärmestrom behindernden Einbauten (Vorhänge, Wandschränke etc.) abhängig, wird aber in den Normen pauschal vorgegeben.

Symbol – Einheit

R_{si} in m² · K/W

innere Wärmeübergangswiderstände

Tabelle 9.5: Wärmeübergangswiderstände innen – nach DIN EN ISO 6946, Tabelle 1

Wärmestrom	m² · K/W
aufwärts	0,10
horizontal	0,13
abwärts horizontal = ±30° zur Horizontalen	0,17

Genauere Berechnung nach DIN EN ISO 6946, Anhang A

In dieser Norm sind Bemessungswerte enthalten, die nur zur Berechnung des Wärmedurchgangskoeffizienten (U-Wert) bei der Berechnung von Wärmeverlusten geeignet sind. Zur Untersuchung der Tauwasserbildung an Bauteiloberflächen sind größere Werte zu verwenden, siehe z. B. DIN 4108-2 sowie DIN 4108, Beiblatt 2.

Bemessungswerte für R_{si} zur Untersuchung der Tauwasserbildung an Bauteiloberflächen:

Wärmestrom alle Richtungen R_{si} = 0,25 m² · K/W

für Fenster nach DIN 4108, Beiblatt 2 R_{si} = 0,13 m² · K/W

Für die Berechnung des Tauwasserausfalls im Inneren von Bauteilen gelten die Werte nach DIN 4108-3.

Tabelle 9.6: Bemessungswerte für R_{si} zur Untersuchung des Tauwasserausfalls im **Inneren** von Bauteilen

Wärmestrom	m² · K/W
aufwärts und horizontal	0,13
abwärts	0,17
abwärts horizontal = ±30° zur Horizontalen	0,17

Normung

DIN EN ISO 6946
DIN 4108-2
DIN 4108-3
DIN 4108, Beiblatt 2

Wärmeübergangswiderstand außen R_{se}

Bedeutung

Der äußere Wärmeübergangswiderstand R_{se} kennzeichnet den Widerstand, der dem Wärmestrom von der äußeren Oberfläche des Bauteils zur Außenluft entgegengesetzt wird. Die Größe dieses Widerstandes ist von der Windgeschwindigkeit und der Abstrahlungsmöglichkeit der Oberfläche abhängig. Wird diese durch hinterlüftete Bekleidungen behindert, vergrößert sich R_{se}.

Symbol – Einheit

R_{se} in m² · K/W

äußerer Wärmeübergangswiderstand

Tabelle 9.7: Bemessungswerte nach DIN EN ISO 6946

Wärmestrom	m² · K/W
aufwärts	0,04
horizontal	0,04
abwärts	0,04
Außenflächen abgedeckt, stark hinterlüftet	$R_{si} = R_{se}$

Für Bauteile mit hinterlüfteter äußerer Abdeckung ist $R_{se} = R_{si}$ (nach DIN EN ISO 6946, Abschnitt 5.2 – stark belüftete Schicht), z. B.:

– zweischaliges Mauerwerk nach DIN 1053 und hinterlüftete Außenwandkonstruktion nach DIN 18516
  R_{se} = 0,13 m² · K/W

– belüftete und nicht belüftete Dächer mit geplanter Zu- und Abluftöffnung
  bis 60° = 0,10 m² · K/W

  > 60° = 0,13 m² · K/W

Bei Innenbauteilen (Trennwände etc.) oder einem Bauteil zwischen dem Innen- und einem unbeheiztem Raum gilt R_{si} auf beiden Seiten.

Bauteile gegen Erdreich bei zulässiger vereinfachter Berechnung mit Temperaturkorrekturfaktor F_x

R_{se} = 0 m² · K/W

Normung

DIN EN ISO 6946

Wärmeleitzahl λ

Bedeutung

Die Wärmeleitzahl ist der Bemessungswert der Wärmeleitfähigkeit eines Baustoffes oder -produktes, die unter spezifischen Einbaubedingungen als typisch angesehen werden kann.

Sie gibt an, welche Wärmemenge durch 1 m² einer 1 m dicken Stoffschicht hindurchfließt, wenn der Temperaturunterschied zwischen der inneren und äußeren Oberfläche 1 K beträgt. Sie gehört zusammen mit der Dicke zu den wichtigsten Kenngrößen für die Bestimmung der Wärmemenge, die durch eine Stoffschicht transportiert wird.

Anmerkung:

Die Wärmeleitzahl λ kann sich durch Produktions- und Baustelleneinflüsse von dem angegebenen Bemessungswert zeitweise erheblich unterscheiden.

Symbol – Einheit

λ in W/(m · K)

Lambda in Watt pro Meter und Kelvin

Normung

Die Messung der Wärmeleitfähigkeit erfolgt im trockenen Zustand bei 10 °C Mitteltemperatur: $\lambda_{10,tr}$

Für wärmeschutztechnische Berechnungen dürfen nur Bemessungswerte verwendet werden, die entsprechend den anerkannten Regeln mit einem Zuschlagswert Z umgerechnet werden.

Angaben über Bemessungswerte der Wärmeleitfähigkeit sind zu finden in:

DIN EN 12524
DIN V 4108 4

Werte für Dämmstoffe:
DIN EN 13162 bis DIN EN 13171

Schichtdicke d

Bedeutung

Die Schichtdicke gehört zusammen mit dem Bemessungswert der Wärmeleitzahl zu den wichtigsten Kenngrößen zur Bestimmung der Wärmemenge, die durch eine Stoffschicht transportiert wird.

Anmerkung:

Die Dicke eines Stoffes kann sich durch Produktions- und Baustelleneinflüsse von der Nenndicke unterscheiden (z. B. unter schwimmenden Estrichen). Es soll die vorhersehbare tatsächliche Dicke angesetzt werden.

Symbol – Einheit

d in m

Dicke in Meter

Normung

Baustoffnormen bzw. Zulassungsbescheide mit Angaben der zulässigen Maßtoleranzen

Temperaturkorrekturfaktor F_X

Bedeutung

Mit dem Temperaturkorrekturfaktor $F_{x,i}$ wird für die vereinfachte Berechnung des Wärmedurchgangskoeffizienten U der Wärmedurchlasswiderstand von Schichten oder Räumen zwischen der Systemgrenze und der Außenluft kompensiert.

a) nach DIN V 4108-6

Tabelle 9.8: Berechnungswerte der Temperaturkorrekturfaktoren F_X von Bauteilen (Quelle: DIN V 4108-6, Tabelle 3)

	1	2	3					
Zeile	**Wärmestrom nach außen über**	F_X	**Temperaturkorrekturfaktor F_X[f]**					
1	Außenwand, Fenster, Decke über Außenluft	F_e	1,0					
2	Dach (als Systemgrenze)	F_D	1,0					
3	Dachgeschossdecke (Dachraum nicht ausgebaut)	F_D	0,8					
4	Wände und Decken zu Abseiten (Drempel)	F_u	0,8					
5	Wände und Decken zu unbeheizten Räumen	F_u	0,5					
6	Wände und Decken zu niedrig beheizten Räumen[e]	F_{nb}	0,35					
	Wände und Fenster zu unbeheiztem Glasvorbau bei einer Verglasung des Glasvorbaus mit:							
7	– Einfachverglasung	F_u	0,8					
8	– Zweischeibenverglasung	F_u	0,7					
9	– Wärmeschutzverglasung	F_u	0,5					
	Bauteile des unteren Gebäudeabschlusses		**B'[a] [m]**					
			<5		**5 bis 10**		**>10**	
			R_f bzw. R_w[b]		**R_f bzw. R_w[b]**		**R_f bzw. R_w[b]**	
	Flächen des beheizten Kellers		≤ 1	> 1	≤ 1	> 1	≤ 1	< 1
10	– Fußboden des beheizten Kellers	$F_G = F_{bf}$	0,30	0,45	0,25	0,40	0,20	0,35
11	– Wand des beheizten Kellers	$F_G = F_{bw}$	0,40	0,60	0,40	0,60	0,40	0,60
			R_f		**R_f**		**R_f**	
			≤ 1	**> 1**	**≤ 1**	**> 1**	**≤ 1**	**> 1**
12	Fußboden[c] auf dem Erdreich ohne Randdämmung	$F_G = F_{bf}$	0,45	0,6	0,4	0,5	0,25	0,35
	Fußboden[c] auf dem Erdreich mit Randdämmung[d]							
13	– 5 m breit, waagerecht	$F_G = F_{bf}$	0,3		0,25		0,2	
14	– 2 m tief, senkrecht	$F_G = F_{bf}$	0,25		0,2		0,15	
	Kellerdecke und Kellerinnenwand:							
15	– zum unbeheizten Keller mit Perimeterdämmung	F_G	0,55		0,5		0,45	
16	– zum unbeheizten Keller ohne Perimeterdämmung	F_G	0,7		0,65		0,55	
17	aufgeständerter Fußboden	F_G	0,9					
18	Bodenplatte von niedrig beheizten Räumen[e]	F_G	0,2	0,55	0,15	0,5	0,1	0,35

a) $B' = A_G/(0{,}5\ P)$ nach Formel (E3);
b) R_f: Wärmedurchlasswiderstand der Bodenplatte; (betrifft Zeile 10, 12, 18) bzw. R_w: Wärmedurchlasswiderstand der Kellerwand; (betrifft Zeile 11) ggf. flächengewichtete Mittelung von R_f und R_w (betrifft Zeile 10, 11)
c) Bei fließendem Grundwasser erhöhen sich die Temperaturkorrekturfaktoren um 15 %.
d) Bei einem Wärmedurchlasswiderstand der Randdämmung > 2 m² · K/W; Bodenplatte ungedämmt; siehe auch Bilder 2 und 3 in DIN EN ISO 13370:1998-12;
e) Räume mit Innentemperaturen zwischen 12 °C und 19 °C;
f) Die Werte (außer Zeile 6 und 12 bis 14) gelten analog auch für Flächen niedrig beheizter Räume.

b) nach DIN V 18599-2, Tabelle 5

Die Tabelle 5 der DIN V 18599-2 ist weitgehend identisch mit der aus der DIN V 4108-6. Der einzige Unterschied ist, dass es in DIN V 18599-2, Tabelle 5 die Zeile 6 nicht gibt.

Umfassungsfläche A

Bedeutung

Die den beheizten Raum einer Temperaturzone begrenzenden, Wärme übertragenden Umfassungsflächen A (Hüllflächen) sind für alle Bauteile mit unterschiedlichem U-Wert und unterschiedlicher Umgebung getrennt zu berechnen. Die Ergebnisse werden auf zwei Stellen hinter dem Komma gerundet.

Die Hüllfläche ist also in Teilflächen mit jeweils einheitlichem U-Wert aufzuteilen. Hierzu wird empfohlen, in den Planvorlagen die Flächen zu kennzeichnen und mit Positionsnummern zu versehen.

Symbol – Einheit

A in m²

Normung

Nach EnEV Anlage 1 Nr. 1.4.1 ist die wärmeübertragende Umfassungsfläche A in m² nach DIN V 18599-1:2011-12, Abschnitt 8 „Außenabmessungen" zu ermitteln, und zwar einschließlich eventuell vorhandener außen liegender Wärmedämmung und, sofern vorhanden, einschließlich Putz.

Hinweis:

Umfassungsflächen zwischen Gebäudeteilen mit gleicher Temperatur (z. B. aneinander gereihte Gebäude) sind nicht „wärmeübertragend" und werden für die Berechnung der Hüllflächen nicht erfasst.

Wärmespeicherung – Wärmekapazität C

Mechanismen

Die Wärmekapazität C (in kJ/K oder in Wh/K; 1 J = 1 Ws; 1 kJ = 0,28 Wh) gibt an, wie viel Arbeit bzw. Wärmeenergie einem Gegenstand zugeführt werden muss, um seine Temperatur um 1 K zu erhöhen. Ein Bauteil mit hoher Wärmekapazität hat also eine große Wärmespeicherfähigkeit; das wirkt sich sowohl auf die Nutzbarkeit der Wärmegewinne wie auch auf das Aufheizverhalten eines Raumes aus.

Die Wärmekapazität ist von der stofflichen Zusammensetzung und der Masse des erwärmten Materials abhängig.

Der Stoffkennwert ist die spezifische Wärmekapazität c [in kJ/(kg · K)]. Er gibt an, welche Energiemenge erforderlich ist, um 1 kg eines einheitlichen Stoffes um 1 K zu erwärmen. Für die Erwärmung von Luft wird Wärmekapazität in Wh/(m³ · K) angegeben.

Die zur Temperaturerhöhung zugeführte Energie wird im erwärmten Gegenstand als kinetische Energie der Teilchen (Atome, Moleküle) als Wärmeschwingungen gespeichert. Wie viel Wärmeenergie gespeichert werden kann, ist von der Anzahl und Bewegungsfähigkeit der Teilchen abhängig.

Auswirkung auf die Energiebilanz

In der Energiebilanz hat die Wärmespeicherfähigkeit der Raumoberflächen einen Einfluss auf den monatlichen Ausnutzungsgrad η_M der solaren und internen Wärmegewinne sowie auf die Wirksamkeit der Nachtabsenkung.

Wird die eingestrahlte Energie bis in die Abendstunden gespeichert, muss weniger geheizt werden. Um die gespeicherte Wärmemenge erfassen zu können, müssen die innere Oberfläche der Räume, die Rohdichte und deren spezifische Wärmespeicherfähigkeit sowie die während der Aufheizung entstehende Eindringtiefe der Wärme ermittelt werden.

Um einen einigermaßen praktikablen Rechenaufwand zu gewährleisten, wurden für das Monatsbilanzverfahren der sogenannte $C_{wirk,\eta}$ in Wh/K eingeführt und hierfür pauschal zwei Werte vorgegeben.

Für die Größe der gespeicherten Wärmemenge ist neben der stoffspezifischen Speicherfähigkeit des Materials auch die Länge der Zeit, in der eine Erwärmung stattfindet, von Bedeutung. Die in einen Raum eingebrachte Wärme bleibt umso länger erhalten, je langsamer sie durch die Außenwände abgegeben wird, und dies ist wiederum von der Dämmqualität des Gebäudes abhängig.

Der Zeitverlauf, in dem ein Gebäude auskühlt oder sich aufheizen lässt, wird mit der Zeitkonstante τ in Stunden h beschrieben.

a) nach DIN V 4108-6, Tabelle D.3

für leichte Gebäude:

$C_{wirk,\eta} = 15\ \text{Wh/(m}^3 \cdot \text{K)} \cdot V_e$ Wh/K

für schwere Gebäude

$C_{wirk,\eta} = 50\ \text{Wh/(m}^3 \cdot \text{K)} \cdot V_e$ Wh/K

b) nach DIN V 18599-2

für leichte Gebäudezonen:

$C_{wirk} = 50\ \text{Wh/(m}^2 \cdot \text{K)} \cdot A_B$ Wh/K

für mittelschwere Gebäude:

$C_{wirk} = 90\ \text{Wh/(m}^2 \cdot \text{K)} \cdot A_B$ Wh/K für schwere Gebäude:

$C_{wirk} = 130\ Wh/(m^2 \cdot K) \cdot A_B$ Wh/K

Leichte Gebäude sind Gebäude in Holztafelbauart ohne massive Innenbauteile, Gebäude mit abgehängten Decken und überwiegend leichten Trennwänden sowie solche mit hohen Räumen (Turnhallen, Museen).

Schwere Gebäude sind Gebäude mit massiven Innen- und Außenwänden ohne untergehängte Decken.

Siehe hierzu auch DIN 4108-2, Abschnitt 8, Tabelle 8.

Die Zeitkonstante τ ergibt sich aus der wirksamen Wärmespeicherfähigkeit C_{wirk} in Wh/K, geteilt durch die spezifischen Wärmeverluste H in W/K.

$\tau = C_{wirk}/H$ h

H = spezifischer Wärmeverlust des Gebäudes, ermittelt aus spezifischem Transmissionswärmeverlust H_T und spezifischem Lüftungswärmeverlust H_V

Wie viel von den eingebrachten Wärmegewinnen für die Verringerung des Heizwärmebedarfs genutzt werden kann, ist somit von der wirksamen Speicherfähigkeit des Gebäudes C_{wirk} und dem Verhältnis aus Wärmegewinn und Wärmeverlust innerhalb eines bestimmten Zeitraumes abhängig; im MB-V innerhalb eines Monats.

Zusammenfassung:

Die Wärmespeicherfähigkeit eines Gebäudes beeinflusst die Nutzbarkeit der Wärmegewinne in Abhängigkeit zum Wärmeverlust.

Auswirkung auf das Aufheizverhalten

Ein von den Nutzern eines Gebäudes zu leistender Beitrag zur Energieeinsparung besteht darin, Räume nur dann auf die Behaglichkeitstemperatur zu erwärmen, wenn sie benutzt werden. Dies trifft nicht nur auf partiell benutzte Veranstaltungsräume, Verwaltungsgebäude, Arbeitsstätten, Schulen, Hotels und Ferienwohnungen zu, sondern auch auf Wohnungen.

Wohnungen werden in Abhängigkeit vom Schlaf- und Arbeitsrhythmus der Bewohner sowie der Aufenthaltsdauer in den einzelnen Räumen unterschiedlich genutzt.

Berufstätige benötigen häufig nur morgens und abends ein paar Stunden einen warmen Wohnraum. Schlafzimmer, Bad und Küche müssen nur sehr kurz beheizt werden, Hobbyräume häufig nur selten.

Sollen solche partiell genutzten Räume nur während des Aufenthalts auf Behaglichkeitstemperatur erwärmt werden, müssen sie kurzfristig aufheizbar sein. Um dies zu ermöglichen, sind große leistungsfähige Heizkörper und Umschließungsflächen mit geringer Wärmespeicherfähigkeit, also geringer Rohdichte, erforderlich.

Hierzu können in Gebäuden mit schweren Bauteilen (z. B. Betondecken, Wohnungstrennwände, außen gedämmte schwere Außenwände) auf deren Innenseite Oberflächenschichten mit geringer Wärmekapazität, wie Holz oder dünne Dämmschichten, aufgebracht werden. Die hierdurch entstehenden Nachteile, wie fehlender Temperaturausgleich im Sommer, schlechtere Wandbefestigung von Gegenständen etc. sind zu berücksichtigen.

Weiterhin ist darauf zu achten, dass es aufgrund der innen liegenden Wärmedämmung nicht zur Tauwasserbildung im Inneren des Bauteils kommt.

Wärmebrückenzuschlag U_{WB}

Bedeutung

Wärmebrücken sind Bereiche, in denen ein größerer Wärmestrom fließt als in den übrigen Bereichen. Die Differenz zwischen der Größe des Wärmestroms in ungestörten und dem in gestörten Bereichen wird bei der Berechnung des spezifischen Transmissionswärmestroms H_T entweder mit einem auf die Gesamtfläche bezogenen pauschalen Wärmebrückenzuschlag oder dem auf 1 m Länge bezogenen Wärmebrückenverlustkoeffizienten berücksichtigt.

Die DIN V 4108-6 unterscheidet hierbei zwischen linearen Wärmebrücken an Gebäudekanten, Laibungen von Fenstern und Türen (Laibungen umlaufend), Wand- und Deckeneinbindungen, Deckenauflagern, wärmetechnisch entkoppelten Balkonplatten und punktförmigen Wärmebrücken, z. B. die Wärmedämmung durchdringenden Befestigungen.

Symbol – Einheit

Wärmebrückenzuschlag	ΔU_{WB}	W/(m² · K)
Wärmebrückenverlustkoeffizient		
linear	ψ	W/(m · K)
punktförmig	χ	W/(m² · K)

In der EnEV werden für die vereinfachte Berechnung des Heizwärmebedarfs in Abhängigkeit der Konstruktion pauschale Wärmebrückenzuschläge ΔU_{WB} vorgegeben (siehe Kapitel 6 „Wärmebrücken").

Der Wärmebrückenzuschlag wird bei der Berechnung des temperaturspezifischen Transmissionswärmeverlustes H_T berücksichtigt.

Dabei ist zu beachten, dass der Wert von 0,05 nur dann verwendet werden darf, wenn **alle** Bauteilanschlüsse der Hüllfläche mit den in DIN 4108, Beiblatt 2 enthaltenen Referenzbildern gleichwertig sind oder dort die angegebenen ψ-Werte nicht überschreiten.

Für das MB-V gilt:

bei Einhaltung der Vorgaben nach DIN 4108, Beiblatt 2

$\Delta U_{WB} = 0{,}05$ W/(m² · K)

ohne Berücksichtigung dieser Vorgaben

$\Delta U_{WB} = 0{,}10$ W/(m² · K)

oder genaue Berechnung, was zu einem niedrigeren ΔU_{WB} führen kann.

Bei bestehenden Wohngebäuden sind nach Anlage 3 Nummer 8.1 Wärmebrücken bei Außenwänden mit Innendämmung wie folgt zu berücksichtigen, wenn mehr als 50 % der Außenwand mit einer innen liegenden Dämmschicht und einbindender Massivdecke versehen ist:

$\Delta U_{WB} = 0{,}15$ W/(m² · K)

Normung

EnEV 2014
DIN EN ISO 10211
DIN 4108, Beiblatt 2
DIN V 4108-6

Lüftungswärmebedarf Q_V

Bedeutung

Der Lüftungswärmeverlust kennzeichnet die Wärmemenge, die innerhalb des Betrachtungszeitraumes für die Erwärmung der Frischluft verbraucht wird.

Q_V ist ein anschaulicherer Vergleichswert als der auf 1 K bezogene spezifische Lüftungswärmeverlust H_V, weil sich der Wert einfach in eine Brennstoffmenge umrechnen lässt.

10 kWh entsprechen dem Brennwert von ca. 1 l Heizöl oder 1 m³ Erdgas.

Für die Energiebilanz nach EnEV ist der Q_V-Wert jedoch nicht erforderlich. Die Berechnung des Jahresheizwärmebedarfs erfolgt direkt aus dem spezifischen Wärmeverlust H_V.

Symbol – Einheit

$Q_V = F_{Gt} \cdot H_V$ kWh/a

Der Lüftungswärmeverlust Q_V ist das Produkt aus dem spezifischen Lüftungswärmeverlust H_V und dem Gradtagzahlfaktor F_{Gt}.

$F_{GT} = (\vartheta_i - \vartheta_e) \cdot t$

Normung

Q_V ist in den zur EnEV gehörenden Normen nicht mehr beschrieben.

Spezifischer Lüftungswärmebedarf H_V

Bedeutung

Die für die Lufthygiene erforderliche sowie die unkontrolliert in ein Gebäude eindringende Frischluft muss erwärmt werden.

Die zu erwärmende Luftmenge ist sowohl von dem Lüftungsverhalten als auch von der Dichtigkeit des Gebäudes abhängig. In der DIN V 4108-6 sind diese Einflüsse einer Luftwechselrate n zusammengefasst.

Nach DIN V 18599-2 wird die Luftwechselrate bezüglich Undichtigkeiten (Infiltration) und Fensterlüftung getrennt berechnet.

a) nach DIN V 4108-6

$H_V = n \cdot V \cdot \rho_L \cdot c_{pL}$ W/K

V = Luftvolumen m³

n = Luftwechselrate
ohne Nachweis der Luftdichtigkeit = 0,7 h^{-1}
mit Nachweis der Luftdichtigkeit = 0,6 h^{-1}

$\rho_L \cdot c_{pL}$ = spezifische Wärmekapazität der Luft = 0,34 Wh/(m³ · K)

Für Ein- und Zweifamilienhäuser

$V = 0{,}76 \cdot V_e$ m³

Sonstige Gebäude

$V = 0{,}80 \cdot V_e$ m³

Raumlufttechnische Anlagen dürfen nach EnEV Anlage 1 Nr. 2.7 nur in Ansatz gebracht werden, wenn

a) die Dichtigkeit des Gebäudes nach Anhang 4 Nr. 2 nachgewiesen wird,

b) mithilfe der Anlage „*der zum Zweck der Gesundheit und Beheizung erforderliche Mindestluftwechsel sichergestellt ist*“.

„Lüftungsanlagen müssen mit Einrichtungen ausgestattet sein, die eine Beeinflussung der Luftvolumenströme jeder Nutzeinheit durch den Nutzer erlauben. Es muss sichergestellt sein, dass die aus der Abluft gewonnene Wärme vorrangig vor der vom Heizsystem bereitgestellten Wärme genutzt wird.“

b) nach DIN V 18599-2

$Q_V = \sum H_{V,k} \cdot (\vartheta_i - \vartheta_k)\, t$ kWh

$H_{V,k}$ = Lüftungswärmetransferkoeffizient für Lüftung von außen oder durch eine Lüftungsanlage

ϑ_i = 20 °C – die Bilanz-Innentemperatur der Gebäudezone (DIN V 18599-10, Tabelle E.1)

ϑ_k = durchschnittliche monatliche Außentemperatur oder durchschnittliche Temperatur der Zuluft der Lüftungsanlage

t = Dauer der Berechnungsschritte 24 h

Lüftungswärmesenken durch Infiltration (Undichtigkeiten)

$Q_{V,inf} = H_{V,inf} \cdot (\vartheta_i - \vartheta_e)\, t$ kWh

$H_{V,inf}$ = Wärmetransferkoeffizient für die Infiltration W/K

ϑ_e = durchschnittliche monatliche Außentemperatur °C (nach DIN V 18599-10, Tabelle E.1)

Der Wärmetransferkoeffizient berechnet sich wie folgt:

$H_{V,inf}$	$= n_{inf} \cdot V \cdot \rho_a \cdot c_{p,a}$	W/K
n_{inf}	= Tagesmittelwert des Infiltrationsluftwechsels	h^{-1}
V	= Nettoraumvolumen	m^3
$c_{p,a}$	= spezifische Wärmekapazität von Luft	Wh/(kg · K)
ρ_a	= Dichte von Luft	kg/m^3
$c_{p,a} \cdot \rho_a$	= 0,34	$Wh/(m^3 \cdot K)$

Bestimmung der Wärmeverluste über Fensterlüftung

$Q_{V,win}$	$= H_{V,win} \cdot (\vartheta_i - \vartheta_e)\, t$	kWh
$H_{V,wind}$	= Wärmetransferkoeffizient für Fensterlüftung	W/K
ϑ_e	= durchschnittliche monatliche Außentemperatur	°C (DIN V 18599-10, Tabelle E.1)

Der Wärmetransferkoeffizient durch Fensterlüftung berechnet sich wie folgt:

$H_{V,win}$	$= n_{win} \cdot V \cdot \rho_a \cdot c_{p,a}$	W/K
n_{win}	= mittlere tägliche Fensterluftwechselrate	h^{-1}
V	= Nettoraumvolumen	m^3
$c_{p,a}$	= spezifische Wärmekapazität von Luft	Wh/(kg · K)
ρ_a	= Dichte von Luft	
$c_{p,a} \cdot \rho_a$	= 0,34	$Wh/(m^3 \cdot K)$

Normung

DIN V 4108-6
DIN V 18599-2

Luftvolumen V

Bedeutung

Die Größe des Luftvolumens ist die Grundlage für die Berechnung des erforderlichen Energiebedarfs zur Erwärmung der in das Gebäude einfließenden Frischluft.

Die genaue Größe ergibt sich, bei freier Lüftung, aus den lichten Raummaßen der beheizten Räume.

Für eine Vergleichbarkeit der wärmeschutztechnischen Nachweise nach EnEV wird das Luftvolumen aus dem beheizten Bruttovolumen mit den unten genannten Anteilfaktoren, ohne Rücksicht auf tatsächlich vorhandene Raumhöhen, errechnet.

Symbol – Einheit

Nach EnEV Anlage 1 Nr. 2.4 wird das zu beheizende Luftvolumen als Nettovolumen näherungsweise mit einem pauschalen Anteil aus dem beheizten Bruttovolumen berechnet.

Für Wohngebäude mit bis zu drei Vollgeschossen gilt:

$$V = 0{,}76 \cdot V_e \qquad m^3$$

Für alle übrigen Gebäude:

$$V = 0{,}80 \cdot V_e \qquad m^3$$

Bei einer maschinellen Lüftung des Gebäudes wird V aus dem Luftvolumenstrom V_f des in Betrieb befindlichen Lüftungssystems und einem zusätzlichen Luftvolumenstrom V_x aus Undichtigkeiten des Gebäudes berechnet.

Normung

Luftvolumen (beheiztes Nettovolumen) nach EnEV Anlage 1 Nr. 2.4

Das beheizte Bruttovolumen ergibt sich aus Abmessungen der wärmeübertragenden Umfassungsflächen nach DIN V 18599-1.

Beheiztes Volumen V_e

Bedeutung

Das beheizte Volumen dient:

a) zur pauschalen Berechnung des Luftvolumens bei der Bestimmung des Lüftungswärmverlustes und

b) zur Bestimmung der Gebäudenutzfläche A_N.

A_N wird bei Berechnung nach DIN V 4108-6 zur Berechnung der internen Wärmegewinne Q_i und des Warmwasserbedarfs Q_W benötigt.

Symbol – Einheit

V_e in m³

Das beheizte Volumen beinhaltet alle Räume, die aufgrund ihrer bestimmungsmäßigen Nutzung direkt sowie auch solche, die durch Raumverbund (z. B. Flure) auf eine Innenlufttemperatur $\theta_i \geq 19$ °C gebracht werden. Das beheizte Gebäudevolumen V_e ist das Volumen, das von der ermittelten wärmeübertragenden Umfassungsfläche A umschlossen wird (siehe EnEV Anhang 1 Abs. 1.4). Die Berechnung erfolgt aus den Außenmaßen.

Normung

Nach EnEV Anlage 1 Nr. 1.3.2 ist die wärmeübertragende Umfassungsfläche A in m² nach DIN V 18599-1 zu berechnen.

Luftwechselrate n

Bedeutung

Eine ausreichende Luftwechselrate ist sowohl für die Qualität der Raumluft als auch für das Abführen der Baufeuchtigkeit von großer Bedeutung.

Insbesondere bei Massivbauweise mit nass hergestellten Baustoffen (Beton, Porenbeton, Kalksandsteinen, mineralischen Putzen und Estrichen) ist davon auszugehen, dass von diesen über einen Zeitraum von ein bis zwei Jahren ab ihrer Herstellung Feuchtigkeit abgegeben wird.

Das pro Stunde zu erwärmende Luftvolumen ergibt sich aus der in der EnEV vorgegebenen Luftwechselzahl n in Abhängigkeit von einer Dichtigkeitsprüfung des Gebäudes.

a) nach DIN V 4108-6

Luftwechselzahl n:

mit Dichtigkeitsprüfung	n	=	0,6	h^{-1}
ohne Dichtigkeitsprüfung	n	=	0,7	h^{-1}

Bei bestehenden Gebäuden mit offensichtlichen Undichtheiten:

$$n = 1{,}0 \quad h^{-1}$$

Anmerkung:

Der Ansatz von $n = 0{,}6\ h^{-1}$ ist nur möglich, wenn eine Dichtigkeitsprüfung mit dem Bauherrn vereinbart wurde.

Maschinelle Lüftung darf nur bei vorgesehener Druckprüfung in Ansatz gebracht werden. Hierbei ergibt sich die Luftwechselrate in Abhängigkeit zur vorgesehenen Anlage mit:

$$n = n_A (1 - \eta_V) + \eta_x$$

n = für die Berechnung von H_V einzusetzende Luftwechselrate

n_A = Anlagenluftwechselrate (nach DIN V 4701-10)
η_V = Nutzungsfaktor des Luft/Luft-Wärmerückgewinnungssystems (nach DIN V 4701-10)
n_x = 0,2 h^{-1} für Zu- und Abluftanlagen bzw. 0,15 h^{-1} für Abluftanlagen

Für η_V werden in der DIN V 4701-10 die Werte 0,6 und 0,8 angegeben.

In DIN V 4701-10 wird eine Mindest-Luftwechselzahl von 0,5 h^{-1} gefordert.

b) nach DIN V 18599-2

Nach DIN V 18599-2 ist zum einem die Luftwechselrate über Undichtigkeit (Infiltrationsluftwechsel) zu bestimmen, die unter anderem von der Dichtheit des Gebäudes abhängig ist, und extra die mittlere tägliche Fensterluftwechselrate.

Luftdichtheit des Gebäudes

Bedeutung

Die zur Berechnung der Lüftungswärmeverluste angegebenen Luftwechselzahlen n gelten nur, wenn das Gebäude entsprechend der DIN 4108-7 luftdicht hergestellt ist:

Symbol – Einheit

Die Luftdichtheit von Gebäuden wird üblicherweise bei einer Druckdifferenz von 50 Pa gemessen. Die sich nach einer Messung ergebende Luftwechselzahl n_{50} errechnet sich aus:

$$n_{50} = \frac{V_{50}}{V} \qquad h^{-1}$$

n_{50} = Luftwechselzahl, die sich bei einem Druckunterschied von 50 Pa zwischen dem Innenraum und der Außenluft ergibt
V_{50} = Leckagestrom, der aus den Messungen berechnete Volumenstrom
V = Luftvolumen des untersuchten Bereichs (Gebäude oder Gebäudeteile)

Normung

Ausführung der Luftdichtheitsebene:
DIN 4108-7

Prüfung der Luftdichtheit:
DIN EN 13829

Solare Wärmegewinne Q_S

Bedeutung

Die solaren Wärmegewinne Q_S können den durch die Fenster entstehenden Transmissionswärmeverlust $Q_{T,W}$ erheblich reduzieren.

Auf der Südseite kann bei Verwendung von Wärmeschutzfenstern mit $U_g < 1{,}0$ W/(m² · K) und entsprechendem g-Wert der solare Gewinn Q_s den Wärmeverlust $Q_{T,W}$ übersteigen. Zur Beurteilung der energetischen Qualität der Befensterung eines Gebäudes ist die Differenz $\Delta Q_{T,W}$ aus dem Transmissionswärmeverlust $Q_{T,W}$ und dem Wärmegewinn Q_S maßgebend.

a) nach DIN V 4108-6

$$\Phi_S = \sum_j I_{s,j} \cdot \sum_j A_{s,ji} \qquad W$$

j = Himmelsorientierung Süd, Nord, Ost, West
i = Bauteil
$I_{s,j}$ = Strahlungsangebot bezogen auf eine Himmelsrichtung W/m²
$A_{s,ji}$ = effektive Kollektorfläche der Fenster m²

b) nach DIN V 18599-2

Bei der Berechnung nach DIN V 18599-2 sind auch die Wärmegewinne über die opaken Bauteile mit zu berücksichtigen.

$$Q_S = \sum Q_{S,tr} + \sum Q_{S,op} \qquad \text{kWh}$$

$Q_{S,tr}$ = Wärmeeinträge über solare Einstrahlung über transparente Bauteile
$Q_{S,op}$ = Wärmeeinträge durch solare Einstrahlung auf opake Flächen

Wärmegewinne über transparente Bauteile:

$$Q_{s,tr} = F_F \cdot A \cdot g_{eff} \cdot I_S \cdot t \qquad \text{kWh}$$

F_F	=	Abminderungsfaktor für den Rahmenanteil	–
F_F	=	0,7, sofern keine genaueren Werte ermittelt werden	–
A	=	Fläche der transparenten Bauteile, lichtes Rohbaumaß	m² (siehe Kapitel 2)
g_{eff}	=	wirksamer Gesamtenergiedurchlassgrad	–
I_S	=	mittlere solare Einstrahlung während eines Monats	W/m² (nach DIN V 18599-10, Tabelle E.6)
t	=	Dauer der Berechnungsschritte	h

Wärmegewinne über opake Bauteile:

$$Q_{s,op} = R_{se} \cdot U \cdot A\,(\alpha \cdot I_S - F_f \cdot h_r \cdot \Delta\vartheta_{er})\,t \qquad \text{kWh}$$

R_{se}	=	äußerer Wärmeübergangskoeffizient	m² · K/W
U	=	Wärmedurchgangskoeffizient	W(m² · K)
A	=	Fläche des Bauteils	m²
α	=	Absorptionskoeffizient	(nach DIN V 18599-2, Tabelle 8)
I_S	=	globale Sonneneinstrahlung	kWh/m² (nach DIN V 18599-20, Tabelle E.6)
F_f	=	Formfaktor zwischen dem Bauteil und dem Himmel	
F_f	=	1,0 für waagrechte Bauteile bis 45 °C	–
F_f	=	0,5 für senkrechte Bauteile ab 45 °C	
h_r	=	äußerer Abstrahlungskoeffizient	W/(m² · K)
$\Delta\vartheta_{er}$	=	mittlere Temperaturdifferenz zwischen Temperatur der Umgebungsluft und der scheinbaren Temperatur des Himmels = 10 K (vereinfachend)	K
t	=	Dauer des Berechnungszeitraums	d

U_w und g-Wert Fenster

Bedeutung

Die Größe des durch ein Fenster nach außen fließenden Wärmestroms ist von dessen Wärmedurchgangskoeffizienten U_W abhängig. Die Größe der Solareinstrahlung des von außen nach innen fließenden Wärmestroms ergibt sich aus dem Gesamtenergiedurchlassgrad g des Glases.

Mit einer Metallbedampfung einer Glasscheibe kann der Strahlungsanteil dieser gegenläufigen Wärmeströme beeinflusst werden. Die Beschichtung wird hierzu so angeordnet, dass jeweils die langwelligen Wärmestrahlen reflektiert werden und möglichst viel der sichtbaren kurzwelligen Strahlung das Glas durchdringt.

Bei Wärmeschutzgläsern werden die langwelligen Strahlen nach innen, bei Sonnenschutzgläsern nach außen reflektiert.

Umso dichter die Metallbedampfung aufgebracht wird, umso besser ist die Reflektion, aber desto weniger kann auch kurzwelliges sichtbares Licht in den Raum eindringen.

Da aber die auf die Materialien des Innenraumes treffende kurzwellige Strahlung von diesen wieder als Wärme gespeichert und als langwellige Strahlung abgegeben wird, ist gerade davon die Größe der Wärmegewinne abhängig.

Die energetische Qualität eines Fensters ist deshalb nur aus der Differenz der entstehenden Wärmeverluste und Wärmegewinne nach folgender Formel zu bewerten:

$$\Delta Q_W = Q_{T,W} - \eta \cdot Q_S$$

η = Ausnutzungsgrad der Wärmegewinne

Formel – Einheit

Der Wärmedurchgangskoeffizient eines Einscheibenglases*) U_W errechnet sich aus den anteiligen U-Werten von Rahmen, Glas und Abstandshalter.

$$U_W = \frac{A_g \cdot U_g + A_f \cdot U_f + L_g \cdot \Psi_g}{A_g + A_f}$$

A_g = Fläche der Verglasung
U_g = Wärmedurchgangskoeffizient
A_f = Fläche des Rahmens
U_f = U-Wert des Rahmens
L_g = Länge des Abstandshalters
ψ_g = längenbezogener Wärmedurchgangskoeffizient infolge des kombinierten wärmetechnischen Einflusses von Abstandshalter, Glas und Rahmen

Die Wärmedurchgangskoeffizienten sind abhängig von der Bauart, speziell von:

U_f-Werte: Profilform und Material der Rahmen

U_g-Werte: Anzahl der Scheiben, Emissionsgrad der Beschichtung, Scheibenabstand und Art der Gasfüllung

ψ-Wert: Rahmenmaterial, Glaszwischenraum, Scheibenabstand

Daraus ergibt sich, dass eine genaue Berechnung der U_W-Werte nur mit genauen Materialangaben durchzuführen ist.

In der DIN EN ISO 10077-1, Tabelle F.1 „*Wärmedurchgangskoeffizienten für Fenster mit einem Flächenanteil des Rahmens von 30 % an der Gesamtfensterfläche*" sind diese Werte in Abhängigkeit der U_g- und U_f-Werte angegeben.

Rechnet man für Holzfenster aus Nadelholz mit üblichen Rahmendicken von 66 mm mit einem U_f-Wert von 1,8 W/(m² · K), kann mit einer Zweischeiben-Isolierverglasung mit U_g = 1,1 W/(m² · K) ein U_W-Wert von 1,8 W/(m² · K) und mit einem g-Wert von etwa 0,55 erzielt werden.

Mit einer Dreischeibenverglasung mit U_g bis 0,5 W/(m² · K) lassen sich mit dem hierfür erforderlichen dickeren Rahmen U_W-Werte bis 0,7 W/(m² · K) erreichen.

Genauere Angaben von geprüften Fensterkonstruktionen sind bei den Fensterherstellern zu erfragen.

Normung

DIN EN ISO 10077-1

In dieser Norm sind im Anhang F in Tabelle F.1 die Wärmedurchgangskoeffizienten für Fenster mit einem Flächenanteil des Rahmens von 30 % an der Gesamtfensterfläche und in der Tabelle F.2 für einen Rahmenanteil von 20 % aufgeführt.

*) Unter einscheibenverglastem Fenster ist eine aus einem Stück bestehende Verglasung aus einem Glas oder aus mehreren miteinander verbundenen Gläsern zu verstehen. Andere Fenster sind Kasten- oder Verbundfenster.

Effektive Kollektorfläche A_s

Bedeutung

Die Sonneneinstrahlung erfolgt nur über die transparenten Glasflächen des Fensters. Da aber die Fensterfläche A_i aus dem Rohbaulichtmaß ermittelt wird, müssen der Rahmenanteil sowie die Einstrahlung abmindernde Verschattungen und eventuell vorhandene Sonnenschutzeinrichtungen bei der Ermittlung der effektiven Kollektorfläche A_s berücksichtigt werden.

a) nach DIN V 4108-6

$A_s = A_i \cdot F_F \cdot F_S \cdot F_C \cdot g_i$ m²

A_s	=	effektive Kollektorfläche	
A_i	=	Fensterfläche nach Rohbaulichtmaß für das Fenster	
F_F	=	Abminderungsfaktor für Rahmenanteil	(siehe „effektive Fensterfläche“)
F_S	=	Abminderungsfaktor in Folge Verschattung, für übliche Anwendungsfälle pauschal 0,9, bei vorhersehbarer baulicher Verschattung Berechnung nach DIN V 4108-6, Abschnitt 6.4.2	(siehe unter F_s Verschattungsfaktor)
F_C	=	Abminderungsfaktor für Sonnenschutzeinrichtung, für Nachweise nach EnEV pauschal 1,0, da eine permanente Anwendung nicht gewährleistet ist	
g_i	=	wirksamer Gesamt-Energiedurchlassgrad	

$g_i = F_w \cdot g_\perp$

Für Fenster mit überwiegender Verschattung ist Nordorientierung anzunehmen.

b) nach DIN V 18599-2

$g_{eff} = F_S \cdot F_W \cdot F_V \cdot g_\perp$ –

F_S	=	Abminderungsfaktor für Verschattung	
F_W	=	Abminderungsfaktor infolge nicht senkrechten Strahlungseinfalls = 0,9	
F_V	=	Abminderungsfaktor infolge von Verschmutzung = 1	
$g_\perp$	=	Gesamtenergiedurchlassgrad der Verglasung bei senkrechtem Strahlungseinfall	(DIN V 18599-2, Tabelle 7)

Rahmenanteil F_F

Der Rahmenanteil kann pauschal mit 30 % der Rohbauöffnung angenommen werden. Dieser Anteil ergibt sich in etwa bei einem Holzfenster mit den Abmessungen von B/H mit 126 cm · 148 cm. Bei Abweichungen von diesem Fenstermaß ändert sich der Rahmenanteil entsprechend. Dies hat sowohl Auswirkungen auf den mittleren U-Wert des Fensters als auch auf den solaren Wärmegewinn.

Bei größeren Abweichungen wäre für das MB-V zu überprüfen, welche Änderungen sich durch eine Anpassung des F_F-Faktors ergeben.

Verschattungsfaktor F_S

$F_s = F_h \cdot F_o \cdot F_f$

Der Verschattungsfaktor ergibt sich aus dem Produkt der Teilbestrahlungsfaktoren, die durch Verschattung bei gegenüberliegender Bebauung F_h, horizontalen Überhängen F_o (z. B. Balkone) oder seitlichen Abschattungsflächen F_f entstehen.

Abminderungsfaktor – Sonnenschutz F_C

F_C wird nur berücksichtigt, wenn der Sonnenschutz permanent unabhängig von der Sonneneinstrahlung in Betrieb ist (z. B. feststehende Lamellen).

Interne Wärmegewinne Q_i

Bedeutung

Interne Wärmegewinne ergeben sich durch die das Gebäude nutzenden Menschen (ca. 60 W) und die Wärmeabgabe der Elektrogeräte.

a) nach DIN V 4108-6

$\Phi_{i,M} = q_{i,M} \cdot A_N$ W

Erläuterung:

Die internen Wärmeströme $\Phi_{i,M}$ werden durch Multiplikation der mittleren internen Brutto-Wärmegewinne pro Quadratmeter Bezugsfläche $q_{i,M}$ mit der Bezugsfläche A_N berechnet.

$q_{i,M}$	=	mittlere interne Wärmeleistung pro m² Bezugsfläche Bei Neubauten und bestehenden Wohngebäuden:	W/m²
$q_{i,M}$	=	5	W/m²

b) nach DIN V 18599-2

$Q_{I,source,WG} = q_I \cdot A_B$

q_i	=	durchschnittliche tägliche Wärmeabgabe von Personen, Maschinen und Beleuchtung in Wohngebäuden, bezogen auf die Bezugsfläche	(nach DIN V 18599-10, Tabelle 4)
q_i	=	45 EFH	Wh/(m² · d)
	=	1,875	W/m²
q_i	=	90 MFH	Wh/(m² · d)
	=	3,75	W/m²
A_B	=	Bezugsfläche der Gebäudezone Die Bezugsfläche bezieht sich auf die beheizte Netto-Grundfläche, die nach § 44 Abs.1 der zweiten Berechnungsverordnung zu ermitteln ist.	

Ausnutzungsgrad der Wärmegewinne η_M

Bedeutung

Bei der Berechnung des Jahresheizwärmebedarfs Q_h eines Gebäudes mithilfe des MB-V werden in jedem Monat der Heizperiode die Wärmeverluste mit den Wärmegewinnen bilanziert. Es können nur dann solare und interne Wärmegewinne genutzt werden, wenn Wärmeverluste im Gebäude vorhanden sind. Ist ein Gebäude gut gedämmt, sodass es wenig Wärmeverluste aufweist, kann nur ein geringer Teil der möglichen Wärmegewinne genutzt werden. Hat ein Gebäude hohe Wärmeverluste, kann ein großer Teil der möglichen Wärmegewinne genutzt werden. Will man z. B. die mögliche Energieeinsparung bei einer Altbausanierung berechnen, erhält man nur über die monatliche Bilanzierung ein annähernd genaues Ergebnis, da die nutzbaren Wärmegewinne vor der Sanierung wesentlich höher sind als nach der Sanierung.

Zur Bestimmung der nutzbaren Wärmegewinne muss der Ausnutzungsgrad η_M bestimmt werden. Dieser ist von folgenden Faktoren abhängig:

– von der wirksamen Wärmespeicherfähigkeit $C_{wirk,\eta}$ des Gebäudes in Abhängigkeit der Heizzeit (mit oder ohne Nachtabsenkung) und

– vom Verhältnis der Wärmeverluste zu möglichen Wärmegewinnen.

Nach DIN V 4108-6 und DIN V 18599-2

$\eta_M = (1 - \gamma^a) / (1 - \gamma^{a+1})$

$\gamma = Q_g/Q_l$

Daraus ergibt sich:

$\eta_M = [1 - (Q_g/Q_l)^a] / [1 - (Q_g/Q_l)^{(a+1)}]$

η_M	=	monatlicher Ausnutzungsgrad	–
Q_g	=	monatliche Wärmegewinne ($Q_S + Q_i$)	kWh/M
Q_l	=	monatliche Wärmeverluste ($Q_T + Q_V$)	kWh/M
a	=	numerischer Parameter	–
a	=	$a_o + \tau/\tau_o$	
a_o	=	1	(nach DIN V 4108-6)
τ_o	=	1	h (nach DIN V 4108-6)
τ	=	Zeitkonstante	h
τ	=	$C_{wirk,\eta} / H$	
$C_{wirk,\eta}$	=	wirksame Wärmespeicherfähigkeit	Wh/K
H	=	spezifischer Wärmeverlust ($H_T + H_V$)	W/K
$C_{wirk,\eta}$	=	wirksame Wärmespeicherfähigkeit aller an die Innenraumluft grenzenden Bauteilschichten. Diese ist abhängig von der spezifischen Wärmekapazität c [Wh/(kg · K)], von deren Rohdichte ρ (kg/m³), von der Dicke (m) des Bauteils und deren Fläche A (m²).	
$C_{wirk,\eta}$	=	$\sum(c_i \cdot \rho_i \cdot d_i \cdot A_i)$	

9.5 Symbole und Einheiten nach DIN V 4108-6 und DIN V 4701-10

Tabelle 9.9: Symbole und Einheiten nach DIN V 4108-6, Tabelle 1

Symbole	Bezeichnung	Einheit
A	Fläche; im speziellen die Hüllfläche eines Gebäudes	m^2
a	numerischer Parameter s. Formel (75)	-
A_B	Bezugsfläche	m^2
A_N	Nutzfläche, abhängig vom Bruttovolumen	m^2
A_s	effektive Kollektorfläche	m^2
b	Kennwert nach DIN EN ISO 13789, Temperatur-Korrekturfaktor	-
B'	spezielle Kenngröße bei Wärmeverlusten über das Erdreich	m
c	spezifische Wärmekapazität	kJ/(kg · K) Wh/(kg · K)
C	Wärmekapazität eines Bauteils	kJ/K, W · h/K
D	Breite eines Wärmedämmstreifens an der Bodenplatte	m
d	Dicke	m
d'	zusätzliche wirksame Dicke durch Randdämmung	m
d_t	wirksame Gesamtdicke der Bodenplatte	m
e_p	Anlagenaufwandszahl, auf Primärenergiebedarf bezogen	-
F	Faktor	-
F_S	Abminderungsfaktor infolge Verschattung	-
F_C	Abminderungsfaktor für Sonnenschutzvorrichtungen	-
F_F	Abminderungsfaktor für den Rahmenanteil	-
F_f	Strahlungswirksamer Formfaktor zwischen Bauteil und Himmel bzw. Teilbestrahlungsfaktor für seitliche Abschattungsflächen	-
F_u	Temperaturkorrekturfaktor für Bauteile zu unbeheizten Räumen	-
F_w	Abminderungsfaktor infolge nicht senkrechten Strahlungseinfalls	-
F_x	Temperatur-Korrekturfaktor für Bauteil x	-
g	wirksamer Gesamtenergiedurchlassgrad ($g = F_w g_\perp$)	-
$g_\perp$ g_{tot}	Gesamtenergiedurchlassgrad bei senkrechtem Strahlungseinfall Gesamtenergiedurchlassgrad einschließlich Sonnenschutz	- -
$Gt_{x/y}$	Heizgradtagzahl mit Innentemperatur x und Heizgrenztemperatur y	Kd
h_r	äußerer Abstrahlkoeffizient	$W/(m^2 \cdot K)$
H	spezifischer Wärmeverlust	W/K
$I_{s,M}$	mittlere Strahlungsintensität der Sonne im Monat M	W/m^2
$I_{s,P}$	mittlere Strahlungsintensität in der betrachteten Periode P	W/m^2
I_P	Strahlungsintensität, die auf die Trennfläche unbeheizter Glasvorbau/Kernhaus fällt	W/m^2
l	Länge einer linienförmigen Wärmebrücke	m
L	thermischer Leitwert allgemein	W/K
L_D	thermischer Leitwert zwischen beheiztem Raum und Außenluft	W/K
L_{pe}	äußerer harmonischer thermischer Leitwert nach DIN EN ISO 13370	W/K
L_S^*	thermischer Leitwert über das Erdreich nach außen (bei Gebrauch von Temperatur-Korrekturfaktoren	W/K
L_S	stationärer thermischer Leitwert nach DIN EN ISO 13370	W/K
n	Luftwechselrate nach DIN EN 832, DIN EN ISO 7345	h^{-1}
n_{50}	Luftwechselrate bei 50 Pa Druckdifferenz	h^{-1}
P	Umfang der Bodengrundfläche	m
Q	Wärme, Wärmemenge nach DIN EN ISO 7345 speziell: Wärmemenge des Jahresheizenergiebedarfs	Wh, kWh[a] Wh/a, kWh/a
Q_P	primärenergetisch bewerteter Jahres-Heizenergiebedarf (Primärenergiebedarf nach DIN V 4701-10)	Wh, kWh[a] Wh/a, kWh/a

Fortsetzung Tabelle 9.9

Symbole	Bezeichnung	Einheit
Q_p''	Flächenbezogener Jahres-Primärenergiebedarf	kWh/(m²a)
Q_l	Wärmeverluste	Wh, kWh[a]
Q_g	Wärmegewinne	Wh, kWh[a]
Q_r	Energiebetrag aus regenerativer Quelle	Wh, kWh[a]
Q_s	Solarwärmegewinne	Wh, kWh[a]
Q_i	interne Wärmegewinne	Wh, kWh[a]
Q_w	Energiebedarf für Warmwasseraufbereitung	Wh, kWh[a]
Q''	flächenbezogener Jahres-Heizenergiebedarf	kWh/(m²a)
Q'	volumenbezogener Jahres-Heizenergiebedarf	kWh/(m²a)
Q_h	Jahresheizwärmebedarf	Wh/a, kWh/a[a]
Q_{ss}	solarer Wärmegewinn aus dem unbeheizten Glasvorbau	Wh
Q_{sd}	direkte solare Gewinne aus dem unbeheizten Glasvorbau	Wh
Q_{si}	indirekte solare Gewinne aus dem unbeheizten Glasvorbau	Wh
Q_t	gesamter Wärmeverlust durch das Heizsystem nach DIN EN 832	Wh, kWh[a]
q oder q_E	nutzflächenbezogener Energiebedarfswert nach DIN V 4701-10	kWh/(m²a)
R	Wärmedurchlasswiderstand	$m^2 \cdot K/W$
t	Zeitspanne	d
U	Wärmedurchgangskoeffizient	$W/(m^2 \cdot K)$
V	Nettovolumen (belüftetes Volumen)	m^3
V_a	Bruttovolumen	m^3
V_f	Luftvolumenstrom (eines Lüftungssystems)	m^3/h
V_E	Abluftvolumenstrom	m^3/h
V_s	Zuluftvolumenstrom	m^3/h
V_w	Warmwasservolumen	m^3
w	Dicke der aufgehenden Wand	m
z	Höhe der Kellerwand bis zur Erdreichoberkante	m
α	Strahlungsabsorptionsgrad (an opaken Oberflächen)	-
α_{sp}	Strahlungsabsorptionsgrad der Trennfläche unbeheizter Glasvorbau/-Kernhaus	-
β	Zeitanteil mit eingeschalteten Ventilatoren	-
θ_e	Außenlufttemperatur	°C
θ_i	Innentemperatur	°C
θ_{ed}	Heizgrenztemperatur	°C
θ_o	Temperatur des Kaltwassers	°C
θ_w	Temperatur des erzeugten Warmwassers	°C
$\Delta\theta_{er}$	Differenz der Außenlufttemperatur und der Himmelstemperatur	K
λ	Wärmeleitfähigkeit	$W/(m \cdot K)$
η	Ausnutzungsgrad	-
η_h	Jahresnutzungsgrad des Heizsystems	-
η_v	Nutzungsfaktor des Abluft-Zuluft-Wärmetauschsystems	-
γ	Wärmegewinn-/verlust-Verhältnis	-
ζ	Deckungsanteil des Raumwärmebedarfs eines Heizelements	-
ψ	Längenbezogener Wärmedurchgangskoeffizient, auch Wärmebrückenverlustkoeffizent genannt	$W/(m \cdot K)$
Φ	Wärmestrom	W
τ	Zeitkonstante (eines Gebäudes)	h
ρ	Rohdichte	kg/m^3

Tabelle 9.10: Indizes nach DIN V 4108-6, Tabelle 1

Symbole	Bezeichnung
a	Jahr, z. B. 1/a = pro Jahr
A	Aufenthalt
bf	über Kellerfußboden in das Erdreich
bw	über Kellerwand in das Erdreich
D	Dach
e	Außen oder von bestimmter Schicht nach außen zum Umgebungsluft
E	Elektro-
f	Fußboden- Bodenplatte, Kellerfußboden
F	Rahmen
FH	Flächenheizung
G	Erdreich
g	Wärmegewinne
Gt	Gradtagzahl
Grenz	Grenzwert
h	Heizung für Raumwärme
Hel	elektrischer Aufwand für die Raumwärmeerzeugung
HP	Heizperiode
hol	Ferien
i	innen (auch von einer Schicht nach innen zur Innenluft)
iu	vom beheizten Raum in den unbeheizten Raum
i, nb	vom beheizten Raum in den niedrig beheizten Raum
is	vom Gebäudeinneren zum unbeheizten Glasvorbau
k	konstruktiv, alle Bauteilschichten berücksichtigend
kor	korrigiert
kw	Kellerwand oberhalb der Erdreichoberkante
l	Verluste
M	Monat, z. B. je Monat 1/M; M = Jan, Feb, Mrz, Apr, Mai, Jun, Jul, Aug, Sep, Okt, Nov, Dez
max	Höchst-
n	bei Nachtabsenkung
NA	Nichtaufenthalt, Nachtabschaltung
p	Trennbauteil
r	Regenerativ
R	Raum
s	solar
S	durch den unbeheizten Glasvorbau
si	an der Innenoberfläche; indirekt Solar
sd	direkt solar
se	an der Außenoberfläche; vom unbeheizten Glasvorbau nach außen
t	Heiztechnisch
T	Transmission
Ti	Transparente Wärmedämmung
u	unbeheizter Raum
ue	vom unbeheizten Raum zur Außenluft
Nb,e	vom niedrigbeheizten Raum zur Außenluft
V	Lüftung oder Verglasung
w	Fenster
W	Warmwasser
WB	Wärmebrücke
wirk	wirksam
x	stellvertretend für verschiedene Zustände, Bauteile, Bereiche
zul	zulässig

Tabelle 9.11: Symbole und Einheiten nach DIN V 4701-10, Tabelle 3-1a

Symbole	Bezeichnung	Einheit	Bemerkungen
A	Fläche	m^2	
α	Deckungsanteil	-	0 bis 1
Q	Energie	kWh/a	Energiemenge pro Jahr
q	flächenbezogene Energiemenge pro Jahr	kWh/(m^2a)	ohne Index oder Index „WE“ = Wärmeenergie, mit Index „HE“ = Hilfsenergie
$\dot{Q}$	Wärmestrom	kW	
e_P	Anlagenaufwandszahl	-	nach Formel 4.2-26 auf Primärenergie bezogen
f_P	Primärenergie-Umwandlungsfaktor	-	
ϑ	Temperatur	°C	
$\Delta\vartheta$	Temperaturdifferenz	K	
V	Volumen	m^3	V_e = Gebäudevolumen: von der wärmeübertragenden Umfassungsfläche des Gebäudes umschlossenes Volumen, Systemgrenze „Außenmaße“ nach DIN EN ISO 13789
A_N	Nutzfläche	m^2	$A_N = 0{,}32 \cdot V_e$
Q_h	Jahresheizwärmebedarf	kWh/a	- Jahresheizwärmebedarf nach DIN V 4108-6, soweit dort keine Wärmerückgewinnung berücksichtigt wurde ($Q_{WR} = 0$) - Summe aus dem Jahresheizwärmebedarf nach DIN V4108-6 und Q_{WR} nach DIN V 4108-6 , soweit dort Wärmerückgewinnung berücksichtigt wurde ($Q_{WR} = 0$)
X	Anzahl Zyklen pro Tag	1/d	für Biomasse-Wärmeerzeuger

Tabelle 9.12: Indizes nach DIN V 4701-10, Tabelle 3-1b

Index	Bedeutung	Index	Bedeutung
A	Anlage	**i**	innen
B	Brennstoff	**l**	Lüftung… (Wärmebedarf)
Bio	Biomasse-Wärmeerzeuger	**L**	Lüftung… (Energiebedarf)
ce	Übergabe im Raum (control + emission)	**m**	mittlere, mittlerer
d	Verteilung (distribution)	**N**	Nutz…
E	Endenergie	**P**	Primärenergie
EWT	Erdwärmetauscher	**s**	Speicher
g	Erzeugung (generation)	**SB**	Stationärer Betrieb
GZ	Grundzyklus	**SP**	Sommerperiode
h	Raumheizung… (Wärmebedarf)	**tw**	Trinkwarmwasser… (Wärmebedarf)
H	Raumheizung… (Energiebedarf)	**TW**	Trinkwarmwasser… (Energiebedarf)
HE	Hilfsenergie	**WE**	Wärmeenergie (auch ohne Index)
HP	Heizperiode	**WÜT**	Wärmeübertrager
HK	Heizkreis	**u**	Umgebung
i,j	allgemeiner Zählindex		

Tabelle 9.13: Abweichende Symbole zwischen DIN 4701-10 und DIN V 4108-6

DIN V 4108-6	DIN V 4701-10	Bedeutung
w	tw	Trinkwasserwärmebedarf
W	TW	Trinkwasserenergiebedarf
WR	WRG	Wärmerückgewinnung

Anhang

Literatur, Quellen, Links

Normen und Bekanntmachungen

DIN 277-1:2005-02	Grundflächen und Rauminhalte von Bauwerken im Hochbau – Teil 1: Begriffe, Ermittlungsgrundlagen
DIN 1053-1:1996-11	Mauerwerk – Teil 1: Berechnung und Ausführung
DIN 4095:1990-06	Baugrund; Dränung zum Schutz baulicher Anlagen; Planung, Bemessung und Ausführung
DIN 4108-2:2013-02	Wärmeschutz und Energie-Einsparung in Gebäuden – Teil 2: Mindestanforderungen an den Wärmeschutz
DIN 4108-3:2001-07	Wärmeschutz und Energie-Einsparung in Gebäuden – Teil 3: Klimabedingter Feuchteschutz, Anforderungen, Berechnungsverfahren und Hinweise für Planung und Ausführung
DIN 4108-3:2002-04	Berichtigungen zur Ausgabe von 2001-07
DIN V 4108-4:2013-02	Wärmeschutz und Energie-Einsparung in Gebäuden – Teil 4: Wärme- und feuchteschutztechnische Bemessungswerte
DIN V 4108-6:2003-06	Wärmeschutz und Energie-Einsparung in Gebäuden – Teil 6: Berechnung des Jahres-Heizwärme- und des Jahres-Heizenergiebedarfs
DIN V 4108-6:2004-03	Berichtigungen zur Ausgabe von 2003-06
DIN 4108-7:2011-01	Wärmeschutz und Energie-Einsparung in Gebäuden – Teil 7: Luftdichtheit von Gebäuden, Anforderungen, Planungs- und Ausführungsempfehlungen sowie -beispiele
DIN 4108:2006-03, Beiblatt 2	Wärmeschutz und Energie-Einsparung in Gebäuden – Wärmebrücken – Planungs- und Ausführungsbeispiele
DIN V 4701-10:2003-08	Energetische Bewertung heiz- und raumlufttechnischer Anlagen – Teil 10: Heizung, Trinkwassererwärmung, Lüftung
DIN V 4701-10/A1:2012-07	Änderung zur Ausgabe von 2003-08
DIN V 4701-10:2007-02, Beiblatt 1	Energetische Bewertung heiz- und raumlufttechnischer Anlagen – Teil 10: Heizung, Trinkwassererwärmung, Lüftung; Beiblatt 1: Anlagenbeispiele
DIN V 4701-12:2004-02	Energetische Bewertung heiz- und raumlufttechnischer Anlagen im Bestand, Berichtigungen von 2008-06
DIN V 4701-12 Berichtigung 1 Ausgabe: 2008-06	Berichtigung zur Ausgabe von 2004-02
DIN 18195-1:2011-12	Bauwerksabdichtungen – Teil 1: Grundsätze, Definitionen, Zuordnung der Abdichtungsarten

DIN 18195-4:2011-12	Bauwerksabdichtungen – Teil 4: Abdichtungen gegen Bodenfeuchte (Kapillarwasser, Haftwasser) und nichtstauendes Sickerwasser an Bodenplatten und Wänden; Bemessung und Ausführung
DIN 18195-5:2011-12	Bauwerksabdichtungen – Teil 5: Abdichtungen gegen nichtdrückendes Wasser auf Deckenflächen und in Nassräumen; Bemessung und Ausführung
DIN 18195-6:2011-12	Bauwerksabdichtungen – Teil 6: Abdichtungen gegen von außen drückendes Wasser und aufstauendes Sickerwasser; Bemessung und Ausführung
DIN V 18599-1 bis 10: 2011-12	Energetische Bewertung von Gebäuden – Berechnung des Nutz-, End- und Primärenergiebedarfs für Heizung, Kühlung, Lüftung, Trinkwasser und Beleuchtung
DIN 68121-2:1990-06	Holzprofile für Fenster und Fenstertüren – Teil 2: Allgemeine Grundsätze
DIN 68800-2:2012-02	Holzschutz – Teil 2: Vorbeugende bauliche Maßnahmen im Hochbau Herausgeber: DIN Deutsches Institut für Normung e.V.
DIN 68800-3:2012-02	Holzschutz – Teil 3: Vorbeugender chemischer Holzschutz Herausgeber: DIN Deutsches Institut für Normung e.V.
DIN EN 410:2011-04	Glas im Bauwesen – Bestimmung der lichttechnischen und strahlungsphysikalischen Kenngrößen von Verglasungen
DIN EN 12207:2000-06	Fenster und Türen – Luftdurchlässigkeit – Klassifizierung; Deutsche Fassung EN 12207:1999
DIN EN 13829:2001-02	Wärmetechnisches Verhalten von Gebäuden – Bestimmung der Luftdurchlässigkeit von Gebäuden – Differenzdruckverfahren
DIN EN 15378:2008-07	Heizungssysteme in Gebäuden – Inspektion von Kesseln und Heizungssystemen
DIN EN ISO 6946:2008-04	Bauteile – Wärmedurchlasswiderstand und Wärmedurchgangskoeffizient – Berechnungsverfahren
DIN EN ISO 10077-1:2010-05	Wärmetechnisches Verhalten von Fenstern, Türen und Abschlüssen – Berechnung des Wärmedurchgangskoeffizienten – Teil 1: Allgemeines
DIN EN ISO 10077-2:2012-06	Wärmetechnisches Verhalten von Fenstern, Türen und Abschlüssen – Berechnung des Wärmedurchgangskoeffizienten – Teil 2: Numerisches Verfahren für Rahmen
DIN EN ISO 10211:2008-04	Wärmebrücken im Hochbau – Wärmeströme und Oberflächentemperaturen – Detaillierte Ausgabe
DIN EN ISO 12567-2:2006-03	Wärmetechnisches Verhalten von Fenstern und Türen – Bestimmung des Wärmedurchgangskoeffizienten mittels des Heizkastenverfahrens – Teil 2: Dachflächenfenster und andere auskragende Fenster
DIN EN ISO 13162 bis 13171: 2013-03	Wärmedämmstoffe für Gebäude
DIN EN ISO 13370:2008-04	Wärmetechnisches Verhalten von Gebäuden – Wärmeübertragung über das Erdreich – Berechnungsverfahren

DIN EN ISO 13789:2008-04	Wärmetechnisches Verhalten von Gebäuden; spezifischer Transmissionswärmeverlustkoeffizient – Berechnungsverfahren
EnEV 2014	Verordnung über energiesparenden Wärmeschutz und energiesparende Anlagentechnik bei Gebäuden (Energieeinsparverordnung)
Regeln zur Datenaufnahme und Datenverwendung im Wohngebäudebestand	Bekanntmachung des Bundesministeriums für Verkehr, Bau und Stadtentwicklung vom 30. Juli 2009
Regeln für Energieverbrauchskennwerte im Wohngebäudebestand	Bekanntmachung des Bundesministeriums für Verkehr, Bau und Stadtentwicklung vom 30. Juli 2009

Auslegungsfragen zu den genannten Normen können unter nabau@din.de an den entsprechenden Normenausschuss eingereicht werden.

Auslegungsfragen zur EnEV findet man unter www.dibt.de.

Quellen

Ackermann, T.	Energieeinsparverordnung. Kommentar – Anforderungsnachweise – Berechnungsbeispiele – Sonderprobleme, Vieweg + Teubner, Wiesbaden, 2003
Albers, J./Dommel, R./ Montaldo-Ventsam, H.	Zentralheizungs- und Lüftungsbau für Anlagenmechaniker SHK: Technologie, Handwerk und Technik, Hamburg, 2009
Ampack	Firmenprospekt der Firma Ampack Bautechnik GmbH Alte Biberacher Straße 5 D-88447 Warthausen
Dirk, R.	Energiesparververordnung 2002 – Schritt für Schritt, Werner Verlag, Köln, 2002
Ehm, H.	EnEG Energieeinsparungsgesetz mit Wärmeschutzverordnung, Bauverlag, Wiesbaden/Berlin, 1978
Ehm, H.	Wärmeschutzverordnung 1995, Bauverlag, Wiesbaden/Berlin, 1996
Erhorn/Gertis	Fraunhofer-Institut für Bauphysik
Fraunhofer-Institut für Bauphysik, Holzkirchen	„Wufi“ – Rechnerische Simulation des Wärme- und Feuchtetransports durch Bauteile
Hauser, G./Stiegel, H./Haupt, W.	Wärmebrückenkatalog auf CD-ROM, Vers. 1.2.5, Ingenieurbüro Prof. Dr. Hauser GmbH, Kassel, 2005
Horschler, S./Jagnow, K.	Planungs- und Ausführungshandbuch zur neuen EnEV, Bauwerk Verlag, Berlin, 2004

Lexikonredaktion des Verlags F. A. Brockhaus (Hrsg.)	Der Gesundheits-Brockhaus: Kursbuch Mensch: Aufbau, Funktion, Entwicklung, Krankheit und Heilung, F. A. Brockhaus GmbH, Leipzig/Mannheim, 2001
Lutz, P.	Lehrbuch der Bauphysik, 5. Auflage, Vieweg + Teubner, Wiesbaden, 2002
Marquardt, H.	Energieeinsparendes Bauen, Vieweg + Teubner, Wiesbaden, 2004
Rabenstein, D.	Energieoptimierte Gebäudeform und Hüllflächen zum Volumen-Verhältnis, Bauphysik – Heft 6, Dezember 2002, Ernst & Sohn Verlag
Richarz, C./Schulze,C./ Zeitler, F.	Energetische Sanierung, Institut für internationale Architekturdokumentation GmbH & Co KG, München, 2006
Schettler-Köhler, H.P./Sperber, C.	EnEV Energieeinsparverordnung, Handbuch für planerische Umsetzung, Verlag für Wirtschaft und Verwaltung Hubert Wingen, Essen, 2003
Schneider, K.-J. (Hrsg.)	Bautabellen für Architekten, 16. Auflage, Werner Verlag, Düsseldorf, 2004
Umweltinstitut München (Hrsg.)	Wärmedämmstoffe im Vergleich
Volland, J./Pils M./Skora, T.	Wärmebrücken. Erkennen – optimieren – berechnen – vermeiden. Verlagsgesellschaft Rudolf Müller, Köln, 2012
Wendehorst, R.	Bautechnische Zahlentafeln, Vieweg + Teubner in GWV Fachbuchverlag GmbH, Wiesbaden, 2009
Werner, H.	Wärmeschutz und Energieeinsparung in Gebäuden – Berechnung des Jahres-Heizwärme- und des Jahres-Heizenergiebedarfs – Kommentar zu DIN 4108-2:2003-06, Beuth Verlag, Berlin, 2004
Werner, H.	Wärmeschutz und Energieeinsparung in Gebäuden – Mindestanforderungen an den Wärmeschutz – Kommentar zu DIN 4108-2:2003-07, Beuth Verlag, Berlin, 2004

Links

www.bbsr-energieeinsparung.de	Info-Portal des Bundesinstituts für Bau-, Stadt- und Raumforschung (BBSR) mit zahlreichen Informationen und Bekanntmachungen zum Thema EnEV und Energieeinsparung

Stichwortverzeichnis

V

W

Z